Biomasse (300 und mehr mg/m3)
Kalte Strömungen
Warme Strömungen
Jaroslawl
Aralsee
Samarkand
Buchara
Balch
Merw
Kaspisches Meer
Schwarzes Meer
Sinope
Herat
nstantinopel
Ankyra
rgamon
Hamadan
Isfahan
Bagdad
Ktesiphon
Tripolis
Damaskus
Tyrus
See Genezareth
Akko
Jerusalem
Totes Meer
Schiraz
Basra
Persischer Golf
Golf von Oman
Alexandria
ıstat/Kairo
Rotes Meer
Medina
Arabisches Meer
Dschidda
Mekka
Mokka
Aden

Nikolas Jaspert

Fischer, Perle, Walrosszahn

Das Meer im Mittelalter

Propyläen wurde 1919 durch die Verlegerfamilie Ullstein als Verlag für hochwertige Editionen gegründet. Der Verlagsname geht zurück auf den monumentalen Torbau zum heiligen Bezirk der Athener Akropolis aus dem 5. Jh. v. Chr. Heute steht der Propyläen Verlag für anspruchsvolle und fundierte Bücher aus Geschichte, Zeitgeschichte, Politik und Kultur.

Nikolas Jaspert

Fischer, Perle, Walrosszahn

Das Meer im Mittelalter

PROPYLÄEN

Wir verpflichten uns zu Nachhaltigkeit
- Papiere aus nachhaltiger Waldwirtschaft und anderen kontrollierten Quellen
- Druckfarben auf pflanzlicher Basis
- ullstein.de/nachhaltigkeit

Propyläen ist ein Verlag der Ullstein Buchverlage GmbH
www.propylaeen-verlag.de

MIX
Papier | Fördert gute Waldnutzung
FSC® C014496

ISBN: 978-3-549-10084-4

Bei Fragen zur Produktsicherheit wenden Sie sich bitte an
produktsicherheit@ullstein.de
Lektorat: Stephan Speicher
Gesetzt aus Adobe Jenson Pro
Satz und Repro: LVD GmbH, Berlin
Druck und Bindearbeiten: GGP Media GmbH, Pößneck

For Twinkle, Ding, Toff and Bo

Inhalt

Das marine Mittelalter: Einleitung

Fischer, Perle, Walrosszahn: Das Meer im Mittelalter. Der Titel des Buches soll neugierig machen und dessen Inhalt umreißen. Eine menschliche Berufsgruppe macht den Anfang, weil das Verhältnis unserer Vorfahren zum Meer im Zentrum der Aufmerksamkeit stehen wird. Aber nicht die in der Forschung allgegenwärtigen Kaufleute des Mittelalters repräsentieren diesen Bezug, sondern die Fischer. Mit ihnen wird angedeutet, dass in diesem Buch Gesellschafts- und Berufsgruppen in den Blick genommen werden sollen, die ebenso sehr wie die Händler oder noch stärker als diese mit dem Meer verbunden waren, auch wenn sie in der Forschung vernachlässigt worden sind. Perle und Walrosszahn wiederum verweisen auf unterschiedliche geografische Räume: auf Meere des Südens und des Nordens. Beide Dinge entstammen Meerestieren, sie geben zu erkennen, dass dieses Buch ebenso von Lebewesen wie von Substanzen des Meeres handelt.

Auch wenn der Untertitel dieses Buches »Das Meer im Mittelalter« heißt, geht es um die Fauna unterschiedlicher Gewässer. Die Untersuchung von Ambra wird in den indopazifischen Raum führen, die von Perlen und Perlmutt in den Persischen Golf, die Darstellung der Koralle und des Schwamms, des Thunfischs und der Sardine in das Mittelmeer, die der Wal-, Herings- und Kabeljauwirtschaft in den Nordatlantik, die der Bernsteingewinnung und -verarbeitung in die Ost- und Nordsee. Nicht »das Meer«, sondern die vielen Meere des Mittelalters gilt es vor Augen zu führen.

Vor allem ist dies eine marine Geschichte. Das bedeutet: Wir schauen vornehmlich in die Unterwasserwelt und auf deren Nutzung durch den Menschen, an zweiter Stelle stehen Entwicklungen der Seefahrt und des Handels. Unsere Perspektive ist damit eher marin als maritim, eher vertikal als horizontal. Damit vertritt dieses Werk entschieden ein »anderes Mittelalter« – nicht nur eines, das Geschichte mit Blick auf das Meer schreibt, sondern mehr noch: ein Mittelalter, das konsequent aus den Tiefen des Meeres erschlossen wird. Eine Untersuchung des Landwesens Mensch mittels des Meeres und seiner Bewohner überprüft geläufige Mittelaltervorstellungen und eröffnet neue Einblicke in eine Menschheitsepoche.

Es lassen sich viele etablierte Felder der Mittelalterforschung identifizieren, die durch die hier verfolgte Perspektivierung neu konturiert werden. Die Ideengeschichte des Mittelalters etwa, die gelehrte Welt der Theologen, Geografen, Naturkundler und Mediziner, erhält ein ganz eigenes Gepräge, wenn deren Wissen um das Meer und seine Tiere ins Zentrum der Aufmerksamkeit rückt. Gelehrte ordneten Meerestiere in diesseitige wie jenseitige Weltvorstellungen ein und überhöhten sie literarisch. Ähnliches gilt für die Literaturen des Mittelalters, für die Epen, Heiligengeschichten und anderen erzählenden Texte: Einhorn, Sirene und Meermensch, fantastische und natürlich auch reale Meereslebewesen sind ein selten erörtertes, aber, wie wir sehen werden, schillerndes Thema in allen Sprachen Europas und des Nahen Ostens.

Eine marine Perspektive eröffnet auch spezifische Fenster in die Kunstgeschichte des Mittelalters. Sie schärft die Sensibilität für die Verwendung von Meeressubstanzen und -lebewesen in Gemälden, Skulpturen und in anderen Darstellungsformen. Der marine Blick offenbart, wie Meereslebewesen und Substanzen genutzt wurden, um Menschen das Dies- und Jenseits zu erklären. Ob als Naturgegenstände, zu Ketten, Ohrringen oder anderen Schmuckstücken verarbeitet oder als höfische Gebrauchsgegenstände neu gefasst: Das Meer ist auch in seinen Hervorbringungen ein Gegenstand der Kunstgeschichte.

Zugleich aber schärft eine marine Geschichte die Aufmerksamkeit für Materialität im Mittelalter, für die Beliebtheit von Gegenständen, die aus Lebewesen und Substanzen des Meeres geschaffen wurden. Deren Bewertung war stark emotional belegt: War die tiefe See im mittelalterlichen Judentum, Christentum und Islam schon mit Ängsten, gelegentlich auch mit Hoffnungen verbunden, so galt dies auf je eigene Weise auch für einzelne Tiere und Stoffe des Meeres. Auch im Umgang mit ihnen lassen die Quellen Furcht ebenso erkennen wie Faszination, Neugier und manchmal auch Sympathie.

Eine marine Geschichte des Mittelalters wird damit zur Emotionsgeschichte einer Epoche – und zu einer Form von Fremdheitsforschung. Im Mittelalter nämlich blieb das Meer für das Landtier Mensch doch stets das bedrohlich Andere – bei aller räumlichen Nähe der Küstengesellschaften zu ihm, bei aller wirtschaftlichen Abhängigkeit von ihm, bei allem Profit, den es brachte. Diese Einschätzung färbte auch auf die Tiere des Meeres ab. Grundsätzlich von mittelalterlichen Philosophen als das nächste Andere des Menschen angesehen, wurden manchen Tieren höhere Eigenschaften zugeschrieben als anderen. Die Meerestiere blieben dabei in aller Regel fremde Wesen, die aus philosophischer und theologischer Sicht zur moralischen Unterweisung der Menschen herangezogen wurden, wie wir am Umgang mit realen und fantastischen Tieren des Meeres beobachten werden.

Zugleich regte das Meer die Sinne auf unterschiedlichste Weise an, es bietet sich daher als Forschungsgegenstand einer neuen Sinnesgeschichte des Mittelalters an. Die Schätze des

Meeres sind multisensorisch. Sie beanspruchen die fünf Sinne mit unterschiedlicher Intensität. Aus Walrosszahn hergestellte Hörner regen den Hörsinn an; aber öfter dürfte der Tastsinn gefordert sein, man denke nur an Meeresschwämme oder an die gerade wegen ihrer Stofflichkeit geschätzten Gebetsketten aus Korallen oder Bernstein. Stärker noch reizen Meerestiere und -stoffe den Sehsinn, sie vermitteln in starkem Maße farbliche Eindrücke. Die See selbst ist blau, Schnecken liefern den begehrten Purpur, Heringe sind als das Silber des Meeres bezeichnet worden, Salz als das weiße, Korallen als das rote Gold. Tatsächlich goldfarben ist Bernstein, und in unterschiedlichen Farben schillernd treten uns schließlich Perlen und Perlmutt entgegen.

Und sogar vor dem Sehen dürfte in der Hierarchie der Sinne der Geruchssinn stehen: Die Purpurherstellung etwa geht mit beträchtlicher Geruchsbelästigung einher, die Frische der Fische wird vor allem nach ihrem Geruch beurteilt, dieser verändert sich bei der Konservierung. Auch bei anderen marinen Produkten lassen sich olfaktorische Wandlungen beobachten: Frische Ambra riecht bei ihrer Auffindung völlig anders als nach ihrer Oxidation. Ihre besondere Wertschätzung für die Parfumindustrie in der islamischen Welt und Byzanz lenkt den Blick auf die Körperpflege und die vergleichende Geschichte der Hygiene im Mittelalter – und nuanciert damit geläufige Vorstellungen vom »dreckigen Mittelalter«.

Aber an erster Stelle unter den fünf Sinnen steht aus mariner Sicht der Geschmackssinn: Viele organische Substanzen des Meeres wurden – zerstoßen, zerrieben, verbrannt oder aufgelöst – als Medizin eingenommen, und vor allem wurden Meerestiere in großen Mengen als Nahrung verzehrt. Dieses Buch ist daher auch ein Beitrag zu einer Geschichte des Kochens und Essens im Mittelalter. Lateinisch-, arabisch-, romanisch- und deutschsprachige Kochbücher zeigen, wie schillernd diese Welt ist, und lenken den Blick auf die Sozialgeschichte des Mittelalters. Auch für sie eröffnet die marine Perspektive neue Einsichten – in höfische Kulturen und gesellschaftliche Distinktion, in die Zurschaustellung wundersamer Meereserzeugnisse und in Ängste vor Vergiftungen. Aber nicht nur Eliten, auch Gesellschaftsgruppen am unteren Ende der sozialen Skala wie die an der Fischwirtschaft Beteiligten, die Tagelöhner, die Sklaven treten bei einer marinen Betrachtung in den Blick. Zu diesen in der Wirtschaftsgeschichte noch immer oft übersehenen Gruppen gehören auch die Frauen, deren Beteiligung an der Fischereiwirtschaft immer wieder zu beobachten sein wird.

Die Handelsgeschichte des Mittelalters wiederum erfährt durch einen marinen Zugang ebenfalls Anregungen, weil er den Blick von prominent erforschten Fernhandelsgütern wie Textilien und Luxusprodukten auf weniger berücksichtigte, aber wirtschafts- und alltagsgeschichtlich enorm bedeutsame Massenwaren wie Fisch oder Salz lenkt. Dieses Buch analysiert daher einen spezifischen Bereich der Wirtschaftsgeschichte: Es ergründet, welche ökonomischen Potenzen des Meeres auf welche Weise genutzt wurden.

Ähnliches gilt für die Technikgeschichte, wird deren traditionelle Beschäftigung mit der Nautik doch um Erörterungen zu Netzen, Reusen etc. ergänzt. Schließlich die Politik- und Verwaltungsgeschichte: Herrschaftliche Monopolbildung und der Ausbau des Steuerwesens (am Beispiel von Bernstein und Salz) werden danach befragt, was Macht über Meer und Küste bedeutete, welche Konkurrenzen das Ringen um marine Ressourcen hervorbrachte und durch welche Maßnahmen und Institutionen weltliche Herrschaftsträger im mittelalterlichen Jahrtausend das Meer zu erschließen versuchten.

Eines werden die Quellen deutlich zeigen: Die Menschen des Mittelalters hatten eine klare Vorstellung von ökologischer Nachhaltigkeit. Sie waren sich darüber bewusst, dass Überfischung zu einer Minderung der Artenvielfalt oder sogar zum Verlust einzelner Spezies führen kann. Und sie handelten entsprechend, wie Regelungsversuche im Bereich der Fischerei bezeugen. Offenbar war es nicht so, dass das, was gemeinsam benutzt, auch gemeinsam vernachlässigt wurde, oder dass die Verfügbarkeit von Fluss oder Meer notwendigerweise zu deren übermäßiger Ausbeutung führen musste. Es gab Widerstand gegen Netze, die allzu großen Beifang verursachten oder die Bestände einzelner Arten zu stark minderten; man entschied rational darüber, wie viel und mit welchen Methoden gefischt werden sollte, und man schützte gezielt einzelne Fischarten. Offenbar besaßen die Menschen des Mittelalters sehr wohl ein entwickeltes Problembewusstsein für die Fragilität der erneuerbaren Ressource Fisch, vielleicht sogar eine sensiblere Vorstellung als viele moderne Gesellschaften mit ihrem Streben nach grenzenloser Ausbeutung. In der Tat: Wir konnten auch anders.[1]

Aber das Mittelalter war keine Epoche besonderer Tierliebe, und dies galt auch für den Umgang mit Meereslebewesen.[2] Philosophie und Theologie lehrten, dass Tiere geschaffen worden waren, um vom Menschen genutzt zu werden. Meereslebewesen wurden im Mittelalter nicht wegen ihrer Schönheit gehalten, noch weniger waren sie den Menschen Freunde. Sie wurden ausgebeutet, gejagt, getötet und verzehrt. Genauso wenig wollen wir bei aller Fokussierung des Meeres vergessen, dass das mittelalterliche Denken und Handeln das Land den Gewässern vorzog; dies wird durch Auswertungen unterschiedlicher Texttypen immer wieder deutlich werden.

Zugleich aber prägten das Meer und seine Lebewesen menschliche Gesellschaften stärker als gemeinhin angenommen, und die Verflechtungen zwischen den Menschen und den Meerestieren waren enger als oftmals vermutet. Es gehört schon längst zu den Grundannahmen einer maritimen Geschichtsforschung, dass Meere nicht nur trennten, sondern auch verbanden. Dieses Buch wird zeigen, dass dies auch auf die Lebewesen und Substanzen des Meeres zutrifft. Zuerst mit Blick auf die hier behandelten Tiere selbst: Insbesondere Fische durchqueren nicht nur ganze Meere, sondern können auch von einem Meer zum anderen migrieren. Verflochten waren aber auch die Menschen, denen Meereslebewesen Anlass zum Austausch über weite Entfernungen und über politische bzw. religiöse Grenzziehungen hinweg gaben.

Dieser Austausch umfasste Migration und Handel ebenso wie Literatur und Philosophie. Christliche Korallenfischer gingen ihrer Tätigkeit in islamisch beherrschten Ländern nach, mitteleuropäische Heringsfischer zogen alljährlich in den Norden zur Saisonarbeit, die Welt der mittelalterlichen Fischereiwirtschaft war eine der grenzüberschreitenden Migration. Nicht minder verflochten waren die Handelsräume marinen Warenaustauschs. Der schonische Hering war ein Verkaufsschlager, der über Tausende Kilometer hinweg über Land und Wasser in Massen vertrieben wurde, ebenso wie Salz, Sardinen, Kabeljau und Thunfisch. In geringeren Mengen, aber nicht weniger grenzüberschreitend gelangten Ambra, Perlen und Perlmutt aus dem Indopazifik und dem Persischen Golf an die Meerenge von Gibraltar und darüber hinaus in den Ostatlantik und in die Länder der Nord- und Ostsee. Mediterrane Korallen und Schwämme waren im Orient ebenso populär wie im lateinischen Westen, baltischer Bernstein gelangte bis nach China. Dieses Buch ist eine Verflechtungsgeschichte.

Das gilt auch für das Nachdenken über Substanzen und Meereslebewesen: In jüdisch, christlich und islamisch geprägten Gesellschaften gleichermaßen fußte die philosophische und theologische Beschäftigung mit den Dingen des Meeres auf antiken Grundlagen. Dieses etablierte Wissen wurde im Mittelalter übersetzt, kommentiert und rezipiert. Gerade arabischsprachige

Erkenntnisse jüdischer, orientchristlicher und muslimischer Gelehrter überquerten durch Glaubenslehren gezogene Grenzen. Zugleich offenbart der vergleichende Blick auf die lateinische, griechische, hebräische und arabische Welt bei allem Austausch auch Eigenheiten, etwa hinsichtlich der Wertschätzung gewisser Düfte oder der Bedeutung von Fastenzeiten.

Dieses Buch ist geschichtswissenschaftlich orientiert und stützt sich vorrangig auf mittelalterliche Textquellen unterschiedlicher Gattungen: auf Verwaltungsschriftgut, Literatur, diplomatische Korrespondenz, Briefe, literarische, theologische und naturwissenschaftliche Schriften. Das für diese Studie zusammengestellte und ausgewertete Quellencorpus stammt vorrangig aus den christlich geprägten Gebieten Europas, es umfasst aber auch viele Texte muslimischer und jüdischer Autoren aus der arabischen Welt des Mittelalters.

Der doppelte Perspektivwechsel vom Land auf die See und vom Menschen auf die Meereslebewesen bedeutet, disziplinäre Fachgrenzen zu überschreiten, über das engere Feld der Geisteswissenschaften hinauszugehen und von den Erkenntnissen der Naturwissenschaften zu lernen. Das Buch knüpft daher Verbindungen zwischen Geschichtswissenschaft, Meeresbiologie und Geografie.

Besonders folgenreich sind die dynamischen Entwicklungen in der Zooarchäologie. Die Schnittstellen zwischen Naturwissenschaften und Geisteswissenschaften werden seit mehreren Jahrzehnten durch innovative Forschungsmethoden gestärkt. Isotopenanalysen und andere Untersuchungsmethoden vermitteln wichtige Impulse, die dank Verfeinerungen der Methoden und Erweiterungen des Datenmaterials an Verlässlichkeit noch weiter gewinnen werden.

Besonders wertvoll sind diese Instrumente in den Regionen und für die Zeiten, in denen schriftliche Zeugnisse rar sind. Die Dynamik des Forschungsfeldes hat zu einer beachtlichen Zunahme zooarchäologischer Studien, Zeitschriften, Datenbanken, Arbeitsgemeinschaften und Verbundforschungsinitiativen geführt. Diese rege Fachgemeinschaft bleibt derzeit weitgehend unter sich, ihre wichtigen Forschungserträge werden von der allgemeinen Mittelalterforschung zu wenig zur Kenntnis genommen. Ein Anliegen dieses Buches besteht darin, zu einem Gespräch über die Disziplinen hinweg beizutragen.

Die vorliegende Untersuchung behandelt weder alle Meere der Welt noch all ihre Gesellschaften in der Epoche zwischen 500 und 1500 unserer Zeitrechnung.[3] Der Fokus liegt auf dem lateinischen und griechischen Christentum, der arabisch-muslimischen Welt und dem Judentum des sogenannten euromediterranen Raums und seiner Meere. Das heidnische Skandinavien und die slawische Welt spielen demgegenüber eine untergeordnete Rolle. Das bedeutet: Es geht um die Nord- und Ostsee, den Nordostatlantik und das Mittelmeer, den Indopazifik und die Arabischen Meere, in geringerem Maße um das Schwarze Meer. Diese Gewässer ermöglichten Kontakte zwischen den Ländern Nordeuropas und des Südens, sie verknüpften die mediterranen Regionen Südeuropas mit denen Nordafrikas und Westasiens, sie machten die Arabische Halbinsel und Ostafrika zu Nachbarn des indischen Subkontinents.

Die Meere und ihre Küsten unterscheiden sich stark voneinander, was Folgen für die Nutzung durch den Menschen und für dessen Siedlungsaktivitäten hatte.[4] Die Topografie der Küsten wirkt sich auch auf das Leben im Meer aus. Tektonische Kräfte schufen vor Jahrmillionen auch unter Wasser Gebirge und Täler, Gletscher formten während der Eiszeit Landschaften, die heute vom Meer bedeckt sind, Vulkanaktivitäten veränderten das Gelände. Nicht minder wichtig für das marine Leben sind Faktoren wie Strömungen und Winde. Sie haben einen unmittelbaren Einfluss auf die Temperatur und den Salzgehalt das Meereswassers, sie verursachen Wasserzirkulationen, die in horizontaler wie in vertikaler Richtung verlaufen können und für den Austausch von Wassermassen sorgen.

Diese Strömungen wiederum wirken auf die Lebewesen ein, denn Vorkommen, Verteilung und Diversität von Meerestieren werden in starkem Maße durch Tiefe, Temperatur und Zusammensetzung des Wassers bestimmt. Wärmere Wassertemperaturen begünstigen zum Beispiel die Entstehung von Plankton – Kleinstlebewesen, die als Grundlage der marinen Nahrungskette dienen: Pflanzliches Plankton (Phytoplankton) wird von tierischem Plankton (Zooplankton) verzehrt, das die Ernährungsgrundlage größerer Meerestiere darstellt, die ihrerseits Glieder der sich fortsetzenden Nahrungskette sind.

Die spezifische Wassertemperatur des Nordostatlantiks vor den Lofoten zum Beispiel bedingt eine hohe Dichte an Kleinstlebewesen und macht diese Region für den Kabeljau zu einem besonders attraktiven Laichgebiet – und für Menschen zu einem bevorzugten Ort des Fischfangs. Vergleichbare Faktoren sind für die hohe Artendichte der galicischen Küsten, des Golfs von Biskaya und anderer Zonen intensiver Fischereiwirtschaft verantwortlich. Umwelteinflüsse verändern die jährliche Migration von Fischarten, die zum Laichen küstennahe Regionen aufsuchen, und wirken sich auf die Menschen aus, die zum Beispiel auf das Ausbleiben gewisser Fischarten oder auf den Wandel ihrer Wanderrouten reagieren müssen (vgl. Karte S. 106).

Nicht alle Schätze des Meeres sind dem Menschen zugänglich. Im nordöstlichen Atlantik und im Mittelmeer zum Beispiel lassen sich die ca. 1100 Fischarten grob in solche unterteilen, die nahe der Wasseroberfläche leben und daher für den Menschen erreichbar sind, und die in größerer Meerestiefe lebenden Tiere.[5] Von großer wirtschaftlicher und ökologischer Bedeutung sind die vom Meer bedeckten Randbereiche der Kontinente, die Schelfe – bis zu 200 Meter tiefe Übergänge zur tiefen See und das aquatische Gegenüber der Küstengebiete. Sie sind die Kontaktzonen zwischen marinem und menschlichem Leben[6] und waren das Betätigungsgebiet der mittelalterlichen Fischer (Abb. 9).[7]

Jedes in diesem Buch behandelte Lebewesen bzw. jede Substanz des Meeres wird aus vier Blickwinkeln untersucht, deren Relevanz in den jeweiligen Kapiteln variieren kann. Die erste dieser Perspektiven liefert eine naturwissenschaftliche Hinführung – im Falle eines Tieres etwa eine Darstellung seines Habitats, seiner biologischen Eigenheiten, seiner Lebensformen, seines geografischen Vorkommens etc. Dabei wird die mittelalterliche Situation mit der gegenwärtigen verglichen, um Verschiebungen und Verluste marinen Lebens vor Augen zu führen und die Spezifika des Mittelalters erkennbar zu machen.

Ein zweiter Blickwinkel fokussiert menschliche Deutungen des behandelten Lebewesens oder Stoffs, insbesondere deren Stellung innerhalb christlicher, aber auch muslimischer und jüdischer Ordnungssysteme. Vor allem Sammlungen gelehrten Wissens wie Naturkunden oder Enzyklopädien werden auf Erwähnungen mariner Lebewesen und Substanzen hin überprüft. Diese weithin anerkannten Autoritäten liefern Hinweise darauf, welchen Schätzen des Meeres im christlich beherrschten Latein-Europa, im Judentum und in der islamisch geprägten Welt (dem Dār al-Islām) Potenzen, Symbolcharakter und damit Zeichenkraft zugeschrieben wurden.

Ein dritter, vorwiegend wirtschafts- und sozialgeschichtlicher Zugang fragt nach der Gewinnung von Fischen und Substanzen durch Fang, Sammeln, Abbau, aber ebenso nach deren Vertrieb. Wir wollen erfahren, wie die Schätze des Meeres eigene Berufs- und Gewerbezweige hervorbrachten, zum Aufstieg von Gruppen und Gesellschaften, von Städten oder Regionen führten. Ebenso interessieren die Folgen beim Ausbleiben oder beim Rückgang gewisser Ressourcen bzw. beim Zusammenbruch von Handelsketten.

Eine vierte und letzte Perspektive folgt einem materialsensiblen Zugang zum Thema Mensch und Meer: Hier stehen die mittelalterlichen Sachzeugnisse im Vordergrund des Interesses – also die Artefakte, die aus den Rohstoffen des Meeres hergestellt, und die Bildnisse, die von ihnen geschaffen wurden: die heute vorwiegend in Museen befindlichen Gemälde und die Erzeugnisse aus Walross- und Narwalzahn, aus Perlen und Perlmutt, aus Korallen und Bernstein etc. Damit ist das Buch jüngeren kulturwissenschaftlichen Initiativen verpflichtet, Geschichte anhand von Objekten zu schreiben.[8] Es greift solche Ansätze auf und unterscheidet sich zugleich von ihnen, indem es weniger herausragende Einzelgegenstände betrachtet als vielmehr das Material, aus dem diese gefertigt wurden, und den Blick auf die aquatische Herkunft dieser Dinge lenkt. Damit wird, so hofft der Autor, das Bewusstsein für die fundamentale Abhängigkeit des Menschen vom Meer geschärft.

MEER UND MENSCH

Abb. 1. Duccio di Buoninsegna, Christus ruft die Fischerapostel Andreas und Petrus (ca. 1308–1311).

I.

Das Meer verstehen

Die meisten Menschen des Mittelalters kannten das Meer nicht aus eigener, täglicher Anschauung. Es war vielmehr ein Raum ihrer Vorstellungswelt, durch Erzählungen, Bilder und Texte geschaffen. Die Grundlagen dieser Vorstellungen vom Meer entstammten teils dem religiösen Bereich, teils volkstümlichen Geschichten, teils der Gelehrtenkultur. Während mündlich weitergegebene Schilderungen größtenteils untergegangen sind, vermitteln die Kunst und mehr noch die schriftliche Überlieferung Einblicke in die Formen, wie mittelalterliche Menschen das Meer verstehen konnten.[1] Dass diese Vorstellungen sich je nach Bildungshintergrund, sozialer Gruppenzugehörigkeit und Geografie unterschieden haben dürften, liegt auf der Hand.

Religiöse Deutungen

Die drei abrahamitischen Religionen – Judentum, Christentum und Islam – beruhen wesentlich auf kanonischen Texten, in denen das Meer keine prominente Rolle spielt. Doch an einigen wenigen Stellen gehen sie auf die Gewässer und ihre Bewohner ein. Nicht nur das: Diese Texte tragen implizit oder explizit Wertungen marinen Lebens in sich, die sich als folgenreich erweisen sollten. Sie reichen von grundsätzlicher Ablehnung bis zu großer Akzeptanz, von maximaler Ferne zu unmittelbarer Nähe – Meereslebewesen können in diesen Texten das Eigene symbolisieren, aber ebenso das radikal Andere, ihre Bedeutungen sind ambivalent.[2]

In der Hebräischen Bibel, die aus christlicher Sicht als das Alte Testament bezeichnet wird, spielen die Fische des Meeres keine besonders bedeutende Rolle.[3] Dies kann nicht wirklich überraschen, denn das Judentum war in seinen Ursprüngen weniger maritim als terrestrisch geprägt. Bezeichnenderweise sind es keine Juden, sondern die andersgläubigen Einwohner der Hafenstadt Tyrus, die nach dem Buch Nehemiah (13:16) am Sabbat Fische von der Küste ins Binnenland, nach Judäa und Jerusalem, bringen. Während im Alten Testament gelegentlich der Fang von Süßwasserfischen erwähnt wird (Ez 26:5; 47:7–11), werden die Tiere des tiefen Meeres in den Schriften als tendenziell bedrohlich dargestellt. Erinnert sei an den furchterregenden Leviathan aus den Psalmen (104:26 und 74:14) und dem Buch Hiob (40–41), der in der Bibelauslegung im Laufe der Jahrhunderte zunehmend als Meeresungeheuer interpretiert wurde; oder an den »großen Fisch«, der den Propheten Jona verschlingt und ihn drei Tage in seinen Eingeweiden trägt (Jona 1–2).[4]

Selbst Süßwasserfische können nach Ausweis der Hebräischen Bibel gefährlich sein, wie die Geschichte von Tobias (Tob 6:1–5) zeigt, der an den Ufern des Tigris von einem aggressiven Fisch bedroht wird. Doch tötet er ihn und nutzt dessen Leber, Herz und Galle auf Anraten seines Begleiters, des Erzengels Rafael, um mit ihnen Dämonen zu vertreiben, dem Tod zu entgehen und letztlich Sara als Frau zu gewinnen (Tob 6–8). Die Skepsis gegenüber dem Meer und seinen Bewohnern wurde im Alten Testament auch bildhaft aufgegriffen. So etwa in Habakuk 1:14–17, wo das Böse oder gar der Teufel als unheilvoller Menschenangler konstruiert wird (»Sie ziehen alles mit der Angel heraus und fangen es mit ihrem Netz und sammeln es mit ihrem Garn. Darüber freuen sie sich und sind fröhlich«). Und natürlich hielt die Geschichte der Sintflut das Bewusstsein für die potenzielle Zerstörung ganzer Gesellschaften oder sogar der gesamten Menschheit wach.

Am deutlichsten wird der Vorbehalt gegenüber gewissen marinen Lebewesen im Judentum an den Speisevorschriften erkennbar, die unreine von reinen Speisen abgrenzen und dabei auch auf Meerestiere eingehen. Nach Levitikus 11:9–12 und Deuteronomium 14:9–10 dürfen schuppen- und flossenlose Meerestiere nicht gegessen werden: Damit ist Menschen jüdischen Glaubens unter anderem der Verzehr von Delfinen, Aalen, Meeresfrüchten, Kopffüßern (etwa Tintenfischen), Krebsen usw. verboten.

Im Neuen Testament des Christentums wurden ältere Ängste vor den Gefahren des Wassers wachgehalten: Auf dem See Genezareth bedroht ein Sturm das Leben der Jünger, bis Christus ihn auf wundersame Weise besänftigt (Jo 6:16–21; Mt 8:23–27). Auch Kapitel 27 der Apostelgeschichte erzählt von einem fürchterlichen Sturm, der im östlichen Mittelmeer den als Gefangenen nach Rom fahrenden heiligen Paulus und seine 270 Mitinsassen überkommt. Die Seeleute werfen die Ladung über Bord, um nicht unterzugehen; dank Gottes Hilfe bleiben aber alle Passagiere (wie von Paulus prophezeit) am Leben.[5]

Bei der Lektüre des Neuen Testaments begegnet man auch den Schätzen des Wassers. Es fällt nämlich auf, dass Fische – insbesondere Süßwasserfische – und Fischfang in den Evangelien eine herausgehobene Rolle spielen (Abb. 1). Nicht weniger als vier Jünger Christi – Simon Petrus, Andreas, Jakobus (der Sohn des Zebedäus) und Johannes – lebten als Fischer am See Genezareth (Mt 4:18–22; Mk 1:16–20), und dieses Binnengewässer ist auch der Ort, an dem Christus Wunder gewirkt und den Fischern reichen Fang beschert haben soll (Lk 5:1–11; Jo 21:3–14). Ganz in dieses Bild passt es, dass verschiedentlich die Evangelien vom gemeinsamen Fischverzehr der Apostel und ihren frühen Begleitern erzählen (Lk 24:42; Jo 21:9; 21:13; Mk 6:38).

Die frühen Christen ergänzten dieses Erbe um weitere Zuschreibungen, etwa indem sie eine folgenreiche zeichenhafte Verbindung der neuen Glaubensgemeinschaft und ihres Heilands mit den Tieren des Meeres schufen:[6] Christus selbst wurde nämlich mit dem Wort *Ichthys* = Fisch belegt, weil sich die fünf griechischen Buchstaben des Wortes als Anfangsbuchstaben der Formel »Jesus Christus, Sohn Gottes, Erlöser« (*Ἰησοῦς Χριστός Θεοῦ Υἱός Σωτήρ*) lesen lassen. Dieses Akronym des Fisches wurde im frühen Christentum sowohl in sprachlicher Form als auch bildlich verwendet. Es findet sich auf Grabstelen, aber auch in vielen anderen frühchristlichen Zeugnissen.[7] Ob es in Zeiten der Verfolgung als Erkennungsmerkmal unter Glaubensbrüdern und -schwestern, als ein Geheimzeichen diente, ist ungewiss. Aber in den ersten vier Jahrhunderten des Christentums symbolisierte der Fisch zweifellos Christus, bevor andere Tiere, insbesondere das Lamm, diese Funktion übernahmen.[8]

Nach dem Siegeszug des Christentums wurde die »ichthyologische« um allegorische Zuschreibung erweitert: Christus wurde in frühchristlichen Werken selbst bildhaft mit einem Fisch verglichen, weil er ohne Sünde geblieben sei – wie ein Meerestier trotz der Tiefe des Wassers am Leben bleibe.[9] Noch bekannter ist der aus Matthäus 4:19 (»Folgt mir nach; ich will euch zu Menschenfischern machen!«) überlieferte Vergleich Jesu mit einem Fischer: Wie dieser mit seinem Netz die Meerestiere fange, so gewönnen der Heiland und seine Jünger die Seelen der Menschen. Das allegorische Denken erlaubte solch scheinbare Widersprüche: Christus war zugleich Fisch und Fischer, Lamm und guter Hirte.

Ganz aus dem Alltag ist auch das Bild bei Matthäus 13:7–48, wo es heißt, dass im Himmelreich alle wie in einem Netz versammelt würden, um dann die Bösen und die Gerechten zu scheiden wie genießbare und ungenießbare Fische. Texte und bildliche Darstellungen des Mittelalters feierten Christus folglich als »Seelenfischer«.[10] Das Meer war auch für die Ausbreitung der neuen Glaubensgemeinschaft relevant, denn diese vollzog sich ganz wesentlich über das Meer. Die Apostel und ihre Anhänger nutzten die Konnektivität des Mittelmeeres für ihre Reisen entlang der Küsten und von Insel zu Insel.[11] Die Geschichte der frühen Christen erlangt daher ein ganz eigenes Gepräge, wenn man sie aus der Perspektive des Meeres betrachtet.

Die dritte abrahamitische Glaubenstradition, der Islam, hatte wie das Juden- und Christentum ihren Ursprung nicht in einer Küstenregion, sondern im Binnenland des arabischen Hidschāz. Doch werden die Lebewesen des Meeres im Koran durchaus erwähnt, so in Sure 5:96, wo ausdrücklich der Fang und der Genuss von Fisch gutgeheißen werden (»Erlaubt sind euch die Jagdtiere des Meeres und [all] das Essbare aus ihm als Nießbrauch für euch und für die Reisenden«), denn nach Sure 16:14 habe Allah den Menschen »das Meer dienstbar gemacht [...], damit ihr frisches Fleisch daraus esst und Schmuck aus ihm hervorholt«.[12] Zwar ist auch im Koran verschiedentlich von den Gefahren des Meeres die Rede (Sure 10:22–23; 17:67–69; 24:40; 44:24), und auch ein Hinweis auf das Abenteuer des Jona findet sich in ihm (Sure 37:142).[13] Doch wird hier viel häufiger als im Alten und Neuen Testament auf den Seehandel und die Reichtümer verwiesen, welche auf dem Meer zu erlangen sind (vgl. etwa Sure 14:32; 16:14; 18:79; 22:65; 31:31; 42:32; 45:12; 55:29).[14] Der Siegeszug des Islam seit dem 7. Jahrhundert führte dazu, dass auch viele Küstengesellschaften des Mittelmeerraums die neue Lehre annahmen und das Meer bzw. seine Lebewesen noch mehr zu einem festen Bestandteil der islamischen Welt wurden.[15]

Neben dem Koran ist die Sunna des Propheten die bedeutendste Grundlage des islamischen Rechts. In dieser nehmen die Hadithe, die gesammelten Aussprüche und Handlungen des Propheten Muhammad bzw. herausragender Dritter, eine wichtige Stellung ein. Auch die Hadithe beinhalten Hinweise auf das Meer im Allgemeinen und seine Fauna im Besonderen, sie wirken wegen ihres normativen Charakters maßgeblich auf islamische Gesellschaften ein. So schildert die in besonders hoher Wertschätzung stehende Hadith-Sammlung des Sahīh al-Buchārī (gest. 870), *Das umfassende Gesunde* (*al-Ǧāmiʿ aṣ-ṣaḥīḥ*), wie die Prophetenschaft Muhammads mit der Frage auf die Probe gestellt wurde, was wohl die erste Mahlzeit sei, die Neuankömmlinge im Paradies einnähmen – denn diese Frage könne nur ein Prophet korrekt beantworten. Muhammad erwidert, es handele sich um ein gutes Stück Fischleber, worauf sein Gegenüber bezeugt, er sei in der Tat der Gesandte Gottes.[16] Der Text belegt die Wertschätzung des Fisches als Nahrungsmittel in der Gemeinschaft der muslimischen Gläubigen (der »Umma«) und verstärkt sie zugleich.

Mittelalterliche Fortentwicklungen

Wie wurden die in den Anfangszeiten und in den fundamentalen Schriften der drei abrahamitischen Religionen grundgelegten Haltungen zum Meer in den darauffolgenden Jahrhunderten des Mittelalters aufgegriffen und fortentwickelt? Der karolingerzeitliche Gelehrte Hrabanus Maurus (gest. 856) fasste in seinem Werk *De Universo* Auslegungen der marinen Welt zusammen, wie sie den heiligen Texten des Christentums entnommen werden konnten.[17] Hrabanus verstand das Meer als einen Ort, der eine Vielzahl an Lebewesen, darunter auch Monster und übergroße Tiere, hervorbringen könne. In Anlehnung an Matthäus 13:47–48 verglich er die Kirche mit einem großen Netz, das alle

Menschen anziehe, um dann die Guten von den Schlechten zu trennen.

Die Unterscheidung zwischen Vögeln und Fischen aus Psalm 8:9 wiederum interpretierte Hrabanus als einen Hinweis auf die Philosophen, die sich nicht wie stolze Menschen in die Lüfte schwängen, sondern wie Fische mit Neugierde für die Welt und gesenkten Köpfen, in schwerer Arbeit und mit Verstand den Sachen auf den Grund gingen.[18] Die Apostel werden in Anlehnung an Matthäus 4:19 schließlich als »Fischer des Evangeliums« bezeichnet, Christus selbst als ein Fisch, der im Feuer der Drangsal gebraten worden sei (Lk 24:42).

Spätere christliche Autoren entwickelten diese Deutungen über die Jahrhunderte fort.[19] Der Fisch wurde als Symbol des Geistes ausgelegt, als Speise der Armen. Am Fisch lässt sich damit beobachten, was für Darstellungen der Tierwelt im Mittelalter allgemein gilt: Die meisten Tiere können in den Auslegungen der Zeitgenossen sowohl positive als auch negative Bedeutungsträger sein.[20]

Ähnlich ambivalent wird das Meer verstanden, als ein Sinnbild des Himmels und der Auferstehung[21] wie auch als ein Ort der Gefahr, was die Sintflut überdeutlich zeigt. Von einigen Autoren des früheren Mittelalters wird es sogar unmittelbar mit dem Dämonischen verbunden und in Sonderheit mit der Hölle assoziiert.[22] Das Meer verschluckt seine Opfer, gelegentlich tun dies auch die in ihm lebenden Tiere wie der Wal. Nach der Vita des heiligen Amandus, Bischof von Maastricht (gest. um 675), bricht sofort ein schrecklicher Sturm aus, als die Fischer eines Bootes, auf dem der Gottesmann reist, einen großen Fisch fangen – offenbar steht das Tier mit dem Teufel im Bunde.[23] Folgerichtig wurden die Tiefen des Meeres von Theologen des früheren Mittelalters nach religiösen Gesichtspunkten hierarchisiert: Auf dem Meeresboden lebten Tiere, die als Sinnbilder der Sünde und der Verdammnis gesehen wurden, die an der Meeresoberfläche symbolisierten hingegen jene, die dem spirituellen, gottgefälligen Leben nahe stünden.[24]

Im Mittelalter wurden die biblischen und nachbiblischen Schriften, die mitunter von Seereisen der Apostel und Jünger erzählen, um hagiografische Quellen erweitert – also um Schriften und Artefakte, die das Leben und Wirken der Heiligen schildern und deren Kult begründeten oder verstärkten. Griechische und lateinische Texte erzählen von Heiligen, die vor Seeräubern schützen, Schiffe an der Weiterfahrt hindern, die Stürme besänftigen oder im Gegenteil Unwetter heraufbeschwören.[25] Andere Texte schildern, wie der Leichnam eines Heiligen oder Teile seines Körpers über das Meer transportiert werden und an einem neuen Ort kultische Verehrung erlangen.[26] Apostel wie Markus und Jakobus der Ältere, aber auch Heilige wie Nikolaus von Bari[27] sind nur besonders berühmte Beispiele solcher hagiografischer Meeresreisen, die in der europäischen Kunst einen breiten Niederschlag erfuhren.[28]

Manchen dieser Heiligen wurde auch nach ihrem Tod eine besondere Wirkmacht auf den Meeren beigemessen. Jesus hatte Wind und Wasser besänftigt, als seine Jünger auf dem See Genezareth in Seenot gerieten. Einigen Heiligen wurden ähnliche Kräfte zugeschrieben. Seit dem 9. Jahrhundert im griechischen Christentum und in der Folge auch in Latein-Europa weit verbreitet war der Kult des heiligen Nikolaus als Beschützer der Seefahrer.[29] Bildliche Darstellungen zeigen ihn als himmlischen Helfer, der aus den stürmischen Wolken Schiffbrüchigen zu Hilfe eilt. Ein Gemälde Gentiles da Fabriano (gest. 1427) aus dem Jahr 1425 etwa vermittelt die Dramatik der Situation (Abb. 2): Die Reisenden haben Waren über Bord geworfen, um die Last zu verringern und vielleicht doch das Kentern zu verhindern, aber vergebens. Das Schiff fährt seinem Untergang entgegen, als plötzlich aus himmlischen Höhen der Retter herbeieilt: der heilige Nikolaus im vollen Bischofsornat.

Abb. 2. Gentile da Fabriano, Errettung durch den heiligen Nikolaus von Bari (1425).

Ähnliche Wirkmacht zur See wurde dem heiligen Nikolaus von Tolentino und dem heiligen Rainer (Ranieri Scacceri, gest. 1160) zugeschrieben, einem Kaufmannssohn aus Pisa, der ein gottesfürchtiges Leben in der Levante und in seiner Heimatstadt führte und vor allem von seinen ehemaligen Berufsgenossen verehrt wurde, weil er angeblich gegen Stürme und die Angriffe muslimischer Seeräuber schützen konnte (Tafel 1).[30] Die Wirkung des Bischofs von Bari, des Kaufmannssohns aus Pisa und anderer Heiliger zur See wurde nur von derjenigen Marias übertroffen, der verehrtesten aller maritimen Helfer und Helferinnen.[31]

Zugleich verdeutlicht die Anrufung der Heiligen in der Not einmal mehr, dass die mittelalterlichen Menschen das Meer in erster Linie als Bedrohung und Gefahr verstanden, selbst wenn es wirtschaftliches Auskommen und sogar Reichtümer versprach.[32] Vorannahmen romantischer »Landtreter«, wonach Küstengesellschaften eine tendenziell positivere Einstellung zum Meer pflegten als Gesellschaften des Landesinneren, gehören kritisch überprüft. Denn gerade die Küstenbewohner gaben sich über die Gefahren des Meeres keinen Illusionen hin.[33] In Dithmarschen an der Nordsee zum Beispiel sah man die Natur, mit der man täglich konfrontiert war, nicht nur mit Respekt und Angst, sondern sogar mit Ablehnung und Feindschaft,[34] und auch an anderen Orten fürchteten gerade die Seeleute das Meer.[35]

Mit guten Gründen riefen Matrosen und Reisende des Mittelmeeres im späteren Mittelalter, sobald sie das sichere Land aus den Augen verloren, voller Sorge und mit speziellen Gebeten die in Küstenorten verehrten Heiligen um Beistand an.[36] Zahllos sind die mittelalterlichen Texte, die vor den Gefahren des Meeres warnen und die See als Sinnbild für die – seelischen, physischen, moralischen – Gefährdungen des Menschen benutzen. Die Heiligenerzählungen spiegelten damit Alltagserfahrungen maritimer Gesellschaften.[37]

In einigen wenigen hagiografischen Erzählungen des Mittelalters, aber auch in didaktischer, also lehrhafter Literatur jener Zeit werden mitunter Wundergeschichten von Meeresbewohnern erzählt.[38] Meerestiere konnten – wie Landtiere auch – in hagiografischen Erzählungen als Symbole dienen, um die Gottgefälligkeit gewisser Menschen zum Ausdruck zu bringen, die in Anlehnung an das Vorbild Christi Fische vermehrten, für erfolgreichen Fischfang sorgten oder denen auf wundersame Weise Fische als Speisen zukamen.[39] Ähnlich den erwähnten Mirakeln Jesu, der seine Tempelsteuer mit der Münze bezahlt, die ein Fisch des Sees Genezareth im Maul trug (Mt 17:27), schilderten Viten und Mirakelberichte (des Arnulf von Metz, gest. 640, des Ambrosius von Cahors, 7. oder 8. Jh., und vieler anderer), wie ein vermeintlich für immer verloren geglaubter (weil ins Meer geworfener, in einen Fluss gefallener) Gegenstand auf wundersame Weise wieder zum Vorschein kommt: Der Fisch, der ihn verspeist, wird seinerseits gefangen und landet als Gericht auf dem Teller desjenigen, der das Objekt seinerzeit verloren hatte.[40]

Der *Gregorius* des Anfang des 13. Jahrhunderts verstorbenen Dichters Hartmann von Aue überliefert eine Variante dieser Erzählung, wonach der spätere Papst Gregor sich als Sünder an einen Felsen ketten und den Schlüssel des Schlosses ins Wasser werfen lässt, nur um 17 Jahre später von Klerikern befreit zu werden, die eben jenen Schlüssel in einem Fisch wiederfinden.[41] Meerestiere dienen hier als Boten Gottes, um eine Nachricht zu übermitteln. In vielen anderen hagiografischen Erzählungen manifestiert sich die Heiligkeit eines Menschen gerade dadurch, dass sie von grundsätzlich als unvernünftig angesehenen Kreaturen bestätigt wird: Wilde Tiere, die einen Heiligen zerfleischen sollen, stellen sich auf seine Seite und beginnen zu reden etc. Die zeitlich begrenzte Aussetzung der Naturgesetze durch Tiere belegt die besondere Gottesnähe eines Menschen. Doch im Vergleich mit Landtieren wurden Meereslebewesen nur selten auf diese Weise hagiografisch und narrativ genutzt.[42]

Auch im Judentum und Islam gelten gewisse herausragende Gestalten – wie die Heiligen im Christentum – als verehrungswürdige Vorbilder. Die *Chronik des Aḥimaʿaẓ ben Paltiel* zum Beispiel, ein jüdischer hagiografischer Text, erzählt von den Taten verschiedener Rabbis des 9. bis 11. Jahrhunderts auf ihren Fahrten zwischen Jaffa und Konstantinopel, italienischen Seestädten, Nordafrika und dem Mittleren Osten. Das Werk schildert unter anderem die wundersame Besänftigung des wilden Meeres, vor allem aber zeigt es die See als einen ambivalenten Raum, der bedrohlich sein kann, an dem sich Gott aber auch den Menschen offenbart.[43]

Hoch- und spätmittelalterliche arabisch-muslimische Schriften wiederum zeigen die Gottverbundenheit verehrter Sufis und anderer als besonders heiligmäßig geltender Personen durch

Schilderungen von Wundern, die sie auf dem Meer bewirkten: Diese Männer konnten über das Wasser gehen oder sich sogar auf dem Meeresgrund fortbewegen, auch sie besänftigten Stürme und schützten vor Angreifern.[44] Ihre Gottgefälligkeit wird natürlich auch durch Tiere zum Ausdruck gebracht, durch Kamele, Esel und Löwen, gelegentlich aber auch durch Fische: Solche kamen angeblich aus den Tiefen des Meeres, um den Segen von Aḥmad ar-Rifāʿīs (gest. 1182) zu erlangen – »sie drängten sich um ihn wie Kamele um Wasserplätze« –, und wenn er oder auch Ǧamāl ad-dīn Burullusī (14. Jh.) Appetit auf Fisch hatten, eilten die Tiere herbei, um sich ihnen anzubieten; und auch in der islamischen Welt gehört die Geschichte vom verlorenen Ring, den ein Fisch zurückbringt, zum Repertoire verschiedener Biografien kultisch verehrter Menschen.[45]

Vergleichend betrachtet dient das Meer in den religiösen Vorstellungen des Judentums, Christentums und Islam damit häufig als Bühne oder als Medium, mit dessen Hilfe die Macht des Guten oder des Bösen den Menschen erfahrbar gemacht wird. Die Lebewesen des Meeres spielen in diesen Darstellungen eine untergeordnete Rolle.

Sicher stößt man gelegentlich auf sehr aufschlussreiche Texte: Vereinzelte muslimische Sufis waren Fischer, daher wird ihre Gottesnähe durch besondere Fähigkeiten und Erfolg in diesem Metier zum Ausdruck gebracht.[46] Der Geograf al-Muqaddasī (gest. ca. 1000) wiederum verglich den Fischreichtum zweier Meere und deutete diesen religiös. Nach ihm war das Mittelmeer ärmer an Fischen als die Arabische See, weil es auf die Frage Gottes, welche Gnade es den Menschen bereiten werde, knapp geantwortet habe: »Nun, Herr, ich werde sie ertränken«, worauf Allah voller Zorn ausruft: »Weg von mir! Wahrlich, ich verfluche dich! Ich werde dich weniger schön und weniger fischreich machen!« Das Arabische Meer hingegen erwidert auf die gleiche Frage, es wolle die Menschen gern auf seinem Rücken tragen und ihre Gottesfurcht stärken. Darauf Allah: »Geh! Ich segne dich! Ich will dich noch schöner und fischreicher machen!«[47] Doch insgesamt sind solche Textzeugnisse sowohl in islamisch wie in christlich geprägten Gebieten selten.

Speisegebote

Insbesondere im christlich geprägten Latein-Europa wurde Fischkonsum durch religiöse Fastengebote reglementiert. In welchem Maße dies geschah, wird in der Forschung unterschiedlich beurteilt. Einerseits ist nicht zu bestreiten, dass auch in nichtchristlichen, etwa in heidnischen oder muslimischen, Gesellschaften Fisch in Mengen verzehrt wurde, die sich nicht substanziell von denen in christlichen Gemeinden unterschieden. Außerdem ist mit Recht angeführt worden, dass nicht nur die Fastengebote, sondern auch die Stadtentwicklung und der durch sie gesteigerte Bedarf an halt- und bezahlbaren Speisen sowie andere Faktoren mehr im Mittelalter auf den Fischkonsum einwirkten.[48]

Andererseits zeigen die Quellen aber, dass zur Fastenzeit die Fischverkäufe in christlich geprägten Territorien entscheidend zunahmen und die Fischpreise stark anstiegen.[49] Rechnungslegungen von Klöstern und Höfen, aber auch Einfuhrlisten spätmittelalterlicher Städte belegen eine markante Korrelation zwischen Fastenzeit und Fischkonsum. Fisch wurde von Gläubigen als Fastenspeise gegessen, für die Armenspeisung in Spitälern gereicht und in kirchlichen Einrichtungen bei Gedenkfeiern für Verstorbene aufgetischt.[50] Die Bedeutung des Fastens in den Beziehungen zwischen dem Menschen und dem Meer ist nicht zu unterschätzen. Doch worauf ging diese Praxis kulinarischer Enthaltsamkeit zurück, und wie entwickelte sie sich im Verlauf des mittelalterlichen Jahrtausends?

Spezielle Speiseregelungen existierten zu allen Zeiten und in sehr vielen Gesellschaften. Man unterscheidet dabei zwischen dem vollständigen Verzicht auf Nahrung, dem Fasten, und der Entsagung gewisser Speisen, der Abstinenz. Beide Praktiken dienen der spirituellen Reinigung und können als Demuts- oder als Bußübung geleistet werden. Das Christentum führte einerseits entsprechende Gewohnheiten des Judentums fort, setzte sich aber andererseits von seiner Herkunftsreligion dadurch ab, dass nicht mehr der Montag und Donnerstag, sondern Mittwoch und Freitag zu wöchentlichen Fastentagen erklärt wurden. Bereits aus dem 1. Jahrhundert liegen Hinweise auf diesen Richtungswechsel vor, der im 4. Jahrhundert schon fest verankert war. Im Verhältnis zwischen lateinischem und griechischem Christentum gaben in dieser Zeit die Fastenpraktiken Anlass für Streit und Abgrenzung.[51] Im lateinischen Christentum setzte sich im Laufe der Spätantike die Abstinenz durch, die im Wesentlichen aus der Entsagung von Fleisch und Milcherzeugnissen bestand.

Ergänzt wurden die wöchentlichen Fasttage um jährliche: an den Sonntagen vor Weihnachten und insbesondere an den 40 Tagen von Aschermittwoch bis Karsamstag. Diese für die Geschichte des Christentums bedeutendste jährliche Fastenzeit, die österliche Quadragesima, erinnerte an Christi Aufenthalt und Fastenzeit in der Wüste. Spätestens zum Ende des Frühmittelalters hatte sich dieser Brauch im lateinischen Westen weitgehend durchgesetzt, in neu christianisierten Gebieten teils mithilfe drakonischer Strafen: So drohten die Kapitularien Karls des Großen (gest. 814) für die unterworfenen Sachsen denen die Todesstrafe an, welche das 40-tägige Fasten vor Ostern missachteten und Fleisch aßen.[52] Neben der Quadragesima wurde zusätzlich vor hohen Festtagen gefastet (Vigilfasten), sodass über das Jahr hinweg eine stattliche Menge an Fasten- und Abstinenztagen zusammenkam, mit zunehmender Tendenz im Laufe des Mittelalters.[53] Es lässt sich daher durchaus fragen, ob die markante Zunahme des Bedarfs an Meeresfischen, die für das hohe Mittelalter beobachtet worden ist (vgl. Kapitel 3), nicht frömmigkeitsgeschichtlich beeinflusst worden sein könnte.

Allerdings ist in Rechnung zu stellen, dass die Fastenpraktiken regional variierten; es lassen sich daher keine genauen Angaben für ganz Europa treffen. Aber grundsätzlich kann man festhalten, dass im Jahr weit über 150 Fastentage (in einigen Gegenden sogar bis zu 200) zu befolgen waren. Hinzu traten das rigorose Fasten einiger Orden und Kongregationen sowie das individuelle Fasten als Bußleistung, wie es die frühmittelalterlichen Bußbücher vorschrieben und manche religiös verehrten Gestalten des Hochmittelalters wie Franziskus (gest. 1226) und Klara von Assisi (gest. 1253) vorlebten.[54] Da in diesen Tagen auf Fleisch und Milchprodukte verzichtet wurde, musste – insbesondere während der langen Quadragesima – der Eiweißbedarf durch andere Nahrungsmittel ersetzt werden. Hier nun kam der Fisch ins Spiel, bzw. genauer: die Meereslebewesen. Denn im Mittelalter galten alle Tiere als Fische, deren Habitat das Wasser war. Daher durfte auch das Fleisch von Meeressäugern wie Delfinen oder Walen, die heutzutage nicht zu den Fischen gezählt werden, während der Fastenzeit gegessen werden.

Männer und Frauen jüdischen Glaubens hatten ebenfalls ihre Speisegebote zu beachten, die von denen der Christen abwichen, von der Mehrheitsgesellschaft abgelehnt und zu einem Instrument der Verfolgung werden konnten. Auf der Iberischen Halbinsel zum Beispiel führte strukturelle (und häufig auch physische) Gewalt dazu, dass Jüdinnen und Juden offiziell zum Christentum konvertierten, insgeheim aber ihren Glauben beibehielten. Die christlichen Zeitgenossen warfen ihnen vor, sie seien »Judaisierer« (span. »judaizantes«, in der Forschung wird auch von »Krypto-Juden« gesprochen).

Christen ehemals jüdischen Glaubens bzw. ihre Nachkommen wurden daher insbesondere im 15. Jahrhundert argwöhnisch beobachtet, um Hinweise zu entdecken, dass sie ihrer alten Glaubensgemeinschaft treu geblieben waren, und solche Hinweise waren die Speisepraktiken. Inquisitionsakten aus den iberischen Reichen belegen, dass der Verzicht auf Delfinfleisch, Krustentiere oder andere durch die jüdischen Speisegebote untersagte marine Nahrungsmittel Anlass zur Verfolgung bot.[55] Zugleich lassen sich zwischen jüdischen und christlichen Gemeinden auch harmonischere Verflechtungsprozesse beobachten. Möglicherweise in Analogie zu dem durch das Fastengebot bedingten christlichen Fischverzehr an hohen Festtagen bevorzugten auch Jüdinnen und Juden des Mittelalters in einigen Regionen bei Festen Fisch statt Fleisch, insbesondere bei Bestattungen, aber auch bei religiösen Festen wie Yom Kippur und Purim.[56]

Im Islam wiederum sind nicht alle Fische »ḥalāl«: Wie im Judentum gelten nach Ansicht einiger einflussreicher Rechtsschulen schuppenlose oder verendet aufgefundene Meerestiere als eine unreine Speise.[57] Die Praxis des Mittelalters sah indes häufig anders aus. Fisch war in weiten Teilen der islamischen Gesellschaft eine geläufige Alltagsspeise, und ein sehr detailliertes andalusisches Kochbuch aus dem 13. Jahrhundert belegt, dass die Vorbehalte gegenüber schuppenlosen Meerestieren keineswegs uneingeschränkt galten.[58] Überraschend ist auch die in einigen muslimischen Rezeptbüchern zu findende Empfehlung, Fisch stets mit viel Wein zu genießen.[59] Hier lässt sich eine Diskrepanz zwischen religiösen Normen und gelebtem Alltag beobachten. Dazu trug nicht zuletzt der Aufschwung naturkundlichen Wissens im hohen Mittelalter bei, dem wir uns nun zuwenden wollen.

Dieses Feld der im weitesten Sinne wissenschaftlichen Beschäftigung mit dem Meer ist weit und unübersichtlich – zumal dann, wenn wir seine Geschichte auf ihre antiken Grundlagen zurückführen und Judentum, Christentum und Islam gleichermaßen berücksichtigen wollen. Um Ordnung in das Gewirr zu bringen, werden im Folgenden wesentliche Gattungen der Literatur und deren herausragende Repräsentanten vorgestellt: zuerst und ausführlich die häufig von Klerikern, insbesondere Mönchen verfassten, in der Nachfolge des Aristoteles (gest. 322 v.u.Z.) und Plinius (gest. 79) stehenden Tierkunden und Enzyklopädien; dann die auf den frühchristlichen *Physiologus* zurückgehenden Bestiarien; schließlich medizinische Traktate und Kochbücher.

Es kann nicht ausbleiben, dass bei einer solchen Übersicht viele Autorennamen genannt werden. Aus der verwirrenden Vielfalt seien daher die zwölf Gelehrten herausgehoben, die in diesem Buch besonders häufig zur Sprache kommen werden. Es handelt sich um die beiden gerade genannten antiken Autoren Aristoteles und Plinius, um den anonymen Autor des frühchristlichen *Physiologus*, um den 630 gestorbenen Universalgelehrten Isidor von Sevilla, um Hrabanus Maurus und al-Ǧāḥiẓ aus dem 9. Jahrhundert, um den 1048 verstorbenen al-Bīrūnī, um Ibn al-Baiṭār (gest. 1248), Thomas von Cantimpré (gest. 1272) und Albertus Magnus (gest. 1280) aus dem 13. Jahrhundert sowie aus dem späten Mittelalter um Konrad von Megenberg (gest. 1374) und um den anonymen Autor des von Jakob Meydenbach (gest. nach 1495) gedruckten *Hortus sanitatis* von 1491.

Gelehrtes Wissen

Zu den geläufigen Vorurteilen gegenüber den Menschen des Mittelalters gehört die Behauptung, sie hätten die Natur nicht erforscht, sondern sie lediglich aus der Perspektive der Theologie zu verstehen versucht. Erst in der Neuzeit hätten Menschen – gegen den Widerstand kirchlicher Autoritäten – den wissenschaftlichen Weg der Naturbeobachtung eingeschlagen und Licht in das Dunkel jahrhundertelanger Ignoranz gebracht. Doch bei genauerem Hinsehen lassen sich viele Schriften nennen, die die Natur im Allgemeinen und die Tierwelt im Besonderen auf der Grundlage von Naturbeobachtung und rationalen Schlüssen beschreiben und erklären wollen, dies vor allem seit dem 13. Jahrhundert.[60]

Zwischen 1241 und 1245 verfasste der englische Franziskaner Roger Bacon (gest. 1292) ein solches Werk unter dem Titel *Über die Tiere* (*De animalibus*). Während diese Schrift verloren ist, sind verschiedene in ihrer Folge entstandene, ähnlich umfassend angelegte Texte auf uns gekommen: die *Untersuchungen über das Buch ›Von den Tieren‹ des Aristoteles* (*Questiones super libro ›De Animalibus‹ Aristotelis*) des Petrus Hispanus (gest. wohl 1277),[61] das *Buch der Natur* (*Liber de natura rerum*) des Dominikaners Thomas von Cantimpré,[62] das *Buch der Tiere* (*Liber de animalibus*) des kastilischen Franziskaners Petrus Gallego (gest. 1267),[63] Arnolds von Sachsen (13. Jh.) *De naturis animalium*,[64] die *Schrift über die Tiere* (*De animalibus*) des deutschen Dominikaners Albertus Magnus[65] u. a. m.

Noch allgemeiner, aber ebenfalls die Tierwelt behandelnd, waren die großen »Enzyklopädien«[66] jener Zeit, welche unter anderem der Dominikaner Vinzenz von Beauvais (gest. 1264)[67] und der Franziskaner Bartholomäus Anglicus (gest. 1250)[68] vorlegten. Wie auch Autoren vor ihnen verstanden diese Gelehrten des 13. Jahrhunderts das Meer als einen Raum der Wunder, der eine Unzahl an Lebewesen und Monstren hervorbrachte, auch sie deuteten mitunter die das Meer bevölkernden Geschöpfe theologisch. Doch zugleich versuchten sie, die Tierwelt in Systematiken (Taxonomien) zu gliedern und naturwissenschaftlich zu beschreiben. Als »Fische« erachteten sie dabei alle im Wasser lebenden Tiere – also Kiemenatmer ebenso wie marine Weichtiere, Kopffüßer, Krebse, Säugetiere, Reptilien sowie biblische, mythische und andere aus heutiger Sicht fantastische Tiere des Meeres.

Diese Gesamtdarstellungen und Ordnungsversuche tierischen Lebens waren alles andere als vollständige Neuschöpfungen. Vielmehr handelte es sich bei ihnen in erster Linie um Sammlungen, Kommentare und Bearbeitungen einschlägigen antiken Wissens. Von herausragender Bedeutung für die mittelalterlichen Autoren waren die Werke des Aristoteles.[69] Der einflussreichste Philosoph und Naturforscher der Antike griff ältere, aus Reisebeschreibungen hervorgegangene Abhandlungen und Erzählungen über Tiere auf, wertete sie wissenschaftlich aus und ergänzte sie um eigene Beobachtungen. Seine Tierkunde (die *Περὶ τὰ ζῷα ἱστορίαι/Historia animalium*) liefert eine umfassende Klassifizierung von über 500 Tierfamilien nach äußerer Erscheinung und innerem Aufbau, ergänzt um Angaben zum jeweiligen Lebensraum der Tiere, zu ihren Gewohnheiten und ihrer Fortpflanzung. Ausführlich geht Aristoteles dabei, vor allem in den Büchern 5, 6 und 8 seines Werkes, auf das marine Leben ein. In der Rubrik der blutführenden Tiere finden sich detaillierte Kapitel zu den Fischen und den Meeressäugern, unter den blutlosen Tieren behandelt er Weich-, Krusten- und Schalentiere des Meeres.

Die antike Tradition der Naturbeobachtung und -beschreibung erschöpfte sich aber keineswegs mit Aristoteles. Vor allem im 1. und 2. nachchristlichen Jahrhundert verfassten römische Autoren grundlegende Werke, welche teilweise ebenfalls im Mittelalter aufgegriffen wurden. Allen voran steht die *Historia naturalis* des Plinius, eine monumentale Enzyklopädie in 37 Büchern, welche älteres Wissen zusammenfasst und ordnet.[70] Auch der berühmte römische Biograf Plutarch (gest. 120) verfasste Schriften über die Natur und die Klugheit der Tiere. Zu nennen sind weiterhin die Anleitung zum Fischen (*Halieutika*) – ein Lehrgedicht des griechischen Dramatikers Oppian (2. Jh.) – oder die *Tiergeschichten* (*De natura animalium*) des um 222 verstorbenen Claudius Aelianus (Ailianos). Zum Ende des 3. Jahrhunderts kompilierte Solinus das Werk des Plinius in seiner Schrift über die Wunder der Welt (*De mirabilibus mundi*), was wesentlich zur Kenntnis des Plinius im Mittelalter beitrug.[71]

Im frühen und dann im hohen Mittelalter griffen Autoren und Autorinnen dieses antike Wissen über Tiere rege auf und deuteten es religiös um. Vor allem ein Werk diente als Brücke zwischen der römischen Antike und dem lateinisch-christlichen Mittelalter: der *Physiologus* (»Der Naturkundige«).[72] Dabei handelt es sich um eine irgendwann zwischen dem 2. und 4. Jahrhundert, wahrscheinlich in Alexandria, von einem anonymen Autor niedergelegte Sammlung verstreuter Kenntnisse und Allegorien über Tiere und einige Gesteine.[73]

Das Werk führt griechisches, römisches, ägyptisches, jüdisches und indisches Wissen zusammen und deutet es christlich um. Es wurde ursprünglich auf Griechisch verfasst und dann ins Lateinische, aber auch in andere Sprachen übersetzt (es existieren frühe Übersetzungen ins Äthiopische, Koptische, Syrische, Arabische, Georgische und Armenische). Im Mittelalter fand es in den lateinischen Versionen der *Dicta Chrysostomi* aus der Zeit um 1000 und im *Physiologus Theobaldi* aus dem 12. Jahrhundert weite Verbreitung.[74] Die Menschen des Mittelalters erlangten mithilfe des *Physiologus* nicht nur fragmentarisches Wissen über einzelne Tierarten, sondern auch eine religiöse Unterweisung.

So schwimmt nach dem *Physiologus* der Segelfisch über viele Kilometer neben den Schiffen, um dann, von dieser langen Anstrengung ermüdet, in den Tiefen des Meeres zu versinken. Diese vermeintliche Naturbeobachtung wird im Folgenden allegorisch ausgelegt: Das Schiff, das unbeschadet der Stürme usw. über das Meer segelt, versinnbildlicht jene Menschen, die dauerhaft gute Werke vollbringen. Diejenigen aber, die nur kurze Zeit gute Werke tätigen, werden – wie der Segelfisch im Meer – in den Tiefen der Hölle versinken.[75]

Der *Physiologus* war außerordentlich einflussreich. Kirchenvätern wie Ambrosius (gest. 397), Augustinus und Gregor dem Großen (gest. 604) war er bekannt, er floss in die *Etymologien* des iberischen Gelehrten Isidor von Sevilla (gest. 630)[76] und in die erwähnte Schrift des Hrabanus Maurus (*De natura rerum*)[77] ein; hochmittelalterliche Autoren wie Petrus Damian (gest. 1072), Rupert von Deutz (gest. 1129), Cäsarius von Heisterbach (gest. 1240), Abälard (gest. 1142) griffen ihn auf.[78] Emblematische Tiere des *Physiologus*, etwa der Panther und der Pelikan, wurden aufgrund ihrer theologischen Auslegung im Mittelalter immer wieder abgebildet – etwa in Prachthandschriften oder in Glasfenstern und Skulpturen der Klöster und Kathedralen.[79]

Neben dem *Physiologus* wirkten insbesondere die *Etymologien* (bes. Buch 13) des iberischen Gelehrten Isidor von Sevilla aus dem 7. Jahrhundert und das rund zwei Jahrhunderte später entstandene *De natura rerum* des Hrabanus Maurus stark auf das mittelalterliche Denken über das Meer und seine Lebewesen ein. Beide interpretierten die Tierwelt zeichenhaft. Isidor von Sevilla widmete den Meereslebewesen ein umfangreiches Kapitel, in dem er 64 unterschiedliche Spezies abhandelte. Sein Interesse an der Fauna des Meeres übertraf bei Weitem seine Beschreibungen von Süßwasserfischen.[80]

Gelehrte des 12. und 13. Jahrhunderts wie die Äbtissin Hildegard von Bingen (gest. 1179) oder der englische Abt Alexander Neckam (gest. 1217), der in seinem *De naturis rerum* 24 ihm bekannte Fischarten erwähnt, ließen Isidors Schrift in ihre Abhandlungen einfließen und entwickelten sie fort. Allerdings gilt festzuhalten, dass die Zahlen der abgehandelten Meereslebewesen sich keineswegs mit denen der Landtiere und Vögel messen können, die in aller Regel leichter zu beobachten waren als Unterwasserfauna.[81] Alle diese Autoren interpretierten die Natur und ihre Tierwelt allegorisch als Sinnbild Christi und anderer biblischer Gestalten, aber auch sündiger Menschen.

Im 13. Jahrhundert erhielt die Beschäftigung mit der Tierwelt einen starken Impuls durch das Predigtwesen. Neue Orden entstanden, die sich der moralischen Unterweisung der Gläubigen in verstärktem Maße zuwandten. Deren Mitglieder – die Dominikaner, aber auch die Franziskaner und andere Bettelordensbrüder – hielten Predigten, in denen gern auf die Natur zurückgegriffen wurde. Denn Vergleiche mit der Tierwelt schufen Anschaulichkeit und machten komplizierte theologische Sachverhalte einem breiten Publikum verständlich. Damit entsprangen diese Werke dem gleichen Geist wie der *Physiologus*.

Um nur ein Beispiel aus dem späteren Mittelalter zu geben: Anfang des 15. Jahrhunderts verfasste der Valencianer Dominikanermönch Vicent Ferrer (gest. 1419) für den Festtag der heiligen Petrus und Paulus am 29. Juni eine Predigt, in der er die Metapher der Seelenfischer unter Rückgriff auf die Alltagswelt seiner Zuhörerschaft erklärte. So, wie die Fischer große und edle Meerestiere wie den Delfin oder Thunfisch, aber auch kleine Sardinen fingen, habe der ehemalige Fischer Petrus und diejenigen, die es ihm gleichtäten, die Seelen angesehener Herren und Damen, aber ebenso diejenigen einfacher Menschen gewonnen. Hier dient die Tierwelt als Gleichnis für Predigt und Bekehrung, zugleich aber auch als Erklärung für soziale Hierarchien und Abhängigkeiten zwischen den Menschen.[82]

Diese Texte verraten viel darüber, wie mittelalterliche Gelehrte – Theologen und Philosophen – die Ähnlichkeiten und Unterschiede zwischen Tier und Mensch einschätzten.[83] In der vergleichenden Gesamtschau fällt auf, dass sie in der Regel selten an Tieren an sich interessiert waren, sondern diese, ganz anthropozentrisch, als Folie für die Beschäftigung mit dem

Menschen nutzten. Tiere waren das »nächste Andere« und damit ein Spiegel, der die Ausnahmestellung des Menschen im göttlichen Schöpfungswerk zum Ausdruck brachte.

Tiere waren nicht zuletzt dazu geschaffen worden, den Menschen moralische Lehren zu erteilen, wenn Gott oder die Heiligen sie hierzu einsetzen wollten. Daher war ihre Nutzung – auch ihre Tötung und ihr Verzehr – für die Zeitgenossen keine moralische Frage. Tiere hatten keine rationale und unsterbliche Seele wie diese. Aber unbeseelt waren sie nicht: Theologen und Philosophen gestanden den Tieren sehr wohl eine Seele – nur keine rationale, unsterbliche – zu, insofern standen sie den Menschen näher als Pflanzen. Tiere durften gebraucht, aber nicht missbraucht werden. Sie wurden als Lebewesen mit der Fähigkeit zur Wahrnehmung angesehen, und manche – etwa Vögel – verfügten über gewisse kognitive Fähigkeiten wie zum Beispiel Sprache. Umgekehrt konnten auch Menschen sich wie Tiere verhalten. Auch wenn die Grenze zwischen ihnen nie gänzlich aufgehoben wurde, standen sich beide im zeitgenössischen christlichen Denken doch verhältnismäßig nah.

In der Welt des Islam wurde ebenfalls, sogar mehr noch als in Latein-Europa, älteres Wissen über die Tierwelt aufgegriffen und systematisch erweitert.[84] Meerestiere werden in arabischsprachigen Schriften des Mittelalters in vielen Textgruppen und Gattungen erwähnt: im Koran und in Rechtstexten, in Dichtung und Lexikografie, in medizinischen, geografischen und historischen Werken, in Philosophie und Naturphilosophie, in dem als »Adab-Literatur« bezeichneten Bildungskanon und in tierkundlicher Literatur im engeren Sinne.[85] Die meisten dieser Werke entfalteten vor allem oder sogar ausschließlich in der arabischsprachigen Welt Wirkung: Einflussreich war das siebenbändige, heute mehr als 2000 Druckseiten umfassende *Buch der Tiere* (*Kitāb al-Ḥayawān*) des 868 verstorbenen al-Ǧāḥiẓ, der die Allmacht Gottes anhand einer umfassenden, das aristotelische Werk erweiternden zoologischen Systematik aufzeigte.[86] Auch das 984 abgeschlossene, zwischen Philosophie und Literatur angesiedelte *Buch der Freuden und Konvivialität* (*Kitāb Al-Imtāʿ wa al-Muʾānasa*) des arabischen oder persischen Gelehrten Abū Ḥayyān al-Tawḥīdī (gest. 1023) enthält umfassende Passagen zum marinen Leben, das der Autor nach Tierarten klassifiziert.[87]

Ähnliches gilt für die Kosmografie, etwa für *Die Wunder der Schöpfung* (*ʿAǧāʾib al-maḫlūqāt*) des persischen Arztes, Astronomen und Geografen Zakariyya al-Qazwīnī (gest. 1283) und für eine Reihe weiterer Texte.[88] Besonders umfassend ist das an die tausend Spezies verzeichnende *Leben der Tiere* (*Hayāt al-Hayawān*) des spätmittelalterlichen Naturhistorikers und Rechtsgelehrten ad-Damīrī (gest. 1405).[89] Manche medizinische Schriften schließlich empfahlen die Nutzung tierischer und in Sonderheit mariner Substanzen wie Koralle, Krabben, Perlen, Tintenfische, Ambra etc. als Heilmittel.

In diesen Werken wird auch Überraschendes geschildert. So berichtete zum Beispiel Abū Ḥayyān al-Tawḥīdī, dass sich manche Fischer die Häute von Ziegen überziehen und auf allen vieren am Strand entlangkriechen würden. Der Grund: Wildziegen und Fische würden ein freundschaftliches Verhältnis zueinander pflegen; da die Fische ihren vermeintlichen Freunden zueilen würden, könnten die solcherart verkleideten Menschen diese leichter fangen. Oder: Sollten zwei Personen das Fleisch einer »būt/būs« genannten Fischart gemeinsam essen, dann würden sie sich zeitlebens lieben; die Haut des qūqī-Fisches besänftige alle Stürme, weswegen Seeleute sie gern an ihren Schiffen befestigten usw.[90] Teils fantastische, teils zutreffende Informationen über marine Lebewesen finden sich auch in arabischsprachigen geografischen Abhandlungen und Reisebeschreibungen des Mittelalters.[91] Wie al-Ǧāḥiẓ einschränkend feststellte: Es sei schwierig, über das Leben unter Wasser verlässliche Information zu erhalten, und er fügte hinzu, dass man überdies den Angaben der notorisch unglaubwürdigen Seeleute nicht trauen könne.[92]

Weit über den arabischen Sprachraum hinaus schließlich wirkten aufgrund ihrer Übersetzung ins Lateinische verschiedene Kommentare der aristotelischen Zoologie aus der Feder muslimischer und jüdischer Gelehrter des 11. und 12. Jahrhunderts.[93] Unter ihnen ragen die einflussreichen Kommentare des Abū Alī al-Husain ibn Abd ʿAllāh ibn Sīnā (in Latein-Europa Avicenna genannt, gest. 1037) und Abū l-Walīd Muḥammad ibn Aḥmad Ibn Rušd (ebendort als Averroes bekannt, gest. 1198) heraus.[94] Die im 12. Jahrhundert im lateinischen Europa erfolgte Neuentdeckung und die im 13. Jahrhundert beginnende Übersetzung des aristotelischen Werkes und seiner muslimisch-arabischen Kommentatoren geschahen vor diesem Hintergrund.[95]

Um 1210 übersetzte der Naturforscher Michael Scotus (gest. 1232) in Toledo die Mitte des 9. Jahrhunderts ins Arabische übertragenen zoologischen Texte des Aristoteles (*Historia animalium, De partibus animalium* und *De generatione animalium*) ins Lateinische, ebenso die arabischsprachige Zusammenfassung des *De animalibus* durch ibn Sīnā/Avicenna (*Abbreviatio Avicennae de animalibus*).[96] Zudem übersetzte seit der Mitte des 13. Jahrhunderts der Dominikanermönch Wilhelm von Moerbeke (gest. 1286) Teile des aristotelischen Corpus direkt aus dem Griechischen ins Lateinische. Die Wiederentdeckung antiken naturkundlichen Wissens in Latein-Europa mithilfe arabischer Gelehrsamkeit veränderte das Weltbild der geistigen Eliten des 13. Jahrhunderts grundlegend. Dieser Umbruch bedingte die einflussreichen Naturkunden und Enzyklopädien jener Zeit.

Denn die erwähnten Naturkundler und Enzyklopädisten fassten nun das umfangreiche – lateinische, hebräische und arabische – Wissen der Antike und des früheren Mittelalters zusammen und ordneten es neu.[97] Sie bilden eine eigene Gruppe an Gelehrten und repräsentieren eine neue Stufe des Nachdenkens über das Meer und seine Tiere im Mittelalter, weil sie zwar wie Isidor, Hrabanus Maurus, Hildegard von Bingen usw. vor ihnen die Tierwelt christlich ausdeuteten, aber dabei stärker als diese die antike und vor allem aristotelische Tradition der Naturbeobachtung aufgriffen. Sie nutzten Tiere weniger dazu, die Bibel auszulegen oder zu erklären, sondern illustrierten mithilfe aus der Natur abgeleiteter Bilder abstrakte Konzepte wie Güte, Nächstenliebe, Keuschheit, Verlogenheit etc., um (nicht zuletzt in Form der Predigt) moralisch auf ihre Mitmenschen einzuwirken. Die »unvernünftigen Tiere« dienten ihnen vorzugsweise als Sinnbilder für – negatives oder positives – menschliches Verhalten.[98]

In der Folge entstanden in mehreren Ländern Latein-Europas die bereits vorgestellten Kommentare des aristotelischen Werkes durch Thomas von Cantimpré, Albertus Magnus u.a.m.[99] Die Autoren gingen in Nachfolge ihres antiken Vorbildes ausführlicher als frühere christliche Gelehrte auf Verhalten, Reproduktion und Morphologie der Tiere ein, auf die Aufzucht ihres Nachwuchses und ihre Nutzung durch den Menschen. Die Zahl der von ihnen unterschiedenen Spezies nahm zu, ebenso das Bemühen darum, Taxonomien zu schaffen oder gar alphabetische Listen der Tierarten zusammenzustellen.[100]

Besonders umfassend und einflussreich unter diesen Synthesen war das Werk des 1280 verstorbenen dominikanischen Theologen und Universalgelehrten Albertus Magnus.[101] Neben vielen anderen Werken verfasste er – wahrscheinlich zwischen 1256 und 1260 (möglicherweise aber auch im Jahre 1263 oder 1268) – eine Darstellung *Über die Tiere* (*De animalibus*). Sie wurde in der Folge vielfach abgeschrieben und hatte starke Wirkung auf die nachfolgenden Gelehrtengenerationen. Noch heute sind 40 mittelalterliche Handschriften des Werkes erhalten;

Albertus Magnus ist als Theologe und Philosoph, mehr noch aber als Naturforscher für die europäische Geistesgeschichte von großer Bedeutung.[102] Das vordringliche Ziel dieses Autors war es, wie für einige seiner Kollegen auch, die neu erschlossenen Kenntnisse aristotelischer Schriften und ihrer hebräisch- wie arabischsprachigen Kommentatoren systematisch zusammenzufassen und zu vereinheitlichen. Zudem integrierte Albert aber weitere lateinische, arabische und auch hebräische Texte (etwa des Isaak ben Salomon Israeli, gest. 932)[103] in sein Werk, um eine umfassende Enzyklopädie zeitgenössischen Wissens über Tiere zu erstellen.

Wie die anderen Naturkundler seiner Zeit auch lieferte Albertus außerdem eine geistlich-erbauliche Deutung der Welt zur Erziehung seiner Mitmenschen. Ebenso war es ihm ein Anliegen, eigene Beobachtungen und Kenntnisse über die Tierwelt in seine Synthese einfließen zu lassen. Und zu guter Letzt lieferte er am Ende seiner Darstellung in Anlehnung an das Werk *De natura rerum* seines Schülers Thomas von Cantimpré eine alphabetisch gegliederte Liste von Meerestieren mit Kurzbeschreibungen ihrer wichtigsten Eigenschaften.[104] Neben zoologischem Interesse hatte der Verfasser sogar ein waches Gespür für die Nutzung mariner Lebewesen.[105] Immer wieder äußert er sich zur Essbarkeit dieses oder jenes Tiers bzw. zur Qualität seines Fleisches: Schalentiere seien »ein gutes Essen«,[106] ältere Fische sollte man lieber nicht einsalzen,[107] männliche Fische schmeckten stets besser als weibliche, so Albert der Große.[108]

In seiner Funktion als Provinzialprior des Dominikanerordens und als Kreuzzugsprediger reiste Albertus Magnus ausgiebig durch das Reich, aber auch nach Norditalien.[109] Dabei suchte er verschiedentlich Küstengegenden auf. Aufenthalte in Utrecht und Zwolle an der Nordsee, aber auch an der Adriaküste sind bezeugt.[110] Dort konnte er marines Leben persönlich in Augenschein nehmen, was sich in seinem Werk niederschlägt. So zeugen seine Aussagen über den Fischreichtum der Mündungen von Rhein, Ems und Elbe von Anschauung aus erster Hand;[111] von einem vor Friesland gefangenen (oder gestrandeten) Wal hätten die Einwohner große Mengen an Öl gewonnen: »Ich selbst habe die Krüge und das Öl gesehen«, ruft der Theologe aus.[112]

Durchgehend war Albert darum bemüht, eigene Beobachtungen in seine Darstellung einfließen zu lassen und diese persönliche Erfahrung ausdrücklich als solche auszuweisen.[113] In seinem Abschnitt über Schalentiere zum Beispiel hält er nachdrücklich fest, sie könnten »besser durch eigene Anschauung als durch Lektüre« erforscht werden.[114] Zu seiner grundsätzlichen Einteilung der marinen Lebewesen bemerkt er nicht ohne Stolz, dass die antiken Autoren lediglich acht Gattungen unterschieden hätten, er hingegen zehn bis elf solcher Genera identifiziert habe, »als ich zur See und zu Inseln und fernen Küsten fuhr, um Erfahrung zu sammeln«.[115] Und in seiner Darstellung zum Schwertfisch fügt er selbstbewusst an: »Ich habe einen dieser Fische tot, aber vollständig erhalten gesehen und ihn mit meinen eigenen Händen untersucht.«[116]

Immer wieder deutet Albert an, mit Fischern, Seeleuten und anderen Küstenbewohnern gesprochen zu haben:[117] »Ein vollkommen vertrauenswürdiger Mann sprach mit mir […].«[118] Aber nicht alles wird geglaubt: »Einige sagen, dass ein Wal nach einmaliger Kopulation impotent wird […], aber ich glaube nicht, dass dies wahr ist, und Menschen mit Erfahrung erzählen solche Geschichten nicht.«[119] Besonders häufig werden in diesem Zusammenhang Flandern und Deutschland (*Flandria et Germania*) genannt. Daher gibt der Dominikaner immer wieder zeitgenössische mittelhochdeutsche Bezeichnungen für gewisse Lebewesen an. Aufgrund seiner Lebendigkeit und Lust an der Empirie wird *De animalibus* in diesem Buch besonders häufig herangezogen werden.

Literaturen

Neben den Summen, also den großen Sammlungen gelehrten Wissens wie dem Werk des Albertus Magnus, existierten im Mittelalter speziellere Literaturgattungen, die im weitesten Sinne als fachwissenschaftlich bezeichnet werden können und mitunter auf das Meer und seine Lebewesen eingehen. Auch hier konnte auf früheren Grundlagen aufgebaut werden: Schon in der Antike entwickelten sich wissenschaftliche Literaturgattungen, welche die Fauna im Allgemeinen oder sogar Meerestiere im Besonderen beschrieben und über den Wert von Land- und Seewesen bzw. von Jagd und Fischerei diskutierten. Über 300 Meereslebewesen wurden in diesen Texten unterschieden, und medizinische Werke erörterten ihre Vorzüge und Nachteile für den Menschen.[120]

An erster Stelle sind die Tierbücher zu nennen, die Bestiarien.[121] Hierbei handelt es sich um Kompendien, die sich ab dem 11. Jahrhundert zunehmender Popularität erfreuten. Es sind Werke, in denen Tiere beschrieben und ausgedeutet, also nicht nur naturkundlich, sondern auch und sogar vor allem allegorisch dargestellt wurden. Der bereits erwähnte spätantike *Physiologus* war eine wesentliche Grundlage der mittelalterlichen Bestiarien, außerdem frühmittelalterliche christliche Auslegungen wie diejenigen Isidors.

Die Autoren der Tierbücher waren diesen Vorbildern stark verpflichtet, entwickelten sie aber auch weiter. Die Zahl einschlägiger Werke ist außerordentlich groß, die sie betreffende Fachliteratur ebenfalls.[122] Umfangreiche Werke wie das *Buch von der Natur der Tiere* (*Liber de naturis animalium cum moralitatibus*) Heinrichs von Schüttenhofen aus dem ausgehenden 13. Jahrhundert konnten über 250 Tiere umfassen.[123] Bestiarien wurden insbesondere im Spätmittelalter nicht nur auf Latein, sondern auch in den Volkssprachen abgefasst, viele von ihnen sind reich illustriert.

Meereslebewesen spielen allerdings im Vergleich zu anderen Tieren eine untergeordnete Rolle und werden selten einzeln nach Tierarten getrennt aufgeführt. Fische etwa werden in der Regel undifferenziert als eine Gruppe abgehandelt. Es gibt aber einige Ausnahmen. In manchen Bestiarien wird ein Katalog von Fischen aufgegriffen, den Isidor bereits entwickelt hatte. Darin sind einige Sonderformen beschrieben und mit Attributen versehen, die zwar nicht heutigen Maßstäben entsprechen, aber von Bedeutung sind, weil sie während des Mittelalters unbeanstandet fortlebten.

Isidor behauptet zum Beispiel, die Meeräsche sei so flink, dass sie über die Fischnetze springe, und der legendäre Schiffshalter könne angeblich die Schiffe, an denen er sich festsauge, zum Stehen bringen. Weit wirkte auch die Vorstellung, dass sich Aale, weil sie nach Isidor nur in weiblicher Form aufträten, mit Schlangen paaren würden. Daher würden Fischer diese Besonderheit ausnutzen, um durch die Nachahmung des Zischens einer Schlange Meermuränen anzuziehen. Diese und andere bei Isidor beschriebenen Meereslebewesen fanden regelmäßig Aufnahme in die Bestiarien. Verschiedentlich sprachen Tierbücher auch Warnungen aus: Der Schwertfisch könne Schiffe durchbohren und versenken; wer einmal Delfinfleisch verzehrt habe und in der Folge über Bord gehe, werde von Delfinen getötet und selbst verspeist usw.[124]

Viel häufiger noch sind die theologischen Deutungen naturkundlicher Beobachtungen. In einem Bestiarium aus Oxford wird vom Seeigel berichtet, der den Seeleuten als Warnung dienen könne. Wenn der Seeigel sich vorsorglich einen Stein auf den Rücken lege, um beim Sturm nicht fortgezogen zu werden, dann kündige sich schlechtes Wetter an. Diese Naturbeobachtung, die dienlich sein sollte, den Gefahren des Meeres zu begegnen, wird in einem zweiten Schritt in bewährter mittelalterlicher Manier theologisch ausgedeutet: Wenn Gott den Seeigel mit solch prophetischen Fähigkeiten versehen habe, um wie viel mehr kümmere er sich fürsorglich um uns, die Menschen? Und wenn Meeressäuger wie Wale oder Delfine ihre Nachkommenschaft aus Fürsorge bei Gefahr verschluckten und in ihrem Magen schützten, bis die Bedrohung vorüber sei: Sollten die Menschen ihre Kinder nicht ebenso sehr lieben?

Die ovipare Fortpflanzung mancher Fische wiederum wird zum Anlass genommen, um zu ehelicher Keuschheit aufzurufen: Wenn diese Tiere sich auf besonders reine Weise fortpflanzten, um wie viel mehr sollten die Menschen den Ehebruch scheuen?[125] Mitunter enthalten die Bestiarien auch Empfehlungen, die an der Schnittstelle zwischen Kochkunst, Medizin und Moralisierung liegen: Die Meerbarbe zum Beispiel sei nicht nur besonders weich und zart, sondern ihr Genuss vermindere den Sexualtrieb. Und wer sie in Wein einlege und diesen dann trinke, verliere für immer jede Lust am Wein.[126]

Neben den Tierbüchern sei für das Verständnis dessen, was Gelehrte im Mittelalter über Meereslebewesen wussten, auch auf medizinische Literatur hingewiesen. Sowohl in den arabisch und griechisch als auch in den lateinisch geprägten Räumen wurden antike Traditionen (herausragend: Hippokrates, gest. ca. 370 v.u.Z., und Galen, gest. 216) aufgegriffen und viele Schriften verfasst, die therapeutische, diätetische oder didaktische Ziele verfolgten.[127]

Bedeutende arabische Lehrbücher wie das *Vollständige Buch der Heilkunst* (*Kitāb Kāmil aṣ-Ṣināʿa aṭ-Ṭibbiyya*) des persischen Gelehrten ʿAli ibn al-ʿAbbas al-Maǧūsī (gest. zw. 982 und 994) oder die Werke des Abū l-Ḥasan ʿAlī ibn Sahl Rabban aṭ-Ṭabarī (gest. ca. 870) beinhalten Hinweise auf die Nutzung von Meerestieren für medizinische Zwecke. Arabisch-muslimisches

Wissen, aber auch von Juden in islamischen Territorien verfasste Werke wie die Schriften des erwähnten Isaak ben Salomon Israeli (gest. ca. 932) sollten in der Folge durch Übersetzungen im lateinischen Westen bekannt werden. So übertrug Constantinus Africanus (gest. um 1087) Teile des *Kitāb Kāmil aṣ-Ṣināʿa aṭ-Ṭibbiyya* als *Buch aller medizinischen Künste* (*Liber pantegni*) ins Lateinische, ebenso erging es seit dem 11. Jahrhundert einschlägigen Schriften des ibn Sīnā und anderer Ärzte der arabischen Welt.[128]

Auf dieser Grundlage entstanden allein in Latein-Europa zwischen dem 13. und dem 15. Jahrhundert rund 100 medizinische Werke, die heute in über 400 Handschriften überliefert sind.[129] Einige dieser Werke, wie zum Beispiel der auf Altfranzösisch verfasste *Livre de physique* des italienischen Arztes Aldobrandino da Siena (gest. 1287) von der Mitte des 13. Jahrhunderts, wurden vielfach kopiert und verbreitet. Besonders einflussreich war das *Tacuinum sanitatis* (nach dem Arabischen *taqwīm aṣ-ṣiḥḥa*, »Tabellarische Übersicht der Gesundheit«), die Übersetzung eines arabischsprachigen Traktats des Christen Ibn Butlān (gest. 1068), weil es oft abgeschrieben und reich illustriert wurde.[130]

In Latein-Europa entstanden immer mehr »Anleitungen zur Gesundheit«, sogenannte »regimina sanitatis« (auch: »consilia«) mit Hinweisen auf die Vorzüge und Nachteile des Fischverzehrs und anderen Informationen über die marine Welt. Der 1487 in Augsburg gedruckte *Gart der Gesuntheit* und der viele Werke zusammenfassende *Hortus sanitatis* von 1491, der die Wassertiere in 106 Kapiteln abhandelt, stehen am Ende einer langen Reihe solcher medizinisch-diätetischer Traktate des Mittelalters, deren Geschichte bis ins frühe Mittelalter zurückreicht.[131] Schon im 6. Jahrhundert hatte der heilige Benedikt von Nursia (gest. 547) in seiner Klosterregel den Verzehr von Fisch, insbesondere solchem aus dem Meer, empfohlen; der Rat wurde in der Folge auch in diätetischen Abhandlungen gegeben. Aber aufs Ganze gesehen äußern sich die medizinisch-diätetischen Traktate zurückhaltend zu Nutzung und Verzehr von Fischen. Dieser Befund gilt auch für die byzantinische Welt des Mittelalters: So ist für den östlichen Mittelmeerraum ermittelt worden, dass bis zum 16. Jahrhundert insgesamt 37 tierische Substanzen medizinisch verwendet wurden; aber unter ihnen waren nur vier marinen Ursprungs (Muschelschalen, Perlen, Ambra und Koralle).[132]

Eng mit den medizinischen Traktaten verwandt sind mittelalterliche Kochbücher. Zuerst in größerer Zahl im islamischen Süden der Mittelmeerwelt verfasst, nimmt die Fülle an Rezeptbüchern im lateinischen Norden vor allem ab dem 14. Jahrhundert deutlich zu. Diese Texte vermitteln Einblicke in eine eigene, kulinarische Wertschätzung von Meereslebewesen. In den folgenden Kapiteln werden daher immer wieder Auszüge aus mittelalterlichen Rezeptbüchern die Verwertung unterschiedlicher Meereslebewesen in christlichen und muslimischen Gesellschaften illustrieren. Auch wenn sich hier ebenfalls konstatieren lässt, dass Fisch im Vergleich mit dem Fleisch von Landlebewesen und Geflügel generell als weniger hochwertig galt, bedeutet dies keineswegs, dass Meereslebewesen nicht zur Kochkultur der Eliten gehörten. Dazu später mehr.[133]

Im Vergleich zur Antike spielt in der mittelalterlichen Literaturgeschichte das Meer keine große Rolle.[134] Man war sich im Mittelalter der älteren Traditionen durchaus bewusst, wie die große Popularität der sogenannten Alexanderromane zeigt, größtenteils fantastische Biografien des berühmtesten aller griechischen Herrscher. In ihnen findet sich eine seit dem 6. Jahrhundert belegte, kuriose Geschichte, wonach Alexander der Große (gest. 323 v. u. Z.) eine Tauchfahrt unternommen haben soll, um die Reichtümer des Meeres erkunden zu können und sogar die Eroberung der Unterwasserwelt vorzubereiten. Er

Abb. 3. Alexander der Große unter Wasser, aus: Rudolf von Ems, Weltchronik (ca. 1410).

wird in einem riesigen Glasbehälter – einem Vorläufer des U-Boots gewissermaßen – zu Wasser, doch nach manchen Fassungen der Erzählung von treulosen Gefährten im Stich gelassen. Der kluge König rettet sich, indem er eine mitgeführte Katze tötet, die Innenwände seines Gefährts mit deren Blut beschmiert und daraufhin an die Meeresoberfläche katapultiert wird, weil das reine Meerwasser bekanntlich das unreine Blut abstößt (Abb. 3).[135]

Solche Verknüpfungen zwischen königlicher Macht und dem Leben unter der Wasseroberfläche blieben im Mittelalter literaturhistorische Episode. Selbst in den Literaturen stark maritim geprägter Kulturen wie zum Beispiel der katalanischen sind lebende Fische auffällig absent. Natürlich heißt dies nicht, dass Meerestiere in ihnen überhaupt keine Rolle spielten: Insbesondere wurden Bilder aus der Fischerei – Angel, Netze usw. – in den Literaturen des Mittelmeerraums nicht selten als Metaphern verwendet.[136] Auch in Schriften aus dem Norden stößt man bisweilen auf Meereslebewesen: Allein eine Suche in der »Mittelhochdeutschen Begriffsdatenbank« ergibt die stattliche Zahl von 891 Erwähnungen von Fischen in der mittelalterlichen deutschsprachigen Literatur; die meisten von ihnen beziehen sich zwar auf Süßwasserfische, es finden sich aber auch Erwähnungen von *mervisch* oder *stocvisch,* die Hinweise auf die Verwendung des Fischmotivs zur Erklärung der Natur, zur Wiedergabe von Rezepten oder zur Ausschmückung von teils wundersamen Geschichten liefern.[137]

Aber die Zahl der Belege für die Basisgruppe der Fische, also aller im Wasser lebenden, mit Kiemen atmenden Wirbeltiere, wird in der Begriffsdatenbank allein von derjenigen für einzelne terrestrische Tierarten wie Hund, Löwe oder Pferd bei Weitem übertroffen. Denn in den mittelalterlichen Literaturen ist das Meer noch ganz überwiegend ein Ort der Gefahr. Seine Schönheit wurde erst in der Moderne, insbesondere im Zuge der Romantik seit der zweiten Hälfte des 18. Jahrhunderts, zu einem populären, positiv besetzten Sujet.[138]

Unabhängig von der literarischen Gattung ist die Perspektive der mittelalterlichen Akteure fast immer die von Landbewohnern, nicht die von Leuten der See. Wer zum Beispiel die Epen des Mittelalters, etwa die »Chanson de Geste«, auf ihre Darstellung des Meeres hin liest, erfährt viel über reisende Ritter, Kaufleute, edle Damen und Schurken, aber wenig über Kapitäne und Matrosen. Die Perspektive ist immer die des maritimen Amateurs und der Befund eindeutig: Die Reise auf dem Meer ist beschwerlich und vor allem bedrohlich; das tiefe Wasser bringt Monster schrecklicher Ausmaße hervor; die Tiere des Meeres sind in epischen Erzählungen in aller Regel furchterregend groß und verweisen direkt auf den Teufel oder die Hölle.

Noch gefährlicher als die Tiere des Meeres aber sind die Menschen, Wetter und Wasser: Piraten, vor allem aber Sturm und Schiffbruch.[139] Dies verdeutlicht beispielhaft ein Blick in die deutschsprachige Literatur des Mittelalters: Der *Heliand*, der *Alexander* Lambrechts (12.Jh.), die *Herzog-Ernst-Dichtung* oder herausragende Werke der höfischen Epik wie der *Eneas* Heinrichs von Veldecke (gest. um 1200), der *Parzival* Wolframs von Eschenbach (gest. um 1220) oder der *Tristan* Gottfrieds von Straßburg (gest. um 1219) – sie alle wissen von Seesturm und Schiffbruch zu erzählen, die als Strafe fungieren, zur Buße mahnen, einen narratologischen Umbruch bringen oder die Gelegenheit zur Rettung des Helden eröffnen.[140]

Einen aufschlussreichen Sonderfall stellt die Gattung der Tierallegorien dar, die im Mittelalter ein beliebtes Sujet waren.[141] In ihnen spielten gewisse Spezies als Symbole menschlicher Tugenden eine herausragende Rolle – Löwe und Adler standen für königliche Herrschaft, der Hund für die Treue etc. In der islamisch-arabischen Welt berühmt ist eine um 960 entstandene Epistel der »Brüder der Reinheit«, einer esoterischen, im heutigen Irak tätigen Bruderschaft. Darin argumentieren Vertreter der großen Tierfamilien – der Landtiere, der Vögel, der Insekten, der Wassertiere – mit den Menschen über die Frage, ob sie ihnen untertan seien.

Als König der Wassertiere wird die Seeschlange bezeichnet, ein in den legendären Regionen Gog und Magog beheimatetes, riesiges und furchterregendes Monstrum, das sich von anderen Wasserlebewesen ernährt. An seinem Hof wird diskutiert, wer die Sache der Seetiere im Streitgespräch vertreten solle. Soll es der Delfin, der Wal, der Krebs, das Krokodil sein? Am Ende einigt man sich auf den Frosch, weil dieser eloquent sei, sowohl auf dem Land als auch im Wasser lebe und die Menschen nicht fürchte, weil er manchmal in ihren Häusern umherspringe. In der Tat vertritt der Frosch die Sache der Tiere überzeugend, und er warnt seine Gesprächspartner: Nur weil die Menschen die harmloseren Tiere domestiziert hätten, sollten sie nicht glauben, dass ihre wilden Brüder und Schwestern im Meer, auf dem Land und in der Luft die Menschheit nicht auslöschen könnten, wenn sie diese angreifen würden.[142] Der Text liest sich im 21. Jahrhundert erstaunlich modern.

Anselm Turmeda (gest. 1423), ein zum Islam konvertierter Franziskanermönch aus Mallorca, griff an der Wende zum 15. Jahrhundert diese literarische Tradition auf und ließ eine lange Reihe von Tieren zum Streitgespräch gegen den Autor antreten, um die Vorzüge der Tiere gegenüber dem Menschen zu vertreten. Esel, Pferde, Kaninchen, Füchse, Hunde, Vögel, sogar Mistkäfer, Bienen, Ameisen und Heuschrecken kommen zu Wort, nicht aber die Tiere des Meeres.[143] Über ein Jahrhundert zuvor verfasste Anselms mallorquinischer Landsmann Ramon Llull (gest. 1316) den *Llibre de les bèsties*. Dem französischen König Philipp IV. (gest. 1314) um das Jahr 1289 gewidmet, beschreibt er einen aus Mitgliedern unterschiedlicher Spezies bestehenden Königshof, der vom Löwen regiert wird und um dessen Zugang sich Leoparden, Panther, Elefanten, Krähen, Füchse und andere Tiere – aber keine Meereslebewesen – streiten.[144]

Im 15. Jahrhundert wurden prophetische Allegorien populär, welche apokalyptische Szenarien mithilfe der Natur und ihrer Lebewesen entwarfen. Ganze Gesellschaftsentwürfe wurden hier allegorisch entwickelt, insbesondere am Beispiel der bereits im Hochmittelalter vielfach als vorbildhaft beschriebenen Bienen und Ameisen.[145] Doch auch in diesen Literaturgattungen spielen Meereslebewesen eine untergeordnete Rolle, ebenso im Tierepos, in der Fabel und im Tierschwank.[146] Zwar stellte der griechische Dichter Aelian Löwe und Delfin auf eine Stufe, da sie jeweils über die Land- bzw. Meerestiere herrschten, und auch sein Nachfolger Oppian verstand Delfine als die unumschränkten Herrscher über das marine Leben.[147] Aber es handelte sich hierbei um seltene lobende Zuschreibungen, nicht um allegorische Würdigungen. Anders ist es lediglich beim *Fischbuch*, einem anonymen byzantinischen Werk des 13. oder 14. Jahrhunderts:[148] Es schildert einen Hochverratsprozess vor dem kaiserlichen Gericht in Form einer ganz und gar marinen Tiersatire. Richter, Angeklagte, Gerichtsdiener – sie alle werden als Fische und andere Wassertiere dargestellt.

Ungewöhnlich ist die satirische Verkehrung einer hagiografischen Tradition mithilfe von Meereslebewesen, wie sie uns in einem im Nordwesten Frankreichs entstandenen Gedicht entgegentritt. Es erzählt das alltägliche Schicksal des Gemeinen Herings als eine abgewandelte Märtyrergeschichte: Der »Heilige Hering« wird zuerst von einer Bande von Tyrannen (gemeint sind Fischer) gefangen und dann schweren Folterungen ausgesetzt, bis er schließlich – wie der heilige Laurentius, der auf einem Rost das Martyrium erlitt – gebraten wird.[149]

In der arabischen Literatur lassen sich ähnliche Einzelbelege für marine Tiergeschichten nennen:[150] In der wahrscheinlich auf indische Ursprünge zurückgehenden Kompilation, die als *Tausendundeine Nacht* zu einem Klassiker der Weltliteratur wurde, finden sich auch Erzählungen von Meerestieren – etwa diejenige von den in Fische verwandelten Untertanen einer betrügerischen Königin (»Der König der Schwarzen Inseln«).[151] Meereslebewesen wurden in erzählenden Quellen beschrieben und als literarisches Motiv eingesetzt. Aber ihre Verwendung lässt sich nicht mit der anderer Spezies, insbesondere der Landtiere, vergleichen. Die Skepsis gegenüber der schwer zugänglichen, geheimnisvollen Wasserwelt ist allenthalben unverkennbar. Ein mittelalterliches arabisches Sprichwort bringt diese Zurückhaltung auf den Punkt: »Das Bauchgrimmen der Kamele ist besser als das Gebet der Fische.«[152]

Wissen und Anschauung

Religion, Gelehrsamkeit und Literatur standen im Fokus dieses Kapitels. Sie stellten einer mittelalterlichen Leser- und Hörerschaft Wissen über die Meereslebewesen zur Verfügung und deuteten es. Diesen Texten standen die unmittelbaren, individuellen, ganz persönlichen Beobachtungen derer gegenüber, die in ihrem Alltag Fischen, Korallen, Perlen und anderen Produkten des Meeres begegneten. Aber wie war das möglich? Meerestiere in ihrer natürlichen Umwelt konnten bestenfalls von Küstenbewohnern beobachtet werden, und selbst dies nur sehr bedingt – eben nur, insoweit diese Tiere an der Meeresoberfläche oder am Strand zu sehen waren.

Welche Möglichkeiten der Tierbeobachtung besaßen dagegen die Menschen des Binnenlandes? Lebenden Wildtieren außerhalb ihres natürlichen Habitats zu begegnen war den meisten Menschen im Mittelalter kaum möglich, denn öffentliche zoologische Gärten oder Aquarien gab es nicht. Allerdings hielten die Eliten sowohl in islamisch wie in christlich beherrschten Gebieten sehr wohl Tiergehege, sogenannte Vivarien bzw. Menagerien. Berühmt ist der Elefant Abu Abbas, der an der Wende zum 9. Jahrhundert Karl dem Großen geschenkt und einige Jahre lang im kühlen Nordeuropa als lebendes Zeichen des herausragenden Rangs des Kaisers gehalten wurde.[153]

Im Laufe der Jahrhunderte nahmen die Zahl und der Umfang herrschaftlicher Tiersammlungen zu, exotische Tiere trugen maßgeblich zum Prestige eines Hofes bei. Der König von Aragon zum Beispiel hielt im 14. Jahrhundert Löwen, Leoparden, Kamele und Strauße; der Florentiner Stadtherrscher Lorenzo de Medici (gest. 1492) konnte 1487 fünf asiatische Elefanten und ein Nashorn zur Schau stellen.[154] Prestigeträchtige islamische Höfe wie der ägyptische Mamlukenhof und der osmanische

Hof des späten Mittelalters verfügten ebenfalls ganz selbstverständlich über Menagerien.[155]

Exotische und ausgesuchte Tiere wurden im Mittelalter auch als hochwertige diplomatische Geschenke eingesetzt, um Verbundenheit zu demonstrieren, Frieden zu schließen, Heiratspläne zu schmieden, Allianzen zu bestätigen etc. Dabei handelte es sich vor allem um ausgesuchte und wohlgewachsene Pferde oder Hunde, und allen voran um das höfische Jagdtier par excellence: den Falken.[156] An der Bedeutung von Tieren als Symbole königlicher Pracht und Herrschaft ist also nicht zu zweifeln. Doch spielten aquatische Lebewesen auch auf diesem Feld eine beinahe vernachlässigenswerte Rolle.

Allerdings gehörten zu einigen wenigen Tiersammlungen gelegentlich auch Fische, die in künstlichen Teichen gehalten wurden. Im Papstpalast zu Avignon sind Fresken aus dem 14. Jahrhundert zu bewundern, auf denen solche Zierteiche abgebildet sind (Abb. 4). Noch häufiger wurden Fische als frische Nahrungsquelle gehalten bzw. gezüchtet: Am bekanntesten und verbreitetsten waren die mittelalterlichen Karpfenteiche. Aber Meereslebewesen gehörten weder zu den Tierarten, die im Mittelalter zum Verzehr gezüchtet, noch zu denen, die zu Repräsentationszwecken gehalten wurden. Denn es war technisch zu aufwendig, frisches Meerwasser bereitzuhalten und auszutauschen. Die wesentlichen Orte für die Begegnung zwischen Menschen und lebenden Meereswesen blieben die offene See oder die Küsten, an denen Tiere zu beobachten waren oder an die sie gelegentlich angespült wurden.

Toten Meereslebewesen hingegen begegneten die Menschen in ganz unterschiedlichen Zuständen: Unter Umständen war das Tier praktisch unverändert und sofort als solches zu identifizieren, in anderen Fällen musste von einem Teil auf das Ganze geschlossen werden. Auf den Märkten, sowohl an den Küsten als auch im Landesinneren, konnten zum Beispiel vollständige

Abb. 4. Fischteich (Mitte 14. Jahrhundert).

oder ausgenommene Fische gesehen und unmittelbar als solche erkannt werden. Andere Tiere hingegen wurden in ihre Einzelteile zerlegt oder ohne ihre besonders gut wiedererkennbaren Köpfe zum Verkauf angeboten. Schließlich wurden von besonders großen Fischen wie etwa Walen ganze Fleischblöcke herausgeschnitten und verkauft. Die Herkunft dieser Nahrungsmittel war also nicht unmittelbar ersichtlich. Kurzum: Wer nicht an der Küste lebte, konnte kaum einen naturnahen Eindruck von Meeresbewohnern erhalten.

Noch größer war die für eine Identifizierung des Tieres notwendige Abstraktionsleistung häufig bei Artefakten, die aus diesen Lebewesen oder aus Teilen ihres Körpers hergestellt wurden. Diese Unterschiede der Wahrnehmung und der Erkenntnis wollen wir in den folgenden Kapiteln in Erinnerung behalten. Das nächste wird uns von der Welt gelehrter Beschäftigung mit dem Meer zu den Menschengruppen führen, die am unmittelbarsten mit marinen Lebewesen in Kontakt standen.

Abb. 5. Abbildung des Fischhändlers Andreas Pfragner aus dem Mendelschen Hausbuch der Zwölfbruderstiftung (ca. 1425).

2. Vom Meer leben

Im Mittelalter waren manche Gemeinwesen bzw. ihre politischen Eliten durch enge geografische, wirtschaftliche und militärische Beziehungen mit dem Meer verbunden, sie waren also in besonderem Maße maritim. Aus dieser Maritimität[1] leiteten sich häufig Eigenheiten ihrer politischen Organisation ab. Diese Verfasstheit war aber nie exklusiv auf das Meer orientiert, denn selbst maritime Gesellschaften beruhten auf terrestrischer Grundlage. Schließlich sind Menschen keine Wasser-, sondern Landtiere, Städte können am, aber nur in sehr seltenen Fällen auf dem Wasser errichtet werden. Selbst Menschengruppen, die in der Forschung als besonders maritim, als »gens de mer« o.ä. bezeichnet werden wie die skandinavischen »fernreisenden Bauern« (»farmannabönder«), waren durchaus agrarisch geprägt.[2] Auch andere Küstengesellschaften lebten zwar dem Meer zugewandt, aber in aller Regel auf dem Festland; und selbst Seeräubergemeinschaften brauchten terrestrische Rückzugsbasen.[3]

Welche sind die Kriterien, um eine starke Abhängigkeit vom Meer von einer grundsätzlichen zu unterscheiden? Lassen sich Grade des Austauschs bestimmen, ist Maritimität also quantifizierbar? Was wären hierfür die Parameter? Zu nennen sind die Möglichkeiten des materiellen und immateriellen Kapitalerwerbs zur See oder das Ausmaß technologischen, insbesondere nautischen Know-hows, aber ebenso kulturelle Parameter wie Religion und Sprache – z.B. die Intensität spezifisch maritimer Umgangsformen mit dem Außerweltlichen, mit transzendenten Mächten zur See, Heiligen und maritimen Kultorten, die Präsenz einschlägiger Ausdrücke und sprachlicher Bilder usw.

Das Meer übte unzweifelhaft einen starken Einfluss auf die Menschen des Mittelalters aus. Aber nicht auf alle gleichermaßen. Diejenigen Menschen, die unmittelbar vom Meer lebten, stehen in diesem Kapitel im Fokus. Es handelt von den Kaufleuten, welche marine Lebewesen und Substanzen in der Ferne veräußerten, aber auch von den Seeleuten, die diese Waren über das Meer transportierten, von den Handwerkern, welche die hierfür notwendigen Schiffe bauten, und von den vielen anderen Menschen, die im weiteren Sinne in der Meereswirtschaft tätig waren, darunter auch die Personen, die Fische fingen und lokal verkauften.

Ob Menschen von den Tieren des Meeres lebten und profitierten, hing nicht allein von ihnen ab. Ihre technischen Fähigkeiten und ihr Wille sind das eine, die natürlichen Rahmenbedingungen das andere. Klima, Winde, Strömungen, Temperatur und Salzgehalt des Wassers u. a. m. sind maßgebliche abiotische Faktoren. Für eine erfolgreiche Fischerei sind zudem biotische Faktoren wie tierische Nahrungsketten und andere dynamische Beziehungen zwischen Lebewesen relevant.[4] Daher werden diese Umweltbedingungen im Folgenden mitberücksichtigt.

Historische Darstellungen über das Meer im Mittelalter handeln besonders häufig von Kaufleuten, welche die Gewässer befuhren, ihre Waren an ferne Küsten brachten und veräußerten, dort einheimische oder importierte Produkte erwarben und an dritten Orten oder in der Heimat wieder verkauften. In der Tat ist an der wirtschaftlichen Bedeutung der Fernhändler des Mittelalters nicht zu zweifeln.

Für das Gewicht dieser Berufsgruppe in der europäischen Geschichtsschreibung ist aber nicht nur ihre unbestrittene Relevanz verantwortlich. Ebenso wichtig für das Interesse an ihnen dürften auch politische und gesellschaftliche Faktoren in Vergangenheit und Gegenwart gewesen sein. In vielen großen Hafenstädten der Nord- und Ostsee, aber auch des nördlichen Mittelmeeres erlangten Fernkaufleute im späten Mittelalter die Vormacht in ihren jeweiligen Gemeinwesen. Anhand dieser Führungsgruppe ließ sich nicht nur eine Wirtschafts-, sondern auch eine Politikgeschichte der Meere schreiben, sie schoben sich daher in den Vordergund historischer Forschung.

Nicht minder wichtig für unsere heutige Sicht auf die mittelalterlichen Akteure des Meeres aber dürfte der politische Aufstieg des europäischen Bürgertums im 18. und 19. Jahrhundert gewesen sein. Die Bourgeoisie etablierte sich in unterschiedlichen Ländern Europas in einem nicht immer reibungslosen Prozess als neue Elite neben dem Adel und mitunter in Absetzung von ihm. Sie suchte ihre historischen Vorläufer und fand sie im Kaufmann der mittelalterlichen Stadt.

Geschichtsschreibung über die Fernhändler des Mittelalters wurde daher häufig implizit als die Frühgeschichte gegenwärtiger, moderner Eliten verfasst. Hinter dem Hansekaufmann und seinen Berufsgenossen im Mittelmeerraum traten nicht nur die anderen am Handel des Ostseeraums beteiligten Gruppen in den Hintergrund, sondern ebenso die Kleinhändler und Hausierer, die für den lokalen und regionalen An- und Verkauf so wichtig waren. Auch die Handwerker, der Klerus und andere Berufsgruppen, von den Frauen ganz zu schweigen, spielten lange in der Geschichte der mittelalterlichen Meere eine untergeordnete Rolle.

Wer aber eine marine Geschichte des Mittelalters schreiben und Tiere in das Zentrum der Aufmerksamkeit rücken möchte, sollte zuallererst nicht die Kaufleute und Fernhändler in den Blick nehmen, sondern die Menschen, die Lebewesen und Substanzen aus den Tiefen des Meeres an die Oberfläche holten und an Land brachten, diejenigen, welche Fahrten aufs Meer überhaupt ermöglichten und die dafür sorgten, dass der Fernhändler seine Handelsware kaufen konnte. Unsere Darstellung der in der marinen Wirtschaft des Mittelalters tätigen Akteure beginnt daher mit den Fischern.

Fischer

Der Fischfang reicht so weit zurück, wie es menschliche Siedlungen an den Küsten gibt. Über Fischer und Fischfang in der Antike liegen insbesondere aus dem Mittelmeerraum aufschlussreiche Textquellen und immer mehr archäologische Erkenntnisse vor, die in jüngerer Zeit in einer Vielzahl von Einzeluntersuchungen analysiert und in wissenschaftlichen Synthesen im Überblick dargestellt worden sind.[5] Sie wissen von den eingesetzten Techniken und Werkzeugen zu berichten, von »protoindustrieller« Fischverarbeitung, von Individualfischerei und korporativem Fischfang größerer Gruppen. Demnach bildeten etwa in einigen Gegenden des Römischen Reichs die *piscatores* sogar eigene Korporationen (*collegia*), um sich gegenseitig zu unterstützen und ihre Interessen zu vertreten.

Für das Mittelalter hingegen fließen die Quellen lange nicht so dicht, erst ab dem hohen Mittelalter nimmt ihre Zahl zu.[6] Vor allem im Mittelmeerraum wird die notarielle Überlieferung ab dem 13. Jahrhundert so reichhaltig, dass sie sehr genaue Einblicke in das Alltagsleben örtlicher Fischer erlaubt.[7] Demnach lassen sich grundsätzlich drei Gruppen von Fischern unterscheiden: Gelegenheitsfischer, Berufsfischer und Saisonfischer.[8] Zu denen, die nur gelegentlich oder zeitlich begrenzt dieser Tätigkeit nachgingen, zählten diejenigen, die neben ihrer eigentlichen Arbeit ihr Auskommen durch Fischfang ergänzten, von Zeit zu

Zeit auf die See fuhren, aber vorwiegend als Bauern, Handwerker oder in anderen Bereichen tätig waren. Manche besserten auf diese Weise lediglich ihre Subsistenz auf bzw. erlangten die Güter, die sie ihren Herren infolge von Abhängigkeitsverhältnissen abgeben mussten. Andere erzielten mit dieser Arbeit gewisse Überschüsse, die sie verkauften.

In der Praxis oft nicht leicht von ihnen zu unterscheiden ist die zweite Gruppe: diejenigen, die als lokale Fischer die meiste Zeit des Jahres und hauptberuflich dieser Tätigkeit nachgingen; sie versorgten den örtlichen Markt mit Nahrungsmitteln. Je nach geografischer Lage arbeiteten sie vorwiegend in den Flüssen und Seen oder im Meer. Sie bildeten sich mit der Zeit immer klarer als eigene Berufsgruppe aus. Die städtischen Fischer zum Beispiel konnten im Spätmittelalter sogar in einer Zunft organisiert sein.

Die letzte Gruppe schließlich, die Saisonfischer, arbeitete nicht für die Abnehmer vor Ort, sondern für den fernräumlichen Fischexport. Sie betrieb die Fischerei im Sinne eines marktorientierten Betriebs. Am deutlichsten wird der Unterschied zwischen dieser Form des Fischfangs und der eines städtischen Fischers bei saisonalen Großunternehmungen wie der schonischen Heringsfischerei der Nord- und Ostsee, die auf eine Fischart und die überregionale Fischversorgung ausgerichtet war. Auch in anderen Küstengegenden zog die Suche nach wandernden und folglich punktuell in großer Zahl auftretenden Fischschwärmen kurzzeitig viele Männer in eine Tätigkeit, der sie die größte Zeit des Jahres nicht nachgingen.

Die Saisonalität der Fischmigration hatte weitreichende Auswirkungen auf das Wirtschaftsleben: An der Ostküste Englands zum Beispiel folgten im Mittelalter die Termine der Jahrmärkte bezeichnenderweise der jeweiligen Ankunft der großen Fischschwärme und damit dem Zuzug der Fischer.[9] Allerdings war die als Massenproduktion betriebene Fischerei eher der Sonderfall. Gerade die städtischen Märkte wurden das Jahr über in stärkerem Maße durch lokale Berufsfischer versorgt.

An den Küsten Europas gehörten Fischer zu den ärmeren Gruppen der Gesellschaft. Dies lässt sich an Nord- und Ostsee sowie im Mittelmeerraum anhand ihrer Steuerabgaben und ihrer oftmals am Rande der Stadt gelegenen Wohnorte, den Fischervierteln, ablesen.[10] Fischer spielten in der städtischen Selbstverwaltung und Rechtsprechung des Mittelalters keine erkennbare Rolle, sie heirateten vorzugsweise Töchter aus Fischerfamilien bzw. Personen aus sozial vergleichbaren Schichten und bildeten eine ziemlich geschlossene Gruppe, die leider wenige eigene Quellen hervorbrachte und daher schwer zu erforschen ist.

Der Beruf des Fischers war wenig attraktiv, was vor allem auf die schwere körperliche Tätigkeit zurückzuführen sein dürfte. Die in der saisonalen Jagd nach migrierenden Fischschwärmen tätigen Männer waren für Wochen und Monate von ihrer Heimat getrennt. Englische Quellen zeigen, wie nach dem Ende der Saison und mit der Rückkehr der Männer die Zahl der Hochzeiten und neun Monate später die der Geburten zunahmen. Die Mobilität der Fischer konnte mitunter beträchtlich sein. An den Küsten der Provence arbeiteten im 14. und 15. Jahrhundert katalanische und ligurische (vor allem Genueser) Fischer, aber auch Fischhändler, und vom lateinischen Königreich Jerusalem ist aus dem Jahre 1255 überliefert, dass Fischer aus dem ligurischen Sestri Levante vor Akkon (Akko, Israel) fischten.[11]

Der Beruf brachte eigene Belastungen mit sich. Die finanziellen Risiken waren hoch, der Erfolg einer Fahrt nicht vollständig vorhersehbar. Kein Wunder, dass die Fischer ihre Netze und Angelhaken mitunter von kirchlichen Würdenträgern segnen ließen.[12] Auch die Gefahren für Leib und Leben waren nicht zu unterschätzen, nicht nur wegen der Unberechenbarkeit der

Natur: Immer wieder wurden Fischer Opfer von Angriffen durch Piraten oder Korsaren. Nicht zufällig sahen Bestimmungen im spätmittelalterlichen westlichen Mittelmeerraum vor, dass Fischer stets bewaffnet in See stechen sollten.[13] Quellen aus dieser Region erzählen von dramatischen Schicksalen, von Überfällen, Verschleppungen und dem Verkauf von Fischern auf Sklavenmärkten in christlich oder muslimisch beherrschten Territorien.[14] Daher war im Mittelmeerraum Fischfang um befestigte Orte konzentriert; für Süditalien und Andalusien zum Beispiel ist dies gut belegt.[15]

Eine schwere Belastung bedeuteten die Investitionen in Fischerboote und Netze sowie die Steuern, die an die Obrigkeit zu zahlen waren – wenn der Fischer überhaupt ein eigenes Boot besaß. In diesem Fall musste er allein für seine Ausrüstung beachtliches Kapital einbringen; allerdings stand ihm auch ein größerer Anteil am Gewinn zu. In Valencia kosteten die kleinsten Fischerboote im späten Mittelalter ungefähr so viel wie ein Zugpferd bzw. 2,5 Monate Arbeitszeit eines einfachen Arbeiters.[16] Nicht nur das Boot musste bezahlt werden, sondern auch die Netze und die Arbeitskräfte. Treibnetze konnten so viel kosten wie ein kleines Boot; auch Ruder, Seile und Angelhaken waren zu zahlen. Das dafür notwendige Kapital wurde manchmal im Sinne einer Gesellschaft von Investoren, darunter Kaufleute, vorgeschossen, oder die Fischer schlossen sich zu diesem Zweck genossenschaftlich zusammen und teilten den Erlös.

Viele Fischer konnten sich diese Ausgaben aber nicht leisten und zogen es daher vor, ein Boot zu chartern. Bäuerliche Eliten und Kaufleute investierten nachweislich in Boote, die sie dann an lokale Fischer verpachteten. Einige Fischer wiederum konnten mehr als ein Boot besitzen und daher Fahrzeuge, die sie nicht selbst benutzten, an Berufskollegen vermieten.[17] Viele andere hingegen, wahrscheinlich die Mehrzahl, fischten auf dem Boot eines Kollegen oder eines Schiffspatrons. Diese Gruppe ist mit Tagelöhnern zu Land vergleichbar, die punktuell für einzelne Arbeiten angestellt wurden. Noch mehr galt dies für die Männer, die beim Fang von großen Schwarmfischen wie Thunfisch, Sardine und Hering lediglich zum Einholen der großen Netze und damit sehr kurzfristig angestellt wurden und deren Lohn meistenteils aus einem Anteil am Fang bestand.[18]

Alle diese Unsicherheiten des Fischereigewerbes dürften der Grund dafür sein, dass nicht wenige Fischer gleichzeitig in der bäuerlichen Wirtschaft arbeiteten. Dies ist an der Nordsee ebenso zu beobachten wie im westlichen und östlichen Mittelmeerraum.[19] Handelte es sich hierbei um fischende Bauern oder um in der Landwirtschaft tätige Fischer? Die Antwort muss offenbleiben. Unzweifelhaft aber haben sich auch Angehörige anderer Berufszweige zur Aufbesserung ihrer Ernährung oder vielleicht auch aus Freude an der Sache als Angler betätigt. Die Inventare des Hausstands verstorbener Küstenbewohner aus dem spätmittelalterlichen Mittelmeerraum zum Beispiel führen mitunter Angelwerkzeug auf. In Palma auf Mallorca etwa sind Silberschmiede, Wollkämmer, Steinhauer, Chirurgen und sogar ein Priester auf diese Weise als Gelegenheitsangler zu identifizieren.[20] Ähnliche Ergebnisse zeigt die Untersuchung der Testamente von Personen, die am Übergang der Themse zur Nordsee wohnten: 18 Prozent der Testatoren besaßen Netze, Reusen oder Angeln.[21]

Zu dieser Gruppe der oftmals in der Forschung übersehenen, aber am Fischfang beteiligten Menschen gehörten auch die Frauen und die Sklaven. Frauen waren in beachtlichem Maße in der Fischwirtschaft tätig.[22] Sie reparierten die Netze der Männer und verkauften deren Fang mitunter noch am Strand, häufiger aber auf den Märkten. Der Valencianer Arzt und Autor Jaume Roig (gest. 1478) beschrieb sie im 15. Jahrhundert als notorische Diebinnen (»grans robadores«), die den Kunden Köder als frischen Fisch oder Süßwasserfische als Salzwasserfische anzudrehen versuchten.[23] Gelegentlich enthalten mittelalterliche Handschriften Abbildungen vom Fischverkauf, auffällig häufig sind in ihnen Frauen hinter den Theken dargestellt.

Unterschiedliche Fassungen des oben erwähnten *Tacuinum sanitatis* zum Beispiel zeigen gern solche Darstellungen (Abb. 11 und 42). Dabei handelt es sich um ein Ernährungstraktat, das auf die arabische Schrift eines orientalischen Christen aus dem 11. Jahrhundert zurückgeht und in verschiedenen mittelalterlichen Bilderhandschriften überliefert ist.[24] Je nach Herstellungsort des jeweiligen Manuskripts erhält man einen Eindruck vom Fischverkauf in einer italienischen, französischen oder südwestdeutschen Stadt.

Im Mittelmeerraum waren auch Sklaven in der Fischwirtschaft tätig. Die muslimischen und christlichen Gesellschaften dieses Raumes kauften und verkauften im Mittelalter mit großer Selbstverständlichkeit Menschen, die sie für unterschiedlichste Geschäfte einsetzten. Auf Mallorca zum Beispiel wurde im späten Mittelalter für die anstrengenden Arbeiten in der Fischerei, insbesondere für das kräftezehrende Einziehen der Netze an Land, gern auf versklavte Männer zurückgegriffen. Dies war für die Sklavenhalter nicht vollkommen ohne Risiko, denn wer sich als Unfreier auf einem Boot befand, konnte versucht sein, sich der anderen Besatzungsmitglieder zu entledigen und zu fliehen. Wahrscheinlich aus diesem Grund verfügten die Autoritäten von Mallorca mehrmals während des ausgehenden 14. und des 15. Jahrhunderts, dass auf einem Fischerboot höchstens ein Drittel der Besatzung aus Sklaven bestehen dürfe.[25]

Wie viele Fischer arbeiteten aber an Bord eines solchen Boots, was waren es überhaupt für Fahrzeuge, mit denen sich Menschen auf das Meer wagten? In Zeiten, in denen riesige Trawler als schwimmende Fischfabriken die Weltmeere durchpflügen, Abertausende Tiere bei einer einzigen Fahrt fangen und diese vollautomatisiert an Bord verarbeiten, ist es mühsam und aufschlussreich zugleich, auf Zeiten zurückzuschauen, in denen die Menschen noch nicht über die Mittel verfügten, die Natur und ihre Fauna so umfassend, brutal und effizient auszubeuten.

Handwerker und Seeleute, Boote und Schiffe

Vor allem aus drei Gründen bauen Menschen Schiffe: um zu fischen, Handel zu treiben oder Krieg zu führen. Im Gegensatz zu den auf große Ladung und geringe Besatzung ausgerichteten Frachtschiffen sollten Kriegsschiffe schnell und wendig sein. Sie wurden in Antike und Mittelalter daher häufig als Galeeren konstruiert, eine Mischung aus Segel- und Ruderschiff. Die Besatzung war wegen der notwendigen Ruderer größer, der Frachtraum verringert, um die Wendigkeit zu erhöhen. Diese Schiffe waren tendenziell eher lang und schmal. Frachtschiffe hingegen wurden bauchig und in die Höhe gebaut, um den Frachtraum zu vergrößern; außerdem hatten sie in der Regel Segel und eine kleine Besatzung, sodass sie seltener zur Verproviantierung an Land gehen mussten. Für die Geschichte mariner Lebewesen und ihrer Nutzung durch den Menschen sind sie und die Fischerboote relevant. Mit Frachtschiffen wurden im Mittelalter größere Warenmengen (darunter auch Fisch) zu Handelszwecken in neue Absatzmärkte transportiert. Doch zuvor mussten diese erst gefangen werden. Dies erfolgte auf Fischerbooten.

Das Aussehen und die Funktionsweise dieser Fischerboote lassen sich vor allem im Spätmittelalter und im Mittelmeerraum anhand der städtischen Überlieferung rekonstruieren. Für das frühe und hohe Mittelalter sind die Quellen weniger zahlreich.[26] Ergänzt werden die Texte durch Bildzeugnisse.[27] Manche von ihnen sind für die Rekonstruktion mittelalterlicher Boote wenig aussagekräftig. Im sogenannten *Reiner Musterbuch* vom Beginn des 13. Jahrhunderts zum Beispiel, das als lehrhafte Vorlage für andere Handschriftenschreiber gedacht war, im Zisterzienserkloster Rein bei Graz entstand und heute in der Österreichischen Nationalbibliothek aufbewahrt wird, sieht man auf der Folioseite 2 zwei Männer, die von einem kleinen Boot aus mit Netzen fischen. Doch ähnelt das abgebildete Boot eher einer Wanne – es wird noch nicht einmal erkennbar, wie die Männer es fortbewegen (Tafel 2).

Andere Darstellungen sind aufschlussreicher. Das Neue Testament zum Beispiel enthält verschiedene Erzählungen von Fischern oder Booten: etwa die im Lukas- und Johannesevangelium (Lk 5:1–11; Jo 21:1–9) überlieferte Geschichte vom wundersam reichen Fischfang, von der Zähmung des Sturmes auf dem See Genezareth durch Christus und von dessen Gang über das Wasser (Mt 14:22–32; Mk 4:35–42, 6:45–51; Lk 8:22–25; Jo 6:15–21). In mittelalterlichen Bibelhandschriften und Stundenbüchern, aber auch auf Retabeln bildeten zeitgenössische Künstler verschiedentlich diese Szenen ab und griffen zur Wiedergabe von Booten auf ihr Alltagswissen zurück. So finden sich immer wieder auch realistische Darstellungen mittelalterlicher Fischerboote, in denen Christus zur See fährt oder die Apostel ihrer Arbeit nachgehen (Abb. 6). Unterschiedliche Formen des Fischfangs und die dazu benötigten Werkzeuge – Netze etc. – wurden ebenso wiedergegeben wie die eigentlichen Schiffskonstruktionen.

Diese bildlichen Darstellungen sind seitens der Forschung mit den Informationen verglichen worden, die mittelalterliche Textquellen und archäologische Erkenntnisse bereithalten. Sie erlauben es, eine recht genaue Vorstellung vom Aussehen und von der Herstellung von Fischerbooten im späteren Mittelalter zu gewinnen. Beispielhaft seien jüngere Ergebnisse der Forschung zum Schiffbau im westlichen Mittelmeerraum und in

Abb. 6. Christus mit den Jüngern am See Genezareth, aus: Bíblia Sacra (1268).

Hamburg angeführt.[28] In der Krone Aragon benutzten die Fischer Boote unterschiedlicher Größe – von 4 bis 15 Metern Länge. Die kleineren wurden von einer bis vier Personen bedient, die sowohl gerudert als auch gefischt haben dürften. Die größeren, die eher für die Treibnetzjagd größerer Fische eingesetzt wurden, hatten bis zu zehn Mann Besatzung.

Die Boote wurden im westlichen Mittelmeerraum gewöhnlich direkt am Meeresufer von einem Spezialisten, dem Axtmeister, aus Steineichen und Pinien gezimmert und von einem weiteren Fachmann, dem Kalfaterer, wasserdicht gemacht. Dieser presste dazu faserhaltige Materialien von außen in die Fugen zwischen den Planken bzw. er füllte diese Spalten mit wasserdichten Stoffen wie Pech aus. Boote mussten immer wieder kalfatert werden, weil sie mit der Zeit undicht wurden. Kleinere Fischerboote dürften kein Steuer benötigt haben und navigierten ausschließlich mithilfe der Ruder. Größere Boote und solche mit Segel wiesen bis zum Ende des 14. Jahrhunderts ein Seitenruder, danach immer häufiger ein Heckruder auf. Segelboote waren im Mittelmeerraum in aller Regel Einmaster und mit einem Lateinersegel, einem dreieckigen Segel, ausgestattet. Dafür brauchte man Produkte aus Wald und Flur: Holz, Pech, Flachs- oder Hanffaser, Seile und Taue, Leinwand, Fässer u. Ä.

In den meisten Küstenorten des Mittelmeerraums wurden die Boote einfach an den Strand gezogen, wenn sie nicht im Gebrauch waren, denn nur wenige Hafenstädte verfügten über eine ausgebaute Infrastruktur mit Kais, Molen etc. In manchen Gemeinden besaßen Einzelpersonen oder die Stadtgemeinde einfache Verhaue am Strand, in denen die Fischer ihre Arbeitsgeräte lagerten.[29] In der Nord- und Ostsee wiederum wurden für den protoindustriellen Heringsfang besondere Fischerboote, die Schuten, oder die größeren Prahme benutzt. Es handelte sich um flachbödige, einfache Arbeitsfahrzeuge. Die Schute wurde gerudert und kostete bis zu 4, die aufwendiger herzustellenden und größeren, geruderten oder gesegelten Prahme bis zu 24 Hamburger Pfund.[30] Weiter westlich, an der englischen und französischen Küste, sind sogenannte *pessoners* als einfache Fischerboote bezeugt.[31]

Die Fischerboote fuhren in aller Regel nicht allzu weit hinaus aufs Meer, und ihre Größe war begrenzt. Frachtschiffe des Mittelalters hingegen trugen größere Ladungen und legten weitere Strecken zurück. Maritimer Handel wurde aber keineswegs ausschließlich auf hoher See durchgeführt, im Gegenteil: Die international häufig als »Cabotage« bezeichnete Küstenschifffahrt übertraf im Mittelalter die Hochseeschifffahrt bei Weitem.[32] Selbst große Frachtschiffe segelten, soweit möglich, aus Sicherheitsgründen in Sicht zur Küste, während kleinere Fahrzeuge speziell für den Regionalhandel von Küstenort zu Küstenort hergestellt wurden. Sie sind in der darstellenden Kunst seltener abgebildet als die großen Frachtschiffe und werden in der Fachwissenschaft kaum behandelt, waren aber für den Warenverkehr, auch den mit Meeresprodukten, außerordentlich wichtig.

Manche dieser kleineren Boote sind archäologisch erschlossen worden.[33] Im östlichen Mittelmeerraum zum Beispiel wurden vor den Küsten Israels, des Libanon, der Türkei und in der Ägäis verschiedene Schiffe gehoben und ausgewertet.[34] Das Wrack von Serçe Limanı vor der türkischen Küste nördlich von Rhodos zum Beispiel hat eine Größe von 15 Metern Länge und 5 Metern Breite. Einzelne darin aufgefundene Münzen weisen das Herrschaftsjahr eines ägyptischen Herrschers auf: 1024/25. Wenig später dürfte das Schiff aus unbekannten Gründen untergegangen sein. Im Wrack wurden über 900 Netzbeschwerer, Reste von 40 Meter großen Netzen und Harpunen zum Fang von Tintenfischen gefunden, ebenfalls Seile, die aus wasserabweisendem Ziegenhaar hergestellt wurden, wie sie bis heute in jener Gegend im Gebrauch sind. Das Schiff wurde also offenbar sowohl für den Fischfang als auch für den Küstenhandel benutzt.[35]

Es ist kaum möglich, anhand der archäologischen Befunde etwas über die Arbeitsteilung zwischen Fischern und Seeleuten zu sagen. In kleineren Booten wird es eine solche Trennung nicht gegeben haben, die Fischer ruderten, zogen die Segel ein usw. Dennoch wurde in Booten mit mehreren Insassen in der Regel eine Person als Patron bestimmt, der die Leitungsfunktion übernahm. Auf größeren Booten und Schiffen lag die Durchführung der nautischen Aufgaben regelmäßig in der Hand eigens dafür eingestellter und bezahlter Seeleute. Je größer das Schiff, desto markanter war die professionelle und damit auch soziale Differenzierung.

Weitaus besser als über die Fischerboote und die Fahrzeuge der Küstenschifffahrt sind wir über die großen Frachtschiffe des Mittelalters informiert.[36] In Deutschland assoziiert man mit ihnen unweigerlich die spätmittelalterliche Hansekogge.[37] Doch war dies nur einer unter einer Vielzahl mittelalterlicher Schiffstypen im Nord- und Ostseeraum mit einer oftmals verwirrenden Menge an Bezeichnungen.[38] Seeschiffe durchliefen im mittelalterlichen Jahrtausend technologische Entwicklungen, die von markanten Unterschieden zwischen Nord- und Ostsee einerseits und dem Mittelmeerraum andererseits geprägt waren, aber vor allem im späteren Mittelalter Transferprozesse zwischen diesen beiden Regionen erkennen lassen.[39]

Im Mittelmeerraum vollzogen sich im frühen Mittelalter grundsätzliche Veränderungen des Schiffsbaus. Bis zum 6. Jahrhundert wurde die Schalenbauweise bevorzugt: Die Schiffbauer befestigten Planken mittels Zapfen und Dübeln aneinander und fügten erst dann hölzerne Querversteifungen (die sogenannten Spanten) in diese Schale ein. In einem langsamen, sich zwischen dem 6. und 11. Jahrhundert hinziehenden Prozess setzte sich aber allmählich die sogenannte Skelettbauweise durch.[40] Hier wurde zuerst ein Gerüst aus Kiel und Spanten erstellt, und in einem zweiten Arbeitsschritt wurden die Holzplanken an diesem »Skelett« befestigt. Bevorzugt brachte man die Planken im Mittelmeerraum in Kraweelbauweise an. Das bedeutet, sie wurden Kante an Kante (auf Stoß) befestigt, was nicht nur die Fahr-

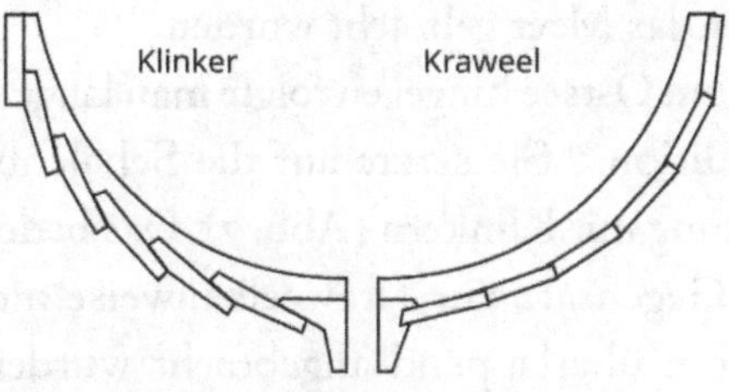

Abb. 7. Klinker- und Kraweelbauweise.

geschwindigkeit erhöhte, sondern auch die Instandhaltung und Reinigung erleichterte (Abb. 7). Allerdings war die Schale in der Regel wasserdurchlässiger, was die Notwendigkeit einer guten Abdichtung und die Bedeutung des Kalfaterers erhöhte. Gesteuert wurden die Schiffe mit einem oder zwei Seitenrudern.

Ab dem 13. Jahrhundert wuchs die Größe der Frachtschiffe im Mittelmeerraum.[41] Seit dem 14. Jahrhundert lassen sich technologische Übernahmen aus dem Norden beobachten. Sie betrafen vor allem die Beseglung und das Steuerruder. Benutzte man im Mittelmeerraum traditionell das dreieckige sogenannte Lateinersegel, übernahm man ab dieser Zeit für die Frachtschiffe immer häufiger ein rechteckiges Segel, das Rahsegel. Allmählich wurde auch die Zahl der Masten vom traditionellen Einmaster auf zwei oder sogar drei Masten erhöht, die mit Lateiner- oder Rahsegeln bestückt wurden. Außerdem gab man im Mittelmeerraum im 14. Jahrhundert das Seitenruder zugunsten des im Norden schon länger gebräuchlichen Heckruders auf.

Die spezifischen Merkmale der vielen Frachtschifftypen des spätmittelalterlichen Mittelmeerraumes sollen hier nicht ausführlich behandelt werden. Besonders bekannt sind die *navis* (*nef*, *nau*, *nao*), die großen, bis zu 500 Tonnen transportierenden Karacken und die Karavellen des 15. Jahrhunderts, wie sie Christopher Columbus (gest. 1506) benutzte.[42] Wichtig ist uns lediglich, dass mit solchen Frachtschiffen nicht zuletzt marine Massenprodukte wie Salz oder eingelegter und in Fässern verpackter Fisch, aber auch in geringeren Mengen transportierte Güter wie Korallen über das Meer gebracht wurden.

In Nord- und Ostsee hingegen folgte man lange einer anderen Schiffbautradition.[43] Sie setzte auf die Schalenbauweise und eine Beplankung mit Klinkern (Abb. 7). Das bedeutet, dass die Planken im Gegensatz zur Kraweelbauweise nicht Kante an Kante, sondern überlappend angebracht wurden. Schon die Schiffe der Wikingerzeit wurden in Schalen- und Klinkerbauweise konstruiert, und diese Technik wurde für Kriegsschiffe beibehalten. Bei den Frachtschiffen hingegen existierte eine ältere keltische Tradition, flachbödige Transportschiffe in Kraweelbauweise herzustellen.

Indem beide Techniken verbunden wurden, entstand im hohen Mittelalter der Typus des Hybridschiffs: große, in Schalenbauweise hergestellte Transportschiffe mit kraweelglatten Böden, geraden Steven, hohen geklinkerten Bordwänden und geringem Hecksprung. Diese Mischung findet sich im Spätmittelalter bei dem in Deutschland bekanntesten Schiffstypus des Nordens, der über ein Frachtvermögen von zwischen 150 und 250 Tonnen verfügenden Kogge, aber auch bei anderen sehr gebräuchlichen Frachtschiffen wie dem sogenannten Hulk oder Holk. Beide wurden unter anderem für den Massentransport von Hering und Kabeljau, aber auch für andere marine Produkte verwendet. In der zweiten Hälfte des 15. Jahrhunderts verschwand die Klinkerbauweise bei größeren Frachtschiffen vollkommen.

Kaufleute

Die großen Frachtschiffe waren die wichtigsten Transportmittel des mittelalterlichen Kaufmanns. Das Portfolio der von ihm gehandelten Waren war breit und umfasste auch marine Produkte. Doch sehr selten beschränkten sich die Fernhändler ganz auf den An- und Verkauf von Fischen. Selbst die auf den Handel mit schonischem Hering spezialisierten Hansekaufleute wirtschafteten auch mit anderen Handelsgütern. Bei diesen Geschäften reiste der Kaufmann gelegentlich persönlich auf Frachtschiffen mit, doch war dies nicht unabdingbar. Das geläufige Bild des fernreisenden Kaufmanns, der selbst ein Schiff bestieg, seine Waren persönlich zum Absatzmarkt brachte und sie dort verkaufte, trifft für die frühen Jahrhunderte des Mittelalters zweifellos zu und war etwa im Hanseraum lange üblich, ist aber für das ausgehende Mittelalter kritisch zu überprüfen. Insbesondere seit dem 13. Jahrhundert lässt sich zu Wasser und zu Lande eine Ausdifferenzierung beobachten, und der einzelne Händler wählte mal die eine, mal die andere Variante.

Ein Händler konnte seine Waren einem Kollegen oder einem Schiffskapitän mitgeben, den er mit dem Verkauf beauftragte, weil er lieber zu Hause bleiben oder eine andere Fahrt unternehmen wollte. Er konnte auf diese Weise Warensendungen zur Risikominderung auf verschiedene Schiffe verteilen und die größte Zeit über in seiner Heimatstadt bleiben, wo er zugleich Geschäfte im Namen verwandter, befreundeter oder vertrauter Geschäftspartner abwickelte. Es bestand auch die Möglichkeit, jenseits des Meeres einen eigenen Vertreter mit dem Verkauf zu beauftragen.

Diese Praxis wurde im späteren Mittelalter immer häufiger. Sie lässt sich sehr anschaulich bei den sogenannten Handelsgesellschaften belegen, die an besonders wichtigen Knotenpunkten eigene Kommissionäre unterhielten. Deren Bezeichnungen variieren (Faktoren, Gelieger, Kaufgesellen, Handlungsdiener etc.), doch waren sie alle letztlich dafür verantwortlich, die Interessen ihrer jeweiligen Gesellschaft jenseits des Meeres zu vertreten, Waren ihrer Auftraggeber vor Ort zu verkaufen und aus dem Gewinn örtliche Güter zu erwerben.

Um solche Formen der Arbeitsteilung und -delegierung zu betreiben, war Kommunikation unabdingbar. Schon die frühmittelalterlichen Geschäftsbriefe zwischen jüdischen Händlern, die im 19. Jahrhundert in Kairo aufgefunden wurden, belegen die grundlegende Bedeutung des Wissensaustauschs für erfolgreichen Handel. Sie nahm mit der Entfernung des Güteraustauschs zu: Je länger die Reisen dauerten, desto mehr wuchsen die Unwägbarkeiten. Diese zu minimieren war für die Geschäftstreibenden von elementarer Bedeutung. Der mündliche Austausch in den Häfen und Tavernen zwischen Kaufleuten bedeutete daher weitaus mehr als Geselligkeit zwischen Berufsgenossen. Im Laufe des Mittelalters nahm die Rolle der schriftlichen Informationsübermittlung zu. Die Kaufleute verbesserten ihre Kommunikationsnetzwerke, indem sie sich gegenseitig Briefe mitgaben oder mehrere Briefe gleichen Inhalts verschickten, um sicherzustellen, dass zumindest ein Schreiben ankomme.

Auch der Handel mit marinen Lebewesen und Substanzen schlug sich folgerichtig in der Geschäftskorrespondenz nieder.[44] Im Hanseraum, in dem die auf Gegenseitigkeit beruhende Handelsgesellschaft zwischen zwei Händlern die übliche Organisationsform der Kaufleute war, besaß der enge schriftliche Austausch zwischen Geschäftspartnern besonders große Bedeutung.[45] Immer wieder ist in diesen Schreiben von den Gefährdungen des Warenhandels die Rede. Schiffe konnten durch Stürme vernichtet oder von Seeräubern überfallen werden, die Nachfrage am Zielort konnte aus unterschiedlichen Gründen einbrechen, beauftragte Kollegen konnten erkranken oder sterben.

Um diesen Risiken zu begegnen bzw. um Profit aus den Ängsten und Sorgen der Handeltreibenden zu schlagen, wurden im spätmittelalterlichen Mittelmeerraum verschiedene Formen der maritimen Risikodeckung entwickelt, die Grundlagen des modernen Versicherungswesens. Dabei handelte es sich letztlich um eine Form der Wette bzw. des Einsatzspiels: Der Versicherer wettete darauf, dass ein Schadensfall nicht eintreten würde und er die gezahlte Prämie einbehalten konnte. Der Versicherungsnehmer im Gegenzug begrenzte durch Zahlung einer Versicherungssumme einen möglichen Schaden. Die Abschätzung dieses Risikos beruhte letztlich auf Expertenwissen.

Seit dem ausgehenden 14. und dann verstärkt im 15. Jahrhundert wurde im Mittelmeerhandel immer mehr versichert: einzelne Wegstrecken, Anteile von Handelsschiffen, auch die Kaufleute selbst. Hier entwickelte sich ein buntes, dynamisches Feld der Kapitalinvestition, das zugleich dem Versicherungsbetrug Tür und Tor öffnete. Streitfälle, Schlichtung und Gerichtsurteile haben ein breites Quellencorpus hervorgebracht, das aufschlussreiche Einsichten in die Praktiken des Mittelmeerhandels und auch des Handels mit marinen Produkten bereitstellt.[46]

Ein Beispiel: 1495 versicherte der Katalane Miquel Font im Namen des Antoni Calvó 400 Fässer Sardellen und 450 Fässer Sardinen, die dessen Sohn auf einem Schiff aus Sanlúcar de Barrameda (in Andalusien) transportierte. Die Reise ging von Roses in Nordostspanien nach Genua und in andere Küstenstädte des Tyrrhenischen Meeres bis hinunter nach Neapel. Es wurden nicht nur Reisen im Mittelmeerraum versichert, sondern auch Transporte zwischen Nord- und Südeuropa.[47] Die Versicherungen von Fischtransporten im Mittelalter sind Legion.

Zur Risikominderung und zur Verlässlichkeit des maritimen Handels trug auch die Rechtsprechung bei. Im Mittelalter existierte keine umfassende *lex maritima,* also ein Seerecht, welches für das gesamte Mittelmeer, den Atlantik, Nord- und Ostsee gegolten hätte. Vielmehr lagen unterschiedliche Rechtssammlungen vor. Sie standen neben dem Recht einzelner Hafenstädte, wo das Statutenrecht regelmäßig auf maritime Fragen einging. Letztlich bestand also eine Gleichzeitigkeit unterschiedlicher – lokaler und überregionaler – Rechtsgewohnheiten und -sammlungen, doch existierten keine übergeordneten, anerkannten maritimen Rechtsinstanzen wie heutzutage der Internationale Seegerichtshof in Hamburg. Vielmehr wurden verschiedene Rechtsbücher verfasst, die Präzedenzfälle sammelten und in Einzelfragen Antworten gaben, was in vergleichbaren späteren Fällen die Rechtsprechung erleichtern sollte.

Ein Dauerthema in den Rechtsquellen maritimer Räume war der Seeraub. Im Gegensatz zur Geschichte des kaufmännischen Fernhandels ist die Geschichte mittelalterlicher Raubgüter und ihres Verkaufs noch weitgehend ungeschrieben.[48] Auch marine Produkte gehörten zur Beute der Männer, die entweder als Privatpersonen oder im Auftrag bzw. mit Duldung offizieller Instanzen Händler überfielen und ausraubten. Die herausragenden Bestände des Barceloneser Kronarchivs zum Beispiel erlauben es, nicht nur das Handeln der Täter und das Schicksal ihrer Opfer zu rekonstruieren, sondern auch Phasen besonderer Gefährdung zu bestimmen und die Vertriebswege der Beute zu verfolgen.[49]

Seeräuber brachten Schiffe mit Fischladungen auf, kaperten diese und fuhren mit ihnen unverblümt in große Häfen ein, wo sie die Ladung verkauften. Dies ist zum Beispiel für den November 1441 belegt, als ein portugiesischer Seeräuber namens Diego Núñez de Faro sich eines galicischen Schiffes mit 80 Fässern Sardinen bemächtigte und diese in Silves verkaufte. 1450 wurde ein weiteres galicisches, diesmal mit Thunfisch beladenes Schiff vor der Küste Valencias aufgebracht und seine Ladung in Barcelona verkauft. In anderen Fällen veräußerten die Räuber ihre Beute an unterschiedlichen Orten. Schiffe mit Sardinenladungen wurden besonders häufig zur Fastenzeit überfallen, solche mit Thunfisch in der jährlichen Hochphase des Fangs, also im Spätfrühling und Frühsommer.[50] Im späten Mittelalter existierten also zumindest an einigen Orten des Mittelmeeres und der Nordsee parallele, inoffizielle und in der Forschung wenig beachtete Netzwerke spätmittelalterlichen Fischhandels.

Viel besser sind wir über die legalen Wege des fernräumlichen Fischhandels informiert. Besonders berühmt ist die alle Länder Europas umspannende Versorgung mit gesalzenen Heringen aus der Nord- und Ostsee im späteren Mittelalter, über die noch ausführlich zu sprechen sein wird. Es ist nicht möglich, die wirtschaftliche Bedeutung des Fernhandels mit konserviertem Fisch für das gesamte Euromediterraneum genau zu bestimmen. Die regionalen und zeitlichen Unterschiede sind beachtlich. Erst für die Hochzeit des systematischen mittelalterlichen Fischfangs in Nord- und Ostsee, d.h. für das 14. und 15. Jahrhundert, liegen hinreichend verlässliche Quellen vor. Sie zeigen eine marktorientierte Massenproduktion, die feste Vertriebswege ausgebildet hatte.

Jüngere Erhebungen lassen das schiere Ausmaß des spätmittelalterlichen Fischhandels in Nord- und Ostsee erkennen: Er dürfte dem Volumen nach (hinter dem Textil- und Getreidehandel) an dritter Stelle des spätmittelalterlichen Fernhandels gestanden haben.[51] Konservierter Hering und Kabeljau etwa gelangten auf diese Weise nicht nur auf die Märkte der benachbarten Küstenregionen, sondern tief ins europäische Binnenland bis in die Schweiz und ins Mittelmeer, wo der Hering des Nordens in den in vielerlei Hinsicht vergleichbaren Sardinen ein Konkurrenzprodukt fand.[52]

Salzfisch wurde sogar als Geschenk über weite Entfernungen verschickt, wie byzantinische Briefe belegen, die Fischsendungen beigegeben wurden.[53] Er war sowohl im christlich beherrschten Norden des Mittelmeers als auch im muslimisch geprägten Süden populär. Salzfische aus Ägypten und Tunesien zum Beispiel wurden in großen Mengen in andere Länder des Dār al-Islām ausgeführt.[54] In christlichen Zentren des Mittelmeerraums wiederum zeigen kaufmännische Rechnungs- und Geschäftsbücher, Hafensteuerlisten und andere spätmittelalterliche Quellen, dass diese Städte sowohl mit Thunfisch, Sardinen und Sardellen als auch mit den etwas nahrhafteren und daher besonders geschätzten Fischen des Nordens versorgt wurden.

Fischverkäufer

Der Verkauf sowohl des frischen als auch des konservierten Fisches wurde in den Städten in aller Regel streng reglementiert und von einer eigenen Berufsgruppe getragen. Schon in der römischen Antike verkauften Fischer zwar ihren Fang selbst; daneben prägten aber auch Händler, die von ihnen Fisch kauften und vor Ort mit Gewinn veräußerten, diesen Wirtschaftszweig.[55]

Fischverkäufer waren auf den Märkten der Küsten- wie der Binnenstädte gleichermaßen zu finden. In Einzelfällen kennen wir nicht nur ihre Namen, sondern auch ihr Aussehen. Die Mendelsche Zwölfbruderstiftung in Nürnberg kümmerte sich seit dem 15. Jahrhundert um verarmte Gewerbetreibende der Reichsstadt. Die Rechnungsbücher dieser karitativen Einrichtung enthalten Abbildungen von ihr geförderter Personen. Unter ihnen befindet sich auch die Darstellung eines städtischen Fischverkäufers namens Andreas Pfragner, der zu Beginn des 15. Jahrhunderts Aufnahme in die Einrichtung fand (Abb. 5). Hier sehen wir einen einfachen Mann, der auf einem mobilen Holzladen geschnittenen Fisch (wahrscheinlich Aale) und kleinere, ausgenommene Fische auf der Straße anbietet.

Die Fischwirtschaft war eine ziemlich komplexe Branche. Für den Nord- und Ostseeraum mag der Heringshandel als Beispiel dienen. Dort lassen sich verschiedene Arbeitsschritte und Berufszweige bestimmen: von den Böttchern, welche viele Zehntausende, für den Transport der Heringe unabdingbare Fässer herstellten, den Trägern, die für die Ent- und Beladung der Schiffe zuständig waren, den Packern, die Fische in die Fässer packten bzw. diese reinigten und den Fisch in frische Fässer »umtonnten«, den Heringsmaklern, welche die Qualität der

Heringe überprüften und mit eigenen Siegeln bestätigten, bis zu den Kleinhändlern, welche die Heringe letztlich auf den Markt brachten und oftmals in eigenen »Heringshäusern« verkauften. Diese Kleinhändler werden in der hansischen Überlieferung als »Heringswäscher« bezeichnet, weil die eingelegten Heringe vor dem Verkauf in Wasser eingelegt wurden, um sie zu entsalzen.[56]

Von den großen städtischen Zentren an der Küste – allen voran Lübeck – wurde die Ware zu nachgelagerten Verteilerzentren im Binnenland gebracht (Köln fungierte zum Beispiel im Reich als ein bedeutender Knotenpunkt) und gelangte über diese und weitere Relaisstationen ebenso in kleinere Ortschaften.[57] Auch in anderen Regionen des nördlichen Europas existierten Transportketten, die es ermöglichten, konservierten und sogar frischen Fisch über weitere Entfernungen zu transportieren. In der Mitte des 13. Jahrhunderts wurde frischer Fisch mit Pferden rasch aus der Normandie nach Paris gebracht, das englische Binnenland wurde von Karrentransporteuren versorgt.[58] Im Mittelmeerraum stellten die hohen Temperaturen zwischen Frühling und Spätsommer besondere Herausforderungen an den Fischverkauf. Dennoch sicherten auch dort Händler mitunter über 100 Kilometer von der Küste entfernt nicht nur den Verkauf von konserviertem Salzfisch, sondern auch von Frischfisch, der möglichst rasch und gekühlt auf Lasttieren transportiert wurde.[59]

Aus dem Mittelmeerraum, aber auch aus dem Norden liegen Bestimmungen vor, welche die Aufgaben der am Fischverkauf Tätigen umfassend regelten.[60] Eigens dafür abgestellte Dienstleute überprüften die Einhaltung dieser Regeln und die Qualität der Waren im Sinne einer Gewerbeaufsicht.[61] Dass die Amtsträger bei den Fischern nicht besonders beliebt waren, liegt auf der Hand. Überliefert sind deren laute Beschwerden über Willkürakte, vielleicht führten die Fischer sogar Sabotageakte gegen den Staat durch.[62] Denn sie und die Fischverkäufer hatten ein Interesse daran, den Fischfang und -verkauf betreffende Angelegenheiten intern zu regeln.

In Auseinandersetzungen mit städtischen Räten konnte es auch vorkommen, dass die Fischer und Fischverkäufer zu diesem Zweck zeitlich begrenzt die Arbeit niederlegten, wenn die Kontrollwut offizieller Stellen ein in ihren Augen akzeptables Maß überschritt. Andere Gründe für Proteste mittelalterlicher Fischer konnten Preiserhöhungen (etwa des für die Konservierung wichtigen Salzes), die Verbreitung neuer Fangtechniken oder die Einwanderung konkurrierender Fischer sein.[63]

Die mittelalterlichen Quellen zu Fischfang, -verarbeitung und -verkauf sind schillernd und aufschlussreich. Aber sie verraten nicht alles. Insbesondere über Preisverhandlungen und Verkaufsstrategien wissen wir wenig.[64] Eines aber ist bei allen Unwägbarkeiten gewiss: Die in der Fischwirtschaft tätigen Kräfte hatten nicht immer gemeinsame Interessen. Nicht zufällig bildeten in einigen Städten des Mittelmeerraums Fischer eigene Zünfte.[65] In Cagliari auf Sardinien zum Beispiel gründeten die »Teichfischer« eine eigene Zunft; ihr Patron war bezeichnenderweise der heilige Petrus, der Fischer vom See Genezareth. Ihre auf dem Meer fischenden Kollegen hingegen waren in der Zunft des heiligen Elmo vereint – ein Heiliger, der von Seeleuten und Fischern bevorzugt bei Gefahr auf hoher See angerufen wurde.[66]

Diese und andere Fischerzünfte des Mittelalters waren nicht nur für die interne Organisation und die Qualitätskontrolle der Produkte verantwortlich, sondern erfüllten weit darüber hinausgehende Funktionen: Sie sorgten für Geselligkeit und Zusammengehörigkeit, pflegten das gemeinsame Gebet und dienten in Notlagen der gegenseitigen Unterstützung. Darüber hinaus sind auch eigene karitative Einrichtungen für Fischer belegt: So gründete der Valencianer Kaufmann Pere Bou im

Jahre 1396 ein eigenes Spital ausschließlich für örtliche Fischer, ihre Frauen und Kinder, das bis ins 19. Jahrhundert fortbestand.[67]

Auch im Norden Europas existierten Berufskorporationen der Fischer: Fischerzünfte sind für Teile des Hanseraums bezeugt, nicht aber für das Königreich Dänemark.[68] Diese Berufsgenossenschaften setzten zum Beispiel spezifische Fischereisatzungen auf, die den Fischfang regelten. Das konnte mitunter recht kleinteilig werden. In Lübeck etwa entstand eine eigene Heringsordnung von ca. 1360 bis 1370, welche die Preise für frischen und gesalzenen Hering auf dem Lübecker Markt festlegte. Hierfür waren »Fischmeister«, die »Meister des salzigen Marktes«, Marktvögte sowie die Älterleute der Zünfte zuständig. Die Akteure selbst schufen damit ihre eigene Schriftlichkeit und nebenbei eine breite Quellenüberlieferung, die modernen Historikerinnen und Historikern Aufschluss über den Alltag und die Praxis der Fischerei im Mittelalter gibt, sowohl im Mittelmeerraum als auch in Nord- und Ostsee.

In diesem Kapitel standen die Gesellschaftsgruppen im Zentrum, die ihren Lebensunterhalt mit dem Fischfang und -verkauf des Meeres bestritten. Doch wer waren ihre Kunden, und welchen Rang nahm ihre Handelsware, Fisch, in mittelalterlichen Gesellschaften ein? Wie wurde Fisch überhaupt im Mittelmeerraum und an der Nordsee, in muslimischen, jüdischen und christlichen Gemeinwesen zubereitet? Welche Gesellschaftsgruppen und Institutionen regelten die Fischerei im Mittelalter, und auf welche Weise geschah dies? Diese Fragen werden auf den nächsten Seiten erörtert.

Abb. 8. Arqueta de San Felices, Fischverzehr beim letzten Abendmahl (11.–12. Jahrhundert, Ausschnitt).

3. Fische fangen, verkaufen, essen

Eine umfassende und wissenschaftlich fundierte Geschichte des Fischkonsums im Mittelalter existiert bislang noch nicht, und das aus guten Gründen.[1] Sie ist nur schwer zu schreiben, weil die Zahl der einschlägigen Quellen begrenzt und das Spektrum der zu untersuchenden Gesellschaften groß ist. Doch ist ein solches Vorhaben keineswegs hoffnungslos. Denn es liegen durchaus unterschiedliche Quellentypen vor, die Hinweise für die Themenfelder geben, die in diesem Kapitel abgehandelt werden: die Bedeutung von Süß- und Salzwasserfischen für die Ernährung mittelalterlicher Menschen, die Praktiken und Methoden des Fischfangs, die Möglichkeiten der Haltbarmachung und des Transports, die Ausrichtung dieses Gewerbezweiges auf den lokalen Markt bzw. seine Orientierung auf den Export, seine Kontrolle durch politische Mächte und nicht zuletzt die kulinarische Seite des Themas, also die Frage nach der Zubereitung und dem Verzehr dieser Lebewesen im Mittelalter.

Aßen unsere Vorfahren immer in gleichem Maße Fisch, und bevorzugten sie dauerhaft gewisse Arten? Oder lassen sich Konjunkturen und Geschmacksveränderungen beobachten? Änderte sich über die Zeit im Speiseplan der Menschen das Verhältnis zwischen Süß- und Salzwasserfischen? Welche Speisen wurden aus ihnen zubereitet – und für welche Bevölkerungsgruppen?

Vom Fischverzehr erzählen

Auch wenn für das frühere Mittelalter nicht hinreichend aussagekräftige Quellen vorliegen, um allgemeingültige oder quantitativ verwertbare Antworten auf diese Fragen liefern zu können, so vermitteln erzählende Schriften wie Heiligenviten, Chroniken oder skandinavische Sagas doch punktuelle Einblicke.[2] Sie erwähnen, in aller Regel eher beiläufig, den Verzehr von Fischen, Krebsen, Muscheln und anderen Meereslebewesen oder von der Ablieferung von Speisefischen an geistliche und weltliche Herrschaftsträger.[3]

Umfassende Erhebungen herrschaftlicher Abgaben liegen aus dem hohen Mittelalter kaum vor. Aus dem Byzantinischen Reich hingegen existieren einschlägige normative Texte aus dem 10. Jahrhundert.[4] Weiter im Norden bildet eine der Ausnahmen das berühmte *Domesday Book*. Mit ihm schuf der englische König Wilhelm I. (gest. 1087), dessen gewaltsame Unterwerfung des englischen Königreichs ihm den Beinamen »der Eroberer« einbrachte, eine Übersicht aller der Krone zustehenden Einnahmen aus seinem englischen Landbesitz. Unter anderem enthält das *Domesday Book* viele Erwähnungen von Abgaben in Form von Fischen, insbesondere Heringen. Fachleute haben aus diesen Angaben Hochrechnungen über die gesamte Menge an Fischen angestellt, die in der erfassten Region gefangen worden sein dürften, und kommen auf eine jährliche Fangmenge von über drei Millionen Heringen.[5] Doch ist das *Domesday Book* des 11. Jahrhunderts eine ungewöhnlich frühe Quelle.

Mit fortlaufender Zeit nimmt die Zahl aussagekräftiger schriftlicher Texte zu. Im späteren Mittelalter wurden immer häufiger in Hafenstädten Zoll- und Steuerregister angelegt, welche Informationen über die Ein- und Ausfuhr verschiedener

Handelswaren – darunter auch Fische – bereithalten.[6] Überhaupt liefert spätmittelalterliches Verwaltungsschriftgut zum Teil sehr genaue Informationen. Zu den vielen Rechtsquellen des späteren Mittelalters wiederum, die Auskunft über die Praxis des Fischfangs und des Fischverkaufs geben, zählen die kommunalen Statuten, die aus vielen Ländern insbesondere des Mittelmeerraums vorliegen, aber auch Stadtrechte, Marktordnungen und andere Verfügungen städtischer Autoritäten.

Und schließlich wurden seit dem 14. Jahrhundert nicht nur in der arabischsprachigen Welt, sondern auch in verschiedenen Ländern Latein-Europas Kochbücher verfasst, die mitunter auf die Zubereitung von Meereslebewesen eingehen. Sie liefern auch Informationen über deren Saisongebundenheit. Denn insbesondere bei stark migrierenden Fischsorten schwankte ihre Verfügbarkeit, und Veränderungen von Ernährungsgewohnheiten und Reproduktionszyklen wirkten sich auf die Qualität ihres Fleisches aus.

Dies fand seinen Niederschlag in einigen Kochbüchern, insbesondere denen aus dem Mittelmeerraum, die einschlägige Empfehlungen für die jeweiligen Jahreszeiten aussprechen.[7] Der umfassende *Ménagier de Paris* aus dem ausgehenden 14. Jahrhundert zum Beispiel lieferte seinen Lesern eine nach Monaten gegliederte Auflistung der jeweils auf den Märkten der französischen Königsstadt angebotenen Waren und empfahl auch die Zubereitung von Salzwasserfischen.[8]

Ebenfalls aus dem späteren Mittelalter stammen vereinzelte bildliche Darstellungen, die über Fischfang, -haltung und -verzehr Auskünfte geben. Im Vergleich zur Antike, aus der zahllose Bildquellen solcher Art, vor allem Mosaiken, überliefert sind, ist ihre Zahl zwar begrenzt, aber sie veranschaulichen und konkretisieren die Angaben der textlichen Überlieferung.

Auf die Bibel, Literatur, Ernährungstherapien und Heiligengeschichten als Grundlagen für bildliche Darstellungen des

Fischfangs wurde bereits eingegangen; Darstellungen des letzten Abendmahls, der Hochzeit zu Kana, höfischer Bankette und anderer Mahlzeiten eröffneten Künstlern die Gelegenheit, Fischgerichte und andere marine Speisen darzustellen (Abb. 8).[9] Es fällt indes auf, dass hierbei weitaus häufiger Landlebewesen abgebildet sind als solche aus dem Meer. Hier ist wieder die geringere Wertschätzung mariner Nahrungsmittel erkennbar, auf die wir zurückkommen werden.

So wertvoll die vielen schriftlichen und vereinzelte bildliche Quellen sind: Eine Geschichte des Fischfangs und des Fischkonsums ist ohne die Erkenntnisse der Archäologie – und hier insbesondere der Zooarchäologie – nicht zu schreiben. Vor allem für die Frühgeschichte der Fischerei in Europa sind die zooarchäologischen Forschungen, deren Intensität in den letzten Jahren erheblich zugenommen hat, von außerordentlicher Bedeutung. Insbesondere zwei Untersuchungsmethoden haben unser Wissen wesentlich erweitert.[10]

Als Erstes sind die Identifizierung und Datierung von Fischresten zu nennen. Die biologische Bestimmung von Gräten und anderen Überresten erlaubt es, die Beliebtheit gewisser Fischarten recht genau zu erkennen. Gelingt es, diese organischen Reste zu datieren, lassen sich auch Veränderungen der Essgewohnheiten verfolgen. Die Datierung gelingt, wenn die organischen Materialien zu anderen, leichter zu datierenden Fundobjekten wie Münzen u.a.m. in Beziehung gesetzt werden können. Diese Methode ist dann besonders Erfolg versprechend, wenn Gräten in einer Fundschicht mit Holzresten lagen. Deren Alter nämlich lässt sich mithilfe dendrochronologischer Untersuchungen absolut bestimmen – anhand ihrer Jahresringe oder mithilfe der gern als C-14 bezeichneten Radiokarbonmethode.

Vor allem in verschiedenen Ortschaften Nordeuropas sind in den letzten beiden Jahrzehnten sehr genaue Ausgrabungen und

Untersuchungen vorgenommen worden. Diese Forschungen machen es erstmals möglich, allgemeine Tendenzen des mittelalterlichen Fischkonsums in jenen Teilen Europas zu skizzieren, in denen die Schriftüberlieferung später einsetzt und weniger umfassend ist als im Süden.

Die archäologische Untersuchung von Fischresten kann auch Rückschlüsse auf die Verarbeitung der Fische und ihren Transport über größere Entfernungen liefern. Fehlen zum Beispiel unter den aufgefundenen Resten die besonders fäulnisanfälligen Köpfe bzw. der Kopf und die vordere Wirbelsäule, so deutet das darauf hin, dass die Tiere für längere Reisen bearbeitet und für den Export bestimmt wurden. Auch gleichmäßige Größen der aufgefundenen Fische lassen auf ihre Sortierung für den fernräumlichen Transport schließen.

Vor allem im Mittelmeerraum wird der Aufstieg der Zooarchäologie von einer Intensivierung der Meeresarchäologie begleitet. Die Bergung von Schiffswracks und die Entdeckung von Amphoren, in denen Fische, Fischsaucen o. Ä. transportiert wurden, haben sich für die Erforschung der Antike, aber auch des Mittelalters als sehr wertvoll erwiesen.[11] Auf dieser Grundlage konnte die Klassische Archäologie im Verbund mit der Zooarchäologie zum Beispiel feststellen, welche Fische und Gerichte in der Antike gegessen und wie diese transportiert wurden.

Neben die Datierung und Identifizierung von Fischresten ist in jüngster Zeit die Isotopenanalyse getreten. Mit ihrer Hilfe kann anhand von Knochen und Zähnen festgestellt werden, wo Menschen und Tiere welche Nahrung aufgenommen haben. Dies lässt unter anderem Rückschlüsse auf Essgewohnheiten, Lebensumstände, klimatische Bedingungen und Migrationsverhalten zu. Noch ist die Zahl einschlägiger Studien begrenzt, doch die Befunde und Vergleichsmöglichkeiten nehmen Jahr für Jahr zu. Die Isotopenanalyse dürfte es zukünftig mit zunehmender Genauigkeit ermöglichen, das marine Ökosystem zu bestimmen, aus dem ein Fisch stammt. Dank dieser Methode ist zum Beispiel in jüngerer Zeit festgestellt worden, dass sich die Ernährung von Bewohnern des heutigen Schottlands und Englands, aber auch in anderen Regionen der Nordsee und des westlichen Ostseeraums seit 1100 markant veränderte, weil sie immer mehr Seefische verzehrten.[12]

Im Süden Europas wiederum gelangen jüngere Isotopenanalysen zu dem Ergebnis, dass für Menschen in Fischereizentren der Atlantikküste und in Byzanz erwartungsgemäß Meereslebewesen einen Hauptbestandteil ihrer Ernährung ausmachten, aber für diejenigen des nördlichen Mittelmeerraumes überraschenderweise der Fischkonsum zwar erkennbar ist, aber hinter der Nutzung anderer Nahrungsmittel zurückstand.[13] Ob diese Tendenz durch weitere Analysen bestätigt wird, bleibt noch abzuwarten.

Was wären aber die Gründe für eine mögliche Zurückhaltung gegenüber dem Verzehr von Fischen im Mittelalter? Zur Beantwortung dieser Frage wollen wir zuerst auf die Südseite des Mittelmeerraums schauen, also in den arabisch-muslimischen Herrschaftsbereich, wo verschiedene Texte, darunter auch wissenschaftliche Traktate, Aufschluss geben.[14] Um das Ergebnis vorwegzunehmen: Ihr Befund ist ambivalent. Auf der einen Seite warnten gelehrte Autoren vor dem Verzehr von Fisch. Das mag wenig erstaunen, schließlich entstand die Glaubensgemeinschaft im Hidschāz, im Binnenland der Arabischen Halbinsel. Die Sunna des Propheten erwähnt Fisch an keiner Stelle.[15] Auf der anderen Seite wurde Fisch anscheinend von weiten Bevölkerungsteilen verzehrt. Betrachten wir den allgemeinen Befund anhand ausgewählter Quellen genauer.

Fischspeisen und Speisefische

Aufschlussreich sind medizinische Traktate wie etwa dasjenige des andalusischen Arztes, Botanikers und Pharmakologen Ibn al-Baiṭār (ʿAbd Allāh Ibn-Aḥmad Ibn al-Baiṭār) aus Málaga. Von über 2000 in diesem Werk enthaltenen Beschreibungen hilfreicher Medikamente und einfacher Speisen betreffen gerade einmal 40 Meereslebewesen,[16] denn der Autor schreibt unverblümt (allerdings fälschlicherweise), dass Fisch grundsätzlich eher schwer verdaulich und denen abträglich sei, die ihn nicht regelmäßig äßen. »Gelber oder schwarzer Fisch ist grundsätzlich schlecht«, urteilt al-Baiṭār, »Fisch wird in aller Regel nur von dummen Menschen gelobt«. Immerhin schätzte der Arzt (wie andere Gelehrten vor ihm)[17] Salzwasserfische höher ein als Süßwasserfische (»der beste Fisch stammt aus dem Meer, wenn das Wasser sauber ist«), auch wenn ihr Verzehr grundsätzlich Durst hervorrufe.

Um diese und andere negative Folgen des Fischkonsums einzugrenzen, solle man ihn mit gemahlenem Pfeffer, Ingwer oder Honig zubereiten und mit viel Wein einnehmen (die Empfehlung stammt wohlgemerkt von einem muslimischen Gelehrten). »Gegrillter Fisch ist leichter für den Magen als in Öl frittierter«, schreibt Ibn al-Baiṭār, »in Mehl gewendet ist er besonders schwer verdaulich.«[18] Ähnlich äußerte sich bereits Mitte des 12. Jahrhunderts der Sevillaner Arzt Ibn Zuhr (gest. 1161, im lateinischen Westen als Avenzoar bekannt).[19] Hier lässt sich in der arabisch-muslimischen Gelehrtenkultur des westlichen Mittelmeerraums eine markante Skepsis gegenüber dem Fischverzehr beobachten. Dabei wurden Seefische den Süßwasserfischen keineswegs immer vorgezogen; tendenziell ist sogar eher das Gegenteil der Fall.[20]

Den gleichen Befund liefert die Untersuchung arabisch-muslimischer Kochbücher aus dem westlichen Mittelmeerraum, etwa des um das Jahr 1260 in Tunis entstandenen *Fiḍālat al-Khiwān* des Juristen und Gastronomen Ibn Razīn al-Tujībī aus Murcia (gest. 1293). In diesem mit literarischem Anspruch verfassten Werk gibt der Autor Anleitungen zur Herstellung von über 400 verschiedenen Gerichten. Aber noch nicht einmal zehn Prozent dieser Speisen wurden aus Meerestieren zubereitet. Die Zurückhaltung ist unübersehbar.[21]

Die muslimisch beherrschte Südhälfte des Mittelmeerraums ist groß. Wie gestaltete sich der Fischkonsum weiter östlich, zum Beispiel in Ägypten?[22] Auch dort waren Meerestiere bei den Mächtigen offenbar nicht besonders geschätzt, selbst wenn die Herrscher aus der Fatimidendynastie sie im 11. und 12. Jahrhundert an Untertanen verteilten und die Ägypten seit dem 13. Jahrhundert beherrschenden Mamluken ihn gelegentlich bei Banketten auftischten:[23] Fisch entsprach nicht der Esskultur der Eliten.

Ganz anders sah es aber bei der breiten Bevölkerung aus. Auf den Straßen Kairos etwa verkauften Händler im Mittelalter in großen Mengen in Öl und Zitrone eingelegten oder auf andere Weise zubereiteten Salzfisch. Er und die aus ihm hergestellten Fischpasten waren eine verbreitete Speise der Armen, Fisch war eines der preiswertesten proteinhaltigen Nahrungsmittel auf dem Markt.[24] Rezepte aus dem islamischen Maschrek lassen erkennen, auf wie viele unterschiedliche Weisen insbesondere Sardinen zubereitet und warm oder kalt verzehrt wurden. Die Straßenhändler verwendeten dazu Pfeffer, Kümmel, Koriander, Knoblauch, Sumach, Öl, Salz, Zimt, Minze, Safran, Essig, Senfkörner oder Ingwer. Fisch wurde im östlichen Mittelmeerraum gesalzen oder gepökelt, aus ihm wurden ebenso wie im islamischen Westen des Mittelmeeres verschiedene fermentierte Fischsaucen hergestellt.[25]

Einen ähnlichen Eindruck verbreiteten Fischkonsums vermitteln die Erwähnungen systematischer und verbreiteter Fischerei in der arabischsprachigen historisch-geografischen Literatur, sowohl im östlichen wie im westlichen Mittelmeerraum.[26] Im 15. Jahrhundert verfasste Aḥmad Ibn Yaḥyā Ibn Ḥasan al-Ḥaǧǧār, wahrscheinlich ein Einwohner Kairos, ein kurioses Traktat über den *Köstlichen Krieg zwischen Lammfleisch und den Erfrischungen des Marktplatzes* (*Kitāb al-ḥarb al-maʿšūq bayna laḥm aḍ-ḍaʾn wa-ḥawāḍir as-sūq*).[27] Bezeichnenderweise geht es dabei um die Vorherrschaft der Fleischspeisen (unter ihrem »König Lamm«) gegenüber einer vom »König Honig« angeführten Phalanx aus fleischfreien Gerichten. Uns soll hier nicht das Verhältnis zwischen ihnen und den Fleischspeisen interessieren, denen der Autor eindeutig den Vorzug gibt. Vielmehr ist auf die 35 Fischgerichte und -arten hinzuweisen, die al-Ḥaǧǧār im Heer des »Königs Honig« aufführt, darunter solche aus Thunfisch, Wal und Sardinen.

Andere Quellengattungen, die stärker aus dem Bereich der Alltagspraxis stammen – Marktverordnungen (»Ḥisba«) zum Beispiel, wie die des Ibn ʿAbdūn (12. Jh.) aus Sevilla und spätere, vergleichbare Texte –, stützen den Eindruck eines verbreiteten Fischkonsums. In ihnen ist ständig von genau den Fischen, Fischspeisen und Fischzubereitungen die Rede, vor denen die wissenschaftlichen Traktate warnen.[28] Demnach erfreute sich im mittelalterlichen, islamisch geprägten oder beherrschten Mittelmeerraum insbesondere in Öl frittierter Fisch (wie heute auch) hoher Beliebtheit – trotz der Skepsis der Stubengelehrten.[29]

Eine ganz ähnliche Ambivalenz zeigt der Vergleich zwischen gelehrtem Wissen und Alltagspraxis im christlichen Europa. Auch dort stand Fisch bei Ärzten und Ernährungswissenschaftlern nicht in allerhöchster Achtung. Schon im 12. Jahrhundert äußerte sich die gelehrte Benediktinerin Hildegard von Bingen kritisch: Frischer Hering sei unbekömmlich, weil er zu sehr aufblähe. Man solle ihn mit Salz bestreuen, braten und bestenfalls mit Wein und Essig kochen oder in der Sonne trocknen lassen, anders sei er nicht verträglich.[30]

Um 1308 verfasste der katalanische Arzt Arnau de Vilanova (gest. 1311) für den aragonesischen König Jakob II. (gest. 1327) eine Abhandlung zum Gesundheitswesen (ein *regimen sanitatis*), welche für spätere, ähnlich strukturierte *regimina sanitatis* Modellcharakter erlangen sollte. Darin äußert er sich insgesamt eher zurückhaltend zu den Vorzügen des Fischverzehrs, wenngleich er auch lobende Worte findet. So rät er zum Genuss von Süßwasserfischen wie etwa Karpfen, aber auch von größeren Meeresfischen wie Wal und gesalzenem Thunfisch. Im Winter sollten Fische lieber im Ofen und ohne Öl zubereitet, im Sommer eher in Wasser oder Wein gekocht oder frittiert werden (dann allerdings unter Verzicht auf die Haut und das Fett des Tieres). In der Fastenzeit rät er zur Zubereitung von Suppen aus Salzfisch.[31]

Diese Empfehlungen wurden allerdings nicht von allen geteilt. Im Gegensatz zu Arnau de Vilanova rieten vier Ärzte an der Universität Montpellier, die in hohem Ansehen standen und kurz als die »Meister von Montpellier« bezeichnet wurden, vom Verzehr großer Fische (Störe, Wale, Delfine, Schweinswale und Haie) ab, weil deren Fleisch hart und schwer verdaulich sei. Doch auch sie zogen Salzwasserfische den Süßwasserfischen vor,[32] und so sahen es viele andere Autoren.[33]

Aus diesen Schriften wird erkennbar: Grundsätzlich schätzten auch die Gelehrten der christlich beherrschten Nordseite des Mittelmeeres das Fleisch von Landlebewesen höher als das von Meerestieren. Dieser Befund entspricht der Lebenspraxis der örtlichen Bevölkerung. Für die allermeisten von ihnen bildeten vegetarische Nahrungsmittel (Getreide, Gemüse etc.) und mitunter auch Fleisch die Grundlage ihres Speiseplans. Fisch wurde weniger häufig gegessen als Fleisch, auch wenn die kirchlichen Vorschriften den Fischkonsum sicherten.

Dieses Gefälle dürfte selbst für die meisten Küstenregionen gegolten haben.[34] Und dennoch war Fisch nicht zuletzt aufgrund ebenjener religiösen Vorschriften ein Grundnahrungsmittel mittelalterlicher Menschen und in unterschiedlichen Maßen, Regionen und Zeiten eine populäre Speise. Die zeitliche und räumliche Varianz des Fischkonsums erschwert es zwar, allgemeine Tendenzen zu bestimmen; aber mit aller Vorsicht seien einige besonders beliebte Spezies benannt.

Auf der Grundlage jüngerer archäologischer, historischer und kunsthistorischer Befunde lässt sich das Spektrum der im Mittelalter an den Küsten Europas und Nordafrikas gegessenen Meereslebewesen abstecken (Abb. 9). Im Nord- und Ostseeraum nehmen Kabeljau und Hering eine herausragende Stellung ein; sie werden daher in einem eigenen Kapitel genauer in den Blick genommen werden. Daneben spielten im nördlichen Europa je nach Region und sozialem Stand Wal und insbesondere Schweinswal, Schellfisch, Köhler (Seelachs), Seehecht und Leng offenbar eine beachtliche Rolle, ebenso Plattfische wie Stein- und Heilbutt, Scholle und Flunder, aber auch Sprotte und Makrele. Hochgeschätzt waren auch Fischsorten, deren Habitat zwischen Süß- und Salzwasser wechselte, wie Störe, Aale oder Lachse.[35]

Dieses breite Spektrum mariner Lebensmittel bezeugt bereits ein fiktiver Dialog zwischen einem Gelehrten und einem Fischer, den der englische Abt Aelfric (gest. 1010) um das Jahr 1000 verfasste: »Warum fischst Du nicht im Meer?«, fragt darin der Gelehrte. »Das mache ich schon, allerdings eher selten, weil ich dann viel rudern muss«, antwortet der Fischer. Und auf die Frage »Was fängst Du in der See?« antwortet er: »Hering und Lachs, Schweinswal und Stör, Austern und Krabben, Muscheln, Herzmuscheln und Strandschnecken, Scholle, Flunder, Hummer und

Abb. 9. Fischverarbeitung im Mittelalter.

Ähnliches«.[36] Die oben erwähnten archäologischen Ausgrabungen mittelalterlicher Fischreste in ausgewählten Küstenorten haben es erlaubt, diese literarisch-narrativen Angaben wissenschaftlich zu bestätigen und um weitere Fischarten zu ergänzen.

Im Mittelmeerraum war die Artenvielfalt der von Menschen gefangenen und verzehrten Fische nicht minder groß. Einen Eindruck vermittelt ein ungewöhnliches anonymes Werk des 13. oder 14. Jahrhunderts, das bereits erwähnte und im Byzantinischen Reich entstandene sogenannte *Fischbuch*:[37] Es schildert in Form einer Tiersatire einen Hochverratsprozess vor dem kaiserlichen Gericht. Sein Witz rührt daher, dass alle beteiligten Personen – vom Kaiser bis zum Angeklagten – mit Namen von Fischen und anderen Wassertieren belegt sind. Der Kaiser ist ein nicht näher spezifizierter »Fisch ungeheurer Größe« (wohl der Wal), seine Beamten Delfine, Thun- oder Schwertfische, die angeklagten Verschwörer getrocknete Makrelen (»die fettlosen«), zusammen mit »Graf Sardine«, ihre Richter Stechrochen, deren Vorsitzender ein Hecht usw.

Das Werk liefert damit eine kuriose Übersicht unterschiedlichster Fische, wie sie im Konstantinopel jener Zeit bekannt waren und verzehrt wurden. Es wird auch die Skepsis gegenüber dem einfachen Salzfisch, der angeklagten Makrele, erkennbar, die am Ende vom König bezeichnenderweise verflucht wird: »Des Armen Munde sollst Du nicht entgehen!«[38] Allein aus solchen literarischen und wissenschaftlichen byzantinischen Quellen des Mittelalters lassen sich die Namen von 110 Fischarten und weiteren 30 Meereslebewesen extrahieren.[39] Aus diesen Quellen wird zugleich eine Rangfolge der Speisefische erkennbar, an deren Spitze sogenannte »weiße« Süß- und Salzwasserfische wie die Schnapper, Barben, Störe etc. standen.[40]

Der westliche Mittelmeerraum wiederum hielt ebenfalls ein breites Spektrum mariner Lebensmittel bereit, das sich nach Sozialprestige und Preis in eine Ordnung bringen lässt.[41] Am meisten geschätzt und am teuersten war dort der Stör, gefolgt von einer Gruppe größerer Schuppenfische, welche unter anderem die Streifenbarbe, den Glattbutt, den Zackenbarsch, den Meerraben und den Thunfisch umfasste. Eine dritte Gruppe bildeten Brasse, Makrele, Wolfsbarsch, Meeräsche, Delfin und Kalmare. An vierter Stelle rangierten kleinere Tiere, häufig Schwarmfische: Sardinen, Meeraale und Muränen und der Kaiserhai, zuletzt als fünfte Gruppe die Sardellen (Anchovis), der Spitzenhai und der Gefleckte Dornhai. Vor allem als Beilage in Suppen verwendet und daher am wenigsten geachtet waren Felsenfische wie die Drachenköpfe.

Sosehr diese Listen einen Eindruck vom möglichen Konsum mariner Lebewesen vermitteln: Sie bleiben letztlich abstrakt. Um zu ergründen, ob und wie mittelalterliche Menschen Tiere des Meeres aßen, muss der Blick auch auf ganz praktische Aspekte der Fischerei und des Konsums gerichtet werden. Zu ihnen zählt auch derjenige der Konservierung.

Haltbarmachung

Die geringe Haltbarkeit des Fisches stellte vor der Erfindung der Kältemaschine in vielen Regionen Europas, insbesondere aber in den warmen Regionen des Südens und während des Sommers, ein Problem dar.[42] Die Marktordnungen, aber auch vielfältige weitere Texte aus den südlichen und den nördlichen Meeresregionen Europas geben über die Frage Auskunft, auf welche Weise verderbliche Nahrungsmittel wie Fisch und andere Meerestiere für den Transport über längere Strecken haltbar gemacht wurden. Salz kam hierbei eine besondere Bedeutung zu.

Bereits in der Antike wurde Fisch im großen Stil in Salz eingelegt und dadurch konserviert.[43] Während des Mittelalters wurde diese Methode der Haltbarmachung weiterhin und intensiv gepflegt. Englische Quellen belegen, dass nicht weniger als 41 unterschiedliche Fischsorten durch Salzen konserviert wurden.[44]

Das Salz konnte aus unterschiedlichen Quellen stammen. Im warmen Mittelmeerraum mit seiner starken Sonneneinstrahlung wurde Meersalz durch Verdunstung gewonnen. Entsprechende Salinen existierten an verschiedenen Küstenorten. Im kälteren Norden konnte ein ähnliches Ergebnis durch Sieden erzielt werden, wenngleich die dabei zu erzielenden Quantitäten im Vergleich zur Verdunstung geringer waren. Im Binnenland konnte gegebenenfalls durch Trocknung von salzhaltigem Quellwasser Speisesalz gewonnen werden. An der Nordsee ist das Sieden von salzhaltigem Torf bereits in der römischen Antike belegt.[45]

Zum Einsalzen wurde der Fisch ausgenommen, innen und außen mit Salz bestreut und verpackt oder in einer salzhaltigen Lösung eingelegt. Heringe, Makrelen oder Sardinen zum Beispiel können in einer solchen Salzlake (Sole) bis zu zwei Jahre konserviert werden. Der Fisch kann auch an der Luft getrocknet werden, wenn die Temperaturen niedrig sind, die Luftfeuchtigkeit sehr gering ist und für ausreichend Luftzirkulation gesorgt wird. Diese klimatischen Bedingungen liegen zum Beispiel im äußersten Norden Europas vor.

Fallen diese günstigen Umstände mit großem Fischreichtum zusammen, sind die nötigen Voraussetzungen für eine systematische, protoindustrielle und auf Export ausgerichtete Fischwirtschaft gegeben. Im Mittelalter bestanden diese vor allem an den nördlichen Küsten Norwegens, aber auch auf den Orkney-Inseln oder Island.[46] In allen diesen Gebieten wurde insbesondere Kabeljau nicht nur für den lokalen Gebrauch gefischt, sondern auch durch Lufttrocknung haltbar gemacht und exportiert. Er konnte auf diese Weise für fünf bis sieben Jahre, ein Haushaltsbuch aus dem 14. Jahrhundert behauptet sogar, für zehn bis zwölf Jahre haltbar gemacht werden.[47] Schließlich sei auch auf das Räuchern und das Einlegen in Öl oder Essig als Konservierungsmethode hingewiesen. Ersteres wurde nördlich der Alpen, Letzteres hingegen vor allem im Mediterraneum betrieben.

Methoden und Kontrolle des Fischfangs

Vor der Konservierung sind die Tiere aber zu fangen. Dies war vor der technologischen Revolution des Fischereiwesens in der Moderne kein einfaches Unternehmen. Über Techniken und Werkzeuge des Fischfangs in der Antike sind wir mittlerweile recht gut unterrichtet:[48] Archäologische Ausgrabungen und die Untersuchung von Wrackfunden haben unser Wissen über die Netze, Reusen und Gewichte, die etwa zur Zeit des Römischen Reiches in unterschiedlichen Gebieten des Mittelmeerraums Anwendung fanden, wesentlich erweitert.[49]

Ebenfalls ist inzwischen recht gut erforscht, auf welche Weisen in der Antike naturräumliche Gegebenheiten für den Fischfang nutzbar gemacht wurden – etwa wenn Lagunen mit ihren reichen Fischvorkommen mit Netzen, Reusen und Zäunen bestückt wurden, um die Gezeiten zu nutzen und migrierende Fische zu fangen.[50] Bereits in vor- und frühgeschichtlicher Zeit wurden auch in Nord- und Ostsee Fischzäune benutzt, ihre Verwendung über Jahrhunderte, ja sogar Jahrtausende ist durch archäologische Grabungen bereits für das 5. vorchristliche Jahrtausend belegt.[51]

Wie aber wurde vor diesem Hintergrund Fischfang im Mittelalter betrieben? Fische wurden vor allem in Küstennähe gejagt und gefangen, Hochseefischerei war weitgehend unbekannt. In erster Linie benutzten die Menschen Netze und Angelhaken, größere Tiere erlegten sie auch mit Harpunen. Vor allem Schwarmfische wurden mit Netzen gefangen, unter denen zwei Typen vorherrschten:[52] Die sogenannte Ringwade umschließt die Fische kreisförmig und wird dann mithilfe einer Leine von unten und oben zugezogen und verschlossen. Sie kann mit Booten um einen Schwarm gezogen oder vor der Küste ausgelegt und eingeholt werden, nachdem sich die Fische in ihr verfangen haben.

Neben der Ringwade wurden Schwarmfische im Mittelalter auch mithilfe von Stellnetzen und Treibnetzen gefangen, in denen sich die Tiere verheddern und nicht mehr entkommen können. Erstere werden fest als Wehre zwischen Pfählen ausgespannt, während die Treibnetze an Bojen befestigt frei im Wasser schwimmen. Heutzutage sind beide Netzarten zu Recht geächtet oder verboten, denn der Beifang ist in der Regel groß, und auch Meeressäuger können sich in ihnen verirren.[53]

Treibnetzfischerei wurde im Norden Europas im Mittelalter in der Regel von zwei Booten mit jeweils vier oder fünf Ruderern und einem oder zwei erfahreneren Seeleuten bedient, die gemeinsam den Fang einholten. Im Mittelmeerraum war ein ganz ähnliches Spektrum an Netzen (mit jeweils eigener Begrifflichkeit) und Booten unterschiedlicher Größe (mit bis zu zehn Mann Besatzung) im Gebrauch. Daneben wurde im Norden (v. a. Kabeljaufang) wie im Süden auch mit der Angel gefischt.[54]

In der Regel wurde tagsüber gefischt, doch ist – etwa in der Adria, vor Sizilien und Mallorca – auch Nachtfischerei bezeugt, bei der die Tiere durch Licht (die Fischer entzündeten Fackeln) in die Netze gelockt wurden.[55] Ähnliches berichtete im 13. Jahrhundert Thomas von Cantimpré für die Nordsee.[56] Eine griechische Handschrift des 11. Jahrhunderts enthält eine Darstellung dieser Praxis (Tafel 3): Abgebildet sind drei Fischer, von denen einer das Ruder bedient, während die anderen beiden mit

Netzen die Fische einholen, die von einer am Bug angebrachten Fackel an die Meeresoberfläche gelockt werden.

Eine besonders blutige und heutzutage stark kritisierte, vor allem zum Fang von größeren Schwarmfischen wie Thunfisch benutzte Methode stellt schließlich im Mittelmeerraum die im Italienischen als »Tonnara« bezeichnete Form der Fischerei dar: ein komplexes Gewirr von in Küstennähe teils verankerten, teils mobilen Netzen, die Tiere in immer neue Kammern bis zu einem letzten Gehege in Ufernähe lenken, wo sie in Boote gezogen oder noch im Wasser erschlagen werden. Die »Tonnara«-Methode wurde seit dem 14. Jahrhundert auch im westlichen Mittelmeerraum an den iberischen Küsten eingeführt und dort als »tonaire« bzw. »almadraba« bezeichnet. Auf sie wird im nächsten Kapitel ausführlicher eingegangen.

Die Karriere der Tonnara-Fischerei deutet bereits an, dass die Menschen über die Jahrhunderte keineswegs mit stets gleicher Intensität Fischfang auf dem Meer betrieben.[57] Es lassen sich vielmehr Zu- und Abnahmen dieses Wirtschaftszweiges bestimmen. So haben archäologische Forschungen belegt, dass die Menschen an Nord- und Ostsee bis ins 8. Jahrhundert vorwiegend Süßwasserfische fingen; das Meer trug vergleichsweise wenig zu ihrer Ernährung bei. Dies belegen nicht zuletzt Isotopenanalysen menschlicher Überreste, die aus dem frühen Mittelalter selten Hinweise auf die Ernährung mit marinen Lebewesen aufzeigen.

Der Verzehr von Meerestieren nahm je nach Region zu unterschiedlichen Zeiten zu: In England zum Beispiel änderte sich dies im 11. Jahrhundert,[58] in Finnland und Russland hingegen bevorzugten die Menschen noch bis ins 19. Jahrhundert eher Süßwasserfische.[59] Lediglich in Skandinavien ist der verbreitete Verzehr von Salzwasserfischen für das gesamte mittelalterliche Jahrtausend ungebrochen und stabil belegt; die Menschen im heutigen England, Belgien, Polen, den baltischen Staaten u. a. m.

scheuten offenbar bis ins hohe Mittelalter diese Nahrungsquelle, was sich im Übrigen mit der Nachricht des römischen Historikers Cassius Dio (gest. 235) deckt, der Anfang des 3. Jahrhunderts in seiner Geschichte Roms berichtete, die Kaledonier (im heutigen Schottland) würden keinen Fisch essen.[60]

Zwischen dem 8. und 11. Jahrhundert wandten sich also die Fischer in verschiedenen Regionen der Nord- und Ostsee dem Meer zu. Die Zahl und Dichte einschlägiger Grätenfunde in mehreren Ortschaften des Nordseeraums und der westlichen Ostsee lassen keinen Zweifel daran, dass nun immer häufiger Hering sowie Kabeljau und andere dorschartige Salzwasserfische (Leng, Seehecht etc.) gegessen wurden. Es ist in der Forschung diskutiert worden, ob für diesen Wandel ökologische Gründe, etwa die Überfischung von Süßwasserbeständen, verantwortlich gewesen sein könnten. Doch ist es wahrscheinlicher, dass der relative Bedeutungsverlust von Süßwasserfischen mit der Urbanisierung und der damit einhergehenden Reglementierung des Fischfangs in Flüssen zusammenhängt.[61]

In aller Regel aßen die Menschen, die in Küstengegenden wohnten, die heimischen Meeresfische. Seit dem 9. bis 11. Jahrhundert liegen auch erste Hinweise auf Fischexporte vor. So haben Archäologen allein in einer Teilausgrabung in Haithabu etwa 23 000 Fischreste geborgen, von denen die meisten einzelnen Arten zugeordnet werden konnten. Sie weisen hinsichtlich ihrer Artenvielfalt eine relativ breite Streuung auf: Am Hafen zum Beispiel wurden Reste von luftgetrockneten Dorschen (Kabeljau, Stockfisch) aus dem 9. Jahrhundert gefunden, die vielleicht von Händlern aus dem Norden dorthin gebracht wurden. Zugleich wurden in Haithabu aber auch in großer Zahl Heringe – also lokale, wahrscheinlich mithilfe von Zäunen gefangene Fische – sowie Süßwasserfische gegessen.[62] In der nur wenige Kilometer von Haithabu entfernten Nachfolgesiedlung Schleswig und später in Lübeck hingegen setzte sich bis zu Beginn des

13. Jahrhunderts der Import von Kabeljau stark durch.[63] Eine Reihe anderer Städte zeigt vergleichbare Dynamiken zwischen dem Verbrauch lokaler Fische und dem beginnenden Import konservierter Tiere.

Denn einzelne Handelszentren entwickelten sich in dieser Zeit bereits zu Zentren protoindustrieller, also systematischer, auf Ausfuhr ausgerichteter Fischerei. Aus Wollin an der Ostsee zum Beispiel (das von den nahegelegenen Salzquellen in Kołebrzeg/Kolberg profitierte) liegen Hinweise für einen frühen Export konservierter Fische (hier Hering) vor. Im 12. Jahrhundert scheint sich auch auf Rügen eine auf Export ausgerichtete Fischerei entwickelt zu haben. Man profitierte dort von der Nähe zu Lüneburg mit seinen Salzvorkommen und von den engen Beziehungen mit der Hansestadt Lübeck.[64]

An der Nordsee wiederum entwickelten sich Yarmouth in Norfolk (England) und andere Ortschaften der englischen Ostküste spätestens im 12. Jahrhundert zu überörtlichen Fischereizentren.[65] Schriftzeugnisse und Ausgrabungen gleichermaßen zeichnen das Bild eines deutlichen Umschwungs zu einer stärker meeresbasierten Ernährung und zu einer beginnenden Exportfischerei.

Worauf war der Wandel zurückzuführen? Auf die Überfischung traditionell populärer Süßwasserfische oder auf einen durch Bevölkerungswachstum und die zunehmende Bedeutung der Fastentage verursachten erhöhten Bedarf, der nur durch umfassende Meeresfischerei zu decken war? Die Frage ist nicht klar zu beantworten, wahrscheinlich wirkte ein Bündel an Faktoren zusammen.[66] Zugleich mahnen die jüngeren archäologischen Befunde zur Vorsicht, denn sie belegen die fortdauernde Bedeutung der Süßwasserfische für die Ernährung nicht zuletzt der Küstengesellschaften an Nord- und Ostsee: Lachs, Stör und Aal (wenn man diese überhaupt zu den Süßwasserfischen zählen möchte), aber ebenso Karpfen, Hecht und Wels etc. blieben weiterhin beliebte Speisefische, wenngleich ihre Bedeutung zugunsten der Seefische abnahm.

Auch hier sind ab dem 11. Jahrhundert Veränderungen feststellbar: Besonders geschätzte, aber ökologisch anspruchsvolle, weil von besonderen Umweltbedingungen (Wasserqualität und Beschaffenheit der Flussläufe u. a. m.) abhängige Arten wie Lachs und Stör wurden nun weniger verzehrt als ökologisch robustere Spezies wie Karpfen, Hecht und Aal.[67] Süßwasserfische spielten in der lokalen Ernährung der Menschen im Mittelalter weiterhin eine beachtliche Rolle, allerdings weniger für den Handel über große Strecken. Die Karpfenzucht ist hervorzuheben; hier waren Klöster sehr aktiv – aber nicht nur sie: Noch immer sind in Deutschland manche Landschaften durch künstlich angelegte Karpfenteiche geprägt.[68]

Gleichzeitig ist nicht zu bestreiten, dass im hohen Mittelalter die Bedeutung der Meeresfische für die menschliche Ernährung in Nord- und Ostsee zunahm. Neben der bereits erwähnten Heringsproduktion lassen sich seit dem 11. Jahrhundert auch archäologische Hinweise auf den systematischen Export von Kabeljau aus Norwegen – in andere skandinavische Länder, aber auch nach England – belegen.[69] Der eigentliche Aufschwung des internationalen Stockfischhandels erfolgte dann ab dem 13. Jahrhundert, wie aus schriftlichen Quellen hervorgeht und nun auch jüngere Isotopenanalysen bestätigen, welche in Städten der Nord- und Ostseeküste unter den Skelettresten des 13. und vor allem des 14. Jahrhunderts viele Fische nordatlantischer und arktisch-norwegischer Herkunft identifizieren konnten.[70]

Herrschaftsrechte und Kontrolle

Ein wesentlicher Treiber des spätmittelalterlichen Aufstiegs der Fischereiwirtschaft waren politische Kräfte vor Ort. Doch wem gehörten das Meer und der Strand, wer erhob im Mittelalter Herrschaftsansprüche über marine Räume? Für die Fischerei in Vergangenheit und Gegenwart ist das eine elementare Frage. Streitigkeiten um die Zuständigkeiten für die Fischerei sind zeitlos, sie existieren auch im 21. Jahrhundert.

Ältere werden sich an die teils dramatischen Auseinandersetzungen zwischen englischen und isländischen Fischern während der sogenannten »Kabeljaukriege« im dritten Viertel des 20. Jahrhunderts erinnern,[71] und noch heute schwelen Konflikte fort oder werden neu belebt. Der Ausstieg Englands aus der Europäischen Union zum Beispiel lässt aufs Neue Streitfragen virulent werden, die lange gelöst schienen oder ungeklärt blieben. Die Beziehung zwischen Fischerei, Staatlichkeit und Herrschaft hat ihre Sprengkraft auch im 21. Jahrhundert bewahrt.

Im Mittelalter verfügte traditionell der König über die Küste und das Wasser, also über Flüsse, aber auch über die Küsten und Küstenzonen. Wirtschaftliche Einahmen aus diesen Räumen gehörten damit prinzipiell zu den Regalien, den bereits in der Gesetzgebung des römischen Kaiserreichs festgelegten Herrscherrechten. Im hohen Mittelalter wurden diese imperialen Rechte intensiv diskutiert und von herrschernahen Gelehrten auch für ihre Herren eingefordert. Doch die Wirklichkeit war komplexer, denn im Mittelalter gingen den Königen in vielen Ländern Europas mit der Zeit ihre Rechte oder Teile davon allmählich verloren, weil sie diese – aus Frömmigkeit oder Dank, zur Entlohnung oder zur Gewinnung von Unterstützung – an Dritte vergaben bzw. veräußerten, oder weil sie im Widerspruch zu anderen Rechtsgewohnheiten standen.[72]

Nehmen wir als Beispiel die Fischerei-Hoheitsrechte der dänischen Könige am Öresund im Mittelalter.[73] Sie leiteten sich aus dem Fluss- und Stromregal ab und umfassten ursprünglich das Recht über das Meer und seinen Inhalt sowie das Strandrecht, also die Verfügungsgewalt über all das, was das Meer an die Küste spülte. Mit der Zeit setzte sich aber die Vorstellung durch, dass Gewässer Allgemeingut seien und von jedem befischt werden dürften. Die Könige verloren faktisch ihre Rechte über das Meer – nicht aber über den Strand. Sie konnten nämlich noch im Spätmittelalter die Menschen besteuern, die unmittelbar an der Küste auf dem Strand arbeiteten, dort Fische ausnahmen und einsalzten. Der Heringshandel brachte auf diesem Weg den dänischen Königen äußerst wichtige Einnahmen.[74]

Dieser Sonderfall zeigt, wie Rechte, die sich aus dem Königsrecht ableiteten, zu festen Steuern und damit zu herrschaftlichen Sondereinnahmen wurden. In weiten Teilen Nordfrankreichs hingegen ging das Recht an Küste, Strand und Meereslebewesen vom König auf örtliche Herrschaftsträger über. Die Grafen von Ponthieu und Boulogne zum Beispiel beherrschten die Picardische Küste und stifteten seit dem ausgehenden 11. Jahrhundert geistlichen Einrichtungen immer wieder aus ihren jährlichen Einnahmen Zigtausende Heringe.[75] In der Ostsee wiederum gelang es den Landesherren lange, das Fischereiregal zu halten, selbst wenn auch sie es durch Schenkungen allmählich aufsplitterten.[76]

Ähnliche Dynamiken sind im Mittelmeerraum bezeugt, wo in manchen Territorien die Herrscher ihre angestammten Vorrechte behielten oder die grundsätzliche, verschiedentlich auch schriftlich verbriefte Freiheit der Fischerei über die Zeit immer wieder infrage stellten bzw. einschränkten.[77] Dies galt im Übrigen auch für manche Herrschaften im islamischen Bereich, wo zum Beispiel in Ägypten die Herrscher dauerhaft die Fischwirtschaft (Fischerei und Fischverkauf) kontrollierten und fiskalisch ausbeuteten; im spätmittelalterlichen Mamlukenreich zum Beispiel machten diese Abgaben, wie viel weiter nördlich im Königreich Dänemark, einen nicht unbeträchtlichen Anteil der Staatseinnahmen aus.[78]

Im christlich beherrschten Norden des Mittelmeerraums betrieben neben Königen auch Adlige, geistliche Institutionen und städtische Einrichtungen eine ähnliche Politik der Fiskalisierung: Auch sie führten feste Steuern und Abgaben ein. Der Kirche gelang es dabei verschiedentlich, den Zehnten auf den Fischverkauf zu erheben, was punktuell zu (in aller Regel wirkungslosen) Protesten und Widerstand der Fischer führte.[79] Noch erfolgreicher als die Kirche waren in ihrem Bemühen um die steuerliche Nutzung des Fischfangs die Städte, welche den Verkauf von Meerestieren regelmäßig mit indirekten Abgaben belegten.[80]

Im Mittelalter kollidierten also regelmäßig theoretische Königsrechte mit den Interessen und Machtverhältnissen am Wasser selbst, d.h. mit den Interessen der Wasseranrainer. Hier kann man feststellen, dass die Monarchen tendenziell Einfluss gegenüber den Mächten verloren, die vor Ort waren. Dies konnten geistliche Einrichtungen wie Klöster oder Bischofskirchen sein, aber auch und vor allem Fürsten, die über diese Territorien verfügten, sowie untergeordnete Adlige vor Ort. Die Interessen dieser geistlichen und weltlichen Herren kollidierten wiederum mit denen der Städte und ihrer Fischer, deren Aktivitäten sie mitunter einschränkten.

Für die mittelalterliche Stadt und ihre Eliten war die Versorgung mit Nahrungsmitteln eine wesentliche Aufgabe, eine wichtige Einnahmequelle und ein mitunter heiß umkämpftes politisches Feld. Dies galt in Hafenstädten und Küstenorten auch für die Fischwirtschaft.[81] Städtische Räte wurden im Ringen um die Kontrolle der Fischerei aktiv, indem sie etwa gegenüber den Landesherren oder gegenüber anderen Wasseranrainern sicherzustellen versuchten, dass ihre Fischer ihrem Beruf nachgehen konnten. Die Stadt Schleswig etwa fügte bereits um das Jahr 1200 eine Fischereisatzung in ihr Stadtrecht ein, und auch andere Städte der Region bemühten sich, ihre Befugnisse über die Fischerei gegenüber dem jeweiligen Stadtherren zu sichern, indem sie entsprechende Regelungen in die Stadtrechte aufnahmen. Sie sicherten sich das Recht des freien Fischfangs, Fischerboote am Strand zu landen, Netze dort zum Trocknen aufzuhängen und andere Vorrechte mehr.

Auch anderswo im Reich regelten Marktordnungen und Marktzwang den öffentlichen Verkauf zu festgesetzten Preisen und Qualitäten an eigens dafür bestimmten Orten.[82] Spätmittelalterliche städtische Statuten regelten dabei mitunter die Größe der Fischernetze, die Zahl der eingesetzten Angeln und Reusen, die Weite der Maschen, auch die Fangzeiten. Die Obrigkeiten unternahmen es auch, die Fischerei durch bauliche und rechtliche Maßnahmen zu unterstützen und zu reglementieren. Sie errichteten und markierten Fischmärkte, die sie als exklusive Orte des Verkaufs festlegten und über deren Nutzung sie wachten. Hier betreten wir eine eigene Welt der rechtlichen Verfasstheit der Fischerei im Mittelalter, die sich regional und lokal unterschiedlich ausbildete. Denn nicht überall wurden Städte von Räten regiert. In manchen Regionen gaben geistliche und weltliche Stadtherren die rechtlichen Rahmen der Fischwirtschaft vor.

Im spätbyzantinischen Reich hatte der Kaiser zwar einen Teil seiner fiskalischen Rechte an weltliche und geistliche Einrichtungen abgegeben.[83] Dennoch verblieben den Herrschern nicht unbeträchtliche Einnahmen aus der Fischerei, die sie in der Regel verpachteten oder kurzzeitig vergaben.[84] Zwischenzeitlich aber griffen die Kaiser selbst reglementierend in die Fischwirtschaft ein, ihre Beamten setzten Preise fest und kontrollierten den Verkauf. Der Herrscher vergab Fischereirechte an geistliche Einrichtungen und entschied gegebenenfalls darüber, welche in der Fischerei tätigen Personen oder Einrichtungen Steuererleichterungen erhielten.

Aus weiter westlich gelegenen Teilen des Mittelmeerraums ist eine große Zahl an Rechtsquellen erhalten, welche minutiös den Verkauf von Süß- und Salzwasserfisch regelten und illustrierten. Beispielhaft für diese Gattung seien Statuten aus Sardinien angeführt. In ihnen wurde unter anderem geregelt, wie die Frischhaltung der Fische gewährleistet sein sollte, indem die Dauer ihres Verkaufs streng festgelegt wurde.[85] In Sassari zum Beispiel musste der vor der dritten Stunde (ca. 9 Uhr) in die Stadt gebrachte Fisch zur Mittagszeit, die danach eingeführte Ware bis zum Abend verkauft sein. Andere Verfügungen bestimmten einen einzigen Platz für den Fischverkauf, wobei mitunter zwischen Verkaufsorten für Frischfisch und Salzfisch unterschieden wurde.

Spätestens zur Mitte des 14. Jahrhunderts wurden seitens der Städte Preislisten für den Fischverkauf erstellt, so in Cagliari, wo 1346 das Pfund frischen Thunfischs für sechs und Delfinfleisch für vier *diners* zu kaufen waren. Städtische Bedienstete überprüften die Einhaltung dieser Regeln und die Qualität der Waren, eine Art Gewerbeaufsicht. Sie sorgten auch dafür, dass der frische Fisch stets offen auf den dafür vorgesehenen Marktständen feilgeboten wurde, während gesalzener Fisch in Läden zu kaufen war. Die Stände befanden sich in aller Regel auf dem Marktplatz in der Nähe der zahlenmäßig viel weiter verbreiteten Fleischereien. Das Eigentum dieser Marktstände lag mal beim Stadtherren oder bei geistlichen Institutionen, häufiger aber bei der kommunalen Verwaltung.[86]

Ganz ähnliche Verfügungen wie aus Sardinien liegen auch aus anderen Zentren des westlichen Mittelmeerraums wie Barcelona oder Valencia vor, wo seit dem 14. Jahrhundert der Fischverkauf immer kleinteiliger kontrolliert wurde.[87] Besondere, von den städtischen Räten eingesetzte Gewerbeaufseher schrieben ihre Anordnungen in Büchern nieder, die detaillierte Einblicke eröffnen und von denen über 100 erhalten, aber noch lange nicht alle publiziert sind.[88]

Umfassend sind die Verbote: Kein Fisch durfte vor der Inspektion verkauft werden, Eingeweide und Fischreste waren nicht unter die Markttische zu werfen, die Käufer sollten den Fisch nicht anfassen, die Verkäufer ihn nicht mit Wasser benetzen, um größere Frische zu simulieren etc. Genau wurden der Zustand der Ware überprüft und die fälligen Steuern eingetrieben, bevor mit dem Verkauf begonnen wurde. Wie wir gesehen haben, waren Frauen (wahrscheinlich die Ehefrauen der Fischer oder Fischhändler) intensiv an ihm beteiligt. Besonderes Augenmerk richtete die Obrigkeit darauf, Wucher und Preistreiberei mit Fisch zur Fastenzeit zu unterbinden.[89]

Die Sorgen waren nicht unberechtigt, wie ein Fall aus dem Jahre 1365 belegt, der eher zufällig im Barceloneser Notariatsarchiv überliefert ist. Am 7. April, es war ein Montag, erschütterte gegen 19 Uhr eine gewaltsame Auseinandersetzung das rege Treiben auf dem Fischmarkt der Stadt: Der örtliche Gewerbeaufseher Gilabert de Sant Climent geriet mit Miquel Corral, dem Eintreiber der städtischen Fischsteuer, in Handgreiflichkeiten, zog ihn an den Haaren, warf ihn zu Boden und jagte ihn unter wüsten Beschimpfungen aus der Markthalle.

Der Hintergrund des Streites wird aus mehreren eidesstattlichen Erklärungen ersichtlich, die in den nächsten Tagen notariell beglaubigt wurden. Die örtlichen Fischverkäuferinnen scheinen in vollem Wissen und mit Billigung des Steuereintreibers Miquel Corral das Angebot an Fischen künstlich verknappt zu haben, um die Preise hochzutreiben, was zu lauten Protesten auf dem Markt führte. Wir halten fest: Es geschah in der Fastenzeit. Erst auf Befehl des Gewerbeaufsehers mussten die Verkäuferinnen ihre Ware aus ihren Verstecken hervorholen und öffentlich in ihren Ständen zum Verkauf anbieten, was wiederum zu lautstarken Beschwerden des Steuereintreibers und zu den erwähnten Handgreiflichkeiten führte.[90] Der Fall illustriert die gegenläufigen Interessen städtischer Amtsträger.

Die Fischhändler nutzten verschiedentlich den gesteigerten

Bedarf der Fastenzeit zu ihren Gunsten aus; die Stadträte bemühten sich im Gegenzug darum, unter allen Umständen die Versorgung mit Fisch sicherzustellen. Die einen konnten versucht sein, Zollabgaben zu umgehen, die anderen drückten in der Not ein Auge zu. Im März 1436 zum Beispiel setzten sich die Ratsherren von Barcelona beim Erzbischof von Tarragona dafür ein, dass die unter einem kastilischen Kapitän segelnde Besatzung des Schiffes »Santa Trinidad« freigelassen werde. Sie war gefangen genommen worden, weil sie die Einfuhrzölle nicht bezahlt hatte; aber die Ratsherren argumentierten, ihre Stadt habe »dringenden Bedarf« an Salzfischen, und plädierten daher für Milde.[91]

Ähnliche Bemühungen um Kontrolle und Regelung sind im östlichen Mittelmeerraum bezeugt, etwa in Ragusa (heute Dubrovnik) in der Adria.[92] Aus dem Byzantinischen Reich liegen bereits im 10. Jahrhundert mit dem sogenannten *Eparchenbuch* und den Gesetzen Kaiser Leos VI. (gest. 912) sehr frühe und aussagekräftige Quellen zur Organisation des Fischhandels – hier in der Hauptstadt Konstantinopel – vor.[93] Sie regelten die Aufgaben und Befugnisse staatlicher Stellen in Bezug auf Fischfang und Fischverkauf. Das *Eparchenbuch* legte zum Beispiel die Rechte und Pflichten von Fischern und auch der in einer eigenen Gilde organisierten Fischhändler fest.

Ähnlich verfuhren im östlichen Mittelmeerraum die örtlichen Gewerbeaufseher.[94] Byzantinische Texte des 10. Jahrhunderts zum Beispiel stärkten unter anderem die Rechte der Landeigentümer an der Küste, setzten die Mindestabstände zwischen Fischereibetrieben fest, bestimmten ebenfalls die Rechte und Pflichten von Fischern einerseits und der in einer eigenen Gilde organisierten Fischhändler andererseits und versuchten, mögliche Streitpunkte auszuschließen. Bei Zuwiderhandlungen drohten den Fischhändlern Auspeitschen, Scheren oder der Ausschluss aus der Gilde. Fischer mussten ihren Fang en gros an die Händler verkaufen und durften nicht selbst im Kleinhandel tätig werden. Ein kaiserlicher Gewerbeaufseher überwachte, dass Frischfisch nicht eingesalzen wurde, um das Angebot zu verknappen und die Preise zu treiben u. a. m.[95]

Überfischung und Nachhaltigkeit

Nicht zuletzt konnten diese Regelungsmechanismen eine ökologische Dimension besitzen. Die Quellen zeigen, dass unseren Vorfahren durchaus bewusst war, dass ihr Handeln die Natur negativ beeinflussen konnte.[96] Viele erhaltene Nachrichten spiegeln Diskussionen um die Folgen gewisser Fangtechniken für die langfristige Nutzung der Fischbestände. Das Wort Nachhaltigkeit wurde nicht benutzt, aber eine Vorstellung davon gab es sehr wohl. Öffentliche Regulierungen des Fischfangs wurden mit dem Ziel der Bewahrung der Fischpopulationen formuliert, indem minimale Fanggrößen, zeitliche Beschränkungen des Fischfangs oder gewisse Fangmethoden vorgegeben wurden.

Die Aufsicht über solche Maßnahmen vertraute man Personen an, welche für die Aufrechterhaltung der öffentlichen Ordnung zuständig waren. All dies lässt erkennen, dass zumindest einzelne, auch politisch einflussreiche Gruppen die Veränderungen der Fischbestände aufmerksam beobachteten.[97] Ihr besonderes Augenmerk galt den Süßwasserfischen, aber es liegen sehr wohl Belege für ökologisch begründete Regulierungen des Seefischfangs vor.[98]

Der Stadtrat von Venedig zum Beispiel erließ schon seit dem Ende des 13. Jahrhunderts Verfügungen, um die Fischbestände auf Dauer zu sichern.[99] Sie betrafen vor allem Stellnetze, die für die Fischer von zentraler Bedeutung waren, aber die Wasserzirkulation in der Lagune beeinträchtigten; die Spannungen zwischen unterschiedlichen Interessengruppen durchziehen die örtlichen Quellen bis ins 15. Jahrhundert. Kritik an den Zerstörungen der marinen Flora und Fauna durch Schleppnetze wurde – etwa in Narbonne – bereits im 13. Jahrhundert geäußert, ähnliche Beschwerden liegen aus dem Jahre 1377 aus England (Essex) vor.[100] In Frankreich erließ König Philipp IV. im Jahre 1289 eine Ordonnance, die allzu wirkungsvolle Netze verbot bzw. ihre Nutzung zeitlich einschränkte und die Größen der Maschen normierte.[101]

Noch ausführlicher ist ein Dokument vom Januar 1403. Darin schrieb der Graf von Denia in Valencia an den Rat der Stadt. Er schloss sich den Beschwerden der Ratsherren über Netze an, die gerade aus Katalonien eingetroffen waren und für den Thunfischfang benutzt werden sollten: Diese seien allzu unspezifisch und würden viel zu viel Beifang aus dem Wasser holen. Der Graf argumentierte, dass diese Netze »das Meer in Brand setzen« würden, folgte der Bitte des städtischen Rates und verbot sowohl lokalen als auch fremden Fischern die Nutzung dieser Neuerung.[102]

Ähnliche Verbote sind aus der Nordsee überliefert, so aus England, u. a. aus London im Jahre 1386, wo der Bürgermeister und die Ratsherren anführten, dass der Fischreichtum der Themse ernsthaft durch die vielen Netze und Fischzäune gefährdet sei.[103] Die Herrschaftsträger wollten durch ihre Verbote die Ernährungsgrundlage der Bevölkerung langfristig sicherstellen. Aber sie stärkten dadurch auch ihre Stellung als Obrigkeit, die Normen zu setzen in der Lage war.[104]

Angesichts der sich im 21. Jahrhundert vollziehenden ökologischen Katastrophen wird in der jüngeren Forschungsliteratur zunehmend die Frage erörtert, ob die Menschen bereits im Mittelalter das Meer überfischten: Hatte die mittelalterliche Fischerei längerfristige Auswirkungen auf die Naturumwelt? Die Forschung ist in diesem Bereich noch im Fluss. Für Wasserläufe und Mündungssysteme, aus denen mitunter gewisse, besonders nachgefragte Fischsorten im Mittelalter verschwanden, ist dieser Zusammenhang in Einzelfällen wahrscheinlich gemacht worden.[105]

Weniger klar ist die Lage in der Meeresfischerei. Die Forschung tendiert derzeit zu dem Befund, dass eine langfristige Beschädigung des Ökosystems durch den Menschen im Mittelalter nicht nachgewiesen werden kann. Veränderungen im Fischereiverhalten, wie die Verlagerung des Schwerpunkts der Heringsfischerei vom Öresund Richtung Nordsee und Niederlande, folgten eher natürlichen, etwa klimatischen Veränderungen, politischen Gegebenheiten und technologischen Entwicklungen und waren anscheinend keine Folge einer Überfischung des Meeres oder einer dauerhaften Verlagerung der Migrationsrouten der wichtigen Fischarten.[106]

Das Mittelalter war noch nicht der Beginn des Anthropozäns, denn menschliches Handeln beschädigte und veränderte nicht dauerhaft und irreparabel die Ökosysteme der Meere.[107] Im Gegenteil: Die Quellen zeigen, dass viele Zeitgenossen die Folgen ihres Wirtschaftens sehr wohl im Auge hatten, sich der ökologischen Fragilität erneuerbarer Ressourcen wie etwa des Fisches bewusst waren und rational entschieden, wie sie damit umgingen, ja sogar einzelne Fischarten gezielt schützten. Wir Menschen des 21. Jahrhunderts können das eigene Tun nicht dadurch relativieren, dass wir in denen des Mittelalters unsere Vorläufer zu erkennen meinen.

Zubereitungen

Auch wenn nicht von Überfischung die Rede sein kann, so deuten doch die von Wirtschaftshistorikerinnen und -historikern erhobenen Daten über die Verarbeitung und den Handel mit

Meerestieren im Mittelalter an, dass Meereslebewesen von allen Bevölkerungsschichten verzehrt wurden. Wie aber wurden diese Speisen hergestellt? Überhaupt: Welcher Stellenwert kam dem Fisch in der Kochkunst des Mittelalters zu? Und kennt man noch heute spezifisch mittelalterliche Fischgerichte? Die letztgenannte Frage dürfte in aller Regel verneint werden. Auch wenn manche noch heute verzehrte Speisen ebenso im Mittelalter genossen wurden, so haftet doch keiner unter ihnen dieses Etikett einer längst vergangenen Zeit an. Aus der Antike hingegen ist ein Fischgericht auch jenseits der Fachkreise bekannt: Garum.

Mit diesem Sammelbegriff wird eine Fischsauce bezeichnet, die aus unterschiedlichen Fischen – Makrelen, Aalen und anderen mehr – durch Fermentierung hergestellt wurde. Man ließ die Fischmasse lange bei hohen Temperaturen in der Sonne und presste im Anschluss die auf diese Weise mikrobiell umgewandelte Sauce aus. An ihren Produktionsstätten muss der Gestank fürchterlich gewesen sein, aber durch den Umwandlungsprozess und die Presse verliert das Endprodukt an Geruchsintensität. Es war im Römischen Reich sehr weit verbreitet, und innerhalb dieses riesigen Gebietes existierten verschiedene Lokalvarianten des Garums, weil unterschiedliche Fischsorten verarbeitet wurden.

Auf der Iberischen Halbinsel hergestellte Fischsauce erfreute sich in der Spätantike besonderer Beliebtheit. Ihre Popularität ist archäologisch durch Untersuchungen römischer Amphoren und der in ihnen erhaltenen Speisereste, aber auch durch textliche und sogar kunsthistorische Zeugnisse umfassend belegt.[108] So ist etwa in Pompei das Haus eines Garumproduzenten und -händlers mit reichem Freskenschmuck ausgegraben worden.[109]

Die Altertumswissenschaften haben die Herstellung, den Vertrieb und den Verzehr dieser Fischsauce erschöpfend untersucht. Im Mittelalter erfreute sie sich im zentralen und westlichen Mittelmeerraum keiner besonderen Beliebtheit mehr, aber in Byzanz lebte die Tradition fort, und in der arabischen Welt war eine fermentierte Fischsauce (der *murrī al-ḥūṭ*) ebenfalls populär.[110] Garum eröffnet den Zugang zu einem Feld, das in der Mittelalterforschung noch vernachlässigt ist: die kulinarische Geschichte des mittelalterlichen Fischkonsums.

Die Ernährung unserer Vorfahren und die Weisheit hochgeschätzter Autorinnen und Autoren der Vergangenheit – über allen thront die Rupertsberger Äbtissin und Gelehrte Hildegard von Bingen – scheinen vielen Menschen in einer Zeit genmanipulierter, hochgezüchteter und industriell gefertigter Nahrungsmittel eine Richtschnur zu sein. Vergleichsweise selten ist in der modernen Literatur aber von mittelalterlichen Gerichten aus Meerestieren die Rede. Dabei liegt ein breites Spektrum an Textquellen vor – manche von ihnen haben wir bereits kennengelernt –, die Aufschluss bringen über die marinen Hauptnahrungsmittel, die einschlägigen Speisegewohnheiten und die Essenszubereitung von Meerestieren: die Zolllisten etwa, die über den Ankauf von Fisch in mittelalterlichen Städten informieren, oder die Kämmereibücher der Höfe, der städtischen Räte und der kirchlichen Einrichtungen, die vom Fischeinkauf für den täglichen Gebrauch berichten.

An ihnen lässt sich fallweise überprüfen, ob Fisch ein hochpreisiges oder eher ein allgemein erschwingliches Nahrungsmittel war. In der mittelalterlichen, auch deutschsprachigen Literatur wird Fisch gern als »Herrenspeise« bezeichnet;[111] doch lässt sich dies mit harten Zahlen belegen?[112] Hier muss zwischen dem teureren Frischfisch und dem preiswerteren Salzfisch und bei Ersterem wiederum zwischen unterschiedlichen Fischarten unterschieden werden.

Frischer Fisch, ob aus Flüssen und Seen oder aus dem Meer, kann in der Tat als eine Speise der Wohlhabenderen angesehen werden. Dies lässt sich durch statistische Studien und Vergleiche mittelalterlicher Fischpreise belegen.[113] Konservierter Fisch hingegen war ein auch für breitere Bevölkerungskreise erschwingliches Massenprodukt, eindeutig bildete er in vielen Regionen ein Grundnahrungsmittel der Armen. Dies wird nicht zuletzt daran erkennbar, dass er in überdurchschnittlich hohem Maße in spätmittelalterlichen Spitälern zur Speisung der Kranken und Bedürftigen gereicht wurde.[114] Dies gilt nicht nur für Küstenregionen: Wegen ihrer Haltbarkeit und ihres einfachen Transports waren Salzfische in ganz Europa und im südlichen Mittelmeerraum auch im Binnenland verbreitet und geschätzt. Auch dieser preiswertere Fisch erfuhr allerdings tendenziell über das späte Mittelalter hinweg eine Preissteigerung.[115]

Im Byzantinischen Reich, namentlich in Konstantinopel, war Fisch wie im islamischen Bereich auch für die ärmere Bevölkerung Hauptnahrungsmittel.[116] Hierfür war zweifellos der geringere Preis gesalzenen Fisches verantwortlich. In Nordeuropa kostete eine Tonne Hering zwischen 1350 und 1375 ungefähr so viel wie 2,3 Tonnen Getreide. Allerdings machte der Fischpreis auch Schwankungen durch, die natürlich von Angebot und Nachfrage abhingen. Subsistenzkrisen infolge von Missernten und Klimaschwankungen und in Sonderheit die Pestausbrüche, aber auch militärische Konflikte führten zu Preisanstiegen. Insofern war auch der Fischkonsum indirekt vom Klima abhängig. Zwischen 1401 und 1425 zum Beispiel betrug das Preisverhältnis zwischen Hering und Getreide 1 zu 4,5, im letzten Viertel des 15. Jahrhunderts wiederum nur noch 1 zu 3.[117]

In Hafenstädten entstanden zahllose Urkunden, die auf die Fischwirtschaft und konkrete Aspekte des Essens eingehen.[118] Preislisten für Schiffsausrüstungen zum Beispiel halten fest, was Besatzung und Passagiere mitnahmen: Butter, Salz, Bier, Wein, Fleisch und Fisch, Käse, Brot werden etwa in Rostocker Preislisten für die Schiffsausrüstung aufgelistet, und es wird auch erwähnt, welche Fischsorten für den Verzehr an Bord mitgenommen werden konnten, nämlich Stockfisch und andere Dorsche, Hering und Lachs. Diese Quellen liefern ungewöhnliche Einblicke in die Lebensgewohnheiten und den Fischkonsum einer besonderen Transitgemeinschaft: der Menschen, die für eine gewisse Zeit als Besatzung oder Passagiere auf einem Schiff zusammenkamen.[119]

Für die Geschichte des Fischkonsums sozialer Eliten von herausragender Bedeutung sind mittelalterliche Kochbücher.[120] Schon in der Antike wurde eine Anleitung und Beschreibung der Kochkunst verfasst, das einem Caelius Apicius zugeschriebene, im 3. oder 4. Jahrhundert entstandene Buch *De re coquinaria*, in dem zwei Kapitel den Meerestieren gewidmet sind.[121] Im Mittelalter wurde seit dem Ende des 13. Jahrhunderts in vielen Ländern, auch in der arabisch-muslimischen Welt des südlichen Mittelmeerraums, eine wachsende Zahl vergleichbarer Texte verfasst. Nicht weniger als 150 sind bekannt und teilweise auf uns gekommen.[122] Sie dienten einerseits als Anleitung für Köche, die an Höfen arbeiteten; andererseits (und mindestens genauso wichtig) betonten sie mittels der beschriebenen Nahrungsmittel und ihrer oft aufwendigen Zubereitung die herausgehobene Stellung der sozialen Eliten.

Welche Bedeutung kam in ihnen Fischgerichten zu?[123] In einem anonymen katalanischen Text zum Beispiel, dem *Llibre de Sent Soví* (*Buch des heiligen Salvo*), stehen Fischrezepte keineswegs an erster Stelle. Von insgesamt 72 Rezepten sind lediglich sechs Fischrezepte. Zu einem ähnlichen Befund kommt eine Untersuchung arabisch-muslimischer Kochbücher aus dem westlichen Mittelmeerraum: Von den 400 Rezepten im *Fiḍālat al-Khiwān* des Ibn Razīn al-Tujībī waren gerade 30 der Zubereitung von Fischgerichten gewidmet.[124] Auch im spätmittelalterlichen Heiligen Römischen Reich wurde Fisch – etwa in Anleitungen zum standesgemäßen Essen, in sogenannten Tischzuchten – zwar aufgeführt und abgebildet, doch war er dem Fleisch von Landtieren und Vögeln nachgeordnet.[125]

Allerdings zeigen die Rezepte des *Llibre de Sent Soví*, dass im westlichen Mittelmeerraum schon in der Mitte des 14. Jahrhunderts Fisch sehr elaboriert zubereitet werden konnte – für die Elite, denn dieser Text war an die gesellschaftliche Oberschicht gerichtet. Dies wird schon bei der Lektüre eines Rezepts für Krebssaucen erkennbar, für deren Herstellung man unter anderem Pfeffer, Ingwer, Zimt, Nelken und Safran verwendete – allesamt teure orientalische Gewürze. Die Küche in der spätmittelalterlichen Krone Aragon profitierte offensichtlich von fernräumlichen Vernetzungen.

Ein weiteres, rund ein Jahrhundert später in demselben Raum entstandenes Werk – das *Buch der verschiedenen Weisen, Speisen herzurichten* (*Llibre de totes maneres de potatges*, ca. 1450) – listet unter seinen rund 200 Rezepten nicht weniger als 72 auf, die aus Fischen zubereitet werden.[126] Im Vergleich zu zeitgenössischen Kochbüchern aus Mitteleuropa fällt auf, dass diese Werke des Mittelmeerraums Salzwasserfische in stärkerem Maße in die Küche integrierten als diejenigen des Nordens. Im nordalpinen Reich führen Werke wie *Daz Buch von guter Spise* nur vereinzelt Meereslebewesen an.[127]

Anleitungen für die feine Speisezubereitung sind das eine, der Alltag oft etwas anderes. Aber aus Rechnungsbüchern europäischer Höfe lassen sich die tatsächlichen Essgewohnheiten hochgestellter Persönlichkeiten gut ablesen. Hierbei sind regionale Unterschiede zu bedenken. Es steht außer Frage, dass Fleisch an den Königshöfen Europas höher geschätzt war als Fisch und das Jagen, nicht der Fischfang die standestypische Alltagsbeschäftigung war.

Aber die Schätze des Meeres fehlten keineswegs auf den Tischen der Großen, und an einigen Höfen waren sie populärer als an anderen. Die Herrscher der Krone Aragon im 14. Jahrhundert zum Beispiel schätzten neben Neunauge und Stör besonders die Süßwasserfinte aus dem Ebro – so sehr, dass Prinzessin Maria de Luna (gest. 1406), die Frau des Erbprinzen Martin (gest. 1410), im Jahre 1382 mit ihrem Hof von Tortosa aus selbst zum Angeln ausfuhr; und schon die Lebensbeschreibung Ludwigs des Frommen aus dem 9. Jahrhundert weiß davon zu berichten, dass der Herrscher sich gelegentlich als Fischer übte.[128]

Die umfangreichen Verwaltungsquellen des Barceloneser Kronarchivs erlauben es, die Speisegewohnheiten des Königshofs gründlich zu untersuchen. Aufschlussreiche Einblicke liefern zum Beispiel König Peter der Zeremoniöse und seine Frau Sibilla de Fortià aus der Mitte des 14. Jahrhunderts: Die Unterlagen zeigen, dass am königlichen Hof nicht weniger als 35 Arten Frischfisch und neun Arten gesalzenen Fischs verzehrt wurden, daneben Krustentiere, Muscheln usw. Dabei kamen deutlich mehr Meeres- als Süßwasserfische auf den Tisch, unter anderem Sardinen und Thunfisch in frischer und gesalzener Form sowie eingelegter Hering.[129]

Die Schwiegertochter des Königs wiederum, die französische Adlige Martha von Armagnac (gest. 1378), zeigt sich den Unterlagen nach als etwas kapriziöse Prinzessin, die Briefe mit Kaufanweisungen für Frischfisch an ihre Dienstleute schickte, »weil ich Lust auf [...] habe« oder »weil mir nach [...] der Sinn steht«.[130] Vor allem an Muscheln, Austern, Riesengarnelen, aber auch an Forelle, Stör, Lachs und Neunauge fand Martha Gefallen, gelegentlich bedankte sie sich immerhin für Lieferungen von Fisch, »die mir sehr geschmeckt haben«. Neben einfachen Speisen wie dem Hering standen bei Prinzessin Martha Süßwasserfische wie das Neunauge, das im Spätmittelalter als Delikatesse besonders gefragt war, hoch im Kurs.[131]

Ein Vergleich mit ähnlichen Rechnungsbüchern des Adels – etwa des herzoglichen Hauses von Gandía in Valencia oder des Johannitergroßpriors von Aragon – zeigt: Frischer und gesalzener Fisch gehörten stets dazu.[132] Zugleich brachten die Verwendung gewisser Fischsorten oder die Fähigkeit, auch fern der Küste frischen Fisch zu beziehen, soziales Prestige ein. Essen war und ist ein Merkmal sozialer Distinktion. An den Königshöfen bevorzugte man Frischfisch; allein die logistische Fähigkeit, frisch Gefangenes auf den Tisch zu bringen, kennzeichnete – wie die Verwendung seltener und teurer Gewürze – die Potenz eines Herrscherhofes.

Vergleichbare Rechnungsbücher höfischer Kreise aus dem Norden Europas zeigen mitunter eine noch ausgeprägtere Hinwendung zum Fisch als Alltagsspeise. 39 Prozent aller Ausgaben für die Küche am Hofe der Gräfin von Pembroke gingen Ende des 13. Jahrhunderts auf den Kauf von Fischen; der Kölner Bürger Hermann von Goch (gest. 1398) gab Ende des 14. Jahrhunderts so viel für Fisch aus wie für Fleisch, nämlich 15 bis 20 Prozent seines Haushalts, und auch am polnischen Königshof kamen auf Fisch rund 17 Prozent der Gesamtausgaben.[133]

1373 begab sich Herzog Johann IV. von der Bretagne (gest. 1399) mit seiner Frau aufgrund einer Revolte in seiner Heimat ins englische Exil. Für die Jahre 1377 und 1378 haben sich die Rechnungsbücher des herzoglichen Hofes erhalten, der sich zu jener Zeit vorwiegend im Südosten der Insel aufhielt. Sie zeigen einen dauerhaften hohen Fischkonsum: Insbesondere Hering in jeder Form (frisch, stark gesalzen, leicht gesalzen, geräuchert) sowie frischer oder eingelegter Kabeljau und Stockfisch standen ganz oben auf dem Speiseplan. Genau wurde dabei zwischen den hochwertigeren und daher teureren Heringen aus Schonen und den gewöhnlichen Exemplaren oder zwischen dem in einem speziellen Verfahren in Salzbrühe eingelegten Kabeljau (Laberdan, Daberdan) und dem gewöhnlichen unterschieden.

Aber auch das Fleisch 28 weiterer Meerestiere – vom Wal und Schweinswal über den Stör, den Schellfisch und den Steinbutt bis zu Muscheln, Krabben und Austern – wurde am herzoglichen Hof zubereitet.[134] In der Heimat des Herzogspaares wiederum bildete vor allem frischer Fisch das gesamte Spätmittelalter hindurch eine gängige Speise des Hofes und trug zu dessen internationaler Sichtbarkeit bei.[135]

Mit den Banketten und Tischen der Reichen schließt dieses Kapitel, das einen vergleichenden Überblickscharakter hatte und daher allgemein angelegt war. Auf den nächsten Seiten hingegen sollen vier Fischarten detailliert betrachtet werden, um die Wechselwirkungen zwischen Meereslebewesen und Menschen exemplarisch zu analysieren. Zugleich markiert das nächste Kapitel den Beginn des zweiten von drei Hauptteilen dieses Buches.

Der erste war stark auf den Menschen fokussiert. Er untersuchte, wie Männer und Frauen im Mittelalter in Beziehungen zum Meer und seinen Bewohnern traten – als Theologen oder Gelehrte, als Fischer oder Angler, als Kaufleute oder Fischverkäufer, als Köche oder Konsumenten. Nun soll der Blick verstärkt auf marine Lebewesen gelenkt werden. Die folgenden vier Kapitel sind einzelnen Spezies oder Familien gewidmet, welche im mittelalterlichen Jahrtausend für menschliche Gesellschaften besondere Bedeutung erlangten. Den Anfang machen vier Tierarten, die aus quantitativer Sicht in Mittel- und Nordeuropa bzw. im Mittelmeerraum die Versorgung der Bevölkerung mit konserviertem Fisch sicherstellten: Kabeljau und Hering, Thunfisch und Sardine.

REALE UND FIKTIVE MEERESLEBEWESEN

Abb. 10. Heringsfang, aus: Olaus Magnus, Historia de gentibus septentrionalibus (zuerst Rom, 1555, diese Ausgabe: Antwerpen, 1557).

4.
Jäger und Gejagte

Für das europäische Mittelalter besaßen zwei Fischfamilien und ihre jeweiligen Hauptfeinde die größte sozioökonomische Bedeutung: Im Nordostatlantik, genauer in Nord- und Ostsee, ragt der Hering als ein in Schwärmen auftretender, in Küstennähe verhältnismäßig leicht mit Netzen zu fangender Fisch hervor, der im Meer vor allem von Robben und Tieren aus der Familie der Dorschartigen gejagt und gefressen wird.[1] Zu diesen Jägern gehört auch der Kabeljau. Eine ähnliche Beziehung besteht im Mittelmeerraum zwischen den Sardinen und den sie jagenden Thunfischen.

Nordostatlantik und Mittelmeerraum sind folglich die beiden Gebiete, die im Zentrum dieses Kapitels stehen werden. Auch Menschen des Mittelalters verstanden die marinen Nahrungsketten. Albertus Magnus schrieb zum Beispiel: »Kleinere Fische werden von größeren gefressen, und die Mehrzahl von ihnen stirbt daher noch in jungem Alter.«[2] Sie alle aber – Jäger und Gejagte – waren im Mittelalter die bevorzugte Beute der Menschen. Sie wurden nicht nur lokal für den Eigenverbrauch gefischt, sondern im Spätmittelalter auch in großem, »protoindustriell« zu nennendem Stil gefangen, verarbeitet und exportiert. Von allen in diesem Buch untersuchten Meerestieren waren Kabeljau und Thunfisch, Hering und Sardine am stärksten in das Netzwerk des mittelalterlichen Fernhandels integriert. Sie sollen in diesem Kapitel näher untersucht werden, um die Folgen einer extensiven Fischwirtschaft für die sie betreibenden Gesellschaften aufzuzeigen.

Hering

In Holland genießt der Matjeshering noch heute beinahe kultische Verehrung. Der zwischen Mai und Juli in noch jungem Alter, vor dem ersten Laichen, gefangene Fisch wird in der Regel an Bord filetiert und eingesalzen. Einmal angelandet, wird er gern mit Zwiebeln oder Gurken als »Hollandse Nieuwe« gegessen. Alljährlich wird der Verkaufsbeginn des Fischgerichts im Juni mit der Versteigerung des ersten Fasses Matjeshering gefeiert, im ganzen Land werden Heringsfeste organisiert, am berühmtesten ist wohl der »Vlaggetjesdag« (Fähnchentag) in Scheveningen.

Das fröhliche Treiben auf den Heringsfesten mag kurzzeitig vergessen machen, dass der Hering in manchen Teilen der Welt ein massiv gefährdetes Lebewesen ist. Dies galt in der Nordsee bereits in den 1960er- und 70er-Jahren, nachdem die Einführung neuer, riesiger Schleppnetze zur massiven Überfischung der Bestände geführt hatte. Zwischenzeitlich wurde die Heringsfischerei in der Nordsee gänzlich verboten.[3] Im 21. Jahrhundert hat sich der Hering in der Nordsee ein wenig erholt, in der Ostsee hingegen ist die Lage noch immer kritisch.[4]

Ein weiterer Grund für den Populationsrückgang ist der Klimawandel, denn der Anstieg der Meerestemperatur führt dazu, dass die Fische früher im Jahr ablaichen, wenn ihr Nahrungsangebot noch gering ist. Bezeichnenderweise wurde der Hering jüngst zweimal in Folge – 2021 und 2022 – vom Deutschen Angelfischerverband in Abstimmung mit dem Bundesamt für Naturschutz und dem Verband Deutscher Sporttaucher zum Fisch des Jahres gewählt.[5] Global betrachtet sind die Heringsartigen aber die in größter Zahl gefangenen Salzwasserfische überhaupt.[6]

Wie die Sardine, die Sardelle und die Sprotte gehört auch der Hering (*Clupea harengus*) der Ordnung der Clupeidae an.[7] Er kommt in einem riesigen Gebiet zwischen dem 70. nördlichen und dem 60. südlichen Breitengrad vor und kann eine Länge von bis zu 40 Zentimetern und ein Gewicht von bis zu einem Kilo aufweisen; die Mehrzahl der gefangenen und verspeisten Tiere ist jedoch deutlich kleiner. Der Hering ist wie andere Angehörige der Clupeiden ein Schwarmfisch, der sich vom Plankton – von Kleinstlebewesen und pflanzlicher Biomasse, die im Meer schweben – ernährt und allein orientierungslos ist. Er versucht daher, sich seinen Feinden mittels seines schnellen Reaktionsvermögens und seiner Ballung in silbrig schimmernden Schulen zu entziehen.

Heringe, aber auch ihre Jäger, kommen vor allem in Gegenden mit verdichteter Biomasse vor. Es handelt sich bei ihnen um »pelagische Fische«, sie leben also nicht in der Nähe des Meeresbodens, sondern in höheren Wasserschichten, kommen häufig der Wasseroberfläche und insbesondere zum Laichen auch den Küsten nahe. Heringe nehmen im Schwarm beachtliche Wanderungen vor. Der Atlantische Hering zum Beispiel zieht regelmäßig von August bis Oktober zum Laichen aus dem Atlantik durch den dänischen Sund in die westliche Ostsee. In gewissen, von Wasserströmungen besonders begünstigten Küstengegenden und an Meeresengen können mitunter massiert sehr dichte Schwärme auftreten.

Dieses Verhalten und die Größe der Heringsschwärme sind bereits lange bekannt. Im 2. Jahrhundert vermittelte der spätantike Dichter Oppian in seinem Buch vom Fischfang ein übertriebenes Bild von massierten Heringsvorkommen: Fischer würden mitunter mit ihren Booten in dichten Heringsschwärmen festsitzen und sich ihren Weg durch die Tiermassen mit Schwertern schlagen müssen.[8] Zugleich ging Oppian scharf mit den Heringen ins Gericht: Sie seien kraftlos und schwächlich, »ein graues Geschlecht«, »aus keinem Blut und von keinen Eltern geboren«, sondern aus schlammigen Wogen entstanden.[9] In Unkenntnis ihrer tatsächlichen Speisegewohnheiten urteilte er: »Allen Tieren der See sind sie ein guter Bissen, selber aber lecken sie einander den Leib – das ist ihnen Futter und Auskommen.«[10]

Ein Jahrtausend später, um das Jahr 1200, schrieb der dänische Chronist Saxo Grammaticus (gest. um 1220), Oppian ganz ähnlich, dass die Fischerboote am Öresund kaum durch das Wasser fahren könnten, weil die Meerenge so dicht mit Heringen bevölkert sei.[11] Einige Jahrzehnte darauf berichtete Albertus Magnus Ähnliches.[12] Seit der frühen Neuzeit wurde der Reichtum der Heringsschwärme auch in der darstellenden Kunst zum Ausdruck gebracht, besonders prominent in den Holzschnitten, mit denen die *Historia de gentibus septentrionalibus* des schwedischen Bischofs und Geografen Olof Månsson (Olaus Magnus, gest. 1557) im Jahre 1555 illustriert wurde (Abb. 10). Es ist schwer zu bestimmen, ob es sich bei diesen Bildern und Nachrichten um literarische Übertreibung handelt oder ob der Fischreichtum in Nord- und Ostsee im Mittelalter doch bedeutend größer war als heutzutage.

Hering war zweifellos der wichtigste Speisefisch des Mittelalters.[13] »Neben dem Huhn ist der Hering das einzige Nahrungsmittel, das Hoch und Niedrig gleichermaßen schätzten und verehrten«, schrieb vor einigen Jahren ein Kenner der Materie.[14] Er griff damit einen Gedanken auf, den über sieben Jahrhunderte zuvor bereits Alexander Neckam formuliert hatte – einer der wenigen Naturgelehrten, die sich im Mittelalter zum Hering äußerten.

An der Wende zum 13. Jahrhundert widmete der englische

Geistliche dem *allec* fünf Distichen in seiner Schrift über die Natur (*De rerum naturis*). Er lobte ihn als einen Fisch, der die Tafel von Wohlhabenden und Armen gleichermaßen bereichere, frisch oder eingesalzen verzehrt werden könne und besonders bekömmlich sei. Alexander formulierte außerdem zutreffende Beobachtungen wie die, der Hering würde sich aus Angst vor Feinden in großen Schwärmen versammeln, aber auch die inkorrekte Behauptung, er würde nicht nur im Wasser, sondern ausschließlich vom Wasser leben.[15]

Ähnliches behauptete auch Thomas von Cantimpré, der die Fischwanderung beschrieb, die er als einen Akt göttlicher Huld interpretierte, weil der Herr auf diese Weise den Menschen fangbereite Nahrung zuführe.[16] Thomas' Lehrer Albertus Magnus wiederum zeigte sich vor allem vom Schwarmverhalten und der Rastlosigkeit der Heringe beeindruckt.[17] Aufmerksam bemerkte er, dass sie (und ihre Jäger) sich häufig nah an der Küste aufhielten:[18] Besonders große Schwärme würden die Gestade Frankreichs, Britanniens, Deutschlands und Dänemarks bevölkern, und Konrad von Megenberg behauptete im 14. Jahrhundert mit erkennbarem Stolz, *die pesten Haering gend pey Schottenland und die aller poezten pey daeutschen landen.*[19]

Im Norden Europas war Hering in der Tat der am häufigsten vorkommende und konsumierte Fisch überhaupt; in konservierter Form war er aber auch im Süden des Kontinents geschätzt. Für breitere Bevölkerungsschichten und den Transport über weite Strecken wurde der Fisch im mittelalterlichen Europa gesalzen, eingelegt oder geräuchert, in Küstennähe wurde er frisch gegessen. Seine Allgegenwart vor allem zur Fastenzeit führte verschiedentlich zu regionalen Festen, welche den Hering zum Ende dieser Phase der Enthaltsamkeit zum Gegenstand der Belustigung machten.[20] Vereinzelt wurde allerdings auch Mitleid für das massenhaft verspeiste Lebewesen geäußert, wie etwa im bereits erwähnten Gedicht aus dem 15. Jahrhundert, in dem die

Leiden des Herings im Stil einer Märtyrergeschichte geschildert werden.[21]

Im Volk beliebt, fand der Hering selbst an den Höfen Europas Anklang. Zwar spielte er dort keine herausgehobene Rolle, weil die Eliten prestigereiche Edelfische wie das Neunauge oder den Stör bevorzugten, dennoch war er auch in höheren Kreisen weder unbekannt noch absolut verpönt.[22] Der *Viandier* zum Beispiel, ein einflussreiches Kochbuch aus dem ausgehenden 14. Jahrhundert, das wahrscheinlich im Umkreis des französischen Königshofes entstand, liefert das Rezept eines Gerichts, bei dem Heringsköpfe mit einer Sauce aus Knoblauch, Nelken und leicht fermentiertem Traubensaft zubereitet werden.[23] In kulinarisch aufwendiger Form war Hering offenbar auch unter Königinnen und Königen geschätzt.

Für die Attraktivität des Herings war – neben der Tatsache, dass er als wandernder Schwarmfisch verhältnismäßig leicht mit Netzen zu jagen ist – entscheidend, dass er im Vergleich zu anderen Fischen besonders eiweiß- und fetthaltig ist. Luftgetrockneter Kabeljau hat drei Prozent Fettgehalt, Hering ungefähr 15 Prozent. Dieser hohe Nährwert macht Heringe besonders begehrt, erschwert aber auch ihre Konservierung. Denn während Kabeljau an der Luft getrocknet werden kann, gelingt dies bei Heringen nicht, weil sie schnell ranzig werden. Man muss sie also auf andere Art und Weise konservieren, und das hatte Folgen für ihren Handel im Mittelalter.

Heringshandel

Der Hering ist zooarchäologisch an Nord- und Ostsee bereits in vor- und frühgeschichtlicher Zeit als Speisefisch belegt, und Bewohner der Küstenregionen fischten ihn zum Eigengebrauch das gesamte Mittelalter hindurch und auch später noch. Mit dem steigenden Verbrauch an Salzwasserfischen, der in diesen Gebieten ab dem 10. Jahrhundert zu beobachten ist, nahm im hohen Mittelalter auch derjenige des Herings zu. Es ist wichtig, sich diesen regionalen Konsum vor Augen zu halten, weil die historische Wahrnehmung des mittelalterlichen Heringshandels stark vom beinahe »protoindustriellen« Vertrieb der freien Marktfischerei im späteren Mittelalter geprägt ist. Tatsächlich aber bestand an Nord- und Ostsee die lokale Heringsfischerei ungeachtet der wachsenden Bedeutung konservierter Massenware und parallel zu diesem Wirtschaftszweig das gesamte Mittelalter über fort.

Trotz dieser einschränkenden Bemerkung sei im Folgenden der Blick auf die freie Marktfischerei gelenkt. Denn seit dem Hochmittelalter erlaubte sie in bislang nicht bekanntem Maße die Versorgung latein-europäischer Gesellschaften mit konserviertem Fisch. Aus dem 9. bis 11. Jahrhundert lassen sich erste archäologische Hinweise auf die frühe Entwicklung überörtlicher Heringsfischerei finden.[24] Im 12. und 13. Jahrhundert exportierten dann Zentren wie Wollin und Rügen an der Ostsee oder Yarmouth an der englischen Nordseeküste Heringe.[25] Zolllisten des 11. bis 13. Jahrhunderts aus England belegen, dass Hering der zu jener Zeit am häufigsten in englische Städte eingeführte Fisch war.[26]

Die große Zeit der fernräumlichen Heringsvermarktung begann aber an der Wende zum 14. Jahrhundert und dauerte trotz gewisser Einbrüche bis zum Ende des Mittelalters und darüber hinaus an.[27] Das Zentrum dieser exportorientierten Wirtschaft lag in Schonen, der Südspitze Schwedens, welche die Ostseite des Öresunds (Øresund) bildet – also der Meerenge, welche die Ostsee mit dem Kattegat verbindet. Durch ihn zogen und ziehen Heringsschwärme auf ihrem Weg zu den Laichgründen in der Ostsee. Temporäre Heringsfischerei ist in Schonen seit dem Beginn des 11. Jahrhunderts belegt; zum Ende des 12. Jahrhunderts berichtete Saxo Grammaticus davon, dass sich alljährlich zur Heringszeit viele Fischer in der Stadt Helsingborg einfanden, und der lübische Chronist Helmold von Bosau (gest. 1177) erwähnte um 1170 in seiner *Chronica Slavorum* bereits die Schonischen Messen.[28]

Schonen gehörte im Mittelalter zum Königreich Dänemark. Sein Aufschwung zum Zentrum der mittelalterlichen Fischwirtschaft wurde durch die Konsolidierung des dänischen Königtums und den Aufstieg der Hanse begünstigt.[29] Im 14. und 15. Jahrhundert wurde von hier der größte Teil vor allem Nord-, Mittel- und Osteuropas mit konserviertem Hering versorgt. Die Heringsfischerei wurde im ausgehenden 13. und beginnenden 14. Jahrhundert weiterentwickelt: An den Küsten Schonens, insbesondere auf der Halbinsel Falsterbo, wurden die angelandeten Fische direkt am Strand verarbeitet.[30]

Am Öresund wurde systematisch seit dem ausgehenden 13. Jahrhundert eine bereits zuvor belegte Praxis der Fischverarbeitung perfektioniert. Sie bestand darin, die Heringe zuerst auszunehmen, ihre Köpfe abzutrennen und sie erst dann einzusalzen bzw. in eine Salzlösung (die Sole) zu legen. Aus den Eingeweiden und den Köpfen wurde Tran gekocht, der als Schmiermittel, Lampenöl etc. Verwendung fand. Die konservierten Fische aber verpackte man seit 1375 – als sich die Hansestädte einigten, dieses einheitliche Maß für den Schonen-Hering zu benutzen –[31] in Fässern, welche ca. jeweils 100 Kilogramm Fisch aufnahmen. In diesen leicht zu transportierenden und robusten Fässern, den Containern des Mittelalters,[32] konnte Hering über Land und Meer befördert werden.

Wesentlich für die große Nachfrage nach Fisch aus Schonen war seine Qualität und deren Sicherung. Siegel sorgten dafür, dass die Herkunft der Fässer zurückverfolgt und ihr Inhalt identifiziert werden konnte, die Qualität der Sole und die Größe der Fische wurden streng reglementiert. Heringe vom Öresund erlangten daher um ein Drittel höhere Preise als solche aus Bornholm.[33] Die schonischen Kaufleute betrieben im modernen Sinne erfolgreiches Branding.

Kurzzeitig wurden dänische, aber auch deutsche (aus Warnemünde, Lübeck, Wismar, Stralsund etc. kommende), preußische, niederländische, norwegische und englische Arbeiter rekrutiert, die im Herbst die harte Arbeit an den schonischen Stränden als Erwerbsfischer leisteten.[34] Häufig stammten sie aus ärmeren städtischen, aber auch aus bäuerlichen Bevölkerungsschichten. Ihre kurzzeitige Anstellung als Fischer war möglich, weil von August bis Oktober ein Gutteil der landwirtschaftlichen Tätigkeiten abgeschlossen war, sodass Bauern mit der zeitweiligen Fischerei etwas dazuverdienen konnten.

In der Tat war die gesamte Lebensführung dieser Arbeiter auf eine zeitlich begrenzte Beschäftigung angelegt, denn außerhalb der »Schonenzeit« war es Fischern ausdrücklich verboten, Hering zu fangen. Während der dreimonatigen Fangzeit wohnten sie nicht in Häusern, sondern in kleinen, 3,5 × 5 Meter großen Hütten, die schnell errichtet und dann wieder abgebaut werden konnten. Diese »Buden« standen im Abstand von sechs bis acht Metern an der Küstenlinie und bildeten eigene Fischerlager. Je fünf bis zehn Männer stellten wiederum eine Bootsbesatzung und bedienten die Stell- und Treibnetze, mit denen die Heringe am Öresund gefangen wurden.

Dänische Quellen lassen erkennen, wie konfliktreich das Leben in solchen Zelt- oder Hüttensiedlungen sein konnte, die nur kurz existierten und in denen intensiv gearbeitet wurde, weil die Schwärme lediglich zeitlich begrenzt gejagt werden konnten. Schriftlich fixierte Ordnungen schufen ein eigenes Fischereirecht, das vor allem auf Konfliktvermeidung unter den Arbeitern ausgelegt war: Fischer durften auf See keine Waffen tragen, das gegenseitige Respektieren der Stellnetze wurde mit drakonischen Strafen sichergestellt usw.

Die Kaufleute hingegen bewohnten – nach Herkunftsstädten geordnet – eigene Bereiche, die als »Vitte« bezeichneten Kaufmannslager.[35] Die wendischen Hansekaufleute trieben hier nicht nur Handel, sondern errichteten auch eigene Kirchen und Kapellen. Aus einigen dieser Fischer- und Kaufmannslager sollten später Städte (darunter Malmö)[36] entstehen, andere gingen unter. Während die Fischer für den Fang der Heringe zuständig waren und Fische nur für den Eigengebrauch konservierten, war das Salzen und Eintonnen für den Export Sache der Kaufleute. Durchgeführt wurde diese Arbeit nicht zuletzt von Frauen: Fischweiber (*gællekoner*) übernahmen das Kehlen der Tiere, und Sortierfrauen (*læggekoner*) verpackten die Tiere in den Tonnen. 830 bis 840 Heringe passten in ein Fass; die Reste standen der Krone zu und wurden in deren Auftrag zu Tran verarbeitet.[37]

Hering wurde spätestens zu Beginn des 14. Jahrhunderts zu einem wichtigen Wirtschaftsfaktor des Fernhandels und zu einem tragenden Bestandteil einer sich »globalisierenden« Handelstätigkeit. Hering (und luftgetrockneter Kabeljau) wurde in großem Stil gegen Wein vom Rhein und andere weiter südlich hergestellte Produkte gehandelt. Diese Beziehungen lassen sich schon seit dem 12. Jahrhundert in Ansätzen beobachten.[38] Doch erst mit dem massiven Ausbau der Heringsvermarktung wurde diese Form der Fischwirtschaft endgültig in den hochmittelalterlichen Fernhandel integriert. Vor allem zwei Mächte des Nordens waren hierfür maßgeblich: das dänische Königtum und die Hansestadt Lübeck.

Schon Ende des 12. Jahrhunderts führte Arnold von Lübeck (gest. 1211/1214) den Reichtum der dänischen Könige vor allem auf den Heringshandel zurück.[39] Zu jener Zeit konnten die Könige die Fischerei rechtlich zwar nicht verbieten, denn die Gewässer galten als ein Allgemeingut, das von allen befischt werden durfte. Allerdings besaßen sie das sogenannte Strandrecht und konnten auf dieser Grundlage die Fischerei regeln und den Fang sowie die Buden der Fischer und Kaufleute besteuern.[40] Für die dänische Krone machten diese Steuern bereits im 14. Jahrhundert einen Großteil ihrer Einnahmen aus.[41]

Lübecker Fernhandel

Ohne Übertreibung kann man sagen, dass der Heringshandel für den Aufschwung Lübecks zum wirtschaftlichen Knotenpunkt des Hanseraums entscheidend war.[42] Bereits seit dem 11. Jahrhundert waren Lübecker an der südlichen Ostseeküste (Rügen) am Heringshandel beteiligt.[43] Im Jahre 1224 schlossen sie mit dem örtlichen Herrscher einen Vertrag, der ihnen den Export des dort angelandeten Herings verbriefte. Hering gehörte in der Folge zu den vielen Produkten, welche Lübecker Kaufleute in den Ostseeraum (nach Preußen, Livland und ins russische Nowgorod) exportierten.

Für den Aufstieg der Stadt noch bedeutender als der Ostseehering war der schonische. Seit dem Beginn des 13. Jahrhunderts sind Kaufleute aus der Travestadt am Öresund belegt, und spätestens zum Ende des Jahrhunderts kam der größte Teil der in Lübeck eingeführten Heringe aus den schonischen Fanggebieten.

Lübeck profitierte gleich zweifach von günstigen natürlichen Rahmenbedingungen: vom Fischreichtum des leicht mit Schiffen erreichbaren, rund 300 Kilometer nördlich von Lübeck gelegenen Öresunds und von örtlichen Salzvorkommen. Das Lübecker Salz stammte nämlich vorwiegend aus der lediglich 80 Kilometer südlich von Lübeck gelegenen Stadt Lüneburg. Dort wurde seit dem 10. Jahrhundert aus einem gewaltigen, unter der Stadt befindlichen Salzstock im Siedeverfahren Salz gewonnen.

Wichtigste Abnehmerin des Lüneburger (und in geringeren Mengen des Oldesloer) Salzes war die Stadt Lübeck, deren Reichtum nicht zuletzt auf dieser kommerziellen Verflechtung mit Lüneburg beruhte. Das nach Lübeck und weiter über die schiffbare Trave rund 17 Kilometer an die Küste transportierte Salz gelangte von dort – zusammen mit den Fischern – an den Öresund. In Schonen wurde es für die Konservierung der Heringe verwendet: Mit einem Fass Salz konnten drei bis vier Fässer Hering eingelegt werden.

Im 14. Jahrhundert entwickelte sich die schonische Fischerei zu einer marktorientierten Massenproduktion, welche die Lübecker Kaufleute aufgrund ihrer Handelsprivilegien und ihrer starken Stellung im Salzhandel dominierten. Zu jener Zeit unternahmen viele Lübecker Fischer, aber auch Kaufleute die im hansischen Sprachgebrauch als »Schonische Reise« bezeichnete Fahrt nach Norden. Im Jahre 1399 zum Beispiel kehrten 395 kleinere Fischerboote (Schuten) von Schonen nach Lübeck zurück, 1400 verließen 297 Schuten in einem einzigen Konvoi Lübeck Richtung Schonen.[44] Auf der Halbinsel Falsterbo entstand an der Wende zum 14. Jahrhundert eine eigene Messe, wo die Lübecker Kaufleute neben Salz und Heringen auch andere Waren des Ost-West-Handels (Tuche, Pelze, Wachs, Gewürze, Bier) umschlugen, aber auch Kreditgeschäfte tätigten.

Lübeck führte aus Schonen große Mengen gesalzenen Herings ein und exportierte die Ware von dort in weite Regionen Latein-Europas. Lübecker Heringshändler sind zu jener Zeit nicht nur am wichtigsten Umschlagzentrum im Westen, der flämischen Handelsmetropole Brügge, bezeugt, sondern auch auf der Messe in Frankfurt und in der Wirtschaftsmetropole Nürnberg. Für 1368 liegen erstmals Angaben zum Umsatz Lübecks im Seehandel vor. Der Fischhandel machte 13 Prozent dieser 548 000 lübischen Mark aus.[45] Jüngere Schätzungen gehen für die Zeit um das Jahr 1400 von 40 000 bis 50 000 Tonnen umgeschlagenen Salzfischs aus.[46] Hering wurde auch über die Alpen und die See nach Südeuropa, über die Ostsee nach Osteuropa und über Landstraßen in weitere Regionen Europas transportiert.[47]

Die Abhängigkeit Lübecks vom Hering schlug sich auch sozial nieder. In der Lübecker Führungsschicht bildeten die sogenannten Schonenfahrer eine eigene Gruppe. Dabei handelte es sich nicht um Fischer, sondern um Kaufleute, die den Hering vermarkteten. Sie bildeten eine eigene Körperschaft, gründeten eine Zunft und sicherten auf diese Weise ihre Interessen innerhalb der städtischen Eliten.[48] Materielle Zeugnisse wie der Johannes-Altar der Schonenfahrer, den Bernt Notke um 1483 schuf und der heute im Lübecker Sankt-Annen-Museum zu bewundern ist, zeugen von ihrem Ansehen und ihrem korporativen Bewusstsein.

Sozial niedriger gestellt, aber für die schonische Heringswirtschaft von zentraler Bedeutung waren die eigentlichen Fischer. Anfang August zogen Stadtbewohner aus anliegenden dänischen Städten, aber auch Männer aus entfernteren Gegenden – aus dem heutigen Holland, Schottland und England sowie aus Norddeutschland – an die Küste. Ca. 17 000 Männer waren um 1400 in Skanør, Falsterbo und den anderen Fischzentren in Schonen jedes Jahr unmittelbar am Fischfang beteiligt.[49] Allerdings war ihre Tätigkeit auf die wenigen Monate zwischen 15. August und 9. Oktober konzentriert. Die eigentlichen Händler hingegen waren Bürger der Hansestädte, die in der zweiten Hälfte des 14. Jahrhunderts unliebsame Konkurrenz durch schottische und andere fremdländische Händler aggressiv ausschlossen.[50] Sie organisierten die Verarbeitung der Fische und deren Transport nach Lübeck.

Einmal in der Travestadt, war eine Vielzahl unterschiedlicher Gewerbetreibender am Heringsverkauf beteiligt: die für den Transport und das »Umtonnen« der gereinigten Fische in frische Fässer verantwortlichen Träger und Packer, die zur Qualitätssicherung abgestellten Makler, die als »Heringswäscher« bezeichneten Kleinhändler.[51] Denn natürlich wurde Hering auch in Lübeck angeboten und verzehrt. Der größte Teil des Fangs aber verließ in Fässern verpackt die Stadt.

Breiten Absatz fand er in vielen Zentren Europas, wo er – nicht zuletzt von Straßenhändlerinnen – feilgeboten wurde. Noch in der frühneuzeitlichen Genrekunst war die Heringsver-

Abb. 11. Fischverkauf, aus: Tacuinum sanitatis (Ende 14. Jahrhundert).

käuferin ein beliebtes Sujet,[52] und schon in den mittelalterlichen Darstellungen der Fischverkäuferinnen im bereits erwähnten *Tacuinum sanitatis* sind regelmäßig die Heringsfässer zu sehen, die vor den Fischständen aufgestellt waren (Abb. 11). Nach einem Gedicht über die Pariser Marktschreier (*Les crieries de Paris*) war der Ruf »Ich würde gern meinen Hering verkaufen« bereits im Jahr 1293 stadtbekannt,[53] und in einem um 1500 entstandenen Werk über die städtischen Ausrufe von Paris (*Les cris de Paris*, c. 1500) findet sich die Abbildung einer Frau, die ihre Ware mit dem Ausruf »Bücklinge, Bücklinge« (*haren sos, haren sos*) anpreist (Tafel 4).

Insbesondere für das 14. und 15. Jahrhundert lassen sich die Entwicklungen der Heringswirtschaft dank der wachsenden Zahl einschlägiger Quellen gut verfolgen. Jüngere Studien konnten sogar quantitative Erhebungen vornehmen und Fluktuationen der Handelsströme aufzeigen. Demnach verarbeitete das englische Yarmouth um 1340 zwischen 10 und 20 Millionen, Calais rund 10 Millionen Heringe im Jahr.[54] Verwaltungsschriftgut aus den Hansestädten, wie die berühmten Lübecker Pfundzollbücher, gibt wiederum Aufschluss über den schonischen Markt. Der Pfundzoll war eine Abgabe, die Kaufleute bei der Einfuhr ihrer Waren entrichten mussten. Die Hansestädte erhoben ihn erstmals 1361 zur Finanzierung ihres Krieges gegen das Königreich Dänemark, in der Folge wurde er immer wieder für begrenzte Zeit bewilligt. Aus verschiedenen Hansestädten – Hamburg, Danzig, aber auch Lübeck – liegen einige dieser Register noch heute vor. Sie geben wertvolle Einblicke in Handelswege und Warenströme des Nord- und Ostseeraums im Spätmittelalter.

Im 15. Jahrhundert machte Schonenhering ein Viertel des Hamburger Exports aus.[55] Die Zahlen lassen die Hochrechnung zu, dass die Fischmärkte in Schonen jährlich an die 224 000 Fässer Hering allein für die städtischen Zentren an der Ostseeküste und wahrscheinlich weitere ca. 50 000 Fässer für Nordseehäfen produzierten. Zu dieser Zahl sind weitere rund 100 000 Fässer zu zählen, denn jeder Fischer durfte sechs Fässer Salzhering für den eigenen Bedarf herstellen. Die Gesamtzahl der in Schonen gefüllten Fässer dürfte rund 400 000 (40 000 Tonnen Lebendgewicht) und damit rund 340 Millionen Heringe im Jahr betragen haben! Dies sind gewaltige Zahlen, welche übrigens die dänischen und schwedischen Fangmengen um das Jahr 1900 um das Dreifache übertreffen.[56]

Die Krise des Lübecker Heringshandels

Schonenfahrer wie Fischer gleichermaßen waren von der Ankunft der Wanderschwärme zum Ende des Sommers abhängig. Nicht immer trat sie ein. Für die Jahre 1402, 1425 bis 1432, 1469 und 1474 bis 1475 etwa berichten die Chronisten vom faktischen Ausbleiben der Schwärme. Solche Schwankungen sind bei pelagischen Fischen nicht ungewöhnlich und eine Folge punktueller Wetter- und Strömungsänderungen bzw. sich kurzzeitig wandelnder Planktonaufkommen. Für die in der Heringswirtschaft Tätigen wären sie existenzgefährdend gewesen, hätten sie länger angedauert. Doch ist ein solcher langfristiger Wandel biologischer Rhythmen in der Nord- und Ostsee im Mittelalter bislang nicht belegt.[57]

Für den Lübecker Heringshandel des Mittelalters wesentlich gefährlicher waren durch Menschen verursachte Veränderungen. Denn nach der Hochzeit im 14. setzte im 15. Jahrhundert ein merklicher Rückgang dieses Wirtschaftszweiges ein.[58] Dafür waren einerseits makrowirtschaftliche Faktoren verantwortlich, welche nicht ausschließlich den Heringshandel betrafen: ein allgemeiner Rückgang an verfügbaren Edelmetallen, der Bedeutungsverlust Brügges (Lübecks wichtigster Handelsknotenpunkt im Westen) zugunsten Antwerpens, die Wirren des 100-jährigen Krieges, die sich nachteilig auf den Landhandel auswirkten.

Andererseits durchlief die lübeckische Heringswirtschaft auch ganz spezifische, nur sie betreffende Krisen: Der Aufstieg der Heringsproduktion an den Nordseeküsten Englands und vor allem Hollands im späten Mittelalter sowie das Eindringen holländischer und englischer Heringsfischer in den Ostseeraum waren handfeste Bedrohungen.[59] Hinzu trat die dezidierte Förderung einheimischer Kaufleute durch die dänische Krone. Nicht nur der lübeckische Handel mit Heringen, auch der mit Kabeljau ging aufgrund dieser Konkurrenzsituationen zurück. Dies zeigen die Umsatzzahlen des Lübecker Hafens aus den Jahren 1492 bis 1496, welche um ca. die Hälfte unter denen von 1368 lagen. Noch dramatischer war der Einbruch der Heringsimporte: Während 1368 noch rund 70 000 Tonnen Hering aus Schonen in Lübeck eintrafen, waren es zu jener Zeit nur noch 15 000 Tonnen im Jahr.

Die Krise des Lübecker Heringshandels im 15. Jahrhundert unterstreicht, dass dieser Wirtschaftszweig zwar lange von Lübeck dominiert, aber nie monopolisiert wurde. Der Heringsfang und die Heringsindustrie waren ein bedeutender Wirtschaftsfaktor für den gesamten Nord- und Ostseeraum. Neben den schonischen Fanggebieten standen seit dem früheren Mittelalter diejenigen der Nordsee (Yarmouth in Norfolk etc.), wo die Fischerei von Oktober bis Dezember stattfand, später auch die holländischen Küsten (Brielle etc.).[60]

Die Quellen erlauben es, über den Sonderfall Lübeck hinaus allgemeine zeitliche und regionale Veränderungen des Heringsfangs und -handels während des späten Mittelalters zu verfolgen. So nahm die englische Produktion in Yarmouth in der zweiten Hälfte des 14. Jahrhunderts wahrscheinlich infolge der Großen Pest massiv ab, und sie verlagerte sich an die Westküste

Britanniens;[61] neue Akteure wie zum Beispiel kastilische Fischer wurden im nördlichen Atlantik aktiv.[62]

Gegen Ende des Jahrhunderts begann die hegemoniale Stellung des Öresundhandels durch die Konkurrenz jütländischer (um Aalborg), norwegischer (Küste von Bohuslän) und holländischer Zentren zusätzlich infrage gestellt zu werden.[63] Der Aufstieg der französischen Salzwirtschaft erleichterte Engländern und Holländern die Hochseefischerei nach Heringen im Nordseeraum, die dort mit größeren, bis zu 20 Fischer tragenden Booten (den sogenannten »Heringsbussen«) betrieben wurde.[64] Auch die Produktionsmethoden veränderten sich: Seit dem 15. Jahrhundert wurden die Fische zunehmend bereits an Bord von den Fischern gesalzen und ihre Haltbarkeit damit erhöht.[65] Bis ins 16. Jahrhundert verschob sich der Schwerpunkt dieses Gewerbes damit nach Westen. Hierfür waren nicht zuletzt auch der Bedeutungsverlust der Hanse und der politische wie militärische Aufstieg der Niederen Lande verantwortlich.[66]

Nur durch einen erweiterten Blick, der Schonen und die Heringsmetropole Lübeck ebenso berücksichtigt wie andere Fanggebiete und Verteilerzentren, lässt sich die den gesamten euro-mediterranen Raum umfassende Bedeutung der spätmittelalterlichen Heringswirtschaft ermessen. Denn Hering wurde keineswegs nur im nördlichen Europa verkauft, vielmehr führten ihn insbesondere kastilische und portugiesische Kaufleute seit dem 14. Jahrhundert in wachsenden Mengen in den Mittelmeerraum ein, wo er ein hochgeschätzter Speisefisch wurde. Kastilier fischten nicht nur in der Biskaya, sondern waren im späteren Mittelalter zunehmend am Heringsfang in der Nordsee beteiligt; ihre kaufmännischen Landsleute, die enge Beziehungen dorthin unterhielten, nutzten diese Kontakte zum Einkauf von Heringsfässern. Der Import dieser Fischwaren durch Kastilier und Portugiesen ist in der städtischen Überlieferung vieler urbaner Zentren des Mittelmeerraums erwähnt.[67] Hering war im

Mittelalter in der Tat eine globale Handelsware, eine »global commodity«.

Kabeljau

Wie der Hering sich von Plankton ernährt, fressen größere Raubfische Heringe. Unter diesen Jägern ragt der Kabeljau (*Gadus morhua*) biologisch wie in seiner Bedeutung für den Menschen hervor. Er gehört der Familie der Dorsche, also der Gadiden, an, die in elf Gattungen mit 21 Arten unterteilt werden. Der Kabeljau kann bis zu zwei Meter lang werden und kommt im gesamten Raum des nördlichen Atlantiks, von den Küsten Amerikas im Westen bis zu den arktischen Gewässern Norwegens im Osten, in bis zu 600 Metern Tiefe vor. Jüngere Tiere bevorzugen seichtere Gewässer, ältere eher tiefe, aber beide Gruppen kommen auf der Jagd nach Schwarmfischen wie dem Hering regelmäßig der Wasseroberfläche nahe. Wie der Hering migriert der Kabeljau zum Laichen im Winter aus den kalten Gewässern der Barentssee an die Küsten Norwegens. Noch heute wird die Ankunft des »Skrei«, das norwegische Wort für »Wanderer« und die örtliche Bezeichnung für Kabeljau, von Feinschmeckern und den Fischern Nordnorwegens heiß erwartet.

Mitte des 20. Jahrhunderts wurden aus dem Nordostatlantik vor Norwegen noch 900 000 Tonnen Kabeljau pro Jahr aus dem Meer geholt, was zu solch massiven Verlusten der Population führte, dass Quotierungen der Fangmengen eingeführt wurden. Die Empfehlung des norwegischen Fischereiministeriums für einen nachhaltigen Kabeljaufang oszillierte in der Folge zwischen 300 000 und 700 000 Tonnen Fangmenge im Jahr.[68] Inzwischen beträgt sie weltweit 1 074 000 Tonnen (2022), die Bestände gelten noch immer als überfischt.[69]

Heutzutage wird Kabeljau mit riesigen Netzen eingeholt; im Mittelalter hingegen fingen die Menschen ihn und andere Dorscharten mit der Angelschnur, in aller Regel vom Boot aus. Über Jahrhunderte hinweg warfen Fischer Leinen mit je einem Haken aus, erst am Ende des 15. Jahrhunderts wurde die Praxis eingeführt, an einer einzigen Schnur viele, sogar bis zu hundert Haken anzubringen.[70]

Über die Frühgeschichte des Kabeljaufangs haben jüngere archäologische Untersuchungen in Küstenorten des Nordseeraums neue Erkenntnisse gebracht. Wir wissen inzwischen, dass Gadiden seit dem 9. Jahrhundert an der Nordsee beliebte Speisefische waren, in weitaus geringerem Maße und mit schwankender Intensität auch an der Ostsee. Zwar kam der Kabeljau in der Ostsee mit ihrer geringeren Biodiversität seltener vor als in Nordsee oder Nordatlantik, weil das Wasser in der Ostsee in aller Regel nicht hinreichend salzhaltig ist; aber seit dem 14. Jahrhundert belegen Quellen den Kabeljaufang auch dort. Fachleute haben dies damit erklärt, dass durch Stürme und andere Umwelteinflüsse größere Mengen Salzwasser in die Ostsee gelangen können, was die Überlebenschancen des Laichs der Gadiden erhöht und kurzzeitig die Zunahme ihres Bestands bewirken kann.[71]

Noch mehr als an der Ostsee war Kabeljau aber in den Küstengesellschaften der Nordsee und des Nordatlantiks ein beliebter lokaler Speisefisch.[72] Vereinzelt liegen Hinweise dafür vor, dass er bereits seit dem ausgehenden 11. und dem beginnenden 12. Jahrhundert von Norwegen aus übers Meer exportiert wurde, etwa nach England;[73] zu jener Zeit dürften auch die Lübecker mit Kabeljau aus Norwegen gehandelt haben.[74]

In den großen Enzyklopädien Latein-Europas spielt der Kabeljau allerdings noch eine untergeordnete Rolle, weil diese Autoren stark auf antike Werke zurückgriffen, die ihn kaum erwähnen. Albertus Magnus zum Beispiel geht nur kurz auf den

Atlantischen Kabeljau (*muruca*) ein, von dem er lediglich zu berichten weiß, dass dessen Haut sehr rau sei, aus seiner Blase ein besonders starkes Klebemittel hergestellt werde und Kabeljauschwärme häufig (ebenso wie ihre Beute, die Heringe) in Küstennähe zu finden seien.[75] Im Gegensatz zu dieser relativen Vernachlässigung in der gelehrten Literatur rückte gerade in der zweiten Hälfte des 13. Jahrhunderts, als die wichtigsten Enzyklopädien entstanden, konservierter Kabeljau zu einem Fernhandelsgut erster Klasse auf.

Die Haltbarmachung dieses Jägers war einmal mehr von spezifischen Umweltbedingungen abhängig. Denn trotz seiner weiten Verbreitung ragt ein Fanggebiet des Kabeljaus hervor: die nordnorwegische Küste. Besonders reich sind die Vorkommen um die Inselgruppen der Lofoten und der nordöstlich angrenzenden Vesterålen, wo man sich seit dem beginnenden 12. Jahrhundert darauf spezialisierte, »Stockfisch« herzustellen, also Kabeljau an Holzgestellen (aus Stöcken, altnorwegisch *stokkr*) aufgehängt an der Luft zu trocknen.[76] Hierfür bot das niederschlagsarme, kalte und windige Klima der Lofoten, aber auch anderer Gegenden Nordnorwegens, der Orkney-Inseln und Islands die besten Voraussetzungen, weil es ein Dörren des Fleisches unter Vermeidung von Fäulnisprozessen gewährleistete.[77]

Das allgemeine Städtewachstum des 12. Jahrhunderts erhöhte die Nachfrage, in den Fanggebieten hingegen war die Bevölkerungszahl klein. Die Einheimischen hatten überdies ein Eigeninteresse daran, ihren Fischfang gegen agrarische Produkte aus fruchtbareren Gegenden zu handeln.[78] Die Winterfischerei im Februar und März passte sich überdies gut in den jahreszeitlichen Rhythmus der bäuerlichen Wirtschaft ein. Alles dies begünstigte den Aufbau einer exportorientierten Fischwirtschaft.

Der ausgenommene und geköpfte Kabeljau konnte auf unterschiedliche Weise zu Stockfisch verarbeitet werden: Paarweise an den Schwanzenden zusammengebundene Tiere wurden als »Rundfische« bezeichnet, der Länge nach gespaltene als »Rotscher«, von der Bauchseite her aufgeschnittene und nur noch am Rücken zusammengehaltene als »Flachfisch«. Aus ausgekochten Fischresten bzw. öligen Rückständen wurde Tran gewonnen, auch dies ein wichtiges Nebenprodukt der Fischwirtschaft. In geringerem Maße wurde Kabeljau im ausgehenden Mittelalter auch durch Salzen haltbar gemacht. Gesalzener und dann luftgetrockneter Fisch, darunter auch Kabeljau, wird als Klippfisch bezeichnet und ist vor allem im Mittelmeerraum und in Portugal – dort ist er als »Bacalao« oder »Bacalhau« bekannt – sehr populär.[79] Die Methode scheint im iberischen Mittelmeerraum entwickelt worden zu sein und wurde erst nach 1500 in Skandinavien eingeführt.[80]

Heutzutage kaum nachgefragt ist hingegen der im späteren Mittelalter bezeugte, auch in höheren Kreisen gegessene Laberdan: durch Einlegen in einer Salzlake haltbar gemachter Kabeljau. Diese Konservierungsmethode ähnelt derjenigen des Herings und wurde im Mittelalter vor allem von baskischen Fischern gepflegt. Aufs Ganze betrachtet ragt in der Geschichte des mittelalterlichen Kabeljauhandels der luftgetrocknete norwegische Stockfisch eindeutig heraus. Zu Beginn des 14. Jahrhunderts wurden vermutlich bis zu 2000 Tonnen Stockfisch nach England exportiert; für Lübeck liefern die Pfundzollbücher weitere Angaben, die Exportmengen auf dem Kontinent dürften den englischen geähnelt oder sie noch übertroffen haben.[81]

Der Bergener Stockfischhandel

Spätestens 1294 wurde der Verkehr mit Stockfisch aus Norwegen – auch derjenige aus Gebieten, welche ebenfalls der norwegischen Krone unterstanden, wie den nordschottischen Inseln und Island – durch königliches Dekret auf die Stadt Bergen in Südnorwegen konzentriert. Dort konnten fremde Kaufleute die Ware bequem und zentralisiert erwerben; verboten war es ihnen, nördlich von Bergen zu handeln. Die Stadt hatte sich zu jener Zeit bereits zum Zentrum des internationalen Stockfischhandels entwickelt.[82] Der getrocknete Fisch wurde von Ende Mai bis August aus den nördlichen Fanggebieten nach Bergen gebracht und im späten Sommer bis frühen Herbst von dort exportiert.

Einen wesentlichen Anteil am Handel hatten wendische und vor allem Lübecker Hansekaufleute,[83] welche im Lauf des 13. Jahrhunderts ihre Präsenz verstärkten, im Jahre 1278 Handelsprivilegien der norwegischen Krone erwirkten und in der Folge ihre hegemoniale Stellung in Bergen ausbauten, wenngleich ihre Exportmengen bei Weitem nicht an diejenigen des schonischen Herings heranreichten. 1360 errichteten sie eine eigene Niederlassung, ein »Kontor«, am Nordufer der Bucht Vågen: die noch heute zu besichtigenden, eindrucksvollen »Bryggen« (Landungsbrücken, Kai) oder »Tyskebryggen« (Deutsche Landungsbrücken).

Hansekaufleute brachten vor allem Getreide nach Bergen und kauften Fisch (das Preisverhältnis eines Kilos Stockfisch zu Roggen schwankte und konnte um das Sechs- bis Siebenfache zunehmen).[84] Ihre Handelspartner waren Fischerleute aus den nördlichen Gebieten, mit denen sie langjährige Verträge zu festen Preisen abschlossen und denen sie die fertig verarbeitete Ware abkauften. 1545 handelte das Kontor in Bergen mit ca. 300 norwegischen Fischerleuten aus dem Norden.[85] Über den Alltag dieser Fischhändler in Bergen informieren hansische Quellen. Wie aber gestaltete sich das Leben ihrer norwegischen Kabeljauzulieferer?

Dank eines gefährlichen, fast tödlich verlaufenen Abenteuers sind wir zufällig über den Alltag einer kleinen Fischergemeinschaft auf den Lofoten im 15. Jahrhundert informiert.[86] Im Jahre 1431 wollte der venezianische Kaufmann Piero (bzw. Pietro) Querini eine Ladung Wein nach Flandern transportieren. Doch seine Karavelle geriet unterwegs in starke Stürme und sank am 18. Dezember vor der Westküste Irlands. Einigen Besatzungsmitgliedern gelang es, sich auf Boote zu retten, die vom Golfstrom nordwestwärts getragen wurden und am 6. Januar 1432 in Røst auf den Lofoten anlandeten. Von 68 Besatzungsmitgliedern der Karavelle hatten nur elf überlebt. Vier Monate später reisten sie nach Venedig zurück, wo Querini und zwei Kompagnons ihre Erlebnisse niederschrieben.[87] In dieser Schrift äußerten sie sich ausgesprochen positiv über die 120 Einwohner der Lofoteninsel, die sie gastfreundlich aufgenommen hatten. In Absetzung von zeitgenössischen Zuständen in Italien lobten sie ausdrücklich die Lebensverhältnisse dieser Menschen am Rande der bekannten Welt.

Es handelte sich bei den Fischern von Røst um Bauern und Gelegenheitsfischer, die zum Fischfang auszogen. Sie konnten die fremden Schiffbrüchigen mühelos ernähren, weil sie den von ihnen gefangenen Stockfisch mit Gewinn gegen Waren aus dem Reich, England, Schottland und Preußen tauschten, die auf Schiffen aus Bergen zu ihnen gebracht wurden. Jeder Haushalt (ca. fünf Köpfe) verfügte außerdem über vier bis sechs Kühe, die zusammen mit dem Fischfang und importiertem Roggen die Ernährung der Familien sicherstellten. Die Männer konnten es sich leisten, aus dem Reich importiertes Bier zu trinken, trugen unter anderem Kleidung aus eingeführter englischer Wolle – kurz: Diese Fischer am Ende der bekannten Welt waren ein fester Teil europäischer Handelsnetze und lebten in wirtschaftlich gesicherten Verhältnissen.

Aus ergänzenden Quellen wissen wir, dass die Männer von Røst 10 Prozent des jeweiligen Warenwerts für die Fracht nach Bergen und weitere ca. 7,5 Prozent Kirchenzehnt entrichteten.

Der Rest konnte gegen andere Waren gehandelt werden: Als nach dem Ende der Großen Pest Mitte des 14. Jahrhunderts die Fischpreise anstiegen, konnte ein Fischer für 100 Kilo Stockfisch bis zu 700 Kilo Roggenmehl kaufen – so viel, wie sein Haushalt im Jahr verbrauchte. Mit dem Überschuss konnte er Textilien, Bier und anderes erwerben. Die Lofoten waren aus ökonomischer Sicht ein attraktiver Lebensort im Spätmittelalter.

Weder aus Sicht der Fischer noch der Hansekaufleute änderte die Große Pest zur Mitte des 14. Jahrhunderts die herausragende Stellung Bergens für den Stockfischhandel. Mit eigenem Recht ausgestattet und weitgehend autonom gingen die Kaufleute im Bergener Kontor – einer selbstständigen Siedlung mit Gassen, Geschäften, einer eigenen Kirche etc. – ihren Geschäften nach. Sie taten dies auch im strengen Winter, wenn die meisten ausländischen Kaufleute das Land verlassen hatten.[88]

Die Hansekaufleute transportierten von Bergen den Stockfisch nicht nur nach Lübeck und in andere wendische Hansestädte, von wo aus er über Land bis an die Alpen und über die See bis ans Mittelmeer gebracht wurde, sondern sie betrieben auch einen lukrativen Dreieckshandel zwischen Norwegen, England und ihrer Heimatstadt: Hansekaufleute exportierten Roggen, Mehl und Bier aus dem Baltikum nach Bergen, wo sie die Waren gegen Stockfisch handelten, exportierten den Fisch nach England, vor allem nach Boston (Lincolnshire), und tauschten ihn dort gegen englische Tuchwaren, die sie ins Hansegebiet (vor allem nach Lübeck) zurückführten.[89] Weitere Ziele des hansischen Stockfischhandels aus Bergen waren Flandern, Holland, Bremen, Hamburg sowie das Rheingebiet.[90]

Dass dieses Handelsprodukt in vielen Regionen Europas stark nachgefragt war, zeigen Kaufmannsregister sowie zahllose Kochbücher. Der oben erwähnte, im 14. Jahrhundert im Umkreis des französischen Hofes entstandene *Viandier* zum Beispiel beinhaltet ein Rezept zur Zubereitung gesalzenen Kabeljaus mit Senf und Butter, ebenso der *Ménagier de Paris* aus dem ausgehenden 14. Jahrhundert.[91] Und der einzige Meeresfisch, zu dem *Daz Buch von guter Spise* zwei Rezepte bereithält, sind die mit Essig, Pfeffer, Safran und Salz anzurichtenden *stoc vische*.[92]

Die Hansekaufleute waren nicht die Einzigen, die in Bergen Handel treiben durften: Belegt sind seit dem 12. Jahrhundert englische Kaufleute und seit dem beginnenden 15. Jahrhundert auch Holländer.[93] Auch Trondheim stieg im 15. Jahrhundert auf Kosten Bergens und Lübecks zu einem wichtigen Umschlagplatz für Stockfisch auf. Für den Lübecker Stockfischhandel entstand gegen Ende des Mittelalters auch in anderer Hinsicht Konkurrenz.[94] Die isländische Stockfischproduktion wurde immer bedeutender, doch hatten die Hansekaufleute hier keine Sonderstellung, vielmehr dominierten die Engländer und Holländer den örtlichen Handel.

Selbst unter den Händlern aus dem Reich waren in Island nicht die Lübecker führend, sondern Hamburger und Bremer, was der eigentliche Grund für Lübecker Beschwerden über Wettbewerbsverzerrung mit isländischer Ware gewesen sein dürfte. Ursprünglich von schlechterer Qualität, wurde der preiswertere isländische Stockfisch seit dem ausgehenden 15. Jahrhundert dank neuer technologischer Entwicklungen immer populärer: Spezielle Stockfischmühlen machten das harte, weil auf Steinen getrocknete Fleisch des isländischen Stockfischs weicher und mit dem norwegischen konkurrenzfähig. Auch wenn der Lübecker Stockfischhandel einen ähnlichen Rückgang erlebte wie der Heringshandel, blieb konservierter Kabeljau bis über das Ende des Mittelalters hinaus ein sehr beliebter Speisefisch und eine international gehandelte Massenware.

Thunfisch

In der öffentlichen Wahrnehmung der westlichen Welt steht der Umgang mit Thunfisch *(Thunnus)* aus der Familie der Scombridae besonders plakativ für die Brutalität und Maßlosigkeit menschlicher Fischerei. Einige Thunfischarten, insbesondere der Südatlantische Blauflossenthun (Roter Thun), sind akut bedroht.[95] Bilder vom blutigen Thunfischfang sind abstoßende Zeugnisse unserer Gier nach Meerestieren. Insgesamt nahm 2022 das Gesamtvolumen der offiziell gefangenen Thunfische und Thunfischartigen auf 8,3 Millionen Tonnen zu, es handelt sich (nach der Peruanischen Sardelle und dem Pazifischen Pollack) um den am dritthäufigsten gefischten Meeresbewohner überhaupt.[96] Thunfisch kommt in diversen Varianten im Mittelmeerraum und in nichtpolaren Ozeanen vor. Als ein Räuber, der sich unter anderem von Sardinen, Sardellen und Makrelen ernährt, wird der mediterrane Rote Thun bis zu 4,5 Meter lang und 680 Kilogramm schwer.

Seine Jagd und sein Verzehr im Mediterraneum sind seit vor- und frühgeschichtlicher Zeit archäologisch belegt. Obwohl selten auf Mosaiken und Fresken der Antike dargestellt, war der Thunfisch bereits zur Zeit des Römischen Reiches einer der beliebtesten Speisefische des Mittelmeerraums, über dessen Fang viele dokumentarische und archäologische Quellen vorliegen.[97] Plinius liefert – Aristoteles aufgreifend und erweiternd – ausführliche Erörterungen zur Spezies und ihrer Verwertung durch den Menschen.[98] Im 2. Jahrhundert lobte der griechische Universalgelehrte Galen (Galenos von Pergamon) in seinem *De alimentorum facultatibus* den Geschmack vom eingelegten Fleisch junger Thunfische. Die Exemplare aus der Schwarzmeerregion seien besonders schmackhaft, mehr sogar noch diejenigen aus Sardinien und von der Iberischen Halbinsel.[99]

Andere Quellen berichten von den in jener Zeit gebräuchlichen Fangmethoden. An geeigneten Orten wie bei Neilaion und Parion im Marmarameer wurden Aussichtstürme – *skopeia* (*σκοπεια*) – errichtet, von denen aus die zu jener Zeit noch regelmäßig vom Marmarameer ins Schwarze Meer und zurück schwimmenden Schwärme gesichtet werden konnten. Wenn die Späher von den Türmen riefen, brachen gut organisierte, aus bis zu 30 Personen bestehende Gruppen von Fischern in Ruderbooten zur Jagd auf.[100] Der römische Rhetoriker Claudius Aelianus beschrieb zu Beginn des 3. Jahrhunderts begeistert die Thunfischjagd im Marmarameer und lobte ausdrücklich die Späher als deren wahre Helden.[101] Der kilikische Dichter Oppian wiederum berichtet in seinem vor dem Jahr 178 vollendeten Werk zum Fischfang (*Halieutica*) zwar ebenfalls von Wachtürmen, doch hatte er die Thunfische im Auge, die vor den Küsten der Iberischen Halbinsel, Südfrankreichs und im Tyrrhenischen Meer gefangen wurden.[102]

In der Tat wandern die meisten Thunfische des Mittelmeeres vom Atlantik ein, um im Spätfrühling vor allem an den Küsten Siziliens und Italiens (aber auch Sardiniens, Tunesiens und der Balearen) zu laichen und dann im Herbst in den Atlantik zurückzukehren. Die Frühjahrsschwärme bestehen in der Regel aus besser genährten Exemplaren als die Herbstschwärme, weil diese durch das Laichen Kräfte gelassen haben. Die Monate von März bis Oktober sind im Mittelmeer die Zeit der Thunfischjagd.[103] Die Schwärme folgen dabei den Wasserströmungen, werden östlich der Meerenge von Gibraltar oft auseinandergerissen, formieren sich an den Balearen neu und werden auf ihrem Rückzug an der Südküste des Mittelmeeres entlanggeführt. Der biologische Rhythmus des Thuns und hydrologische Faktoren geben die Wanderung vor – und damit letztlich auch das Handeln des sie jagenden Menschen.[104] Zugleich prägten, wie wir sehen werden, anthropogene Faktoren wie Rechtsansprüche, wirtschaftliche Potenz und nicht zuletzt auch Prestige diesen Fischereizweig im Mittelalter.

Die Tonnara-Fischerei

Noch heute wird an den Küsten Sardiniens und mehr noch Siziliens eine Form der Thunfischjagd betrieben, die als »Tonnara« bezeichnet wird und aufgrund ihres grausamen Höhepunkts, der »mattanza« (dem Gemetzel), stark in Verruf gekommen ist. Das System besteht aus einem komplexen Gewirr von Netzen, das in Küstennähe aufgestellt wird und die Tiere, die sich in ihm verirren, in immer neue Kammern lenkt, aus denen sie nicht mehr den Weg zurück ins offene Meer finden. Wenn die Netze als hinreichend gefüllt angesehen werden, verschließen die Fischer eine Kammer nach der anderen, bis ihre Beute in der letzten, der »Kammer des Todes« (»camera della morte«), zusammengetrieben ist. Dort werden die Tiere, die sich oftmals in Panik gegenseitig verletzt haben und erschöpft sind, an die Wasseroberfläche gezogen, mit Haken in die Boote verfrachtet und getötet oder noch im Wasser erschlagen.

In der altertumswissenschaftlichen Forschung ist umstritten, ob die Tonnara-Technik bereits seit der Antike bekannt war oder ob sie erst im Mittelalter über die byzantinische oder arabische Welt in den Mittelmeerraum gelangte.[105] Sicher belegt ist sie im Byzantinischen Reich ab dem 10. Jahrhundert, sie scheint sich in der Tat von dort nach Westen ausgedehnt zu haben. In Süditalien und auf Sizilien ist die Tonnara spätestens Ende des 11. Jahrhunderts belegt, früher als auf der Iberischen Halbinsel, wo diese Fangtechnik erst im 14. Jahrhundert Einzug hielt.[106] Dort wurde sie im katalanischsprachigen Osten als »tonaire«, im kastilischen

Westen als »almadraba« bezeichnet – der Begriff leitet sich vom arabischen Wort für »schlagen« (»maḍraba«) ab.

Häufiger noch praktizierten mittelalterliche Thunfischjäger eine zweite Fangmethode, die im Italienischen noch heute als »a vista« und im Spanischen als »de tiro o vista« bezeichnet wird. Sie beruhte nicht auf einem passiven System aus festen Netzen, sondern auf dem aktiven Einkreisen der Fische: Nach der Sichtung fuhren die Fischer mit Ruderbooten aufs Meer, umzingelten die Fische mit einem großen Netz, dessen beide Enden sie an das Ufer zurückruderten, wo sie – mit Menschenkraft oder auch mithilfe von Zugtieren – langsam eingeholt wurden.[107]

Auch wenn der Thunfischfang in Süditalien und Sizilien seit dem 11. Jahrhundert allmählich von den Muslimen in die Hände der Christen überging, blieb die Begrifflichkeit stark von der arabischen Zeit geprägt.[108] Der Leiter der Tonnara zum Beispiel wurde dort »rais« genannt (nach Arabisch »raʾīs«, Kopf oder Vorsteher). Örtliche »raisi« bildeten dort oftmals ökonomisch potente Dynastien aus, die – von einem Vorarbeiter (»capiguardia«) unterstützt – einer straff hierarchisierten Gruppe von Thunfischern vorstanden.[109] Die Hauptfangzeit lag zwischen dem 23. April und dem 24. Juni. In anderen Zonen verblieb das Thunfischregal hingegen in der Hand der Könige und Klöster.[110] Süditalienisches und sizilisches Thunfischfleisch wurde frisch oder gesalzen verkauft, konserviertes Fleisch nach Ligurien, in die Toskana und Neapel exportiert.[111]

An der Küste Südspaniens, in Andalusien, ist vor allem im 15. Jahrhundert der Thunfischfang mithilfe von semimobil installierten »almadrabas« bezeugt, aber auch ausgeworfene Netzsysteme (»almadraba de tiro o vista«) werden in den Quellen beschrieben.[112] Genau wurde dabei zwischen den in das Mittelmeer von Westen hineinschwimmenden – von Andalusien aus gesehen von rechts kommenden und daher als »atunes de derecho« bezeichneten – Exemplaren und den auf anderen Strecken zurückkehrenden Tieren unterschieden. Vor allem die erstgenannten, vom Atlantik zwischen März und Juni einziehenden Schwärme wurden gejagt. Als Beifang gingen dabei aber auch andere Mitglieder der Scombridae-Familie ins Netz, vor allem Bonito und Makrelen.

Für die erste Hälfte des 16. Jahrhunderts sind allein aus den »almadrabas« der andalusischen Herzöge von Medina Sidonia jährliche Quoten von 30 000 bis 100 000 Thunfischen bezeugt. Ihr Fleisch wurde eingesalzen und in Fässern verpackt exportiert, sowohl nach Osten, in die Krone Aragon und auf die Balearen, aber auch über den Atlantik nach Nordeuropa.[113] Für Sizilien wird eine jährliche Fangmenge von 30 000 bis 60 000 Tieren geschätzt.[114]

Beim passiven, mithilfe von labyrinthartigen Netzsystemen betriebenen Almadraba- bzw. Tonnara-Fischfang handelt es sich um eine Form der Fischerei, die aufwendig ist und Kapitalinvestitionen benötigt. Wohl nicht zufällig vergaben im hohen Mittelalter die normannischen Herrscher Süditaliens und Siziliens verschiedentlich Genehmigungen, der Thunfischjagd nachzugehen, an kapitalstarke geistliche Institutionen, aber auch an Adlige.[115]

Die süditalienischen »tonnare« bedurften ebenso wie die südspanischen festen »almadrabas« der Wartung, ihre Pflege bedingte Ausgaben. Die »almadrabas« von Cádiz zum Beispiel wurden Ende des 15. Jahrhunderts von rund 100 Personen instandgehalten und bedient.[116] Späher, Fischer, Böttcher, Seiler, Kutscher etc. bildeten eine arbeitsteilige, multiprofessionelle Gruppe (zu der auch muslimische Arbeiter gehörten). Holz für die Boote, Netze und Seile, Getreide und Wein für die Fischerleute, Salz zur Konservierung, Fässer zur Aufbewahrung, Transporttiere: All dies musste in der Hoffnung auf einen großen Fang angeschafft und im Vorfeld bezahlt werden. Auch Infrastruktur – Warenlager, Werkzeug etc. – war vorzuhalten, um die gefangenen Fische schnell zu verarbeiten, einzusalzen und in Fässern zu verstauen.

Solche Investitionen konnten sich nur wenige leisten. Der Erfolg der Vorbereitungen hing von den Wanderbewegungen der Fische ab und war nicht mit absoluter Sicherheit planbar. Die Tonnara- bzw. Almadraba-Fischerei war daher risikoreich und brauchte für den Fall kurzzeitig schwächelnder Fangquoten einen langen Atem, brachte aber gerade deshalb auch Sozialprestige.[117] Vor allem Adlige betätigten sich in Süditalien und Andalusien in diesem Feld – und gerieten darüber regelmäßig miteinander in Konflikte.

Die erwähnten Herzöge von Medina Sidonia aus der Familie der Pérez de Guzmán zum Beispiel, die an der Meerenge von Gibraltar seit dem ausgehenden 13. Jahrhundert reich begütert waren, versuchten über Jahrzehnte hinweg (letztlich ohne Erfolg), gegen ihre adligen Konkurrenten eine Monopolstellung aufzubauen, bezogen aber auch ohne Monopol im späten Mittelalter und in der frühen Neuzeit beträchtliche Einnahmen aus dem Thunfischfang.[118] Zu jener Zeit waren sie als die »Könige des Thunfischs« bekannt.[119]

Thunfischhandel und -verzehr

Die Tradition der Thunfischjagd an der Meerenge von Gibraltar reicht weit zurück, in die Zeit der islamischen Herrschaft über diese Gebiete.[120] Ausdrücklich erwähnte der Geograf Muḥammad Ibn ʿAbd al-Munʿim al-Himyarī (gest. 1495) im 15. Jahrhundert die Küste von Medina Sidonia als besonders ertragreiches Fanggebiet, wo im Mai dichte Thunfischschwärme vorbeizögen,[121] schon im 12. Jahrhundert lobte der muslimische Geograf al-Zuhrī (gest. zwischen 1154 und 1161) den örtlichen Thunfisch als besonders schmackhaft. Die Stadt Cádiz bezeichnete al-Zuhrī bildhaft als »Haus des *tunn*«, denn in der Region würde Thunfisch »getrocknet, konserviert und in alle Teile der Welt exportiert«.[122]

Als die Region im späteren Mittelalter unter christliche Herrschaft kam, übernahmen kastilische, galicische, baskische und andalusische Kaufleute das Geschäft. Auch sizilianischer Thunfisch wurde als Fernhandelsprodukt über weite Strecken transportiert. Die Praxis, Thunfisch mit Salz zu konservieren, wurde bereits von Plinius erwähnt und das ganze mittelalterliche Jahrtausend über praktiziert.[123]

Über den Alltag der Thunfischwirtschaft vor allem des späteren Mittelalters informieren am ausführlichsten städtische Verwaltungsquellen wie zum Beispiel die Register mediterraner Marktaufseher.[124] Diese reglementierten streng die Verkaufsabläufe und Hygienevorschriften. Bei einem so verderblichen Nahrungsmittel wie Thunfisch war Vorsicht in der Tat angebracht, worauf auch spätmittelalterliche Kaufmannshandbücher hinwiesen, so die berühmte *Pratica della mercatura* des Francesco Balducci Pegolotti (gest. 1349), die vor übel riechendem Thunfisch warnte und zur raschen Einsalzung anhielt.[125]

Auch in anderen, weiter östlich gelegenen Ländern des Dār al-Islām wurde im Mittelalter Thunfisch gefangen, so in Ägypten, wo Thunfischkaviar hergestellt und unter anderem nach Byzanz exportiert wurde,[126] und vor der Küste Tunesiens. In der zweiten Hälfte des 15. Jahrhunderts verpachteten die dort herrschenden Sultane aus der Dynastie der Hafsiden an genuesische Kaufleute – die auch am sizilianischen und am andalusischen Thunfischhandel beteiligt waren[127] – das Recht, vor der Küste von Sousse Fischfang zu treiben. Für eine gewisse Zeit monopolisierten christliche Fischer in der Folge sogar den Thunfischmarkt eines muslimischen Reiches. So berichtete es für das Jahr 1477 der christliche Reisende Anselm Adorno (gest. 1483), der bezeichnender-, aber fälschlicherweise den Ortsnamen »Tunis« auf den Thunfischreichtum der Region zurückführte.[128]

Thunfisch wurde im mittelalterlichen Mediterraneum breit konsumiert und galt trotzdem in königlichen Kreisen als ein dem eigenen Prestige angemessener Fisch, denn er gehörte zu den wenigen, die eingesalzen wurden und dennoch den Weg auf die Tische der Mächtigen fanden.[129] Kennzeichnend hierfür ist, dass sich im 15. Jahrhundert aragonesische Könige ihre Einnahmen aus Andalusien in Form von eingemachtem Thunfisch bezahlen ließen. Königin Maria von Aragon (gest. 1458) etwa ließ sich zu jener Zeit Hunderte von Fässern gesalzenen Thunfischs als Abgabe schicken.[130]

Auch im Dār al-Islām gehörte Thunfisch zu den beliebtesten Speisefischen. Von den 34 Fischrezepten, die Ibn Razīn al-Tujībī im 13. Jahrhundert in seinem *Fiḍālat al-Khiwān* verzeichnete, wiesen sieben als Hauptbestandteil Thunfisch auf.[131] Drei von ihnen wurden mit frischem Fisch, zwei mit getrocknetem Thunfisch hergestellt, bei dem der Autor wiederum verschiedene Sorten unterschied. Gesalzenen und an der Luft getrockneten Thunfisch nennt er »mušammaʿ«, was sich noch heute im spanischen Wort »mojama« für luftgetrockneten Roten Thunfisch erhalten hat.[132]

Ibn Razīn al-Tujībī empfiehlt, frischen Thunfisch zuerst über Nacht in Essig, Kümmel und Knoblauch einzulegen, dann einige Stunden in Salz, Pfeffer, trockenem Koriander, Kreuzkümmel, Safran, »murrī al-ḥūt« (einer fermentierten Fischsauce) zu marinieren und anschließend mit viel Öl, sauren Pflaumen und Äpfeln, Orangenblättern und Knoblauch zuzubereiten.[133] Derselbe Autor liefert im Übrigen auch ein Rezept zum Pökeln von Fisch und zur Herstellung von »murrī al-ḥūt«: Kleine Fische seien nach dem Waschen in einem Verhältnis von 2:1 in Salz einzulegen und so lange in einem Krug in die Sonne zu stellen und dabei dreimal täglich umzurühren, »bis eine teigartige, braune Masse entsteht, die nicht mehr nach Fisch riecht«; diese sei mit Thymian abzuschmecken.[134]

Der Botaniker und Pharmakologe ʿAbdallāh Ibn-Aḥmad Ibn al-Baiṭār beschrieb nicht nur die Herstellung von Würzsaucen und den Export gesalzenen Thunfischs, sondern auch seine Nutzung als Heilmittel gegen Vergiftungen und Hundebisse – Gleiches empfahl 1491 der anonyme Autor des *Hortus sanitatis*.[135] Ibn al-Jaṭīb (gest. 1374) wiederum weiß zu berichten, dass im muslimischen Westen des Mittelmeerraums Fisch auch an den Höfen verzehrt wurde, insbesondere *tunn* und *sardīn*, also Thunfisch und Sardinen. Sie waren die wichtigsten Seefische zumindest der maghrebinischen oder andalusischen Küche des hohen und späten Mittelalters.[136]

Sardine

Mit der Erwähnung des *sardīn* durch Ibn al-Jaṭīb ist der vierte und letzte Fisch genannt, der in diesem Kapitel dargestellt werden soll. Die Sardine *(Sardina pilchardus)* gehört der Ordnung der Heringartigen *(Clupeiformes)* an, doch ist sie etwas größer und dicker als der Hering. Auch bei ihr handelt es sich um einen Plankton fressenden Kleinfisch. Sardinen und die etwas kleineren Sardellen sind die bevorzugte Beute der Thunfische, insofern ähnelt ihre Beziehung derjenigen zwischen Hering und Kabeljau. Im Mittelmeerraum hat ihre Zahl in den letzten Jahren und Jahrzehnten deutlich abgenommen.[137]

Wenngleich sie grundsätzlich das ganze Jahr über im Mittelmeer gefangen werden können, weisen Sardinen wie die Heringe doch gewisse Zeiten auf, in denen sie zum Laichen migrieren und in besonders großer Zahl gefangen werden können. Von Mai bis August geschieht dies im westlichen Mittelmeerraum, im August erreicht dort die Sardinenfischerei ihren Höhepunkt. An der Atlantikküste Galiciens dauert die Hochzeit der Sardinenfischerei hingegen von Juni bis September.[138] Die Menschen des Mittelalters konnten diese Saisonalität zwar durch die Konservierung der Fische abmildern, wodurch Sardinen auch außerhalb der eigentlichen Fangzeiten verzehrt werden konnten. Aber die Migrationszeiten blieben für den Konsum von Frischfisch relevant und wurden daher auch in Kochbüchern vermerkt.[139]

Im Mittelmeerraum erfüllte die Sardine (und im östlichen Mittelmeerraum auch die Makrele) die Aufgaben, die im Norden dem Hering zukamen: Sie war Alltagsspeise für breitere Bevölkerungsschichten, nicht zuletzt auch für Seeleute während ihrer Fahrt.[140] Der vom Islam zum Christentum konvertierte Reisende Leo Africanus (gest. erste Hälfte des 16. Jahrhunderts) zum Beispiel beschrieb anschaulich den Sardinenfang vor der marokkanischen Küste in Badis und wies ausdrücklich darauf hin, dass sich gerade die Ärmeren vor allem von Sardinen und anderen Fischen ernährten, die sie mitunter als Dank dafür erhielten, dass sie beim Einholen der Netze Hand anlegten.[141]

Sardinen waren in den Küstengesellschaften des Mittelmeeres als Frischfisch beliebt und auch bei höhergestellten Persönlichkeiten geschätzt. Als Salzfisch hingegen waren sie vorwiegend ein Grundnahrungsmittel breiterer Bevölkerungsschichten im Binnenland und dort ein bevorzugtes Nahrungsmittel der vorösterlichen Fastenzeit. Auch im Mittelmeerraum führte die religiös und kirchlich vorgegebene Reduktion des Speiseplans vor dem Osterfest zu ritualisierten Schmähungen der Sardine, allerdings nicht immer wie im Fall des Herings nach dem Ende der Fastenzeit, sondern mitunter am Aschermittwoch und damit vor deren Beginn: Noch heute wird in Spanien in vielen Orten beim Karneval die »Beerdigung der Sardine« gefeiert, wie sie Francisco de Goya (gest. 1828) um 1812 darstellte.[142]

Weniger religiös geprägt als im christlichen Norden des Mittelmeerraums war der Verzehr von Sardinen im muslimischen Süden. Das Kochbuch *Fiḍālat al-Khiwān* des Ibn Razīn al-Tujībī aus dem maghrebinischen Westen überliefert nicht weniger als fünf Sardinengerichte.[143] Darunter befindet sich auch die Anleitung zur Erstellung einer Fischpaste aus zerkleinertem Sardinenfleisch, das mit schwarzem Pfeffer, Koriandersamen, Zimt, Ingwer und Indischer Narde angemacht, mit einem Saft aus frischem Koriander und Minze verfeinert und mit Mehl gebunden wurde. Im Anschluss schlägt der Autor vor: »Füge alles zusammen und forme die Masse dann in Gestalt einer Sardine, um sie so erscheinen zu lassen, wie sie ursprünglich aussah.«[144]

Andalusier im 13. Jahrhundert bereiteten frische Sardinen auch im Ofen zu: mit Koriander, Minze, Fenchel und Zwiebel gewürzt und mit Zimt, Ingwer und ein wenig Mastix abgeschmeckt.[145] Weitaus weniger aufwendig war es, frische Sardinen, »die im Mai oder Oktober [auf dem Markt] auftauchen«, über Kohlen zu grillen und in eine Knoblauch-Öl-Mischung zu tunken.[146] Gesalzene Sardinen hingegen seien kurz zu kochen und auf diese Weise zu entsalzen, bevor man sie brate und mit einer Sauce aus Knoblauch, Essig und Kümmel genieße – »wenn der Allmächtige es will«.[147]

Arabische Autoren äußern sich nicht häufig, aber doch von Zeit zu Zeit über die Sardinenfischerei.[148] Ibn al-Jaṭib aus Granada zum Beispiel bescheinigte der Stadt Marbella eine Vorrangstellung in diesem Wirtschaftszweig und berichtete davon, dass bereits im 10. Jahrhundert gesalzene Sardinen am Hof von Córdoba gereicht worden sein sollen; andalusische Marktordnungen bestätigen ihren Verkauf.[149] Schon in islamischer Zeit wurden Sardinen eingesalzen, auf diese Art und Weise konserviert und ins Landesinnere transportiert, etwa in die Hauptstadt des Umayyadenkalifats, Córdoba.[150] Auch nach der Eroberung muslimisch beherrschter Gebiete durch christliche Truppen war es möglich, dass Muslime in der Sardinenwirtschaft tätig blieben.

Atlantische Sardinenfischerei

Umfassender sind die Informationen über die christliche Sardinenfischerei. Bedeutende Zentren lagen in der Biskaya und in Galicien an der Atlantikküste sowie in Andalusien.[151] Von dort wurden große Mengen in den gesamten Mittelmeerraum exportiert, wo die Sardine wegen der dort höheren Wassertemperaturen weniger groß wird. Wie die Thunfische konnten auch die Sardinenschwärme von Land aus gesehen und dann in großen, konzertierten Aktionen von bis zu 120 Personen, in Booten mit je zehn- bis zwölfköpfiger Besatzung, mithilfe von Ringwaden und anderen Netzen gefischt werden.[152] An der Wende zum 16. Jahrhundert wurden neue Netztypen in Galicien eingeführt (»cercos«), welche sogar von bis zu 200 Personen bedient wurden.[153]

Ein Teil des Fanges wurde auf lokalen Märkten verkauft, häufig von als »sardineras« bezeichneten Frauen. Der größere Teil aber wurde eingesalzen bzw. in geringerem Umfang geräuchert, in Fässern verpackt und exportiert (oft zusammen mit anderen Fischen der iberischen Atlantikküste wie Seeaal, Seehecht und Seebrasse). Als Nebenprodukt wurde aus den Köpfen und Innereien – ebenso wie wir es bei Heringen und Kabeljau beobachtet haben – Tran (span. »saín«) ausgekocht, der als billiges (und geruchsintensives) Lampenöl bzw. als Schmiermittel Verwendung fand.[154]

Je nach Region konnten die Fischer das Sardinengeschäft in die Hand nehmen. In Galicien in Nordwestspanien zum Beispiel bildeten die »mareantes« genannten Großfischer im 15. Jahrhundert eine auf Export ausgerichtete protoindustrielle Sardinenfischerei aus, die sie weitgehend kontrollierten. In

Zünften und Bruderschaften organisiert, gelang es ihnen, ihre Interessen gegen Konkurrenten durchzusetzen. Im Vergleich mit den einfachen Fischern (»pescadores«) der Region, die sie in Streitigkeiten um Fanggründe und um die Nutzung großer Netze regelmäßig übervorteilten, bildeten sie eine wirtschaftliche Elite, welche die teuren Investitionen in Netze, Boote und Personal finanzierte, aber auch reichen Gewinn machen konnte. Sie trieben Geschäfte mit fremden Sardinenhändlern aus Portugal, Andalusien und anderen Regionen, denen sie ihre Waren zum Weiterexport in die Häfen des Mittelmeeres verkauften.[155]

Im 15. Jahrhundert durchlief das Sardinengeschäft an der iberischen Atlantikküste technische Entwicklungen. So wurde ein Verfahren entwickelt, mehr Sardinen in einem Fass unterzubringen, indem man sie mit Steingewichten zusammenpresste; das sparte Transportkapazitäten. Diese Technik ist zeitgleich in England bezeugt, was auf technologische Transferprozesse zwischen Nordsee, Atlantik und Mittelmeer schließen lässt.[156]

Ähnliches lässt sich bei einer neuen Konservierungsmethode beobachten, welche iberische Produzenten aus dem Nordseeraum übernahmen, wo sie auf Heringe angewendet worden war. Iberische Kaufleute hatten über Jahrzehnte auf ihrem Rückweg von den flämischen Märkten Heringe in die Heimat gebracht; dabei hatten sie die neue Form der Heringskonservierung im Norden kennengelernt, die dort als »Roter Hering« bekannt war: Die Tiere wurden eingesalzen und dann geräuchert. Die Übertragung dieser Technik auf die Sardinen, ein besonderer Fall der transkulturellen Verflechtung in der mittelalterlichen Fischwirtschaft, schlug sich im Namen dieses Produktes auf der Iberischen Halbinsel nieder: Dort waren diese Sardinen als »sardinas arencadas« oder schlicht als »arencadas« bekannt, also als »geheringte Sardinen« bzw. »Geheringte«.[157]

Spätmittelalterliche Zoll- und Hafenregister lassen die Dimensionen der Sardinenwirtschaft erahnen. Die Zollstellen zwischen Kastilien und Aragon zum Beispiel zeigen, dass diese Ware tief ins Binnenland hinein transportiert wurde. Noch größer waren die Transporte über das Meer zu den großen Hafenstädten und Umschlagplätzen des westlichen Mittelmeerraums wie Valencia oder Barcelona, aber auch zu kleineren Fischerorten.[158] Die als »lleuda« bezeichnete Hafensteuer Barcelonas liefert sogar ganz konkrete Angaben: Allein während eines Monats in der Fastenzeit 1434 passierten nicht weniger als sieben Millionen Sardinen (und 12 000 Seehechte) die Zollstelle – eine beeindruckende Zahl![159]

Beträchtliche Einfuhrmengen sind auch für andere große Verteilerhäfen des westlichen Mittelmeerraums belegt: Nach den Zolllisten Valencias wurden 1494 wie 1500 jeweils mehr als elf Millionen Sardinen eingeführt.[160] Egal auf welchem Marktplatz man an den Küsten und auch im Binnenland des westlichen Mittelmeeres einkaufte, ob in islamischen Herrschaftsgebieten, auf den Balearen, in Katalonien, Valencia oder Andalusien: Stets gehörten frische oder gesalzene Sardinen zum Angebot.[161]

Nicht substanziell, sondern allenfalls quantitativ anders war die Situation im östlichen Mittelmeerraum, denn auch dort gehörte die Sardine zu den am meisten gegessenen Meerestieren, wie Dokumente aus der Adria belegen.[162] Noch populärer war in Konstantinopel die Makrele, die ebenfalls frisch oder gesalzen verzehrt wurde.[163] Auch sie wurde mithilfe großer Ringwaden gefangen, deren Anschaffung und Unterhalt teuer waren, weshalb dieser Wirtschaftszweig vor allem von wohlhabenderen Bewohnern betrieben wurde.[164] Hier lässt sich also, wie im westlichen Mittelmeerraum, aber auch in Nord- und Ostsee die Gleichzeitigkeit von individueller Fischerei für den lokalen Markt und protoindustrieller Massenfischerei beobachten.

Thunfisch und Kabeljau, Sardinen und Heringe – die Jäger und Gejagten des Mittelmeers, der Nord- und der Ostsee: Sie waren keineswegs nur Objekte menschlicher Begierde, sondern Subjekte komplexer Vorgänge. Ihre Wanderrouten und ihre Reproduktionszyklen, ihr soziales Verhalten und ihre Ernährungsgewohnheiten bildeten das Fundament, auf dem die Fischerei beruhte. Ihre biologischen Besonderheiten, aber auch die klimatischen Eigenheiten ihrer Fanggebiete hatten unmittelbare Auswirkungen auf die Methoden ihrer Konservierung und damit auch auf die Möglichkeiten ihrer wirtschaftlichen Nutzung.

Die enge Verbindung zwischen Fisch und Salz, auf die noch zurückzukommen sein wird, eröffnete den Männern und Frauen des mittelalterlichen Jahrtausends die Möglichkeit, protoindustrielle Verfahren einer marktorientierten Fischwirtschaft zu entwickeln. Diese trug zur finanziellen Stabilisierung von Königreichen bei, vor allem aber zum wirtschaftlichen Aufschwung einzelner Städte und Regionen. Die hier abgehandelten vier Fischgattungen symbolisieren wie keine anderen diese weit über den engeren Bereich der Ernährungsgeschichte hinausweisenden Entwicklungen.

Natürlich waren sie keineswegs die einzigen Meereslebewesen, deren Fleisch die Menschen des Mittelalters verzehrten. Das nächste Kapitel behandelt die Säugetiere des Meeres. Sie waren für die Ernährung insbesondere von Küstengesellschaften des nördlichen Europas relevant, aber nicht nur das: Anders als Kabeljau, Heringe, Thunfisch und Sardinen wurden insbesondere Wale nicht nur ihres Fleisches wegen geschätzt. Außerdem kommt ihnen eine besonders große kulturelle Dimension zu, wurden Meeressäuger doch in starkem Maße in menschliche Wertvorstellungen eingeordnet.

Abb. 12. Leviathan, aus: Miscellanhandschrift (ca. 1280).

5.
Gut und Böse

Die moderne Wissenschaft unterscheidet zwischen Fischen und Meeressäugetieren. Während Erstere Sauerstoff mit Kiemen aus dem Wasser aufnehmen, beziehen ihn Letztere über Lungen aus der Luft. Meeressäugetiere sind im Gegensatz zu den wechselwarmen Fischen, deren Körpertemperatur von der Wassertemperatur abhängt, Warmblüter bzw. »gleichwarme« Lebewesen. Und wie ihre Bezeichnung schon sagt: Meeressäuger ernähren ihre lebend zur Welt gebrachten Nachkommen mit eigener Milch. Doch trotz aller Unterschiede teilen sich beide Tierstämme einen Lebensraum: das Meer. Denn was Meeressäuger von anderen Säugetieren unterscheidet, ist ihre unbedingte Abhängigkeit von der See, ohne die sie nicht leben können. Dabei stammen sie letztlich von Landtieren ab, die sich aber im Laufe der Geschichte zunehmend an ein Leben im Meer gewöhnt haben – im Falle der Wale und Delfine so sehr, dass sie gar nicht mehr an Land leben können,[1] während etwa Robben oder Walrosse zwischen Meer und Land wechseln.

Dank physiologischer Anpassungen und allmählicher Veränderungen ihrer Organe (insbesondere der Lungen) können Meeressäuger mitunter sehr lange unter Wasser bleiben, auch wenn sie in regelmäßigen Abständen zum Luftholen an die Oberfläche zurückkehren müssen. Der Pottwal zum Beispiel kann mit einem Luftzug bis zu eineinhalb Stunden unter Wasser bleiben. Die spezifischen Lebensbedingungen im Wasser, etwa die Reduktion der Schwerkraft und besondere Ansprüche an Wärmehaushalt und Stoffwechsel, bewirken, dass Meeressäugetiere in der Regel größer sind als ihre artnächsten terrestrischen Verwandten. Das Leben im offenen Meer, Kälte und die Tatsache, dass die meisten Meeressäuger kein Fell besitzen, sind wiederum dafür verantwortlich, dass viele von ihnen eine gegen Auskühlung schützende Fettschicht aufweisen, den sogenannten »Blubber«.[2]

Im Mittelalter wurden aquatische Säugetiere wie Wale, Delfine und Robben als Fische angesehen. Noch heute lebt diese mittelalterliche Fehlzuschreibung in einigen Sprachen wie dem Deutschen fort, wo irrtümlich vom »Walfisch« die Rede ist. Dies mag auf den ersten Blick überraschen und vielleicht auch irritieren. Es bestätigt das geläufige Vorurteil über die kulturelle Rückständigkeit und die mangelnden Fachkenntnisse mittelalterlicher Menschen. Warum wussten sie nicht, dass es sich bei diesen Tieren um Säugetiere handelt?

Die Antwort lautet: Sie wussten es sehr wohl, folgten aber anderen Ordnungssystemen (Taxonomien) als Menschen der Moderne. Das bedeutet: Nach mittelalterlicher Vorstellung waren Tiere, die im Wasser lebten, dem Fischbereich zugehörig – unabhängig davon, ob sie gleich- oder wechselwarm waren, ihre Nachkommenschaft lebend zur Welt brachten und sie säugten oder Eier legten. Doch zugleich erkannten die Menschen des Mittelalters sehr wohl die Unterschiede zwischen Meeressäugern und anderen Lebewesen im Wasser und beschrieben Erstere verschiedentlich als eine zusammengehörige Gruppe.

Hierin folgten sie antiken Autoren, die ebenfalls erkannt hatten, dass Meeressäuger sich von anderen Meereslebewesen unterscheiden, diese Erkenntnis aber nicht in einer klaren systematischen oder begrifflichen Trennung zum Ausdruck gebracht hatten. Aristoteles zum Beispiel diskutiert diese Frage in seiner

Historia animalium und schlägt sogar eine weitere Unterteilung der Meerestiere vor.[3] Auch wenn sich diese nicht durchsetzte, blieb seine Schrift außerordentlich einflussreich. Er beschrieb darin Delfine und Wale zutreffend als lebendgebärende Tiere, die mit Luftlöchern auf dem Rücken statt mit Kiemen ausgestattet und deren Sinnes- und Fortpflanzungsorgane im Körper versenkt seien.[4] Die weiblichen Exemplare hätten im Gegensatz zu Vierbeinern keine sichtbaren Zitzen, sondern lediglich Löcher in den Flanken.[5]

Sehr genau sind seine Kenntnisse nicht nur der Anatomie, sondern auch des Paarungsverhaltens dieser Tiere, der Aufzucht ihrer Jungen und ihrer Fressgewohnheiten.[6] Vereinzelt schrieb Aristoteles Meeressäugern fälschlicherweise gewisse Handlungsweisen zu, um seine Mitmenschen moralisch zu unterweisen: Wale und Delfine würden ihre Nachkommenschaft bei Gefahr zum Schein verschlingen, um ihnen im eigenen Bauch Sicherheit zu bieten, und sie im Anschluss wieder wohlbehalten ausspucken.[7] Daraus ließe sich eine Mahnung für seine Zeitgenossen ableiten: Sogar diese wilden Tiere zeigten Mutterliebe – um wie viel mehr sollten Menschen sich für ihre Kinder aufopfern, so sein Argument.[8] Nicht zufällig wählte Aristoteles Wale und Delfine als Vorbilder, denn von allen Meeresbewohnern ähneln die Säugetiere den Menschen am meisten.

Von Plinius aufgegriffen,[9] gelangte dieses griechisch-lateinische Wissen der Antike über Isidor von Sevilla,[10] Hrabanus Maurus[11] und andere frühmittelalterliche Autoren in die gelehrte Welt des hohen und späten Mittelalters.[12] Auch der Dominikanermönch Albertus Magnus gehört zu denen, die antikes Wissen ins Mittelalter übertrugen. Er bescheinigte den Meeressäugern und Lungenatmern (Wale, Delfine und Robben) zu Recht besonders hohe Intelligenz und schildert, wie aus ihren Knochen Balken für den Hausbau gezimmert wurden.[13]

Hier deutet sich bereits an: Meeressäuger waren im Mittelalter weitaus mehr als Fleischlieferanten. Während Menschen des mittelalterlichen Jahrtausends Fische fast ausschließlich ihres Fleisches wegen töteten, nutzten sie Wale und Walrosse auch zu vielen anderen Zwecken. Die Spannbreite an Nutzungsmöglichkeiten verleiht dieser Sondergruppe unter den Meeresbewohnern eine besondere kulturgeschichtliche Relevanz. Zwei Arten aquatischer Säugetiere wurden in Antike und Mittelalter zudem in markanter Weise mit moralischen Wertungen bedacht: große Wale und die kleineren Delfine. Wie keine anderen Meeresbewohner wurden sie in ein binäres Schema von Gut und Böse eingeordnet. Sie sollen daher im Zentrum dieses Kapitels stehen und uns im Falle des Wales vor allem in die Meere des Nordens, im Falle der Delfine in den Süden, in den Mittelmeerraum, führen.

Nützliche Feinde: Wale

Wale sind aquatische Wirbeltiere, die den auf dem Lande lebenden Paarhufern eng verwandt und in allen Meeren der Welt zu finden sind. Heutzutage sind einige Walarten hochgradig gefährdet. Trotz eines seit 1986 existierenden Walfangmoratoriums und der folgenden markanten Abnahme der Fangquoten werden nach wie vor viele Hunderte Großwale im Jahr getötet.[14] Für die kleineren Walarten liegen keine verlässlichen Zahlen vor.

Die Biologie kennt zwei Unterordnungen: zum einen die Bartenwale, die sich im Wesentlichen von Plankton und Krill ernähren, die sie mithilfe von siebartigen »Barten« aus dem Wasser filtern; und zum anderen die räuberischen Zahnwale, zu denen die Delfine, aber auch der Schwertwal (Orca) und der Pottwal zählen.[15] Um ihre Beute fangen zu können, müssen sie schnell und wendig sein. Insgesamt gibt es ungefähr 90 Arten von Walen, von denen einige erst im 19. und 20. Jahrhundert entdeckt worden sind. Wale können an Land nicht überleben, gestrandete Exemplare verenden nach kurzer Zeit, weil ihr Körpergewicht ihre Lungen zusammendrückt und sie rasch austrocknen.[16] Wale sind tendenziell langlebig, Grönlandwale zum Beispiel können bis zu 200 Jahre alt werden. Ihre hohe Intelligenz ist bekannt und wissenschaftlich, vor allem bei Delfinen und Schwertwalen, vielfach untersucht.

Der Fachbegriff »Cetacea« als Bezeichnung für Wale leitet sich aus dem griechischen *Ketos* – »großer Fisch«/»Seeungeheuer« – ab. Seit der Antike ist auch die Bezeichnung *ballaena* gebräuchlich. Plinius, der die enorme Größe der Wale auf ihre Herkunft im Indischen Ozean zurückführte, verwendete beide.[17] Grundsätzlich wurden *cetus* und *ballaena* zwar von manchen frühmittelalterlichen Autoren unterschieden, ebenso von einigen Verfassern hochmittelalterlicher Bestiarien.[18] Aber mit der Zeit wurden beide immer mehr in eins gesetzt.

Im Mittelmeer oder im Westatlantik, die in diesem Kapitel im Fokus stehen, lebten im Mittelalter verschiedene Arten von Großwalen: Zu den Bartenwalen zählen Mitglieder der Familie der Furchenwale wie der Finn- oder der Seiwal, aber auch Glattwale wie der Nordkaper oder der Grönlandwal. Unter den Zahnwalen ragt der Pottwal heraus.[19] Einige dieser Arten konnten auch in vorindustrieller Zeit grundsätzlich gejagt werden, weil sie langsam schwimmen und nach ihrem Tod lange an der Wasseroberfläche treiben: Grönland-, Grauwale sowie der Nordkaper, der im Englischen bezeichnenderweise »Right Whale« – »Richtiger Wal« – genannt wird, weil er neben den genannten Eigenschaften eine besonders dicke Fettschicht hat.[20] Er ist mit einer Geschwindigkeit von 3,5 bis 5,5 km/h sogar Ruderbooten unterlegen. Gerade dies wurde dem Nordkaper denn auch zum Verhängnis: Heute leben nur noch wenige Hundert

Exemplare, die Art ist vom Aussterben bedroht, möglicherweise bereits »funktional ausgestorben«, weil sie ihre Aufgabe innerhalb des Ökosystems nicht mehr erfüllt.[21]

Der Grauwal wiederum ist in Europa und im westlichen Atlantik bereits ausgestorben, kam aber im Mittelalter noch in jenen Gewässern vor.[22] Im Vergleich viel zahlreicher als die Großwale sind noch heute die kleineren Arten von Zahnwalen wie die zur Familie der Delphiniden gehörenden Schweinswale, Pilotwale, Tümmler und Gemeinen Delfine.[23]

Theologische Deutungen und Erzählungen vom »großen Fisch«

Wie wir gesehen haben, spielen die Tiere des Meeres in den Schriften der drei abrahamitischen Glaubenstraditionen aufs Ganze gesehen keine bedeutende Rolle. Aber es sind auch Ausnahmen zu nennen, und zu ihnen gehört der Wal. Der »große Fisch«, von dem im Alten Testament das Buch Jona berichtet, wird traditionell als ein solcher gedeutet. Im ersten und zweiten Kapitel dieses Buches wird eine lehrreiche Geschichte erzählt. Sie handelt vom Propheten Jona: Von Gott beauftragt, die Stadt Ninive vor dem Strafgericht zu warnen, das ihr wegen der Sündhaftigkeit ihrer Einwohner droht, macht Jona sich auf den Weg. Doch gehorcht er nicht dem Befehl seines Gottes, vielmehr besteigt er in Jaffa ein Schiff und segelt in die entgegengesetzte Richtung. Der erzürnte Herr schickt einen Sturm, und die Seeleute auf dem Schiff wissen nicht, wie man ihm beikommen kann.

Jona aber erkennt, dass wahrscheinlich er der Grund des Unwetters ist. Er schlägt den Seeleuten vor, ihn über Bord zu werfen, um den Zorn Gottes zu besänftigen. Die Seeleute folgen dem Ratschlag, Jona aber wird von einem »großen Fisch« verschluckt und verbringt in dessen Bauch drei Tage und drei Nächte. Erst danach wird er an Land ausgespien. Das Erlebnis läutert den widerspenstigen Propheten, der nun den Willen seines Herrn ausführt.

Die Erzählung von Jona und dem Wal wirkte stark im Christentum fort, denn dass der Prophet drei Tage und drei Nächte im Bauch des Tieres verbrachte und dann auf wundersame Weise zum Leben zurückkehrte, wurde als Präfiguration der Passion und Auferstehung Christi angesehen. Im Matthäusevangelium (Mt 12,40) heißt es denn auch, wie Jona drei Tage und drei Nächte im Bauch des Fisches gewesen sei, so werde Jesus drei Tage und drei Nächte im Herzen der Erde zubringen. Gelehrte wie Hrabanus Maurus setzten endgültig die Gleichsetzung des biblischen Tieres mit einem Wal durch und deuteten dessen riesigen Bauch als Bild der Hölle.[24]

Auch im Islam, in dem Christus als Prophet verehrt wird, wurde die Parallelisierung des Jona mit Jesus aufgegriffen. Die Erzählung einer besonderen, gottgewollten Beziehung zwischen einem gefährlichen Meereslebewesen und dem Menschen fand so über die Hebräische Bibel, das Alte Testament, ihren Weg in andere Glaubensgemeinschaften und wirkte im Mittelalter stark fort.

Ein weiteres furchterregendes alttestamentliches Wesen ist der Leviathan, der in den Psalmen (104,26 und 74,14) und auch im Buch Hiob (40–41) vorkommt, wo er als ein Monstrum erscheint, das zwar nicht ausdrücklich als Wal oder Fisch bezeichnet wird, aber doch so gedeutet werden kann. »Kannst du den Leviathan ziehen mit dem Haken?«, heißt es da. Diese unbestimmte Beschreibung ist dafür verantwortlich, dass der Leviathan mal als Krokodil, mal als Drache, mal als Schlange, aber eben auch als Wal gedeutet und in der jüdischen und christlichen Kunst dargestellt wurde (Abb. 12).[25] Über die Apokryphen – nachbiblische Texte, die sich auf die Heilige Schrift beziehen – wurde dieses alttestamentliche Bild in das Christentum übertragen. Der Leviathan wurde zu einem Bild der Fähigkeit Gottes, den Menschen zu züchtigen. Denn der Herr verfügt frei über Behemoth, das Monstrum auf dem Lande, und über Leviathan, das Monstrum im Meer.

Auch das Mittelalter schuf populäre Geschichten vom Wal. Eine besonders wirkmächtige geht auf den *Physiologus* zurück, ist in unterschiedlichen literarischen Gattungen tradiert und wurde zu Beginn dieses Buches bereits geschildert.[26] Sie findet sich in Heiligengeschichten ebenso wie in den großen Gesamtdarstellungen tierischen Lebens, den Bestiarien, und beschreibt die Gefahren einer vermeintlich unverfänglichen Grillepisode. Demnach komme es immer wieder vor, dass Seeleute an Land gingen, um eine Pause einzulegen und ihr Essen zuzubereiten. Kaum hätten sie das dazu notwendige Feuer entfacht, würden sie bemerken, dass sie nicht auf einer Insel gelandet seien, sondern auf dem Rücken eines Wals. Dieser, von den Menschen und der Hitze des Feuers gestört, würde in die Tiefe hinabtauchen und dabei mitunter auch die unvorsichtigen Seeleute in den Tod reißen. Zahllos sind die illustrierten Handschriften, welche die Geschichte von der »Walinsel« unter den Zeitgenossen verbreiteten (Tafel 6).[27]

Die Erzählung wurde in den Heiligengeschichten fortentwickelt, etwa in der Vita des heiligen Brendan. Dort wird geschildert, wie Brendan auf dem Weg ins Heilige Land auf verschiedenen Inseln anlegt, darunter auch auf einer Fischinsel. Doch wird hier das bekannte Motiv abgewandelt, denn »der gewaltigste Fisch von allen, die im Ozean schwimmen«, reißt den Mann Gottes eben nicht in die Tiefe; vielmehr lässt er sogar zu, dass dieser auf seinem Rücken die Messe liest.[28] Die Geschichte von der »Walinsel« wurde bereits im *Physiologus* theologisch und moralisch ausgedeutet, mit dem Wal als Sinnbild des Teufels. Seine böse Täuschung ähnele dem Vorgehen des Teufels:

»Auch Du, Mensch, wirst in das Höllenfeuer hinabgestürzt, wenn Du Dich und Deine Hoffnung an den Teufel bindest.«[29]

Auf ganz ähnliche Art und Weise werden in diesem einflussreichen Werk die Fressgewohnheiten der Bartenwale interpretiert, die Plankton und Krill nicht etwa aktiv jagen, sondern listig täuschen: Vom vermeintlich guten Duft ihres Atems angezogen, würden kleine Fische von allein in das Maul des Wals schwimmen, wogegen die »perfekten« Tiere den Wal scheuten. Mit den »kleinen Fischen« seien aber diejenigen Menschen gemeint, die im Glauben schwach seien; auch sie würden vom Teufel verschlungen, während die Glaubensfesten überlebten, so der anonyme Autor des *Physiologus*.[30] Die vielen in dessen Tradition verfassten Bestiarien trugen dazu bei, Geschichten vom bösartigen Wal wachzuhalten.[31] Der normannische Geistliche Philippe de Thaon brachte es im 12. Jahrhundert in seinem Bestiarium auf den Punkt: »Li cetus diable est.«[32]

Bei solch negativer Deutung des Wals kann es nicht überraschen, dass sein Erscheinen von Gelehrten als schlechtes Vorzeichen gedeutet wurde: Der burgundische Benediktinermönch Radulf Glaber (gest. 1047) wies in seinem Geschichtswerk darauf hin, dass das Erscheinen eines ungewöhnlich großen Wals bei Berneval am Pays de Caux an der normannischen Küste um das Jahr 1000 ein Vorzeichen der kurz darauf ausbrechenden Kriege im Nordseeraum gewesen sei.[33] Zwei Jahrhunderte später deutete der englische Gelehrte Matthew Paris (gest. 1259) die im Jahre 1240 beobachtete Strandung von miteinander kämpfenden Walen und anderen »Seemonstern« vor der Küste Englands als eine Ankündigung der kurze Zeit später wieder aufflammenden Konflikte zwischen dem Papsttum und Kaiser Friedrich II.[34]

Schon aufgrund ihrer Größe, aber auch wegen ihrer Herkunft aus den Weiten des größtenteils unbekannten Atlantiks boten Wale Stoff für fantastische Geschichten.[35] Ein Gedicht des französischen Mönchs Letald (von Micy) aus dem 10. Jahrhundert erzählt von einem mittellosen englischen Fischer aus Rochester, der ähnlich wie Jona von einem Seemonster verschlungen wird (*De quodam piscatore quem ballena absorbit*).[36]

Vier Tage und fünf Nächte lang versucht der arme Mann sich zu befreien, unter anderem, indem er ein Feuer im Bauch des Tieres entzündet. Es gelingt ihm aber nicht, und schließlich strandet der Wal an der Küste, wo man über die Hilferufe aus dem Bauch eines Wals erschrocken ist und anfangs nicht begreift, dass sie von einem Menschen stammen. Viel näher liegt es, anzunehmen, der Wal sei von einem Dämon besessen – daher wird das Tier zuerst vom herbeigerufenen Bischof exorziert. Nach geraumer Zeit erkennt man, dass sich im scheinbar sprechenden Wal ein verschluckter Mensch verbirgt, und der Seemann wird befreit. Eine ähnliche Geschichte erzählten drei Jahrhunderte später die *Gesta Romanorum*: Hier ist es eine Prinzessin, die vom Wal verschluckt wird, das Tier aber tötet, indem sie in seinem Magen ein Feuer entzündet und ihm kräftig von innen in die Eingeweide sticht. Der verendete Wal wird an Land gespült, die Prinzessin aber ruft Menschen herbei und wird befreit.[37]

Diese Geschichten zeigen: Der Wal hatte im Mittelalter großes erzählerisches Potenzial. Er symbolisierte die Allmacht Gottes, die Wendungen des Schicksals und den Sieg des Guten über das Böse. Dadurch aber wurde er – natürlich unwissentlich – zu einem »geheimen«, aber prominenten Akteur menschlicher Diskurse. Zugleich verkörperte er wie kein anderes Lebewesen die Gefahren des Meeres. Die Erzählungen vom bedrohlichen Wal wiesen dem Tier Handlungsträgerschaft, eine erhöhte Agency also, zu. Zugleich reflektierten sie eine von Küstengesellschaften in gewissen Abständen gemachte Erfahrung: die Begegnung mit einem verendeten, ans Ufer gespülten Tier.

Die Vorstellung einer bedrohlichen Beziehung zwischen uns Menschen und dem Wal hat eine jahrhundertelange Geschichte, die ihrerseits bis in die Moderne fortdauerte. Sie ist unsterblich gemacht worden durch *Moby Dick*. Der erstmals im Oktober 1851 unter dem Titel *The Whale* erschienene Roman des amerikanischen Autors Herman Melville (gest. 1891) handelt von der besessenen Jagd des Kapitäns Ahab nach einem weißen, von den Walfängern ehrfürchtig »Moby Dick« genannten Pottwal und verknüpft diese Geschichte mit vielfältigen Betrachtungen des Autors. Nicht zuletzt ist das Werk eine Reflexion über das Verhältnis zwischen Mensch, Meer und Tier und eine realitätsnahe Beschreibung der Risiken und des Alltags derer, die zur Mitte des 19. Jahrhunderts den größten Meereslebewesen der Welt nachstellten. Vollkommen zu Recht ist es immer wieder verfilmt, neu übersetzt und auch vertont worden.[38] Es zehrt in starkem Maße von einer Angstgeschichte, die weit zurückreicht.

Auch im Mittelalter wurde die Jagd nach Walen als äußerst risikoreiches Unterfangen betrachtet. Das um das Jahr 1000 vom englischen Abt Aelfric verfasste fiktive Gespräch eines Gelehrten mit einem Fischer, aus dem weiter oben schon zitiert wurde, berührt auch die Waljagd: »Würdest Du gern einen Wal fangen?«, fragt der Gelehrte. »Auf keinen Fall!«, ruft der Fischer aus. Und warum nicht? »Weil es ein hochgradig riskantes Unternehmen ist, einen Wal zu fangen. Ich gehe lieber mit meinem Boot allein auf den Fluss, als mit vielen Booten zu jagen.« Sein Gesprächspartner lässt nicht locker: »Warum ist das so?« Darauf der Fischer: »Weil ich lieber Fische fange, die ich töten kann, als einen Fisch, der mich und auch meine Begleiter mit einem einzigen Schlag zu versenken oder umzubringen in der Lage ist.« Der Gelehrte liefert uns einen interessanten Hinweis auf die Praxis systematischer Waljagd zur Jahrtausendwende: »Dennoch: Viele fangen Wale, entkommen der Gefahr und machen großen Gewinn.« Doch das überzeugt den Fischer nicht: »Das stimmt, aber ich traue mich nicht, weil ich ängstlich bin.«[39]

Konrad von Megenberg schrieb im 14. Jahrhundert: Der Wal

sei so groß, »dass man ihn mit keiner Kunst der Menschen noch mit List fangen« könne.[40] Zu Beginn des 21. Jahrhunderts ist es sinnvoll, das zu betonen. Denn in einer Zeit, in der Wale mit schnellen Schiffen gejagt und mit mächtigen, stromführenden und mit Sprengköpfen versehenen Harpunenkanonen erlegt werden, sind die Gefahren der Waljagd weitgehend in Vergessenheit geraten.[41]

Im Mittelalter war das anders: In See stechende Fischer beteten voller Angst darum, nicht selbst von ihrer Beute getötet zu werden. Albertus Magnus warnte seine Zeitgenossen ausdrücklich, Wale würden mitunter Boote und sogar Schiffe durch das von ihnen ausgestoßene Wasser überfluten oder rammen und dadurch zum Sinken bringen.[42] Es ist kein Zufall, dass der Wal in illuminierten Handschriften häufig als mit Zähnen ausgestattetes Raubtier und nicht als harmloser Planktonfresser dargestellt wird.[43] Er galt als aggressiv und todbringend, stand entweder für die Mächte des Bösen oder brachte im Auftrag Gottes schwere Strafen über die Menschen. Es lässt sich fragen, ob das Auswirkungen auf den tatsächlichen Umgang mit Walen und ihrem Fleisch hatte.[44]

Hierfür liegen Hinweise vor. Eine der isländischen Sagas weiß von den negativen Folgen des Walfleischgenusses zu berichten. Die *Erikssaga* bzw. *Saga von Erich dem Roten* erzählt von der ersten Fahrt von Grönland nach »Vinland«. Eines Tages wurde dort »[...] ein Wal angetrieben. Die Leute strömten alle dorthin und zerteilten ihn. Sie wussten jedoch nicht, was für eine Art Wal es war. Auch Karlsefni, der mit Walen wohl Bescheid wusste, kannte diese Art nicht. Die Köche sotten das Fleisch und aßen davon, doch da wurde allen von dieser Speise übel.«[45] Bezeichnenderweise behauptet nun ein dem alten heidnischen Glauben anhängender Mann, Thorhall der Jäger, das Tier sei als Belohnung für ein Gedicht gestrandet, das er zu Ehren des Gottes Thor verfasst habe. Getreu ihrem christlichen

Glauben werfen die anderen daraufhin die Reste des Wals von einer Klippe.

Hier wird offenbar Walfleisch mit Heidentum in Verbindung gebracht. Ganz in dieses Bild passt, dass der Kleriker und Chronist Adam von Bremen (gest. vermutlich 1081 oder 1085) als herausragende magische Eigenschaft der heidnischen Hellseher des Nordens ihre Fähigkeit nannte, Wale durch Zauber an Land zu locken.[46] Der *Königsspiegel,* ein norwegischer Erziehungstraktat des 13. Jahrhunderts, nennt gefährliche Walarten: Der Pferdewal (*hrossvalr*) und der Rotkamm (*raudkembingr*) sollten gemieden werden, denn immer suchten sie die Menschen zu vernichten. Sie seien die natürlichen Feinde der Menschheit und widerwärtig, »als seien sie dem Menschengeschlecht zu Feinden bestimmt«.[47] Noch in der *Historia de Gentibus Septentrionalibus* des schwedischen Gelehrten Olaus Magnus aus dem 16. Jahrhundert mischt sich die Angst vor dem todbringenden Monster mit der Beschreibung seines Nutzens für den Menschen.[48]

Im Vergleich mit diesen Hinweisen aus Nordeuropa sind die Texte des Mittelmeerraums weitaus seltener, doch auch dort war der Wal mit allerlei negativen Assoziationen verknüpft, die auf kanonische Texte wie den *Physiologus* und die Bibel zurückgingen, aber im Mittelalter mit weiteren Medien wachgehalten wurden. Heutzutage größtenteils verschwunden, hingen in manchen Kirchen des mediterranen Südens nachweislich Walknochen – mal im Eingangsbereich, mal in den Kirchenschiffen selbst. Eher zufällige Erwähnungen in Textquellen belegen lediglich ihre Existenz, liefern aber keine geistliche Deutung.[49] Doch dürften die im Gotteshaus zur Schau gestellten Überreste eines Tieres, das so vielfältige negative Zuschreibung aufwies, getrost als ein Hinweis auf die Überwindung des Bösen durch den Glauben und die Kirche gewertet werden.

Wale finden und jagen

Trotz aller Furcht vor Seeungeheuern im Allgemeinen und Walen im Besonderen stellten ihnen die Menschen im mittelalterlichen Jahrtausend nach. So liegen für diese Zeit im europäischen Raum Hinweise darauf vor, dass Walfleisch gerade in Küstengesellschaften eine nicht selten verzehrte Nahrung war. Archäologische Zeugnisse belegen dies, aber ihre Zahl ist begrenzt: Schwere Wale konnten kaum in städtische Siedlungen transportiert werden, wo ihre Reste archäologisch erschlossen werden würden. Vielmehr handelt es sich um ein Tier, das vorzugsweise dort verarbeitet wurde, wo es gestrandet oder an Land gebracht worden war. Die Überlieferungschance seiner Überreste ist folglich im Vergleich zu kleineren, leichter zu transportierenden Lebewesen reduziert.[50] Dennoch hat die Zooarchäologie in jüngerer Zeit für das Mittelalter wichtige Erkenntnisse beigesteuert.[51]

Neuere Grabungen haben in verschiedenen Küstenregionen Verdichtungen von Walknochen (auch gemeinsam mit den Überresten von Robben) zutage gefördert, die auf Walverzehr schließen lassen.[52] Auf dieser Grundlage lassen sich sogar Karten mit den Orten erstellen, an denen diese Form der Ernährung besonders häufig war.[53] Neben den zooarchäologischen Erkenntnissen liegen auch Schriftquellen vor, die regelmäßigen Walverzehr belegen, und dies bereits im früheren Mittelalter.[54] Das Baskenland und die norwegische Atlantikküste zum Beispiel waren Regionen, in denen über Jahrhunderte hinweg Walfleisch gegessen wurde. Die Normandie, die Westküste der Britischen Inseln, die Orkney-Inseln und Flandern sind ebenfalls zu nennen, aber hier schwankt die Zahl der Belege mitunter merklich. Ob das damit zusammenhängt, dass gewisse Walarten weniger häufig an den Küsten auftauchten, dass also ökologische

Veränderungen die menschliche Nutzung bestimmten, oder andere Gründe für diese Schwankungen verantwortlich sind, lässt sich derzeit kaum bestimmen.

Wie aber erlangten die Küstenbewohner Walfleisch? Es lassen sich drei Möglichkeiten nennen.[55] Erstens werden Tiere, die im Meer ohne menschliche Einwirkung verendet sind, an Land gespült. Manche Wale schwimmen auch nach ihrem Tod aufgrund ihrer Fettschicht auf dem Wasser, andere versinken, können aber wegen der entstehenden Faulgase an die Wasseroberfläche steigen, wo sie bisweilen noch Tage oder Wochen treiben.

Zweitens verlieren Wale gelegentlich ihre Orientierung und stranden. Schon Aristoteles beschrieb dieses Phänomen,[56] das auch wir heute kennen. Mitunter ereignen sich richtiggehende Massenstrandungen, deren Gründe der Wissenschaft noch immer unklar sind.[57] Die Vita des heiligen Philibert, die ein Mönch des 9. Jahrhunderts in seine Chronik der Abtei Noirmoutiers integrierte, berichtet von Walen und Schweinswalen, die bei unterschiedlicher Gelegenheit an den Küsten der Nordsee strandeten.[58] Eine Sichtung der »patent rolls« der englischen Königskanzlei hat viele Hundert Erwähnungen solcher Strandungen, insbesondere von Schweinswalen und Tümmlern, während des 13. bis 15. Jahrhunderts zutage gefördert.[59]

Dieses Phänomen war ernährungsgeschichtlich in jener Epoche bedeutender als in späteren Zeiten. Mit einem Schlag erhielt eine ganze Dorfgemeinschaft Nahrung und hochwertige Substanzen ohne jede Anstrengung »auf den Tisch«. Die Strandung eines Wals war aus dieser Perspektive wie ein Geschenk des Himmels. Oder vielleicht doch nicht? Es ist schwer zu bestimmen, ob bzw. in welchem Maße die Zeitgenossen im Alltag von negativen Bildern des Wals beeinflusst waren. Wurde ein gestrandetes Tier ausschließlich als ein willkommener Nahrungslieferant und ein Geschenk verstanden, oder mischte sich in dieses Gefühl der Freude auch eine gewisse Sorge aufgrund der negativen religiösen Konnotation? Wir wissen es nicht.

Die dritte Weise, an Walfleisch zu kommen, war die Jagd. Hier ist die Gelegenheitsjagd, bei der Männer während der Verfolgung anderer Meereswesen wie Schwertfische, Robben oder Walrosse zufällig auftauchende Wale sichten und erlegen, von systematischem Walfang durch eigens hierauf vorbereitete Spezialisten zu unterscheiden. Aktiver Walfang auf hoher See war nicht nur gefährlich, er bedurfte auch großer Mannschaften. Genauso schwierig wie die Tötung eines Tieres war wohl der Transport seines Kadavers, erst recht bei hohem Wellengang. Manche Beute dürfte in den Tiefen des Meeres versunken sein.

Nicht alle Walarten wurden im Mittelalter gejagt. Gerade die großen, auf dem offenen Meer lebenden Tiere waren vor der Erfindung der Dampfschifffahrt und anderer mechanischer Antriebe für den Menschen so gut wie unerreichbar. Andere wie Nordkaper, Buckelwal, Grönlandwal und Grauwal suchen regelmäßig Küstengegenden zur Paarung, zur Aufzucht ihrer Jungen oder auf der Suche nach Nahrung auf und sind trotz der beschränkten Möglichkeiten der mittelalterlichen Schifffahrt mit Harpunen anzugreifen.[60]

Lässt sich, wie im 19. Jahrhundert für die Küste Neuenglands, von richtiggehenden Walfanggesellschaften sprechen? Es ist in der Forschung umstritten, ob in den Jahrhunderten zuvor Wale aktiv gejagt wurden. Im antiken Mittelmeerraum zum Beispiel wurde nachweislich Walfleisch gegessen, wie archäologische Ausgrabungen gezeigt haben. Dabei lassen sich deutliche geografische Schwerpunkte feststellen: Im östlichen Mittelmeerraum existieren Belege auf den griechischen Inseln, aber populär war dieses Tier als Nahrungsmittel nicht. Im westlichen Mittelmeerraum hingegen häufen sich die Nachweise, insbesondere um die Meerenge von Gibraltar (die daher als ein »cetacean hotspot« bezeichnet wird).[61]

Der Fund von Walresten in der Nähe bekannter Einsalzungszentren lässt vermuten, dass das Fleisch (allerdings wahrscheinlich nicht in größeren Mengen) konserviert wurde. Der griechische Autor Oppian schrieb bereits im 2. vorchristlichen Jahrhundert in seiner *Halieutica*, dass zu seiner Zeit Walfang systematisch und in großem Stil erfolgte.[62] Lange als Legende abgetan, legen jüngere archäologische Forschungen nahe, dass zumindest in der römischen Epoche an der nordafrikanischen Atlantikküste und der Meerenge von Gibraltar sehr wohl protoindustrieller Walfang betrieben worden sein könnte.[63]

Die Frage, ob Wale eher passiv genutzt oder aktiv gejagt wurden, wird auch für das Mittelalter kontrovers diskutiert. Ein vorsichtiges Resümee lautet: Zwar wurden Wale insgesamt betrachtet eher gefunden als gejagt.[64] Aber es häufen sich in den letzten Jahren die Belege, dass Waljagd verbreiteter war als lange angenommen. Zwar geht die jüngere Forschung davon aus, dass Wale vorzugsweise an seichte Stellen getrieben wurden, wo sie dann getötet wurden. Doch stößt man bereits im früheren Mittelalter auf Erwähnungen von Harpunen und anderen Waffen, mit denen Wale erlegt wurden. Im späteren Mittelalter finden sich immer öfter Erwähnungen von Walfängern oder Walfangbooten in Atlantik, Nordsee und (weitaus seltener) im Mittelmeer.[65]

Das Paradebeispiel für Walfängergesellschaften des Mittelalters liefert die Biskaya. Spätestens im 12. Jahrhundert entwickelte sich dort eine Walwirtschaft, die im späteren Mittelalter eigene Quellen wie zum Beispiel Angaben zu Zöllen für den Walexport und andere rechtliche Bestimmungen hervorbrachte.[66] Basken jagten größere Bartenwale wie den Nordkaper (die *balaena biscayensis*), vielleicht auch den Grauwal, die Jagdsaison erstreckte sich von Oktober bis Februar mit einem Höhepunkt im Januar. Bezeichnenderweise zeigen die mittelalterlichen Wappen oder die Siegel verschiedener Städte der Region Wale

Abb. 13. Siegel von Hondarribia (spanisch: Fuenterrabía) im Baskenland (1335).

oder Fischer, die mit Harpunen einen großen Fisch jagen (Abb. 13).[67]

Es ist daher kein Zufall, dass an der Wende zur Frühen Neuzeit in besonders großer Zahl Basken nach Neufundland zogen, um die aus europäischer Sicht neuen Jagdgründe zu befahren. Sie waren die bedeutendsten Walfänger des 16. und 17. Jahrhunderts, bevor sie von Holländern und schließlich Nordamerikanern überflügelt und verdrängt wurden.[68]

Auch die Nachbarn der Basken an den west- und nordfranzösischen sowie an den flandrischen Küsten scheinen häufig aktiven Walfang betrieben zu haben. Erinnern wir uns an den fiktiven Dialog des gelehrten Abtes Aelfric mit einem Fischer, aus dem erkennbar wird, dass sich dessen mutigere Kollegen zu Gruppen zusammentaten, um Wale zu erlegen: »Ich gehe lieber mit meinem Boot allein auf den Fluss, als mit vielen Booten zu jagen«, sagt der Fischer. Älter als der Dialog des Aelfric ist der frühmittelalterliche Mirakelbericht des heiligen Vaast (Vedastus) aus der Zeit um 875. Er erzählt von einer Gruppe von Fischern am Ärmelkanal (*Britannicum mare*), die mit einer anderen Gemeinschaft einen Walfangwettbewerb durchführt und den Sieg davonträgt, weil sie den Heiligen um Hilfe anruft.[69]

Andere Mirakelgeschichten des 10. bis 12. Jahrhunderts erwähnen die Benutzung von Harpunen durch flämische Walfischer.[70] Quellen aus dem Herzogtum Normandie berichten, dass Wale und andere *pisces grassi* im 11. und 12. Jahrhundert durch *walmanni* genannte Fischer getötet wurden. Offenbar leitete sich der Begriff aus dem altnorwegischen *hvalmenn* (»Walmänner«) ab; sie bildeten eigene »Gesellschaften der Walmänner« (*societates walmannorum*).[71]

All dies deutet darauf hin, dass zumindest kleinere Arten wie Schweinswale im Ärmelkanal im hohen Mittelalter systematisch gejagt worden sein dürften. Zu ähnlichen Befunden ist man hinsichtlich des Walfangs vor den Küsten Portugals gelangt. Dort liegen seit dem 13. Jahrhundert vielfach Hinweise auf die Gewinnung von Walöl und den Verzehr von Walfleisch vor, und seit dem 14. Jahrhundert sprechen die Quellen ausdrücklich von »Walfängern« (*baleerios*), die mit Harpunen jagten (*arpoar*) und von denen einige sogar im Dienst des Königs standen.[72] Bei den dort erwähnten »schwarzen Walen« dürfte es sich um den Nordkaper gehandelt haben.[73]

Zu den wenigen mittelalterlichen Autoren, die sich ausdrücklich zur Waljagd äußerten, gehört Albertus Magnus. Der dominikanische Gelehrte besuchte im ausgehenden 13. Jahrhundert Friesland und beobachtete dort zwei Formen, Wale zu erlegen: Zum einen komme es in der Nordsee häufiger vor, dass Wale auf ihrer Jagd nach Heringen auf den Strand schwämmen, nicht mehr zurückkehren könnten und von den Küstenbewohnern getötet würden. Es scheint, als habe der Autor dies persönlich beobachtet: »Der Fisch wurde getötet und zerteilt. Als der Hals durchtrennt wurde, der Kopf abbrach und zu Boden fiel, entstand ein Lärm, als würde ein Haus zusammenbrechen.«[74]

Zum anderen aber würden die Einwohner jener Gegenden

aus eigenem Antrieb auf Waljagd gehen:[75] Auch hier erhält der Leser den Eindruck, als berichte der gelehrte Dominikaner aus eigener Anschauung.[76] Kleine Boote würden mit zwei Ruderern und einem Jäger bemannt. Letzterer trage eine aus Eschenholz gefertigte und mit einer Widerhakenspitze versehene Harpune. In dem Moment, in dem der Wal auftauche, »werfen sie die Harpune mit all ihrer Macht und so tief als möglich«. Wenn das verwundete Tier ins offene Meer schwimme, müsse der Angriff als fehlgeschlagen gelten und die Harpune aufgegeben werden; tauche es aber an den Meeresgrund, so sei es verletzt. In diesem Fall könnten die Menschen darauf warten, bis es nach geraumer Zeit wieder an die Oberfläche komme, um das geschwächte Tier dann mit Lanzen zu töten.

In dieser besonders frühen Beschreibung der Jagd nach Walen mit Harpunen erwähnt Albertus Magnus auch, dass diese Geschosse manchmal nicht geworfen, sondern mithilfe einer Armbrust abgefeuert würden. Seine Schrift lässt vermuten, dass an der friesischen Küste tatsächlich systematischer Walfang betrieben wurde. Auch sein Ordensbruders Thomas von Cantimpré erwähnt die eisernen, mit Widerhaken versehenen Harpunen, die Verletzung der Tiere und die Bergung ihrer qualvoll verendeten, an die Meeresoberfläche treibenden Körper durch die Walfänger.[77]

In den Schriften Skandinaviens und Englands hingegen findet man vergleichsweise selten Belege für die aktive Jagd auf die großen Meeressäuger. Zwar erwähnt das altnorwegische *Gesetz des Gulathing*, wohl aus dem 11. Jahrhundert, die Waljagd in Küstennähe, die die Jäger mitunter auf die hohe See hinausführen konnte.[78] Insgesamt aber erhält man aus diesem und anderen Texten den Eindruck, dass die Zeitgenossen stärker darauf setzten, dass Kadaver oder noch lebende Wale strandeten und dann von den Küstenbewohnern gegebenenfalls getötet, zerteilt und verarbeitet wurden.

Im Gegensatz zu den Basken entwickelten die skandinavischen Nordmänner im hohen und späten Mittelalter keine auf Export angelegte Walfangindustrie. Dies gilt auch für deren westliche Migrationsgebiete, die Färöer-Inseln, Island und Grönland.[79] Aber im äußersten Norden Europas spielten Wale sehr wohl eine beachtliche wirtschaftliche und auch kulturelle Rolle.[80] In einem Dutzend Sagas werden gestrandete Wale erwähnt.[81]

Die *Isländersaga* von Grettir dem Starken, die aus dem 14. Jahrhundert stammt und Ereignisse aus der Zeit um 900 erzählt, gehört zu den besonders aussagekräftigen Texten. Sie enthält die Episode über einen gestrandeten Wal, über dessen toten Körper rivalisierende Männer in Streit geraten.

Das Ereignis spielt in einer mehrjährigen Phase großen Hungers, in der »kein Fisch gefangen und nichts an Land gespült wurde«. Nach Ende eines langen Sturmes »zogen die Bauern über den Strand, um nach Treibgut zu suchen«. Dabei stoßen sie auf einen großen gestrandeten Finnwal. Auf der anderen Seite des Fjordes nimmt man Notiz von dem Fund, und bewaffnete Männer rudern zu dem Ort, wo inzwischen die Einheimischen das Tier zerlegen. Sie fordern die Rechte über den Wal, können aber ihren Anspruch auf das Treibgut nicht belegen.

Daraufhin kommt es zum bewaffneten Kampf: »Thorfinn [...] stand in einem hinter dem Kopf des Wales herausgeschnittenen Halt und war damit beschäftigt, das Tier zu zerlegen. Thorgeir sagte, ›Hier gebe ich dir deine Axt zurück‹, zielte auf Thorfinns Genick und schlug ihm den Kopf ab.« Ein anderer Mann wird mit einer Walrippe erschlagen. Am Ende des blutigen Kampfes ziehen die Angreifer mit Beute beladen von dannen. Die Sieger feiern das Ereignis mit einem Gesang, in dem sie den Tag rühmen, an dem »das Walblubber als Waffe geschwungen« und »tödliche Walfleischgeschosse ausgetauscht« wurden![82]

An anderer Stelle wird vom Tod des Thorgil Maksson erzählt, eines Mannes, »der regelmäßig den östlichen Teil der gemein zugänglichen Küste nach Treibgut absuchte«. Eines Tages stößt er auf einen gestrandeten Wal, der ihm von zwei gefürchteten, gewalttätigen Männern, die regelmäßig als Wikinger auf Raubfahrt ziehen, streitig gemacht wird. Thorgil und drei seiner Männer werden in dem nun ausbrechenden Kampf getötet, was zu einem mehrmonatigen Prozess führt, an dessen Ende einer der Mörder des Landes verwiesen wird.[83]

Aus diesen Quellen wird ersichtlich: Die Strandung von Walen war ein bedeutendes Ereignis, das rechtliche Herausforderungen mit sich brachte. Um die Nutzung des Tieres entbrennen nach manchen Sagas sogar Konflikte zwischen Menschen und Trollen, und geografische Orte werden nach den Tieren benannt (»Kvaloya« – Walinsel, »Kvalvag« – Walbucht, »Kvalvagnes« – Walkap etc.).[84]

Bezeichnenderweise differenzierte das Altnordische 26 unterschiedliche Walarten mit jeweils eigenen Bezeichnungen.[85] Der altnorwegische *Königsspiegel* aus dem 13. Jahrhundert zum Beispiel beschreibt knapp 20 von ihnen ausführlicher und differenziert dabei zwischen fünf Arten, die unbekömmlich, und anderen, die zum Verzehr geeignet seien. »Einige von ihnen gefährden das Leben des Menschen, doch andere sind friedfertig und sanftmütig.«[86]

In dieser Schrift finden sich auch indirekte Hinweise auf die aktive Jagd nach Walen – »die Wale, die *hnydingar* heißen und am zahlreichsten sind [...], fliehen eher vor den Fängern und werden öfters zu Hunderten zusammen an Land getrieben und sind da eine reichliche Nahrung für die Menschen, wo sie in Mengen gejagt werden.« Vom *nordhvalr* heißt es: »Wenn er erlegt und sein Eingeweide geöffnet wird, da findet man nichts Unklares in seinem Magen wie bei anderen Walen«; der *reydar* werde »oft erlegt von den Fängern«, und abschließend hält der

Autor fest: »Nun habe ich Dir wohl die meisten Walarten aufgezählt, auf welche man Jagd macht.«[87]

Immer wieder weist der *Königsspiegel* auf den Verzehr von Walfleisch hin. Besonders geschätzt war eine Art Bartenwal, »die *reydar* heißt, und dieser Fisch ist der allerbeste als Nahrung. Er ist ein sanftmütiger Fisch und den Schiffen nicht gefährlich, wenn er ihnen auch nahekommt. Dieser Fisch ist groß und lang an Wuchs […], er ist besser zu essen und hat einen besseren Geruch als alle anderen Wale, von denen wir bisher gesprochen haben. Er gilt aber doch als sehr fett. Er hat auch keine Zähne«.[88]

Auch wenn die Menschen des Nordens selten in größerer Zahl systematisch auf Waljagd gefahren zu sein scheinen, so ist es dennoch wahrscheinlich, dass sie gelegentlich zum Luftholen auftauchende Tiere mit Harpunen zu verletzen versuchten, um die schließlich verendeten und an Land gespülten Tiere nutzen zu können, obwohl es alles andere als klar war, wo dies geschehen würde.[89] Dies berichtet Ende des 13. Jahrhunderts der arabische Geograf al-Qazwīnī, dessen Informationen letztlich auf den Bericht von Ibrāhīm Yaʿqūb al-Ṭurṭūšī aus dem 10. Jahrhundert zurückgehen. Al-Qazwīnī/al-Ṭurṭūšī überliefern auch, dass die Nordmänner gezielt junge und damit leichter zu erlegende Tiere angriffen.[90]

An der Nordsee war Walfang wahrscheinlich ein Saisongeschäft, das vom Spätsommer bis in den Frühwinter hinein betrieben werden konnte, weil die Wale in jenen Monaten nach Süden ziehen, um ihren Nachwuchs zur Welt zu bringen. Schwierig ist die Bestimmung der unterschiedlichen Walarten, die verspeist wurden. Mittelalterliche Autoren sind nicht sonderlich auskunftsfreudig. Problematisch ist, dass im Mittelalter *cetus, belua* und *ballaena* sowohl allgemein »großer Fisch« als auch Wal bedeutet, und auch die häufig zu findende Angabe »großer Fisch« (*crassus piscis, craspois* etc.) sehr unspezifisch ist und stattliche Bart- und Pottwale, aber auch kleinere Schweinswale bezeichnen konnte.[91] Hier sind komplizierte zooarchäologische Untersuchungen von Walknochen, die in menschlichen Siedlungen aufgefunden wurden, nötig. Deren Ergebnisse sind bislang aber wenig zufriedenstellend, denn in vielen Fällen sind die Proben zu klein, um eine zweifelsfreie Bestimmung der Walart zu gewährleisten.

Am aussagekräftigsten sind die aufgefundenen Wirbelknochen. Mit ihrer Hilfe lässt sich eine gewisse Rangfolge der populärsten bzw. am meisten gejagten oder gegessenen Tiere erstellen, die natürlich regional und zeitlich zu differenzieren ist. An den Küsten des Atlantiks und der Nordsee lässt sich der Gewöhnliche Schweinswal, der dem Delfin verwandt und ähnlich ist, archäologisch am häufigsten belegen, gefolgt von Glattwal und Pottwal. Auch Grauwale und die Gemeinen Delfine des Nordens konnten in größerer Zahl zooarchäologisch erschlossen werden.[92] Aber: Welche Teile des »großen Fisches« wurden überhaupt verarbeitet?

Nutzung des »großen Fischs«

Heutzutage wird der allergrößte Teil eines getöteten Wals genutzt: Aus den Knochen werden Knochenmehl und Knochenleim, aus den Barten Stäbe, Borsten und Besen hergestellt; Walöl wird für die Produktion von Seife, Linoleum, Schmieröl, Farben, Margarine und Kosmetika benutzt; aus den inneren Organen werden Vitamine, Hormone und Gerbstoffe gewonnen, aus der Haut Leder, aus dem Fleisch Gefrierfleisch, Fleischextrakt und Fleischmehl.[93] Gelegentlich wird diese umfassende Verwertung als Argument und Rechtfertigung des Walfangs angeführt. Aber auch im Mittelalter diente der Wal keineswegs nur als Nahrungsquelle.[94] Was ließ sich alles aus dem »großen

Abb. 14. The Franks Casket, das Runenkästchen von Auzon (8. Jahrhundert).

Fisch« gewinnen? Rund ein Dutzend Formen der Verwendung seien im Folgenden knapp umrissen.

Bei den archäologischen Ausgrabungen auf den Orkneys, aber auch in Skandinavien wurden in wikingerzeitlichen Gräbern Ziertafeln gefunden, die vor allem Frauen beigegeben wurden. Naturwissenschaftliche Untersuchungen konnten zeigen, dass sie aus Walknochen hergestellt wurden.[95] Es handelt sich nicht um herausragende Luxusgegenstände, aber doch um Kunstwerke, die aus einem nicht einfach zu bearbeitenden, porösen Material hergestellt wurden und offensichtlich zum Prestige der mit ihnen geschmückten Frauen beitrugen. Ob ihre spezifische Materialität, d. h. ihre Herstellung aus den Knochen eines mächtigen Lebewesens, diesen Ziertafeln gesteigerten Wert verlieh, lässt sich nur vermuten, nicht aber belegen.

Aus Walknochen wurden im Mittelalter auch Behälter hergestellt. Im Britischen Museum London wird ein als »Franks Casket« (auch als »Runenkästchen von Auzon«, Abb. 14) bekanntes Kästchen aus Walknochen aufbewahrt, das im 8. Jahrhundert im englischen Northumbria entstand. Auffällig ist nicht nur seine Verzierung, sondern auch seine Beschriftung mit lateinischen Buchstaben und Runenzeichen. Darin heißt es, der »König der Schrecken« sei gestrandet, das Kästchen sei aus Walknochen. Selbst hier wird die besondere Furcht vor Walen eingesetzt und das spezifische Material des Artefakts genannt.[96]

Im Herzog Anton Ulrich-Museum in Braunschweig ist ein weiteres herausragendes Werk angelsächsischer Kunst des späten 8. Jahrhunderts zu bestaunen: ein rund 12 Zentimeter hohes und breites Kästchen, dessen Seiten und Walmdach aus Walknochen mit Tierdarstellungen (Drachen, Echsen, Vogelwesen), Ornamenten und der Darstellung eines (Lebens-)Baumes reich verziert sind.[97] Aus dem Radialknochen eines Furchenwals ist Mitte des 12. Jahrhunderts auf der Iberischen Halbinsel ein Täfelchen gearbeitet worden, auf dem höchst kunstvoll die Heiligen Drei Könige bei der Anbetung des Kindes dargestellt sind (Victoria und Albert Museum, London).[98] Walknochen wurde also im Nordseeraum und im Mediterraneum des frühen und hohen Mittelalters mitunter zur Herstellung von Ziergegenständen verwendet.

Neben diesen kunstvoll gestalteten Tafeln und Kästchen wurde im Mittelalter ein weiteres Artefakt aus Walknochen geschaffen, dessen Herkunft erst in jüngster Zeit erkannt worden ist: Spielsteine, wie sie in größerer Zahl in archäologischen Ausgrabungen der frühesten Wikingerzeit und sogar der Vorwikingerzeit (6. bis 8. Jahrhundert) gefunden worden sind. In Museen werden noch heute Tausende dieser Steine verwahrt. Sie sind lange entweder nicht beachtet oder für Artefakte aus Hirschgeweih gehalten worden. Aber neuere naturwissenschaftliche Untersuchungen mithilfe der Carbonanalyse (C14-Untersuchungen) haben gezeigt, dass es sich hierbei um Gegenstände aus Walknochen handelt.[99]

Ganz in dieses Bild passt es, dass in jüngerer Zeit auch mittelalterliche Kämme und Tassen aus Walknochen identifiziert worden sind.[100] Für Hildegard von Bingen waren Gegenstände aus Walknochen ein Heilmittel: »Mache dir auch einen Messergriff aus einem Knochen jenes Fisches und halte den Griff in deiner Hand, sodass er in ihr warm wird – und es gibt keinen Schmerz in deiner Hand und in deinem Arm, der nicht verschwinden würde.«[101]

Auch in der Fischwirtschaft fanden die großen Knochen Verwendung, zum Beispiel als Bojen für Fischernetze, wo Holz selten war. An den Fischständen wiederum wurden Keile aus Walknochen hergestellt und Walwirbelknochen als Schneideblöcke/Hackklötze für die Zerkleinerung der Ware benutzt.[102] Außerdem ließen sich große Walknochen als Baumaterial nutzen: als Stützpfeiler für Zelte, Türstürze und Ähnliches mehr, wie es auch textlich überliefert ist. Schon Plinius und Albertus Magnus berichteten, dass aus Walknochen Balken für Häuser gezimmert wurden,[103] und an der bretonischen Küste und im Baskenland wurden sie noch bis in die Moderne im Hausbau verwendet.[104]

Die faserigen, hornartigen Platten, mit denen Bartenwale Plankton und Krill aus dem Wasser filtern, werden im Deutschen Fischbein genannt; ihre Bezeichnungen in anderen Sprachen lassen ihre Herkunft vom Wal besser erkennen (engl. »baleen«, span. »barbas de ballena« usw.).[105] Fischbein besteht (wie Horn, Hufe, Fingernägel, Haar etc.) aus Keratin und ist zugleich hart und elastisch, eine praktische Kombination, die es lange vor der Erfindung des Plastiks und bis ins 20. Jahrhundert für unterschiedliche Nutzungsfelder prädestinierte. Auffällig häufig fand es seit dem 13. Jahrhundert im Militärwesen Anwendung.[106]

Aufgrund seiner organischen Beschaffenheit wird vergrabenes Fischbein schnell ein Opfer von Bakterien und Pilzen, daher haben sich wenige einschlägige Artefakte erhalten, auch wenn gelegentliche archäologische Funde zu verzeichnen sind.[107]

Aber es liegen hinreichende Textquellen vor, insbesondere aus England und Frankreich, die zeigen, dass Fischbein zur Herstellung von Bögen und Armbrüsten benutzt wurde.[108] Ebenso findet man gelegentlich Hinweise auf »Spaldeniere« (Rüstung zum Schutz der Schultern) und Beinverkleidungen (*cuisses*) aus Fischbein. Schließlich fand dieser Stoff verschiedentlich auch als Helmzier Verwendung.[109] Am häufigsten aber sind die Belege für die Herstellung von Panzerhandschuhen aus Fischbein.[110]

Eine hochgeschätzte Substanz entstammt dem Kopf – genauer: der »Melone« – von Zahnwalen. Dieses aus Fett und Bindegewebe bestehende Organ dient wahrscheinlich der Echolotung der Tiere. Sein Öl wurde vor allem seit dem 18. Jahrhundert als Brennstoff benutzt. Es wird in den Quellen irrtümlich als *sperma ceti* (»Walsperma«), im Deutschen als »Walrat« bezeichnet.

Während des Mittelalters ist seine Nutzung selten belegt, doch beschreibt Albertus Magnus, wie bei der Zerlegung eines Wals in Friesland das Auge des Tieres perforiert und die austretende Substanz (es dürfte sich um Walrat gehandelt haben) gesammelt wurde. Der norwegische *Königsspiegel* wiederum bezeichnet »Walsperma« als ein effektives Heilmittel gegen Augenbeschwerden, Aussatz, Fieber, Kopfschmerz und überhaupt »gegen alle Krankheiten, welche die Menschen bekommen können«, und noch im 14. Jahrhundert pries Konrad von Megenberg den Stoff, der Kraft gebe und darum *gar schatzbaer und tiur* (wertvoll und teuer) sei.[111]

Sogar für die Parfümerie wurde und wird noch heute ein Produkt des Wals herangezogen: Ambra, eine im Verdauungstrakt von Pottwalen erzeugte Substanz. Auf sie wird weiter unten in einem eigenen Kapitel zu den Luxusgütern des Meeres ausführlicher eingegangen. Wir können resümieren: Wale lieferten den Menschen Material zur Bestreitung und Verbesserung unterschiedlichster Lebensbereiche – vom Zierrat über die Medizin bis zum Hausbau.

Tran und Fleisch

Trotz dieser überraschend vielen, vor allem im skandinavischen Raum zu beobachtenden Nutzungsmöglichkeiten wurden Wale im Mittelalter in erster Linie aus zwei Gründen gejagt und getötet: ihres Fleisches und ihres Fettes wegen. Ihre als Blubber bezeichnete Fettschicht sichert diesen Warmblütern eine gleichmäßige Körpertemperatur. Aus ihr kann durch Pressen oder Auskochen Tran, also Öl, gewonnen werden. Tran war ein Nahrungsmittel, aber weit mehr als das: Es wurde auch zum Abdichten (zum Beispiel von Booten), für die Textilherstellung und in vielen anderen Bereichen benutzt. Nicht zuletzt diente es als Brennmittel für Lampen. Schon die Vita des heiligen Philibert aus dem 9. Jahrhundert berichtet davon, dass die Mönche von Jumièges (an der Seinemündung zwischen Rouen und Le Havre gelegen) ihre Lampen mit Fisch-, wahrscheinlich mit Walöl betrieben.[112]

Noch aussagekräftiger sind die Quellen aus späteren Jahrhunderten. In der Frühen Neuzeit zum Beispiel wurde die antik-mittelalterliche Tradition biologischer Summen und geografischer Kompendien durch eindrucksvolle naturwissenschaftliche Werke wie die *Historiae animalium* des Conrad Gessner (gest. 1565) oder die berühmte *Geschichte der Völker des Nordens* (*Historia de Gentibus Septentrionalibus*) aus der Hand des schwedischen Klerikers und Geografen Olaus Magnus fortgesetzt.[113]

Aus dem Werk Gessners stammt ein Bild, auf dem die Bearbeitung eines erlegten oder gestrandeten Wals dargestellt wird (Abb. 15). Der Dudelsack spielende Musiker deutet an, dass die Erlangung großer Fleischmengen ein Grund zur Freude war,

Abb. 15. Zerlegung eines Wales, aus: Conrad Gessner, Historiae animalium, Band 4 (Zürich, 1558).

aber auch viel Arbeit mit sich brachte, bei der Aufmunterung willkommen war. Vor allem aber wird erkennbar, wie viele Personen sich daranmachten, die unterschiedlichen Teile des Wals zu verwerten. Das tote Tier liegt im Wasser und wird durch einen in sein Fleisch getriebenen Schiffsanker davor bewahrt, durch die Flut ins Meer zurückgespült zu werden. Einige Männer ziehen von Booten aus, andere auf dem Kadaver stehend seine Haut ab, während mit Äxten und Schwertern ausgestattete Kollegen den freigelegten Blubber und das Fleisch heraustrennen, die von weiteren Arbeitern in Fässern verstaut werden.

Derart detailreiche Bilder liegen für das mittelalterliche Jahrtausend leider nicht vor, der Wal und sein Fleisch gehörten nicht zu den bedeutenden Nahrungsquellen jener Zeit. Im Vergleich zu den bereits vorgestellten Fischen Kabeljau, Thunfisch, Hering und Sardine spielt er ernährungsgeschichtlich eine untergeordnete Rolle. Aber offenbar war er in unterschiedlichen Gegenden und zu unterschiedlichen Zeiten sehr wohl geschätzt, insbesondere das Fleisch des Schweinswals.[114] Die gelehrte Äbtissin Hildegard von Bingen betrachtete Walfleisch als eine außerordentlich gesunde Speise und empfahl es Tobsüchtigen (»So wird er wieder vernünftig werden«), aber auch denen, die an Gicht, Fieber und Herzschwäche litten.[115]

Bedeutet dies, dass Walfleisch eine verbreitete oder gar populäre Speise war? Gab es in dieser Hinsicht soziale Unterschiede, war Walfleisch also eine Speise der Armen oder der Reichen? Aufschluss könnten eventuell die archäologischen Fundkontexte von Walresten liefern. Werden Walknochen in der Nähe einfacher Fischerhütten oder aufwendiger Häuser, vielleicht sogar bei Klöstern entdeckt? Werden sie zusammen mit den Resten prestigeträchtiger Speisen wie zum Beispiel Wild gefunden? Lässt sich hieraus auf den sozialen Stand derer schließen, die dieses Fleisch konsumierten, und werden solche Ergebnisse durch Textquellen gestützt?

Jüngere Forschungen sind zwar zu dem Ergebnis gekommen, dass Walfleisch vorwiegend eine Speise der einfachen Küstenbevölkerung gewesen sein dürfte; aber auch in geistlichen Einrichtungen und unter den Eliten wurde es verzehrt, schließlich galt der Wal als ein Fisch, sein Fleisch fiel damit nicht unter das Fastengebot.[116] Walblubber wird im Französischen daher »lard de carême« (»Fastenfett«) genannt.[117] In einigen Regionen wiederum – insbesondere in der Normandie und in England – lässt sich zweifelsfrei nachweisen, dass Walfleisch seit dem 12. Jahrhundert als Speise des Adels galt; vor allem die Zunge des Wals war begehrt, auch am Königshof.[118] Am Tisch der Grafen von Flandern wurde Walfleisch im 14. Jahrhundert ebenso serviert wie am burgundischen Hof. Quellen aus London, Brügge, Calais und anderen Seestädten der Nordsee belegen seit dem 12. Jahrhundert den Verkauf von Walfleisch auf den örtlichen Fischmärkten.[119]

Kochbücher wie der *Ménagier de Paris* aus dem ausgehenden 14. Jahrhundert beinhalten Rezepte für gesalzenes Walfleisch (*craspoiz*): »Schneide es roh in Scheiben, koche es in Wasser wie dicken Speck und serviere es mit Erbsen«;[120] auch der zeitgleich wohl im Umkreis des französischen Königshofes verfasste *Viandier* empfahl den Verzehr von gekochtem Walfleisch mit Erbsen, enthält aber auch ein Rezept zur Zubereitung von Schweinswal mit einer Sauce aus Ingwer, Zimt, Nelken und Safran.[121] Allerdings war Walfleisch im Mittelalter keineswegs überall und bei allen beliebt: Der Islam verbietet, das Fleisch bereits seit Längerem verendeter Tiere zu essen, das Judentum den Verzehr schuppenloser Fische.[122]

Bezeichnenderweise aber waren diese Verbote in der Praxis nicht allumfassend. In einer der bedeutendsten Hadith-Sammlungen des Islam zum Beispiel, der *Sammlung authentischer Traditionen* (*Ṣaḥīḥ Muslim*) des Muslim ibn al-Ḥaǧǧāǧ (gest. 875), wird eine Geschichte erzählt, die auffällig an ähnliche hagiografische Geschichten im Christentum erinnert und Bedingungen nannte, unter denen das Fleisch verendeter Wale gegessen werden könne.

Demnach stießen hungerleidende Gefährten des Propheten Muhammad auf einen gestrandeten Wal. Obwohl es sich um ein totes Tier handelte, aßen die 300 Männer einen Monat lang davon, sie schöpften aus der Augenhöhle des Fisches Öl und schnitten große Blöcke Fleisch aus dem Tier; denn sie sahen sich als die Gesandten des Gesandten Allahs, und im Übrigen würden sie Hunger leiden, und ihre Vorräte gingen zur Neige. Als Bestätigung der Rechtschaffenheit ihres Vorgehens diente das Ende der Geschichte, wonach die Gefährten das Walfleisch nach Medina mitnahmen, wo auch Muhammad davon aß.[123]

Auch im Norden Europas existierte eine Reihe von Rechtsquellen, die feststellen, was mit gestrandeten Walen geschehen dürfe, bzw. Einzelfallentscheidungen treffen. Das norwegische *Gesetz des Gulathing*, wohl aus dem 11. Jahrhundert, legte zum Beispiel fest, dass hochrangige Männer Wale einer gewissen Größe (bis zu 18 Ellen) in Gänze, weniger bedeutende Zeitgenossen nur die Hälfte des Tieres verwerten dürften. Wichtiger noch: Das Tier sei im Wasser zu zerkleinern, der Körper solle nicht an Land gezogen werden.[124] Ist dies als Reflex gewisser Vorbehalte nordischer Siedler gegenüber dem Wal zu verstehen? Wahrscheinlicher ist, dass man hier Rücksicht auf die Rechtsansprüche der Landbesitzer nahm. Auch das im 13. Jahrhundert verschriftlichte norwegische *Gesetz von Frostathing* (*Frostathingslov*) äußerte sich zum Walfang und stellte ihn im Meer allen frei.[125]

Noch aussagekräftiger als die skandinavischen sind die normannischen, englischen und portugiesischen Quellen des hohen Mittelalters.[126] Sie zeigen, dass sich die Herzöge der Normandie und Könige Englands sowie die Herrscher Portugals seit dem 12. Jahrhundert darum bemühten, die Verfügungsgewalt nicht nur über Strandgut zu erhalten, sondern auch über große Fische – die »royal fish«.[127] An die Küste gespülte Tiere gehörten demnach dem Herrscher, von auf dem Meer getöteten Exemplaren war ihnen eine Abgabe zu leisten.

Diese herrschaftlichen Rechte wurden auch als Privilegien an Dritte vergeben, etwa an geistliche Einrichtungen.[128] Im Nordosten der Iberischen Halbinsel ging das Regal an lokale Herrschaftsträger über, die gewisse Teile (den Kopf etwa) von Delfinen, Thunfischen, Schwertfischen und vor allem Stören als symbolische Abgabe beanspruchten, mit der sie ihren Vorrang und die Abhängigkeit der Fischer zum Ausdruck brachten.[129] Die portugiesischen Herrscher erhoben Steuern auf gestrandete oder gefangene Wale und bemühten sich mit Erfolg darum, ihre Verfügungsrechte zu erhalten, mehr noch: Sie beteiligten sich aktiv am Walfang, indem sie zumindest in einer Ortschaft, Baleal (ca. 60 Kilometer nördlich von Lissabon), Walfänger ansiedelten, die für den König auf Waljagd gingen.[130]

Auch in Frankreich (schon im 9. Jahrhundert), Dänemark und Norwegen gelang es den Herrschern, die Verfügungsgewalt über die Wale zumindest zu beanspruchen und auch an andere weiterzugeben.[131] Dies scheint in geringerem Maße auch in den Niederen Landen und in Flandern der Fall gewesen zu sein.[132] Die gerade erwähnten, in der englischen Königskanzlei erstellten »rolls« zeigen, dass es häufiger zu Streitigkeiten kam, wenn bäuerliche Küstenbewohner gestrandete Wale ausnahmen, zerkleinerten und wegschafften.[133] Die Territorialherren sahen sich hierdurch in ihren Rechten beschnitten und riefen den König um Hilfe an, in dieser Sache zu entscheiden. Solche Quellen, die zeigen, wo diese Tiere strandeten, ergänzen naturwissenschaftliche und archäologische Erkenntnisse.[134] Sie könnten aber auch darauf hindeuten, dass es in manchen Gebieten mit starker Königsgewalt unattraktiv wurde, auf Waljagd zu gehen, weil man fürchtete, die Beute werde vom Monarchen eingefordert.[135] Die Beanspruchung herrschaftlicher Rechte über Fischfang und Waljagd könnte diesen Wirtschaftszweig geschwächt haben.

Walfleisch wurde größtenteils frisch verarbeitet und vor Ort – also dort, wo die Tiere angelandet wurden oder strandeten – gegessen. In geringerem Maße scheint dieses Fleisch aber auch konserviert und exportiert worden zu sein. Zu einer komplexen Fischereiwirtschaft, wie wir sie am Beispiel des Hering-, Kabeljau-, Thunfisch- und Sardinenfangs beobachtet haben, entwickelte sich die Waljagd zwar nicht – dazu war sie zu schlecht berechenbar. Aber es lässt sich durchaus beobachten, dass Waljäger auch außerhalb ihrer Herkunftsgebiete aktiv waren und Walfleisch bzw. -tran für den überörtlichen Handel verarbeiteten. Auf der Iberischen Halbinsel zum Beispiel spezialisierten sich (davon war schon die Rede) die Basken auf dieses Gewerbe. Schon im Jahre 1150 gewährte König Sancho von Navarra (gest. 1194) der Stadt San Sebastián das Recht, Fischbeinplatten von Walen zu lagern, und seine Nachfolger (wie auch die des Königreichs Kastilien) bezogen von den Walfängern Steuern in Form von Fleisch oder Fischbein.[136] Im späteren Mittelalter erweiterten die Basken ihre Jagdreviere auf die Küsten Asturiens, Galiciens, Irlands und Schottlands.

Ob dies auf einen Rückgang der örtlichen Bestände des Nordkapers durch Klimaveränderungen oder Fischerei zurückzuführen ist oder schlicht eine Verlagerung der Aktivitäten in reichere Jagdreviere war, bleibt unklar.[137] Auf jeden Fall aber führte im 15. Jahrhundert die massive Präsenz baskischer Walfänger vor den Küsten Galiciens zu Spannungen mit lokalen Fischern, die sich über die Verarbeitung der Tiere am Strand und die daraus hervorgehende Verschmutzung und Geruchsbelästigung beschwerten: Die Atlantischen Sardinen, ihre eigene Beute, würden sich deshalb der Küste nicht nähern.[138] Portugiesische Quellen aus dem 13. Jahrhundert erwähnen die Fischverkäuferinnen, die Walfleisch verkauften (*as regateiras vendiam carne de baleias*).[139] Über eingesalzenes Walfleisch, das in Fässern zu den großen Umschlagplätzen des Fischhandels transportiert wurde, geben die Zolllisten von Hafenstädten an der Nordsee, aber auch am Westatlantik und im Mittelmeerraum Aufschluss.[140]

Allerdings gehörte Wal nie zu den beliebtesten Fleischsorten. Insgesamt nehmen im späten Mittelalter die Belege für den Verzehr von Walen im Vergleich zu dem von Fischen wie Kabeljau, Thunfisch, Hering und Sardine ab. Kleinere Walarten wie Schweinswale und Tümmler erfreuten sich hingegen weiter einer gewissen Beliebtheit.[141] Vielleicht besteht sogar ein direkter Zusammenhang zwischen dem beschriebenen Aufstieg der protoindustriellen Fischwirtschaft und dem relativen Bedeutungsverlust des Walfleischs:[142] Gewisse Fische waren verlässlicher, in größeren Mengen und vor allem mit weniger Gefahr zu fangen als Wale, deren Konservierung obendrein aufgrund der Größe der Tiere eine besondere Herausforderung darstellte.

Der Freund des Menschen? Delfine

Delfine gelten in modernen westlichen Gesellschaften als besondere, schützenswerte Tiere.[143] Sie werden gern als unschuldige und verwundbare Tiere dargestellt, die der Hilfe des Menschen bedürfen; als Geschöpfe, die mit den Menschen auf einer Ebene stehen, kommunizieren und kooperieren; als Überbringer guter Botschaften oder als den Menschen überlegene, mit heilenden und anderen Kräften ausgestattete Wesen.[144]

Die positiven Zuschreibungen stehen sogar im Widerspruch zur Biologie. So schätzen neuesten Umfragen zufolge die meisten Studierenden den Zahnwal und Raubjäger Delfin fälschlicherweise als besonders friedlich und wenig aggressiv ein, obwohl jüngere Fachstudien zeigen, dass diese hochintelligenten Tiere mitunter sogar Artgenossen gezielt töten oder Gruppenvergewaltigungen verüben.[145] Ähnliche Befunde erbrachten Umfragen in Frankreich: Für 50 Prozent aller Befragten sind Delfine die liebsten unter allen wilden Tieren.[146] Kein Zweifel: Diese Meeressäuger sind ein fester Bestandteil der Sehnsüchte und Sozialvorstellungen westlicher Gesellschaften.

Die Wertschätzung in der Moderne hat eine jahrtausendealte Vorgeschichte, die bis in die griechisch-römische Antike zurückreicht. Delfine *(Delphinidae)* sind diejenigen Meeresbewohner, die in jener Epoche in der Mythologie, aber auch in zoologischen Abhandlungen und anderen gelehrten Werken am ausführlichsten beschrieben wurden. Gestalten der griechischen Götterwelt wie Apollon, Dionysos und Poseidon waren mit dem Delfin assoziiert, der in verschiedenen Mythen und Erzählungen eine Rolle spielt.[147] Apollon nahm zwischenzeitlich die Gestalt eines Delfins an, Dionysos verwandelte die tyrrhenischen Piraten zur Strafe in Delfine, Poseidon zeigte seit archaischer Zeit den Delfin als Attribut. Mythologische Heroengestalten werden regelmäßig als Delfinreiter gefeiert.

Die Zugehörigkeit des Delfins zu den Säugetieren, seine hohe Intelligenz, sein soziales Leben, seine Empfänglichkeit für Töne und Musik und andere Merkmale mehr gaben Anlass zur Hochschätzung. Der Naturkundler und Fischexperte Oppian ging sogar so weit, zu behaupten, Menschen und Delfine hätten in frühester Zeit gemeinsam Städte bewohnt, bevor Letztere auf Ratschluss des Gottes Dionysos Fischgestalt angenommen und das Leben im Meer aufgenommen hätten.[148] Geschichten über Delfine, welche legendäre oder historische Menschen vor dem Ertrinken retten, kennen bereits antike Autoren wie Herodot oder Pausanias (gest. um 180).[149]

Besonders berühmt ist die zuerst von Herodot (gest. um 430/420 v.u.Z.) erzählte und von vielen antiken Autoren aufgegriffene und ausgeschmückte Erzählung vom griechischen Sänger Arion von Lesbos:[150] Auf einer Fahrt von Italien nach Sizilien beschloss die Schiffsbesatzung, den Sänger zu töten und auszurauben. Dieser bat darum, ein letztes Lied anstimmen zu dürfen, und sprang danach über Bord – nur um von einem Delfin, den der Gesang herbeigerufen hatte, in Sicherheit gebracht zu werden. Die Schriften verschiedener Autoren – etwa die *Naturgeschichte* des Plinius, die *Wunder der Welt* des Solinus, das *Tierleben* des Aelianus oder das erwähnte Buch vom Fischfang des Oppian – erzählen von weiteren Hilfeleistungen: So würden Delfine gelegentlich den Menschen beim Fischfang unterstützen, indem sie andere Fische in deren Netze oder zu den Fischerbooten trieben.[151]

Plinius griff für seine Ausführungen über Delfine wie so häufig auf Aristoteles zurück.[152] Dieser hatte schon im 4. vorchristlichen Jahrhundert sehr genaue Beobachtungen zu Aussehen, Lebensgewohnheiten und Fortpflanzung der Delfine vorgenommen.[153] So beschrieb er unter anderem ihre Kommunikation über Quiek- und Klicklaute, ihre Anatomie und ihr Paarungsverhalten.[154] Aristoteles wusste bereits, dass Delfine 25 bis 30 Jahre alt werden können: Fischer hätten die Schwänze gefangener Exemplare markiert und die Tiere dann wieder freigelassen, um auf diese Weise ihr Alter bestimmen zu können.[155] Er äußerte sich zu ihren Schlafgewohnheiten und bemerkte, dass auch schnarchende Delfine beobachtet worden seien.[156]

Nicht zuletzt unterschied er sehr treffend zwischen Gemeinen Delfinen und Tümmlern: Letztere würden sich wie Delfine fortpflanzen und ihnen ähneln, kämen im Schwarzen Meer vor und hätten einen breiteren Rücken und eine blaugraue Farbe.[157] Er reicherte seine Beschreibungen mit Erzählungen vom Gemeinschaftsgefühl der Delfine an: In Caria sei eine große Gruppe von Delfinen in den Hafen eingedrungen, um einen verwundeten Artgenossen zu befreien; Delfine trauerten auch um verstorbene Artgenossen.[158]

Jahrhunderte später schmückten Oppian und Aelian diese Angaben durch weitere Berichte aus, wonach Delfinmütter ihre verwundeten Nachkommen nicht verlassen, sondern sich mit ihnen fangen lassen.[159] Auch für Menschen, denen sie in Liebe verbunden seien, würden sich Delfine aufopfern, wie die Geschichte des schönen Knaben Hermias belege, nach dessen unglücklichem Tod ein Delfin freiwillig gestrandet sei und dadurch seinem Leben ein Ende gesetzt habe.[160] Diese Vermenschlichung tierischen Verhaltens wies den Delfinen unter den Meereslebewesen erhöhte positive Agency zu.

Manche antike Zuschreibung ist von der modernen Wissenschaft bestätigt worden. Einzelne Delfine leben ohne Artgenossen und suchen in der Tat die Gesellschaft von Menschen, denen sie sich freundschaftlich verbunden fühlen können, und bis in die jüngste Zeit hinein ereignen sich immer wieder Fälle, in denen Delfine Menschen vor Gefahr retten. Wie Menschen und Menschenaffen auch, können sich Delfine im Spiegel selbst erkennen, was darauf schließen lässt, dass sie ein Selbstbewusstsein besitzen.

In der Tat sind sie hochintelligente Tiere, deren Gehirn an Größe im Verhältnis zur Körpermasse dem des Menschen ähnelt. Ihre Ortungsfähigkeiten mithilfe ihres empfindlichen Sonarsystems sind so ausgeprägt, dass sie das Interesse der Militärs geweckt haben, die sie ausbilden und zu Kriegszwecken einsetzen.[161] Diese Tiere besitzen unzweifelhaft ungewöhnliche und beeindruckende Fähigkeiten, was ihre Verehrung bei den Griechen und Römern, Etruskern, Phöniziern, Sumerern und Ägyptern erklärt.

Die antiken Schilderungen bildeten ein breites Fundament, auf das mittelalterliche Gelehrte umfassend zurückgriffen. Hrabanus Maurus, Alexander Neckam, Thomas von Cantimpré, Bartholomäus Anglicus, Vinzenz von Beauvais, Albertus Magnus, Brunetto Latini (gest. 1294), Konrad von Megenberg u. a. m. sammelten antikes Wissen über die Musikalität der Delfine, ihre Biologie, ihr Aussehen und ihr Verhalten.[162] Auch sie schrieben dieser Spezies erhöhte und autonome Handlungsmacht zu.

Die Autoren wussten zu erzählen, dass der Delfin auch Stürme ankündigen und damit den Menschen vor den Gefahren des Meeres schützen könne. Sie alle unterstrichen die Solidarität dieser Tiere, die gefangene Artgenossen beweinen und verstorbene betrauern, den Menschen freundlich begegnen und besonders Kindern helfen würden.[163] Vinzenz von Beauvais überlieferte im 13. Jahrhundert, dass der Delfin als »Bruder des Menschen« bezeichnet werde, weil sein Verhalten dem menschlichen besonders ähnele.[164]

Albertus Magnus liefert unter Rückgriff auf entsprechende Stellen bei Aristoteles, Plinius und anderen besonders ausführliche Angaben über diese Tiere.[165] Er beschreibt Lage und Funktionsweise ihres Atmungssystems und ihrer Milchdrüsen,[166] lobt ihre hohe Intelligenz,[167] ihre Solidarität,[168] ihre Musikliebe[169] und berichtet, einmal mehr auf der Grundlage älteren Wissens, auch vom Delfinfang. Die Fischer würden ihre Beute durch lautes Schlagen des Wassers mit ihren Rudern aufscheuchen und geradezu betäuben.[170]

Mitunter überlieferte Albertus Magnus ältere Texte auch falsch: So behauptet er, manche Delfine könnten 120 Jahre alt werden, obwohl seine antiken Gewährsleute Aristoteles und Plinius noch von 25 bzw. 30 Jahren gesprochen hatten.[171] Von diesen übernahm er die für das Mittelalter nachweislich unzutreffende Behauptung, man schone diese Tiere in Italien, weil sie die örtlichen Fischer bei der Arbeit unterstützten, indem sie Fische umzingelten und in die Netze trieben. Im Norden Europas, in »Germania«, hingegen würden die Menschen sehr wohl Delfine jagen und essen.[172]

Offenbar war es manchen Zeitgenossen nicht ganz geheuer, diese hochintelligenten Tiere wie andere Fische zu schlachten und zu verspeisen. Nur so ist die in einigen Summen – bei Thomas von Cantimpré, Konrad von Megenberg u.a.m. – zu findende Warnung vor Delfinfleisch zu verstehen: Denn sollte jemand, der einmal Delfin gegessen habe, über Bord gehen, würden ihn die Artgenossen des Verspeisten als Rache ihrerseits auffressen bzw. seinem Schicksal überlassen. Den anderen aber, der sich nicht an Delfinen vergangen habe, den würden sie auf den Rücken nehmen und in Sicherheit bringen.[173]

Die Zurückhaltung gegenüber dem Genuss von Delfinfleisch reicht weit zurück, in den antiken Schriften finden sich kaum Hinweise auf die Verwendung dieser Tiere als Nahrungsmittel oder für die Medizin. Plinius, der auf die Nutzung von eingeäscherten Delfinzähnen und Delfinfett als Heilmittel gegen Fieber, Entzündungen im Genitalbereich und Zahnschmerz verweist, ist eine Ausnahme.[174] Bezeichnenderweise griff unter den Enzyklopädisten des 13. Jahrhunderts nur einer, Vinzenz von Beauvais, die Angaben des römischen Gelehrten auf.[175] Insgesamt genießt der Delfin in den Summen des Mittelalters hohe Anerkennung, er wird als besonders schnelles Tier beschrieben, das Schiffe überspringe und höher aus dem Wasser zu schnellen vermöge, als manche Vögel flögen.[176]

Auch in hagiografischen Erzählungen tauchen Delfine gelegentlich in positiver Deutung auf, insbesondere im Mittelmeerraum. Die Lebensgeschichten des heiligen Lucian von Antiochia, des palästinischen Einsiedlers Martinian, des heiligen Pilgers Nikolaus, des Bischofs Monas von Mailand, des Abts Isarn von Marseille erzählen von Delfinen, welche frommen Männern im Leben oder nach ihrem Tod helfen.[177] Während Delfine in den Bestiarien kaum eine Rolle spielen,[178] erscheinen sie in der Exempel-Literatur des Mittelalters als Vorbild für Handlungsweisen der Nächstenliebe, welche die Menschen allzu oft vermissen ließen.[179]

In den Heiligengeschichten des Nordens begegnen die Delfine hingegen weniger als aktive Helfer denn als von Gott geschickte Nahrungslieferanten, so in der Vita des 687 verstorbenen englischen heiligen Cuthbert von Lindisfarne. Sein Landsmann, der Abt und Geschichtsschreiber Beda Venerabilis (gest. 735), erzählte rund 50 Jahre nach dessen Tod, wie Cuthbert eines Tages, als die Nahrung knapp geworden war, einen vollständig zerlegten, küchenfertig vorbereiteten Delfin vorfand – ein untrügliches Zeichen, dass der fromme Mönch ein von Gott besonders geliebter Mensch sei (Tafel 5): der Delfin als wundersames Symbol herausgehobener Gottesnähe.[180]

Aus dem 12. Jahrhundert stammt die Lebensbeschreibung des heiligen Godric von Finchale, die eine ähnliche Delfinepisode enthält.[181] Der fromme Einsiedler stößt während einer Zeit allgemeinen Hungers am Strand auf drei Delfine, von denen einer verletzt ist. Die beiden anderen entlässt der Heilige in einem Akt der Barmherzigkeit in die Freiheit, das schließlich verendete Tier bringt er (trotz widriger Flut) seiner Familie als Nahrung.

Die Geschichte von den drei Delfinen findet sich auch in anderen hagiografischen Werken und wird als eine Anspielung auf die Dreifaltigkeit gewertet – bezeichnenderweise wird diese von keinem anderen Meeresgeschöpf als dem Delfin symbolisiert.[182]

Eindeutig überwiegt in ebenjenen Darstellungen die positive Wertung dieses »Königs der Fische«. Schon Aelianus hatte Löwe und Delfin nebeneinandergestellt, weil beide herrschten, »jener über die Land-, dieser über die Meerestiere«, Oppian feierte die »fischbeherrschenden königlichen Delfine« und »unumschränkten Herrscher über die Herden der See«.[183]

Nach einer arabischen Tierallegorie des 10. Jahrhunderts führt der Delfin, »der Retter der Schiffbrüchigen«, am Hof des Königs aller Meereslebewesen, der fürchterlichen (und legendären) Seeschlange, das Wort unter den Höflingen.[184] Im altnorwegischen *Königsspiegel* wird eine Walart beschrieben, die *fiskreki* (»Fischtreiber«) genannt wird und bei der es sich wahrscheinlich um eine Art Tümmler handelt. Dieser treibe Heringe und andere Fische vom Meer zum Land und in die Netze der Fischer, »als sei er dazu verordnet und gesandt von Gott und als sei es sein pflichtgemäßes Amt, solange immer die Fischer in friedlicher Weise ihren Fang betreiben. Aber wenn sie in Zwist geraten und sich schlagen, sodass Blut vergossen wird, da ist es, als merke es dieser Wal, und er schwimmt dann zwischen dem Land und den Fischen und treibt sie allesamt fort von den Fischern in die hohe See hinaus.«

Der Meeressäuger als Friedensstifter. Kein Wunder, dass der *Königsspiegel* ihn vom Speiseplan streicht, obwohl er »wohl essbar« sei: »Aber es ist verboten, auf ihn Jagd zu machen oder ihn zu verletzen, weil er den Menschen immer großen Nutzen bringt.«[185] Dazu passt, dass nach Ausweis des Botanikers und Pharmakologen ʿAbdallāh Ibn-Aḥmad Ibn al-Baiṭār seine Zeitgenossen ihren Kindern Delfinzähne umhängten, um sie vor den »Schrecken der Nacht« zu schützen, und dem Fett der Delfine heilende Wirkung gegen Ohren- und Gliederschmerzen zuschrieben.[186] Auf schwer nachvollziehbaren Wegen wurden diese Empfehlungen in die Gelehrtenkultur Latein-Europas aufgenommen, wo sie sich Ende des 15. Jahrhunderts etwa im *Hortus sanitatis* wiederfinden.[187]

Hilfeleistungen des Delfins – die Errettung des Sängers Arion von Lesbos oder die Unterstützung Poseidons bei dessen Werben um die Nymphe Amphitrite – sollen nach antiken Autoren dafür verantwortlich gewesen sein, dass der Delfin von den Göttern als ein eigenes Sternbild in den Himmel aufgenommen wurde (Tafel 7).[188] Er gehörte zu den 48 einflussreichen und weit über das Mittelalter hinaus tradierten Sternbildern des Ptolemäus (gest. nach 160).[189] Fische spielen in der mittelalterlichen Heraldik keine besonders große Rolle; aber die Delfine gehören zu den wenigen Meereslebewesen, die verschiedentlich auf Wappen dargestellt wurden.[190] Dies könnte seinen Grund darin haben, dass sie als Könige der Fische galten und insofern eine besondere Wertschätzung genossen.

Der Thronfolger in Frankreich wurde seit der Mitte des 14. Jahrhunderts »Dauphin« (»Delfin«) genannt, weil er über das Dauphiné, eine Region im Südosten Frankreichs, herrschte. Die Bezeichnung dieses Territoriums leitet sich von einem Beinamen ab, den ein Graf von Albon im 12. Jahrhundert führte; in der Folge ging er auf sein Geschlecht und auf das von ihm beherrschte Territorium (das Dauphiné de Viennois) über, welches 1350 an die französische Krone fiel. Auch wenn der Beiname *Delfinus*, den Graf Guigues IV. von Albon (gest. 1142) trug, wahrscheinlich auf einen Eigennamen zurückgeht, führte der Graf den Delfin im Wappen, wodurch dieser zum Symbol des Dauphiné wurde. Diese marine Ehrenbezeichnung dürfte der Grund dafür sein, dass der französische Thronfolger, der Dauphin, traditionell der Befehlshaber der königlichen Flotte war.[191]

Doch bei aller Wertschätzung, welche der Delfin unter den Naturforschern, den Hagiografen und anderen Gelehrten genoss: Im Mittelalter schätzten ihn keineswegs alle Menschen. Für die Fischer zum Beispiel war er Freund und Feind zugleich. Dass Delfine Fischernetze durchbeißen, berichtete bereits Aelianus in seinem *Tierleben*.[192] Problematisch wurde ihr Verhalten besonders dadurch, dass Mensch und Delfin gleichermaßen kleineren Fischen nachstellten und somit in Konkurrenz zueinander traten. Die Fischer Galiciens zum Beispiel litten sehr unter den Tümmlern, die den örtlichen Sardinenschwärmen – ihrer eigenen Beute und ihrem Lebensunterhalt – nachstellten, wie häufige Klagen in den spätmittelalterlichen Quellen belegen. Dort hatte man keine besonderen Skrupel, Delfine zu töten und auch zu essen.[193]

Fang und Verzehr von Delfinen

Delfine (die Familie der *Delphinidae* gehört zur Unterordnung der Zahnwale) kommen in fast allen Meeren vor und waren im antiken Mittelmeer so verbreitet, dass der griechische Gelehrte Oppian noch schreiben konnte, dass »nirgendwo das Meer ohne Delfine« sei.[194] Er dürfte sich auf den Gemeinen Delfin bezogen haben (*Delphinus delphis*), doch weist die Familie eine Reihe weiterer Arten auf, von denen einige auch in nördlichen Breitengraden anzutreffen sind. Zu diesen gehört der weitaus größere Grindwal (*Globicephala melas*), auch bekannt als Pilotwal, der die Barentssee, die Meere um Island, vor der Küste Norwegens und nördlich von Großbritannien bevorzugt, aber auch im westlichen Mittelmeer (Gibraltar, ligurische Küste und um Korsika) zu finden ist.[195] Am weitesten verbreitet ist der Große Tümmler (*Tursiops truncatus*); er hat aufgrund seiner Nutzung in Delfinvorführungen und Filmen das Bild moderner Menschen des

Westens stärker geprägt als seine kleineren Brüder, die Gemeinen Delfine.

Schließlich ist auf die Familie der Schweinswale (*Phocoenidae*) hinzuweisen. Gewöhnliche Schweinswale (*Phocoena phocoena*) kommen in Nord- und Ostsee vor, sind aber dort trotz einschlägiger Fangverbote vom Aussterben bedroht, weil sie sich häufig in Treibnetzen verfangen und als ungewünschter »Beifang« verenden.[196] Dies ist auch anderswo zu beobachten, und in manchen Gegenden (z.B. den Färöer-Inseln) werden Delphiniden ihres Fleisches wegen gejagt.[197]

Delfine schwimmen sehr schnell und waren für die Menschen der Vormoderne mit Ruderbooten kaum einzuholen und zu erlegen. Dennoch wurden sie gejagt, getötet und gegessen. Die Erzählung vom heiligen Godric zeigt, dass gestrandete Tiere an der Nordsee ebenso als Nahrungsquelle dienten wie größere Wale. Zum Luftholen auftauchende Tiere konnten mit Stechwaffen verletzt, ganze Schulen durch laute Geräusche aufgeschreckt und in Buchten getrieben werden, wo sie ihre Manövrierfähigkeit einbüßten und leichter zu erlegen waren. Schließlich ist auch belegt, dass Delfine (ebenso wie Thunfische) mithilfe von Fangnetzgestellen in seichte Gewässer gelenkt und dort getötet wurden.[198]

Archäologische Kampagnen in nordfranzösischen Küstenstädten haben auch Überreste – allerdings in geringer Zahl – von Delphiniden zutage gefördert.[199] Von Juden und Muslimen als nicht koscher bzw. nicht halāl gemieden,[200] gehörte Delfinfleisch sehr wohl zum Alltag der Christen im Mittelmeerraum. Frisches Delfinfleisch wurde auf Fischmärkten des Mittelmeerraums ausgelegt und zum Verkauf angeboten; dies belegen verschiedene Marktordnungen der Krone Aragon. Sie sahen zum Beispiel vor, dass allen schuppenlosen »Fischen« vor dem Verkauf der Kopf, der Schwanz und die Eingeweide entfernt, die Delfine in gleich große Stücke zerteilt und die Fleischblöcke in

Körben zum Verkauf angeboten werden sollten. Nicht Verkauftes konnte konserviert und als Salzfisch verkauft werden.[201]

Die Häufigkeit, mit der in katalanischen Städten Beschwerden über Betrügereien von Delfinfleischverkäuferinnen überliefert sind, lässt auf ein Angebot dieses Nahrungsmittels zumindest auf gewissen Märkten des Mittelmeerraums schließen, wenngleich seine Bedeutung keineswegs derjenigen anerkannter Speisefische nahekam.[202]

Doch wer aß Delfinfleisch? Die Tatsache, dass diese Nahrung in Kochbüchern erscheint, die vor allem auf kirchliche und weltliche Eliten bezogen waren, lässt vermuten, dass Delfin eine Speise der Reichen war.[203] Spätmittelalterliche Kochbücher wie die auf Altkatalanisch verfassten *D'aparellar de menjar* aus dem 14. Jahrhundert sowie *De totes maneres de potatges* vom Beginn des 15. Jahrhunderts liefern Rezepte für Delfinfleisch, das wie Thunfisch zubereitet wurde und gekocht, aber auch in Olivenöl gebraten bzw. mit raffinierten Saucen aus Zwiebeln und Honig abgeschmeckt werden konnte.[204] Auch der bereits erwähnte *Viandier* mit seinem Rezept für Schweinswal mit einer Sauce aus Ingwer, Zimt, Nelken und Safran entstand im Umkreis des französischen Königshofs.[205]

Bezeichnenderweise zählten Delfine in einigen Reichen des Mittelmeerraums (wie größere Wale auch) zu den »königlichen Fischen«, auf die Herrscher Rechtsansprüche und Abgaben erhoben. König Sancho von Mallorca (gest. 1324) zum Beispiel forderte 1317 die Hälfte aller vor Colliure gefangenen »Wale«.[206] Der Begriff mahnt zur Vorsicht: Es wurde bereits darauf hingewiesen, dass mit den lateinischen Ausdrücken *cetus, ballaena* oder *bellua* auch Delphiniden bezeichnet wurden. Selbst wenn in den Quellen vergleichsweise selten ausdrücklich von Delfinen oder Delfinfleisch die Rede ist, so haben jüngere Untersuchungen vermutet, dass mit den in den Dokumenten aufscheinenden »Walen« häufig Tümmler, Schweinswale und andere Delphiniden gemeint sein könnten. Ihre Präsenz auf den Märkten und Tischen mittelalterlicher Küstengesellschaften war verbreiteter, als es die ungenaue Terminologie vermuten lässt.

Auch wenn die moderne Biologie die Wale als eine Ordnung definiert, der die Delfine ebenso angehören wie Bartenwale: Im Mittelalter schätzte und deutete man die Familien dieser Ordnung in ganz unterschiedlicher Weise – Delfin und Wal standen für Gut und Böse. Doch in der Praxis wich der Umgang des Menschen mit diesen Säugetieren nicht so markant voneinander ab. Weitaus häufiger, als es die Schriften der Alten uns vermuten lassen, wurden große wie kleine Wale gejagt, getötet und gegessen, und ihre Körper lieferten mehr als Fleisch allein. Zugleich wurden Meeressäuger im Mittelalter aber in starkem Maße kulturell kodiert und in Werteordnungen eingefügt. Noch mehr ist eine solche moralische Einordnung bei solchen Lebewesen zu beobachten, die nach modernen Maßstäben gar nicht existieren. Ihnen ist das nächste Kapitel gewidmet.

Abb. 16. Albrecht Dürer, Das Meerwunder (ca. 1498).

6.
Monster und Mythen

Im Mittelalter glaubten Menschen fest an die Existenz einer fast unüberschaubaren Menge fantastischer Meereslebewesen. Zu ihnen zählten selbstverständlich die Meerjungfrauen, aber auch andere wundersame Mischwesen aus Tier und Mensch, sogenannte »Mixanthropoi«,[1] wie der mit Helm und Schild ausgestattete »Meerritter« oder der »Meermönch« – ein Fisch mit Menschenkopf und der typischen Haartracht eines Klerikers. Neben diesen Anthropomorphen, also Tieren mit menschlichen Eigenschaften, bevölkerte im mittelalterlichen Denken eine schillernde Welt mächtiger Ungetüme und gefährlicher Fabelwesen die Tiefen des Meeres: Fische, die selbst größte Schiffe mit einem einzigen Schlag ihrer Flossen zerstören oder Boote über weite Strecken durch die Lüfte tragen und dann im Meer versenken konnten.

Diese bedrohliche Meereswelt, die durch die neueren Wissenschaften als fantastisch identifiziert wurde, ist der Gegenstand dieses Kapitels. Es handelt von Literatur und Kunst, von Vorstellungswelten und ihren Veränderungen. Denn die fantastischen Meerestiere wurden im Laufe der Jahrhunderte immer wieder neu gedeutet und spiegeln Entwicklungen der mittelalterlichen Gesellschaften.

Über manche der im Folgenden beschriebenen Annahmen werden Menschen des 21. Jahrhunderts nur verwundert, vielleicht auch spöttisch den Kopf schütteln. Typisch mittelalterlich eben! Doch wer sich angemessen den Menschen vergangener Epochen und ihren Kenntnissen nähern möchte, sollte sich in Bescheidenheit üben. Gewiss war das Wissen der Zeitgenossen um die Geheimnisse der Natur begrenzt, und dies galt noch mehr für die Unterwasserwelt. In einer Epoche beschränkter technischer Hilfsmittel, in Zeiten vor der Erfindung von Tauchausrüstung und Unterseeboot, waren die unendlichen Tiefen des Meeres so gut wie unerschließbar.

Doch auch heute noch gilt dies für weite Teile der sogenannten Tiefsee. Die Wasseroberflächen, die marinen Küstengebiete und seichteren Stellen des Meeres sind den Menschen im 21. Jahrhundert gut bekannt, sie werden von ihnen ausgebeutet (und oft genug nachhaltig geschädigt). Die Tiefsee hingegen, also die lichtlosen Bereiche der Meere, die tiefer als ca. 200 Meter unter der Oberfläche liegen und rund 88 Prozent unserer Ozeane ausmachen, sind keineswegs umfassend erforscht und bergen noch heute viele Überraschungen. Es ist eine Welt teils bizarrer Geschöpfe, denen verschiedentlich Furcht einflößende Namen gegeben wurden (Drachenfisch, Seewolf, Vampirtintenfisch, Tiefseeteufel etc.), die unser Unbehagen mit der unbekannten Unterwasserwelt offenbaren. Jüngere Schätzungen gehen davon aus, dass auch heute nur ein Bruchteil der tatsächlich existierenden marinen Lebewesen bekannt ist. Schon aus diesem Grund ist Bescheidenheit angebracht. Die Forschung schreitet unermüdlich voran, jetzige Gewissheiten werden bald widerlegt sein. Zukünftige Darstellungen werden wahrscheinlich mit den Worten beginnen: »Noch in den Zwanzigerjahren des 21. Jahrhunderts glaubten die Menschen irrtümlicherweise, dass …«

Die mittelalterlichen Monstren und Mythen des Meeres also sollten weniger Anlass für Spott und Hohn geben als die Möglichkeit eröffnen, sich die wichtige Funktion des Fantastischen in Vergangenheit und Gegenwart vor Augen zu führen.[2] Der um

1270 verstorbene Dominikanermönch und Gelehrte Thomas von Cantimpré kann uns bei dieser Aufgabe unterstützen. Er wird auf den nächsten Seiten als Hauptzeuge herangezogen, weil er in seinem großen naturkundlichen Werk *Liber de natura rerum* den Meeresmonstern ein ganzes Buch widmete (*Liber VI: De monstris marinis*).[3]

Thomas listete darin fast 60 aus seiner Sicht ungeheuerliche Meereslebewesen alphabetisch auf und deutete sie teilweise allegorisch. Er nennt seinen Lesern auch den Grund für die Existenz dieser Tiere: »Die Meermonster sind vom allmächtigen Gott der Welt zur Bewunderung gegeben. In ihnen ist nämlich mehr Anerkennenswertes zu sehen, weil sie dem Menschen nur selten zum Anblick geboten werden [...]. Was kann man denn Wunderbareres unter dem Himmel sehen als monströse Meerungeheuer und Wale, welche zweifellos mit der Größe von Bergen und sehr weiten Ebenen vergleichbar sind?«[4]

Die Monster des Meeres zeigen die Allmacht Gottes und sind Teil der von ihm gesetzten Weltordnung. Ihre bloße Existenz ermahnt und belehrt den Menschen, der die Gestaltungsmacht und Schaffenskraft des Herrn bewundern soll. Diese Funktion erklärt nicht zuletzt ihren Namen, denn das Wort »Monster« leitet sich vom lateinischen *monstrare* – »hinweisen, aufzeigen« – und von »ermahnen, erinnern« (*monere*) ab. Monster regten zum Nachdenken über das Verhältnis zwischen dem Menschen und der Welt an.

Meerestiere im Allgemeinen und Ungeheuer im Besonderen konnten auch auf anderes als auf Gott und seine Allmacht verweisen. Schon im 9. Jahrhundert hatte der Mönch und Gelehrte Hrabanus Maurus postuliert, dass der Begriff des Fisches sowohl auf gute wie auf schlechte Menschen angewendet werden könne.[5] Das bedeutet: Meerestiere ließen sich auch auslegen, eben als Symbole menschlicher Eigenschaften und Handlungsweisen. Damit aber boten sie sich hervorragend als Mittel zur

Erziehung an, ließen sich doch an grausamen, gefährlichen oder gar todbringenden und jedenfalls hochinteressanten Lebewesen die Verfehlungen sündhafter Menschen und deren Folgen bildhaft verdeutlichen.

Sowohl monströse Tiere als auch die »Mixanthropoi« konnten damit der didaktisch-moralischen Unterweisung dienen. Ende des 14. Jahrhunderts formulierte der Regensburger Domherr Konrad von Megenberg es so: »Nun wollen wir von den Meerwundern reden, unter denen wir Gut und Böse bei den Menschen verstehen. […] Deswegen braucht ihr auch nicht ins Ausland zu reisen, um solche Meerwunder zu sehen: Wir haben davon bei uns genug.«[6] In anderen Worten: Auch in unmittelbarer Nähe lebten nach Konrad genug Sünder, die sich so tadelswert verhielten wie die schrecklichsten Meereslebewesen.

Damit boten fantastische Geschöpfe im Mittelalter drei Ebenen des Sinns: Sie konnten im buchstäblichen Sinn (Literalsinn) als real existierende Tiere erklärt, allegorisch als Symbole gedeutet oder moralisch-didaktisch zur Ermahnung der Menschen eingesetzt werden. Wie dies gelang, wird im Folgenden am Beispiel der Sirenen ausführlicher dargestellt, um im zweiten Teil des Kapitels vom Einzelfall zum Allgemeinen voranzuschreiten. Dazu wird die Vielzahl absonderlicher Meereslebewesen im mittelalterlichen Denken vor Augen geführt und diese fantastische Fauna als ein Gegenentwurf zu der den Menschen bekannten Lebenswelt auf dem Lande beschrieben werden.

Ambivalente Verführung: Sirenen

Noch heute ist die Meerjungfrau das bekannteste marine Fabelwesen. Wikipedia listet derzeit über 80 »Filme mit Meerjungfrauen«[7] auf, von denen Disneys »The Little Mermaid« (1989)

der berühmteste sein dürfte. Der Film griff das Märchen »Die kleine Meerjungfrau« (1836) von Hans Christian Andersen auf. Noch heute zieht die Statue der Titelheldin, die 1913 an einer Uferpromenade Kopenhagens aufgestellt wurde, Millionen von Touristen an. Meerjungfrauen symbolisieren heutzutage weibliche Schönheit und Jungfräulichkeit, Unabhängigkeit und Naturverbundenheit; sie gelten als schutzbedürftig und unglückliche Opfer einer Verwünschung, aus der sie aber eventuell erlöst werden können.

Die Wissenschaften haben Sirene und Meerjungfrau ausgiebig erforscht – aus literatur-, kunst- und musikgeschichtlicher, zuletzt auch aus feministischer, queergeschichtlicher und dekonstruktivistischer Perspektive.[8] Doch ist die Vorstellung von einem wundersamen Wesen – halb Fisch, halb Frau – viel älter und die Zahl der ihm zugeschriebenen Eigenschaften viel größer, als dieser Hinweis auf die moderne Folklore und die jüngere Forschung vermuten lässt. Seine Geschichte ist auch keineswegs eine ausschließlich europäische: Meerjungfrauen finden sich ebenso in den Literaturen und Vorstellungswelten Asiens und Afrikas. Von der Langlebigkeit und Wirkmacht des Glaubens an Fischmenschen zeugt die Tatsache, dass bis zum heutigen Tage immer wieder ihre vermeintliche Sichtung gemeldet wird.[9]

Antike Sirenen und frühchristliche Deutungen

Die Geschichte der Meerjungfrauen geht weit in die Antike zurück, leitet sich in Europa sowohl aus Mythologie als auch aus religiösen Vorstellungswelten ab und wurde in Mittelalter und Moderne fortgeschrieben.[10] Bereits aus dem alten Mesopotamien sind Bilder von Gestalten mit menschlichen Oberkörpern und Fischschwänzen bekannt. Auch in der antiken Levante wurde eine derartig beschaffene Gottheit verehrt.[11]

Doch grundlegend für die Frühgeschichte des Mythos ist der zwölfte Gesang der homerischen *Odyssee*.[12] Darin wird erzählt, wie die Sirenen, zwei weibliche Wesen, von der Küste aus mit ihren verführerischen Gesängen vorbeiziehende Seeleute anlocken, um sie dann umzubringen – nicht aber Odysseus. Auf Anraten der Zauberin und Göttin Kirke nämlich befiehlt dieser seinen Gefährten, ihre Ohren mit weichem Wachs zu verschließen, während er sich an den Mast binden lässt und auf diese Weise dem Gesang der Sirenen lauscht, ohne ihr Opfer zu werden.

Homers *Odyssee* schuf die Grundlage für eine negative Wertung der Sirenen, die bis in den Sprachgebrauch der Gegenwart fortlebt, kündet der Heulton der Sirene noch heute von tödlichen Gefahren: Krieg, Feuer, Unfällen. Die Erzählung wurde in der Folge aufgegriffen und ausgeschmückt, so im dritten vorchristlichen Jahrhundert durch Apollonius von Rhodos in seiner *Argonautika*, der die Sirenen als geflügelte Wesen darstellt.[13] Ovid (gest. 17) liefert in seinen *Metamorphosen* die Erklärung hierfür: Sie seien geflügelt, um sich leichter über dem Meer fortbewegen zu können, doch sei ihr Kopf ungefiedert, um ihre Sangesgabe nicht zu beeinträchtigen (*Metamorphosen* V, 552–563).[14]

Zwar zweifelte im ersten Jahrhundert der römische Naturwissenschaftler Plinius an der Existenz der Sirenen,[15] doch hielt dies andere Autoren nicht davon ab, ihnen Eigennamen zu verleihen, sie als Töchter der Flussgötter Oceanus oder Acheloos zu identifizieren und fest in die antike Vorstellungswelt einzufügen. Ihr Wirken war unzweifelhaft negativ: Ähnlich den Harpyien der antiken Mythologie galten diese geflügelten Wesen mit Frauenkopf als grausame, menschenfeindliche Geschöpfe. Ihr Gesang sei süß, aber tödlich.[16]

Christliche Autoren der Spätantike nahmen diese Geschichten auf und nutzten die Sirenen als ein warnendes Beispiel für ihre Mitmenschen.[17] Diese Wesen standen nun für moralische Gefahren, welche gemieden werden sollten. Der anonyme *Physiologus* des 2. Jahrhunderts verstand die Sirene als Sinnbild der Häresie, die alle, die ihr verfielen, ins Verderben stürzte: »Es gibt Wesen im Meer, die Sirenen heißen; sie singen aber mit ihren Stimmen lieblich wie Musen, und wenn die Vorüberfahrenden ihre Weisen hören, stürzen sie sich ins Meer und kommen um. Die Sirenen haben an der oberen Körperhälfte bis zum Nabel Menschengestalt, an der anderen Hälfte aber bis zum Ende die Gestalt einer Gans. Ebenso haben auch die Kentauren zur einen Hälfte Menschengestalt, zur anderen aber, von der Brust bis zum Ende, gleichen sie Pferden. So ist auch jeder Wankelmütige unbeständig auf allen seinen Wegen (Jak 1,6 f.). […] Solche nun sind Abbilder von Sirenen und Kentauren, nämlich feindlicher Mächte und lästernder Häretiker; täuschen sie doch mit ihren ›rechtschaffenen Sprüchen und ihrer Wohlredenheit‹ wie die Sirenen ›das Herz der Arglosen‹ (Röm 16,18).«[18] Die hier angelegte, wahrscheinlich auf Horaz zurückgehende Verbindung mit dem Kentauren dürfte dafür verantwortlich sein, dass der Sirene im Mittelalter mitunter Pferdehaare zugeschrieben wurden.[19]

Die Kirchenväter griffen ebenfalls auf die Sirene zurück, um erzieherisch auf ihre Mitmenschen einzuwirken. Der frühchristliche Philosoph und Theologe Clemens von Alexandria (gest. um 215) verglich um das Jahr 200 in seinen Predigten das Laster der schlechten, heidnischen Gewohnheiten mit den Verführungen der Sirene, für den heiligen Ambrosius symbolisierte sie die Versuchungen der Welt, vor denen sich Christen in Acht nehmen sollten.[20] Der heilige Hieronymus (gest. 420) übersetzte das despektierliche hebräische Wort *se'īrīm* (»die Behaarten«) im Buch Jesaja (13:21) als »Sirene« und sagte sich von den Freuden der Welt los, die er mit dem »süßen, aber todbringenden Gesang der Sirenen« gleichsetzte.[21] So wurde auch der antike Held

Abb. 17. Eine Sirene zieht einen Seemann am Kopf ins Meer, aus einem Bestiarium (zweite Hälfte des 13. Jahrhunderts).

Odysseus allegorisch umgedeutet, seine Reise als ein Sinnbild des menschlichen Lebens verstanden, seine Anbindung an den Mast als Bild des ans Kreuz genagelten Christus gedeutet.[22]

Es kann in Anbetracht dieser negativen Aufladung nicht verwundern, dass die Fortsetzungen des frühchristlichen *Physiologus*, etwa der *Millstätter Physiologus*, der in einer Handschrift aus der Zeit um 1200 überliefert ist, mit dem Bild der Sirenen und ihrem betörenden Gesang vor weltlicher Eitelkeit warnten: »Wenn die Seeleute sie hören, richten sie ihre Aufmerksamkeit darauf. Durch den süßen Gesang schlafen sie dann ein. Gleich stürzen sich die Bestien auf sie, und bevor sie aufwachen, zerreißen sie sie völlig. So werden die betrogen, die von irdischer und teuflischer Pracht gefangen gehalten und niedergedrückt werden vom Schlaf ihres Geistes. Sie werden eine Beute des Teufels.«[23] Viele hochmittelalterliche Bestiarien griffen diese Warnung auf (Tafel 8 und Abb. 17).[24]

Noch im 14. Jahrhundert, etwa in der *Göttlichen Komödie* Dantes (gest. 1321), sind die Sirenen wie einst für die Kirchenväter ein Sinnbild weltlicher Lust und Eitelkeit: Der Autor, der ihnen im Purgatorium begegnet, ist zunächst ganz von ihrer Schönheit verzaubert und erkennt erst mithilfe seines Begleiters Vergil, dass sich hinter ihrer verführerischen Schauseite ein stinkender Leib offenbart – Sinnbild der Eitelkeiten dieser Welt (19. Gesang, 16–33).[25]

Ebenso häufig wurden die Sirenen als Sinnbilder weiblicher Verführung dargestellt.[26] Das Christentum und seine Kirchen entwickelten bekanntlich im Laufe der Zeit eine frauenkritische oder auch -feindliche Grundhaltung. Schon Eva habe Adam und damit das Menschengeschlecht durch ihre Worte verführt, die Männer sollten sich vor den Versuchungen der Frau hüten. In dieses Schema passten die Sirenen als Sinnbild der Wollust und Verführung. Ein frauenfeindlicher Unterton ist zum Beispiel in den *Etymologien* Isidors von Sevilla erkennbar: Er verwandelt die Sirenen kurzerhand in »Prostituierte, die Reisende ins Elend stürzen und ihnen Schiffbruch zufügen«. Ihr Lebensraum sei das Meer, weil die Liebesgöttin Venus aus dem Wasser geboren worden sei.[27]

Sinnbild der Erotik und Häresie, der Verführung und Laster, besaß die Sirene einen starken Zeichenwert. Sie wurde daher im christlichen Frühmittelalter und darüber hinaus als Mittel sittlicher Erziehung genutzt.[28] Um 1100 setzte Marbod von Rennes (gest. 1123) die angeblich moralisch verdorbene Frau mit den Sirenen gleich und warnte unter Rückgriff auf die Odysseus-Sage vor dem schlechten Charakter des weiblichen Geschlechts, um seine Mitmenschen zu einem tugendhaften Leben anzuhalten.[29] Pierre de Beauvais (13. Jahrhundert) verglich in seinem *Bestiarium* die verführerischen, todbringenden Sirenen unumwunden mit den Frauen im Allgemeinen.[30]

Die aquatische Wende des frühen Mittelalters

Die Texte aus den ersten Jahrhunderten des Christentums äußern sich selten zum Aussehen der Sirenen, und wenn sie es tun, dann werden diese in aller Regel in Fortsetzung antiker Traditionen als geflügelte Wesen beschrieben. Doch das begann sich im Frühmittelalter zu ändern.[31] An der Wende zum 8. Jahrhundert entstand auf den Britischen Inseln der *Liber Monstrorum* (bzw. *Liber monstrorum de diversis generibus*, das *Buch unterschiedlichster Monster*): ein Katalog fantastischer Wesen, der (allerdings ohne stichhaltige Belege) dem angelsächsischen Gelehrten Aldhelm von Sherborne (gest. ca. 710) zugeschrieben worden ist.

Im ersten Buch dieses Werkes liest man: »Sirenen sind Seemädchen, die die Seeleute mit der außergewöhnlichen Schönheit ihres Aussehens und der Süße ihres Gesangs täuschen und vom Kopf bis zum Nabel dem Menschen ähnlich sind, mit dem Körper einer Jungfrau, aber schuppige Fischschwänze haben.«[32] In der Folge stößt man insbesondere auf den Britischen Inseln, aber auch in Frankreich und dem Reich, immer häufiger auf Darstellungen der Sirene als Wasserwesen oder als aquatisch-terrestrisches Mischwesen.

Für Guillaume le Clercs altfranzösisches *Bestiarium* von 1210/1211 gilt Letzteres: Die Sirene sei gestaltet wie eine Frau, »ihre untere Hälfte jedoch ist wie ein Vogel oder ein Fisch«,[33] ähnlich formulierte es Philippe de Thaon in seinem anglo-normannischen *Bestiarium*.[34] Im *Bestiarium* des Gervais hingegen ist eindeutig von einer Fischfrau die Rede.[35] Als Folge dieser aquatischen Wende des 7. bis 10. Jahrhunderts wurde die Sirene nunmehr teilweise oder sogar vollkommen dem Meer zugeordnet, seit dem 11. Jahrhundert war ihre marine Zuschreibung in Schrift und Bild vorherrschend. Sie gesellte sich damit zu den

Abb. 18. Metopenmeister, Die Meerjungfrau (frühes 12. Jahrhundert).

Nereiden der Antike und den aquatischen Frauenwesen des Süßwassers, zu den Nymphen, Wasserfeen und Nixen.[36]

Ob die im hohen Mittelalter zunehmende Mobilität europäischer Küstengesellschaften und eine wachsende Präsenz des Meeres in deren Vorstellungswelt für diesen Wandel verantwortlich waren, ist letztlich nicht zu bestimmen. Auf jeden Fall aber dürfte die existenzielle Angst vor dem Meer und vor allem vor dem Ertrinken den Hintergrund für diese »Aquatisierung« abgegeben haben. Nicht zufällig zeichneten manche mittelalterlichen Autoren die See als Sinnbild der Hölle. Der plötzliche Tod, der Untergang auf hoher See ohne jede Möglichkeit kirchlichen Beistands, machte Angst, und Angst schafft mächtige Bilder.

Eine regelrechte Karriere durchlief die Sirene seit dieser Zeit in der romanischen Kunst.[37] Seit dem 11. Jahrhundert begegnet sie auf Kapitellen und Mosaiken, in Kirchenschiffen und Kreuz-

Abb. 19. Sirene mit Kind (12. Jahrhundert).

gängen, als Skulptur an Außenfassaden von Gebäuden oder als gemalte Darstellung in Kirchenräumen. Besonders populär wurde das Sirenenmotiv in der romanischen Bildhauerei Norditaliens. Nicht nur einschwänzig finden sich dort die Meerfrauen, sondern gern auch mit zwei mit den Händen gespreizten Schwänzen – und damit eindeutig auf das weibliche Geschlecht verweisend (Abb. 18). Dieses mittelalterliche Zeichen scheint von zeitloser Zugkraft zu sein: 1971 wurde es zum Logo der Kaffeehauskette »Starbucks« erkoren.

Mit der Zeit nahmen Zahl und Träger dieser Abbildungen zu: Seit dem Spätmittelalter finden sich Sirenen auch in geschnitzter Form an Chorgestühlen (insbesondere an den hochklappbaren Sitzen, den sogenannten Miserikordien), als zoomorphe Gießgefäße (Aquamanilien), auf Textilien, Schuhen und Handschuhen. Sie dürften Kleriker und Laien zur Abkehr von Eitelkeit, Faulheit und Sinnlichkeit aufgerufen und vor den angeblichen Gefahren der Frau gewarnt haben. Mal ein-, mal zweischwänzig, bevölkern die Sirenen in Europa die Bildwelt des Mittelalters.

Gelegentlich wird auch das männliche Gegenstück der Sirene erwähnt: der Wassermann. Er erscheint in den Quellen insgesamt deutlich seltener als die »Meerweiber«, war aber auch Teil der anthropomorphen Unterwasserwelt.[38] Der englische Chronist Radulph von Coggeshall (gest. nach 1227) zum Beispiel berichtete im ausgehenden 12. Jahrhundert davon, dass den Fischern an der Küste von Suffolk im Jahre 1187 ein Meermann ins Netz ging: ein nacktes, haariges Wesen mit menschlichem Körperbau, das rohen Fisch aß und seinen Wärtern nach zweimonatiger Gefangenschaft entkam, um ins Meer zurückzukehren.[39] Der isländische *Königsspiegel* beschreibt ebenfalls männliche Meereswesen, die als Omen einer baldigen Naturkatastrophe gedeutet wurden.[40]

In der spätmittelalterlichen Kultur werden die Wassermänner vereinzelt auch als monströse Sexualgewalttäter konstruiert. Die Erzählung »Das Meerwunder« zum Beispiel berichtet von einer Vergewaltigung am Meeresstrand: Eine dort spazieren gehende Königin wird von einem dem Wasser entsteigenden Ungeheuer gefangen und vergewaltigt. Zwar kann das Tier vertrieben werden, doch das Opfer ist schwanger geworden und gebiert ein monströses, gewalttätiges Kind, das Jungfrauen seinerseits vergewaltigt und sogar frisst. Letztlich kann es, ebenso wie sein Vater, von der Königin, ihrem Mann und einem weiteren Sohn getötet werden.

Die Erzählung dürfte eine Vorlage für den gleichnamigen Stich Albrecht Dürers (gest. 1528) aus der Zeit um 1498 abgegeben haben (Abb. 16): Eine schöne, nackte Frau mit zeitgenössischer Prachtfrisur, die offenbar kurz zuvor mit anderen am Strand schwimmen war, wird von einem bärtigen Geschöpf mit Geweih ins Meer entführt, dessen untere Hälfte aus einem beschuppten Fischschwanz besteht.[41]

Der Aufschwung der Naturwissenschaften im 13. Jahrhundert und das dadurch wachsende Interesse an der Welt der Tiere, für das in diesem Kapitel paradigmatisch das Werk des Thomas von Cantimpré steht, machten selbstverständlich auch vor den Sirenen nicht halt. Die neuen Schriften sind zweifellos von einem wachsenden Hang zur Naturbeobachtung geprägt. Doch auch sie liefern häufig moralisch-allegorische Deutungen der Sirene in christlicher Tradition. Ausführlich äußerte sich Thomas in seinem *Liber de natura rerum* in Anlehnung an den *Physiologus* und an Plinius über die Meerfrau:[42] Ihr betörender Gesang gebe keine Silben und Wörter wieder, sondern ähnele dem der Vögel; der Wohlklang ihrer Stimme, nicht der Inhalt ihrer Worte, verführe den Menschen. Sirenen seien zu Recht gefürchtet, weil sie die Menschen in den Schlaf singen und dann töten würden. Ungewöhnlich an seiner Darstellung ist allerdings, dass er diese Wesen nicht nur als Verführerinnen zeichnet, sondern auch als Mütter: »Sie erscheinen oft auf dem Meer mit ihren Kindern; sie tragen sie auf den Armen, genauso wie die Frauen, denn sie haben sehr große Brüste, mit denen sie die Kinder säugen.«[43] Als solche, mit Kindern an der Brust, sind Sirenen gelegentlich als Skulpturen an Kapitellen zu sehen, etwa in der Kathedrale von Basel (Abb. 19).[44]

Doch vorherrschend blieb die Warnung vor ihnen. Der Kölner Dominikaner Albertus Magnus zum Beispiel berichtet, die Sirenen (und die Skylla) besäßen Körperteile einer Frau, seien den Menschen feindlich gesinnt und rissen sie schnell in den Tod, wenn man sich ihrer nicht erwehre.[45] Auch der Regensburger Domherr Konrad von Megenberg befasste sich in seinem *Buch der Natur* mit den *meerwundern und ir natture*. Zu ihnen zählte er selbstverständlich auch das *meerweip*: eine Gestalt mit Adlerkrallen statt Füßen, einem geschuppten Fischschwanz und borstiger Pferdemähne, die also Körperteile des Fischs, des Vogels und des Pferdes in sich vereine. Sie steht für Konrad sinnbildlich für die Sünde, die Menschen zum Bösen verführe. »Unter dem Tier verstehe ich die unzüchtigen Frauen, die ihre weibliche Sittsamkeit verleugnet haben; die verlocken manchen Mann zur Schlechtigkeit.«[46]

Literarische Überhöhung

Im 12 und 13. Jahrhundert fand die Sirene (die Etymologie ist unklar, evtl. »die Bestrickende, Fesselnde«)[47] Einzug in die volkssprachigen Literaturen Europas – im deutsch- und englischsprachigen Raum als *merminne* (Meerfee), *mervrouwe, merwip, męrewif,* während im romanischen Raum das griechisch-lateinische Wort als *sirène, sirena* etc. fortlebte.[48] Schon im althochdeutschen *Annolied* des 11. Jahrhunderts erscheinen wundersame Wesen, »halb Fisch, halb Mensch«,[49] und in der Folge nehmen die Erwähnungen zu.

Verschiedentlich fungieren die Meerfrauen in diesen Erzählungen als Mütter oder Erzieherinnen des jeweiligen Helden, mitunter auch als Helferinnen oder Heilerinnen. In Ulrich von Zatzikhovens um 1200 verfasstem *Lanzelet* zum Beispiel zieht eine Meerfee (*merfeine*) den Helden auf, ähnlich die Meerfrau Lespia im *Wigamur,* einem Artusroman aus dem 13. Jahrhundert. Dort wächst der Held wohlbehütet zusammen mit den Töchtern der *mervrouwe* in einer Höhle im Meer auf, bis ihn ein Meeresungeheuer entführt.[50]

In der skandinavischen Welt entwickelte sich neben der *saekona,* der Meerfrau, mit der *margygr* die Vorstellung von einer Art »Meer-Troll«.[51] Nach dem altisländischen *Königsspiegel* hatten diese Wesen »schreckliche Gesichter, mit breiter Stirn und stechenden Augen, einem breiten Mund und einem Doppelkinn«. Ihr Erscheinen kündigte Seeleuten Stürme an, und sie sagten auch deren Ausgang voraus: Warf die *margygr* Fische nach dem jeweiligen Schiff, dann verlor es durch das Unwetter unweigerlich Besatzungsmitglieder; aß sie aber die Fische oder warf sie diese vom Schiff weg, dann konnten die Matrosen sicher sein, keinen Kameraden zu verlieren.[52]

An der skandinavischen *margygr* und vergleichbaren Gestalten der volkssprachlichen Literaturen Europas wird deutlich, dass sich in ihnen die in gelehrten Schriften überlieferte Gestalt der antiken Sirene mit einheimischen Vorstellungen von Nixen und monströsen Meerfrauen vermischte. Ähnliches lässt sich in der arabisch-muslimischen Welt beobachten, wo sirenenartige, verführerische Gestalten zwar nicht so populär waren wie in Latein-Europa, aber sehr wohl existierten. Der 1203 in Persien geborene al-Qazwīnī etwa schilderte die Gefahren, die von *melmedas* ausgingen – schönen Frauengestalten des Meeres, deren Unterteil aber aus sichelartigen Extremitäten bestand, mit denen nichtsahnende Männer, die ihren Reizen verfielen, kurzerhand zerhäckselt wurden.[53]

Die höfische Epik des 13. Jahrhunderts fügte die Sirenen in weitere Erzählungen ein.[54] Auffällig ist die zunehmend positive Wertung: Gottfried von Straßburg zum Beispiel setzt in *Tristan und Isolde* die Musen mit den Sirenen in Beziehung (V. 4862–4879)[55] und die Attraktivität seiner Heldin Isolde mit derjenigen der Sirenen gleich (V. 8085–8093, 8106–8111): »Mit wem kann ich vergleichen das schöne, begnadete Mädchen als mit Sirenen allein, die mit dem Magnetstein die Schiffe an sich ziehen?«[56] Konrad von Würzburg (gest. 1287) vergleicht das Aussehen und die Anziehungskraft der Helena ausdrücklich mit derjenigen einer Sirene: »Wie die Sirene mit ihrem lieblichen Gesang viele Schiffe an sich zieht, so kann diese herrliche Frau mit ihrer Schönheit viele Leben zu sich führen und sie nehmen.«[57] Konrad berichtet auch, Hektors Wappenzeichen sei eine Sirene gewesen – vielleicht ein Hinweis auf die Gefahr, die vom Krieger ausgeht.[58]

Das Sirenenwappen des Apollonius von Tyrland hingegen ist ohne jeden Zweifel positiv konnotiert: Im gleichnamigen Versroman Heinrichs von Neustadt aus der Zeit um 1300 hilft die Meerjungfrau dem Titelhelden entscheidend, indem sie ihn mit einem wundertätigen Bogen und einem unsichtbar machenden Ring ausstattet.[59] Nach dem Roman *Tristan de Nanteuil* aus dem 14. Jahrhundert droht dem schutzlos auf einem Schiff irrenden Kind Tristan der Tod, doch »schickt Gott aus Gnade eine Sirene, die zur Hälfte Frau und zur Hälfte Fisch ist«. Sie ernährt das Kind über 14 Tage und sichert damit sein Überleben.[60]

Auch hagiografische Quellen berichten mitunter von hilfreichen Sirenen, so die Legende des heiligen Servatius aus dem 11. Jahrhundert, nach der die Sirenen, »halbmenschliche Fische bzw. halbfischige Menschen«, die Seeleute vor Stürmen warnen.[61] Kurz: Die Sirene wurde nun nicht mehr ausschließlich mit dem Bereich des Dämonischen und Bedrohlichen in Verbindung gebracht. Diese Rehabilitierung und Humanisierung des aquatischen Mischwesens dürften nicht zuletzt von der naturwissenschaftlichen Wende des hohen Mittelalters mit ihrer Erhöhung der Flora und Fauna beeinflusst worden sein.

Angesichts dieser Aufwertung kann es nicht verwundern, dass Sirenen nicht nur in literarischen Werken als Wappenzeichen höfischer Helden aufscheinen, sondern in der Tat ab dem 15. Jahrhundert in die Welt der Heraldik, der Wappen, Einzug hielten. Für englische (Berkeley) und österreichische Familien (Zauchinger) sind Sirenen als Wappentiere belegt.[62] Zu jener Zeit fand der Sirenenstoff verbreiteten Niederschlag in der Geschichte der Melusine.[63] Der Stoff reicht bis an die Wende zum 13. Jahrhundert zurück (Walter Map, gest. 1209/1210, Gervasius von Tilbury, gest. um 1235), fand aber erst im 14. und 15. Jahrhundert seine populärste Ausprägung. Der französische Dichter Jean d'Arras verfasste um das Jahr 1393 einen Prosaroman, *Le livre de Mélusine*; der Berner Patrizier Thüring von Ringoltingen (gest. 1483) adaptierte ihn im Jahre 1456 in seiner *Melusine*.[64]

Erzählt wird das Schicksal einer wundersamen Gattin und Mutter: Der Sohn eines verarmten Grafen begegnet an einem Waldbrunnen einer Fee, besagter Melusine. Er befindet sich in einer Notlage, und sie verspricht ihm Hilfe, ja sogar Reichtum und Glück – doch unter zwei Bedingungen: Er muss sie heiraten, und er darf sie niemals am Samstag im Bad aufsuchen. In der Tat steigt der Grafensohn mithilfe seiner neuen Ehefrau sozial und wirtschaftlich auf, sie gebiert ihm zehn Kinder. Doch er bricht sein Versprechen und beobachtet sie beim samstäglichen Bad. Was er sieht, verschlägt ihm den Atem: Der Unterteil seiner Ehefrau gleicht einer Schlange. Er stellt Melusine als Mischwesen öffentlich bloß, worauf sie sich in einen Drachen verwandelt und ihn verlässt. Zwar wurde die Melusine vor allem mit Flüssen und Quellen, weniger mit dem Meer in Verbindung gebracht; doch hat sie sich gewiss aus dem Sirenenmythos entwickelt.

Damit erfuhr das Sirenenmotiv im späten Mittelalter eine merkliche Diversifizierung: Die Mischwesen dienten nach wie vor als abschreckende Warnung vor den Lastern der Welt, weiblicher Verführung und Eitelkeit. Aber sie standen auch für mütterliche Tugenden, menschliche Läuterung und Liebe. Gelegentlich halfen sie den Menschen sogar. Vor allem symbolisierten sie die weibliche Anmut. Ganz in dieses Bild höfischer Idealvorstellungen passen zeitgenössische Darstellungen der Sirenen des späteren Mittelalters. Hier werden die Fischfrauen mit Attributen der Sinnlichkeit und Schönheit dargestellt: mit blanken Brüsten, langem, wehendem Haar, mit einem Kamm oder einem Spiegel in der Hand, manchmal ein Instrument spielend. Fast immer ist ihr natürlicher Lebensraum das Wasser, besonders das Meer.

Meeresungeheuer

Die Sirene war sicherlich das bekannteste und das am häufigsten erwähnte aquatische Mischwesen des Mittelalters. Andere fantastische Meereslebewesen wurden weniger aus didaktischen Gründen denn aus naturwissenschaftlichem Interesse geschildert. Dabei handelte es sich vor allem um besonders große und furchterregende Monster, die häufig als *beluae*, seltener als *monstra* bezeichnet wurden. Sie standen für die Gefahren des Meeres im Allgemeinen und für die Schrecken der Unterwasserwelt im Besonderen.[65] Die unendlichen Weiten der hohen See lösten Angst aus, Stürme und Wellen konnten selbst die stärksten Schiffe kentern lassen.

Um wie viel furchteinflößender als die aufgepeitschten Weiten des offenen Meeres war aber das unbekannte Etwas, das sich unter der Wasseroberfläche befand? Wer auf dem Wasser schwamm, war noch am Leben, Untergehen bedeutete den Tod. Die Unterwasserwelt wurde daher mit der Gefährdung menschlichen Lebens in Verbindung gebracht. Auf dem Wasser konnten Schiffstechnik und die Fähigkeiten der Seeleute das Schicksal beeinflussen. Wo diese nichts auszurichten vermochten, war es Heiligen wie Nikolaus oder Eloy und allen voran der Jungfrau Maria möglich, die Elemente zu besänftigen. Doch unter Wasser war selbst der Einfluss der Heiligen begrenzt. Die Monster des Meeres waren Personifizierungen menschlicher Ängste.

Nur ganz besonderen Menschen war es vergönnt, sie ohne Schaden aus der Nähe zu beobachten. Eine solche Ausnahmegestalt war nach mittelalterlicher Vorstellung der antike Herrscher Alexander der Große. Zu den populärsten Stoffen insbesondere des Spätmittelalters zählt der bereits angesprochene *Alexanderroman*, der unter anderem Alexanders des Großen

Abb. 20. Tauchfahrt Alexanders des Großen, aus: »La geste ou histore du noble roy Alixandre, roy de Macedonne« (15. Jahrhundert).

naturwissenschaftliches Interesse, intellektuelle Neugierde, aber auch seine Kreativität und Erfindungsgabe zum Ausdruck bringen sollte.[66]

Nach Indien gelangt, habe der König wissen wollen, wie das Leben unter Wasser aussehe, und aus diesem Grunde eine Art Unterseeboot bauen lassen, mit dem er die submarine Welt in Augenschein nehmen konnte: ein Glasfass, in dem er an einer Kette in die Tiefe hinabgelassen wurde. Dort beobachtete er die Gewohnheiten der Fische und zog daraus die Lehre, dass die größeren Fische die kleineren fressen. Außerdem erkannte er, dass unter der Meeresoberfläche die gleichen Gesetze galten wie an Land. Die Episode ist in einigen Handschriften bebildert und zeigt bewaldete Unterseelandschaften, Mischkreaturen aus

Fisch und Mensch und allerhand Ungeheuer: Wale, Sirenen, Unterwassermenschen etc. (Abb. 3 und Abb. 20). Die Illustrationen des *Alexanderromans* vermitteln einen Eindruck vom Spektrum dessen, was man unter Wasser vermutete.[67]

Schriftliche Texte liefern weitere Aufschlüsse. Am häufigsten unter allen Meermonstern wurde in ihnen der Wal erwähnt, das große Wundertier des den mittelalterlichen Menschen bekannten Meeres.[68] Wir haben bereits gesehen: Er wurde mit dem Teufel assoziiert und als riesiger, todbringender Verführer dargestellt. Theologen, aber auch Naturkundler beschrieben ihn. In seinem enzyklopädischen Werk über die Tiere erwähnt Albertus Magnus zum Beispiel auch Meeresmonster (*beluae marinae*), die so groß seien, dass sie mitunter Schiffe in Gefahr brächten.[69] Thomas von Cantimpré widmete dem Wal und seinen Unterarten ausführliche Beschreibungen, wobei er stets die Gefährlichkeit dieser Riesenwesen betonte.[70] Die christlichen Autoren des Mittelalters führten mit ihrer Dämonisierung des Wales eine alttestamentliche Tradition fort, welche aquatische Ungeheuer, allen voran den fürchterlichen Leviathan, als Sinnbild des Bösen und Diabolischen beschrieb.[71]

Die mittelalterlichen Autoren wussten aber auch von anderen, nicht minder gefährlichen fantastischen Tieren zu berichten: Denn ebenso wie real existierende Meereslebewesen fanden imaginierte regelmäßig Aufnahme in die mittelalterlichen Bestiarien,[72] Meeresmonster bevölkern die mittelalterliche Epik.[73] In verschiedenen französischen »Chansons de Geste« spielen sie eine Rolle – etwa im *Lion de Bourges*, wo ein riesiger Höllenfisch Pilgerschiffe angreift (vv. 28272–28280).[74]

Im Ritterroman *Wigamur* – davon war schon die Rede – wird der gleichnamige Königssohn zuerst von einer Meerfrau aufgezogen, bis diese eines Tages ein merkwürdiges Wesen fängt: »Das war ein Meerwunder (*merwunder*), dessen Kopf so menschlich wie bei einem Mann war, außer dass seine Haare harte hörnerne Borsten waren wie bei einem Meerschwein [einem vermeintlich im Meer lebenden Wesen]. Auch war sein Bart lang, grün und struppig, die Augen saßen tief, und der Mund war wie der eines Affen, seine Arme waren behaart. Von der Brust abwärts war er geschuppt wie ein Fisch. Seine beiden Beine waren wie bei einem Rind, alle seine Glieder waren stämmig.«[75]

Das Monster meuchelt die Töchter der Lespia und raubt den Helden, zieht ihn dann aber ritterlich auf, indem er ihm – stets unter Wasser – ritterliche Tugenden beibringt: »Tüchtigkeit und gutes Benehmen, Singen und Saitenspiel und auch andere höfische Fertigkeiten: Parieren und Springen, Laufen und Ringen, bis er volljährig geworden war, sodass er tragen sollte Schwert und die Bewaffnung eines Mannes.«[76] Danach bringt er seinen Gefangenen an Land und entlässt ihn die Freiheit. Hier stößt man, wie auch in anderen Fällen, auf eine verstörende Gleichzeitigkeit von Brutalität und Menschlichkeit subaquatischer Fabelwesen.

Manche der Meerwunder erscheinen in der mittelalterlichen Literatur ebenso wie in naturkundlichen Abhandlungen. In den enzyklopädischen Werken des späteren Mittelalters, allen voran in Handschriften des *Liber de natura rerum* des Thomas von Cantimpré, wurden sie abgebildet,[77] zum Beispiel die *serra,* ein bereits von Isidor von Sevilla (*Etymologien* XII, 6, 16) beschriebenes Mischwesen aus Fisch und Vogel. Es könne mit seinem großen, mit Stacheln besetzten Kamm ganze Schiffe aufspießen, diese sehr weit durch die Lüfte tragen und dann im Meer versenken, die Schiffsbesatzung würde dort, so die Autoren, ohne Hoffnung auf Kommunion und Begräbnis ertrinken.[78] Oder der Meeresdrache: Ihm wurde nachgesagt, einen solch giftigen Biss zu besitzen, dass er für Mensch und Tier gleichermaßen tödlich sei.[79] Dies wiederum weckte das Interesse der Ärzte, sodass dieses fantastische Meereslebewesen auch in medizinische Fachkompendien wie den *Hortus sanitatis* aufgenommen wurde.[80]

Das Verhältnis zwischen Menschen und Tieren machte in der Vorstellung gelehrter Eliten langsame Wandlungsprozesse durch. Die frühmittelalterliche Betonung klarer Differenzen zwischen menschlichen und nichtmenschlichen Lebewesen wich nicht zuletzt aufgrund der Wiederentdeckung antiker naturkundlicher Schriften seit dem 12. Jahrhundert einer Tendenz, in wachsendem Maße Gemeinsamkeiten im Verhalten zu erkennen und zu beschreiben.[81] Von diesem Wandel zeugen unter anderem die Entstehung des Tierepos, aber auch der Aufschwung naturwissenschaftlicher Abhandlungen seit dem 13. Jahrhundert. In ihnen wurde auch ein breites Panorama monströser Meereslebewesen ausgebreitet, welche die Autoren als besonders groß, kräftig, schnell, gefährlich, grausam oder wunderlich ansahen.[82]

Zu diesen bestaunenswerten Ergänzungen der göttlichen Schöpfung gehörten Krokodile, Nilpferde, Delfine und andere uns heute bekannte Tiere,[83] aber auch eine Vielzahl fantastischer Gestalten. Manche von ihnen tragen die Bezeichnungen geläufiger Lebewesen, zum Beispiel der Seehund oder die Seekuh.[84] Aber einige dieser Namen sind irreführend, wie der des Seepferds illustriert: Denn während der Tiername heutzutage eine besondere Form von Knochenfischen bezeichnet, verstanden Thomas von Cantimpré und seine Nachfolger unter einem Seepferd im wörtlichen Sinne einen Fisch mit dem Kopf eines Pferdes.[85]

Diesen Meermonstern schrieb der Autor allerhand meist negative Handlungen zu. Auch fantastische antike Gestalten fanden Einzug in seinen Katalog, so die Skylla, welche Thomas von Cantimpré als ein weibliches Lebewesen ansah, das Kopf und Füße einer Jungfrau, aber den Bauch einer Bestie und einen Delfinschwanz aufweise. Dieses schreckliche Tier habe eine liebliche Stimme, doch ergötze es sich am Blut unschuldiger Seefahrer.[86]

Thomas von Cantimpré war ein prominenter und besonders einflussreicher, aber keineswegs der einzige Autor des Mittelalters, der solche Panoramen wundersamer Meerestiere entwarf. Isidor von Sevilla hatte bereits im 7. Jahrhundert die salzigen Gewässer als eine Parallelwelt unter Wasser dargestellt. Das Meer wies ähnlich dem Festland wilde und domestizierte Tiere auf, und bezeichnenderweise tragen viele der von ihm beschriebenen Meereslebewesen terrestrische Namen: Seelöwe, Seewolf und Seefuchs etc.[87] Thomas griff diese Anregung auf und verband sie mit vergleichbaren Stellen bei Aristoteles, Plinius oder Bartholomäus Anglicus; seine Schrift diente seinerseits Vinzenz von Beauvais, Albertus Magnus, dem Kompilator des *Hortus sanitatis* und anderen als Vorlage.[88]

Konrad von Megenberg zum Beispiel übernahm von ihm zur Mitte des 14. Jahrhunderts 20 *monstra marina* und versah diese mit allerhand allegorischen Deutungen.[89] Weitere Autoren reicherten das bekannte Spektrum um Mischwesen wie den Meeresel, den Seehasen, die Seekatze oder die Seemaus an. In der spätmittelalterlichen Vorstellungswelt waren diese Wesen in der Tat zur einen Hälfte Meeres-, zur anderen Hälfte Landtier, wobei Oberteil und Kopf stets terrestrisch geprägt waren. Man kann sie als »ichthyomorphe« (fischförmige) Lebewesen bezeichnen, denn es handelte sich um Fische (griechisch *ichthys*), welche die Eigenschaften anderer Tiere in sich aufnahmen. Landtiere mit Fischköpfen hingegen finden sich kaum, weder in Beschreibungen noch in den vielen Abbildungen sonderbarer Gestalten, die auf uns gekommen sind.

Die 1491 in Mainz von Jakob Meydenbach gedruckte Ausgabe des *Hortus sanitatis* wiederum, eine Enzyklopädie der Arzneimittel der Zeit, deckt in 106 Kapiteln über Fische das ganze Spektrum aquatischer Mischwesen ab, die in Holzschnitten

Abb. 21. Seekuh, Seehund, Seepferd, aus: Hortus sanitatis (Mainz 1491).

dargestellt wurden. Diese Tierwelt umfasste tatsächliche, noch heute existierende Meerestiere ebenso wie eine fantastische Fauna, die als eine Spiegelung bekannter Landlebewesen anzusehen ist. Sehr viel von dem, was den Menschen an Haustieren und anderen Geschöpfen bekannt war, vermuteten die Zeitgenossen nämlich analog unter Wasser (Abb. 21): ichthyomorphe Schweine, Pferde, Kühe, Kälber, Hunde, Katzen, Mäuse, aber auch exotischere Tiere wie Affen und Löwen. In den Tiefen einer symmetrischen, doch unzugänglichen ozeanischen Gegenwelt müssten auch sie zu finden sein.[90]

Auch spätmittelalterliche Karten enthalten Abbildungen dieser Geschöpfe. Einschlägige Werke wie der oftmals mit Weltkarten ausgestattete Apokalypsenkommentar des Beatus von Liébana (gest. um 798) aus Asturien (Spanien) zeigen in den Wassermassen, welche angeblich die damals bekannte Welt umgaben, häufig Sirenen und andere wundersame Geschöpfe.

Selbst wissenschaftlich exaktere Werke wie der berühmte *Katalanische Weltatlas* aus dem 14. Jahrhundert oder die prächtige Weltkarte der Bibliotheca Estense von 1450/60 sind von solchen fantastischen Meereswesen bevölkert.[91] Die Karten zeigen eine Tendenz, die bei der Beschäftigung mit Wassermonstern und fantastischen Mischwesen ins Auge springt: Regelmäßig wurden diese den fernen Grenzen der bekannten Welt oder maritimen Übergangszonen zugeordnet. Die menschliche Fantasie verortete in diesen Grenzgebieten, was in der eigenen Heimat nicht bekannt, nicht denkbar, nicht zugelassen oder nicht realisierbar war.

Seit der Antike und das gesamte Mittelalter hindurch waren Asien im Allgemeinen, Südasien und Indien im Besonderen die Räume des Exotischen, Wundersamen – der Ort, an dem die Monster wohnten.[92] Daher wurden auch die Meeresmonster besonders gern dort vermutet. Manche mittel- und westeuropäische Autoren des Mittelalters hingegen verorteten diese Geschöpfe irgendwo in der britischen Nordsee oder im hohen Norden.[93]

Schon im 11. Jahrhundert behauptete Adam von Bremen in seiner Chronik der Hamburger Bischöfe, im Norden lebten viele Monster, und diese Vorstellung wurde bis über das Ende des Mittelalters hinaus fortgetragen.[94] Die Sirenen wiederum konnten auch in bekannteren Gewässern vorkommen. In der Antike noch im zentralen Mittelmeer vermutet, wurden sie im Mittelalter an die westlichen und nördlichen Grenzregionen versetzt. Nach Ausweis des *Roman de Brut* (1155), der *Historia Regum Brittaniae* Geoffreys von Monmouth (gest. um 1155) und anderer Schriften zum Beispiel wohnten sie an der Meerenge von Gibraltar, an der Grenze zum »großen Meer« (dem Atlantik).[95] Andere Quellen situieren sie an den Küsten der Britischen Inseln.

Bildeten die Monster des Meeres also einen festen Bestandteil der mittelalterlichen Vorstellungs- und Bildwelt, so wurde doch (kaum überraschend) nur selten von tatsächlichen Sichtungen berichtet. Bezeichnend ist der Brief eines Kreuzfahrers aus dem Jahre 1147 mit der Schilderung eines Sturms, der sein Schiff auf der Reise nach Lissabon traf: »Die schreckliche Dunkelheit der Nacht und der hohe Wellengang ließen selbst die furchtlosesten Seeleute verzweifeln. Zwischenzeitlich waren die Sirenen zu hören – ein schrecklicher Klang, der zuerst von Wehklagen begleitet wurde, dann aber von Gelächter und Freude wie die Beleidigungen provozierender Kombattanten.«[96] Der Autor hörte die Sirene, sah sie aber nicht. Wenn fantastische Meereswesen angeblich beobachtet wurden, dann am ehesten in der Nordsee, insbesondere an der britischen und irischen Küste. Von dort melden mehrere Chroniken sogar den Fang von Sirenen.[97]

In der arabisch-muslimischen Welt glaubte man an hybride Wasserwesen aus dem Osten. Im 10. Jahrhundert verfasste ein arabischer Gelehrter ein Werk über die Wunderdinge Indiens (*Kitāb ʿaǧāʾib al-Hind*).[98] Darin versammelte er Hunderte Geschichten, die er unter anderem von Seeleuten gehört hatte, die den Indischen Ozean durchfahren hatten. Unter diesen Erzählungen sind auch solche von Riesenfischen, wahrscheinlich Walen, die so groß waren, dass Männer zu Pferde problemlos in sie hineinreiten konnten.[99]

Der Kapitän Abū az-Zāḥr al-Barkhatī wiederum hatte von seinem Großonkel gehört, dass dieser einst auf einer entfernten Insel Sklaven kaufte, die sich aber rasch als Meerwesen entpuppten. Kaum war sein Schiff auf hoher See, sprangen alle Gefangenen, Männer und Frauen, ins Meer und verabschiedeten sich unter Gelächter von den verdutzten Seeleuten. Der Autor sinniert, ob diese Wesen nicht aus Geschlechtsbeziehungen zwischen Menschen und Fischen hervorgegangen sein könnten.[100] Eine ähnliche Erklärung hat er für die Fischmenschen vor der Küste Äthiopiens, die vermeintlich in allem Landmenschen ähnelten, aber im Meer lebten.[101]

Der *Kitāb ʿajāib al-Hind* gehört im weitesten Sinne zur arabischen Gattung der ʿağāʾib-Literatur – kosmografische Werke mit einem besonderen Interesse für Wunderdinge, den lateinischen *Mirabilia* ähnlich.[102] Andere Beispiele dieser Gattung aus dem 12. und 13. Jahrhundert berichten von aquatischen Wunderwesen in einem nicht näher bestimmten »Meer der Finsternis«, womit möglicherweise der Atlantik, wahrscheinlicher aber das Kaspische Meer gemeint sein dürfte.[103] In diesem fantastischen Gewässer sollten riesige Fische existieren, in denen wiederum menschliche Wesen lebten. Alle diese Autoren erzählen davon, dass dem Ohr eines dieser Riesentiere eine wunderschöne Frauengestalt entstiegen sein soll,[104] die – kaum dass sie Land betritt – stirbt: eine Wasserfrau.

Gelegentlich wurden in arabischen Schriften nicht nur dem wundersamen Osten solche Wesen zugeschrieben, sondern auch dem unbekannten äußersten Westen. Al-Zuhrī zum Beispiel berichtet von anthropomorphen Fischwesen im Ostatlantik.[105] Mehrere Jahrhunderte nach ihm verzeichnete der christliche Seefahrer Christoph Kolumbus für den 9. Januar 1493 in seinem Bordbuch, er habe (an der Küste der heutigen Dominikanischen Republik) drei Meerjungfrauen aus dem Wasser herausragen sehen. »Sie waren aber nicht so wie auf den Gemälden, denn irgendwie hatten sie die Gesichtszüge von Männern.« Kolumbus fügte hinzu, dass er schon in Guinea und an der »Pfefferküste« Westafrikas welche gesehen habe.[106] Der berühmte Entdecker dürfte Seekühe gesichtet haben. Insgesamt sind Berichte derartiger Sichtungen in den mittelalterlichen Quellen allerdings selten.

Fischmenschen und Unterwassergesellschaften

Wenn mittelalterliche Autoren sagenhafte Wassergeschöpfe nutzten, um ihre Mitmenschen zu ermahnen, zu unterhalten und zu erziehen: Was lag dann näher, als Ähnliches mit subaquatischen menschlichen Gruppen und Gesellschaften zu betreiben?

In der Tat finden wir in den erwähnten Enzyklopädien und anderen gelehrten Werken vielfältige Hinweise auf eine besondere Art von »Mixanthropoi«, Fischmenschen, die Gemeinschaften bildeten.[107] Manche von ihnen spiegelten zeitgenössische gesellschaftliche Gruppen – etwa der Zitiron oder »Meerritter«: ein Meeresungeheuer mit Stahlhaube.[108] Ihm kann man die »Meermönche« zur Seite stellen: Fische mit einem tonsurierten Menschenkopf (Tafel 9).[109] Nach Thomas von Cantimpré bewohnten sie die Meere Britanniens, wo sie gern in Küstennähe im Wasser spielten, gelegentlich aber auch Menschen, die sich ihnen allzu sehr näherten, in die Tiefen des Meeres zogen.[110]

Meerritter und Meermönch wurden in verschiedenen Enzyklopädien des 13. Jahrhunderts erwähnt und fanden in abgewandelter Form Einzug in die Literatur.[111] Auch in das Wappenwesen wurden Fischmenschen aufgenommen.[112] Doch blieb es nicht bei der Einschreibung bekannter sozialer Gruppen in eine fantastische Unterwasserwelt. Auch ganze Gesellschaften wurden im Mittelalter in aquatische Königreiche versetzt.[113] In Illustrationen zur legendären Unterwassererkundung Alexanders des Großen sind sie zu finden (Abb. 20), und volkssprachige Epen liefern weitere Erzählungen.

Im *Demantin* Bertholds von Holle aus dem 13. Jahrhundert zum Beispiel wird von einem Unterwasserkönigreich erzählt, in dem menschliche Ritter leben können, weil Zaubersteine an ihren Helmen ihnen das Atmen unter Wasser erlauben.[114] Im mittelhochdeutschen Epos *Diu Crône* brauchen die Einwohner des Unterwasserreichs keine solche Hilfsmittel, denn es handelt sich bei ihnen im engeren Sinne um Ichthyomorphe, um Fischmenschen. Ihr Herrscher, König Priure, entsendet aus seinem Reich einen höfischen Fischritter als Boten an den Artushof. Der Gesandte wird als ein reich gekleidetes Wesen von der Größe eines sechsjährigen Kindes beschrieben, dessen Haut mit Schuppen bedeckt ist und das ein pferdeähnliches Unterwassertier mit einer aus Fischflossen gebildeten Mähne reitet.[115]

Solche Vorstellungen subaquatischer Gegenwelten dienten in aller Regel dazu, die Allgemeingültigkeit der bestehenden Ordnung zu untermauern. Wie es in menschlichen Gesellschaften auf dem Lande klare Hierarchien – Könige, Höfe, Untertanen – gab, so auch unter Wasser. Unterwassergesellschaften zeigten damit, dass die geläufigen Gesellschaftsordnungen von Gott gewollt und allgemeingültig waren. Soziosphäre und Biosphäre fallen hier zusammen.

Diese Gedanken finden sich nicht allein im christlichen Europa, sondern auch in der arabisch-muslimischen Welt. Eine der berühmtesten Erzählungen der Weltliteratur, *Tausendundeine Nacht,* enthält gleich mehrere Beschreibungen von Menschen des Meeres, so diejenige von »Dschullanar vom Meer und ihr[em] Sohn, König Badr«.[116] Wie im *Demantin* Bertholds von Holle wird auch hier von Unterwasserreichen erzählt, deren Einwohner dank gewisser Hilfsmittel (hier Zauberworte) unter Wasser zu atmen vermögen. Dschullanar, die Prinzessin eines solchen submarinen Reiches, verbindet sich mit einem Landmenschen und gibt die Fähigkeit, unter Wasser zu leben, an ihren Sohn weiter.

In der Erzählung *Geschichte von Abdallah, dem Landbewohner, und Abdallah, dem Meerbewohner* hingegen erlangt ein Fischer Einblick in eine Unterwasserwelt, die einen Gegenentwurf zu seinem Alltag darstellt: Mithilfe eines von ihm gefangenen und dann freigelassenen Meermannes und durch eine wundersame Salbe, die ihn unter Wasser atmen lässt, kann er eine Tour durch die submarine Welt machen. Dabei besucht er auch eine Stadt der Frauen. Die mit Fischschwänzen versehenen Wassermenschen kennen weder Kleidung noch Eigentum.[117]

Diese Geschichten aus der arabisch-muslimischen Welt erinnern entfernt an eine seit dem 12. Jahrhundert in Latein-Europa bezeugte und im westlichen Mittelmeerraum verbreitete Erzählung von einem Mann – oder einem Fisch – namens Nikolaus. Der englische Autor Walter Map führt ihn in seinem *De nugis curialium* als *Nicholas Pipe*,[118] sein Landsmann Gervasius von Tilbury als »Nicholas Papa aus Apulien«, als »Nikolaus Fisch« (*Cola Pesce*) ging er in die italienische, als *Peix Nicolau* in die mallorquinische Folklore ein.

Bei allen Variationen ähneln sich die Geschichten im Kern. Sie handeln von einem Mann, der sich im Wasser wohler fühlt als auf dem Land und sagenhaft lange tauchen kann.[119] Nach Walter Map hatte dieser »Wassermann« so viel Zeit mit den Fischen verbracht, dass er wie diese nicht auf dem Land überleben konnte und letztlich daran zugrunde ging. Nach Gervasius wiederum erforscht Nikolaus im Auftrag König Rogers von Sizilien den Grund des Meeres, wo er Wälder, Täler und Berge entdeckt.

Hatte nach dem *Alexanderroman* dessen Titelheld in einer Vorstufe eines modernen U-Boots die Unterwasserwelt erkundet,[120] so konnte dies der sagenhafte Nikolaus ganz ohne technische Hilfe. In den folgenden Jahrhunderten schmückte die italienische und die katalano-mallorquinische Folklore die Geschichte weiter aus, indem sie den meeresbegeisterten Nikolaus zum Opfer eines mütterlichen Fluches machte, der ihn in ein Hybridwesen mit Entenfüßen verwandelte. Bis ins 20. Jahrhundert erzählte man an den Küsten des Mittelmeers die Geschichte von Nikolaus Fisch, dem Wassermenschen.

Nikolaus Fisch, Meerritter, Meermönche, Sirenen und andere Mischwesen loten die Grenze zwischen Tier und Mensch aus. Wo endet das eine, wo beginnt das andere? Welche Wesen sind Teil des göttlichen Heilsplans, und in welcher Form und Funktion tragen sie zu diesem bei? Können Tier und Mensch gleichermaßen auf Erlösung hoffen?

Anthropomorphe und ichthyomorphe Wesen sind nicht zuletzt Ausdruck ganz existenzieller Fragen. Sie konnten Bekanntes bestätigen oder anfechten: Subaquatische Spiegelungen terrestrischer Gesellschaften etwa unterstrichen die Stabilität bestehender Ordnungen. Gegenbilder zu geläufigen Sozialkonstruktionen auf dem Lande hingegen – wie etwa Unterwasserstädte von Frauen – stellten sie infrage.

Sie können als eine Folge grundlegender Erfahrung des europäischen Hochmittelalters verstanden werden: Zunehmende Mobilität, neue Handelskontakte und Kriege erweiterten die Grenzen bekannter Räume. Sie brachten Menschen Europas immer häufiger mit ihnen bislang unbekannten Gesellschaften in Kontakt, was die bohrende Frage nach der Allgemeingültigkeit und Verbindlichkeit des Eigenen aufwarf. Wer konnte noch wissen, was jenseits der Grenzen des Bekannten möglich war? Die aquatischen Monster und Mythen des Mittelalters waren Spiegelungen menschlicher Sehnsüchte, Ängste und Erfahrungen.

Abb. 22. Lewis Chessmen, Dame und König (um 1200).

7. Wertvolle Zähne und die Macht des Einhorns

Anfang 1831 entdeckte Malcolm MacLeod, ein Einwohner der Insel Lewis, die zu den Äußeren Hebriden gehört, in einer Sanddüne eine wahrscheinlich vom Wind freigelegte Steinkiste. In dem Behältnis fand MacLeod insgesamt 93 offensichtlich sehr alte Gegenstände: 78 Schachfiguren, 14 runde Spielsteine und einen Gürtel, die er allesamt rasch weiterverkaufte. Nach abenteuerlichen Umwegen gelangten elf dieser Stücke an das Schottische Nationalmuseum in Edinburgh, die übrigen 82 an das Britische Museum nach London. Die Schachfiguren wurden aufgrund ihrer handwerklichen Qualität und Ausdruckskraft rasch weltberühmt (Abb. 22).[1]

Bis zum heutigen Tag ist unklar, wie und warum die Lewis Chessmen an ihren Fundort gelangten. Wahrscheinlich wurden sie in Norwegen hergestellt, denn in Trondheim sind ähnliche Figuren gefunden worden. Vorsichtig sind sie auf das Ende des 12. oder den Beginn des 13. Jahrhunderts datiert worden, eine genauere Bestimmung ist nicht möglich. Vielleicht befanden sie sich auf dem Weg per Schiff nach Dublin, eine skandinavische Gründung, die mit Norwegen in engster Verbindung stand. Aber aus welchem Grund wurden sie versteckt?

Vieles an den Spielfiguren von Lewis ist rätselhaft, eines ist aber sicher: Sie sind aus Walrosszahn hergestellt. Sie sind bei

Weitem nicht die einzigen Artefakte, die aus diesem Werkstoff gefertigt wurden. Zähne von Meereslebewesen werden im Zentrum der folgenden Seiten stehen.

Nicht alle Meerestiere waren in gleichem Maße Teil der mittelalterlichen Vorstellungswelt. Im letzten Kapitel haben wir bereits gesehen: Wale und unter ihnen besonders die Delphiniden gehörten zum zoologischen oder genauer: ichthyologischen Arsenal mittelalterlicher Kultur, sie wurden durch die Bibel, Heiligengeschichten, gelehrtes Wissen, Heraldik und anderes mehr den Menschen nahegebracht und präsent gehalten. Bei anderen marinen Säugetieren war dies nicht der Fall, weil sie weniger verbreitet und zudem in schwach besiedelten Regionen wie etwa den kalten Meeren des Polarkreises beheimatet waren. Zu ihnen gehören die Walrosse und Narwale.

Walrosse und Walrosswissen

Das Walross *(Odobenus rosmarus)* gehört zur Familie der Robben *(Pinnipedia)* und zur Ordnung der Raubtiere. Man unterscheidet zwischen Pazifischen und Atlantischen Walrossen; dieses Buch beschäftigt sich ausschließlich mit Letzteren, die in den arktischen Meeren von der kanadischen Arktis im Westen bis zur nordsibirischen Karasee im Osten zu finden sind.[2]

Walrosse sind Meeressäuger, die sich von wirbellosen Bodentieren, also von Weichtieren und Krustentieren wie Krebsen ernähren, von denen sie am Tag 45 bis 50 Kilogramm verspeisen können. Mithilfe ihrer rechten Flosse wühlen sie diese Tiere aus dem Untergrund auf. Ihre markanten Stoßzähne benutzen sie für die Nahrungsgewinnung, aber auch zur Verteidigung gegen Angreifer (v.a. Eisbären) und dazu, sich vom Wasser auf Eisschollen oder Felsen zu wuchten. Vor allem aber erfüllen die

Zähne eine soziale Funktion, weil sie männliche Tiere auszeichnen und in Rangkämpfen zwischen ihnen zum Einsatz kommen.

Robben, auch Walrosse, können sich sowohl an Land als auch im Wasser fortbewegen. Dazu benutzen sie auf festem Boden alle vier Flossen, im Wasser die hinteren für den Antrieb und die vorderen zur Lenkung. Da sie in beiden Welten leben, müssen sie gewisse biologische Herausforderungen, mit denen man auf dem Land bzw. im Meer konfrontiert ist, gleichermaßen bewältigen: Eine stabile Innentemperatur muss gewährleistet, also die Auskühlung im Wasser und die Überhitzung auf dem Lande verhindert werden. Außerdem stellt die Atmung ein zu überwindendes Problem dar; Walrosse sind zwar Lungenatmer, doch können sie bis zu 30 Minuten unter Wasser tauchen.

Glücklicherweise zählen die Walrosse (noch) nicht zu den über 50 ausgestorbenen Robbenarten. Die Gattung ist besonders vulnerabel, weil die Fortpflanzungsrate gering ist (die Geschlechtsreife erlangen weibliche Tiere mit sechs Jahren, sie gebären jedes Jahr ein Kalb) und sie empfindlich auf Klimaveränderungen reagiert. Aus früheren Zeiten liest man erschreckende Schilderungen von Tausenden Exemplaren, die an einem einzigen Tag von Walrossfängern erschlagen wurden.[3]

Die Zahl der Walrosse war Ende des 20. Jahrhunderts weltweit dramatisch eingebrochen. Doch dank jüngerer Verbote erholt sich der Bestand langsam wieder. In der ostkanadischen Arktis leben ca. 10 000 Walrosse, auch in Grönland und den nordöstlich von Europa gelegenen Gebieten ist ihre Zahl wieder auf mehrere Tausend angewachsen. Allerdings sind auch sie wie die Wale durch ökologische Veränderungen, Ölunglücke und Klimawandel gefährdet.[4] Es handelt sich um eine Art Meeressäuger, die auch in Zukunft weiter bedroht sein dürfte.

Robben sind weitverbreitete fleischfressende Meeressäuger, die in vielen Ozeanen zu finden sind und daher bereits im Mittelalter ausführlich beschrieben wurden. Albertus Magnus äu-

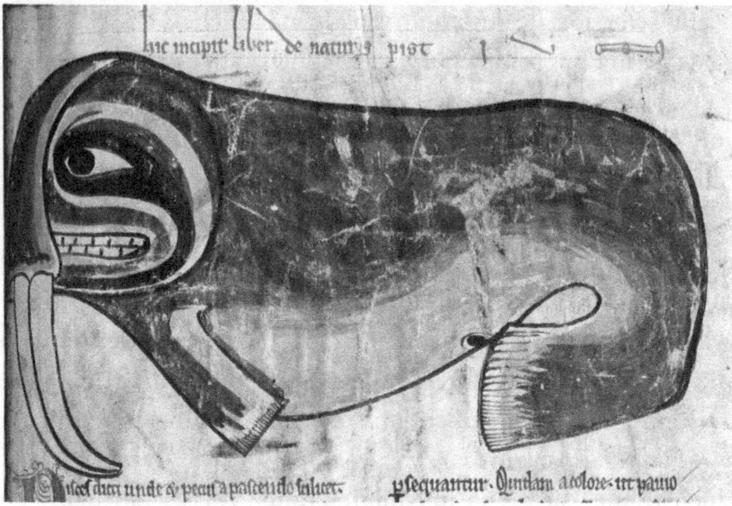

Abb. 23. Darstellung eines Walrosses (England, 1220–1240).

ßert sich an verschiedenen Stellen seines Werkes *De animalibus* über Robben (Seekühe, Seekälber, Seehunde),[5] deren Intelligenz er heraushebt.[6] Besonders aufmerksam und genau umschreibt er ihre Fortbewegung und ihre Extremitäten,[7] an anderen Stellen webt er wenig fundierte Informationen ein – so etwa die Behauptung, Seekälber würden den tiefsten Schlaf aller Tiere haben.[8]

Nicht alle Robbenarten wurden ähnlich ausführlich in der gelehrten Literatur des Mittelalters abgehandelt. Da diese sich auf die antike, also mittelmeerische Tradition bezog, finden Tiere aus den äußersten nördlichen Breitengraden in ihr selten Erwähnung.[9] Walrosse werden daher in den mittelalterlichen Bestiarien selten abgebildet. Eine dieser ungewöhnlichen Darstellungen befindet sich in einem heute in Cambridge aufbewahrten Manuskript des 13. Jahrhunderts (Abb. 23).

Walrosse dürften im Mittelalter als Wale verstanden worden sein, wie es noch heute unsere – bei strenger Betrachtung irreführende – Bezeichnung dieses Tieres andeutet, denn das Walross ist kein Wal (und noch weniger ein Pferd). Als »Rosswal« wurde das Tier schon im frühen Mittelalter in den Sprachen Skandinaviens bezeichnet (lat. hingegen *morsus*), es begegnen aber auch Namen wie »Junge Rote«, »Walrosswal« (*rostungr*, *rosmhvalr*) und wahrscheinlich auch schlicht »Wal«.[10] Unter den vielen im letzten Kapitel vorgestellten Erwähnungen von Walen mag sich also durchaus der eine oder andere Hinweis auf ein Walross verbergen. Die mittelalterliche Wissenschaft tat sich schwer, diese Tiere einzuordnen.

Dies ist auch an einer Zeichnung Albrecht Dürers zu erkennen, die auf das Jahr 1521 datiert ist (Abb. 24).[11] Sie zeigt eindrücklich, dass auch wissenschaftlich interessierte Europäer diese Tiere im mittelalterlichen Jahrtausend so gut wie nie in ihrem natürlichen Habitat erlebten. Dennoch begegneten manche Menschen des Mittelalters dem Walross – wenn es zu anderen Produkten verarbeitet worden war. Wir konnten dies schon beim Wal beobachten, denn die Kämme, Ziertafeln, Spielsteine, Helmziere etc., die aus ihm hergestellt wurden, lie-

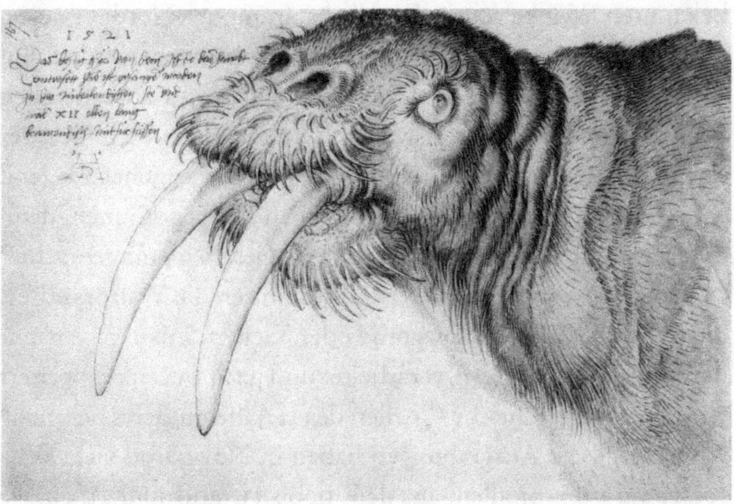

Abb. 24. Albrecht Dürer, Walrosskopf (1521).

ßen ihre Herkunft kaum erkennen. Ähnlich ist es beim Walrosszahn – und, wie wir sehen werden, auch bei den Zähnen einiger anderer Meeresbewohner.

Wo lebten im Mittelalter Walrosse, und wo wurden sie gejagt? Drei Gegenden sind herauszuheben.[12] Zum einen sind die nördlich von Norwegen und Finnland gelegenen Gebiete des Nordkaps, die sich östlich anschließende Barentssee und das südlich der Barentssee, im nördlichen Russland, gelegene Weiße Meer zu nennen. Dort wurden im Mittelalter Walrosse erlegt, von dort gelangten sie bzw. Teile von ihnen nach Europa.

Dies wissen wir u. a. durch einen norwegischen Reisenden namens Ottar oder Ohthere, dessen Kenntnisse in eine altenglische Erzählung aus dem ausgehenden 9. Jahrhundert einflossen.[13] Danach hat der englische König Alfred (gest. 899) die Überarbeitung eines geografischen spätantiken Werkes in Auftrag gegeben und dabei auch Wissen über den weitgehend unbekannten äußersten Norden Europas einholen wollen.

Zu jener Zeit sei besagter Ottar/Ohthere an seinen Hof gekommen und habe von seinen Reisen in kalte Grenzgebiete der bekannten Welt berichtet. Er selbst stamme aus Nordnorwegen und sei nach eigener Erzählung noch weiter nach Norden und Osten gereist, »als die Waljäger [gemeint sind wahrscheinlich Walrossjäger] jemals gereist sind«. Unter anderem schilderte er die Walrosse (*horshwæl*, »Rosswale«), die es in jener Gegend gebe. Seine Worte habe er eindrücklich belegen können, denn er habe König Alfred Walrosszähne als Geschenk mitgebracht.[14]

Wohl aus der gleichen Gegend stammten die Walrosszähne, die wahrscheinlich in Nowgorod oder Kiew zu Luxusgegenständen, etwa Tintenfässern, verarbeitet und nach Byzanz exportiert wurden, wie griechische Quellen des 12. Jahrhunderts belegen.[15] Archäologische Ausgrabungen haben in Nowgorod viele Walrosszahnreste, vor allem aus dem 11. bis 13. Jahrhundert, zutage gefördert, und wir wissen, dass örtliche Herrscher in dieser Zeit unbearbeitete Zähne als wertvolle Geschenke an auswärtige Herrscher schickten.[16]

Die beiden anderen Regionen, deren Walrosspopulationen in Europa bekannt wurden, sind Grönland und Island. Letzteres mag auf den ersten Blick befremden, sind doch heutzutage keine Walrosse mehr auf Island zu finden. Ist ihr Verschwinden vielleicht auf das Überfischen bzw. Überjagen durch die mittelalterlichen Skandinavier zurückzuführen, die nach Island einwanderten? Hierüber ist eine von mehreren Forschungskontroversen entbrannt, die sich um das Walross ranken. Betrachten wir sie ein wenig genauer, denn sie weisen auf grundlegende Zusammenhänge zwischen Menschen, Tieren und Ökologie hin, die einmal mehr daran erinnern, dass wir Landbewohner in stärkerem Maße von Meereslebewesen abhängig sind, als uns bewusst oder lieb ist.

Drei Walrosskontroversen

Wenden wir uns zuerst den ausgestorbenen isländischen Walrossen zu. Warum verschwanden sie?[17] Waren natürliche Prozesse aufgrund von Klimaveränderungen, vielleicht das Ergebnis von Vulkaneruptionen auf Island, der Grund, oder menschliches Handeln? Die Frage reflektiert ein Forschungsinteresse, das in Zeiten des Anthropozäns immer dinglicher wird. Welchen ökologischen Einfluss hatte die Jagd der Menschen auf marine Lebewesen?

Es ist nicht zu bestreiten, dass es im Mittelalter Walrosse auf Island gab. Denn dies ist nicht nur durch Schriften überliefert, sondern auch archäologisch erschlossen worden: Im modernen Reykjavík, im Ortsteil Aðalstræti, sind verarbeitete Walrosszähne gefunden worden, die in jüngerer Zeit im Isländischen Nationalinstitut für Naturgeschichte untersucht wurden;

38 Walrossschädel und -zähne wurden analysiert und auf dieser Grundlage DNA-Untersuchungen und Radiokarbondatierungen durchgeführt.[18] Sie beweisen die örtliche Herkunft dieser Tiere.

Auch die Ortsnamenskunde kann zur Bestätigung herangezogen werden, denn die Namen mehrerer isländischer Siedlungen deuten darauf hin, dass hier ehemals Walrosse an Land kamen, um zu kalben.[19] Verschiedene Sagas erzählen von Walrossen und Walrossgegenständen, wie Zähnen, Leder, Gürteln aus Walrossleder usw.[20] Alles dies lässt unzweifelhaft darauf schließen, dass während des Mittelalters Walrosse in Island von den Einheimischen gefangen, getötet und verarbeitet wurden.

Ob dies allerdings in so großer Zahl geschah, dass die Population ausstarb, ist unklar und erscheint sogar unwahrscheinlich. Die menschlichen Siedlungen vor Ort waren nicht hinreichend groß, und die seit dem 9. Jahrhundert dort lebenden Skandinavier brauchten für ihren Lebensunterhalt gar nicht so viele Tiere zu töten – es sei denn, Island wäre ein protoindustriell ausgebauter, international vernetzter Vertriebsknotenpunkt für Walrossprodukte gewesen. Doch das Exportzentrum für dergleichen war offenbar Grönland, nicht Island.

Wahrscheinlicher ist, dass natürliche Faktoren wie Klimaveränderungen oder Umweltverschmutzung aufgrund von Vulkanausbrüchen für das Verschwinden von Walrossen in Island verantwortlich waren. Doch ist nicht ausgeschlossen, dass die Jagd das Verschwinden der Walrosse von Island im Verlaufe des 14. Jahrhunderts beförderte, denn auch andere marine Lebewesen (Riesenalk, Stellers Seekuh u. a. m.) sind in der Vergangenheit durch die Einwirkung einer begrenzten Zahl von Menschen ausgestorben.[21]

Die zweite Forschungskontroverse, die sich um das Walross im Mittelalter dreht, betrifft die Frage, aus welchen Gründen Skandinavier überhaupt nach Island und dann nach Grönland migrierten. Um das Jahr 1000 errichteten skandinavische Abenteurer zuerst an der Ost- und dann an der Westküste Grönlands Siedlungen; diese bestanden über mehrere Jahrhunderte fort.[22] Ein wesentlicher Wirtschaftszweig der Einwohner war die Walrossjagd. Das wichtigste Jagdgebiet lag nördlich der westlichen Siedlungen, in einem Gebiet (Disko Bay), das in skandinavischen Quellen als »Norðurseta«, »nördliche Jagdgründe«, bezeichnet wird. In beiden Siedlungen Grönlands sind Walrossreste aus der Zeit der Skandinavier archäologisch erschlossen worden.[23]

Die Walrossjäger mussten von der Westsiedlung aus mehrere Wochen nach Norden rudern, um das Jagdgebiet zu erreichen, noch länger dauerte die Fahrt von der Ostsiedlung.[24] Der Aufwand lohnte sich aber, denn nach neueren Berechnungen war ein Paar Walrosszähne so viel wert wie eine norwegische Mark oder drei Kühe.[25] Die Einheimischen dürften nicht nur Walrossfleisch gegessen und Tran produziert haben, sondern benutzten offenbar auch die Backenzähne und Penisknochen der Tiere für rituelle Zwecke.[26]

Die Quellen, über die wir verfügen, wie die Sagas und andere Texte, nennen Streitigkeiten in Norwegen als Ursache für die skandinavische Migration nach Island. Die historische Forschung hat ergänzt, dass die Erbfolge jüngere Söhne benachteiligte, was die Suche nach neuem Land gefördert haben dürfte. Dies sind alles »Push-Faktoren«. Aber es stellt sich auch die Frage, ob zusätzlich Pull-Faktoren existierten, die in den Zielgebieten der Migration lagen, in Island und Grönland.

Die dort zu findenden Walrosse könnten solch ein Anziehungsfaktor gewesen sein.[27] Neuere archäologische Untersuchungen haben nämlich gezeigt, dass auch in Grönland Walrosszähne verarbeitet wurden,[28] allerdings in sehr rudimentärer Form. Man ist auf Hinweise dafür gestoßen, dass Walrosszähne wahrscheinlich für den Export aus den Schädeln erlegter Tiere herausgebrochen wurden. Vor allem aber haben neuere Isotopenanalysen von Walrossartefakten in ganz Europa belegt, dass der Rohstoff sehr häufig aus Grönland kam. Das heißt, dass Grönland zum Hauptexporteur von Walrosszähnen wurde und im Mittelalter sogar enger mit Europa verbunden war als Island, das solche Handelsbeziehungen nicht in gleichem Maße unterhielt.[29]

Das ist aufschlussreich, denn es lässt die Vermutung zu, dass die Existenz von Walrossen der Anreiz für die Migration nach Grönland gewesen sein könnte. Zwar ist darauf hingewiesen worden, dass Walrosszahngegenstände vor der skandinavischen Expansion nach Grönland aus anderen Regionen (um das Weiße Meer) gekommen seien, sodass nicht wirklich von einem ursprünglichen Anziehungsfaktor die Rede sein könne. Aber die Entdeckung von Walrossvorkommen dürfte mit einer gewissen zeitlichen Verzögerung zum Nachzug von Neusiedlern geführt haben – ein zeitversetzter Pull-Faktor gewissermaßen.

Die dritte Forschungskontroverse betrifft die Frage, aus welchen Gründen die skandinavischen Einwohner Grönlands die Insel wieder verließen, denn zu Beginn des 16. Jahrhunderts lebten die Nachfahren der ehemaligen skandinavischen Siedler nicht mehr dort.[30] Über fünf Jahrhunderte hinweg existierten die West- und die Ostsiedlung, die schon um die Jahrtausendwende entstanden waren, aber sie gingen zu einem unbestimmten Zeitpunkt unter. Warum?

Auch hier kommen wieder die Walrosse und ihre Zähne als Begründung ins Spiel, denn eine der zuletzt vorgebrachten Positionen ist, dass ein Preissturz des afrikanischen Elfenbeins den Absatz von Walrosszahn erschwerte und dadurch eine ökonomische Krise hervorrief, die zum Untergang dieser Gemeinden führte.[31] Es sind auch andere Gründe für die Aufgabe Grönlands angeführt worden – etwa dass die Pest die Inselbewohner stark dezimiert habe oder dass diese irgendwann nach Skandinavien zurückgezogen seien. Letzteres ist unwahrscheinlich, denn nach vielen Jahrhunderten Siedlung in Grönland war Skandinavien sicherlich nicht mehr die Heimat dieser Menschen.

Es ist auch nicht belegt, dass Remigrationsbewegungen aus Grönland nach Kontinentaleuropa stattfanden. Allerdings gibt es Belege über Besuche und Kontakte mit Norwegen, genauer zwischen dem Bistum Bergen und Kirchen in Grönland. In den 1340er-Jahren gab es Austausch und Besuch, von Bergen aus wurden Priester nach Grönland geschickt. Wir verfügen ebenso über archäologische Belege, dass zumindest die Ostsiedlung bis zum Ende des 15. Jahrhunderts fortbestand. Auch die Pest kann folglich nicht der alleinige Grund für das Verschwinden gewesen sein.[32] Vielleicht war es doch der Konkurrenzkampf zwischen Elfenbein und Walrosszahn?

Jüngere Untersuchungen machen dies aber unwahrscheinlich. Zum einen ist gar nicht zweifelsfrei belegt, dass überhaupt ein Einbruch des Elfenbeinpreises erfolgte. Zwar ist sicher, dass afrikanisches Elfenbein im 14. und 15. Jahrhundert in größeren Mengen als zuvor nach Europa kam – ob dies aber mit einer Verbilligung einherging, ist völlig unklar. Unzweifelhaft ist hingegen, dass noch bis ins 15. Jahrhundert nicht wenige Artefakte aus Walrosszahn geschnitzt wurden, nur eben in wachsender Zahl von Tieren, die vom Weißen Meer stammten. Diese aber wären ebenso vom vermeintlichen Preissturz betroffen gewesen.[33] Nach derzeitigem Wissensstand ist offen, warum die grönländischen Nachfahren der skandinavischen Auswanderer gegen Ende des 15. Jahrhunderts ihre Siedlungen aufgaben. Am wahrscheinlichsten ist, dass die skandinavischen Kontakte nach der Pest weniger intensiv waren, sodass man sich entschloss, weiter westwärts zu ziehen, an die amerikanische Küste.

Walrossjagd

Die Zooarchäologie hat auch zur Geschichte der Walrossjagd im Mittelalter wichtige Erkenntnisse zutage gefördert. In Grönland und weiter nördlich bzw. westlich gelegenen arktischen Gebieten sind Reste ausgegraben worden, welche die unterschiedlichen Praktiken der Walrossjagd über lange Zeiträume hinweg belegen. In Nordostgrönland zum Beispiel ist dies für die späte Dorset- bzw. Tunitkultur zu beobachten, aber auch bei den ihnen nachfolgenden Inuit. Die Grönland besiedelnden Norweger knüpften mit ihrer Walrossjagd also an ältere Traditionen an. Doch bildeten sie im Vergleich zu den indigenen Gesellschaften nur eine kleine Gruppe. Ein eurozentrischer, die Skandinavier fokussierender Blick hat lange deren Bedeutung überbetont und diejenige indigener Gemeinschaften ignoriert. Die Einheimischen kommen erst in jüngerer Zeit durch archäologische Forschungen zu ihrem Recht.[34]

Diese Untersuchungen zeigen auch, wie Walrossen in der Vergangenheit nachgestellt wurde. Walrossjagd war weniger aufwendig als der Fang großer Wale, denn man brauchte weniger Personal, und es war etwas einfacher, die Tiere an Land zu ziehen, nachdem man sie erlegt hatte. Es lassen sich drei Jagdvarianten differenzieren: Entweder wartet der Jäger darauf, dass ein Tier die dünne Eisschicht durchbricht, um Luft aufzunehmen, und harpuniert es dann. Oder er erlegt die Walrosse, wenn sie zum Kalben oder um sich auf dem Packeis auszuruhen an Land kommen und für den Menschen leicht erreichbar sind. Schließlich sind Walrosse auch vom Boot aus mit Harpunen zu jagen.[35] Unsere Überlieferung gibt keine verlässliche Auskunft, welche Art der Jagd vorherrschend war.

Gelegentlich verfügen wir auch über schriftliche Quellen zur Walrossjagd,[36] wie zum Beispiel die *Saga des Hrafn Sveinbjarnar-*

son aus dem späten 12. Jahrhundert. Darin wird erzählt, wie es einem verwundeten Walross gelingt, wieder auf das Meer hinauszuschwimmen, worauf der Häuptling Hrafn dem heiligen Thomas Becket gegenüber ein Gelübde ablegt, in sein Boot steigt und dem Tier nacheilt, das er schließlich an Land bringen kann und dessen Zähne er dann der Kathedrale von Canterbury schenkt.[37]

Im *De animalibus* des Albertus Magnus hingegen spielen Walrosse keine bedeutende Rolle, was einmal mehr zeigt, in welchem Maße dieser Autor auf im Mittelmeerraum entstandenes Wissen zurückgriff. Allerdings wird im Kapitel über die Walfische eine Untergattung von »haarigen Walen« (*hirsutus cetus*) beschrieben. Diese Tiere hätten lange, innen hohle Zähne, die Elefantenstoßzähnen ähnelten und die sie nicht nur zum Kampf benutzten[38] – all dies lässt an ein Walross denken.

Der Fortgang dieser Tierbeschreibung rutscht allerdings ins Fantastische: Diese Tiere würden sich nämlich an Felsen festbeißen, wenn sie schlafen wollten. Die Jäger wiederum würden dies ausnutzen, um an deren Haut zu gelangen: »Der Fischer nähert sich dem Tier, trennt so viel Haut, wie er kann, von der Fettschicht am Schwanzende und befestigt die gelöste Hautstelle mit festen Seilen an einem Ring, der wiederum an einem Berg, an Bäumen oder an Pfählen angebracht ist. Dann weckt er den Fisch auf, indem er ihm Steine an den Kopf wirft. Das aufgescheuchte Tier versucht zu entfliehen und zieht sich dabei von allein die eigene Haut vom Leibe.«[39] Diese Haut aber sei sehr fest, berichtet Albertus. Aus ihr würden Taue hergestellt werden, die in Kränen verwendet würden, um besonders schwere Gewichte zu tragen. Er selbst habe auf dem Marktplatz von Köln solche Taue zum Kauf angeboten gesehen.[40]

Man erhält den Eindruck, dass Albertus aus eigener Anschauung Walrossprodukte, nicht aber die sie liefernden Lebewesen kennenlernte. Von Walrosstauen, die den Sami aus Nordnorwegen abgekauft wurden, wird auch sonst berichtet.[41] Aus den harten Penisknochen wurden nach Ausweis archäologischer Ausgrabungen Messergriffe, aus den Schädeln Behälter, aber auch Knöpfe hergestellt.[42] Daneben dürfte im äußersten Norden Europas Walrossfleisch ähnlich wie Walfleisch zubereitet, konserviert und gegessen, aus ihrem Fett Tran gewonnen worden sein.[43] Was aber diese Tiere vor allem auszeichnete, waren ihre Zähne.

Walrosszähne

Die oberen Eckzähne eines Walrosses bestehen aus Hauern, die über die Lebenszeit des Tieres wachsen und bis zu einem Meter lang werden können. Ihr Kern besteht aus Osteodentin (Sekundärdentin) und ist von einer Zementschicht (aus Primärdentin) umgeben. Im Vergleich mit Elefantenstoßzähnen, also mit Elfenbein, weisen Walrosszähne Ähnlichkeiten und Unterschiede auf. Auch Walrosszahn ist gut zu schnitzen, und er hat eine dem Elfenbein ähnliche Farbe. Aber der Anteil des bearbeitbaren Materials weicht voneinander ab: Er ist beim Elfenbein deutlich größer – nicht nur, weil der Stoßzahn des Elefanten selbst viel größer ist als der Zahn des Walrosses, sondern auch, weil die Zementschicht beim Elefanten dünner ist als beim Walross.

Beim Walrosszahn muss man also eine weitaus größere Schicht ablösen, bevor man an den nicht sehr tiefen Kern kommt, der gut zu verarbeiten ist.[44] In der Regel kann man Walrosszahn und Elfenbein mit bloßem Auge unterscheiden, denn ersterer ist kleiner und besitzt eine rauere Außenschicht sowie einen eher gelblichen Farbton, zudem fehlt im Querschnitt die für Elfenbein typische Netzstruktur. Gewissheit erbringen naturwissenschaftliche Untersuchungsmethoden wie die Raman-Spektrografie.[45]

Welche Artefakte konnten im Mittelalter aus Walrosszahn

hergestellt werden? Diese Frage verweist auf die sogenannte »Affordanz« dieses tierischen Erzeugnisses. Mit diesem kulturwissenschaftlichen Begriff wird das Spektrum der Nutzungsmöglichkeiten beschrieben, das ein Gegenstand oder ein Rohstoff aufgrund seiner physischen Beschaffenheit »anbietet«. Walrosszähne existieren nur bis zu einer gewissen Größe, besitzen eine bestimmte Form, sie weisen eine spezifische Dichte und Härte auf. All dies sind Größen, welche dem Menschen bei der Bearbeitung dieses Rohstoffes Grenzen setzen. In anderen Worten: Die biologische Beschaffenheit des Zahns – insbesondere seine vergleichsweise geringen Ausmaße und sein ovaler Querschnitt – bedingt, dass gewisse Artefakte (große Statuen zum Beispiel) nicht, andere hingegen sehr wohl aus ihm hergestellt werden können.

Die Nutzung von Walrosszähnen geht viel weiter zurück als ins Mittelalter. Schon aus dem 3. Jahrtausend vor unserer Zeitrechnung stammt ein Walrosszahn, der auf den Orkney-Inseln ausgegraben wurde. Wir wissen auch, dass dieses Material in der Antike verarbeitet wurde. Der lateinische Autor Gaius Julius Solinus berichtet Ende des 3. Jahrhunderts davon, dass irische Häuptlinge ihre Waffen mit den Zähnen von Meerestieren schmückten, die dieselbe Klarheit bzw. Färbung wie Elfenbein aufwiesen.[46]

Hier liegt mit großer Wahrscheinlichkeit ein früher Hinweis auf die Nutzung von Walrosszahn vor. Im altnorwegischen *Königsspiegel* aus dem 13. Jahrhundert werden verschiedene Walarten genannt und beschrieben, darunter eine namens *Búrhvalr*: »Diese Wale haben Zähne, nicht größer, als dass man daraus große Messerschafte oder Spielsteine herstellen kann. [...] Ein einzelner hat so viele Zähne im Kopf, dass es wohl 70 von dieser gleichen Art sind.«[47] Man erhält den Eindruck, dass hier nicht von Walrossen die Rede ist, sondern von Zahnwalen.[48] Vor allem aber verweist auch dieser Text auf die Affordanz spezifischer Walzähne, aus denen gewisse Artefakte hergestellt werden können – und andere eben nicht.

Moderne Datenbanken wie die »Courtauld Gothic Ivories« des Courtauld Institute of Art in London, die Elfenbeinarbeiten wie auch solche aus Walrosszahn systematisch zusammentragen, erlauben es, in Museen und anderen Sammlungen der ganzen Welt Gegenstände zu identifizieren, die vor allem zwischen dem 12. und 15. Jahrhundert aus dem marinen Rohstoff geschaffen wurden. Fast 400 Abbildungen von über 100 Objekten sind derzeit allein in dieser Datenbank versammelt, und ihre Zahl steigt kontinuierlich.[49]

Ganz unterschiedliche Artefakte lassen sich mit ihrer Hilfe identifizieren. In der Regel handelt es sich um Artefakte von exquisiter Qualität, in einigen wenigen Fällen aber auch um Alltagsgegenstände. Manche Stücke lassen ihre Herkunft, das Walross, besser erkennen als andere; während einige dem kirchlichen Bereich zuzuordnen sind, wurden andere für weltliche Nutzer geschaffen; das eine Stück diente eher der Betrachtung, das andere der praktischen Anwendung. Kurzum: Das Panorama mittelalterlicher Artefakte, die aus Walrosszahn hergestellt wurden, und die Möglichkeiten ihrer Nutzung waren vielgestaltig.

Artefakte

Das Kapitel wurde mit den berühmten Schachfiguren von Lewis eröffnet. Sie sind aber keineswegs die einzigen, die im Mittelalter aus Walrosszähnen hergestellt wurden.[50] Wenn man alle heute noch erhaltenen Walrosszahnartefakte betrachtet, dann überrascht die hohe Zahl der Schachfiguren.[51] Eine Erklärung dafür liegt in der physischen Beschaffenheit des Walrosszahns: Er ist innen hohl. Das macht die daraus geschnitzten Figuren leicht, ohne ihnen Robustheit zu nehmen, weshalb Walrosszahn sich für die Herstellung von Schachfiguren besonders eignet. Selbst in Kastilien wurde dieser Rohstoff aus den Meeren des hohen Nordens verwendet: Die heute im Walters Art Museum in Baltimore aufbewahrte Figur einer Königin kann anhand der Gestaltung von Augen und Schleier dem iberischen Raum zugeordnet werden.

Eine andere Artefaktfamilie lässt besonders gut erkennen, von welchem Tier sie stammt: Olifante.[52] Hierbei handelt es sich um Trompeten, in der Regel aus afrikanischem Elfenbein, manchmal aber auch aus Walrosszahn geschaffen. Die meisten erhaltenen Stücke wurden im heutigen Italien zwischen dem 11. und dem 13. Jahrhundert je aus einem einzigen Zahn geschnitzt. Im 15. Jahrhundert entstanden einige im subsaharischen Afrika, späte Exemplare wurden noch im 16. Jahrhundert hergestellt.[53] Mindestens 80 mittelalterliche Olifante sind noch heute erhalten. Sie sind in aller Regel reich verziert, häufig mit Jagdszenen; einige wenige zeigen auch Bilder aus der mittelalterlichen Rolandssage, denn in ihr wird der Olifant (*olifan*, was im Altfranzösischen nichts anderes als »Elefant« bedeutet) erstmals erwähnt.

Die Legende vom heldenhaften Höfling und Kämpfer im Heer Kaiser Karls des Großen erfreute sich im Mittelalter großer Beliebtheit. Roland (gest. 778), Karls Neffe, nimmt am Kriegszug seines Herrn gegen die Muslime auf der Iberischen Halbinsel teil und vollbringt große Heldentaten. Auf dem Rückweg über die Pyrenäen befehligt er die Nachhut des Heeres, doch wird sie beim Marsch über die Berge vom Haupttross getrennt und von einer riesigen muslimischen Armee angegriffen. Roland weigert sich anfangs, mithilfe seines Horns »Olifant« seine Gefährten zu Hilfe zu rufen. Als er sich doch dazu entschließt, ist es zu spät: Sein Heeresteil unterliegt der Übermacht und wird vollständig aufgerieben. Er selbst erschlägt – auch mit seinem Horn – zwar Hunderte Gegner (V. 2284–2296), ist aber dem Tode geweiht. Mit letzter Kraft bläst er in den Olifant (V. 1761/1762), seine Adern bersten, der Held stirbt.

Erstmals am Ende des 11. Jahrhunderts in Frankreich als volkssprachiges Versepos (*Chanson de Roland*) belegt, wurde der Rolandsstoff in verschiedenen Sprachräumen des hohen Mittelalters aufgegriffen, im Heiligen Römischen Reich um das Jahr 1170 prominent durch einen als »der Pfaffe Konrad« bekannten Dichter. Alle diese Varianten greifen die Geschichte vom Olifant auf, die damit ein elementarer Bestandteil der europäischen Adelskultur wurde und nach Materialisierung verlangte. Die erwähnten Hörner dürften vor allem für weltliche Herren geschaffen worden sein, um als Jagdhörner, vor allem aber als zeremonielle Schaustücke zu dienen. Viele von ihnen gelangten rasch in kirchlichen Besitz.[54]

Schon im *Chanson de Roland* wird erzählt (V. 3684–3687), dass Kaiser Karl nach dem Tod seines Helden das Horn »Olifant« auf dem Altar der Kirche Saint-Seurin in Bordeaux niederlegte.[55] Für unsere Zusammenhänge ist bedeutend, dass ein halbes Dutzend dieser höfisch-kirchlichen Prachtgegenstände – sie befinden sich heute u. a. in Maastricht, in Florenz, in London – nicht aus Elfenbein, sondern aus Walrosszähnen geschaffen wurde.[56] Ihre genauen Herstellungsorte sind nicht bekannt, verweisen aber naturgemäß auf den Norden Europas, präziser: nach Norwegen oder Island.

Ein weiteres Artefakt ist ebenfalls im weltlichen wie im kirchlichen Bereich benutzt worden: Typare, also die Stempel, mit denen gesiegelt wurde. In einigen wenigen Fällen ist die Nutzung von Walrosszähnen als Rohmaterial für die Erstellung dieser Gegenstände belegt.[57] Wie Elfenbein wurde auch Walrosszahn außerdem in flache Tafeln zersägt, um aus ihnen Reliefdarstellungen zu schnitzen. Sie konnten ornamental verziert sein, aber auch figürliche Darstellungen aufweisen, darunter fast vollfigürliche Schnitzarbeiten.[58]

Aus Walrosszahn wurde herausragende romanische Kunst geschaffen. Wie solche Reliefs zu größeren Arbeiten zusammengefügt wurden, zeigt beeindruckend ein Tabernakel, das wahrscheinlich für die Kirche Sankt Pantaleon in Köln in der zweiten Hälfte des 12. Jahrhunderts hergestellt wurde und sich heute im Victoria and Albert Museum in London befindet.[59] Die Tatsache, dass diese Walrosszahnschnitzereien ein Ensemble mit anderen Materialien (Elefantenelfenbein, Emaille, Kupfer, Gold) bildeten, belegt das Ansehen dieses Rohstoffs als hochwertiges Material, das zu Prachtgegenständen verarbeitet werden konnte.

Mit dem Kölner Tabernakel haben wir den durch die Olifante und Schachfiguren markierten weltlichen Bereich hinter uns gelassen und endgültig den kirchlichen betreten. Ihm sind eine Reihe weiterer Gegenstände zuzuordnen, die im Mittelalter aus Walrosszahn hergestellt wurden. Unter ihnen spielen Kreuze eine herausragende Rolle. Hier sind an erster Stelle Prachtkreuze zu nennen, die durchaus mit den großen mittelalterlichen Elfenbeinkreuzen vergleichbar sind. Ein besonders kostbares, im England des 12. Jahrhunderts hergestelltes Exemplar befindet sich heute in New York (Abb. 25).[60] Es ist mit über hundert Inschriften versehen und ikonografisch hochinteressant, zugleich aufgrund seines antijüdischen Inhalts ein sprechendes Beispiel für die Ausgrenzung religiöser Minderheiten im Mittelalter.

Diesem Walrosszahnkreuz ließen sich viele andere an die Seite stellen, von denen eine auffällig große Zahl auf Trondheim als Herstellungsort verweist, wo im Hochmittelalter offenbar eine beachtliche Expertise in der Bearbeitung von Walrosszahn erlangt wurde.[61] Dort, aber auch in anderen Gewerbezentren wie Lund, wurden zudem reich verzierte Abts- und Bischofsstäbe geschaffen, genauer: Prachtaufsätze, welche den Stab oben abschlossen. In manchen Fällen handelt es sich um tauförmige

Abb. 25. The Cloisters Cross (ca. 1150–1160).

Artefakte, in anderen um gekrümmte Aufsätze (sogenannte Krummstäbe, Abb. 26). Im Gegensatz zu vergleichbaren mittelalterlichen Stäben aus Elfenbein mussten diese in aller Regel aus zwei Stücken zusammengesetzt werden, weil Form und Größe der Walrosszähne es nicht anders zuließen.[62]

Rätselhaft ist die Erwähnung eines Materials namens Khutū in arabischen Quellen, das zuerst im 10. Jahrhundert in der islamischen Welt auftaucht.[63] Der persische Universalgelehrte al-Bīrūnī erwähnt es zu jener Zeit in seinem *Buch der Steine* (*Kitāb al-Ǧamāhir fī maʿrifat al-ǧawāhir*). Demnach sei Khutū sehr geschätzt, weil es angeblich zittere, wenn es in die Nähe von Giftstoffen gelange. Bulgarische Händler importierten es aus den nördlichen Meeren. Als Herkunft des Khutū würden verschiedene Tiere – Stiere, Nilpferde, Ziegen, sogar Vögel – genannt, al-Bīrūnī aber vermutete, dass es von einem marinen Lebewesen stamme, weil es nach Fisch rieche, wenn man es ver-

Abb. 26. Bischofsstab aus Walrosszahn (13. Jahrhundert).

brenne.[64] Rund ein Jahrhundert später berichtete der türkische Lexikograf al-Kāšġarī (gest. 1105), es handele sich dabei um einen Stoff aus dem Horn eines Seefisches, der aus China importiert werde.[65] Die Forschung vermutet, dass hierbei Walrosszahn gemeint sein könnte, weil aus jener Zeit klare Belege für Handelskontakte zwischen Ostasien und Norwegen bzw. Skandinavien vorliegen.[66]

Andere Quellen erwähnen weniger weite Transportwege. Einer dieser seltenen Hinweise ist ein Brief Papst Martins IV. (gest. 1285) an den Bischof von Trondheim aus dem Jahr 1282, wonach Zehntzahlungen der norwegischen Kirche, die offenbar zuvor in Form von Walrosszähnen erfolgt waren, nun in barer Münze zu entrichten seien.[67] Ob das ein Hinweis auf einen Wertverfall dieses Rohstoffs ist oder schlicht pragmatischen Überlegungen (Vereinfachung des Transports) geschuldet war, bleibt ungewiss. Die Herkunft der Zähne wiederum verrät ein

Bescheid des Jahres 1327, aus dem hervorgeht, dass zu jener Zeit die Christen Grönlands ihrem Bischof im norwegischen Bergen den Zehnten in Form von Walrosszähnen entrichteten. Bei der Zinszahlung handelte es sich um den sechsjährigen Zehnten für ganz Grönland. Man hat anhand der Größe zeitgenössischer Transportschiffe geschätzt, dass in jenem Jahr womöglich ca. 520 Walrosszähne nach Bergen geschickt worden sein könnten.[68]

Nur wenige Jahre später (wohl 1338) schrieb der Bergener Bischof Hákon einem Kaufmann in Brügge einen Brief, mit dem er die Entsendung von sieben Walrosszähnen mitteilte.[69] Wahrscheinlich sollten sie in seinem Namen in diesem internationalen Handelszentrum verkauft werden. Vereinzelt wurden sie auch als diplomatische Geschenke mitgebracht, wie wir am Beispiel Ohtheres aus dem 9. Jahrhundert beobachten konnten und es in isländischen Sagas überliefert ist.[70] Vielleicht exportierte man den vorderen Teil des Schädels mitsamt den beiden Zähnen, wie er noch heute im Museum von Le Mans zu sehen ist, wo solch ein hochmittelalterlicher Walrosskiefer aufbewahrt wird, dessen Stoßzähne mit Runen beschrieben sind.[71]

Verarbeitungsorte und Akteure

Walrosszahn wurde besonders häufig, wenngleich keineswegs exklusiv, in Skandinavien, auf den Britischen Inseln und im Heiligen Römischen Reich verarbeitet, wie viele Museumsstücke zeigen.[72] Unter diesen Verarbeitungsorten seien zuerst Island und Grönland erwähnt, die zugleich Herkunftsgebiete von Walrosszähnen waren. Ausgrabungen haben in letzter Zeit belegen können, dass dort offensichtlich erste Schritte zur Bearbeitung vorgenommen wurden. Die Köpfe der Tiere wurden vom Körper getrennt und an spezielle Orte gebracht, wo sie einige Zeit liegen blieben, um die Zahnwurzel zu lockern und die Extraktion mithilfe eines scharfen Messers zu erleichtern.[73]

Wir können also davon ausgehen, dass professionelle oder semiprofessionelle Walrosszahnschnitzer in Island lebten: Wenn man einer ungewöhnlichen Textquelle glauben darf, betrieb um das Jahr 1200 auch eine Frau dieses Geschäft. So erzählt es die Saga vom Bischof Páll. Es handelt sich um einen Text, der auf das Mittelalter zurückgeht, aber nur aus dem 17. Jahrhundert überliefert ist. Die Forschung ist sich jedoch einig, dass diese Saga die Situation um 1200, die Lebenszeit jenes Bischofs, wiedergibt.

Der Text erzählt von einer gewissen Margret »der Gewandten« (*Margret en Haga*), die Bischof Páll Jónsson von Skálholt (gest. 1211) in seinen Geschäften half und »die geschickteste Schnitzerin ganz Islands« gewesen sein soll.[74] Ein ganz ungewöhnlicher, wertvoller Hinweis! Leider lässt sich jener Margret kein erhaltenes Kunstwerk zweifelsfrei zuweisen, denn ein ansehnlicher Bischofsstab aus Walrosszahn, der nachweislich in Island hergestellt und lange als ihr Werk gefeiert wurde, hat sich als eine spätere Arbeit aus dem 13. Jahrhundert entpuppt.[75]

Weitaus wichtiger aber als Island waren andere Verarbeitungszentren. Unter ihnen ragt wie erwähnt Trondheim hervor, wo eine Reihe von Gegenständen aus Walrosszahn aufgefunden wurde: Kreuze, Schachfiguren und anderes mehr. Auch mit der skandinavischen Welt in Verbindung stehende Orte wie Dublin, Bergen und Lund sind zu nennen sowie kirchliche Metropolen, die offensichtlich in der Elfenbein- und damit auch in der Walrosszahnschnitzerei große Könnerschaft entwickelten. Köln und York zum Beispiel sind solche Städte, wo hervorragende Elfenbeinschnitzerei betrieben wurde und auch Walrosszahnobjekte entstanden.[76]

Es lässt sich auf diese Weise eine Karte der walrosszahnverarbeitenden Zentren zeichnen, in der die Herkunftsräume dieses Materials – Island, Grönland und die nördlichen Gebiete um das Weiße Meer – keine herausragende Rolle spielen, sondern größere, auf diesen Wirtschaftszweig spezialisierte Städte. Sie bildeten Netzwerke nicht so sehr maritimer, sondern in diesem Fall vor allem mariner Mobilität: Nicht alle diese Orte lagen nämlich am Meer, aber sie alle verarbeiteten Rohstoffe, die dem Meer entstammten.

Unzweifelhaft unterlag das Ansehen des Walrosszahns im Verlauf des Mittelalters zeitlichen Schwankungen.[77] In Skandinavien wurde er seit dem frühen Mittelalter und über Jahrhunderte verarbeitet. Da die Britischen Inseln seit je zur nordischen Welt enge Verbindungen pflegten, wurde er bereits in angelsächsischer Zeit für die Herstellung von Kunstgegenständen im sogenannten »Winchesterstil« benutzt, und auch im 11. und 12. Jahrhundert schuf man Schatullen, Kästchen, Plättchen, Stabaufsätze und sogar kleinere Statuetten aus ihm.

Auch im Maasgebiet und im Kölner Raum entwickelte man in der Zeit eine besondere Kunstfertigkeit in der Verarbeitung dieses Werkstoffs. Während er im Westfränkischen Reich bereits in spätkarolingischer Zeit benutzt wurde, blieb im südlichen Europa Elfenbein eindeutig dominant; Artefakte aus Walrosszahn auf der Iberischen Halbinsel und in Italien sind meist Importe aus Skandinavien. Seit dem zweiten Viertel des 13. Jahrhunderts ließ die Beliebtheit von Walrosszahn in den meisten Gegenden Europas mit Ausnahme Skandinaviens allmählich nach, ohne je ganz zu versiegen.

Das Einhorn und der Narwalzahn

Zu den Prunkstücken der Mittelalter-Sammlung des Metropolitan Museum of Art in New York (The Cloisters) zählen die

»Unicorn Tapestries«: sieben große Wandbehänge des ausgehenden 15., beginnenden 16. Jahrhunderts, auf denen die Jagd auf das Einhorn dargestellt wird (weshalb die Tapisserien auch als »Die Einhornjagd« bekannt sind). 1922 von John D. Rockefeller Jr. (gest. 1960) für rund eine Million Dollar von der französischen Adelsfamilie La Rochefoucauld erworben und einige Jahre später dem Museum geschenkt, ziehen diese Tapisserien alljährlich zahllose Besucher an (Abb. 27).

Ihr europäisches Gegenstück sind die berühmten sechs Tapisserien des Pariser Musée de Cluny (Musée national du Moyen Âge), die als »Die Dame und das Einhorn« bezeichnet werden (Tafel 10). Sie zeigen eine weibliche Figur mit einem

Abb. 27. Das gefangene Einhorn (ca. 1495–1505).

Einhorn und einem Löwen und haben die menschlichen Sinne zum Gegenstand. Die Einhorntapisserien von New York und Paris verkörpern wie wenige andere Luxusgegenstände das, was man mit der höfischen Kultur des späten Mittelalters verbindet: Eleganz, Farbigkeit, die Feier weiblicher Anmut und natürlicher Schönheit. Dass ein Tier dargestellt ist, das es weder gab noch gibt, entspricht wiederum dem Bild einer fernen, unwirklichen, geradezu fantastischen Epoche.[78]

Im Mittelalter hingegen hatten die Menschen an der Existenz des Einhorns keinen Zweifel.[79] Einhörner wurden in naturwissenschaftlichen Abhandlungen, etwa von Albertus Magnus und Vinzenz von Beauvais, beschrieben,[80] und manche Zeitgenossen waren überzeugt, eines gesehen zu haben. Im Jahr 1483 zum Beispiel unternahm der Ulmer Dominikaner Felix Fabri (gest. 1502) eine Pilgerfahrt nach Jerusalem, bei der er auch die Sinaihalbinsel besuchte. In seinem weitverbreiteten und umfassenden Reisebericht *Evagatorium in Terrae Sanctae Arabiae et Egypti peregrinationem* schildert er die Sichtung eines Einhorns:[81]

Zwei Tagesreisen vom berühmten Katharinenkloster auf dem Sinai entfernt, zieht die Reisegruppe um die Mittagszeit des 20. September 1483 durch ein fruchtbares Tal, als sie in der Ferne ein merkwürdiges Tier bemerkt. Einige Reisende halten es für ein Kamel, aber ihr Führer erklärt, es handle sich um ein Einhorn, und Fabri ergänzt (gestützt auf sein Bibelwissen und seine Kenntnis der Schriften des Albertus Magnus): Das Einhorn sei ein starkes Tier, das wegen seines äußerst wertvollen Horns gejagt, doch nur von Jungfrauen gefangen werde. Einmal ergriffen, sterbe es vor Trauer. Lange betrachten das Tier und die Reisegruppe sich gegenseitig in aller Ruhe, bevor die Pilger ihre Reise wieder aufnehmen.

Auch der hessische Jurist Bernhard von Breydenbach (gest. 1497), der zur Gruppe gehörte und ebenfalls einen Reisebericht verfasste, erwähnt die Begegnung mit dem Einhorn. Wichtiger noch: Erhard Reuwich (gest. 1505), ein Buchdrucker aus Utrecht, der ihn begleitete, veröffentlichte 1486 eine illustrierte Ausgabe des Breydenbach'schen Texts, in der auf Seite 132v eine »wahrhaftige Darstellung der Tiere, wie wir sie im Heiligen Land gesehen haben«, zu finden ist (*Haec animalia sunt veraciter depicta sicut vidimus in terra sancta*).[82] Sie enthält neben Abbildungen eines Krokodils, einer Giraffe und eines Kamels auch die eines Einhorns (Abb. 28). Der in diesen Schilderungen greifbare Glaube an das Einhorn und seine Wunderkräfte hielt bis weit in die Neuzeit an: Im 16., 17. und 18. Jahrhundert verfassten Ärzte, Apotheker, Naturforscher und Kosmografen viele Schrif-

Abb. 28. Von Bernhard von Breydenbach angeblich auf seiner Fahrt ins Heilige Land gesehene Tiere, aus: Peregrinatio in terram sanctam (Mainz 1486).

ten, in denen ganz selbstverständlich dieses Tier und die Heilkräfte seines Hornes gefeiert wurden.[83]

Noch im 21. Jahrhundert fasziniert das Einhorn. Unzählig sind die Produkte, die es nutzen – es gibt Einhornschokolade, Kleidungsstücke aller Art sind mit ihm geziert, die Unterhaltungsindustrie hält das Interesse von Kindern und hier insbesondere von Mädchen wach, das Einhorn ist als Regenbogentier zum Symbol der LGBTQ+-Bewegung geworden. Das wundersame Tier erfüllt Sehnsüchte nach Reinheit und Schönheit, nach ewiger Kindlichkeit und utopischen Gegenwelten.[84]

Die Anfänge dieser Faszination reichen aber weit zurück. Schon an der Wende zum 4. Jahrhundert vor unserer Zeitrechnung legte der griechische Arzt und Geschichtsschreiber Ktesias von Knidos (gest. nach 393/392 v. u. Z.) in seiner Schrift *Indika* die Grundlage für die spätere Popularität des Einhorns.[85] Ktesias beschreibt darin eine in Indien vorkommende, wilde und einem Pferd beziehungsweise einem Esel ähnliche Kreatur, die »ein Horn« trägt und die er daher als »Einhorn« bezeichnet. Vielleicht standen ihm für seine Darstellung das Indische Nashorn oder die Oryx- bzw. die Tschiru-Antilope Pate.[86] Aristoteles, Aelian, Oppian, Plinius, Plutarch und weitere antike Autoren griffen diese Schilderung auf und führten sie aus. Aelianus zum Beispiel beschreibt das Horn des Einhorns als spiralig gedreht und behauptet, das aus Indien stammende Einhorn könne weder besiegt noch gefangen werden.[87]

Diese antiken Schilderungen eines wundersamen Tieres wurden mit dem Beginn des Christentums religiös aufgeladen. Einmal mehr war es der *Physiologus*, der das Einhorn christlich-christologisch deutete und zum Bildungsgut machte. Der anonyme Autor griff antikes Wissen auf, aber auch Bibelstellen wie Psalm 92,11 der Septuaginta (des griechischen Alten Testaments), welcher eine im hebräischen Original als »re'em« bezeichnete Stiergestalt (etwa bei Hiob 39,9–12) als »Einhorn«

übersetzt hatte. Der *Physiologus* nun charakterisierte das Einhorn und legte es allegorisch aus. Demnach handele es sich um ein kleines, aber kräftiges Tier, das von keinem Menschen gefangen werden könne, einer Jungfrau aber freiwillig in den Schoß springe. Hieraus leitete der Autor ab, dass dieses Lebewesen als Sinnbild Christi zu deuten sei, der von der Jungfrau Maria geboren worden und nicht zu überwinden sei.[88]

Autoren wie Basilius (gest. 379), Origines (gest. 253/254), Ambrosius von Mailand und Isidor von Sevilla fügten Weiteres hinzu, wie auch das Hochmittelalter: Das Tier stehe für die Reinheit Christi, sein Horn für die Einheit von Gottvater und Sohn, seine freiwillige Selbstaufgabe für die Demut und die Opferbereitschaft des Messias. Wie er könne auch das Einhorn mit Leichtigkeit über Löwen und jeden anderen Widersacher siegen, es ziehe aber die Bescheidenheit und das Martyrium vor.[89]

Mittelalterliche Bestiarien kleideten die Angaben des *Physiologus* aus und situierten das Einhorn gern in Wäldern und abgelegenen, vorzugsweise gebirgigen Landschaften.[90] Zusätzlich wurde die als Sinnbild Mariens verstandene Jungfrau höfisch überhöht, als besonders schöne und reich geschmückte junge Dame gedeutet.[91] Sie konnte Einhornjägern helfen, indem sie das Tier anzog und in den Schlaf wiegte; zahllose Darstellungen zeigen die Tötung des Tieres im Schoße der Jungfrau.[92]

Das Einhorn fand damit endgültig Einzug in eine durch die ständische Jagd- und adlige Hofkultur geprägte Welt des späteren Mittelalters. Es wundert nicht, dass im 14. und 15. Jahrhundert immer mehr Adlige das Einhorn im Wappen trugen.[93] Nach einer populären Lesart hütete Maria das Einhorn liebevoll in einem verschlossenen Garten (*hortus conclusus*); in der Kunst wird diese Szene mitunter mit der Verkündigung verknüpft: Der Engel Gabriel betritt den Garten und begrüßt die das Einhorn liebkosende Maria – eine Präfiguration der anstehenden Geburt Christi.[94]

Nur sehr gelegentlich finden sich allerdings im Sinne der Verkehrung auch negative Attributierungen des Einhorns, das ungewöhnlicherweise auch für Wollust und Laster stehen kann.[95] Alle diese theologisch hochkomplexen Vorstellungen wurden im Mittelalter, vor allem im 14. und 15. Jahrhundert, in der bildenden Kunst aufgegriffen.[96]

Eine zweite bedeutende Zuschreibung – neben der christologisch-mariologischen, höfisch zelebrierten Deutung – geht ebenfalls auf den antiken Autor Ktesias von Knidos zurück: Nach ihm nehme das Horn eines Einhorns Giften ihre Wirksamkeit.[97] Christliche Autoren schilderten, durch Schlangen vergiftetes Wasser werde wieder rein, wenn das Einhorn mit seinem Horn ein Kreuz in das Wasser zeichne – das Horn sei also ein Alexipharmakon, ein Mittel, das Gifte abwehre.[98] Auch dieses Bild wurde weiterentwickelt: Das Einhorn besaß demnach auch die Fähigkeit, Gifte anzuzeigen. Da es sich um ein besonders reines Tier handele, seien ihm böse Substanzen zuwider, weswegen sein Horn zu schwitzen beginne, wenn es in ihre Nähe komme.[99]

Damit aber wird das Einhorn zu einem wichtigen Bestandteil einer Geschichte des Gifts, der Vergiftung und deren Abwehr. Das Thema hat vielfältige Implikationen, die bis in den Bereich des politischen Attentats reichen. Es dürfte genügen, sich die in jüngerer Zeit von der nordkoreanischen oder russischen Führung angeordneten Giftmorde in Erinnerung zu rufen, um die Langlebigkeit einer grausamen politischen Taktik zu erkennen.

Im Mittelalter waren verschiedene giftige Substanzen bekannt und gefürchtet, vor allem das umgangssprachlich als »Arsen« bezeichnete weiße Arsenik bzw. Diarsentrioxid. Das in seinem Aussehen Zucker oder Salz ähnelnde Anhydrid konnte Speisen oder Getränken verhältnismäßig einfach beigemischt werden und war sehr wirksam. Die Angst vor Vergiftung war insbesondere in den Fürsten- und Herrschaftshäusern des späteren Mittelalters groß.[100] Kein Wunder, dass sich geistliche wie weltliche Autoritäten bemühten, eines Horns des fabelhaft mächtigen Einhorns habhaft zu werden. Und sie wurden fündig, wie der Hof der Herzöge von Burgund im 15. Jahrhundert zeigt.[101]

Vielfach beschreiben zeitgenössische Autoren prunkvolle Präsentationen von Einhorn-Hörnern bei festlichen Anlässen. Bei seiner Hochzeit mit Maria von York (gest. 1482) im Jahr 1468 zum Beispiel ließ Herzog Karl der Kühne von Burgund (gest. 1477) die Hörner von vier Einhörnern an den vier Ecken des Bankettraums aufstellen. Olivier de la Marche (gest. 1502), der *maitre d'hotel* und *capitaine des gardes* Karls des Kühnen, schildert in seinem *Estat de la maison du duc Charles de Bourgoingne, dit le Hardy* von 1474 genau, wie ein Höfling (der *escuier trenchant*) den Gästen gereichte Speisen mithilfe eines Einhorn-Horns auf Gift hin überprüfte.[102]

Noch heute sind einschlägige burgundische und habsburgische Artefakte im Kunsthistorischen Museum zu Wien zu bewundern, vor allem das »Ainkhürn«: ein beeindruckendes, 2,43 Meter langes, gedrehtes Horn. Es war einer der großen Kostbarkeiten der Habsburger und wurde in der Schatzkammer aufbewahrt.

Die meisten Schätze spätmittelalterlicher Fürstinnen und Fürsten haben die Zeiten nicht überlebt. Über ihre Existenz informieren jedoch die in recht großer Zahl erhaltenen Schatzinventare des 13. bis 15. Jahrhunderts. Aus ihnen nun wird ersichtlich, dass neben den Burgunderherzögen sehr viele europäische Fürsten- und Königshäuser vollständige Einhorn-Hörner oder Artefakte aus dem Horn des Einhorns besaßen: Die Höfe von Berry, Artois, Frankreich, Savoyen, England und Aragon, der Habsburger und der Medici – sie alle verfügten über dieses wertvolle und mächtige Antidot.[103] Und selbstredend nannte auch der päpstliche Hof (schon 1295) »vier lange, gedrehte Einhorn-Hörner« (*IIII cornua unicorniorum longa et retorta*) sein Eigen.[104]

Nicht nur der Papst, auch andere hochrangige Prälaten besaßen Gegenstände aus Einhorn-Horn: Mehrere Prozessionsstäbe des 12. und 13. Jahrhunderts sind unverkennbar aus dem Material gefertigt.[105] Auf einem Gemälde eines anonymen, als »Meister des heiligen Augustinus« bekannten flämischen Meisters aus der Zeit um 1490 ist die Bischofskrönung des Heiligen dargestellt (Tafel 12). Zu seinen Füßen kniet links ein ministrierender Kleriker, der ein ca. zwei Meter langes Einhorn-Horn hält. So könnte die Nutzung dieses fabelhaften Gegenstands in der Praxis ausgesehen haben.

In manchen Kirchen des Mittelalters hingen vollständige Einhorn-Hörner: Thomas von Cantimpré berichtet in seinem *Bienenbuch*, in einer Brügger Kirche eines gesehen zu haben, das »sieben Fuß lang« (ca. 2,5 Meter) war, und Albertus Magnus behauptete, ein über zehn Fuß langes Einhorn-Horn persönlich gemessen zu haben.[106] Diese Stücke sind verloren, andere haben die Zeiten überlebt: Die Abteikirche von Saint-Denis bei Paris beherbergte seit dem 12. Jahrhundert ein Horn (heute im Musée du Cluny), die von Westminster ebenfalls.[107] Woher aber stammten die vollständig erhaltenen und sofort wiederzuerkennenden Einhorn-Hörner? Die Antwort lautet: aus dem Meer.

Der Narwal

Der Narwal (*monodon monoceros*) gehört zu den Zahnwalen. Die männlichen (und in Einzelfällen auch weiblichen) Tiere haben einen Zahn von bis zu drei Metern Länge, der gerade aus dem Maul herausragt. Es handelt sich dabei um den linken oberen Eckzahn; der rechte ist ebenfalls, allerdings in aller Regel in geringerem Maße, verlängert. Dieser ungewöhnliche, über seine gesamte Länge spiralförmig gedrehte Zahn wird manchmal fälschlicherweise als Horn bezeichnet. Narwale leben in der hohen Arktis zwischen dem 70. und 80. nördlichen Breitengrad. Sie sind zusammen mit den Eisbären die Säugetiere, die am weitesten im Norden anzutreffen sind.

Narwale ernähren sich von Kopffüßern, Krebsen und Fischen. Der Zahn dient ihnen dazu, den Boden aufzuwühlen (um diese Tiere aufzuspüren), Packeis aufzubrechen, vor allem aber kommt er bei Auseinandersetzungen und Rangkonkurrenzen zwischen männlichen Tieren zum Einsatz.[108] Heutzutage sind Narwale geschützt, in Grönland dürfen nur wenige im Jahr erlegt werden. Dennoch sind sie bedroht, vor allem wegen der Meeresverschmutzung, denn Narwale nehmen über ihre Beutetiere schädliche Stoffe wie Blei, Quecksilber und Pestizide auf.

Das Tier wurde in den lateinischen Schriften mittelalterlicher Gelehrter nicht eingehend beschrieben, denn es kam ausschließlich in sehr dünn besiedelten, weit entfernten Gegenden vor und gehörte nicht zum antiken Wissenskanon. Thomas von Cantimpré ging lediglich kurz auf einen aquatischen *Monoceros* ein, der in der Folge in einigen wenigen Handschriften abgebildet wurde.[109] Albertus Magnus griff die Angabe des Thomas in seinem *De animalibus* auf und erwähnte einen »Fisch mit einem Horn auf seiner Stirn«.[110]

Ausführlichere Information liefert hingegen der altnorwegische *Königsspiegel*: Er schildert »eine Walart, die *náhvalr* heißt«. Ihr Fleisch sei nicht zum Verzehr geeignet, »denn die werden krank und sterben, die davon essen. […] Er hat Zähne im Kopfe, und zwar alle klein, außer einem großen, der steht im Oberkiefer vorn in seinem Kopfe, er ist schön und wohl geformt und so gerade wie ein Lauch, er ist sieben Ellen lang, wenn er am längsten werden kann, und ganz gedreht, als wäre er mit einem Werkzeug verfertigt.« Der Text verrät eine genaue Beobachtung des Tieres und insbesondere seines Zahns. »So spitz und gerade er auch ist, so dient er ihm doch nicht zur Wehr, vielmehr ist er so vorsichtig und sorgsam damit, dass er ihn durch nichts berühren lässt«, heißt es weiter im *Königsspiegel*.[111]

Wahrscheinlich kamen Narwalzähne im Mittelalter vorwiegend aus Grönland nach Europa. Es ist nicht eindeutig zu belegen, dass Skandinavier in den Meeren des äußersten Nordens gezielt Jagd auf dieses Tier machten. Der Norden Grönlands ist im Winter von Packeis überzogen und mit Ruderbooten nicht zu erreichen, und im Sommer ziehen sich die Tiere noch weiter nach Norden zurück und leben dann außerhalb der Jagdgebiete der mittelalterlichen skandinavischen Grönländer. Denkbar ist, dass christliche Skandinavier die Hörner im Handel mit Indigenen des Nordens (Thule-Kultur, Inuit) erlangten, doch liegen hierüber keine eindeutigen Quellen aus dem Mittelalter vor.

Am wahrscheinlichsten dürfte sein, dass man die Zähne den gelegentlich an die Küsten gespülten Kadavern verdankte. Narwale sind eine bevorzugte Beute der Schwertwale (Orcas), die in der Regel den weicheren Mittelteil ihrer Opfer auffressen, Kopf und Schwanz aber übrig lassen, sodass Reste von Narwalen manchmal auch südlich ihres natürlichen Lebensraums an Land gespült werden könnten.[112]

Für die Menschen im äußersten Norden Europas dürfte also die Existenz des Narwals kein Geheimnis gewesen sein. Weiter im Süden war er hingegen unbekannt. Aufgrund dieser Wissenslücke konnten im Mittelalter die Zähne dieses Meereslebewesens als Überreste des fabelhaften Einhorns angepriesen, verkauft und ausgestellt werden. Narwalzähne sind ein hervorragendes Beispiel dafür, wie aus einem marinen Tier ein anderes, terrestrisches Lebewesen konstruiert und kulturell kodiert werden kann. Die Versetzung eines Objekts von einem Kontext in einen anderen war nämlich ein kultureller Akt. Er veränderte nicht unbedingt die materielle Identität des marinen Zahns, produzierte aber zwangsläufig eine Differenz zwischen biologischer Herkunft und kultureller Zuschreibung. »So ist jede Präparation ein Bildgebungsprozess.«[113]

Haben skandinavische Händler die Leichtgläubigkeit der weiter südlich und östlich lebenden Europäer ausgenutzt und diese gezielt hinters Licht geführt?[114] Wem war die tatsächliche Herkunft der Einhorn-Hörner bekannt? Nur den Menschen des Nordens, die diese Tiere aus persönlicher Anschauung kannten, oder auch den Kaufleuten in Bergen, Trondheim, Nowgorod, Brügge und anderen großen Handelszentren an Nord- und Ostsee, die sie ankauften und weiterveräußerten? Verschwiegen die Händler, die in Avignon, Venedig, Dijon oder Barcelona den Päpsten, Bischöfen, Fürsten oder dem König ihre Waren verkauften, deren wahre Herkunft, oder ging das Wissen darum auch bei ihnen beim Durchlaufen der Lieferketten verloren?

Endgültige Antworten auf diese Fragen lassen sich nicht geben. Aber unzweifelhaft konnte man mit dem Verkauf eines Narwalzahns ein hervorragendes Geschäft machen. Der oben erwähnte Felix Fabri führte an, ein Einhorn-Horn sei nicht mit Gold oder Edelsteinen aufzuwiegen.[115] Ende des 16. Jahrhunderts kostete in Paris in der Tat ein Pfund Gold 148 ecus, ein Pfund Einhorn-Horn *(corne de licorne)* hingegen nicht weniger als 1536 ecus.[116] Die kulturelle Metamorphose eines marinen Lebewesens war ein lukratives Geschäft.

Natternzungen

Die große Wertschätzung des Einhorn-Horns im Mittelalter beruhte in starkem Maße auf dem Glauben, es könne Gifte anzeigen oder Vergiftungen verhindern. Doch diesen Vorzug hatte es in den Augen der Zeitgenossen nicht allein: Das Horn der

Hornviper, der angeblich aus dem Kopf einer Kröte entnommene Krötenstein (Bufonit, tatsächlich der Mahlzahn bestimmter Knochenfischarten),[117] oder Bezoar-Steine (Verklumpungen aus dem Verdauungstrakt gewisser Tiere)[118] – sie alle besaßen angeblich giftabwehrende Potenzen.[119]

Besonders populär waren die wundersamen »Steinzungen« (*Glossopetrae*), die in deutschen Quellen des späten Mittelalters auch häufig als »Natternzungen« (ebenso »Schlangen-« oder »Drachenzungen«) bezeichnet werden.[120] Dabei handelt es sich, wie wir heute wissen, um marine Gegenstände, nämlich um versteinerte Haifischzähne, wie sie noch heute, etwa im Mittelmeerraum und dort in besonders hoher Zahl auf der Insel Malta, zu finden sind.[121]

In der Antike war man sich über die Herkunft der Haifischzähne im Unklaren – Plinius etwa berichtete von dem verbreiteten Glauben, die »Zungen« würden bei einer Mondfinsternis vom Himmel fallen. Er spottete auch über die in seiner Zeit verbreitete Annahme, eine Glossopetra könne die Winde beruhigen.[122] Diese Angabe wurde von frühmittelalterlichen Autoren (Isidor von Sevilla z. B.)[123] übernommen, doch seit dem 13. Jahrhundert und verstärkt im späteren Mittelalter stößt man immer häufiger auf die Behauptung, diese Zungen würden außerdem – ähnlich dem Horn des Einhorns – in der Nähe von Giften zu schwitzen beginnen oder ihre Farbe verändern. Grundlage dieser Annahme war die sogenannte Signaturenlehre, wonach von giftigen Lebewesen stammende Objekte im Sinne der aufhebenden Wirkungsweise von Gift und Gegengift schädliche Substanzen anzeigen oder sogar neutralisieren könnten.[124]

Hiervon berichtete Ende des 14. Jahrhunderts Jean de Mandeville in seinem *Steinbuch*, und weitere Lapidarien aus dem 15. Jahrhundert bieten Ähnliches.[125] Nach Jean trugen seine Zeitgenossen Glossopetrae gern als Anhänger bei sich. Dies wird

Tafel 1. Giovanni di Paolo, Errettung durch Nikolaus von Tolentino (1457).

Tafel 2. Fischerei und Jagd, aus: Reiner Musterbuch (Rein, zwischen 1208 und 1213).

Tafel 3. Nachtfischerei, aus einer griechischen Handschrift (11. Jahrhundert).

Tafel 4. Die Bücklingverkäuferin, aus: »Cris de Paris« (ca. 1500).

Tafel 5. Der heilige Cuthbert zeigt einen speisefertig zurechtgeschnittenen Delfin, aus: Vita Sancti Cuthberti (12. Jahrhundert).

Tafel 6. Die »Walinsel«, aus einem Bestiarium (ca. 1270).

Tafel 7. Das Sternbild Delfin, aus: Sammlung mit astronomischen Abhandlungen (1490).

Tafel 8. Eine Sirene lullt einen Seemann mit ihrem Gesang in den Schlaf, während ein anderer seine Ohren verstopft, um sie nicht zu hören, aus einem Bestiarium (ca. 1230–1240).

Tafel 9. Meerestiere, darunter der Meermönch und die Sirene, aus: Hortus sanitatis (Mainz 1491).

Tafel 10. Die Dame mit dem Einhorn, Das Gehör (zwischen 1484 und 1500).

Tafel 11. Natternzungenkredenz (15.–16. Jahrhundert).

Tafel 12. Meister des heiligen Augustinus, Szenen aus dem Leben des heiligen Augustinus (ca. 1490).

Tafel 13. Piero della Francesca, Pala Montefeltro (1466–1474).

Tafel 14. Reliquiar mit Perlmuttfigur (Paris, ca. 1400).

Tafel 15. Mosaik der Kaiserin Theodora (540–545, Ausschnitt).

Tafel 16. Heiratsurkunde der Theophanu (972).

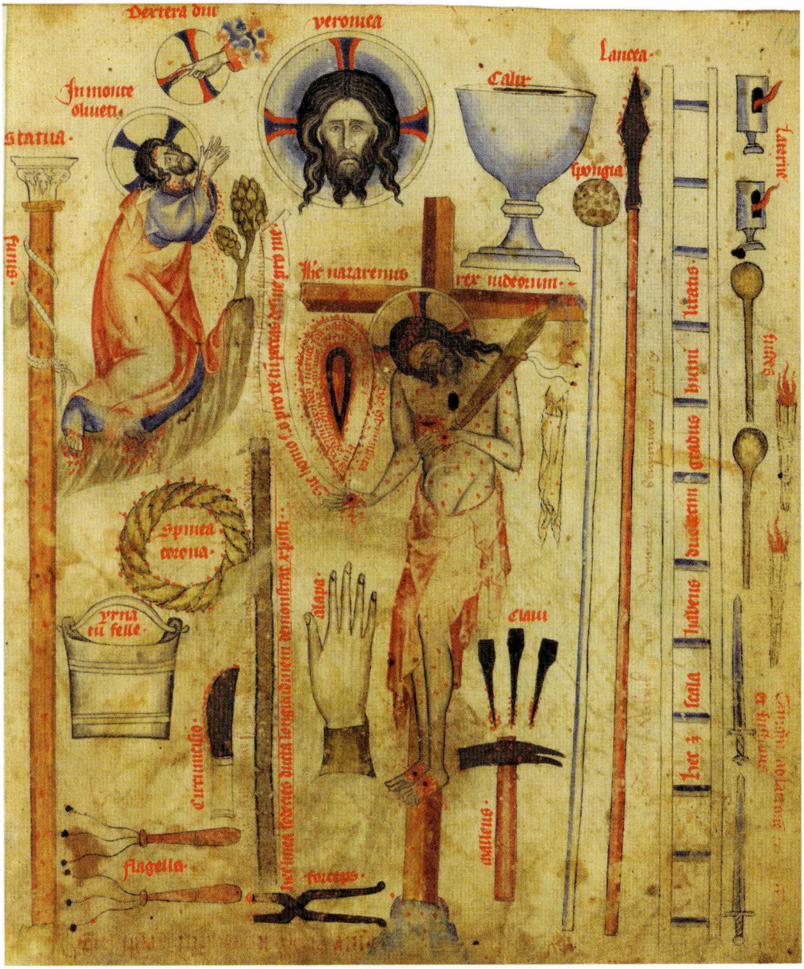

Tafel 17. Arma Christi, aus: Kunigundenpassionale (zwischen 1312 und 1321).

Tafel 18. Andrea Mantegna, Madonna della Vittoria (1495–1496).

Tafel 19. Domenico Ghirlandaio, Bildnis einer jungen Frau (Florenz, ca. 1490).

Tafel 20. Abbildung des Paternostermachers Leupolt aus dem Mendelschen Hausbuch der Zwölfbruderstiftung (ca. 1425).

Tafel 21. Salzfässchen (Paris, Mitte des 13. Jahrhunderts).

durch erhaltene Amulette und durch die bildende Kunst bestätigt. Auch Angehörige städtischer Eliten hängten sich offenbar häufig zum persönlichen Schutz eine Natternzunge um. Dass es sich hierbei um den Zahn eines urzeitlichen Fisches handelte, war ihnen nicht bewusst.

Besonders populär waren diese schadenabwendenden (apotropäischen) Naturprodukte in höfischen Kreisen. Wir haben bereits gesehen, dass an europäischen Höfen die Angst vor Vergiftung groß war, umso konsequenter versuchte man sich zu schützen. Untertanen erstrebten mit Natternzungengeschenken die Gunst der Herrscher: Die *Basler Jahrbücher* vom Ende des 14. Jahrhunderts zum Beispiel berichten vom Fund einer *Noterzunge* in Ollweiler, welche Rudolf von Habsburg (gest. 1291) überreicht wurde. *Sie besitzt die Kraft, Gift zu verrathen,* heißt es in der Schrift.[126]

Nicht selten wurden gleich mehrere solcher Zähne zusammengeführt und in einem Kunstwerk verarbeitet.[127] Diese »Kredenzen« (auch *essai, espreuve, touche, credence, assagium, proba*) bestanden aus einem baumartigen Träger, an dem eingefasste Natternzungen hingen. Die Stütze wurde verschiedentlich aus Koralle hergestellt, der ebenfalls wundersame Kräfte zugeschrieben wurden, wie wir noch sehen werden. Manchmal umfassten die Artefakte auch Salzbehälter – besonders sinnvoll, weil Arsenik in Salz nicht auffällt. Bei Bedarf konnten die Natternzungen mithilfe der Kredenz in Trinkgefäße getunkt und damit Schaden abgewendet werden.

Für das Spätmittelalter enthalten viele Inventare weltlicher wie geistlicher Fürsten Hinweise auf seitdem verlorene Kredenzen. Schon im Jahre 1295 erwähnt eine Liste Papst Bonifaz' VIII. (gest. 1303) »Äste beziehungsweise Bäume mit Schlangenzungen«, und viele weitere päpstliche Inventare des 14. Jahrhunderts bezeugen Kredenzen, die am Avignoneser Hof zum Einsatz kamen.[128] Die päpstlichen Rechnungsbücher wiederum informieren über ihre Nutzung im Hofzeremoniell: Ein Vorkoster (im Übrigen ein Ehrenamt für besonders vertraute Prälaten) war damit beauftragt, im Angesicht aller Gäste die Probe mithilfe der Kredenz durchzuführen; erst im Anschluss begann die Tischgesellschaft zu speisen.[129]

Auch der bereits erwähnte Olivier de la Marche beschreibt sehr genau den Einsatz der »epreuves« genannten Artefakte am burgundischen Hof im 15. Jahrhundert.[130] Die Inventare Fürst Jeans de Berry (gest. 1416) erwähnen nicht weniger als 33 mit Zungen versehene Artefakte, ähnliche Belege liefern der englische und französische Königshof sowie ein rundes Dutzend europäischer Fürstenhäuser.[131] Das Gleiche lässt sich für die Territorien des Heiligen Römischen Reiches und Italiens beobachten.[132]

Die wenigsten dieser Artefakte haben die Zeitläufte überdauert; aber noch heute existieren einige wenige Natternzungenkredenzen. Im Grünen Gewölbe zu Dresden zum Beispiel hängen von einem 19,5 Zentimeter hohen silbernen Baum mehrere Glossopetrae, gekrönt wird das Ensemble vom monumentalen Zahn einer urzeitlichen Haiart (*Otodus megalodon*, Abb. 29). In Wien werden gleich zwei Stücke verwahrt: In der Schatzkammer des Deutschen Ordens hängen von einem 32 Zentimeter großen Korallenast 14 Zähne, die auch ein darunter befindliches Salzfass schützen (Tafel 11); im Kunsthistorischen Museum wiederum ist eine besonders fein gearbeitete Kredenz aus Silber und Topas zu bewundern (Inv. Nr. 89), ein *vergulten credentz mit viel natternzungen in gestalt wie ain paumb*, wie es im Nachlass Kaiser Maximilians (gest. 1519) genannt wird.[133]

Ob ihre ursprüngliche Herkunft aus dem Meer im Mittelalter bekannt war oder nicht, ob der jeweilige Gegenstand überhaupt erkennbar einem Tier entstammte oder die organischen Rohstoffe durch menschliche Überarbeitung auf ihre Materialität reduziert worden waren: Zahllose Gegenstände mittelalter-

Abb. 29. Stammbaum Christi, sog. »Natternbaum« (ca. 1500).

licher Gesellschaften waren nichts anderes als Zähne mariner Lebewesen oder wurden aus Zähnen hergestellt. Sie bildeten insbesondere im Norden Europas elementare Bestandteile des Handels mit Luxusgegenständen, wurden doch aus ihnen in aller Regel exklusive Objekte der Eliten hergestellt, die den Rang der Individuen und Familien in der zeitgenössischen Gesellschaft anzeigten und zugleich Distanz schufen. Nicht weniger aber waren sie Materialisierungen realer Ängste vor Attentat und Mord.

SCHÄTZE DES MEERES

Abb. 30. Sandro Botticelli, Weibliches Idealbildnis (Bildnis der Simonetta Vespucci als Nymphe, ca. 1480–1485).

8.
Muschel- und Schneckenpracht

In den Achtzigerjahren des 20. Jahrhunderts ist der auf das Mittelalter zurückgehende Brauch, eine Pilgerfahrt nach Santiago de Compostela zu unternehmen, wieder populär geworden. Alljährlich ziehen aus allen Ländern Zigtausende nach Galicien in Nordwestspanien. Für viele von ihnen ist »der Weg das Ziel«, andere suchen bewusst das Grab des Apostels Jakobus des Älteren auf, der in Compostela begraben liegen soll. Aber unabhängig davon, ob sie aus religiösen oder anderen Gründen unternommen wird: Die Fahrt steht unter dem Zeichen eines Meerestieres. Auf der ganzen Welt symbolisiert die sogenannte Jakobsmuschel den Pilgerweg nach Santiago de Compostela. An Tausenden von Orten in ganz Europa stehen Schilder mit dem auffälligen Muschelzeichen.[1] Die »Marke Jakobsmuschel« zieht. Sie hat eine lange Geschichte, deren Wurzeln im Mittelalter liegen.

Als ihr Erfinder darf der Erzbischof von Compostela Diego Gelmírez (gest. 1140) gelten. Auf sein Betreiben hin nämlich wurde zu Beginn des 12. Jahrhunderts der *Codex Calixtinus* bzw. *Liber Sancti Jacobi* verfasst, eine Sammlung von Predigten, Geschichten und Wundererzählungen, die allesamt dazu dienten, der lateinischen Christenheit das damals erst im Wachsen begriffene Pilgerzentrum bekannt zu machen. In der Predigt »Veneranda Dies« heißt es, eine Muschel sei das Zeichen der Jakobuspilger, denn die beiden Schalen des Meerstieres stünden für die beiden Liebesgebote eines Christenmenschen, nämlich Gott über alles und seine Nächsten wie sich selbst zu lieben, während die fingerartige Struktur an die guten Werke gemahnte, an denen der Träger »festhalten« sollte.[2]

Spätestens zu jener Zeit hatte sich der Brauch entwickelt, dass Pilger an ihrem Ziel eine solche »Jakobsmuschel« erstanden. Sie hefteten sie an ihre Kleidung, gern an ihren Hut, und gaben sich so als Wallfahrer zu erkennen. Die Meeresmuschel wurde im hohen Mittelalter zum gesamteuropäischen Zeichen für die Fahrt nach Compostela im Besonderen und die Wallfahrt im Allgemeinen, der heilige Jakobus selbst wurde in der europäischen Kunst regelmäßig mit diesem Attribut dargestellt. Das Gehäuse eines Meerestieres wurde zum Symbol einer bis in die Gegenwart andauernden Kulturpraxis.

Bedingung hierfür waren einmal mehr natürliche und speziell marine Umweltbedingungen. Santiago de Compostela liegt nur 30 Kilometer vom Atlantik entfernt. In den Buchten Galiciens aber leben in großer Zahl Kammmuscheln *(Pectinidae)*, darunter auch *Pecten maximus*, die Große Atlantische Pilgermuschel. Sie profitiert von den idealen Bedingungen der zerklüfteten, mit viel Biomasse gesegneten galicischen Küsten. Muscheln wie die Jakobsmuschel weisen zwei Schalenhälften auf, die mit einem Klappenscharnier durch Muskeln zusammengehalten werden, womit sie ihr Gehäuse schließen und öffnen können.

Jakobsmuscheln leben von biologischen Zerfallsprodukten und weitgehend aufgelösten Algen, die sie aus dem Wasser filtern, was auch ihren größten ökologischen Nutzen für die Meere ausmacht: Eine einzelne Muschel kann am Tag mehrere Liter filtern und damit reinigen, im Verbund sind sie ökologisch bedeutsam. Die Schalen dieser Meerestiere bestehen zum größten Teil aus Kalk mit eingelagerten Farbstoffen. Sie werden über die Zeit angelegt, deswegen weisen sie häufig als Ergebnis dieses Anwachsens mehrere Schichten auf.

Muscheln können ein hohes Alter erreichen: Im Süßwasser werden sie bis zu 100 Jahre alt, und auch im Salzwasser, wo die meisten (etwa 80 Prozent der Muscheln) zu finden sind, leben sie lange und können entsprechende Größen erreichen. In der Regel finden sich Muscheln am Meeresgrund, wobei die Qualität des Wassers und die Strömungen wesentliche Faktoren für ihr Gedeihen sind.[3]

Die Jakobsmuschel lässt sich bekanntlich auch verzehren. Sie ist zu einem weltweiten kulinarischen Erfolgsprodukt geworden. »Pecten maximus« wird nicht nur an den Küsten Galiciens, sondern zusammen mit seinem Verwandten, dem mittelmeerischen »Pecten jacobaeus«, in noch größerer Zahl an denen Schottlands, Frankreichs und Russlands aufgesammelt, vor der chilenischen Küste sogar gezüchtet, wegen seines nussig-süßen Geschmacks geschätzt und massenhaft verkauft. Der Verzehr von Muschelfleisch ist eine vor allem von Küstengesellschaften seit Jahrtausenden gepflegte Praxis.[4]

Archäologische Ausgrabungen haben viele Schalenreste in Häusern aller Epochen, auch aus dem Mittelalter, zutage gefördert, was zur Entwicklung einer eigenen archäologischen Unterdisziplin, der Muschelarchäologie (Archaeomalakologie), geführt hat.[5] Auch die schon mehrfach erwähnten Inventare und Kochbücher belegen, dass Muschelfleisch als zusätzliche Nahrungsquelle geschätzt war. In den Bestiarien hingegen spielten die Tiere keine besondere Rolle, und auch in den gelehrten Werken des hohen Mittelalters werden sie selten als Speise erwähnt.

Uns soll es im Folgenden weniger um ihren Verzehr gehen als um die Nutzung von Schalen als Luxusobjekte. Nur nebenbei sei daher auf die Verwendung von Muschelschalen für Alltagsgegenstände im Mittelalter hingewiesen: Vom 9. bis ins 11. Jahrhundert zum Beispiel war im ostfriesischen Küstenraum ein Keramiktyp verbreitet, der in der Forschung als »Muschelgrus-

Abb. 31. Sandro Botticelli, Die Geburt der Venus (1485–1486).

ware« bezeichnet wird, weil für seine Herstellung zerkleinerte Muschelschalen verwendet wurden,[6] und in vielen Kulturen, nicht zuletzt des Mittelalters, wurden Muschelschalen durchbohrt und als Schmuck auf Schnüre aufgezogen.[7]

Die religiöse Deutung der Muschel und ihrer Produkte begann nicht erst mit den Predigten des *Liber Sancti Jacobi* im 12. Jahrhundert. In der Antike wurde die sich öffnende und schließende Muschel aufgrund ihrer Ähnlichkeit mit der Vulva als Sinnbild der Göttin Aphrodite (lat. Venus), der Liebe und der sinnlichen Lust verstanden, wovon zahllose, teils erotische zeitgenössische Darstellungen und auch mittelalterliche Gemälde wie etwa die berühmte »Geburt der Venus« Sandro Botticellis (gest. 1510) von 1485/86 zeugen (Abb. 31).[8]

Auch im Islam lässt sich eine ähnliche Erotisierung des Tieres beobachten, die sich nicht nur in indirekten Vergleichen zwischen Muschel und Geschlechtsteil niederschlug, sondern auch durch den Vergleich zwischen Empfängnis und Wachstum des Fötus beim Menschen und der Entstehung bzw. dem Wachstum der Perle zum Ausdruck kam.[9]

Doch im Christentum wurde diese Zuschreibung von einer anderen überlagert, die letztlich auf ähnlichen Analogiebildungen beruhte.[10] Der frühchristliche *Physiologus* deutete die beiden Schalen der Muscheln als Hinweise auf das Alte und das Neue Testament; vor allem aber setzte er die Muschel mit Maria gleich: Wie eine Edelmuschel habe diese ihre Jungfräulichkeit behalten und dennoch etwas unvergleichlich Kostbares hervorgebracht: Jesus Christus.[11]

Die Muschel als Symbol Mariens, vielfach in Theologie und religiöser Literatur aufgegriffen, erlangte auch Einzug in die europäische Kunst. In der berühmten Darstellung der Madonna mit Heiligen (»Pala Montefeltro«) von Piero della Francesca (gest. 1492) zum Beispiel, die zwischen 1466 und 1474 entstand und heute in der Pinacoteca di Brera in Mailand hängt, überwölbt prominent eine riesenhafte Muschel die Gruppe (Tafel 13).

In ähnlicher Form wurde die Molluske gelegentlich auch zur Erhöhung historischer Personen eingesetzt. Ein frühes Beispiel hierfür ist die bekannte Darstellung der Kaiserin Theodora (gest. 548) im 547 geweihten Presbyterium der Basilika von San Vitale zu Ravenna (Tafel 15).[12] Die Kaiserin wird darin von einem großen, gelblich-grünen, muschelförmigen Baldachin umgeben, was offensichtlich als Ehrenzeichen zu verstehen ist. Sowohl sie als auch ihre Begleiter sind aber auch mit einem weiteren Meeresprodukt geschmückt: Perlen. Diese genießen seit der Antike und bis in die Gegenwart besonders dauerhafte und herausragende Wertschätzung, entsprechend groß ist ihre kulturhistorische Bedeutung.[13]

Perlen

Perlen sind Fremdkörper, die in bestimmten Mollusken heranwachsen und in Süßwasser ebenso vorkommen wie im Meer. Auch die erwähnten Jakobsmuscheln bringen mitunter Perlen hervor, aber im Mittelalter waren andere Mollusken die wesentlichen Lieferanten. Perlen kamen vor allem aus dem Persischen Golf und dem Indopazifik, und diese Meere werden im Folgenden eine herausgehobene Rolle spielen.

Perlen sind entweder an die Innenseite der Muschelschalen geheftet, oder sie finden sich im eigentlichen Weichkörper des Tieres. Diese sogenannten freien, also nicht mit der Schale verbundenen Perlen, sind diejenigen, die im Wesentlichen vom Menschen genutzt werden – und dies seit Jahrtausenden, in Ost- ebenso wie in Südasien und dem Mittelmeerraum.[14] Sie können unterschiedliche, mitunter ganz ungewöhnliche Formen annehmen, müssen also keineswegs rund sein. Warum aber produzieren manche Muscheln Perlen, andere hingegen nicht? Warum unterscheiden sie sich hinsichtlich ihrer Größe und ihrer Farbe?

Diese Fragen geben seit jeher Rätsel auf. Lange hieß es, Perlen entstünden dadurch, dass ein Sandkorn in die Muschel eindringe, von ihr umschlossen und abgeschichtet werde; die jüngere Forschung hat Zweifel angemeldet. Nicht zu bestreiten aber ist, dass die Perle in der Tat das Ergebnis der Reaktion auf einen Fremdkörper ist.[15] Im Mittelalter kursierten andere Erklärungen für das rätselhafte Meeresprodukt.[16] Einige arabische Autoren vermuteten, die Perle entstehe, wenn sich die Muschel bei Regen öffne und dabei Regenwasser in das Innere falle; die Verbindung zwischen Süß- und Salzwasser bilde den Ausgangspunkt für die Perle.[17]

Eine ähnliche Erklärung findet man bereits bei Plinius, der seinerseits auf Informationen aus Indien verweist und anführt, die Perle entstehe aus Tau, der von der Muschel aufgefangen werde.[18] Diese Vorstellung wurde im christlichen Mittelalter von einflussreichen Autoren – von Isidor von Sevilla und Marbod von Rennes über Alexander Neckam und Thomas von Cantimpré bis Bartholomäus Anglicus und Albertus Magnus – aufgegriffen und verbreitet.[19] Eine weitere, unter anderem vom antiken Autor Aelian vertretene Ansicht lautete, Muscheln würden bei Stürmen mit einem Blitzeinschlag den Samen für die Perle empfangen, wieder andere sahen in Perlen eine Art »Nierenstein« der Muschel.[20]

Auch wenn bereits Plinius es besser wusste: Seit der Antike und bis ins 18. Jahrhundert galten Perlen als Edelsteine, weshalb sie in Steinbüchern abgehandelt wurden. Heute wissen wir mehr über Zusammensetzung und Beschaffenheit der Perle. Sie weist drei Schichten auf, eine organische und zwei anorganische, die im Wesentlichen aus Calciumkarbonat (zu 80 bis 90 Prozent) und aus Perlmutt gebildet werden.

Die äußerste Schicht ist aus Sicht des Menschen die entscheidende, denn sie macht den seidigen, regenbogenfarbigen Glanz aus und lässt die Perle je nach Perspektive in einem anderen Licht schimmern, das schon fast von ihr selbst zu rühren scheint – der Lüster der Perle. Dieses optische Phänomen wird als Irisieren bezeichnet. Die Farben der Perle können dabei sehr unterschiedlich sein: Es gibt schwarze, rosafarbene, gelbe, graue usw.; dies hängt von verschiedenen Faktoren ab, zum Beispiel von der Größe des Materials, das umfasst wird.

Die Perle wird im Griechischen als *margariton* oder *margarites* bezeichnet, was auf das persische *murwari* – »Kind des Lichts« – zurückgeht.[21] Die Frauennamen Margarete, Margareta leiten sich davon ab und fanden bereits im Mittelalter Einzug in das christliche Europa, nicht zuletzt über Heilige wie die heilige

Margarete von Antiochien oder die schottische Nationalheilige St. Margaret. Neben den lateinischen *margarita* treffen wir im Mittelalter ab dem 12. Jahrhundert zunehmend auf die Nutzung des Wortes *perla*. Dessen Herkunft ist nicht eindeutig bestimmt. Möglicherweise leitet es sich aus dem germanischen Wort für »Beere« ab, wahrscheinlich ist aber seine Herkunft auf *pirum* (Sphäre, Birne) zurückzuführen.[22]

Im antiken Rom waren Perlen für die Schmuckherstellung hochgeschätzt. Als *margaritarii* bezeichnete Perlenhändler und -handwerker unterhielten am Forum neben den Silberschmieden und Schmuckherstellern am *porticus margaritaria* ihre Werkstätten.[23] Ihre Produkte waren unter den Zeitgenossen ebenso beliebt wie teuer. Als Plinius im 1. Jahrhundert den Luxus der römischen Eliten scharf kritisierte, wählte er bezeichnenderweise die Vorliebe seiner Landsleute für Perlen als Beispiel.[24] Grundsätzlich schicke es sich nicht, Erzeugnisse aus dem Meer als Kleidung oder Schmuck zu tragen, das Wasser solle den Menschen nur nackt empfangen.[25]

Ausführlich und sichtlich erbost wettert er gegen die Auswüchse der Perlenbegeisterung seiner Landsleute: Manche würden gleich mehrere Perlen als Ohrringe tragen, andere sie an Schuhriemen oder sogar an Schuhsohlen anbringen. Besonders verhasste Gestalten wie Cleopatra (gest. 31 v. u. Z.) und Lollia Paulina (gest. 49), die Frau des Kaisers Gaius (Caligula, gest. 41) werden als abschreckende Beispiele genannt, um die Mitbürger zur Vernunft anzuhalten.

War die Perle im antiken Rom bereits beliebt, so stieg sie in der arabisch-muslimischen Welt zum bedeutendsten Juwel überhaupt auf. Bekanntlich sagt die Zahl der Ausdrücke für ein zu Bezeichnendes viel über dessen Bedeutung in der jeweiligen Gesellschaft (im Isländischen gibt es über ein Dutzend Namen für Schnee etc.). Da ist es bemerkenswert, wie groß das Wortfeld »Perle« im Arabischen ist. Der 1048 verstorbene Universalgelehrte Abū r-Raiḥān Muḥammad ibn Aḥmad al-Bīrūnī listet in seiner Abhandlung über die Mineralien nicht weniger als 16 unterschiedliche Bezeichnungen für Perlen (die »Walzenförmige«, die »Augen«, die »Olivenförmige«, die »Jugendliche«, die »Große«, die »Waise«, die »Kostbare« usw.) auf.[26]

Al-Bīrūnīs *Umfassendstes Buch zur Kenntnis wertvoller Steine* (*Kitāb al-Ǧamāhir fī maʿrifat al-ǧawāhir*) ist ein Monument geografischer, lexikografischer und literarischer Gelehrsamkeit und soll uns in diesem Kapitel als Kronzeuge für die herausgehobene Bedeutung der Perle in der arabischen Welt begleiten.[27] Es gehört der Gattung der Steinbücher an, die in der arabischen Welt große Popularität besaß und eine Reihe eindrucksvoller Werke hervorgebracht hat.

Manche von ihnen griffen einen pseudoaristotelischen, letztlich auf Theophrast aufbauenden Text (*De lapidibus*) auf,[28] viele erweiterten diese Vorlage aber umfassend. Neben al-Bīrūnī sei auf die einschlägigen mineralogischen Abhandlungen des Jerusalemer Arztes al-Tamīmī aus dem 10. Jahrhundert und auf die im 13. Jahrhundert verfasste Synthese des maghrebinischen Gelehrten Aḥmad at-Tīfāšī (gest. 1253) hingewiesen.[29]

Detailliert liefert al-Bīrūnī Preisangaben von Perlen und Informationen zur Perlenfischerei, er gibt Vorschläge zur Pflege der Juwelen, nennt besonders geschätzte Orte und Zeiten der Perlenfischerei. Der Text ist zudem mit vielen Naturbeobachtungen des Autors durchzogen, der gern etabliertes Wissen anzweifelte. So würden Perlen laut al-Bīrūnī weniger – wie seine Zeitgenossen behaupteten – einem Tropfen Wasser oder Milch ähneln als einem Tropfen Sperma.[30] Über viele Seiten seines Werkes trägt der Gelehrte unterschiedliche Bezeichnungen der Perle zusammen und exemplifiziert diese an weit über 50 namentlich aufgeführten Dichtern, die auf unterschiedlichste Weise die Perle – zum Beispiel als Metapher – literarisch verwendeten.[31]

Wir haben es wohlgemerkt mit einem Werk aus dem Jahre 1048 zu tun, in dem so viele Perlenzitate einschlägiger Poeten zitiert werden, eine im Vergleich zur lateinischen Welt staunenswert hohe Zahl! Immer wieder vergleichen die von al-Bīrūnī zitierten Poeten Frauen im Allgemeinen oder einzelne Personen mit diesem Juwel des Meeres. Frauen seien »wie die helle Perle, deren Ansicht den Taucher erfreut«, die Tropfen heißen Wassers auf ihrem Haare ähnelten polierten Perlen, »Tränen rinnen aus ihren Augen wie Perlen«, »in ihrer Schönheit war sie wie eine vom Meer ans Land gespülte Perle« usw.[32] Andere arabische Dichter benutzen die Perle, um Natur zu beschreiben: Aus den Wolken fallender Regen ähnele Perlen usw.,[33] wieder andere vergleichen Trinkgefäße mit Perlen und Perlenmuscheln.[34]

Das christliche Latein-Europa griff die antike Wertschätzung der Perle in viel geringerem Maße auf. Dabei wird sie sowohl im Alten als auch im Neuen Testament durchaus gerühmt. Aus Mt 7, 6 stammt der noch heute geläufige Ausdruck, »Perlen vor die Säue« zu werfen; und bei Mt 13, 45–46 heißt es: »Wiederum gleicht das Himmelreich einem Kaufmann, der gute Perlen suchte, und da er eine kostbare Perle fand, ging er hin und verkaufte alles, was er hatte, und kaufte sie.« Schließlich sei auf eine wirkungsmächtige Stelle in der Offenbarung des Johannes (Offb 21,21) verwiesen: Ein jedes Tor des himmlischen Jerusalems bestehe aus einer einzigen Perle.

Auf der Grundlage dieser kanonischen Texte entstanden im Mittelalter christliche Deutungen der Perle, etwa im *Physiologus*, der Christus mit einer Perle vergleicht: »Er nämlich ist die kostbare Perle, die der Mensch gewinnen soll, indem er all das Seine verkauft und den Armen gibt und so die kostbare Perle erwirbt.«[35] Diese Gleichsetzung Christi mit der Perle wurde zu Beginn des 8. Jahrhunderts von Beda Venerabilis in seinem Bibel-Kommentar aufgegriffen, der zugleich die Farbe der Perle ausdeutet – denn so, wie die Jungfrau Maria rein empfangen habe, symbolisiere die Perle mit ihrer weißen Farbe die Reinheit Christi.[36]

Hrabanus Maurus wiederum schrieb Mitte des 9. Jahrhunderts, dass die Perle die Hoffnung auf das himmlische Königreich bzw. die Süße des himmlischen Lebens symbolisiere.[37] Haymo von Halberstadt (gest. 853) bezeichnete Christus in seinem Kommentar zur Offenbarung als »Perle der Perlen«.[38] Im 12. Jahrhundert setzte der Regularkanoniker und Theologe Hugo de Folieto (Hugo von Fouilloy, gest. ca. 1174) die »mystische Perle« mit den Evangelien und der Süße des himmlischen Lebens gleich.[39] Wenig später deutete der kastilische Theologe Martin von León (gest. 1203) die zwölf Perlentore Jerusalems als die Apostel.[40] So wurde die rätselhafte Naturerscheinung im lateinischen Mittelalter zum Vehikel für die Vermittlung der christlichen Botschaft.

In der muslimischen Welt lässt sich keine vergleichbar intensive religiöse Aufladung der Perle beobachten. Aber in der Epistel der *Brüder der Reinheit* aus der Zeit um 960 streiten die Tiere mit den Menschen über die Frage, wer wem Untertan sein sollte. Die Grille – die Wortführerin der Schwarmtiere – greift zur Stärkung ihrer Position auf das Beispiel der Perlmuschel zurück. Nur scheinbar sei diese ein kleines, schwaches Meerestier, in Wirklichkeit aber geschickt und klug, denn sie wisse genau, in welchem Augenblick sie vom Meeresboden an die Wasseroberfläche zu schwimmen habe, um Regentropfen aufzunehmen, aus denen sie Perlen fabriziere. »Sag mir: Welcher menschliche Gelehrte kann so etwas vollbringen?«, ruft die Grille ihrem Gesprächspartner zu.

Weiter exemplifiziert sie Gottes Größe und Weisheit mithilfe der Perle: »Gott hat der menschlichen Natur die Liebe zu Seide, Brokat, Satin eingegeben – alles Textilien, die aus Tierchen geschaffen werden, die klein an Körper und von schwachem Körperbau, aber von großer Seele sind [...]. Und Gott hat als schönsten Schmuck, mit dem sich Menschen verzieren, die Perle geschaffen – aus dem Bauch eines schwachen Gewürms entnommen, dessen Körper klein, aber dessen Seele erhaben ist. Sie ist ein Zeichen für Gottes Weisheit, die den Menschen bei der Betrachtung seiner Werke umso klarer seine Großzügigkeit vor Augen führt.«[41]

Aus diesen Worten des anonymen Autors spricht bei aller Wertschätzung des Lebewesens die vorherrschende Überzeugung, dass Tiere letztlich dazu dienten, von den Menschen benutzt zu werden.

Nicht nur zur geistigen und religiösen Erbauung wurde die Perle benutzt, sondern auch ganz praktisch als Heilmittel gegen Krankheiten. Dies wurde besonders von arabisch-muslimischen Autoren in Steinbüchern empfohlen. Einflussreiche Rezeptbücher wie das des nestorianischen Christen und abbassidischen Hofarztes Sābūr ibn Sahl (gest. 869) enthielten einschlägige Anleitungen zur Herstellung von Perlenmedikamenten: Perlen sollen gegen Herzbeschwerden, Melancholie und Sehbehinderungen helfen, die Zähne stärken, sogar Vergiftungen würden sie in pulverisierter Form heilen.[42]

Auch als Amulette dienten Perlen: al-Tamīmī etwa beteuerte: »Sie schützen die Föten und bewahren die Frauen, die sie angelegt haben, vor der Einmischung der Teufel während des Coitus.«[43] Unschwer wird erkennbar, dass die physische Beschaffenheit des marinen Stoffes die Grundlage für solche Zuschreibungen lieferte: Seine kühle Oberfläche suggerierte, dass er Fieber senken könne, die Klarheit seines Glanzes sprach dafür, dass er das Blut verdünne, den Blick schärfe und gegen die »schwarze Melancholie« helfe, während seine Festigkeit wahrscheinlich machte, dass er die Zähne stärke.[44]

Solche arabisch-muslimischen Ausdeutungen werden in der europäisch-christlichen Literatur aufgegriffen, etwa von Albertus Magnus, nach dem Perlen gegen Magenbeschwerden helfen und am Körper getragen die Keuschheit erhöhten.[45] Nach Ausweis des katalanischen Arztes und Gelehrten Arnau von Vilanova gehörten Perlen sogar zu den sieben Mitteln, welche das Altern aufhielten.[46] Diese und andere Ausführungen lassen die vielfältigen Wirkungen erkennen, die im Mittelalter Perlen – in Flüssigkeit aufgelöst oder verbrannt, zerrieben oder zerstoßen, zu sich genommen oder auch nur am Körper getragen – zugeschrieben wurden.

Im Mittelalter wurden Perlen also aus ganz unterschiedlichen Gründen geschätzt. Sie besaßen einen ästhetischen Wert, sie galten als eine Seltenheit und Kostbarkeit. Ihnen wurden medizinische Wirksamkeit und apotropäische Kraft zugemessen; und schließlich besaßen sie auch eine sakrale Bedeutung.[47] Damit verwiesen aus Perlen hergestellte Gegenstände auf unterschiedliche Bedeutungsebenen.

Perlengewinnung

Heutzutage werden Perlen gezüchtet, indem Muscheln Fremdkörper implantiert werden. Doch ist das ein Verfahren, das erst in den 1920er-Jahren entwickelt wurde. Im Mittelalter mussten Muscheln mühsam in der Hoffnung geöffnet werden, in ihnen auf Perlen zu stoßen. Über die Praxis des Perlentauchens informieren einmal mehr am ausführlichsten arabische Autoren.

Betrachten wir einige Beschreibungen aus dem 10. bis 14. Jahrhundert etwas genauer.[48] Bereits im 10. Jahrhundert beschrieb der arabische Universalgelehrte und Geograf al-Masʿūdī (gest. 956) lebendig die zwischen April und September stattfindende Perlentaucherei im Persischen Golf.[49] Danach verschlossen Taucher ihre Ohren mit in Öl getunkter Baumwolle und ihre Nasen mit Klemmen und rieben ihre Beine mit einer schwarzen Substanz ein, die vor gefährlichen Meerestieren (wahrscheinlich

Haien) schützen sollte. Erst dann begaben sie sich wie Apnoetaucher in die Tiefe.

Ein halbes Jahrhundert nach al-Masʿūdī widmete al-Bīrūnī der Perlentaucherei eine ausführliche Beschreibung.[50] Drei- bis viermal am Tag könne ein Taucher mit schwarz gefärbten Steinen beschwert in die Tiefe gehen. Selbstständige Perlentaucher bewahrten ihren Fang, unselbstständige übergäben die Perlen einem Händler, dürften aber alle anderen aufgelesenen Substanzen einbehalten. Kritisch analysiert der Autor Überlieferungen, wonach die Taucher sich mit lautem Bellen und Schreien gegen angreifende Fische, wahrscheinlich Haie, wehrten: »Wie kann ein Geräusch ohne Luft erzeugt werden, und wenn die Luft austritt, wird Wasser notwendigerweise seinen Platz einnehmen.«[51]

Allerdings hatte al-Bīrūnī – Mitte des 11. Jahrhunderts – von einer neuen Methode erfahren, um länger tauchen zu können: »Dieser neue Apparat wird aus Häuten gemacht, welche die Taucher um ihren Bauch schnallen. Sie tauchen dann und nutzen die Luft, die sich in den Häuten befindet.« Mittelalterliche Vorläufer der Tauchflaschen also! Der Autor ist verwundert und zugleich etwas skeptisch: »Gott allein weiß es am besten.«

Ausführlich schreibt auch al-Idrīsī (gest. 1165) im 12. Jahrhundert über die Perlentaucherei vor Bahrain.[52] Ihm zufolge war die Erntezeit zwischen August und September, wegen der besseren Beschaffenheit des Wassers. Bis zu 200 Boote waren unterwegs, die vor allem von fünf oder sechs Händlern geleitet wurden. Auch al-Idrīsī beschreibt, wie die Taucher sich mit großen Steinen beschwerten, an einem Seil hinabgelassen wurden und dann unter Wasser die Muscheln sammelten. Wenn ihnen die Luft ausging, wurden sie von einem Helfer hochgezogen.

Hier waren wirkliche Meister des Tauchens am Werk, die eigens angelernt werden mussten. Nachmittags ruhten sie sich bei den heißen Temperaturen aus, am Morgen wurde wieder getaucht. Es folgte die Sammlung der Ernte in Körben, ihre Verpackung in großen, mit dem Namen des jeweiligen Kaufmanns versehenen Säcken, die Ankunft der Taucher und Händler mit ihrem Fang, die Abgabe der Säcke beim Gouverneur. Erst nach dieser Prüfung durch die Behörden durfte die Ware verkauft werden.

Ein Jahrhundert nach al-Idrīsī griff Aḥmad at-Tīfāšī in seinem *Buch der königlichen Steine* diese Angaben auf, ordnete sie und reicherte sie an. Er liefert ausführliche Überlegungen zur Terminologie, Entstehung, Herkunft, Qualität, Nutzung und Pflege von Perlen. Wie schon al-Bīrūnī und andere arabische Autoren nennt er Verkaufspreise: Für zehn Halsketten zu je 18 Gramm wurden zu seiner Zeit 200 Dinar bezahlt. Ausdrücklich lobt der Autor die Perlen aus Sri Lanka und dem Persischen Golf, »was es an Perlen an anderen Plätzen gibt, ist nicht der Rede wert. Das gilt auch für die Perlen, die man im Roten Meer [...] findet.« Mit einer gewissen Neugierde unternimmt er Experimente: »Ich habe das erprobt und geprüft, und der Versuch ergab, dass der Saft der Zederatzitrone (*ḥumāḍ al-utruǧǧ*) die Perle auflöst; dabei gerinnt sie aber, wird wie Sperma und haftet nicht an den Körpern, wenn diese damit bestrichen werden.«

Zur Reinigung der Perlen empfiehlt at-Tīfāšī (wie al-Bīrūnī vor ihm) gleich mehrere Rezepte: »Nimm je einen Teil geschälte Felsenkirschen und geschälten Sesam sowie den gleichen Teil Kampfer. Pulvere das Ganze, verknete und forme es zu einem runden, flachen Teig und stecke die Perle in seine Mitte. Zieh den Teig zusammen und forme ihn zu einer Kugel. Lege sie in einen großen eisernen Schöpflöffel und gieße darauf Hammelfußöl, sodass er bedeckt ist. Koche das Ganze leicht auf einem milden Feuer. Bei der Behandlung verschwindet die Gelbtönung, und die Perle kommt weiß heraus.«

Der Geograf und Reisende Ibn Baṭṭūṭa (gest. 1377) schließlich berichtete noch im 14. Jahrhundert in seiner *Riḥla* vom Perlentauchen vor Bahrain.[53] Interessant ist die Mitteilung, dass die Taucher häufig bei den Kaufleuten verschuldet seien und nach Perlen tauchten, um ihre Außenstände abzuarbeiten. Es handelt sich bei diesen Quellen um lebendige und offenbar zumindest in Teilen auf eigener Anschauung basierende Angaben zur Perlentaucherei, welche den Rang der Preziosen in der arabischen Welt überzeugend vor Augen führen.

In fast allen Texten wird der Persische Golf als die Region hervorgehoben, deren Perlen besonders begehrt waren.[54] Von dort gelangten diese in andere Länder der muslimischen Welt wie etwa Ägypten, wo im späten Mittelalter nachweislich Perlen aus Bahrain, Sri Lanka und anderen Küstengebieten der arabischen und indischen Meere gehandelt wurden.[55]

Auch weiter östlich, im Indischen Ozean, wurden Perlen gefischt und geschätzt. Die Küsten Sri Lankas etwa galten als besonders ertragreich. Im *Buch über die Wunderdinge Indiens* (*Kitāb ʿajāib al-Hind*) aus dem 10. Jahrhundert erzählt der Autor teils fantastische Geschichten von Perlenfischerei, -handel und -vertrieb in Süd- und Ostasien.[56] Spätere Quellen vervollständigen das Bild. Die Reisebeschreibungen des Marco Polo (gest. 1324) zum Beispiel zeichnen den Herrscher der Malabarküste als einen Mann, der verschiedene Perlenketten und große Perlen mit einem noch größeren Wert trug, Ähnliches berichtet der arabische Reisende Ibn Baṭṭūṭa von den Herrschern Sri Lankas.[57]

Von größerer emotionaler Distanz zum Meer zeugt hingegen ein chinesischer Text des 12. Jahrhunderts: Zwar beschreibt auch dieser Autor ausführlich Perlenfischerflotten aus 30 bis 40 Booten, die Tauchgänge, das Verschließen von Ohr und Nase etc., doch betont er mit erkennbarem Grauen die Gefahren dieses Geschäfts: Immer wieder würden Taucher von »Riesenfischen, Drachen und anderen Meeresmonstern« angefallen und gefressen, andere mit abgebissenen Füßen an Bord gezogen.

Wenn das Wasser sich rot färbe, wüssten die Helfer, dass es wieder einmal einen ihrer Kollegen getroffen habe.[58]

Quellen wie das *Umfassendste Buch zur Kenntnis wertvoller Steine* und das *Buch der königlichen Steine* bezeugen eine regen Perlenhandel zwischen dem Indischen Ozean, dem Persischen Golf und den weiter westlich gelegenen Gebieten des Dār al-Islām. Jüngere Studien sind zu dem Ergebnis gekommen, dass der Perlenhandel sogar rund 75 Prozent des Juwelenhandels der mittelalterlichen arabischen Welt ausmachte.[59] Perlen wurden dort vor allem zu Ketten verarbeitet und am Körper getragen.

Al-Bīrūnī vermittelt in seinem Werk ganz nebenbei auch Eindrücke vom Alltag des Perlenverkaufs: »Juweliere haben die Gewohnheit, wenn sie zuerst eine Perle oder ein Juwel begutachten, es in den Mund zu stecken, mit Speichel zu benetzen und dann an ihrem Ärmel zu trocknen. Dies ist eine gefährliche Praxis, weil es durchaus möglich ist, dass ein anderer Händler Löcher mit giftigem Material gefüllt haben könnte, um die Schwachstelle zu bedecken«[60] – eine perfide Art, Konkurrenten zu vergiften?

Ergänzt werden solche konkreten Angaben muslimischer Autoren durch Quellen jüdischer Gemeinden in der islamischen Welt. Aus Kairo zum Beispiel sind Briefe jüdischer Händler des 10. und 11. Jahrhunderts überliefert, die Einblicke in die Perlenwirtschaft vermitteln. Um das Jahr 1000 schreibt etwa ein tunesischer Kaufmann seinem Kairoer Kollegen und beschwert sich darüber, vom Perlenverkauf, den er in dessen Namen in Tunis getätigt habe, keine Provision erhalten zu haben – obwohl der Gewinn 100 Prozent betrage![61] Je größer die Entfernung zwischen der Herkunft der Ware im Persischen Golf und dem Verkaufsort, desto größer offenbar die Marge.

Aus einem anderen, ca. 20 Jahre später aufgesetzten Schreiben wird erkennbar, dass Aufbruch und Ankunft der Mekka-Karawanen in Tunis den Perlenmarkt zu beflügeln pflegten. Im ersten Fall, der Abfahrt, verkauften Pilger ihre Perlen, um Proviant und Kleidung für die Fahrt zu erstehen, was sich auf den Markt auswirkte; im zweiten traf die Karawane aus dem Osten stets mit Mengen frisch an den Küsten des Persischen Golfs gefischter Perlen ein.[62] Der andalusische Pilgerreisende Ibn Ǧubair (gest. 1217) hebt Mekka als ein wichtiges Warenzentrum der arabischen Welt heraus: »Wenn der Handel auch nur während der Pilgersaison stattfindet, so werden dort in einem Tag doch die kostbarsten Artikel angeboten, da Menschen aus Ost und West zusammenströmen: Perlen, Saphire und andere Edelsteine, Parfums, Moschus, Kampfer, Ambra und Aloe [...].«[63]

Bei so viel Interesse konnte Betrug nicht ausbleiben. Schon al-Bīrūnī warnte vor Perlenfälschern,[64] noch ausführlicher beschrieb zur Mitte des 13. Jahrhunderts der levantinische Autor al-Ǧaubarī in seinem Buch über Scharlatanerie die Betrügereien seiner Zeitgenossen: Sie gestalteten auf kunstvolle Art und Weise aus kleinen Perlen größere, indem sie sie mit einer Paste aus zerriebener Perlmuschel umgaben, diese trockneten, polierten und einem Vogel zum Fraß vorlegten. Nach dieser komplexen Prozedur und der Ausscheidung der Perle durch das Tier sei die Fälschung vom Original nicht mehr zu unterscheiden, so zumindest al-Ǧaubarī.[65]

Es steht außer Zweifel, dass Perlen im Indischen Ozean und dem Persischen Golf systematisch gefischt und geerntet wurden, um über komplexe Fernhandelsnetzwerke in alle Länder des mittelalterlichen Dār al-Islām exportiert zu werden. Doch wie gelangten sie nach Latein-Europa? Dass sie dort als Schmuckgegenstand geschätzt waren, belegen nicht nur einschlägige Artefakte, auf die gleich einzugehen sein wird, sondern auch die erwähnten theologischen Werke und weitere Quellen wie das um 1100 verfasste *Steinbuch* Marbods, Bischof von Rennes, nach dem Perlen von seinen Zeitgenossen als »weiß glänzende Ornamente gepriesen« würden.[66]

In einem Brief aus dem Jahre 1190 rühmte der süditalienische Geschichtsschreiber Hugo Falcandus ausdrücklich »die Perlen, die entweder auf Goldkörbchen aufsitzen oder durchbohrt werden, um dann mit großer Sorgfalt mithilfe eines dünnen Drahtes aufgewickelt zu werden, und die unterschiedlichsten Formen darstellen«, und der normannische Hof von Palermo brachte in der Tat herausragende Perlenarbeiten hervor.[67] In der Mitte des 13. Jahrhunderts setzte der Dichter Volmar wiederum voraus, dass seine wohl adlige Zuhörerschaft Perlen gut kannte (*die erkennet ir alle wol*) und betonte ihren hohen Preis.[68]

Gesicherte Auskünfte über den europäischen Perlenhandel sind schwer zu erhalten. Höchstwahrscheinlich gelangte die Ware über muslimische Zwischenhändler und Knotenpunkte des Orienthandels wie Beirut, Alexandria oder Byzanz in den Westen, etwa über Venedig und von dort auf dem Landweg nach Mitteleuropa oder auf dem Seeweg nach Flandern, wo die Preziosen von Händlern oder Goldschmieden angekauft wurden, die die Perlen weiterverarbeiteten.[69]

Aus dem 16. Jahrhundert wissen wir, dass Edelsteine und Perlen in Venedig in großen Mengen vertrieben wurden. Matthäus Schwarz (gest. um 1574) etwa, ein Kaufmann, der für die Augsburger Fugger 1516 in Venedig tätig war, handelte allein in jenem Jahr Perlen und Edelsteine im Wert von über 30 000 Dukaten. Der Perlenhandel war damit nach dem Tuchhandel der bedeutendste Geschäftszweig der Familie Fugger in Venedig.[70]

Wir wissen allerdings nicht viel darüber, wie Perlen verarbeitet wurden. Ein Autor des beginnenden 12. Jahrhunderts, Theophilus Presbyter, wahrscheinlich identisch mit Roger von Helmarshausen, beschrieb in seinem *De diversis artibus* verschiedene Handwerke. Dabei geht er auch kurz auf die Praxis ein, Perlen mithilfe einer Holzspindel zu durchbohren und sie zu polieren – sodass sie umso ansprechender in Bildern auf Goldgrund wirkten.[71]

Archäologische Ausgrabungen bringen selbst im Norden Europas gelegentlich Perlenfunde hervor.[72] Verwaltungsschriftgut liefert weitere Hinweise. Spätmittelalterliche Schatzinventare zeigen, dass Perlen und mit Perlen verzierte Artefakte an den europäischen Königshöfen allgegenwärtig waren. Das Verzeichnis König Karls V. von Frankreich (gest. 1380) aus dem Jahr 1379–80 nennt nicht weniger als 81 perlenverzierte Gegenstände – Kronen, Ketten, Knöpfe, Schnallen, Kelche, Statuetten, Reliquiare, Paternoster, Hüte etc. dazu besonders große Rohperlen.[73]

Als der burgundische Herzog Karl der Kühne 1473 an einem Hoftag in Trier teilnahm, brachte er seinen sagenhaften Reichtum unter anderem durch seine perlenbestickten Kleider zum Ausdruck, deren Wert von Zeitgenossen auf 200 000 Gulden geschätzt wurde, und Ähnliches wird auch von anderen großen Festen wie der Landshuter Hochzeit 1475 zwischen Georg dem Reichen und Hedwig von Polen berichtet, bei der von einem »Meer aus Perlen« die Rede ist.[74]

Die Leidenschaft für Perlen lässt sich auch in weniger vornehmen, aber wohlhabenden Gesellschaftsschichten beobachten. Eine Auswertung römischer Testamente des 15. Jahrhunderts zeigt, dass Perlen (mehr noch als die Korallen, die von weniger Betuchten favorisiert wurden) zur Hochzeitsausstattung der städtischen Elite gehörten.[75] Die Zurschaustellung von Reichtum durch Perlen rief aber auch Widerstand hervor. In Frankreich, dem Reich, in Italien und anderen europäischen Räumen wurde immer wieder durch königliche oder städtische Verfügungen das Tragen von Perlen im öffentlichen Raum reglementiert – Ende des 14. Jahrhunderts in Ulm etwa, als Frauen, ob sie nun zu Patrizier- oder Handwerkerfamilien gehörten, das Tragen von Perlen verboten wurde. 1420 hingegen erlaubte der Ulmer Rat den Frauen ebendort, je eine Perlenkette – aber nicht mehr (*wol ainen berlin krantz und nicht mer*) – anzulegen.[76]

Ähnliche Luxusverordnungen sind aus Venedig überliefert, wo seit 1299 und dann immer wieder (1334, 1340, 1360, 1497) teils sehr detaillierte Anordnungen ergingen.[77] In anderen Fällen dienten die Regelungen dezidiert der Markierung sozialer Unterschiede, etwa in Speyer, wo 1356 nur den Damen der Ritter gestattet wurde, dieses Juwel im öffentlichen Raum zu tragen.[78]

Kehren wir zum Mosaik der Kaiserin Theodora aus San Vitale in Ravenna zurück (Tafel 15). Auf den auffälligen Muschelbaldachin wurde bereits hingewiesen, aber wenn man dieses Mosaik genau betrachtet, wird deutlich, dass es geradezu von Perlen übersät ist. Offensichtlich sind sie nicht nur im theologischen Sinne als ein christologisches und mariologisches Zeichen der Reinheit, sondern, wie gerade ausgeführt, auch als ein Hoheitszeichen und ein Symbol besonderen Prestiges zu verstehen.

Diese doppelte Aufladung dürfte dafür verantwortlich sein, dass im Mittelalter Kronen besonders gern mit Perlen geschmückt wurden, sie gehörten untrennbar zum Bestand mittelalterlicher Juwelen. Die berühmten Westgotenkronen des 7. Jahrhunderts, die Stephanskrone (eine byzantinische Arbeit aus dem 11. Jahrhundert, die im 12. Jahrhundert erweitert wurde), die Krone Königin Konstanzes von Sizilien (gest. 1222, Ehefrau Friedrichs II. von Hohenstaufen, gest. 1250) aus Palermo oder die böhmische Wenzelskrone sind nur vier Beispiele unter vielen (Abb. 32).[79] Einige dieser Königskronen wurden mit Süßwasserperlen verziert, es lassen sich aber auch die oftmals größeren und schöneren orientalischen Perlen auf ihnen finden.

Mit diesem Bereich der weltlichen Herrschaftssymbolik ist die Nutzung der Perle keineswegs erschöpft, denn sie wurde auch im kirchlichen Bereich eingesetzt. Da sind die prachtvollen Handschrifteinbände, von denen so viele auf uns gekommen sind, dass sie in einer hilfreichen Datenbank zusammengetragen werden, dem Digitalisierungsprojekt »Prachteinbände« der Bayerischen Staatsbibliothek.[80] Ob im *Codex Aureus* Karls des

Abb. 32. Stephanskrone (11.–12. Jahrhundert).

Kahlen aus dem ausgehenden 9. Jahrhundert, im Evangeliar Ottos III. (gest. 1002) aus der Zeit um das Jahr 1000 oder im wenige Jahrzehnte später entstandenen *Perikopenbuch* Heinrichs II.: Stets wurden die liturgischen Schriften mit Prachteinbänden versehen, die mit Edelsteinen und Perlen verziert waren.

Vielleicht noch häufiger als im Buchschmuck wurden Perlen in der Textilverarbeitung benutzt. Gerade bei liturgischen Gewändern wurden sie gern zusammen mit Edelsteinen und anderen Preziosen verarbeitet. Die jüngere Textilforschung ist ein dynamisches Forschungsfeld, das für das Thema dieses Kapitels deshalb besonders aufschlussreich ist, weil kein marines Produkt so intensiv in Gewändern verarbeitet worden ist wie Perlen. Auch hier muss bedacht werden, dass viele dieser Juwelen aus dem Meer stammten, es sich aber genauso gut um Süßwasserperlen *(Margaritifera margaritifera)* handeln konnte.[81]

Perlen schmückten im Mittelalter Kronen, Bücher und Stoffe. Am allerhäufigsten aber trugen Menschen sie unmittelbar am Körper. Perlenketten und -ohrringe aus dem Mittelalter sind vielfach auf uns gekommen und noch häufiger textlich überliefert.[82] Jan Vermeers (gest. 1675) 1665 geschaffenes »Mädchen mit dem Perlenohrring« ist sicherlich das bekannteste einschlägige Gemälde, aber schon im 15. Jahrhundert geht die Zahl vergleichbarer Darstellungen in die Hunderte.

Für die Geschichtswissenschaft und hier vor allem für die Textilgeschichte sind diese Porträts auch wegen der Abbildung von verzierten Stoffen wertvoll; sie zeigen die massenhafte Verarbeitung von Perlen als Schmuck im späten Mittelalter und eröffnen Einblicke in eine Welt untergegangener Schmuckformen. Vor allem die Maler der italienischen Renaissance wie zum Beispiel Lorenzo Costa (gest. 1535), Filippo Lippi (gest. 1469), Antonio (gest. 1498) und Piero del Pollaiuolo (gest. 1496) oder Sandro Botticelli liebten das Sujet der perlengeschmückten Schönheit. Die von ihnen Abgebildeten trugen Perlenketten, -broschen und -ohrringe, Perlen im Haar und am Saum ihrer Hauben und Kleider. Die Jeunesse dorée ihrer Zeit kleidete sich in Perlen – etwa Simonetta Vespucci (gest. 1476), die angeblich anmutigste Frau von Florenz, die Sandro Botticelli als perlenüberzogene Schönheit unsterblich machte (Abb. 30).

Perlmutt und Muschelseide

Das Wort Perlmutt ist die Verkürzung von Perlmutter.[83] Der Ausdruck leitet sich aus der Annahme ab, dass die so bezeichnete innere Schicht der Muschelschale den Ursprung – die Mutter – der Perle darstelle. Diese Schicht entsteht aus einer chemischen Reaktion von (Glyko-)Proteinen, die aus Drüsen der Muschel ausgeschieden werden, oder wie es ein Handbuch der Zoologie formuliert: »Durch ebenfalls ausgeschiedene Phenoloxidasen werden Chinone aufgebaut, welche die Proteine vernetzen und eine Sklerotisierung des Periostracums bewirken. Im Schutz dieser unlöslichen organischen Schicht kann die Kristallisation von Kalciumkarbonat erfolgen.«[84]

Weniger wissenschaftlich lässt es sich so formulieren: Durch chemische Prozesse (Polymerisation) sogenannter Glykoproteine entstehen in den Schalen mancher marinen Mollusken Kristalle. Aufgrund ihrer Lage bringen diese bei Lichteinfall Interferenzfarben hervor und verleihen der Schalenschicht einen schillernden (irisierenden) Glanz. Diese harte, besonders leuchtende und farbige Schicht wird von Menschen seit Jahrtausenden geschätzt.

Auch wenn viele Mollusken Perlmutt herstellen, eignen sich nur wenige Muschelarten für die Verarbeitung. Bei den meisten Schnecken zum Beispiel ist die ebene Fläche zu klein, zu uneben oder die Perlmuttschicht zu dünn. Die Jakobsmuschel etwa eignet sich für diese Nutzung weniger als andere Molluskenarten. Vor allem zwei von ihnen bieten sich für das Perlmutthandwerk an: Schnecken aus der Familie der Seeohren oder Abelonen (*Haliotis*), die unter anderem im Mittelmeer und im Ärmelkanal zu finden sind, und mehr noch die Seeperlmuschel (*Pinctada margaritifera*), die im Indopazifik und im Persischen Golf beheimatet ist und einen Durchmesser von bis zu 30 Zentimetern aufweist. Vor allem aus den Schalen dieser beiden Spezies wurden auch im Mittelalter Artefakte gefertigt.[85]

Perlen, Muscheln und polierte Schalen waren in der polynesischen Welt lange ein gängiges Zahlungsmittel, und noch heute genießen sie dort vereinzelt einen hohen Stellenwert.[86] Auch im neuzeitlichen Europa waren sie geschätzte Rohstoffe.[87] Dort erfuhr ihre Nutzung einen veritablen Schub infolge der europäischen Expansion der Frühen Neuzeit, denn diese machte die Menschen Europas mit bislang unbekannten, großen und spektakulär geformten Mollusken bekannt.

Eigens zu erwähnen sind die vor allem seit dem 16. Jahrhundert an Fürstenhöfen beliebten Konchylien, die großen Pracht- und Nautilusmuscheln, die oftmals zu prächtigen Pokalen verarbeitet wurden.[88] Insbesondere der aus dem Indischen Ozean und dem südlichen Pazifik stammende »Nautilus Pompilius« wurde in der Frühen Neuzeit zusammen mit anderen spektakulären Produkten der Natur in sogenannten Wunderkammern zusammengetragen.

Farbig schimmerndes Perlmutt gelangte in Europa in der Moderne zu großer Popularität: Perlmuttchips wurden in vielen Casinos bis Ende des 19. Jahrhunderts benutzt, Perlmuttknöpfe waren sehr beliebt; in jener jüngeren Zeit wurden auch Möbel, Holzschachteln und Musikinstrumente gern mit Perlmutt verziert.

Im Vergleich zu dieser großen Popularität in der Moderne fällt die Nutzung von Muschelschalen in Antike und Mittelalter deutlich zurück. Die Römer und Griechen liebten Perlen, Perlmuttschmuck spielte hingegen eine untergeordnete Rolle. Etwas größer war das Interesse zu dieser Zeit im germanischen Mitteleuropa und im Vorderen Orient, wo Perlmutt in sakralen Kontexten und in Zusammenhang mit Begräbnissen archäologisch nachgewiesen wurde.[89]

Nach allem, was wir über die Hochschätzung der Perle in der arabisch-muslimischen Welt gehört haben, kann es nicht erstaunen, dass dort auch Perlmutt beliebt war. Unser Gewährsmann al-Bīrūnī zum Beispiel geht auf »mahārah« (Perlmutt) ein, wenngleich dieses Material in seiner Darstellung deutlich hinter der Perle zurücktritt.[90] Auch im mittelalterlichen Europa überstrahlten die Perlen das Perlmutt; nur gelegentlich gehen die Naturkundler des 13. Jahrhunderts darauf ein.[91]

Völlig unbekannt war es jedoch nicht: Seit dem 14. Jahrhundert und dann verstärkt im 15. Jahrhundert nahm die Zahl der Artefakte, die in Europa aus diesem Material gefertigt wurden, sogar merklich zu. Die Quellen liefern in wachsender Zahl Hinweise auf *perlînmuoter, perilmuoter* oder *berlinmuter*. Vor allem Goldschmiede waren für die Verarbeitung von Perlmutt und Perlen verantwortlich. 1484 ist in Augsburg sogar ein *Klaus Berlachmuttschneider* bezeugt, wahrscheinlich ein auf die Verarbeitung von Perlmutt spezialisierter Kunsthandwerker.[92] Ausführlicher berichtet Conrad Gessner in seinem Buch über Fische und Seewesen aus der Mitte des 16. Jahrhunderts über die Perlmuttverarbeitung, wie das Material poliert würde und dadurch einen überaus schönen Glanz bekomme.[93]

In welchem Maße, wozu und wie wurde Perlmutt während des mittelalterlichen Jahrtausends in Latein-Europa verarbeitet? Offenbar wurden gelegentlich die Schalen größerer Mollusken zu Trinkbehältnissen, Wasserkrügen oder Salzgefäßen gestaltet, zumindest lassen gelegentliche Erwähnungen solcher Gegenstände »aus Perlmutt« (*de nachara* oder *matreperlae*) darauf schließen, so in einem Verzeichnis des päpstlichen Geschirrs aus dem Jahre 1295 oder im Reliquienverzeichnis des Hildesheimer Doms von 1409.[94] In anderen Fällen sind die Erwähnungen von *conchae* oder Ähnlichem schwieriger zu deuten, weil sie vielleicht nur auf die Form und nicht auf das Material des Gegenstandes hindeuten.

Aber wir sind nicht allein auf Erwähnungen angewiesen, denn es haben sich, insbesondere seit dem ausgehenden 14. Jahrhundert, beachtlich viele mittelalterliche Artefakte aus Perlmutt erhalten. Unter ihnen ragen Perlmuttreliefs heraus – kleine, kunstvoll geschnitzte Plättchen. In einer jüngeren Studie wurden zuletzt 600 solcher Perlmuttreliefs des 15. und 16. Jahrhunderts identifiziert, von denen die Hälfte noch die ursprüngliche Einfassung aufweist, während andere nur als Plättchen erhalten sind (Abb. 33).[95]

In aller Regel dienten sie der privaten Andacht: Aus Perlmutt wurden Amulette, Rosenkranzeinhänger, Andachtbildchen, Kapselanhänger und Verzierungen für Hausaltäre, Kreuze oder

Abb. 33. Anhänger aus Perlmutt (ca. 1500).

Reliquiare geschaffen.[96] In wenigen Fällen ist auch die Herstellung kleiner Statuetten (etwa Christi) aus Perlmutt belegt (Tafel 14).[97] Der Aufschwung der Perlmuttartefakte als Instrumente persönlicher Andacht im 15. Jahrhundert war also die Folge und ein Symptom frömmigkeitsgeschichtlicher Veränderungen jener Zeit, er war Zeichen einer zunehmenden Verinnerlichung religiösen Lebens.[98] Das irisierende Weiß des Werkstoffs, das einfallendes Licht in seine Spektralfarben bricht, und die christliche Interpretation der Perle als Sinnbild Gottes, Mariens und Christi dürften wesentliche Gründe für die Nutzung des Perlmutts zur Herstellung solcher spezifisch religiös gerahmter Artefakte gewesen sein.

Die jüngere kunsthistorische Forschung hat für viele der Perlmuttreliefs des ausgehenden 15. und des 16. Jahrhunderts sogar grafische Vorlagen identifizieren können: die zu jener Zeit populär werdenden Stiche und Holzschnitte, die in großer Zahl hergestellt wurden und gerade im mitteleuropäischen Raum zirkulierten. Werke des sogenannten Meisters E. S. und Martin

Schongauers sind besonders häufig als Ideengeber ausgemacht worden. Sie erlauben auch eine Bestimmung der frühestmöglichen Entstehungszeit (Terminus post quem) des jeweiligen Artefakts, was besonders nützlich ist, weil Perlmutt andernfalls schwer zu datieren ist.[99]

Weitaus seltener als die Verarbeitung zu Reliefs hingegen ist die Form der Nutzung, die in der Frühen Neuzeit so beliebt werden sollte: als Material für Intarsien, also Einlegearbeiten. Gegen Ende des Mittelalters beginnt diese Praxis aber allmählich aufzukommen. Einzelstücke wie ein Jagdschwert Maximilians von Habsburg aus dem Kunsthistorischen Museum in Wien sind hierfür ein Beleg. Es lässt sich auf das Jahr 1496 datieren und trägt auf der Scheide eine Anrufung Mariens und des heiligen Sebastian. In unserem Zusammenhang ist der Griff relevant, in dem ein Heiligenbild als Relief in Perlmutt eingearbeitet ist.[100] Es kündigt sich in den letzten Jahren des Mittelalters bereits eine zukünftige Mode an.

Muschelseide

Muscheln wurden nicht nur wegen ihrer Perlmuttschalen und Perlen geschätzt. In verschiedenen arabischen Texten des 10. bis 14. Jahrhunderts ist von einem mysteriösen Gewebe die Rede. Mal als »Austernwolle«, mal als »Seewolle«, mal als »Seeseide« bezeichnet, wird es als ein Produkt des Meeres beschrieben, aus dem schillernde Stoffe gewebt werden konnten.[101] Man mag versucht sein, die Schilderung als fantastisch abzutun – immerhin erzählt eine dieser Quellen auch von Vögeln, die vergiftetes Essen oder Trinken identifizieren könnten. Aber in der Tat: Muschelseide existiert.[102] Einige Mollusken produzieren nämlich ein Sekret aus ihren Fußdrüsen, das in Kontakt mit dem Wasser erhärtet und dabei Fäden bildet.

Mit diesem als »Byssus« bezeichneten Faserbart befestigen sie sich am Untergrund, etwa an Felsen. Miesmuscheln zum Beispiel bilden Byssus, am meisten aber produziert ihn die ausschließlich im Mittelmeer in einer Meerestiefe von zwei bis 40 Metern in Seegraswiesen lebende Edle Steckmuschel (*Pinna nobilis*).[103] Sie kann bis zu 120 Zentimeter Größe erreichen und ansehnliche Mengen dieses Faserbarts hervorbringen. Die Steckmuschel ernährt sich von Plankton, filtert stündlich sechs Liter Wasser und ist damit ökologisch bedeutsam. Allerdings sind ihre wichtigsten Bestände in der südlichen Adria und um Sardinien im 20. Jahrhundert wegen der Schleppnetzfischerei, der Aktivitäten von Freizeittauchern und der Vernichtung der Seegraswiesen infolge von Überdüngung zusammengebrochen, ihr Überleben ist bedroht.

Ähnlich wie vegetabile Fäden lässt sich Byssus, nachdem er getrocknet und gekämmt worden ist, mit der Spindel spinnen. Bedenkt man, dass es zur Herstellung eines Kilogramms Muschelseide des Byssus von 3000 Muscheln bedarf, wird unschwer erkennbar, dass Muschelseide ein Luxusprodukt war. Tertullian (gest. nach 220), ein christlicher Autor von der Wende zum 3. Jahrhundert, geißelte deshalb in seiner Schrift *Über den Philosophenmantel* (*De pallio*) den Luxus seiner Zeitgenossen scharf: »Es war nicht genug, die Stoffe der Tunika zu kämmen und zu pflanzen; nein, man fand es auch nötig, den Kleiderstoff zu fischen. Denn aus dem Meer, wo Muscheln von beträchtlicher Größe mit Büscheln leben, holt man Vliese.«[104]

Wir wissen nicht, wie viele Objekte aus Muschelseide im Mittelalter hergestellt worden sind. Der organische Stoff zerfällt leicht, und es sind nur sehr wenige archäologische Überreste aus dem Mittelalter geborgen worden. Insgesamt rund 50 Objekte aus Muschelseide befinden sich heute in naturhistorischen Sammlungen.[105] Es handelt sich dabei um gestrickte Handschuhe, Schals und einige wenige gewebte Objekte.

Die meisten von ihnen sind in der Moderne geschaffen worden, mittelalterliche Artefakte sind außerordentlich rar. Ein Textilfragment aus dem 4. Jahrhundert ging während des Zweiten Weltkriegs verloren, aber immerhin hat ein Stück aus dem späten Mittelalter überlebt. 1978 wurde bei archäologischen Grabungen in Saint-Denis in Paris eine Mütze aus Muschelseide entdeckt, der Fundzusammenhang erlaubt eine verlässliche Datierung ins 14. Jahrhundert. Dieses älteste mittelalterliche Objekt aus Muschelseide ist heute im Musée de Histoire naturelle in Paris zu sehen.[106]

Purpur

Handelt es sich bei Perlen, Perlmutt und Muschelseide um organische Aussonderungen von Mollusken, so soll der letzte Abschnitt dieses Kapitels davon handeln, wie das Innere solcher Weichtiere zur Herstellung eines absoluten Luxusprodukts verwendet wurde. Diese Substanz weist eine besonders enge Verbindung zum herrschaftlichen Bereich auf und eröffnet Einblicke in Nutzung und Bedeutung repräsentativer Farben im Mittelalter.

Gemeint ist die Verwendung der sogenannten Purpurschnecke.[107] Sie gehört zur Familie der Stachelschnecken (*Muricidae*) und wird in mittelalterlichen Quellen auch als »Murex« bezeichnet. Genau genommen handelt es sich um eine Gruppe aus 25 Arten verschiedener Gattungen, die allesamt Räuber und Aasfresser sind: Mit ihrem kräftigen Rüssel stechen sie ihre Beute an. Daher wurden diese Tiere seit der Antike mit Fleisch geködert und in Reusen gefangen.[108]

Aus unterschiedlichen Arten dieser Tiere lassen sich verschiedene Farbstoffe gewinnen: Aus der »Murex brandaris« zum Beispiel, auch Herkuleskeule oder Brandhorn genannt, kann man eine intensive rot-violette Farbe extrahieren, aus der Purpurschnecke im engeren Sinne Blauviolett, und die dunkelrote Färbung gewinnt man aus einer Schneckenart, die im Nordatlantik vorkommt, der sogenannten Nordischen Purpurschnecke. Ihr Purpur wird in einer winzigen Drüse, der sogenannten Hypobranchialdrüse, synthetisiert. Nicht die gesamte Schnecke, sondern nur diese kleine Drüse wird für die Gewinnung des Farbstoffes benutzt, der Rest des Tieres nicht verwertet.

Es verwundert nicht, dass große Mengen an Schnecken für die Färbung eines einzigen Kleidungsstückes benötigt werden. Anfang des 20. Jahrhunderts unternahm der Darmstädter Chemiker Paul Friedländer (gest. 1923) Experimente mit Purpurschnecken und errechnete, dass rund 12 000 Tiere zur Herstellung von 1,4 Gramm Purpur sterben müssen.[109] Der Aufwand hat nicht nur einen biologischen, sondern auch einen finanziellen Preis: Noch heute ist Purpur der teuerste aller Farbstoffe, ein Gramm kostet über 3000 Euro, ein Kilogramm reiner Purpur also 3 Millionen Euro.[110]

Purpur war in vormoderner Zeit attraktiv, weil er besonders wasch- und lichtecht ist. Viele Farbstoffe bilden keine echten Lösungen, sondern lediglich Suspensionen, die schnell aus Textilien herausgewaschen werden. Nicht so Purpur. Seine Nutzung ist schon seit Jahrtausenden belegt.[111] Auf der Insel Ägina vor Athen wurde eine auf das Jahr 2300 v. u. Z. datierte Färberei archäologisch erschlossen, und dabei wurden auch Purpurschneckenhäuser in großer Zahl gefunden.

Besondere Bedeutung erlangte die Purpurherstellung in phönizischer Zeit, vor allem an der Küste des heutigen Libanons.[112] Aufgrund textlicher Erwähnungen und archäologischer Ausgrabungen sind – insbesondere auf der Nordseite des Mittelmeeres und hier vor allem im mittleren und östlichen Mittelmeerraum – über 60 antike Produktionsorte identifiziert worden.[113] Früheste erhaltene Textilreste stammen aus einem Grabfund in Syrien aus der Zeit um 1340 v. u. Z., auch mit Purpur verzierte Keramik ist archäologisch erschlossen worden.[114] Der griechische Geograf Strabo (gest. nach 23) berichtete von der Purpurherstellung in Tyros, doch wies er zugleich darauf hin, dass die Stadt aufgrund der vielen Farbwerkstätten kein angenehmer Ort sei – die Herstellung von Purpur aus Murex ist eine notorisch geruchsintensive Industrie.[115]

Gerade aufgrund seiner aufwendigen Gewinnung war Purpur seit alters her eine herrschaftliche Farbe. Dies bezeugen schon früh schriftliche Quellen, etwa die homerischen Epen, in denen Nestor und Agamemnon in purpurnen Umhängen erscheinen, oder *Agamemnon*, der erste Teil der *Orestie* des Aischylos (gest. 456 v. u. Z.).[116] Darin wird erzählt, wie der Titelheld nach dem Krieg um Troja nach Hause zurückkehrt, worauf ihm ein purpurroter Teppich ausgerollt wird. Doch erachtet sich Agamemnon dieser Ehrung nicht würdig und weigert sich zunächst, den Teppich zu betreten, gerade wegen dessen Farbe, Purpur stehe den Göttern zu (V. 946–960).

Die heutige Nutzung des »roten Teppichs« bei Staatsempfängen und großen Festen besitzt also eine Geschichte, die Jahrtausende zurückreicht, und schon zu jener Zeit besaßen purpur gefärbte Gewänder oder Gegenstände einen besonderen Nimbus. Kein Wunder, dass Aristoteles eine (allerdings recht fehlerhafte) Beschreibung der Purpurgewinnung in seine *Naturkunde* aufnahm.[117]

Die Wertschätzung der Griechen setzte sich bei den Römern fort. Hohe Amtsträger wie Senatoren, Konsuln und Prätoren trugen als Rangzeichen purpurne Kleidung, allerdings nach Stellung differenzierte: Der Konsul trug eine komplett purpurgefärbte Tunika, die sogenannte *toga picta*, die auch noch mit Gold verziert war. Andere hohe Beamte hängten nur einen Purpurstreifen um. Julius Cäsar (gest. 44 v. u. Z.) beschränkte sogar das Recht, Purpur zu tragen, zeitweilig auf sich selbst und seine hohen Beamten – Farbe wird hier gezielt als Instrument der Gruppenbildung eingesetzt.[118]

Zu jener Zeit wurde das Rot des Meeres nicht nur in der Levante, sondern auch in anderen mediterranen Städten gewonnen. Im süditalienischen Tarent zum Beispiel ist noch heute der Monte Testaccio, ein Berg aus Purpurschneckengehäusen, zu bestaunen, und jüngst ist weit im Westen des Mittelmeerraumes, an der Atlantikküste Marokkos auf der Insel Mogador, eine antike Purpurfabrik entdeckt worden.[119] Sie verleiht einer bei Sueton (gest. 122) überlieferten Erzählung (Caligula 35,1) höhere Wahrscheinlichkeit, wonach die Purpurkleidung, die König Ptolemäus von Mauretanien bei seinem Aufenthalt in Rom und seinem Besuch eines Gladiatorenwettkampfs im Jahre 40 trug, so große Bewunderung hervorrief, dass Kaiser Caligula ihn aus Neid kurzerhand ermorden ließ.[120]

Ebenfalls aus dem 1. Jahrhundert stammt die umfassendste antike, vielfach im Mittelalter aufgegriffene Beschreibung der Purpurgewinnung – einmal mehr von Plinius.[121] Minutiös legt er die Arbeitsschritte dar: Zuerst wurde die Hypobranchialdrüse aus der frischen Molluske extrahiert und drei Tage lang in Salz eingelegt, um Wasser und Farbstoff aus den zermörserten Schnecken zu ziehen. Diese Mischung wurde dann aufgekocht und anschließend bei sehr niedriger Flamme über zehn Tage am Köcheln gehalten. Dabei wurde der Sud auf ein Zehntel bis Zwanzigstel seines Anfangsvolumens oder sogar noch weniger reduziert.

Schließlich wurde eine erste Wollprobe in den Farbstoff getaucht. Der anfangs grau-gelblich gefärbte Stoff durchlief nun unter Einfluss des Sonnenlichts und der Luft einen Oxidationsprozess, der sich als Farbenspiel niederschlug: Erst gelbe, dann grüne Farbtöne wechseln zu Blau, Dunkelrot und ganz zum Schluss zur ersehnten Farbe: Purpurrot bzw. Purpurviolett.

Erst in diesem Moment ist die Textilie licht- und farbecht gefärbt.

Mit der Zeit wurde die Verwendung von Purpur kontrolliert: Im 3. Jahrhundert unterwarf man die Purpurherstellung staatlicher Kontrolle, an der Wende zum 5. Jahrhundert reglementierten scharfe kaiserliche Verfügungen die Nutzung von »Reichspurpur« (*sacer murex*), wogegen andere Rottöne und auf andere Weise gewonnene Farbstoffe uneingeschränkt benutzt werden durften. Allerdings wurden die Verbote offenbar regelmäßig unterlaufen.[122]

Die traditionelle Hochschätzung des Purpurs lebte im Mittelalter fort, besonders ausgeprägt im Byzantinischen Reich.[123] Schauen wir noch einmal auf das Mosaik in San Vitale (Tafel 15): Es zeigt viele Perlen tragende Menschen, deren Gewänder zudem unmissverständlich purpurn gefärbt sind. Dies ist kein Zufall, denn Purpur war in der Tat diejenige Farbe, die im 6. Jahrhundert ausschließlich der königlichen bzw. kaiserlichen Familie vorbehalten war.

Nicht zufällig wurden im Byzantinischen Reich die Angehörigen der kaiserlichen Familie als »Purpurgeborene« bezeichnet. Wahrscheinlich rührte der Ehrenname daher, dass diese Personen in einem Raum im kaiserlichen Palast zur Welt kamen, der purpurfarben gehalten war.[124] Keine andere Farbe des Mittelalters ist in vergleichbarem Maße königlicher Herrschaft zugeordnet wie Purpur.

Dies wusste man auch im Westen, also im lateinischen Europa. Als der gelehrte Bischof von Cremona Liutprand (gest. 972) 949 und 968 zu Verhandlungen am byzantinischen Hof in Konstantinopel weilte, bewunderte er, dass Servierwagen mit Purpur ausgestattet waren und dass der Kaiser den erwähnten Porphyrsaal gestiftet hatte. Er bemühte sich auch darum, die Ehe einer »Purpurgeborenen« mit dem späteren König Otto II. (gest. 983) anzubahnen. Ganz dezidiert versuchte er schließlich, in Konstantinopel purpurne Gewänder für seinen König zu erwerben. Aber die Beamten des Kaisers hinderten ihn schroff daran – ein untrügliches Zeichen dafür, dass man am byzantinischen Hof sehr streng kontrollierte, wer Gewänder in der imperialen Farbe kaufte.[125]

Dies galt auch für den kirchlichen Bereich. Schon im antiken Judentum kleideten sich Priester (später auch die Herrscher) in Purpur.[126] Ebenso übernahm die christliche Kirche diese Auszeichnungsfarbe, wie im lateinischen Westen am deutlichsten an den purpurgekleideten Kardinälen erkennbar wird. Auch wenn der Farbstoff ihrer Gewänder von der terrestrischen Kermeslaus und nicht von der marinen Purpurschnecke stammte, stellten sich die Kirchenleute mit der Farbwahl doch in eine alte Tradition.

Die Hochschätzung beschränkte sich aber nicht nur auf purpurfarbene Textilien. Zum einen sei auf die vielfältigen pharmakologisch-medizinischen Nutzungen des Purpurs hingewiesen, welche – bereits von Plinius und Dioskurides (1. Jahrhundert) beschrieben – mittelalterliche Autoren wie Thomas von Cantimpré bis zum spätmittelalterlichen *Hortus sanitatis* rühmten: Die Schnecke und ihre Farbe sollten helfen gegen Kopfgeschwüre, Magenbeschwerden, Gaumenentzündungen und Epilepsie, sie ließen, als Salbe verwendet, die weibliche Brust besser verheilen usw.[127]

Zum anderen seien gefärbte Schriftstücke genannt. Am byzantinischen Hof ging man dazu über, besonders wertvolle und wichtige Urkunden purpurn einzufärben und ihnen damit eine besondere Bedeutung zuzumessen. Lediglich zwei Beispiele seien genannt, die ebenfalls auf das Ottonische Reich und damit auf Mitteleuropa verweisen. Das berühmte *Privilegium Ottonianum* aus dem Jahre 962 ist die Urkunde, mit der die Einigung zwischen Otto dem Großen (gest. 973) und dem Papsttum hinsichtlich seiner eigenen Kaiserkrönung, aber auch hinsichtlich der Besitzungen der Päpste in Italien niedergelegt wurde. Dieses Schriftstück, das das Verhältnis zwischen dem neuen ottonischen Kaisertum und dem Papsttum regelte und damit von großer Bedeutung war, wurde bezeichnenderweise als Purpururkunde aufgesetzt.

Unser zweites Beispiel führt uns zur Vermählung Ottos II. mit einer byzantinischen Prinzessin. Auch wenn es sich bei ihr nicht um eine Tochter, sondern um eine Nichte des Kaisers handelte, war Prinzessin Theophanu (gest. 991) eine Angehörige des Kaiserhauses, und so wurden die Vereinbarungen über die Heirat bzw. die Morgengabe Ottos II. von der Kanzlei als purpurfarbige Urkunde ausgestellt (Tafel 16).[128]

Allerdings ist jüngst dank neuer naturwissenschaftlicher Untersuchungsmethoden beachtliche Bewegung in die Urkundenforschung gekommen. Denn nicht alles, was purpurfarben ist, wurde mit Purpur eingefärbt. Neuere Methoden wie die Spektroskopie, mit der die Wellenlänge von Farben gemessen wird, haben das Feld auf revolutionäre Weise belebt. In jüngerer Zeit wurde nämlich eine Reihe von Textzeugen, die traditionell als »Purpurhandschriften« bzw. »Purpururkunden« bezeichnet wurden, auf diese Weise genauer untersucht. Dabei wurde festgestellt, dass in aller Regel andere Materialien als mariner Purpur benutzt wurden, um diese Auszeichnungsfarbe zu schaffen.[129]

Der Grund dürfte vor allem ein ökonomischer gewesen sein, gab es doch preiswertere, terrestrische Möglichkeiten: Pflanzen wie Schminkwurz, Färberflechte oder Färberkrapp bringen ebenfalls eine rote Farbe hervor. Sie wurden offenbar unter der Hand eingesetzt, um Schriftstücke mit der herrschaftlichen Auszeichnungsfarbe Purpur zu versehen. Seit Kurzem wissen wir, dass auch die Heiratsurkunde der Theophanu nicht mit Purpur, sondern mit Krapplack gefärbt wurde.[130] Die Zeitgenossen dürften sehr genau darauf geachtet haben, ob es sich um den hochwertigen Farbstoff handelte oder nicht, leicht war dies aber nicht zu unterscheiden. Auf jeden Fall mahnen uns die neueren Forschungsmethoden zur Vorsicht.

Dass man sich aber während des gesamten Mittelalters konsequent um solche Ersatzfarben bemühte, wird noch am Übergang zur Neuzeit erkennbar: Mit der Eroberung Konstantinopels durch die Osmanen im Jahre 1453 ging den lateinischen Christen der Hauptproduzent echten Purpurs verloren. Man reagierte mit dem intensivierten Einsatz von Ersatzstoffen.

Papst Paul II. (gest. 1471) verfügte im Jahre 1464, dass priesterliche Gewänder nunmehr mit dem Farbstoff der bereits erwähnten Kermeslaus hergestellt werden sollten. Die Anordnung war keineswegs selbstlos: Dieser Farbstoff benötigt das Mineral Alaun, um dauerhaft mit dem Textil verbunden zu werden, und der Papst kontrollierte die erst zwei Jahre zuvor entdeckten reichen Alaunvorkommen von Tolfa bei Civitavecchia.

Kurze Zeit später stießen Europäer infolge der europäischen Expansion auf bislang vollkommen unbekannte Stoffe, Tiere und Pflanzen. Sie eröffneten neue Möglichkeiten, Purpur zu imitieren. Aus einem Insekt, der Koschenilleschildlaus, lässt sich ebenfalls ein roter Farbstoff, die Farbe Karmin, extrahieren. Koschenilleschildläuse wurden im 16. und 17. Jahrhundert vor allem in Südamerika geerntet, eingetrocknet und in großen Mengen nach Europa verfrachtet. Der Sog des Purpurs begleitete die Europäer auf ihren Expansionszügen durch die Welt. Zugleich sicherten die Zeitläufte der Purpurschnecke das Überleben als Spezies; spätestens seit der Erfindung synthetischer Farbstoffe muss nicht mehr um ihre Zukunft gefürchtet werden.

Dieses Kapitel war in besonderem Maße dem Sehsinn verpflichtet. Die Schönheit der Perlen, ihr Lüster, das farbige Schimmern des Perlmutts, das leuchtende Rot des Purpurs: Sie alle werden durch das Auge aufgenommen. Ketten, Kleider und Bucheinbände, Perlmuttreliefs, Tuniken und Prachturkunden: Sie alle sollten gesehen und bestaunt werden. Muschel- und

Schneckenpracht waren vor allem ein visuelles Phänomen und zugleich eines, das den Menschen von sonst unscheinbaren Meereslebewesen, den wenig mobilen, kleinen Mollusken, zur Verfügung gestellt wurde. Im Zentrum des folgenden Abschnitts werden nun der Geruchssinn und der Tastsinn stehen – denn auch sie sind Teil einer multisensorischen Geschichte des Meeres.

Abb. 34. Fra Beato Angelico, Kreuzigungsszene (1441, Fresko).

9.
Feine Düfte und Körperpflege

Was haben die Parfummarken »Mitsouko« von Guerlain, »Ambre Nuit de Dior« und »Ambre Gris« von Balmain gemein? Erstens sind sie teuer, und zweitens beinhalten sie eine Substanz, die ihnen (zusammen mit anderen Duftstoffen) als Grundnote dient: Ambra. Dieser Stoff ist so wertvoll, dass seine Auffindung immer wieder Grund für Schlagzeilen gibt. Am 23. Februar 2021 stieß die 49-jährige Thailänderin Siriporn Niamrin am Strand vor ihrem Haus in der Provinz Nakhon Si Thammarat auf einen eher unscheinbaren, 30 mal 60 Zentimeter großen Klumpen. Er hatte eine gelblich-braune Farbe und einen üblen Geruch. Doch Siriporn Niamrin wusste: Sie war auf Ambra gestoßen – und hatte den Fund ihres Lebens gemacht. Je nach Qualität schwankt der Kilopreis für Ambra zwischen 10 000 und 80 000 US-Dollar. Das Stück, das sie rasch nach Hause brachte, wog sieben Kilo, sein Wert betrug 200 000 Dollar.[1]

Noch reicher wurde wenige Monate später der thailändische Fischer Narong Petscharat: Rund eine Million Euro waren die 30 Kilo Ambra wert, die er beim Müllsammeln auf dem Strand fand.[2] Diesen Glücksfunden lassen sich andere an die Seite stellen, und stets wird der Gegensatz zwischen der unattraktiv wirkenden Substanz aus dem Meer und ihrem erstaunlichen Wert betont.[3] Wie Perlen, Perlmutt und Purpur lenken auch die beiden nun im Vordergrund stehenden Dinge – Ambra und

Schwämme – den Blick auf die südlichen Meere des Indopazifiks und des Mittelmeeres, auch wenn ihre Verwendung keineswegs auf diese Räume beschränkt war.

Ambra

Ambra hat eine geringere Dichte als Wasser. Sie wird an den Strand gespült oder auf dem Meer schwimmend aufgefunden und daher verschiedentlich als »schwimmendes Gold« bezeichnet.[4] Das Gewicht dieser Klumpen kann zwischen wenigen Gramm und 450 Kilogramm variieren. Es handelt sich um eine zähe, wachsartige Masse, die undurchsichtig ist und verschiedene Farben annehmen kann – zwischen Weißlich, Dunkelgelb, Braun und Schwarz. Ihre Farbe hängt nicht zuletzt davon ab, wie viel Ambrein sie enthält. Dieser eigentlich geruchlose Triterpen-Alkohol ist der Hauptinhaltsstoff der Ambra und verwandelt sich durch Kontakt mit der Luft in die eigentlichen Geruchsstoffe, nämlich Ambrox und Ambrinol.[5] Im Verlauf dieses Prozesses härten die Klumpen aus.

Bis in die Mitte des 20. Jahrhunderts war Ambra einer der wesentlichen Bestandteile für hochwertige Düfte, auch deswegen, weil sie als sogenanntes Fixativ den Geruch besonders lange bindet. Erst in der Mitte des 20. Jahrhunderts entwickelten Chemiker synthetische Stoffe, die preiswerter sind und immer häufiger Verwendung finden. Nur noch wenige exklusive Parfums enthalten echte Ambra.[6]

Im Mittelalter (und noch lange danach) war die Herkunft der Ambra umstritten.[7] In arabischsprachigen Räumen vermuteten manche Autoren des 11. Jahrhunderts wie Ibn Rušd (Averroes), Ambra sei das Produkt eines subaquatischen Brunnens, was vom Autor al-Idrīsī bestätigt wurde. Dieser erzählte nämlich, dass der abbasidische Kalif eine Forschergruppe in das Arabische Meer entsandt hatte, um den Ursprung dieser Substanz zu ergründen. Ihnen sei an den Küsten Jemens gesagt worden, dass Ambra aus unterirdischen Brunnen hervorsprudele.[8] Das fand Aufnahme in die Erzählung von Sindbad dem Seefahrer, der auf einer Insel strandet, von der aus sich ein Brunnen mit Ambra ins Meer ergießt.

Im 9. Jahrhundert schrieb hingegen Yuhannā Ibn-Sarābiyūn (in Europa als Johannes Serapion bekannt), Ambra sei ein Pilz, der im Meer wachse.[9] Eine andere, besonders beliebte Erklärung war, dass diese Substanz nichts anderes sei als getrocknetes Walsperma, während ein chinesischer Autor des 12. Jahrhunderts meinte, die an den Küsten der Arabischen Meere zu findende Ambra stamme von den dort besonders häufig am Strand schlafenden Drachen, deren Speichel ins Meer träufele und sich beim Kontakt mit Wasser zu einer festen Masse verdichte.[10]

Tatsächlich entsteht Ambra im Darmtrakt des größten aller Zahnwale, des Pottwals (*Physeter macrocephalus* bzw. *Physeter catodon*). Die endgültige Gewissheit hierüber erbrachte 1783 ein in England lebender österreichischer Arzt namens Franz Xaver Schwediauer (gest. 1824).[11] Ambra ist das Ergebnis der Reaktion auf eine gesundheitliche Krise des Tieres. Diese wird dadurch verursacht, dass gewisse Beutetiere, vor allem die Schnäbel von Tintenfischen, gelegentlich Verdauungsprobleme verursachen und im Darmtrakt eingefettet werden. In der Regel gelingt es dem Wal, diese Klumpen auszuscheiden; sie sind dann auf dem Meer oder auf den Stränden anzutreffen. Doch unter Umständen können sie zum Darmverschluss und sogar zum Tod des Tieres führen.[12]

Schätzungsweise 0,5 bis 1 Prozent aller Pottwale produzieren aufgrund dieses Verdauungsproblems Ambra.[13] Es kann nicht überraschen, dass frisch aufgefundene Ambra nach Fäkalien riecht. Wenn aber diese Masse lange trocknet und hart wird, dann verändert sich das aufgrund der Oxidation des Ambrein, und sie nimmt einen intensiven Duft an, der Anklänge von Paranüssen, Tabak und gereiftem Holz besitzt. Dennoch lässt das Wissen um die Herkunft der Ambra viele die Nase rümpfen. Bezeichnend ist der Ausruf Herman Melvilles in seinem berühmten Roman *Moby Dick*: »Wer würde also denken, dass sich so feine Damen und Herren mit einer Essenz verwöhnen, die in den unrühmlichen Eingeweiden eines kranken Wals gefunden wurde?«[14] Noch heute ist in den Medien bei Berichten über Ambra regelmäßig (und fälschlich) von »Walkotze« und Ähnlichem die Rede.

Im Mittelalter hingegen gingen die erwähnten Autoren und viele andere noch davon aus, dass Ambra vegetabilen oder mineralischen Ursprungs sei. Vielleicht ignorierten manche von ihnen die wahre Herkunft, weil der Wal, wie wir gesehen haben, häufig mit dem Teufel und dämonischen Kräften in Verbindung gebracht wurde und wenig Anerkennung genoss.[15]

Es gab in der arabischen Welt allerdings durchaus Stimmen, die näher an der Wahrheit lagen als die oben erwähnten ibn Sīnā, al-Idrīsī und Ibn-Sarābiyūn.[16] Schon im 9. Jahrhundert verwies al-Ǧāḥiẓ in seinem *Buch der Tiere* darauf, dass die Substanz von Walen herrühre.[17] Sein Zeitgenosse, der Bagdader Gelehrte Ibn Māsawaih (gest. 857, in Europa als Johannes Mesue der Ältere bekannt), vermutete ebenfalls, dass es sich um die Ausscheidung eines Meerestieres handeln würde, ohne Details zu kennen.[18]

Noch näher an der Realität ist die Aussage des Jerusalemer Arztes al-Tamīmī aus dem 10. Jahrhundert: »Alle mit dem Parfum, seinen Arten und seiner Herkunft vertrauten Leute sagten mir, dass ein Tier aus dem Meere kommt und die Ambra aus seinem Hinteren hervorschleudert.«[19] Im 14. Jahrhundert beschrieb der Enzyklopädist an-Nuwairī (gest. 1333) Sonderformen der Ambra, deren Namen ebenfalls auf Naturbeobachtung schließen lassen: Die »Schnabel-Ambra« trage ihren Namen von den Klauen und Schnäbeln von Vögeln, die an den Klumpen festklebten und verendeten – ein Versuch, die in der Ambra zu findenden Tintenfischschnäbel zu erklären.[20] Doch blieben im Mittelalter solche Rückführungen der Ambra auf den Wal eher die Ausnahme, es überwogen Erklärungen, welche diese Substanz für ein Mineral oder eine Pflanze hielten.

Während des mittelalterlichen Jahrtausends wurde Ambra nirgends intensiver verwendet als in der arabischen Welt.[21] Der Prophet Muḥammad hatte Männern und Frauen empfohlen, Parfum zu benutzen: Männer sollen für die Freitagspredigt in der Moschee baden und sich auch parfümieren; Frauen dürfen zu Hause Duftstoffe benutzen, und beiden wird geraten, für den Geschlechtsakt Wohlgeruch sicherzustellen.[22] Folglich stammen die meisten Quellen über die Ambra aus dem Dār al-Islām.[23] Antike Referenzen sind hingegen oftmals nicht eindeutig diesem Stoff zuzuordnen; auch in der vorislamischen, arabisch-persischen Hofkultur sind Hinweise auf die Nutzung von Ambra nicht zeitgenössisch und daher nicht eindeutig.[24]

Nach derzeitigem Wissensstand beginnt der Siegeszug dieser Substanz mit der Ausbreitung des Islam im 7. Jahrhundert und verstärkt sich seit dem 8. Jahrhundert. Nun wurde Ambra außerhalb der Arabischen Halbinsel als Medizin und mit der Zeit auch als Parfum und Speisezusatz allmählich populär. Eventuell könnte hierfür die Ausbreitung der neuen Lehre in den indischen Raum unter den Abbasiden verantwortlich gewesen sein.[25]

Der Name »Ambra« leitet sich aus dem Arabischen (*ʿanbar*) ab und wurde von dort als *ambra, ambar, ambrum, lambra, amabare, dyambra, mambrae* etc. in das Lateinische und die europäischen Volkssprachen übernommen.[26] Dabei kam es häufig zu einer lexikalischen Verwirrung, denn der Terminus wurde im lateinischen Westen zum Sammelbegriff, der zur Bezeichnung sowohl für Ambra als auch für Bernstein verwendet wurde.

Noch heute wird im Französischen Bernstein (*ambre jaune*) von Ambra (*ambre gris*) lediglich durch die Farbadjektive »gelb« und »grau« unterschieden, ähnlich im Spanischen; im Englischen bedeutet *amber* Bernstein, *ambergris* Ambra. Diese lexikalische Verwirrung ist ein Erbe des Mittelalters, das lediglich durch Zusätze (»graue« oder »gelbe« Ambra bzw. Ambra »aus Lübeck«) beides voneinander unterschied. Im Arabischen hingegen bezeichnet *ʿanbar* ausschließlich Ambra, während Bernstein deutlich abweichend benannt wird: *kahrubā*.[27]

Die Geschichte des Umgangs der Menschen mit Ambra ist wesentlich durch den Lebensraum der Wale bedingt. Da Pottwale etwa im Schwarzen Meer und im östlichen Mittelmeer nicht in großer Zahl leben, findet man diese Substanz dort selten; natürliche Wasserströmungen wiederum sorgen dafür, dass sie vergleichsweise häufig an die Ostküsten des Indischen Ozeans gespült wird.

Das fand auch in den Quellen seinen Niederschlag. Die anonymen, arabischsprachigen *Nachrichten über China und Indien* (*Akhbār al-Sīn wa 'l-Hind*)[28] aus der Mitte des 9. Jahrhunderts berichten von Ambra, die im Indischen Ozean aufgefunden werde. Von dort und vom Arabischen Meer – genauer: von den Küsten Jemens, Omans und Ostafrikas – stamme besonders geschätzte Ambra, so schildern es viele arabische Quellen.[29]

Im 13. Jahrhundert überlieferte der Geograf al-Qazwīnī, an den Küsten der Arabischen See und Ostafrikas würden häufig besonders große Klumpen angeschwemmt; die Einheimischen würden verendete Wale an Land ziehen und die Ambra aus ihnen extrahieren.[30] Der aus Tripolis stammende an-Nuwairī beschreibt im 14. Jahrhundert unter Rückgriff auf al-Masʿūdī (gest. 956) die Ambrasuche an den Küsten Ostafrikas: »Die Leute dieser Gegenden reiten auf gut abgerichteten Dromedaren in den Mondnächten längs den Ufern ihres Landes. Dieses Dromedar kennt die Ambra. Manchmal schläft auch der Reiter oder ist unaufmerksam. Sieht dann das Dromedar Ambra auf der Küste, so kniet es nieder. Der Reiter steigt ab und nimmt die Ambra auf.«[31]

An-Nuwairī beschrieb auch den Vertrieb dieses Stoffes in Oman, Aden, Basra und anderen Handelszentren des Orients. Auch vom östlichen Indischen Ozean – aus dem heutigen Malaysia und Java sowie aus der Bucht von Bengalen, sogar von den Malediven – wurde Ambra in den Dār al-Islām gebracht, wie arabische Quellen des 9. und 10. Jahrhunderts belegen.[32] Gelegentlich erwähnen die Texte auch Ambra des Mittelmeerraums und sogar des Atlantiks.[33]

Wie bei vielen anderen Schätzen des Meeres wirft auch Ambra die Frage nach dem Zugriff der herrschaftlichen Macht auf. Nach Ausweis des Geografen al-Muqaddasī bemühte sich vor Ort die Obrigkeit darum, die Fundstücke zu sichern: »Die Ambra wird auf die Meeresküste ausgeworfen von Aden bis Mokka und auf die Seite von Zailac (an der Küste Somalias). Jeder, der ein wenig oder viel davon findet, bringt es dem Beamten des Sultans und übergibt es diesem. Dafür erhält er ein Stück Tuch und einen Dinar.«[34] Nach Ibn Ḥauqal (gest. nach 978) entrichteten die Herrscher der vor Mokka liegenden Inseln ihre Tribute an den Sultan von Jemen in Form von Ambra.[35]

Doch zu einem Monopol wurde deren Vertrieb nie. Vielmehr entwickelte sich ein reger internationaler Handel, mit dem viel Geld zu machen war. Nach al-Masʿūdī konnte eine in Spanien für einen Drittel Dinar gekaufte Unze Ambra in Ägypten für zehn Dinare, also zum 30-fachen Preis, verkauft werden.[36] Bei einem derart wertvollen Produkt konnte es nicht ausbleiben, dass geschäftstüchtige Betrüger versuchten, es mit preiswerteren Rohstoffen zu vermischen. In seinem Werk *Das höchste Ziel der Würde; über das Erstreben der Hisba* warnte im 14. Jahrhundert der Marktaufseher Ibn Bassām seine Kollegen vor diesen Machenschaften und lieferte ein Beispiel für einen derartig gefälschten Ersatz: Er bestehe aus Alcyonium (Weichkoralle), schwarzem Harz, Sandarak (einem Naturharz) und wohlriechender Narde. Manchmal füge man Gazellenmist bei und mische dazu einen Anteil reiner Ambra.[37]

Ambrahändler werden auch in der hebräischen Überlieferung der Kairoer Geniza genannt.[38] Diese Quellen sprechen mitunter unverblümt von den Anstrengungen des Ambra-Handels, etwa in einem anonymen Schreiben eines jüdischen Kaufmanns an seine in Alt-Kairo lebende Frau, die sich über die Qualität der von ihm gelieferten Waren beschwert hatte: »Wenn du nur wüsstest, wie viele Mühen ich mir gemacht und welche Ausgaben ich getätigt habe, um dir diese Ambra zukommen lassen zu können, dann würdest du bestimmt sagen: ›Es gibt auf der ganzen Welt nichts Vergleichbares.‹«[39]

Sehr früh wurden die medizinischen Eigenschaften der Ambra erwähnt. Schon im 1. Jahrhundert behauptete der griechische Arzt Pedanios Dioskurides, Ambra helfe gegen Magen- und Darmbeschwerden.[40] Sābūr ibn Sahl,[41] Ibn Māsawayh und andere arabische Autoren wie der Pharmakologe ʿAbdallāh Ibn-Aḥmad Ibn al-Baiṭār, nach dem Ambra »der König der Düfte« sei, empfahlen Ambra gegen Erkrankungen des Gehirns und des Herzens, gegen Muskelkrämpfe und Verspannungen, gegen Halsschmerzen, Magenbeschwerden, Verstopfungen, Durchfall, Gelenkschmerzen, Kopfschmerzen, Fieber, Erkältungen, Geisteskrankheiten und Lähmungen. Ambra galt als besonders wohltuend für die Stärkung von Körper und Geist, insbesondere von älteren Menschen. Außerdem sollte es als Aphrodisiakum wirken.[42]

Ambra wurde zerrieben und wie Weihrauch verbrannt,[43] aber auch mit anderen Duftstoffen zu Parfum verarbeitet. Zusammen mit vegetabilen Stoffen wie Agarholz, Sandelholz und Kampfer und vermengt mit Sekreten von Landtieren wie Moschus war sie ein Hauptbestandteil der orientalischen Parfümerie. Der syrische Arzt Ibn Māsawaih zählte die Substanz zusammen mit Moschus, Agarholz, Kampfer und Safran zu den fünf Grundstoffen der Parfümerie überhaupt.[44] Aus ihr wurden Duftstoffe gemischt, die sogar Eigennamen erhielten.

Ghāliya war das wohl bekannteste derartige Markenprodukt. Sehr ausführlich schreibt hierüber ein besonders wichtiger Gewährsmann, an-Nuwairī (gest. 1333). Im 7. Kapitel seines Werkes über den *Abschluss der Araber in den Gebieten der literarischen Bildung*[45] referiert der Autor vergleichend nicht nur neun verschiedene Rezepte zur Herstellung von *Ghāliya*, sondern er erläutert auch genau den Prozess dieser Produktion. Die Ambra wurde in aller Regel geschmolzen, mit anderen Substanzen wie Moschus, Aloe, Safran, Rosenwasser u.a.m. vermischt und dann mithilfe eines Öls (in der Regel Behenöl, ein Pflanzenöl des Meerrettichbaumes, *Moringa oleifera*) zu einem Parfum oder einer Salbe verarbeitet. »Die Ambra darf aber nicht heiß sein, da sie sonst den Moschus schädigt«, warnt der Autor.[46]

Das zweite aus Ambra hergestellte Markenprodukt der arabischen Welt hieß *Nadd*.[47] Auch hierüber berichtet an-Nuwairī ausführlich. Es wurde vorwiegend aus Moschus, Aloe, Kampfer und Ambra angemischt und im Gegensatz zu *Ghāliya* in fester Form zu Kugeln verarbeitet, die zu Ketten oder Gürteln geformt und an bzw. in den Kleidern getragen wurden. *Nadd* ließ sich wie Weihrauch verbrennen.

Der Autor überliefert – neben zwei weiteren von Frauen geschaffenen Düften – das Rezept der Apothekerin Bunān aus dem 9. Jahrhundert: Man reibt demnach Aloe, *Sukk*, Moschus, Kampfer »auf einem Reibstein so lange, bis sie gemischt und zusammengefügt sind, dann nimmt man 200 *Mithqāl* Ambra und schmilzt sie in einem Topf (*Taur*) aus *Burām* oder chinesischem Porzellan. Dann nimmt man sie vom Feuer und setzt die geriebenen Substanzen dazu, mischt und knetet sie und macht daraus Kuchen oder Stangen, die je 1 *Mithqāl* wiegen, und trocknet sie.«[48]

Auch in die Küche der arabischen Welt hielt Ambra Einzug. In der zweiten Hälfte des 10. Jahrhunderts empfahl der Bagdader Ibn Sayyār al-Warrāq, Kochtöpfe mit Ambra zu parfümieren, denn es stärke Hirn und Herz, wenn man darin zubereitete Speisen esse.[49] Er lieferte gleich ein Rezept für eine süße Mandelspeise, »die von Königen auf Reisen« gegessen werde und für die man Ambra verwenden solle.[50] Aus den festen, wachsartigen Klumpen wurden auch Figuren und Tellerschmuck, ja sogar Leuchter geformt, wie verschiedene Autoren des 9. bis 11. Jahrhunderts bezeugen.[51] Weiter östlich, in Indien und Ostasien, war Ambra ebenfalls bekannt: Seit dem beginnenden 8. Jahrhundert ist sie in indischen Quellen bezeugt, im 9. Jahrhundert erscheint sie auch in chinesischen Schriften.[52]

Die verbreiteten Kenntnisse des Orients über Ambra, die im Übrigen auch von jüdischen Gelehrten wie Maimonides (gest. 1204), dem berühmtesten jüdischen Gelehrten des Mittelalters, geteilt und weitergegeben wurden,[53] gerieten über Umwege in den griechischen Osten und in den lateinischen Westen des Mittelmeerraums. Nach dem byzantinischen *Buch des Eparchen* (895) durfte Ambra zusammen mit Aloe, Moschus, Weihrauch, Myrrhe und weiteren Substanzen von den »Drogisten auf dem Markt von Konstantinopel im Stadtzentrum verkauft werden«.[54]

Zu jener Zeit wurde sie im Byzantinischen Reich als Medizin eingeführt.[55] Pharmakologische Traktate des 13. bis 15. Jahrhunderts liefern ausführliche Hinweise auf ihre Nutzung. Das *Dynameron* des Nikolaos Myrepsos aus der ersten Hälfte des 13. Jahrhunderts zum Beispiel enthält über 2500 medizinische Rezepte, von denen mindestens zwölf Ambra in ihrer Zutatenliste führen; im 14. Jahrhundert empfahl der Arzt Johannes Aktouarios (gest. 1328) den Stoff ebenso wie ein Jahrhundert später Demetrios Pepagomenos, der ihn in seiner Rezeptsammlung 21-mal nennt.[56]

Auch wenn sie sich in pharmakologischen Texten nicht mit terrestrischen Substanzen wie Pfeffer, Aloe oder Zimt messen kann, war Ambra im Byzantinischen Reich ein geschätztes Gut. Mit der Zeit übernahmen die Byzantiner von arabischen Autoren nicht nur im medizinischen Bereich Anregungen zu ihrer Nutzung, sondern auch für die Herstellung von Parfums – im Gegensatz zur islamischen Welt aber nicht für den kulinarischen Gebrauch. Gegen Ende des Mittelalters war die Substanz unter den Eliten so bekannt, dass sie Einzug in die Literatur hielt. Das Epos *Digenis Akrites* aus dem 12. Jahrhundert zum Beispiel lässt seinen Helden Gewänder tragen, in die Ambra eingenäht worden war – ganz so, wie wir es beim *Nadd* kennengelernt haben.[57]

Für arabisch-muslimische Herrscher, die politische Beziehungen mit Byzanz pflegten, bot sich Ambra in besonderem Maße als diplomatisches Geschenk an.[58] Vereinzelt liegen in der Tat Hinweise auf Versendungen von Ambra aus islamisch beherrschten Gebieten nach Konstantinopel vor. So ließ der Mamlukensultan Baibars I. (aẓ-Ẓāhir Baibars, gest. 1262) dem byzantinischen Kaiser zusammen mit anderen Duftstoffen wie Rosenwasser, Aloeholz und Moschus auch Ambra zukommen.[59]

Was wusste der lateinische Teil Europas von alledem? Kannten und schätzten die westlichen Königreiche Ambra?[60] Gewisse Kenntnisse gelangten schon früh im hohen Mittelalter aus der griechischen und der arabischen Welt dorthin. Um 930 schilderte der Mönch Odilo von Saint-Médard die Überführung der Reliquien des heiligen Sebastian in sein Kloster nach Soissons. Angeblich verströmte der geöffnete Sarkophag des Heiligen »einen süßen Geruch von Ambra«.[61]

Vor allem durch die Werke des byzantinischen Arztes Simeon Sethus aus dem 11. Jahrhundert gelangte Wissen über den

Duftstoff und das Heilmittel in die gelehrte Welt der lateinischen Christenheit.[62] Insgesamt erwähnen die Quellen Latein-Europas Ambra zwar selten, doch ganz schweigen sie nicht. Der Bettelordensmönch Bartholomäus Anglicus erläuterte im 13. Jahrhundert die Vorzüge des Stoffes und stellte auch Überlegungen hinsichtlich seiner Herkunft an. Er stützte sich dabei auf einen jüdischen Gewährsmann (Iorath Chaldeus), nach dem es sich bei Ambra um getrocknetes Walsperma handele.[63]

1491 nahm der anonyme Autor des *Hortus sanitatis* diese Zuschreibungen auf und ergänzte sie um weitere Angaben: Ambra sei die Frucht oder der Saft eines Baumes, der im Meer wachse, es handele sich um Meeresschaum oder um einen Pilz.[64] Entsprechend ambivalent ist der zugehörige Holzschnitt dieses frühen Druckwerks, der einen großen Fisch, aber auch einen Baum zeigt (Abb. 35).

Im Spätmittelalter gelangten auch verlässlichere Informationen über die Herkunft dieser Substanz in den Westen. Marco Polo erwähnt sie an verschiedenen Stellen in seinem Reisebericht (*Milione* bzw. *Le divisament dou monde*), und zumindest nach Ausweis einer Version seines Werkes wusste er auch, woher Ambra konkret stammte: Denn über die Insel Sokotra am Horn von Afrika schreibt er, die Einwohner würden mit Harpunen auf Waljagd gehen und aus den Mägen der erlegten Tiere Ambra extrahieren, aus ihren Köpfen Öl gewinnen. In großer Zahl würden daher Kaufleute diese Inseln aufsuchen, um das wertvolle Gut nach Aden zu verschiffen.[65] Auch an den Küsten Madagaskars und Sansibars werde Ambra gewonnen.[66]

Wenige Jahrzehnte später verfasste der südfranzösische Dominikaner Jordanus Catalanus de Severac (gest. 1336) eine Beschreibung Indiens. Darin erzählt er, dass dort *enbar* gefunden werde, das wie Holz beschaffen sei, außerordentlich aromatisch rieche und als »Kleinod des Meeres« (*gemma marina*) bezeichnet werde.[67]

Abb. 35. Ambra, aus: Hortus sanitatis (Mainz 1491).

In der zweiten Hälfte des 13. Jahrhunderts wurden im lateinischen Europa mancherorts Gebetsketten, sogenannte Paternoster, mit Kugeln aus Ambra hergestellt – was der Dominikanerorden 1261 als Zeichen des Luxus ausdrücklich verbot.[68] Zu einer deutlichen Aufwertung der Substanz führte Mitte des 14. Jahrhunderts eine Katastrophe noch nie gewesenen Ausmaßes: die Schwarze Pest.[69] Sie raffte Millionen Männer, Frauen und Kinder dahin, niemand kannte ihre wahre Ursache – die Übertragung von Bakterien von Flöhen auf den Menschen. Aber Vermutungen gab es viele. Besondere Angst hatten die Zeitgenossen vor einer Übertragung durch die Luft, gegen die man sich mit allerhand Maßnahmen (Quarantäne, das Tragen von Masken usw.) zu schützen bemühte.

Eines dieser Mittel war *pomum ambrae*, also der »Ambra-Apfel«. Es handelte sich dabei um eine Mischung unterschiedlicher Substanzen, die, oftmals mithilfe von Rosenwasser, zu einer Kugel – eben einem Apfel – geformt und getrocknet wurden. Vor Nase, Hals oder das Gesicht gehalten, wehre sie schädliche Einflüsse ab – so zumindest die Autoren verschiedener »Pestschriften« des 14. und 15. Jahrhunderts. In ihnen wird häufig die Zusammensetzung dieser Kugeln aufgeführt, und wie der Begriff *pomum ambrae* vermuten lässt, beinhalteten diese »Äpfel« in der Tat regelmäßig Ambra in unterschiedlicher Dosierung. Insgesamt 69 unterschiedliche Substanzen sind von der Forschung als Bestandteile der Pest abweisenden Geruchskügelchen bestimmt worden, unter denen Aloe, Kampfer, Harze, Gewürznelken, Bernstein und eben Ambra besonders häufig genannt werden.

Eine weitere vermeintliche Möglichkeit, sich vor Krankheitsübertragungen zu schützen, bestand darin, die Luft durch Räuchern zu reinigen. Auch hierfür wurde im späten Mittelalter nachweislich Ambra als eine Art Weihrauch empfohlen, etwa im *Der swangernfrauwen und hebammen rosengarten* von 1513.[70] Schließlich enthalten einige Pestschriften auch Rezepte für die Herstellung von Ambrasirup und -pillen.

Dass wohlhabende Menschen des 14. und 15. Jahrhunderts tatsächlich Ambraäpfel besaßen, wird durch zeitgenössische Inventare belegt, in denen die Duftkugeln und ihre Behältnisse erwähnt werden.[71] Es handelte sich bei Letzteren um kugelförmige, meist aus Edelmetall hergestellte Behälter mit einer senkrechten Mittelachse zur Befestigung des Inhalts.[72] In der Forschung wird vermutet, dass sie nicht nur eine medizinische, sondern auch eine religiöse Wirkung entfalten sollten: Wohlgeruch wurde nach zeitgenössischer Vorstellung mit dem Heiligen, Göttlichen verbunden, die Kugeln dürften daher nicht zuletzt der Privatandacht gedient und eine angemessene Einstimmung sichergestellt haben.[73]

Auch im lateinischen Westen war Ambra alles andere als günstig. Der hohe Preis dürfte ein Grund dafür gewesen sein, dass sie überhaupt mit anderen Substanzen gemischt zu »Äpfeln« geformt wurde. Eine Pestschrift sagt dies ganz ausdrücklich: »Da reine Ambra sehr teuer ist, kann sie mit anderen Substanzen zu einer weniger teuren und dennoch hinreichend zweckdienlichen Kugel geformt werden.«[74] Vor diesem Hintergrund überrascht es nicht, dass Ambra – wie in Byzanz und in der arabischen Welt – auch im lateinischen Westen gefälscht wurde. Im *Antidotarium Nicolai*, einer lateinischen Rezeptsammlung aus dem Arabischen übersetzter medizinischer Texte, findet sich eine Anleitung, wie man aus verschiedenen Harzen ein solches Ersatzprodukt herstellte.[75] Aber so aufschlussreich die latein-europäischen Erwähnungen der Ambra und ihrer Surrogate auch sind: Die diätetische und kulturelle Bedeutung wie in der griechischen und arabischen Welt des Mediterraneum erlangte Ambra im Norden nicht.

Schwämme

Aus dem Mittelmeer stammt ein Lebewesen, das in der Moderne und bis ins 20. Jahrhundert ein elementarer Bestandteil der europäischen Badekultur war.[76] Gemeint sind Horn- bzw. Hornkieselschwämme (*Demospongiae*), die artenreichste Klasse der über 9000 Arten umfassenden Familie der Schwämme (*Porifera*).[77] Diese Tiere leben in aller Regel an einem festen Ort, an Felsen o. Ä. im Meer verankert, und ernähren sich von Stoffen, die sie aus dem Wasser filtern: Sie bedienen sich dazu keiner Muskeln, können sich aber zum Beispiel zusammenziehen, indem sie auf Licht und Reize reagieren. Hornkieselschwämme sind in allen Meeren anzutreffen, leben häufig in Symbiose mit Nesseltieren in Korallenriffen und sind für das marine Ökosystem von großer Bedeutung.

Die Skelette dieser Tiere sind auch nach ihrer Entnahme aus dem Meer und nach ihrem Tod elastisch und bestehen aus Gerüstfasern, die aus Spongin, einem kollagenähnlichen Strukturprotein, gebildet werden. Diese stark verflochtene Struktur besitzt die Fähigkeit, besonders viel Feuchtigkeit aufzunehmen und zu binden. Ein Badeschwamm kann das Fünfzigfache seines Gewichts an Wasser speichern. Durch Ausdrücken wird die Flüssigkeit wieder freigesetzt. Feuchte Schwämme – eigentlich Schwammskelette – können aufgrund dieser Saugfähigkeit dazu verwendet werden, die Haut (gegebenenfalls mit Seife) von Schmutz und Fetten zu reinigen. Allerdings muss der Naturschwamm vor seiner Nutzung zur Körperpflege zuerst von dem das Skelett umgebenden dunklen Gewebe getrennt werden.

In den Gewässern des östlichen Mittelmeeres ernten Schwammtaucher seit Jahrtausenden diese Tiere.[78] Die Vulkaninsel Kalymnos in der südlichen Ägäis zum Beispiel entwickelte sich zu einem bedeutenden Zentrum eines Gewerbes, das der Bevölkerung bis zum heutigen Tag ein Einkommen beschert.

Heutzutage kommt der größere Teil der ca. 50 Tonnen Schwämme, die in jedem Jahr im Mittelmeer gewonnen werden, aus Tunesien, Griechenland und Libyen. Ihre Ernte blieb über Jahrhunderte unverändert: Apnoetaucher ließen sich – ähnlich wie wir es bei der Perlengewinnung kennengelernt haben – oft mit Gewichten beschwert auf den Meeresboden hinabsinken und entfernten die Tiere mit Messern rasch von ihrem Untergrund, bevor sie sich zusammenziehen und sich dadurch gegen das Ablösen wehren. Wenn Teile des Tieres, gewissermaßen als Wurzel, dort zurückgelassen werden, kann sich der Schwamm erholen und mit der Zeit seine ursprüngliche Größe wiedererlangen.[79]

Seit dem ausgehenden 19. Jahrhundert wurde die Schwammfischerei durch die Einführung von Tauchanzügen etc. technisch fortentwickelt und immer effizienter. Mitte des 20. Jahrhunderts waren die Hornkieselschwämme stark gefährdet.[80] Doch zu jener Zeit gelang es, aus Polyester, Polyurethanen und Zellulose synthetische Ersatzstoffe herzustellen, sodass der Gebrauch des Naturschwamms deutlich zurückging. Seitdem haben sich die Bestände im Mittelmeerraum insgesamt erholt, auch wenn sie nun unter Wasserverschmutzung und Klimawandel leiden. In letzter Zeit werden die biotechnologischen und medizinischen Potenziale des Naturschwamms für die Herstellung von Arzneimitteln neu entdeckt.[81]

Seine Nutzung reicht weit in die Antike zurück.[82] Schon die *Odyssee* (1, 111; 20, 153; 22, 439) erwähnt ihn als Hilfsmittel zur Reinigung, und viele der vor griechischen Inseln aufgefundenen Gewichte dürften von antiken Schwammtauchern stammen. Aristoteles beschrieb genau das Habitat der Schwämme, Oppian ihre Gewinnung.[83] Ein besonderes Rätsel für ihn und spätere antike Autoren war die Frage, ob es sich bei diesen Lebewesen um Tiere handele oder nicht.[84] Während Aristoteles sie den Pflanzen zuordnete, war sich Plinius weniger sicher: In seiner *Naturgeschichte* ordnete er die Schwämme einer dritten Klasse zu, die sowohl dem Tier- als auch dem Pflanzenreich angehöre. Dann aber spricht er sich aufgrund ihrer Fähigkeit, auf äußere Reize zu reagieren, doch dafür aus, sie der Tierwelt zuzuschlagen – was auch von den meisten späteren Autoren aufgegriffen wurde.[85]

Schwämme wurden in der Antike für verschiedene Zwecke genutzt, nicht nur für die Körperpflege. In römischer Zeit wurden sie nachweislich an Stöcken befestigt und dienten zur Reinigung der Aborte oder als eine Vorform des Toilettenpapiers.[86] Auch im militärischen Bereich fanden sie Anwendung: zur Polsterung von Helm, Schienbeinschutz etc., angefeuchtet als Schutz der Kriegsmaschinen gegen Feuer usw.[87] Ebenfalls in der Antike wurde erkannt, dass zugeschnittene Schwämme sich aufgrund ihrer Elastizität und Saugkraft dazu eignen, wie ein Tampon benutzt zu werden. Menstruationsschwämme sind schon seit Jahrhunderten im Gebrauch und erleben gegenwärtig aufgrund ihrer Wiederverwendbarkeit ein begrenztes Comeback.[88] Schwämme können nicht nur Menstruationsblut, sondern auch Sperma aufhalten. Daher sind sie auch als Verhütungsmittel bezeugt.[89]

Und das Mittelalter? Inwiefern lebte das antike Wissen um ihre Nutzung fort, wurden ältere Traditionen aufgegriffen oder gar neue Verwendungsmöglichkeiten entdeckt? Zu Beginn des 7. Jahrhunderts zitierte Isidor von Sevilla Cicero und andere klassische Autoren: Blut und anderes könne mit Schwämmen abgewischt werden, besonders weiche Arten würden dazu benutzt, erkrankte Augen sanft auszuwaschen.[90] Gelehrte schrieben Rätsel über den Schwamm; so ließ im 8. Jahrhundert ein anonymer Autor das Meerestier sagen: »Ich habe kein Fleisch, sondern hohle Eingeweide mit versteckten Kammern. [...] Leicht nimmt mich die Hand, schwer verlässt sie mich, und ich bin bald gezwungen, das Gute zurückzugeben, das ich mit Eifer genommen habe.«[91]

In Byzanz griffen Autoren des früheren Mittelalters wie Johannes Philipon (gest. 570) die Diskussion um das Wesen des Schwammes auf und stellten sich in die Tradition des Plinius, indem sie die Porifera als ein mit Tastsinn ausgestattetes Tier ansahen, doch zugleich auf ihre Nähe zum Pflanzenreich hinwiesen. Noch deutlicher sprachen sich die lateinischen Enzyklopädisten des 13. Jahrhunderts – auf Plinius, Galen, Isidor von

Sevilla und Avicenna rekurrierend – mehrheitlich dafür aus, im Schwamm ein Tier zu sehen.[92]

Albertus Magnus geht in verschiedenen Stellen seiner zoologischen Enzyklopädie auf Schwämme (*spongia marina* bzw. *gamen*) ein, die er als eine Art Übergangsgattung zwischen Pflanzen und Tieren einordnet[93] und als besonders unvollkommene Lebewesen ansieht.[94] Manche an den Küsten Flanderns und Deutschlands zu findenden Schwämme ähnelten in ihrer Konsistenz der Lunge; andere, festere, würden als Innenverkleidung von Helmen benutzt werden, um die Wucht von Schwertschlägen abzumildern.[95]

Neben den mittelalterlichen Summen erwähnen auch medizinische Traktate gelegentlich den Schwamm, besonders ausführlich solche aus dem arabischsprachigen Raum. Sie konnten sich wie so häufig auf Plinius stützen, der im 31. Buch seiner *Historia naturalis* ausführlich die Nutzung der Porifera beschreibt – gegen Augenleiden, Kopfschmerzen, Abszesse, in Essig eingelegt bei Skorpionstichen und Hundebissen usw. Die Asche verbrannter Schwämme wurde ihm zufolge erfolgreich gegen Fieber und Blutfluss eingesetzt.[96]

In der zweiten Hälfte des 10. Jahrhunderts diente der aus Jerusalem stammende Muḥammad Ibn Aḥmad al-Tamīmī am Fatimidenhof in Kairo als Arzt. Er empfahl, blutende Wunden mit in Wasser, Essig oder Wein getränkten Schwämmen zu verbinden, und zitierte Galen, nach dem verbrannter (oder gar brennender) Schwamm besonders gut den Blutfluss unterbinden würde.[97]

Diese Vorstellungen griffen auch andere Autoren auf, so Avicenna und Averroes: Die Asche getrockneter Schwämme könne übermäßigen Blutverlust verhindern, ein in Essig getauchter oder in Honig gekochter Schwamm heile Wunden.[98] Steine, die sich in Schwämmen verfangen – »Schwammsteine« also –, wurden schon in der Antike zerrieben und als Heilmittel eingesetzt, weil sie insbesondere gegen Blasensteine helfen sollten; das wurde von arabischen und lateinischen Autoren aufgegriffen.[99]

Besonders rätselhaft ist der modernen Forschung die Verwendung des Schwamms zur Betäubung von Menschen. Der sogenannte »Schlafschwamm« wurde mit narkotisierenden Substanzen gefüllt und dann getrocknet. Bei Bedarf reichte es angeblich aus, ihn mit Wasser zu befeuchten und einem Menschen unter die Nase zu halten, um diesen in einen so tiefen Schlaf fallen zu lassen, dass problemlos schwerste Operationen bis zur Amputation vorgenommen werden könnten.[100]

Aus dem 11. Jahrhundert stammen erste Hinweise auf eine derartige Nutzung der »schlafbringenden Schwämme« im chirurgischen Bereich. Das im Kloster Monte Cassino entstandene *Antidotarium Nicolai* aus dem 12. Jahrhundert lehrt: »Einschläfernder Schwamm. Nimm eine Unze Opium aus Theben, dann je eine Unze Saft des Bilsenkrauts, der unreifen Maulbeere, der Brombeere, der Samen des Salats, des Schierlings, des Mohns, der Mandragora und des Efeus. Lege all dies in ein Gefäß, zusammen mit einem Schwamm, der gerade aus dem Meer genommen wurde, sodass er nie mit Süßwasser in Berührung gekommen ist. Setze [das Gefäß] während der Hundstage der Sonne aus, bis alles verbraucht [d. h. ausgetrocknet] ist. Wenn du es dann benutzen willst, befeuchte den Schwamm leicht mit heißem Wasser und lege ihn auf die Nasenlöcher des Patienten, der dann schnell einschlafen wird. Wenn du ihn aufwecken willst, gib Saft der Fenchelwurzel in seine Nasenlöcher, und er wird schnell aufwachen.«[101]

Im ausgehenden 12. Jahrhundert finden sich weitere Anleitungen zur Herstellung solcher Schlafschwämme, etwa in Werken der Schule von Salerno.[102] Dieses Wissen wurde über die Jahrhunderte tradiert und fand seinen Weg in die großen Darstellungen italienischer Mediziner des Spätmittelalters, wie diejenige des Dominikaners Teodorico Borgognoni (oder Theoderich von Lucca, gest. 1298). Von dort gelangte es in andere einflussreiche Werke wie die *Chirurgia magna* des Guy de Chauliac (gest. 1365), der in Bologna studiert hatte und zum Hofarzt der Avignoneser Päpste aufstieg.[103] Auch in der arabischen Welt stößt man auf Hinweise: Der arabische Chirurg Ibn al-Quff (gest. 1286) etwa beschreibt ausführlich die Nutzung des Schlafschwammes, der mit Haschisch, Mohn und Hyoscyaminsaft getränkt wurde.[104]

Die Erwähnungen des Schlafschwammes in medizinischen Traktaten sind so häufig, dass lange kein Zweifel an seiner Nutzung bestand. Doch seit zu Beginn des 20. Jahrhunderts durch Tierexperimente nachgewiesen wurde, dass er nicht die zugeschriebene Wirkung entfaltet,[105] ist Skepsis aufgekommen. Andere Quellengattungen jenseits der medizinischen Traktate erwähnen die Nutzung der Schlafschwämme nicht – weder auf dem Schlachtfeld noch in der städtischen Chirurgie. Könnte es sein, dass es sich bei den Schlafschwämmen um tradierte Lehre ohne Anwendungserfahrung handelte?[106] Waren Schwämme im lateinischen Mittelalter in Wirklichkeit nicht gebräuchlich?

Doch der Schwamm war weiten Kreisen zumindest dem Namen nach bekannt, denn er wird in der Passionsgeschichte erwähnt: Nach Matthäus 27, 48 steckte ein bei der Kreuzigung anwesender Soldat einen mit Essig gefüllten Schwamm auf ein Rohr und reichte ihn dem dürstenden Christus. Auch die Evangelisten Markus, Lukas und Johannes beschreiben die Szene (Mk 15, 36; Lk 23, 36; Jo 19,29). Wie solch ein Schwamm aussah, das führten den Gläubigen Bilder der Kreuzigung vor Augen (Abb. 34). Zusammen mit anderen Werkzeugen der Passion erlebte der Schwamm im späteren Mittelalter sogar eine richtiggehende Renaissance.

Die spätmittelalterliche Frömmigkeit wandte sich nämlich entschieden Christus und seinem Leiden zu, und in diesem Zusammenhang erlangten diese Gegenstände eine neue Rolle: Sie dienten den Gläubigen als gedankliche Vergegenwärtigungen des Leidens, die einen unmittelbaren, dinglichen Bezug des Einzelnen zu Christus und dessen Tod erleichterten. Daher wurden diese »Werkzeuge« oder »Waffen«, die sogenannten *Arma Christi,* immer häufiger losgelöst von der eigentlichen Kreuzigung als Andachtsbilder dargestellt (Tafel 17).[107] Sie waren der mittelalterlichen Meditationspraxis sehr eng verbunden. Zusammen mit Dornenkrone, Nägeln und Hammer, mit Speer, Geißelsäule, Geißel und Zange wird als einziges Produkt aus dem Meer auch der Schwamm in einschlägigen Andachtsbildern aufgeführt.

Vereinzelt sind tatsächlich mediterrane Schwämme bei Ausgrabungen gefunden worden, sogar im weit vom Mittelmeerraum entfernten Tallinn.[108] Noch wichtiger: Der vermeintliche Schwamm Christi bildete in vielen Kirchen Europas einen Teil des örtlichen Reliquienschatzes. Spätestens im 6. Jahrhundert wurde Jerusalempilgern ein Stab mit Schwamm gezeigt, der angeblich Christus gereicht worden war.[109] Seit dem frühen und bis ins späte Mittelalter erwähnen zahllose einschlägige Texte wie Reliquienverzeichnisse, Kirchweihurkunden und hagiografische Quellen die *spongia,* die zusammen mit anderen Christusreliquien als geheiligte Objekte verehrt wurden.[110] Kein marines Lebewesen wurde im Mittelalter so häufig im christlichen Bereich als Reliquie verwahrt und gezeigt.

Der Schwamm war im Mittelalter also doch in größerem Maße präsent. Doch wurde er auch regelmäßig für die Körperpflege verwendet? Wir können seinen Gebrauch nicht genau bestimmen, aber verstreute Textstellen deuten auf ihn hin. Mitte des 15. Jahrhunderts verfasste John Russel eine Anleitung, wie man einem Herrn zu dienen habe (*The boke of nurture*). Darin heißt es im Abschnitt über das Baden: »[...] seht zu, dass ihr einen großen Schwamm habt, auf dem er sitzen kann, [...] und habt auch einen Schwamm für seine Füße [...] und wascht seinen Körper mit einem weichen Schwamm.«[111]

Wenige Jahre danach zählte der Nürnberger »Meistersänger« Hanns Folz (gest. 1513) die Utensilien auf, die in einem *Hausbadstüblein* vorliegen sollten: *Darnach was als gehört ins bad: Ein krug mit laugen ist nit schad, badsack, badschwamm ...*[112] Dabei haben wir es nicht mit literarischen Erfindungen zu tun. Denn Erwähnungen des Schwammes in zeitgenössischen Verwaltungsquellen liefern die Gewissheit, dass er zumindest im spätmittelalterlichen Europa sehr wohl ein bekanntes Handelsprodukt war. Vereinzelt werden sie in Kämmereirechnungen und Zolllisten erwähnt;[113] besonders auskunftsstark sind in dieser Hinsicht die Londoner Zollregister (London Customs Accounts).[114]

Wer die 45 Bände aus der Zeit von ca. 1280 bis 1550 aufmerksam liest, wird immer wieder auf Einfuhren von *sponges* stoßen. In den vier Jahren zwischen 1434/35 und 1437/38 zum Beispiel importierten 14 Kaufleute, mehrheitlich offenbar aus dem Mittelmeerraum stammend, 1240 Einzelschwämme und drei Säcke Schwämme nach London – in aller Regel zusammen mit anderen Waren aus dem Süden: Rosenwasser, Ingwer, Elfenbein, Öl, Orangen, Rosinen, Nüsse, Pfeffer und Mandeln.[115]

Schwämme scheinen also in der Alltagswelt des Mittelalters geläufiger gewesen zu sein als lange angenommen. Ob allerdings deren vielfältige, der arabischen Welt bekannte Nutzungsmöglichkeiten den Menschen Latein-Europas ebenfalls bekannt waren, ist zweifelhaft. Im Mittelalter bestand auch in der Körperpflege ein merkliches Gefälle bei der Verwendung mariner Stoffe im Mittelmeerraum und in Nordeuropa. Das im nächsten Kapitel behandelte Material hingegen war in der islamischen, jüdischen wie christlichen Welt des Mittelalters gleichermaßen hochgeschätzt – als Schmuck, aber auch in der Medizin.

Abb. 36. Petrus Christus, Goldschmied in seinem Geschäft, möglicherweise Sankt Eligius (1449).

10.
Sehnsucht dreier Glaubensgemeinschaften: Die Koralle

Im Pariser Musée du Louvre hängt ein großformatiges, 280 × 166 cm messendes Gemälde des italienischen Malers Andrea Mantegna (gest. 1506): Die »Madonna della Vittoria«, die »Jungfrau des Sieges«. Es wurde unmittelbar nach der Schlacht von Fornovo am 6. Juli 1495 vom Markgrafen von Mantua Francesco II. Gonzaga (gest. 1519) in Auftrag gegeben, um das unter seiner Führung ausgetragene Gefecht eines norditalienischen Militärbündnisses gegen ein französisch-mailändisches Heer zu feiern (Tafel 18).[1]

Am 6. Juli 1496 war das Bild vollendet. An jenem Tag wurde es in feierlicher Prozession zu der ebenfalls zur Erinnerung an die Schlacht geschaffenen Kirche von Santa Maria della Vittoria gebracht, von wo es rund 300 Jahre später napoleonische Truppen nach Paris entführten.[2] Seit 1798 befindet es sich in Frankreich. Hinweise auf den militärischen Hintergrund seiner Entstehung liefern die in voller Rüstung dargestellten, links und rechts der Maria angeordneten Ritterheiligen Michael und Georg. Im Vordergrund kniet der ebenfalls gerüstete Markgraf vor der Jungfrau und dem Kind.

Was sofort ins Auge springt, ist ein prominent über Maria und Jesus von einer Kette herabhängender roter, astartiger Gegenstand: ein großes, naturbelassenes Stück Koralle, ein Korallenbaum. Seine markante Gestalt und Farbe lassen hieran keinen Zweifel – eine Farbe, die auch an anderen Stellen im Bild aufscheint und ihm einen eigenen, roten Grundton verleiht.

Gleich mehrere weitere Gegenstände scheinen aus Koralle gefertigt zu sein: Schmuckelemente wie die Ketten, ebenso die Rosette hinter dem Kopf Mariens. Sogar das Vortragekreuz in der Hand des heiligen Andreas scheint Korallenintarsien aufzuweisen, ebenso wie der Schwertgriff des heiligen Michael. Besonders prominent ist die Ausstattung des hinter dem heiligen Georg stehenden heiligen Longinus: Er trägt einen Korallenhelm und einen Speer mit einem ganz aus Koralle bestehenden Schaft. Die Madonna della Vittoria ist geradezu ein Hymnus auf den Meeresschatz, der im Zentrum dieses Kapitels steht.

Das Bild wirft eine Reihe von Fragen auf. Warum spielt die Koralle in ihm eine solch prominente Rolle? Welche Bedeutung hat es, dass ein Korallenbaum so augenfällig über den Köpfen der Jungfrau und des Kindes hängt? Wurde der Koralle eine religiöse Sinnzuschreibung, eine besondere Wirkmacht beigemessen?

Neben diesen auf den christlichen Glauben und die Ikonografie zielenden Fragen kommen auch solche zu den Zeitumständen auf, in denen das Bild entstand. Ist das Zusammenspiel von naturbelassener Koralle und aus Koralle hergestellten Artefakten eine Erfindung des Künstlers oder um 1500 häufiger zu beobachten? Deutet das Gemälde auf eine besondere Wertschätzung der Koralle im späten Mittelalter? Aus welchen Regionen kam sie Ende des 15. Jahrhunderts ins italienische Mantua, und wo wurde sie zu Schmuckgegenständen verarbeitet? Damit wird der Blick auf deren Sozial- und Wirtschaftsgeschichte gelenkt, was wiederum Fragen nach der Art und Weise der Korallengewinnung aufwirft, nach den Personen, die diesen Rohstoff ernteten, verarbeiteten und verkauften.

Wissen und Glaube

Auf den folgenden Seiten wird der Versuch unternommen, diese Fragen zu beantworten. Ich möchte aber über sie hinausgehen, indem ich nicht nur die Glaubensvorstellungen der Christen untersuche, sondern auch die Beteiligung von Juden und Muslimen an der Korallenwirtschaft des Mittelalters in den Blick nehme. Was lehrt uns die Koralle über die Lebensverhältnisse jüdischer Handwerker, inwiefern und auf welche Weise erleichterte sie den Austausch zwischen christlich und muslimisch beherrschten Territorien? Damit wird sich die Koralle als ein Produkt erweisen, das Fenster zu unterschiedlichsten Lebensbereichen des Mittelalters aufstößt und auf besondere Weise aufschlussreich ist für das Verständnis interreligiöser Beziehungen und Verflechtungen in der Geschichte – trotz der von den Zeitgenossen gezogenen Grenzen.

Korallen sind Nesseltiere, die ihre Nahrung aus dem Wasser filtern. Sehr häufig bilden diese Tiere Exoskelette aus, die ihnen Schutz bieten und in die sie sich bei Gefahr zurückziehen können. Die Menschen nehmen in der Regel nur die Exoskelette der Korallen wahr, also deren hartes Äußeres. In ihrem Inneren befinden sich jedoch die eigentlichen Lebewesen, deren Tentakel aus ihrer Schale, also aus dem, was wir geläufig als Koralle bezeichnen, herausragen, das Wasser filtern und aus ihm Nahrung ziehen.

Ökologisch sind sie von außerordentlicher Bedeutung, Korallenbänke sind die Kinderstube vieler Fische und anderer Lebewesen des Meeres.[3] Diese halten sich zwischen den festen Korallenstrukturen versteckt, sind dort vor Feinden geschützt und können sich in relativer Sicherheit entwickeln. Folglich ist auch die Artenvielfalt in Korallengebieten und Korallenriffen außerordentlich hoch, zu Recht werden Korallenriffe mit Urwäldern und Dschungeln verglichen.

Diese Vielfalt hat nicht nur eine ökologische Dimension, sondern für die Menschen, die vom Fischreichtum dieses Ökosystems leben, auch eine ökonomische Bedeutung. Fachleute aus den Wirtschaftswissenschaften haben berechnet, dass der Nutzen, den die Korallen und Korallenriffe hervorbringen, sich auf 172 Milliarden US-Dollar pro Jahr beläuft.[4]

Daher sprechen die Fachleute von den »Ecosystem Services« der Korallenriffe, von den Leistungen, welche sie für die Menschen erbringen.[5] Umso schwerwiegender ist ihr Verlust. Es ist hinlänglich bekannt, wie viele bedeutende Korallenriffe derzeit gefährdet sind, man denke an das Great Barrier Reef in Australien, aber auch an die vielen weniger bekannten, aber ökologisch nicht minder bedeutenden Bänke weltweit.[6] Korallen reagieren sehr empfindlich auf Temperaturwechsel, weshalb der Klimawandel für sie (und damit mittelbar auch für die Menschen) eine große Bedrohung darstellt.

In vielen unterschiedlichen Kulturen weltweit werden Korallen geschätzt, geerntet und verarbeitet, aber auch gedeutet und damit kulturell kodiert.[7] Ihre Kulturgeschichte erstreckt sich vom Paläolithikum bis in die Gegenwart, vom Polarkreis bis in die Tropen. Wir wollen uns auf den euro-mediterranen Raum im Mittelalter und auf eine besondere Familie der Korallen konzentrieren.[8] Denn nicht alle Korallentypen wurden im Mittelalter gleichermaßen geschätzt. Unter ihnen ragt zweifellos die Edelkoralle (*corallium nobile*) bzw. Rote Koralle (*corallium rubrum*) hervor.[9] Sie gehört zur Gattung der als Gorgonacea oder Gorgonien bezeichneten Steinkorallen. Markant sind ihre leuchtend rote Färbung und eine gleichmäßige Textur, die sich für die Bearbeitung besonders eignet.

Dieses Meerestier macht also – selbstredend nicht bewusst – den Menschen in mehrfacher Hinsicht das Angebot, es zu verwerten. Hierzu trägt auch seine verhältnismäßig leichte Erreichbarkeit bei. Grundsätzlich können Korallen nämlich in einer Wassertiefe von bis zu 600 Metern leben, die Rote Koralle aber bevorzugt eine Meerestiefe von 10 bis 150 Metern.

Edelkorallen wachsen wie die meisten Korallen sehr langsam: höchstens einen Zentimeter, in der Regel aber sechs bis acht Millimeter im Jahr. Daher muss man heute in Zeiten massiver Ausbeutung des Meeres sehr sorgsam mit ihrer Ernte umgehen, die durch verschiedene Gesetze geregelt ist. Schon im ersten Jahrhundert unserer Zeitrechnung klagte Plinius, dass die hohe Nachfrage nach Korallen ihre Bestände in manchen Regionen stark dezimiert habe.[10] Noch 2000 Jahre später werden Jahr für Jahr im Mittelmeerraum, insbesondere vor der tunesischen, aber auch vor der italienischen Küste bis zu 500 Tonnen Korallen geerntet.[11]

Die südlich von Neapel im italienischen Kampanien gelegene Stadt Torre del Greco, in der jährlich Abertausende Korallenperlen und andere Artefakte hergestellt werden, gilt noch heute als die Welthauptstadt der internationalen Korallenwirtschaft, selbst wenn das dort verarbeitete Material inzwischen größtenteils aus dem Pazifik stammt.[12] Die Korallenfischerei ist aber noch immer ein wichtiger Wirtschaftszweig im Mittelmeerraum. Dort verweisen manche Gemeinden zeichenhaft auf diese jahrhundertealte Verbindung: Die sardische Stadt Alghero zum Beispiel trägt seit alters her einen Korallenzweig im Wappen.[13]

Im mittelalterlichen Jahrtausend befanden sich die für den Menschen wichtigsten Vorkommen der Roten Koralle im Nordosten der Iberischen Halbinsel, vor der südfranzösischen Küste, nordwestlich von Sardinien und vor Sizilien sowie an der nordafrikanischen Küste des heutigen Tunesiens und Algeriens, wo besonders hochwertige Korallen zu finden waren.[14]

Diese Korallenbänke wurden nicht durchgehend und in gleichem Maße ausgebeutet. Die Küste vor dem sizilianischen Trapani zum Beispiel war zwar bereits in der Antike und auch im hohen Mittelalter für ihren Korallenreichtum bekannt, doch ließ ihre Bedeutung in der Folge nach, nur um zu Beginn des 15. Jahrhunderts wieder anzusteigen, als um 1415 dort neue Vorkommen entdeckt wurden.[15] Ebenso stieg Korsika nach der Entdeckung bislang unbeachteter Korallenbänke 1475 zu einer wichtigen Fundstätte auf.[16]

Koralle in der Antike

Koralle wurde schon in vor- und frühgeschichtlicher Zeit im Mittelmeerraum als Schmuck verwendet.[17] In der Eisenzeit, in der Hallstatt- und der Latène-Phase, verarbeitete man sie im Mittelmeerraum, in Asien, aber auch im nordalpinen Europa.[18] Dies deutet auf Handelsketten hin, die diese Gegenstände bzw. die Rohstoffe über die Alpen etwa in das heutige Süddeutschland brachten, wo sie nun archäologisch erschlossen worden sind. Es handelt sich dabei vor allem um aufgefundene Artefakte: häufiger Fibeln, seltener Ketten, Schwertschmuck, Einlegearbeiten.[19]

Dieser archäologische Befund deckt sich mit späteren Textüberlieferungen: Plinius berichtete im 1. Jahrhundert, dass die Gallier ihre Schwerter, Schilde und Helme sehr gern mit Korallen schmückten.[20] Er schildert auch, dass zu seiner Zeit vor Marseille, in Etrurien, vor Sizilien (vor allem vor Trapani) und auf den Äolischen Inseln Korallen gewonnen wurden.[21] Dieser systematische Abbau von Korallen, die ursprünglich wohl nach Stürmen am Strand aufgesammelt wurden, hat eine Tradition, deren Anfänge nicht genau zu datieren sind. Vor Marseille wurde vor einiger Zeit ein Schiff aus dem 6. vorchristlichen Jahrhundert entdeckt, das noch immer Korallenfragmente barg, und auch im westlichen Mittelmeer bis nach Gibraltar haben Archäologen Hinweise auf frühe Korallenfischerei gefunden.[22]

Korallen wurden in römischer Zeit bis nach Indien exportiert. Plinius berichtet, sie seien dort so hoch angesehen und würden so teuer verkauft wie in Rom indische Perlen.[23] Ein ebenfalls aus dem ersten nachchristlichen Jahrhundert stammendes anonymes Werk über die *Küstenbefahrung des Roten Meeres* (*Periplus Maris Erythraei*) bestätigt den regen Korallenhandel mit Indien über die Arabischen Meere.[24] In zeitgenössischen indischen Texten wiederum wird Koralle unter der Bezeichnung *alasandraka* bzw. *alakandala* erwähnt, was auf ihre Herkunft aus Alexandria schließen lässt; der Export mediterraner Koralle nach Indien ist auch archäologisch nachgewiesen.[25]

Zu jener Zeit wusste man schon lange über die besonderen Merkmale der Koralle, etwa über ihre eigentümliche Verbindung zwischen Lebewesen und Exoskelett. Aristoteles siedelte in seiner *Tierkunde* die Koralle an der Schnittstelle zwischen Pflanze und Tier an,[26] sein Schüler Theophrast von Eresos (gest. um 287 v.u.Z.) beschrieb sie als ein vegetabiles Mineral.[27] Noch im 14. Jahrhundert sinnierte Konrad von Megenberg über die Natur der Koralle und kam zu dem Ergebnis, sie sei im Meer noch eine Pflanze (*ein chraut*) und verwandele sich erst in Kontakt mit der Luft – *es wirt ein stain.*[28]

Vom römischen Dichter Ovid wird sie in den *Metamorphosen* (4,740–752) zur Medusa in Beziehung gesetzt, einer Tochter der Meeresgottheiten Phorkys und Keto, die vom griechischen Halbgott und Helden Perseus enthauptet wurde.[29] Medusa war eine der drei Gorgonen – Schreckensgestalten, die so missgebildet und hässlich waren, dass ihr Blick alle, die sie ansahen, versteinerte. Als Perseus die Medusa tötete, floss ihr Blut auf das Seegras zu ihren Füßen, das augenblicklich versteinerte und eine tiefrote Farbe annahm: So entstand die Koralle.[30]

Der Grund für diese Verknüpfung zwischen den Gorgonen

und den Korallen dürfte darin liegen, dass diese Lebewesen, wenn man sie dem Wasser entnimmt, in der Tat sterben und sich scheinbar in Stein verwandeln, weil im Wesentlichen nur ihr Exoskelett sichtbar bleibt. Die antike mythische Erzählung vom geköpften Monstrum ist in der Wissenschaft insofern aufgegriffen worden, als eine biologische Gattung, der auch die roten Edelkorallen angehören, nach den Gorgonen benannt wurde, eben die Gorgonacea oder Gorgonien.

Zugeschriebene Wirksamkeiten

Wer heute Süditalien bereist, wird nicht nur die vielen Schmuckstücke bewundern, die aus Korallen gefertigt und angeboten werden, sondern auch kuriose Anhänger sehen, die zu mehr dienen sollen als bloß zur Zierde. Sie bestehen aus einem kleinen Stück eingefasster Naturkoralle, das als Armband oder vorzugsweise als Halskette am Körper getragen wird. Diese Korallenfragmente sollen gegen den bösen Blick, im Italienischen: den »malocchio«, schützen. Inzwischen werden viele der vermeintlichen Korallenstücke aus Plastik in China hergestellt. Aber sie haben ihre Popularität als Glücksbringer nie verloren. Das hat eine lange und den gesamten Mittelmeerraum umfassende Geschichte.

Der Glaube, der Blick eines mit magischen Kräften versehenen Menschen könne einem anderen Schaden zufügen, ist eine alte, in vielen Kulturkreisen und weit über den Mittelmeerraum hinaus verbreitete, wirkmächtige Vorstellung.[31] Jünger und räumlich vor allem auf das Mediterraneum beschränkt ist dagegen die Überzeugung, dass die Koralle vor diesem Schadenszauber zu schützen vermag.[32] Sie lässt sich seit Beginn unserer Zeitrechnung beobachten. Anfang des 1. Jahrhunderts verspottete der römische Dichter Grattius Faliscus in einem Jagdgedicht seine Zeitgenossen, weil sie ihren Jagdhunden Korallen umhängten, um sie vor dem »Gift des neidischen Auges« zu bewahren (*Cynegetica* 399–407).[33]

Als weitaus einflussreicher für die Wirkungsgeschichte dieser Annahme erwies sich einmal mehr die *Historia naturalis* des Plinius. Auch dieser Autor berichtet, dass zu seiner Zeit Korallen eingesetzt wurden, um vermeintliche Gefahren abzuwenden. Wegen dieser schützenden (also apotropäischen) Kraft würden aus Korallen Amulette hergestellt und besonders gern Kindern umgehängt. Andere Zeitgenossen würden Korallen zerrieben und in Wasser aufgelöst als Medizin gegen Gallenprobleme, Fieber, Augenkrankheiten und Magengeschwüre zu sich nehmen. Solcherart zubereitet, würde zerkleinerte Koralle auch die Heilung von Narben beschleunigen.[34]

Diese vor allem medizinischen Annahmen wurden ebenfalls im 1. Jahrhundert unserer Zeitrechnung von Pedanios Dioskurides in seiner *De materia medica* festgehalten. Er wies auch auf die kühlende Wirkung der Koralle hin, die bei Problemen mit dem Wasserlassen und bei vielen anderen Beschwerden helfen würde.[35]

Die Vielzahl vermeintlicher Wirkungen gaben Plinius und Dioskurides, zwei besonders einflussreiche Autoren, an die Nachwelt weiter; spätere antike und spätantike Gelehrte ergänzten sie um weitere Zuschreibungen. Diese waren in der Spätantike auch unter Christen geläufig und gelangten so ins Mittelalter. Christen konnten zugleich auf die Hebräische Bibel, also das Alte Testament, verweisen, in der die Koralle mehrfach als kostbarer Gegenstand erwähnt und gleichnishaft aufgrund ihrer roten Farbe gedeutet wird, etwa im Klagelied des Jeremias über den Untergang Jerusalems: »Ihre Nazaräer waren reiner denn der Schnee und glänzten weißer als Milch; ihre Gestalt war rötlicher denn Korallen; ihr Ansehen war wie Saphir« (Lam 4,7).

Die vor Schäden und Gefahren schützende Wirkung der Koralle war und ist auch im Islam eine verbreitete Vorstellung. Perlen und Koralle werden bereits in Sure 55.22 des Korans gepriesen, in der von zwei Gewässern die Rede ist, »aus ihnen gehen Perlen und Korallen hervor«. Mittelalterliche pharmakologisch-medizinische Traktate arabischsprachiger Gelehrter wie die des Sābūr ibn Sahl, des Jerusalemer Arztes Muḥammad ibn Aḥmad al-Tamīmī (*Kitāb al Muršid*) oder des Ibn al-Ǧazzār (gest. um 1009) (*Kitāb al-Iʿtimād = Die Zuverlässigkeit der einfachen Heilmittel*), die ihrerseits antike Fachliteratur (Dioskurides, Galen, Paulos, Aristoteles, Theophrast) verwendeten, gaben umfassende Erklärungen zur Anwendung der Koralle.[36]

Al-Tamīmī führte an, sie würde ein Kind vor Ängsten und Verderben bringenden Geistern schützen, wenn sie ihm um den Hals gehängt werde, und ein verhextes Ohr von Verzauberung befreien.[37] Diese Vorstellung aus der Heilkunde wurde auch in anderen Textgattungen aufgegriffen, so im *Buch der königlichen Steine* des maghrebinischen Mineralogen Aḥmad at-Tīfāšī aus dem 13. Jahrhundert, nach dem Koralle gegen »den bösen Blick und vor der boshaften Gesinnung von Mensch und Dämon« schütze.[38]

Die aus der heidnischen Antike in die christliche und muslimische Welt tradierte Zuschreibung apotropäischer Kraft blieb über die Jahrhunderte bestehen. Marbod, Bischof von Rennes, pries an der Wende zum 12. Jahrhundert in einem in der Folge von vielen anderen Autoren aufgegriffenen Gedicht die Wirkkraft der Koralle: Sie schütze ihren Träger auf vielfältige Weise, aber auch Schiffe, Häuser und Felder (gegen Blitz und Sturm und Hagel).[39] Arnold von Sachsen (Arnoldus Saxo), Thomas von Cantimpré und andere Gelehrte des späteren Mittelalters griffen dies auf.[40]

Sogenannte Lapidarien (Steinbücher), welche die Gestalt und Wirksamkeit unterschiedlicher Mineralien beschrieben, handelten die Koralle ab, weil sie zu den Steinen gezählt wurde. Der wohl Mitte des 13. Jahrhunderts tätige Dichter Volmar etwa berichtete, dass Fahrende gern Koralle zu ihrem Schutz bei sich trügen; das Sankt Florianer *Steinbuch* aus dem 15. Jahrhundert riet wiederum dazu, mit Koralle die Äcker vor Stürmen zu schützen.[41] Spätmittelalterliche Besitz-, Ausstattungs- und Brautschatzinventare führen regelmäßig Korallenketten auf;[42] darunter befanden sich auch solche, die speziell bei der Geburt von Kindern angeschafft und ihnen wohl als Amulette gegen den bösen Blick und andere Gefahren um den Hals gehängt wurden.[43]

Wir wissen über die der Koralle zugeschriebene Wirkung nicht nur durch schriftliche Quellen, sondern auch durch beeindruckende Bildzeugnisse. Und nicht zuletzt gehört in diese Reihe auch die »Madonna della Vittoria«, mit der dieses Kapitel eröffnet wurde. Denn das Gemälde wurde als Dank für den Sieg in der Schlacht von Fornovo geschaffen, aber auch für den himmlischen Beistand, der Herzog Francesco II. Gonzaga unbeschadet hatte nach Hause zurückkehren lassen.

Dieser Schutz wurde nicht nur durch die prominent abgebildeten Ritterheiligen Georg und Michael zum Ausdruck gebracht, sondern auf geradezu überbordende Art und Weise durch die Koralle. Es ist sogar denkbar, dass Zeitgenossen diese naturmagischen Eigenschaften der Koralle auf das Gemälde selbst übertrugen und diesem eine schützende Wirkung zuschrieben.[44]

Die Menschen des Mittelalters waren davon überzeugt, dass die Koralle zu weitaus mehr imstande war, als nur diejenigen, die sie am Leibe trugen, vor Gefahren zu bewahren. In Judentum, Christentum und Islam wurden ihr viele weitere Kräfte zugeschrieben, und diese Vorstellungen wanderten von einer Religionsgemeinschaft zur anderen und zurück. Wissenschaftliche Eliten übernahmen die Erkenntnisse und Überzeugungen von Gelehrten anderen Glaubens. Wie andere marine Gegenstände wurden auch Korallen zu einem Gegenstand transkultureller Verflechtungen.

Religionsgrenzen überschreitendes Wissen

Besonders früh entstanden in der islamischen Welt Werke, welche Gestalt, Farbe und Wirkung der Koralle feierten, wie um das Jahr 1000 der bereits erwähnte *Kitāb al-Iʿtimād* des Ibn al-Ǧazzār. Nach ihm sollte Koralle gegen Melancholie, Sorgen des Herzens, aber auch gegen Zahnschmerz oder gegen übermäßigen Blutverlust während der Menstruation helfen.

Ähnliches schrieb, ebenfalls im 10. Jahrhundert, der Jerusalemer Arzt Muḥammad ibn Aḥmad al-Tamīmī: Er gab eine genaue Anleitung, wie Koralle zu brennen und zu pulverisieren sei (in einem hermetisch verschlossenen Tonkrug, der über Nacht in starker Glut gebacken werde). So eingenommen oder mit anderen Substanzen (dem Saft syrischer Äpfel, mit jemenitischem Alaun u. a. m.) vermischt, könne sie vielfältige Leiden heilen: Sie könne Magenschmerzen und Milzbeschwerden lindern, den Blutfluss hemmen, gegen die Trübung des Blickes helfen, Zähne säubern und aufhellen, Schwerhörigkeit beseitigen, Herzklopfen mindern, sogar bei Schlangenbissen helfen.[45] Der wohl berühmteste jüdische Gelehrte des Mittelalters, Moses Maimonides, verschrieb dem Sohn des Sultans Saladin eine aus Koralle hergestellte Medizin gegen dessen Herzbeschwerden.[46] Arabisch-muslimische Autoren schilderten ihre Vorkommen, ihre Schönheit und ihre Nutzung.[47]

Christlich-lateinische Autoren griffen nicht nur antike, sondern auch arabisch-muslimische Lehren über die Wirksamkeit der Koralle auf, reicherten sie an und trugen sie ins mittelalterliche Europa. In der zweiten Hälfte des 11. Jahrhunderts übersetzte ein aus dem heutigen Tunesien stammender und daher im christlichen Europa als Constantinus Africanus bekannt gewordener Gelehrter den *Kitāb al-I'timād* des Ibn al-Ǧazzār und veröffentlichte ihn unter dem Namen *Liber graduum* (*Buch der Stufen*).

Die einflussreichen Übersichtsdarstellungen Arnolds von Sachsen (Arnoldus Saxo), Albertus' Magnus, Bartholomäus' Anglicus, Thomas' von Cantimpré, Vinzenz' von Beauvais, Konrads von Megenberg u. a. trugen aus älteren, auch aus arabischen, Texten einschlägiges Wissen über die Koralle und über ihre Wirksamkeit enzyklopädisch zusammen.[48] Arnold von Sachsen und Bartholomäus Anglicus etwa wiesen darauf hin, dass man mit ihrer Hilfe Blut stillen könne,[49] Albertus Magnus ebenso, außerdem solle sie gegen Epilepsie, Hagel, Blitz und Stürme helfen.[50]

Thomas von Cantimpré und Konrad von Megenberg führten die Kraft der Koralle darauf zurück, dass sie im Naturzustand die Form eines Kreuzes annehmen könne;[51] Vinzenz von Beauvais griff in seinem monumentalen *Speculum naturale* nicht nur diese Stelle im Werk des Thomas auf, sondern führte auch einschlägige Aussagen von Aristoteles, Dioskurides, Ambrosius von Mailand, Isidor, Avicenna und Arnold von Sachsen über die Wirksamkeit der Koralle an.[52]

Zu Beginn des 16. Jahrhunderts, also gegen Ende des Mittelalters, resümierte Camillo Leonardi in seinem *Speculum lapidum* noch einmal dieses angesammelte Wissen über die Wirksamkeiten der Koralle:[53] Koralle stille den Blutfluss, vertreibe die Geister. Bei Geschwüren der Milz, zerfressenem Zahnfleisch, Geschwüren sei sie hilfreich. Sie hemme schädliche Medizin, helfe gegen Harnstein, stärke die Fruchtbarkeit und wehre sogar Hagel und schädlichen Regen ab. Sie sorge dafür, dass Kinder nicht an der Epilepsie erkrankten. Den Schatten, Dämonen, Illusionen, Albträumen würde die Koralle widerstehen, sie schütze vor Angriffen wilder Tiere. Auch Blitze, ungünstige Winde, Unwetter könne sie abwehren: Koralle war Heilmittel und Schutz in (fast) allen Lebenslagen. Auch in Ostasien wurde sie geschätzt: Marco Polo etwa berichtet davon, dass arabische Zwischenhändler oder Kaufleute Rote Koralle aus dem Mittelmeer in den Orient führten, nach Asien, nach Indien, aber auch weiter darüber hinaus bis nach Kaschmir (*Il Millione*, Buch I, Kap. 31).

Frömmigkeit und Gebetspraxis

Entwicklungen der christlichen Frömmigkeitspraxis im Spätmittelalter steigerten noch die Nachfrage nach Koralle. Gemeint ist die außerordentliche Popularität von Gebetsketten, auch Rosenkränze oder Paternoster genannt.[54] Gebetsketten sind auch im Buddhismus und Hinduismus (dort als sogenannte *mālā*) beliebt, wo sie der meditativen Versenkung dienen. Eine ähnliche Funktion erfüllen im Islam die *misbaḥa,* die bei der andächtigen Rezitation der vielen Namen Gottes helfen.

Im Christentum wurden Gebetsketten schon früh von Mönchen und Einsiedlern zum immerwährenden Gebet benutzt. Aber ihr eigentlicher Aufschwung begann erst mit der zunehmenden Marienfrömmigkeit des hohen Mittelalters.[55] Hier spielten Theologen wie der Zisterzienserabt Bernhard von Clairvaux (gest. 1153) eine große Rolle, mehr noch neue Orden wie der rund ein Jahrhundert später gegründete Dominikanerorden.[56] Dieser prägte eine Form der Marienfrömmigkeit, die auch stark mit dem Rosenkranzgebet verbunden war. Er schuf auch die Legende, wonach der heilige Dominikus selbst den Rosenkranz erfunden haben soll.[57]

Das alles führte zu einer außerordentlichen Zunahme der Gebetsketten – auch von solchen aus Koralle. Die Zahl dieser Artefakte nahm so sehr zu, dass sie 1261 und 1300 auf dem Generaltreffen der Dominikaner verboten wurden, weil sie wegen ihres teuren Materials als Zeichen des Luxus galten.[58] Aber umsonst: Gebetsketten aus Koralle erlangten an der Wende zum 15. Jahrhundert sogar neuerlichen Auftrieb durch die sogenannten Rosenkranzbruderschaften, in denen Männer und Frauen sich zum gemeinsamen Gebet versammelten.[59] Wie sehr Korallenketten Teil der christlichen Frömmigkeit wurden, lässt sich an einer Vielzahl von Bildern ablesen, auf denen Männer und Frauen mit Paternostern aus Koralle dargestellt sind.[60]

Für ihre Verwendung dürfte die eigentümliche Stofflichkeit der Koralle, vor allem aber ihre blutrote Farbe verantwortlich gewesen sein, gemahnte diese doch an den gewaltsamen Tod Christi. So erklären sich auch die vielen spätmittelalterlichen Gemälde, auf denen das Jesuskind ein Korallenamulett trägt. Sie spiegelten nicht nur die Alltagspraxis im Umgang mit Kleinkindern, sondern verwiesen symbolisch auf die Passion. Der in der Galleria Nazionale delle Marche in Urbino zu bewundernden »Madonna di Senigallia« von Piero della Francesca

Abb. 37. Piero della Francesca, Madonna di Senigallia (1470–1480, Ausschnitt).

(Abb. 37)[61] lassen sich weitere Darstellungen Korallenamulette tragender Jesuskinder an die Seite stellen – von Lluís Dalmau (gest. um 1460, »Verge dels Consellers«), Jacopo Bellini (gest. um 1470, »Madonna mit Kind«), Antonello da Messina (gest. 1479, »Polyptychon des heiligen Gregor«), Masaccio (gest. 1428, »Madonna«), Jan van Eyck (gest. 1441, »Madonna am Brunnen«) u. a. m.[62]

Korallen fangen

Es kann nicht verwundern, dass die Koralle – teuer, religiös und kulturell gedeutet – auch ein wesentliches Element höfischer Kultur wurde. Rechnungsbücher zum Beispiel belegen ihre Anschaffung für fürstliche Höfe.[63] Dabei werden nicht nur Gegenstände erwähnt, die aus Koralle hergestellt oder mit ihr verziert waren, sondern auch vollständige Naturkorallen, die in den Besitz von Fürsten gelangten und in deren Schatzkammern aufgenommen wurden. Erwähnt sei beispielhaft das Schatzinventar des Herzogs von Berry 1416, in dem Gegenstände wie »ein großes Stück Koralle auf vergoldetem Fuß« genannt werden, oder das Inventar der Herren der Normandie 1363, in dem gleich vier Korallen aufgeführt sind.[64]

Angesichts dieser Hochschätzung ist es nur folgerichtig, dass Koralle zu einem Gegenstand der Herrschaftssicherung und der Diplomatie wurde. König Karl I. von Sizilien (gest. 1285) etwa erteilte nach seiner Herrschaftsübernahme den Korallenfischern aus der Provence 1277 die Erlaubnis, in den Gewässern seiner neu eroberten süditalienischen Territorien Korallen zu fischen.[65] Diese königliche Gnade galt nicht irgendwelchen Fremden, sondern den Einwohnern seines ursprünglichen Herrschaftsgebiets, denn Karl war zuerst Graf der Provence, bevor er zum König von Sizilien aufstieg. Peter IV. von Aragon, genannt der Zeremoniöse (gest. 1387), bot dem Sultan von Kairo im späten 14. Jahrhundert eine großformatige Komposition aus Koralle an – »das schönste Stück, das in jenem Jahr geerntet worden war«, wie es in der Quelle heißt.[66]

Das Streben nach Korallen äußerte sich nicht nur friedlich und diplomatisch. Der langjährige Krieg zwischen der Krone Aragon und Genua um die Herrschaft über Sardinien zum Beispiel tobte nicht zuletzt um die reichen Korallenvorkommen vor der sardischen Küste.[67] Zur Mitte des 14. Jahrhunderts setzte sich die Krone Aragon in diesem Ringen durch, womit ihr Aufstieg zu einem internationalen Zentrum der Korallenwirtschaft einsetzte. 1423 plünderten und brandschatzten katalanische Seeleute und Militärs Marseille, die große Konkurrentin Barcelonas im Korallenhandel.[68]

Auch die im 15. Jahrhundert durchgeführten Angriffe der Katalanen auf jene nordafrikanischen Städte, welche den mit ihnen verfeindeten Genuesen das Recht gegeben hatten, Korallen abzubauen, dürften vor dem Hintergrund konkurrierender wirtschaftlicher Interessen in Nordafrika zu verstehen sein. 1432 rüstete König Alfons V. (gest. 1458) eine eigene Flotte aus, um gegen den Mamlukensultan vorzugehen, weil dieser den Korallenverkauf stärker kontrollieren und die Korallenpreise festlegen wollte.[69]

Überhaupt scheinen die Katalanen im 15. Jahrhundert ihre Wirtschaftsinteressen im Korallenhandel besonders aggressiv, auch durch Überfälle und Seeraub, verfolgt zu haben. Nicht zufällig nutzten die Genuesen zur Mitte des Jahrhunderts die Schwäche ihrer Konkurrenten infolge des katalanischen Bürgerkriegs, um seit ca. 1468 ihre Präsenz im Zentrum der katalanisch-sardischen Korallenwirtschaft, Alghero, zu stärken, und in der Folge verschärfte sich die Konkurrenz um die sardische Koralle.[70]

Koralle blieb im späten Mittelalter nicht auf die Elitenwelt der Höfe beschränkt. Sie war zwar ein teures Produkt, wie wir noch sehen werden, aber preiswerter als Perlen und wurde zunehmend in Kreisen des städtischen Bürgertums beliebt.[71] Hiervon zeugen Gemälde, die für diese Käuferkreise angefertigt wurden. In seinem Bild eines reichen Ehepaares, das bei einem Goldschmied einkauft, bemühte sich der flämische Maler Petrus Christus (gest. 1475/76) Mitte des 15. Jahrhunderts um eine naturgetreue Wiedergabe der beiden Stifter und ihrer wertvollen Kleidung, aber auch des Interieurs eines Geschäfts mit einigen Verkaufsgegenständen. Unter ihnen befinden sich ein Korallenzweig sowie eine aus Korallenperlen hergestellte Kette. Offensichtlich war dieses Meeresprodukt ein beliebter Gegenstand der Eliten (Abb. 36). Noch deutlicher als in solchen genreartigen Paardarstellungen wird diese Popularität in einer weiteren Gattung der Renaissancekunst: den zahllosen Frauenporträts des 15. Jahrhunderts.

Insbesondere in Italien entstanden sehr viele Gemälde, in denen Frauen in Kleidung und Schmuck ihrer Zeit dargestellt sind. Auffällig ist die Häufigkeit, mit der diese Damen Korallenhalsketten und überhaupt Korallenschmuck der unterschiedlichsten Natur tragen. Die auf das Jahr 1487–88 datierbare Darstellung der Selvaggia Sassetti, der Tochter eines reichen toskanischen Bankiers, aus der Hand des Davide Bigordi (gest. 1525) ist nur eine von vielen. Sein berühmter Bruder Domenico Ghirlandaio (gest. 1494) schuf weitere (Tafel 19), die Zahl solcher Darstellungen aus der Hand anderer italienischer Künstler des 15. Jahrhunderts dürfte in die Hunderte gehen. Sie zeigen, wie ein aus dem Meer stammender Gegenstand die unterschiedlichsten Funktionen in sich vereinen kann, denn diese Korallenketten waren Schmuckstück, Statussymbol, Gefahren abwehrendes Amulett und religiöses Sinnbild zugleich.

Ernte und Vertrieb

Doch wie gelangte in den Achtzigerjahren des 15. Jahrhunderts eine Korallenkette, wie wir sie im Porträt des Davide Bigordi oder an der »Madonna della Vittoria« Mantegnas bewundern können, nach Mittel- und Norditalien? Um diese Frage zu beantworten, gehen wir zu den historischen Textquellen über: Was verraten sie über Ernte, Verbreitung, Vertrieb von Korallen?

Eine erste Quellengruppe, die man zur Beantwortung dieser Frage heranziehen kann, sind erzählende Texte, etwa die Reise- und Pilgerberichte, in denen Korallen und ihre Ernte beschrieben werden. In der ersten Hälfte des 14. Jahrhunderts unternahmen sowohl der wahrscheinlich aus der Nähe der Wesermündung stammende Wilhelm von Boldensele (gest. ca. 1339) als auch der Osnabrücker Pfarrgeistliche Ludolf von Sudheim (gest. ca. 1336–1341) Reisen in den Mittleren Osten, die sie unter anderem nach Jerusalem und ans Rote Meer führten. In ihren Reiseberichten finden sich auch Erwähnungen der Korallen. Wilhelm von Boldensele schrieb über seinen Besuch an den Ufern des Roten Meeres, dass dort weiße Koralle von geringem Wert gefunden werde,[72] wogegen Ludolf von Sudheim berichtete, dass an diesen Küsten nach Stürmen auch rote Korallen aufgelesen werden könnten, die von den Einheimischen poliert und verarbeitet würden.[73]

Andere Reisende sind noch auskunftsfreudiger: Der Brügger Kaufmann Anselm Adorno etwa beobachtete sowohl bei seinen Reisen in Nordafrika als auch auf Sardinien die besonders schönen Roten Korallen, die dort aus dem Meer geholt wurden, und zu Alghero vermerkte er, dass die Einwohner großen Gewinn aus der Korallenwirtschaft bezögen.[74]

Manche der bereits erwähnten Werke gelehrten Wissens vermitteln ebenfalls Eindrücke von der Gewinnung und Verarbeitung der Korallen. Aḥmad al-Tamīmī berichtete im 10. Jahrhundert, man beziehe die besten Korallen aus dem Frankenland, womit er vielleicht Sizilien meinte.[75] Der andalusische Geograf al-Idrīsī beschrieb im 12. Jahrhundert, wie Korallenfischer von Booten aus mit Hanfseilen die Koralle aus der Tiefe zögen.[76] Nach Aḥmad at-Tīfāšī legten Taucher mit Steinen beschwerte und mit Netzen versehene Seile um die Korallen, um diese so abzubrechen. Besonders begehrt waren große, tiefrote Stücke ohne Knoten, Risse oder Wurmfraß. Die Rohkoralle wurde mit Schleifpaste poliert und in Olivenöl gelegt, um ihre Farb- und Leuchtkraft zu erhöhen.[77]

Die wertvollste Auskunft über die mittelalterliche Korallengewinnung hält eine Quellengruppe bereit, die sich in großer Zahl vor allem in italienischen und spanischen Archiven befindet: Notariatsregister, sogenannte Imbreviaturbücher. In diesen Büchern hielten Notare Rechtsgeschäfte fest und darunter auch immer wieder solche, die den Handel, die Verarbeitung oder die Gewinnung von Korallen betrafen. Dies gilt naturgemäß in besonderem Maße für Notariatsimbreviaturen aus den Regionen, in denen Korallen große Bedeutung hatten, etwa aus Alghero auf Sardinien,[78] aus Trapani auf Sizilien[79] oder aus Barcelona in Katalonien.[80] Nur ein sehr geringer Teil der vielen Tausend erhaltenen mittelalterlichen Imbreviaturbücher ist bislang publiziert, aber die bislang veröffentlichten Texte liefern schon aufschlussreiche Informationen über Alltag, Vertrieb und Sozialgeschichte der Korallenwirtschaft.

Die Notariatsregister helfen uns auch, zu verstehen, wie Korallen im Mittelalter geerntet – oder wie es manchmal in den Texten heißt: »gefangen« (*captare*) bzw. »gefischt« (*pescare*) – wurden.[81] Die wichtigste Zeit der Korallenernte war die von März bis Oktober.[82] Man brauchte dazu neben einem Boot drei Werkzeuge: ein Seil, ein großes Kreuz und Netze. Zusammen bildeten sie ein in den lateinischen Quellen häufig als *ingenium* bezeichnetes Arbeitsgerät. Das an einem Tau befestigte und mit Steinen beschwerte Holz- oder Metallkreuz wurde zu Wasser gelassen und in bis zu 80 Metern Tiefe hinter dem Boot hergezogen. Eine kräftezehrende Arbeit! An diesem Kreuz waren Netze befestigt, in denen sich die abgebrochenen Korallenstücke verfingen, sodass man nach einer Fahrt über eine Korallenbank Kreuz und Ernte einholen konnte.

Diese Praxis ist schon in arabischen Schriften seit dem 10. Jahrhundert und bis ins späte Mittelalter in vielen Texten bezeugt.[83] Die Quellen überliefern auch volkssprachliche, etwa italienische Begrifflichkeiten für die drei wesentlichen Werkzeuge des *ingeniums*: das Kreuz (häufig in Form eines Andreaskreuzes), die verschiedentlich als *radicia* bezeichneten Netze und die *sarcia*, also die Taue, mit denen der Fang ins Boot gezogen wurde (Abb. 38).

Wir erfahren aus diesen Dokumenten auch Näheres über die Schiffe und deren Besatzung. Die Größe eines *ingeniums* konnte bis zu fünf Meter betragen, dementsprechend und je nach Größe des Schiffes schwankte die Zahl der Besatzungsmitglieder zwischen vier und zwölf Personen. Die Quellen beschreiben unter-

Abb. 38. Abbildung eines ingeniums.

schiedliche Spezialisten: Männer, die am Bug arbeiteten und die Wassertiefe überprüften, andere, die für das Segel zuständig waren etc.[84]

Bevor eine solche Mannschaft in See stechen konnte, standen allerdings beträchtliche Investitionen an, denn die Verpflegung der Männer und die Ausrüstung mussten finanziert werden. In manchen Fällen taten sich die Korallenfischer selbst zu kleinen Gesellschaften zusammen und verkauften im Voraus einen Teil ihres zu erwartenden Gewinns, um die Kosten der Fahrt zu stemmen.[85] Häufiger aber kam das Geld dadurch zusammen, dass auf dem Festland zurückbleibende Investoren sich mit den Akteuren zur See zusammentaten und dazu im Vorfeld einen Vertrag *ad partes* bzw. *ad modum parcium*, also zu gewissen Anteilen, abschlossen.

Es liegt eine Vielzahl solcher kurzzeitiger, sowohl den Einsatz als auch den Gewinn unter den Investoren aufteilender Gesellschaftsverträge vor.[86] Beispielhaft sei einer von ihnen kurz vorgestellt: Er wurde im Jahre 1428 in Marseille zwischen einem Kaufmann und drei Seeleuten aufgesetzt. Der Händler stellte das Boot zur Verfügung und übernahm außerdem alle Ausgaben für dessen Ausstattung, einen weiteren Helfer sowie die Getränke und Speisen der Seeleute. Die Seeleute hingegen versprachen, bis zum Michaelsfest, also bis zum 29. September, vor den Küsten der Provence Korallen zu fischen. Nach ihrer Rückkehr sollten vier Siebtel des Gewinns an den Kaufmann gehen, die anderen drei Siebtel sollten zwischen den Seeleuten aufgeteilt werden.[87]

Dass es bei diesen und ähnlichen Geschäftspraktiken zu Betrug kommen konnte und die Fischer einen Teil ihrer Ernte zurückbehielten oder versteckten, ist durch vielfältige Beschwerden und Gerichtsverfahren bezeugt.[88] Solche Quellen zeigen die Komplexität von Investitionsketten und offenbaren weite, sich von Katalonien über Sizilien bis nach Tunesien erstreckende

Netzwerke, denn die Investoren kamen nicht selten aus unterschiedlichen Regionen.[89]

Sowohl die Ernte als auch der Handel waren fernräumlich organisiert: Auf den Korallenhandel spezialisierte Kaufleute fuhren – wie wir es bei den Perlen- und Sardinenhändlern kennengelernt haben – von einem Ort zum anderen, um Ernten aufzukaufen und in den Zentren der Korallenveredelung mit doppeltem bis dreifachem Gewinn zu verkaufen.[90] Auf Grundlage der Notariatsregister lassen sich Karten zeitgenössischer Fanggebiete und Routen der Korallenwirtschaft im Mittelmeerraum erstellen.[91]

Es ist nicht möglich, verlässliche Zahlen über die Menge an Korallen zu geben, die auf diesen Korallenrouten aufgekauft wurden. Doch vereinzelte Belege geben quantifizierbare Auskünfte. 1478 erwähnt zum Beispiel eine Quelle, venezianische Kaufleute hätten eine Galeere mit Korallen im geschätzten Wert von 19 000 Dukaten beladen – das sind nicht weniger als fast 70 Kilogramm Gold! 13 Jahre zuvor wurde sogar eine Ladung von 107 Tonnen Korallen im Wert von 90 000 Dukaten, also 320 Kilogramm Gold, verzollt.[92] Offenbar spielte dieses Produkt des Meeres eine beachtliche Rolle für die Wirtschaftsgeschichte des hohen und späten Mittelalters – erstaunlich, dass diese Bedeutung bislang noch nicht hinreichend zur Kenntnis genommen worden ist.[93]

Die Karten des Korallenhandels sollten historisch differenziert gezeichnet werden, denn dieser Wirtschaftszweig durchlief in unterschiedlichen Regionen eigene Konjunkturen. Selbst wenn Korallenabbau im zentralen und westlichen Mittelmeerraum bereits im Hochmittelalter belegt ist – etwa 1140 für Genua und 1154 für Portofino[94] –, so liegt die Hochzeit der mittelalterlichen Korallenwirtschaft doch zwischen dem 13. und dem 15. Jahrhundert.

In Marseille sind die Korallengewinnung und -verarbeitung

in größerem Stil bereits seit dem beginnenden 13. Jahrhundert belegt, und um das Jahr 1260 lobte Albertus Magnus die Qualität der dort geernteten Stücke.[95] Die Stadt entwickelte sich in der Folge zu einem bedeutenden Zentrum dieses Gewerbes. Provencalische Fachleute sind denn auch früh in Neapel und Süditalien erwähnt, in Alghero auf Sardinien errichteten sie Mitte des 14. Jahrhunderts ein eigenes Konsulat.[96] Seit der Wende zum 15. Jahrhundert stiegen die Katalanen und in Sonderheit die Barcelonesen zu bedeutenden Konkurrenten auf, die Marseille im 15. Jahrhundert den Rang abliefen.[97] Diese beiden Städte können als die bedeutendsten Knotenpunkte der Korallenverarbeitung im Spätmittelalter gelten.[98] Mit etwas Verspätung entwickelte sich seit ca. 1415 auch Trapani auf Sizilien zu einem wichtigen Zentrum.[99]

In der Regel befanden sich diese Zentren in unmittelbarer Nähe der Abbaugebiete. Rohkorallen wurden zwar auch in anderen Städten und Regionen weiterverarbeitet: so in Alexandria, wo im 14. Jahrhundert ein Korallensouk existierte (einer der wichtigsten Korallenmärkte des Mittelmeerraums),[100] auf Rhodos und in großen Gewerbezentren Europas wie Paris.[101] Aber die bedeutendsten Veredlungsorte dieses Rohstoffs lagen am Mittelmeer. In Barcelona zum Beispiel wurde ursprünglich katalanische, in Trapani sizilianische Koralle veredelt.[102] Dabei lassen sich auch Spezialisierungen feststellen: In Trapani zum Beispiel konzentrierten sich die Handwerker ganz auf die Herstellung von Korallenkugeln für Paternoster und andere Ketten.[103]

Nahmen die örtlichen Vorkommen ab, importierte man Rohstoffe aus anderen Gebieten. Einmal mehr also zwangen Naturbegebenheiten den Menschen zum Handeln. Marseille etwa führte im Spätmittelalter in großem Stil Korallen aus Sardinien ein, Barcelona aus Sardinien und Sizilien.[104] Dabei versuchten die großen Spieler im Korallengeschäft, sich in einzelnen Regionen durch Absprachen mit örtlichen Machthabern Monopole zu sichern.[105]

Die Marseilleser und ein gewisser Bartolomeo Fiorentino erhielten zum Beispiel 1443 ein Monopol über die Korallengewinnung an der portugiesischen Algarve,[106] die Genuesen strebten mit Erfolg Ähnliches in Nordafrika an, wie wir noch sehen werden, und kauften während des 15. Jahrhunderts den größten Teil der Korallenproduktion auf Mallorca auf.[107] Florentiner und Venezianer erlangten 1468 ein zehnjähriges Monopol über den Korallenabbau in der Provence und stachen dabei Barceloneser Konkurrenten aus.[108] Diese wiederum versuchten ihre Stellung dadurch zu sichern, dass sie Ausländern in Katalonien die Ausfuhr von Korallen oder Korallenerzeugnissen verbieten ließen.[109]

Andere Händler waren nicht unmittelbar an der Korallenernte beteiligt, sondern kauften Rohkoralle und Fertigwaren auf und betrieben mit ihnen Handel. Sizilianische Trödler verkauften Paternoster aus örtlicher Produktion in Rom, Neapel und bis nach Frankreich,[110] christliche und muslimische Trödler transportierten Korallenerzeugnisse von den iberischen Küsten ins aragonesische Hinterland.[111]

Dieser Fernhandel mit Rohkoralle und Fertigwaren wurde von Kaufleuten aus vielen Gegenden betrieben, vor allem von Katalanen, Marseillesern und Genuesen, aber auch von Florentinern, Venezianern, Neapolitanern.[112] Es handelte sich offensichtlich um ein lohnendes Geschäft: Der Einkauf von Rohkoralle in Barcelona und ihr Verkauf in Damaskus zum Beispiel erbrachten eine Handelsmarge von knapp 65 Prozent.[113] Schon das Ausgangsmaterial war teuer, umso mehr waren es die daraus hergestellten Artefakte wie Korallenperlen etc. Nach ihrer Veredlung konnten die Korallen ihren Preis je nach Art der Bearbeitung bis auf das Vierfache ihres Einkaufswerts steigern, die Gewinnmargen waren also beträchtlich.[114]

An diesem lukrativen Wirtschaftszweig hatten auch deutsche Kaufleute Anteil.[115] In den Neunzigerjahren des 20. Jahrhunderts wurden in der Altstadt von Greifswald, in der Rakower Straße 12, archäologische Grabungen vorgenommen. Dabei kam in einer mit Exkrementen und tonigem Material gefüllten Latrine neben anderen Gegenständen auch eine 8 Zentimeter lange Korallenkette aus der Zeit um 1300 zum Vorschein.[116] Moderne archäometrische Untersuchungen konnten die Herkunft des Rohstoffs aus dem Mittelmeerraum belegen.

Ähnliche Korallenketten aus dem 14. Jahrhundert sind unter anderem in Lübeck und Münster gefunden worden und bezeugen die fernräumlichen Handelsnetzwerke, welche den Hanse- mit dem Mittelmeerraum verbanden und mediterrane Koralle bis nach Skandinavien brachten.[117] Dies blieb nicht ohne Niederschlag in der Literatur. Der englische Dichter Geoffrey Chaucer (gest. 1400) erzählt zum Beispiel fast beiläufig in seinen *Canterbury Tales* von einer Priorin, die ein Korallenarmband trägt: *Of samal coral abouite hire arm she bar / a peire of bedes, gauded al with grene* (General Prologue, 158–159).

Wie die Korallenkette von Greifswald in den Norden gelangte, wissen wir nicht. Aus späterer Zeit und in anderen Gegenden können hingegen auf solche Fragen verlässliche Antworten gegeben werden. So war die Ravensburger Gesellschaft – ein Zusammenschluss von Kaufleuten aus dem Südwesten des Reiches – spätestens seit dem Ende des 14. Jahrhunderts in Barcelona und in Genua aktiv. Gerade in ihren Anfängen versuchten diese oberdeutschen Kaufleute mit Erfolg, ihren Fuß in die mediterrane Korallenwirtschaft zu setzen: Sie verkauften vor Ort Tuchwaren, etwa Leinwandprodukte aus ihrer Heimat, erwarben im Gegenzug Korallen, ließen diese in Barcelona verarbeiten und exportierten die Fertigprodukte dann ins Reich, was bittere Beschwerden der katalanischen Kaufleute wegen der fremden Konkurrenz zur Folge hatte.[118]

Kaufleute aus dem Mittelmeer wiederum exportierten aus Koralle hergestellte Gegenstände in noch entferntere Gegenden Latein-Europas und darüber hinaus. Über muslimische Mittelsmänner gingen diese verarbeiteten Produkte bis nach Indien, und selbstredend wurden sie auch in der muslimischen Welt verkauft. In seinem *Buch der königlichen Steine* berichtet Aḥmad at-Tīfāšī über den Export von Korallenerzeugnissen über Indien bis nach China.[119] Noch 200 Jahre später (um 1420) schrieb der Venezianer Emmanuele Piloti in seinem Reisebricht über Korallen, »die aus Katalonien und vor allem aus Barcelona in großer Menge« nach Alexandria ausgeführt wurden.[120]

In der Tat wissen wir, dass vor allem seit dem Ende des 14. Jahrhunderts Katalanen Korallenperlen in hoher Stückzahl, wenngleich in unregelmäßigen Abständen in den Mittleren Osten exportierten.[121] Die Barceloneser Kaufleute Guillem Passadors und Francesc Fogassot beförderten 1400 nicht weniger als 3,6 Tonnen Koralle nach Alexandria,[122] der katalanische Goldschmied Pere Avinent stellte Silberlöffel mit Korallengriffen her, die dorthin verkauft wurden.[123] Somit war es im Mittelalter nicht ungewöhnlich, dass aus Nordafrika stammende Rohstoffe im christlichen Europa zu Schmuckgegenständen veredelt und dann in ihre Herkunftsgebiete re-exportiert wurden. Der mittelalterliche Korallenhandel war in besonderem Maße transkulturell geprägt.

Und die Korallenwirtschaft beschäftigte nicht nur reiche Kaufleute. Wenn wir heute vor einem Meisterwerk wie Mantegnas »Madonna della Vittoria« stehen, drängt sich auch die Frage auf, wer die vom Künstler verewigten Korallenketten herstellte, ja, wer ganz zu Beginn dieses Arbeitsprozesses den marinen Rohstoff mithilfe des schweren, unhandlichen *ingeniums* mühsam auf hoher See erntete und an Land brachte. Der besondere Wert der Notariatsquellen liegt nicht zuletzt darin, dass sie auch Einblicke in die Sozialgeschichte derer vermitteln, die als einfache Arbeiter andernfalls anonym geblieben wären.

Sozialgeschichte der Korallenwirtschaft

Am 26. November 1418 wurde in Marsala bei Trapani auf Sizilien ein Arbeitsvertrag zwischen einem Bewohner der Stadt namens Giovanni da Caltagirone und dem örtlichen Korallenhändler Manuele di Bactino aufgesetzt. Giovanni verpflichtete sich diesem gegenüber, für sieben Monate (von Mitte März bis Mitte Oktober) auf dem Boot eines gewissen Giovanni di Lombardo Korallen fischen zu gehen, wohin auch immer dieser Patron mit seinem Boot fahre.[124] Dafür sollte er einen Lohn erhalten, den er teilweise zur Begleichung ausstehender Schulden bei einem Dritten verwenden wollte. In dem Arbeitsvertrag wurde genau festgehalten, dass der Korallenfischer Giovanni vom Korallenhändler Manuele di Bactino Speise und Trank erhalten sollte, aber nicht vor Ende der vorgesehenen sechs Monate nach Hause zurückkehren dürfe.

Solche Arbeitsverträge mit Korallenfischern, den sozial niedrigsten Akteuren in der Branche, geben seltene Einblicke in die Lebensumstände einfacher Arbeiter. Es sind nicht nur Einzelverträge überliefert, sondern auch ganze Listen mit Namen von Korallenfischern, welche je nach ihren Arbeiten unterschiedlich bezahlt wurden. Diese Quellen sind nicht zuletzt beredte Zeugnisse mittelalterlicher Mobilität, weil immer wieder die Zunamen der Fischer ihre fremdländische Herkunft verraten. Auf Sizilien oder im nordafrikanischen Tabarka etwa findet man unter den Korallenfischern Basken, Franzosen, Flamen, Valencianer, Katalanen.[125]

Natürlich beinhalten solche Notariatsregister auch vielfältige Belege für den Verkauf der Endprodukte. Für die Gewerbe- und Sozialgeschichte des Mittelalters noch aufschlussreicher aber sind Verträge, in denen auf die Handwerker Bezug genommen wird, die Rohkoralle zu Perlen für Ketten, zu Kästchen, Messergriffen etc. verarbeiteten. Sie wurden in der Mitte des 13. Jahrhunderts im *Buch der Gewerbe* des Pariser Vogts Etienne Boileau (gest. 1270) als Paternostermacher erwähnt, die aus Korallen und Muscheln Gebetsketten herstellten (*patenotriés de coural et de coquille*), und auch in anderen Gewerbezentren wie London, Brügge und Lübeck sind Paternostermacher als Berufsbezeichnungen seit dem ausgehenden 13. Jahrhundert geläufig.[126] An der Wende zum 15. Jahrhundert stößt man in den Quellen der großen Verarbeitungszentren des Mittelmeerraumes wie Marseille, Barcelona oder Trapani auf die Berufsbezeichnung des »Korallierers« (*corallerius, coraler* etc.), eines Spezialhandwerkers der Korallenverarbeitung.[127]

Als besonders aufschlussreich erweisen sich Anstellungsverträge von jungen, in der Regel zwischen 14 und 18 Jahre alten Lehrlingen und Korallenbearbeitern. Diese Dokumente führen minutiös die zu leistenden Arbeiten auf und beschreiben, wie diese Teenager Korallenkügelchen zurechtschnitten, rundeten, perforierten und zu Ketten verarbeiteten. 1469 gab Saccounus Chagegi in Trapani seinen Sohn Muxa zu Joseph Cohen (*Cuyni*) in die Ausbildung, damit er für ein Jahr lerne, wie man Koralle perforiere und bearbeite, wofür er einen Lohn von 21 Tarí erhalten solle.[128] Der junge Busacca wiederum sollte in der Werkstatt des Juda Cohen nicht nur »alle Tätigkeiten ausführen, die zur Kunst der Korallenbearbeitung gehören«, sondern zugleich als eine Art Babysitter die kleine Tochter des Handwerksmeisters pflegen, »in den Armen halten und füttern«, wofür er Verpflegung und einen festen Lohn von 6 Tarí erhalten sollte.[129]

Auch anderen Lehrlingen wurden neben ihren Aufgaben in der Korallenverarbeitung zusätzliche Pflichten wie die Weinlese, die Bewachung des Geschäfts während der Nacht u. a. m. auferlegt.[130] Bei diesen Lehrlingen handelt es sich fast ausschließlich um Jungen, aber in Marseille gab es vereinzelt auch junge Mädchen in diesem Gewerbezweig.[131] Noch unter diesen Lehrlingen, auf der untersten Stufe der sozialen Leiter schließlich standen die Sklaven, die – etwa in Barcelona – als Hilfskräfte in den Korallenwerkstätten bezeugt sind.[132]

Das nötige Spezialwissen über den Umgang mit Rohkoralle wurde streng gehütet. Die Handwerksmeister, die diese Kunst beherrschten, bildeten eine geschlossene Gruppe von Spezialisten, deren Kenntnisse vor Missbrauch oder Preisgabe geschützt wurden. Bezeichnenderweise verbot 1447 der Stadtrat von Barcelona Korallenhandwerkern unter Androhung der Todesstrafe, in andere Länder zu emigrieren und dadurch Wissen und Werkzeug auszuführen.[133]

Neben den »Korallierern« und den Kaufleuten seien zwei weitere Berufszweige zumindest knapp erwähnt: erstens die Goldschmiede, welche naturbelassene Korallenäste einfassten, mit Füßen aus Silber versahen und als Luxusprodukt verkauften. Wir sind ihnen bereits im Gemälde des Petrus Christus begegnet, können aber auch auf Inventare dieser Handwerker verweisen, in denen verschiedentlich Koralle als Werkstoff aufscheint.[134] Und zweitens ist auf den pharmazeutischen Sektor in den Städten Europas, insbesondere auf die Apotheker hinzuweisen, welche Korallenpulver als Beiprodukt aus der Korallenveredelung bezogen und medizinisch nutzten. In 76 von 140 Inventaren südfranzösischer, italienischer und katalanischer Apotheker des 13. bis 16. Jahrhunderts sind Korallen im Sortiment aufgeführt.[135]

Die städtische Korallenwirtschaft war also in mehrfacher Hinsicht differenziert. Sie schuf eigene Berufszweige wie den des »Korallierers«, war aber auch in anderen Berufen wie dem Goldschmiedehandwerk, der Pharmazie und der Medizin präsent. Sie war in den Städten des Mittelmeerraumes sozial differenziert und schloss ausgebeutete, weitgehend rechtlose Sklaven ebenso ein wie arme Lehrlinge, gesellschaftlich anerkannte Meister ebenso wie vermögende Kaufleute. Sie war aber auch, wie nun zu zeigen sein wird, ein Wirtschaftszweig, der nach dem Gesichtspunkt der Glaubenszugehörigkeit untersucht werden kann und dabei aufschlussreiche Befunde über transkulturelle Verflechtungen im Mittelalter offenbart.

Marine Luxusprodukte zwischen Christen, Juden und Muslimen

In vielen Synagogen befindet sich auch heute noch eine Geniza. Es handelt sich dabei um einen Ablageort (häufig eine Truhe oder einen Schrank), in dem Texte aufbewahrt werden, die den Namen Gottes tragen und daher nicht zerstört werden dürfen. Solche aus religiösen Gründen angelegte Depots sind verschiedentlich überliefert, allerdings sind nur sehr wenige aus dem Mittelalter erhalten.

Die für die Geschichtswissenschaft bedeutendste Geniza ist unzweifelhaft die aus Kairo. Es handelt sich dabei um ein weit über 100 000 Dokumente aus dem mittelalterlichen Jahrtausend umfassendes Konvolut, das in der zweiten Hälfte des 19. Jahrhunderts entdeckt wurde und heute auf verschiedene Museen, Bibliotheken und Archive weltweit verteilt ist. Aus einigen dieser Quellen, die viele Aspekte jüdischen Lebens betreffen, erhalten wir Informationen über die Nutzung von Koralle für medizinische Zwecke;[136] andere betreffen den Korallenhandel – wie zum Beispiel ein Schreiben aus dem Jahre 1119, mit dem ein Händler seinem Kollegen den tagesaktuellen Korallenpreis mitteilt.[137]

Jüdische Kaufleute waren nicht zuletzt deshalb für den Fernhandel und auch für den Handel mit Korallen prädestiniert, weil sie häufig über Kenntnisse verschiedener Sprachen einschließlich des Arabischen verfügten und sich damit in unterschiedlichen Milieus bewegen konnten. Die Tradition jüdischer Korallenverarbeitung hielt im hohen und im späten Mittelalter an und profitierte von der Weitergabe einschlägigen Wissens über die Generationen hinweg.

Für die Geschichte der jüdischen Korallenwirtschaft noch aufschlussreicher als die Dokumente der Kairoer Geniza sind einmal mehr die Notariatsdokumente. Denn sie zeigen in beeindruckender Dichte und Breite, welchen Anteil jüdische Männer und Frauen im Mittelmeerraum an der Korallenwirtschaft des späten Mittelalters hatten. Auf Sizilien zum Beispiel sind zwischen 1412 und 1492 an die 150 jüdische Korallenhandwerker und über 30 jüdische Meister bezeugt.[138] Vor allem in der Stadt Trapani arbeiteten über Generationen hinweg Familien wie die Cohen (*Cuyno*), die im 15. Jahrhundert nicht weniger als zehn Meister der Korallenverarbeitung hervorbrachten, in diesem Gewerbezweig.

Insgesamt liefert die noch immer in Trapani befindliche Notariatsüberlieferung aus dem 15. Jahrhundert allein aus dieser Stadt die Namen von 70 Handwerkern, Meistern und Lehrlingen jüdischen Glaubens. Man stößt auf Gesellschaftsverträge, Käufe und Verkäufe, überliefert sind auch 14 Ausbildungsverträge jüdischer Korallenarbeiter mit genauen Beschreibungen der Löhne und Arbeitsbedingungen,[139] unter anderem mit jungen Waisenkindern, die monatsweise *ad perforandum corallum*, also zum Durchbohren von Korallenperlen für Ketten eingestellt wurden.[140] Diese Jungen arbeiteten mit ihren Meistern an Paternostern und anderen Ketten, Kruzifixen, Kandelabern, Löffelstielen und weiteren Luxusobjekten für die christliche Mehrheitsgesellschaft.

Trapani ist kein Einzelfall: Wir können auch in anderen Städten des Mittelmeerraums, etwa in Barcelona,[141] auf Sardinien und in Marseille beobachten,[142] dass die Korallenindustrie in auffälligem Maße von jüdischen Männern geprägt wurde – und zwar nicht nur als Finanziers, wie oft vorschnell angenommen wird, sondern ebenso als Handwerker (kaum aber als Fischer). Mithilfe fernräumlicher Netzwerke tauschten diese Fachleute ihr Spezialwissen mit ihren Glaubensbrüdern und -schwestern in weit entfernten Regionen aus.[143]

Von Christen verübte Pogrome wie dasjenige gegen die Barceloneser Juden im Jahre 1391 bedeuteten für diese Menschen schreckliche Schicksalsschläge, die manche von ihnen zum Glaubenswechsel veranlassten. Als sogenannte »Konversen« blieben einige ehemalige Barceloneser Juden ihrem angestammten Geschäftsfeld auch nach ihrem Glaubenswechsel treu.[144]

Mitunter führte die erzwungene oder freiwillige Migration zur Etablierung neuer Zentren der Korallenherstellung, wie dies zum Beispiel Ende des 15. Jahrhunderts in Neapel belegt ist, wohin vor christlicher Gewalt in Spanien geflohene jüdische Handwerker die Kunst der Paternosterherstellung aus Korallen mitbrachten.[145] Auch auf Sizilien verschärfte die christliche Mehrheitsgesellschaft die judenfeindliche Politik, der Konversionsdruck nahm zu, weitere jüdische Korallenspezialisten konvertierten zum Christentum.[146]

Dennoch: Bis zum Ende des Mittelalters arbeiteten jüdische Männer und Frauen des Mittelmeerraums über Jahrzehnte, sogar Jahrhunderte mit ihren Familien in der Korallenwirtschaft. Das gesamte Spätmittelalter hindurch existierten in Italien, auf Sardinien, in Frankreich und auf der Iberischen Halbinsel blühende, auf die Korallenverarbeitung spezialisierte jüdische Gemeinden. Dies ist ein Sonderfall in der Wirtschaftsgeschichte des mittelalterlichen Judentums, der noch nicht hinreichend bekannt ist.

In anderen Räumen und Orten der Korallenverarbeitung blieb dieses Gewerbe hingegen weitgehend in christlicher Hand.

Nach den Pogromen gegen die örtliche jüdische Gemeinde übernahmen Christen (bzw. Neu-Christen) den Korallenhandel in Barcelona,[147] wo 1455 eine eigene religiöse, christliche Bruderschaft der Korallenhandwerker bestand.[148] In Genua wiederum war dieser Wirtschaftszweig so ausgeprägt, dass sich seine Meister in einem eigenen Zusammenschluss, einem zunftähnlichen, mit einer eigenen Satzung ausgestatteten *collegium* zusammenfanden; nicht weniger als 42 Meister beantragten im Jahre 1477 die Erlaubnis zur Gründung einer solchen Einrichtung, die insgesamt an die 70 Mitglieder aufwies.[149] Auch in der christlichen Mehrheitsbevölkerung also konnte die Korallenwirtschaft dezidiert religiöse Formen der Gruppenbildung hervorbringen.

Christliche Korallenwirtschaft in der islamischen Welt

Korallen verknüpften im Mittelmeerraum nicht nur Juden und Christen, sondern auch Muslime und Christen. Diese Verbindung war nicht immer harmonisch. Christliche Korallenfischer konnten von muslimischen Seeräubern verschleppt und in die Sklaverei verkauft werden, wie etwa ein Brief der Ratsherren von Barcelona aus dem Jahre 1498 zeigt.[150] Demnach seien drei Katalanen vor der Küste Sardiniens, wo sie »wie jedes Jahr auf dem Meer vor Cagliari« Korallen fischten, von muslimischen Seefahrern aufgebracht und nach Tunis entführt worden. Solche Verschleppungen waren in dem durch einen lebhaften Sklavenhandel geprägten Mittelmeerraum nichts Ungewöhnliches. Denn sowohl im Dār al-Islām als auch in den christlich beherrschten Teilen des Mittelmeerraums war es erlaubt, andersgläubige Bewohner zu verschleppen, soweit kein Waffenstillstand mit dem jeweiligen Herrscher vereinbart worden war.[151] Die Korallenfischer im Grenzbereich islamischer und christlicher Herrschaften mussten nicht nur den Gefahren des Meeres trotzen, sondern auch den religiös legitimierten Feindseligkeiten.

Entspricht diese Seite der Korallenfischerei geläufigen Bildern eines zwischen Christen und Muslimen umkämpften Mittelmeerraumes, so weist der mittelalterliche Korallenhandel ebenso eine aus moderner Sicht interessantere, weil überraschendere Seite auf.[152] Denn unter gewissen Umständen erlaubten muslimische Machthaber christlichen Korallenfischern, ihrem Gewerbe im muslimischen Herrschaftsgebiet nachzugehen. Diese Praxis lässt sich mit der über Jahrhunderte in vielen Ländern der islamischen Welt gepflegten Gewohnheit vergleichen, andersgläubigen Kaufleuten eigene Herbergen für den Verkauf ihrer Waren zur Verfügung zu stellen und damit auch Christen den Handel im Dār al-Islām zu gestatten. Im östlichen Mittelmeerraum bezeichnet man diese Herbergen als Khans oder Karawansereien, im Westen ist hingegen der Begriff des Foundouq geläufig. Diese Institution sicherte den örtlichen Herrschern nebenher auch die Kontrolle über die andersgläubigen Handelstreibenden.[153]

Das berühmteste dieser Korallenfischereigebiete ist die Ortschaft Marsa al-Kharez (Marsacares, heute al-Qāla) im östlichen Algerien, bekannt für die Qualität ihrer Korallen, nicht weit von der tunesischen Grenze.[154] Nach al-Idrīsī waren in Marsa al-Kharez ganzjährig 50 Boote mit je 20 Besatzungsmitgliedern im Einsatz.[155] Anscheinend nahm in der Folge die Intensität der Korallenfischerei in der Ortschaft – vielleicht aufgrund von Überfischung – ab, aber in der zweiten Hälfte des 15. Jahrhunderts erlebte sie einen neuerlichen Aufschwung, und zwar auf Betreiben christlicher Korallenhändler. Auf ihre Initiative hin entstand dort ein neues Zentrum der Korallenwirtschaft. Über Jahrzehnte hinweg lebte in der nordafrikanischen Stadt eine Gemeinschaft lateinischer, saisonal tätiger Korallenfischer unter ausdrücklicher Erlaubnis der örtlichen Herrscher aus der Dynastie der Hafsiden.

Vor 1446 hatten zwei katalanische Händler, Rafael Vives und sein Bruder Luis, eine Lizenz für die nordafrikanische Küste vor Tunesien erlangt und in Tabarka (im heutigen Tunesien), 30 Kilometer östlich von Marsa al-Kharez, ein von lateinischen Christen betriebenes Zentrum der Korallengewinnung errichtet.[156] Die Geschwister forderten von den Fischern einen Teil ihres Fangs, womit sich sehr schnell die finanzielle Investition in den herrschaftlichen Freibrief amortisierte. Doch recht bald verloren die Katalanen dieses exklusive Privileg an die Genuesen.[157] Im Jahre 1451 nämlich erwarb Climente Cicero, der Konsul der Genuesen in Tunis, vom Hafsidensultan Abū ʿUmar ʿUṯmān (gest. 1488) gegen eine jährliche Zahlung von 2000 Golddoppie für zehn Jahre das Monopol des Korallenabbaus in dessen Reich.

Die Erlaubnis zur Korallenfischerei war im Mittelmeerraum ein Vorrecht des jeweiligen Herrschers, welches sich dieser teuer bezahlen ließ. Außerdem konnten Herrscher zusätzliche Einnahmen über die Besteuerung etwaig eingeführter Korallen (*gabella curallorum* o.ä.) beziehen.[158] Doch unter gewissen Umständen, besonders bei akuter Geldnot, konnten Potentaten es vorziehen, durch den Verkauf von Monopolen eine Finanzspritze zu erhalten. In der Folge sollten die Genuesen dieses Privileg – trotz eines letztlich misslungenen Versuchs der Katalanen, es im Jahre 1455 wiederzuerlangen[159] – weitgehend behalten und in Marsa al-Kharez ein Handelszentrum, ein Emporium der Korallenwirtschaft errichten. Daher sind es insbesondere genuesische Quellen, vor allem die reichen Notariatsregister, die von den Korallenfischern von Marsa al-Kharez berichten.[160]

Das Geld zur Erlangung der Konzessionen wurde durch eine Gesellschaft zusammengetragen, das bedeutet: Verschiedene wohlhabende Genuesen fanden sich zu diesem Geschäft zusammen, investierten unterschiedlich hohe Geldbeträge und erwarben damit je nach ihrem finanziellen Einsatz Anteile am Gewinn. Unter diesen Investoren stößt man auf berühmte Genueser Familien wie die Spinola oder die Doria.[161]

Man bekommt aber aus den notariellen Dokumenten nicht nur Informationen über die Investoren, sondern auch über die Fischer. Über 600 Personen, die dieser Kolonie im Laufe des 15. Jahrhunderts angehörten, konnten anhand der Überlieferung identifiziert werden:[162] Eine fest umrissene, 350 bis 400 Personen umfassende, rein männliche Gemeinschaft in der Fremde, eine Gemeinde mit eigenem Barbier, also einem eigenen Arzt, verschiedenen Handwerkern (Schmied, Schreiner, Seiler etc.), mit eigenen Soldaten, die vor allem für die Streitschlichtung verantwortlich gewesen sein dürften, mit einem Schreiber/Notar, einem Bäcker, einem eigenen Kaplan und mit einem eigenen Vorsteher (*gubernator*), der ebenfalls Genuese war.[163]

Die Mehrheit der Bewohner von Marsa al-Kharez stellten aber die Korallenfischer. Diese stammten nicht nur aus der Stadt Genua, sondern auch aus dem Umland (insgesamt aus 67 verschiedenen Ortschaften). Die Gruppe war nicht so international zusammengesetzt wie in anderen Zentren der Korallenfischerei, sondern ganz auf Ligurer konzentriert.[164] Die Fischer bildeten über die von März bis Oktober währende Saison eine landsmannschaftlich geprägte Gemeinschaft in der nordafrikanischen Hafenstadt, lebten wahrscheinlich in Zelten oder in ihren Schiffen/Booten, unter der administrativen Führung eines eigenen, möglicherweise von ihnen gewählten Vorstehers.

Offenbar handelte es sich bei den christlichen Korallenfischern von Nordafrika um eine rein männliche Gemeinschaft, die Überlieferung nennt keine Frauen in der Kolonie.[165] Ebenso wenig ist von Austauschbeziehungen mit der einheimischen muslimischen Bevölkerung die Rede. Es dürfte sie zwar gegeben haben, sie hat sich aber nicht in der Notariatsüberlieferung in Genua niedergeschlagen.[166]

Es scheint sich also bei der Korallenfischerkolonie von Marsa al-Kharez um eine weitgehend abgeschlossene, autarke Gemeinschaft, um eine Parallelgesellschaft gehandelt zu haben, die unweit des Hafens einen befestigten Ort bewohnte, der noch heute zu besichtigen ist. Mit dem Sultan musste selbstredend die Präsenz christlicher Korallenfischer vorab ausgehandelt werden, und mit dieser Obrigkeit musste man sich im Zweifelsfall auch auseinandersetzen, um das gedeihliche Leben dieser Gemeinschaft unter muslimischer Herrschaft zu organisieren. Dass die Genuesen sich nicht dauerhaft auf ihre hegemoniale Stellung in Marsa al-Kharez verlassen konnten, sondern zwischenzeitlich auch ihre Konkurrenten, die Venezianer, gegen Geldzahlungen für einige Jahre am Geschäft teilhatten,[167] gehört zu den Eigentümlichkeiten dieser dynamischen Welt des Korallenhandels über religiöse Grenzziehungen hinweg.

Ein hochinteressantes Beispiel für die Folgen der Korallenfischerei auf lokaler Ebene liefert schließlich die Ortschaft Alassio in Ligurien.[168] Die im 14. Jahrhundert rund 2000 Einwohner starke Ortschaft erlebte im 15. Jahrhundert einen rasanten Aufschwung, der sich in der Verdopplung der Einwohnerzahl und in vielen Neubauten niederschlug. Grund hierfür war die Korallenfischerei vor Marsa al-Kharez. Keine andere ligurische Ortschaft stellte mehr Fischer als das kleine Alassio: Mindestens 120 Personen sind belegt. Dies hatte auch Folgen für das soziale Gefüge der Ortschaft, in deren Quellen Frauen auffällig häufig als Hausvorstände erscheinen. Dies dürfte auf die mehrmonatige Abwesenheit der Männer in Nordafrika zurückzuführen sein. Sie wies den daheimgebliebenen Ehefrauen ungewöhnlich große Handlungsmacht zu.

Unser Gang durch die Geschichte der Koralle im Mittelalter hat uns von der geistes- und religionsgeschichtlichen Deutung einer organischen Substanz in gelehrten Kreisen und in der Literatur über deren Darstellung in der Kunst zu den praktischen Aspekten ihrer Gewinnung, Verarbeitung und Veräußerung geführt. Er hat Einblicke in die Netzwerke mediterranen Handels und in die Sozialgeschichte eines Spezialgewerbes vermittelt, das eine markante transkulturelle Dimension aufwies. Korallen entpuppen sich als ein mariner Stoff, der über Glaubensgrenzen hinweg den Austausch zwischen den drei großen Glaubensgemeinschaften des Mittelmeerraums – Juden, Christen und Muslime – förderte. Diese Verbindungen waren nicht immer harmonisch, aber in weiten Teilen durch einen Pragmatismus geprägt, dessen Bedeutung für die Geschichte interreligiöser Beziehungen nicht hoch genug einzuschätzen ist.

Abb. 39. »Karabe«, aus: Hortus sanitatis (Mainz 1491).

11.
Gehärtetes Feuer aus dem Meer: Bernstein

Im Zweiten Weltkrieg wurden zahllose Kunstwerke vernichtet, viele weitere sind bis zum heutigen Tage verschollen. Zu den nie wieder aufgefundenen Stücken und damit zu den ungelösten Rätseln jener Katastrophenzeit gehört das legendäre Bernsteinzimmer.[1] Es handelt sich dabei um Wandvertäfelungen mit Einlegearbeiten aus Bernstein. Sie entstanden zwischen 1701 und 1712 auf Befehl König Friedrichs I. von Preußen (gest. 1713), um ein Zimmer im Schloss Charlottenburg bei (heute in) Berlin auszukleiden, wurden dann aber im Berliner Schloss verbaut, nur um im Jahre 1716 als Sinnbild einer damaligen preußisch-russischen Allianz Zar Peter dem Großen (gest. 1725) übergeben zu werden.

Einige Jahrzehnte später wurden sie, um weitere Bernsteinvertäfelungen erweitert, im Katharinenpalast von Zarskoje Selo (Puschkin bei Sankt Petersburg) zur Auskleidung eines Prachtraumes verwendet. Nach dem Überfall auf die Sowjetunion, im Oktober 1941, montierten die deutschen Invasoren das gesamte Bernsteinzimmer ab und brachten es nach Königsberg (Kaliningrad). Seit April 1945 ist sein Verbleib ungeklärt. Auch wenn die Vertäfelungen zwischen 1976 und 2003 rekonstruiert und im Katharinenpalast wieder eingebaut wurden, ist bis zum heutigen Tage und erfolglos immer wieder nach dem Original gesucht worden, obwohl es allem Anschein nach beim Brand des Königsberger Schlosses vernichtet worden sein dürfte. Das als »achtes Weltwunder« gepriesene Werk erregt noch immer die Fantasie vieler Menschen, vor allem in Deutschland.

Dafür dürfte weniger seine künstlerische Bedeutung verantwortlich sein als seine Symbolkraft. Denn das Bernsteinzimmer verkörpert herrschaftliche Macht in einem besonderen Raum: dem Baltikum.[2] Es ist kein Zufall, dass es in den Residenzen der Herrscher Preußens und des Zarenreichs ausgestellt wurde, und seine Wanderungen spiegeln das Ringen um die politische Vorherrschaft im Ostseeraum. Wie kein anderer der in diesem Buch behandelten Schätze des Meeres steht Bernstein für ein konkretes Meer, die Ostsee.[3]

Sicher: Bernstein ist auch in anderen Regionen zu finden. Über 200 verschiedene Vorkommen sind bekannt, darunter in Italien, Jordanien, China, Indonesien, in Holland und England;[4] aber nirgendwo in so großen Mengen wie an den südlichen Küsten der Ostsee, vor allem in der Danziger Bucht und im östlich angrenzenden Samland, einer Halbinsel im Verwaltungsgebiet (Oblast) Kaliningrad. Die Ostsee wird daher im Zentrum dieses Kapitels stehen, und noch stärker als zuvor wird gefragt, welche Mächte Herrschaftsansprüche auf marine Stoffe erhoben bzw. durchzusetzen vermochten.

Wundersames Gestein

Aber was hat Bernstein mit dem Meer zu tun? Handelt es sich nicht um ein fossilisiertes Naturharz, also um einen Saft, den Bäume ausscheiden, welcher sich mit der Zeit erhärtet? Bekanntlich belegen viele Einlagerungen von Insekten, die in diesem klebrigen Harz vor Jahrmillionen gefangen und eingeschlossen wurden, seine terrestrische Herkunft.[5] Doch im Mittelalter wurde Bernstein in erster Linie im Meer und vor allem an den Küsten gefunden. Daher glaubte man, dass er unmittelbar aus dem Meer stamme – für die Zeitgenossen war Bernstein also ein marines Produkt; und da wir in diesem Buch mittelalterliche Taxonomien ernst nehmen, weshalb selbstverständlich auch marine Monster und vermeintliche Meerjungfrauen behandelt worden sind, soll auch Bernstein aufgrund seiner Wertschätzung Gegenstand dieses Buches sein.

Warum aber wurde und wird dieses erhärtete Harz vor allem an der Ostsee an die Küsten gespült? Grundsätzlich befinden sich große Bernsteinvorkommen im Ostseeraum auch unter der Erde, eingelagert in Steinschichten, im sogenannten Muttergestein, im Baltikum als »Blaue Erde« bezeichnet. Heutzutage wird Bernstein dort, zum Beispiel im Samland, im Tagebau gewonnen. Auch weiter im Landesinneren werden Sedimente gezielt nach Bernstein durchsucht, so zwischen 1974 und 1993 in Bitterfeld in Sachsen-Anhalt.

Im Mittelalter war dies kaum möglich.[6] Bernstein wurde nicht ausgegraben, sondern aufgelesen. Dies war möglich, weil die Meeresbewegungen der Ostsee die betreffende Steinschicht aus den Küstenregionen herauslösen und sie mitsamt dem Bernstein ins Meer tragen. Da dieses Harzprodukt leichter als Wasser ist, kann es auf dem Meer über weite Strecken transportiert werden. Bei Stürmen wird es an Land gespült und kann dann aufgesammelt werden. Auch heute lässt sich, insbesondere nach Unwettern, an den Ostseeküsten Bernstein am Strand finden. So wurde auch im Mittelalter Bernstein gewonnen.

Die genaue Herkunft des in den großen Bernsteinlagerstätten des Ostseeraums befindlichen Bernsteins war und ist noch in der Forschung umstritten.[7] Heutzutage wird mehrheitlich angenommen, dass im Erdzeitalter des Eozäns, also vor ungefähr 56 bis 34 Millionen Jahren, umfangreiche Waldzonen existierten. Früher nahm man an, es müsse sich um eine Art Nadelholz (Konifere) gehandelt haben, inzwischen ist man sich nicht mehr sicher.

Auf jeden Fall aber soll es im heutigen Skandinavien, eventuell auch in Teilen der heutigen mittleren und nördlichen Ostsee, weite Wälder solcher Bäume gegeben haben, die über einen Zeitraum von 15 bis 20 Millionen Jahren hinweg in großen Mengen Harzablagerungen produzierten. Nach dem Ende des Eozäns wanderten diese Ablagerungen aufgrund von meerdrehenden Bewegungen und gletscherartigen Vorschiebungen rund 10 Millionen Jahre nach ihrer Entstehung allmählich aus ihren skandinavischen Herkunftsgebieten nach Süden, in ihre heutigen Lagerstätten an den südlichen Küsten der Ostsee.[8]

Bernstein ist in großen Mengen archäologisch auf uns gekommen, was diesen Stoff von vielen anderen in diesem Buch behandelten unterscheidet. Die Archäologie hat vergleichsweise viele Überreste aus Bernstein aus der Erde geholt. Wie gelangten sie dorthin? Wie Abb. 40 zeigt, erfolgte dies auf unterschiedliche Weise und in verschiedenen Phasen.

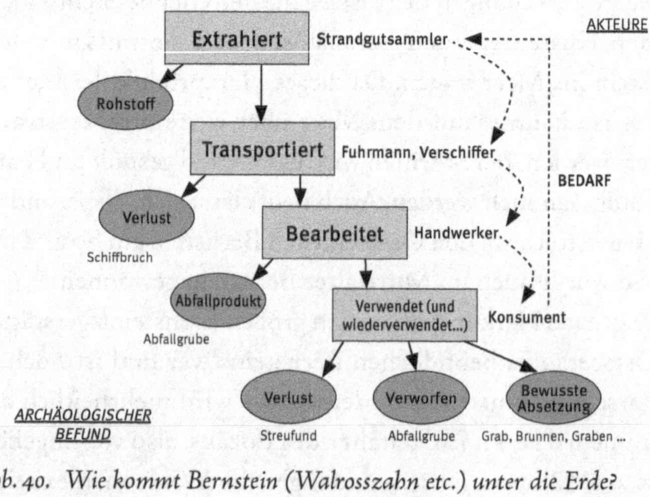

Abb. 40. Wie kommt Bernstein (Walrosszahn etc.) unter die Erde?

Zum einen kann Bernstein, zum Beispiel von Strandgutsammlern, im Rohzustand abgelegt und danach verschüttet worden sein, zum anderen während des Transports verlustig gehen, wie zum Beispiel Bernsteinfunde in Schiffswracks belegen. Wenn Bernstein von Handwerkern verarbeitet wurde, entstanden Abfälle, also Bernsteinresiduen. Schließlich kommen fertige, verkaufte Produkte auf unterschiedliche Weisen unter die Erde: Sie können verloren gehen, weggeworfen werden, aber auch absichtlich in Sammlungen, Gräbern etc. abgelegt werden. Dieses analytische Phasenmodell bewährt sich auch bei der Beschäftigung mit anderen Schätzen des Meeres wie etwa Korallen, Perlen, Walrosszahn u. a. m.

Archäologische Ausgrabungen haben aus der Hallstattzeit (ca. 800–500 v. u. Z.) und der frühen Latènezeit (ca. 450–300 v. u. Z.), also aus eisenzeitlichen Epochen Nordeuropas, nicht nur Bernstein, sondern auch Bernsteinerzeugnisse zutage gefördert.[9] Zu diesen Funden gehören Schwertknäufe aus Hallstatt, die mit Einlegearbeiten aus Bernstein (und aus Elfenbein!) verziert sind. Aus dem 6. und 5. Jahrhundert vor unserer Zeitrechnung stammen auch Frauengräber, in denen sich Bernsteincolliers befanden. Das berühmte, rund einhundert Jahre jüngere Grabmal von Reinheim im Saarland weist eine Vielzahl an Bernsteinketten auf.

Zu jener Zeit überquerte Bernstein aber auch die Alpen von Nord nach Süd. Insbesondere die antiken Veneter, welche die Schnittstelle zwischen Adria, Po und Ostalpen bewohnten, scheinen sich in der Eisenzeit auf den Handel mit Bernstein spezialisiert zu haben, der über das skythische Kulturgebiet nach Süden gelangte.[10] Der Stoff lässt sich leicht polieren, wird dadurch glänzend und besonders durchsichtig. Seine gelblich-orangene Färbung ist ungewöhnlich, ebenso eine Reihe weiterer Merkmale, die ihn von Schmucksteinen unterscheiden und sich nicht zuletzt in seiner Namensgebung niederschlagen.

Die Bezeichnung »Bernstein« leitet sich aus der Tatsache her, dass das vermeintliche Mineral ein entzündlicher organischer Stoff ist. Bernstein ist also ein »Brennstein«. Darauf verweist auch die bis in die Barockzeit im Deutschen gebräuchliche Bezeichnung »Agtstein« (von Oberdeutsch *aiten* = brennen). In anderen Sprachen hat dieses Material ganz andere Namen: Im Arabischen spricht man (wie im Kapitel über Ambra erwähnt) von »kahrubā«, was sich aus dem persischen Begriff für »Dieb« bzw. »stehlendes Heu« ableitet. Damit dürfte auf die Eigenschaft des Bernsteins abgehoben werden, durch Reibung elektrische Ladung aufzunehmen und andere Gegenstände anzuziehen. Auch Konrad von Megenburg vermerkte im 14. Jahrhundert, dass Bernstein *hälmel an sich zeucht.*[11]

Aus dem griechischen Wort *elektron,* das die Farbe bezeichnet (Helios = Sonne), sind die Worte Elektron, elektrisch u.ä. abgeleitet. Der römische Geschichtsschreiber Tacitus (gest. um 120) wiederum überliefert in seiner *Germania,* die Germanen hätten diesen Stoff als »glesum« bezeichnet.[12] In den baltischen Sprachen (z.B. Altpreußisch »gen tar«, Litauisch: »gin taras«) verweisen Bezeichnungen auf eine andere Eigenschaft, die diesem Stoff zugeschrieben wurde: auf seine Wirkung gegen böse Einflüsse von außen. Besonders missverständlich ist der in romanischen Sprachen und im Englischen von Arabisch »ʿanbar« (Ambra) abgeleitete Name für Bernstein (»amber«, »ambre« etc.).

Schon die antike Literatur machte sich Gedanken über die Herkunft des Bernsteins und dessen Nutzung.[13] Nach Ovids *Metamorphosen* (2, 304–306) war Bernstein nichts anderes als die Tränen der Heliaden, der Schwestern des aufgrund seines Hochmuts zu Tode gekommenen Phaeton. Plinius nimmt diese Erzählung auf, wusste es selbst aber besser: Bernstein entstehe »aus dem herabfließenden Mark von Bäumen«. Seine lange Beschreibung des Stoffes sagt viel über dessen Wertschätzung aus.[14] Nicht zuletzt beschrieb Plinius die Strecke, welche der

Bernstein zurücklegen musste, um von den Küsten der Ostsee über Pannonien nach Rom zu gelangen.[15]

Tacitus berichtet, dass Bernstein an den Küsten der Ostsee von den »Ästiern« aufgesammelt werde (die römische Bezeichnung für die Angehörigen der das Samland und die Natangen bewohnenden Dollkeim-Kultur). Die Einheimischen würden den Wert des Bernsteins gar nicht erkennen, sondern den wertvollen Stoff an Händler verkaufen, und seien ganz erstaunt, wie viel Geld sie dafür bekämen. Archäologische Untersuchungen haben hingegen belegt, dass die Ästier nicht so einfältig waren, sondern in starkem Maße von diesen Austauschprozessen profitierten: Örtliche Grabfunde weisen eine auffällig hohe Anzahl römischer Münzen und verschiedener Importwaren (Schwerter etc.) auf.[16] Die Spätantike ist mit Recht als das Goldene Zeitalter ästischer Kultur bezeichnet worden.

Die Forschung spricht hier von der »Bernsteinstraße«.[17] Damit ist kein Verkehrsweg im physischen Sinne gemeint, sondern die Tatsache, dass Bernstein in der römischen Antike und Spätantike in großem Umfang aus dem Ostsee- in den Mittelmeerraum und besonders nach Italien gelangte.[18] Die eigentlichen Handelswege waren natürlich nicht ausschließlich für den Transport von Bernstein vorgesehen, aber für den Bernsteinhandel von zentraler Bedeutung. Der Schmuckstein war im Römischen Reich ein besonders prestigeträchtiges Material.[19] Erhaltene Amulette, Statuetten, Gemmen, Ringe, Ketten, Parfumfläschchen, Dosen und anderes mehr zeigen noch heute, mit welcher Kunstfertigkeit dieses Produkt im Römischen Reich verarbeitet wurde.[20]

Die zunehmenden Krisen seit dem 3. Jahrhundert, aber auch die Christianisierung hatten Einfluss auf den Bernsteinhandel. Große Verarbeitungszentren wie zum Beispiel Aquileia an der oberen Adria verloren an Bedeutung, aufs Ganze betrachtet ging mit dem Beginn der Völkerwanderungszeit die große Phase des

Bernsteins zu Ende. Doch in einigen Regionen behielt er eine gewisse Popularität bis ins 7. Jahrhundert.[21] Ausgrabungen von Bestattungen in Britannien, in slawischen Räumen, dem heutigen Deutschland und dem Kaukasus haben immer wieder Bernsteinperlen aus den frühmittelalterlichen Jahrhunderten zutage gefördert.

Die unterschiedliche Dichte archäologischer Überlieferungen wirft indes die Frage auf, über welche Netzwerke und aus welchem Anlass Bernstein an seinen Bestimmungsort gelangte. Handelte es sich um allgemein geschätzte Objekte oder um Luxusgegenstände einer ausgeprägten Elitenkultur, die nur über den Geschenktausch mit anderen Eliten relevant waren und nicht von breiten Handelsströmen zeugten?[22] Der Befund ist uneindeutig, die Antwort unterscheidet sich je nach Untersuchungsraum. So entstammen die in Ungarn, im Kaukasus und auf der Krim gemachten Bernsteinfunde des 6. und 7. Jahrhunderts Grabkontexten hochgestellter Persönlichkeiten, was auf punktuellen Gabentausch zwischen dominanten Gesellschaftsgruppen hindeutet.

Weiter im Westen hingegen lässt die Überlieferung auf breitere Handelsverbindungen zwischen dem Ostseeraum, den angelsächsischen Herrschaften, Seeland, dem fränkischen und dem alemannischen Bereich schließen.[23] Es wird daher vermutet, dass Bernstein aus dem Ostseeraum über Handelsknotenpunkte wie Haithabu unweit Schleswigs und dem friesischen Dorestad in größeren Mengen zuerst an die Nordsee und nach England gelangte, dort verarbeitet wurde und dann ins europäische Binnenland kam.[24] Kaupang in Norwegen, York und Dublin, wo Grabungen durchgeführt wurden und Bernstein intensiv untersucht worden ist, sind aufschlussreiche Beispiele für solche Knotenpunkte des Bernsteingewerbes.[25]

Allerdings zeigen die archäologischen Befunde auch, dass der Bernsteinhandel des 6. und 7. Jahrhunderts in der Folge tendenziell nachließ. Die Gründe hierfür sind unklar, aber vielleicht sahen christliche Autoritäten die Popularität dieses Stoffes kritisch – hierauf wird zurückzukommen sein.

In dieser Zeit war Bernstein schon lange in der arabisch-muslimischen Welt bekannt.[26] Hamza al-Iṣfahānī (gest. nach 961) aus dem ausgehenden 10. Jahrhundert zum Beispiel berichtete bereits von »kahrubā«. Muhammad Ahmad al-Muqaddasī schildert, wie Bernstein von dem als »Rus« bezeichneten slawisch-skandinavischen Herrschaftsraum über die Wolga in die muslimische Welt gelangte. Diese Angaben decken sich mit unseren Kenntnissen über wichtige Handelswege wikingerzeitlicher Kaufleute, die zu jener Zeit über Ostmitteleuropa und Byzanz Handel mit dem Dār al-Islām trieben.

Um das Jahr 1000 berichtet auch Ibn al-Ǧazzār aus Tunesien von »kahrubā«, die er als das »Licht der Römer« bzw. als die »Laterne der Römer« bezeichnet. Damit hob er offenbar auf den Zwischenhandelsplatz Konstantinopel ab, auf dem muslimische Händler Bernstein kauften. Insgesamt erwähnen im 11. bis 14. Jahrhundert über ein Dutzend arabischsprachige Geografen, Mediziner und Reisende diesen Stoff und seine Herkunft.[27]

Offenbar bestanden recht rege Verbindungen zwischen den baltischen Gebieten und den fernen Absatzmärkten in verschiedenen Ländern des Dār al-Islām. Hierfür sprechen auch die teils umfassenden Hortfunde arabisch-muslimischer Münzen im Ostseeraum. Direkte Kontakte in sehr entfernte Gebiete des Orients und Asiens dürften selten gewesen sein und sind nicht eindeutig zu belegen; häufig dürfte der Handel über Etappen und Mittelsmänner verlaufen sein – etwa über die Choresmier, die Bernstein von Zentralasien nach China transportierten.[28]

In Nordchina wurde 1986 das Grab einer Prinzessin aus der Dynastie Liao, einer Angehörigen des (proto-)mongolischen Volks der Kitan, entdeckt.[29] Nach Ausweis der Grabbeigaben verstarb sie im Jahre 1017/1018, begraben wurde sie mit ihrem Ehemann. Was dieses Grabmal für uns besonders interessant macht, ist die Tatsache, dass sich dort neben Korallenbeigaben auch Stücke aus Bernstein fanden. Sie waren offensichtlich vor Ort, also in China verarbeitet worden, der Rohstoff aber stammte, wie anhand von Infrarot-Spektrografie nachgewiesen werden konnte, aus dem Ostseeraum. Baltischer Bernstein enthält nämlich einen vergleichsweise hohen Anteil (3–8 Prozent) an Bernsteinsäure (Succinat), woraus sich im Übrigen die Fachbezeichnung für Baltischen Bernstein, Succinit, ableitet.

Die Hochzeit des mittelalterlichen Bernsteinimports nach China erstreckte sich vom 10. bis ins ausgehende 11. Jahrhundert, in den nordeuropäischen Herkunftsgebieten des Bernsteins bewegen wir uns damit in der sogenannten Wikingerzeit. Skandinavische Händler bauten damals Handelsbeziehungen auf, die nach Ostmitteleuropa, Byzanz und China reichten und Bernstein aus den Meeren Nordeuropas nach Ostasien brachten.[30]

Aus arabischen Texten werden zwei wesentliche Verkehrswege des Bernsteinhandels erkennbar: zum einen vom Samland nach Osten über den Finnischen Meeresbusen, über das Flusssystem von Ladoga, dem Weißen See, der Sheksna und Wolga bis zur Stadt Bolgar und von dort mit Karawanen nach Choresmien in Zentralasien südlich des Aralsees, von wo aus die Ware entweder nach Süden ins Kalifat oder weiter nach Asien und Ostasien transportiert werden konnte. Die zweite Strecke führte über den Dnepr ans Schwarze Meer auf die Krim nach Kaffa und von dort nach Konstantinopel. Über diesen Knotenpunkt konnte die Ware nach Bagdad oder weiter noch in den nordafrikanischen Westen, in den Maschrek, Ifriqiya oder sogar bis in den Maghreb transportiert werden.

Wirkung und Verarbeitung

Die meisten der erwähnten Autoren betonen den medizinischen Wert des Bernsteins, wie etwa Ibn al-Ǧazzār, nach dessen Überzeugung der Stoff gegen Blutungen und Herzrasen helfe; wenn man ihn aufbraue, sei er auch ein gutes Heilmittel gegen Durchfall und Magenbeschwerden. Damit griff er antike Lehren auf.[31] Bereits Plinius schrieb, Bernstein, zerkleinert und mit Honig und Rosenöl eingenommen, helfe gegen Ohrenschmerzen, mit attischem Honig verrührt gegen Augenkrankheiten. Mit Wasser zu sich genommen, sei er hilfreich gegen Magenschmerzen.[32]

Der kilikische Gelehrte Philon von Tarsus schrieb im 1. Jahrhundert das Rezept eines schmerzhemmenden Mittels nieder, das als »Philonium Persicum« von späteren Autoren vielfach aufgegriffen und bis ins 17. Jahrhundert angewandt wurde. Es bestand aus einer Mischung geologischer, botanischer und zoologischer Ingredienzen und nicht zuletzt auch aus Bernstein.[33] Der einflussreiche, um das Jahr 200 gestorbene Mediziner Galen wiederum überlieferte nicht nur dieses Rezept, sondern schlug auch vor, aus Bernstein kleine Pastillen herzustellen, die gegen Husten, Magenbeschwerden jeder Art, Völlegefühl und Gase helfen sollten.[34] Zahllos sind die pharmakologischen arabischen Werke des 10. bis 13. Jahrhunderts, die Hinweise auf die Nutzung des aus dem fernen Ostseeraum stammenden Wunderstoffes enthalten.[35]

Die antiken und arabisch-muslimischen Texte wurden im Mittelalter stark aufgegriffen. Damit gehörte Bernstein zusammen mit den bereits im Kapitel über die Nutzung mariner Zähne erwähnten *Glossopetrae* (Natternzungen) zu den Fossilien, die in jenen Jahrhunderten pharmakologisch verwendet wurden. Von allen auf diese Art und Weise genutzten Substanzen wurden dem Gold des Meeres die umfassendsten Wirkungen zugeschrieben.[36] Es wurde wie Weihrauch verbrannt, aufgelöst als Sirup verabreicht, zerstoßen und zu Tabletten oder Salben verarbeitet und auf andere Weisen eingenommen.[37]

Auch die bereits im Kapitel über Parfums und feine Düfte erwähnten »Ambra-Äpfel« (*poma ambrae*) wurden nicht nur aus der Ausscheidung des Pottwals, sondern regelmäßig aus Bernstein hergestellt.[38] Beispielhaft für seine Wertschätzung am Ende des Mittelalters sei der *Hortus sanitatis* von 1491[39] genannt oder *Der swangernfrauwen und hebammen rosengarten* (1513) des Freiburger Apothekers Eucharius Rösslin des Älteren mit Bernsteinrezepten gegen exzessive Blutungen nach der Geburt.[40]

Zu jener Zeit war Bernstein in Lateineuropa schon seit vielen Jahrhunderten als Heilmittel bekannt.[41] Im Frühmittelalter noch recht selten bezeugt, nehmen ab dem 11. Jahrhundert die Belege in einschlägigen Traktaten stetig zu, nicht zuletzt aufgrund der Übernahme medizinischen Wissens aus dem arabischsprachigen Bereich durch die Schule von Salerno im 12. Jahrhundert. Besonders häufig genannt werden Probleme des Gefäßsystems (Blutungen im Allgemeinen, Menstruationsbeschwerden, Herzschwäche usw.) sowie verschiedene Arten von Vereiterungen und Ausfluss.

Empfohlen wurde Bernstein aber auch zur Behandlung des Urogenitalsystems, zum Schutz gegen Fehlgeburten, Gonorrhöe und andere Geschlechtskrankheiten, gegen Impotenz, Inkontinenz und Blasensteine, Unterleibserkrankungen wie Dysenterie und Blähungen. Auch gegen Krankheiten wie Pest, Masern und Fieber sollte er helfen, bei Epilepsie, Sehschwäche und Melancholie. Sogar gegen Mundgeruch und Rückenschmerzen wurde Bernstein empfohlen.[42]

Der Glaube an die geradezu universelle Heilwirkung des Bernsteins verschwand keineswegs mit dem Ende des Mittelalters: Noch heute empfehlen homöopathische Arzneibücher die Einnahme des fossilisierten Harzes bei Asthma, chronischer Bronchitis und Brustschmerzen, bei Kopfschmerzen und Nierenbeschwerden. Eine Zulassung als Medikament besteht allerdings nicht.[43]

Neben den medizinischen stehen die vermeintlichen apotropäischen Fähigkeiten des Bernsteins, die denen der Koralle ähnelten. Schon Plinius erwähnte die norditalienischen Bäuerinnen, die zu seiner Zeit Amulette aus Bernstein um den Hals trugen, weil sie davon überzeugt waren, es schütze vor Halskrankheiten.[44] Der Autor empfahl selbst, Kinder mit Bernsteinamuletten zu schützen.[45] Ähnliche Behauptungen wurden auch von spätantiken Autoren formuliert. Seine rätselhafte Eigenschaft, sich elektrisch aufzuladen, die manchmal in ihm eingeschlossenen Insekten und seine geheimnisvolle Herkunft dürften hierfür die Grundlage geliefert haben.

Der Glaube an die schützende Kraft des Bernsteins wurde im Mittelalter aufgegriffen, Bernsteinamulette wurden bei archäologischen Ausgrabungen frühmittelalterlicher – christlicher wie heidnischer – Gräber aufgefunden. Aus Sicht christlicher Autoritäten war dies sicherlich nicht problemlos, bewegte man sich doch damit im Bereich heidnischer oder zumindest abergläubischer Vorstellungen. Die Nutzung von Bernstein als Material für Amulette wurde daher seitens christlicher Autoritäten kritisiert. Im 6. Jahrhundert etwa brandmarkte Caesarius, Erzbischof von Arles (gest. 542), die Nutzung von Amuletten aus Bernstein als heidnischen Brauch; die Lebensbeschreibung des heiligen Eligius aus dem 7. Jahrhundert warnte: »Keine Frau sollte sich erdreisten, sich Bernstein um den Hals zu hängen.«[46]

Aber trotz aller Widerstände und Kritik blieb Bernstein in Volksmedizin und Wunderglauben beliebt. Das *Steinbuch* König Alfons' X. von Kastilien (gest. 1284) empfiehlt ihn bei Besuchen hochgestellter Persönlichkeiten wie zum Beispiel Königen, deren Macht man fürchtet, aber auch auf Reisen als wirksamen Talisman gegen Räuber und andere Feinde.[47] Konrad von Megenberg – immerhin ein Regensburger Domherr – schrieb Mitte des 14. Jahrhunderts: »Der Aichstein vertreibt den bösen Geist, und wenn die bösen Geister durch den Mund eines besessenen Menschen reden, denn zwingt ihn der Rauch des Bernsteins zum Schweigen.«[48] So wirr diese Zuschreibung in unseren Ohren klingt, der Glaube an die schadenabwendende Kraft des Bernsteins lebt bis in die Gegenwart fort: Noch heute werden Kindern in Deutschland gern Bernsteinketten geschenkt, um sie vor Zahnschmerzen und Ähnlichem zu schützen.

Im hohen Mittelalter erweiterte sich unter den sozialen und geistigen Eliten das Wissen über Bernstein, wofür einmal mehr die Rezeption antiker und arabischer Schriften mitverantwortlich gewesen sein dürfte. Im 13. Jahrhundert griffen einige Verfasser naturwissenschaftlicher Bücher wie Alexander Neckam, Albertus Magnus und vor allem Vinzenz von Beauvais die Hinweise des Plinius auf, doch trugen sie wenig neue Informationen bei.[49] Mittelalterliche Lapidarien (Steinbücher) in der Nachfolge des besonders einflussreichen Werkes *De lapidibus* des Marbod von Rennes gingen ausführlicher auf Bernstein ein.[50]

Auch wenn viele mittelalterliche Autoren die naturwissenschaftlich zutreffende Herkunft des Bernsteins aus der Botanik erkannten und der *Hortus sanitatis* seinen Abschnitt zum Bernstein mit der Abbildung eines harztriefenden Baumes am Ufer versah (Abb. 39): Im Mittelalter und noch bis ins 18. Jahrhundert galt Bernstein als ein mineralischer Stoff. Vor allem die auf Theophrast zurückgehende, wahrscheinlich durch eine fehlerhafte etymologische Ableitung (Ligurer – Ligourion = Luchsharn) zustande gekommene Vorstellung, Bernstein sei der versteinerte Urin des Luchses,[51] wurde vielfach aufgegriffen und durch Schriften weitergegeben.[52] So erstaunt es nicht, dass der *Hortus sanitatis* nicht nur die erwähnte Abbildung eines Baumes enthält, sondern eine zweite mit der Darstellung eines urinierenden Luchses.

Verarbeitung

Ebenso wie als medizinischer Wirkstoff und als Talisman – und mehr noch – wurde Bernstein als Schmuckstein geschätzt. Über die Bearbeitung im frühen Mittelalter wissen wir nicht viel. Für diese schriftarme Zeit helfen aber archäologische Erkenntnisse. Die in Dublin und York geborgenen Reste zum Beispiel zeigen, dass dort in einigen Häusern über mehrere Generationen hinweg Bernstein verarbeitet wurde – es scheint sich hier um spezialisierte Familienbetriebe gehandelt zu haben.[53] Produziert wurden insbesondere Schmuckgegenstände: Ringe und Anhänger.

Für das spätere Mittelalter liegen ausführlichere Informationen über die Bernsteinverarbeitung und auch eine bildliche Darstellung vor. Brügger und Lübecker Quellen des 14. und 15. Jahrhunderts geben Aufschluss über einzelne *bernsteenpaternostermakere*, ihre Zünfte und Gerätschaften.[54] An der Wende zum 13. Jahrhundert waren die Bernsteindreher eine klar umrissene Handwerksgruppe, die – erstmals im Falle der Paternostermacherzunft von Brügge 1302 – auch eigene Interessensverbände bildete.[55] Ihre Ausbildung dort zog sich lange hin: Mit 13 Jahren in die Lehre geschickt, durchliefen sie eine 28-jährige Lehrzeit, bis sie Meister wurden; 70 solcher ausgebildeten Meister umfasste die Zunft im Jahre 1420, insgesamt dürften ca. 400 Personen zu jener Zeit in Brügge im Bernsteinhandwerk tätig gewesen sein.[56]

In seltenen Fällen liegen auch Abbildungen solcher Handwerker vor. In der Stadtbibliothek Nürnberg zum Beispiel wird das *Mendelsche Hausbuch der Zwölfbruderstiftung* aufbewahrt, das bereits im Kapitel über die Fischer erwähnt worden ist. Die

Insassen dieses »Altersheims für bedürftige, betagte Handwerker« sind in der Handschrift bildlich dargestellt. Unter ihnen findet sich auch der »Paternosterer Leupolt«, also ein Hersteller von Rosenkränzen, den man bei seiner Arbeit an der Drehbank sieht (Tafel 20). Mithilfe eines Handbogens dreht er eine Spindel gleichmäßig hin und her, an deren Spitze eine Vorrichtung das zu verarbeitende Stück hält, sodass es sich leicht durchbohren lässt; achtgeben musste Leupolt nur, dass sich der Bernstein nicht allzu sehr erhitzte.

Archäologische Funde in einer Londoner Rosenkranzwerkstatt von der Wende vom 14. zum 15. Jahrhundert haben nämlich eine beachtliche Zahl zerbrochener Perlen zutage gefördert.[57] Offenbar bearbeitete der Nürnberger Paternostermacher kleine Perlen, die dann zu einer Gebetskette, einem Paternoster, zusammengefügt wurden. Man kann zwei unterschiedliche Typen von Perlen erkennen, die vor ihm auf einer Arbeitsbank liegen. Es lässt sich zwar nicht eindeutig belegen, aus welchem Material sie sind, und Paternoster/Rosenkränze wurden auch aus Koralle hergestellt, doch ebenso sind Bernsteinpaternoster bezeugt.

Wie solche mittelalterlichen Paternoster aussahen, ist gut bekannt, denn verschiedene von ihnen sind auf uns gekommen.[58] Aber nicht nur Gebetsketten wurden aus Bernstein hergestellt, sondern auch Schmuckbänder, also Halsketten etc. Daneben sind aus dem Mittelalter noch weitere größere Gegenstände erhalten, die aus Bernstein gefertigt wurden, zum Beispiel Kleinskulpturen. Bernstein kann nämlich in Fundstücken von mehreren Kilo Gewicht auftreten, was seine Verarbeitung zu entsprechend großen Objekten ermöglicht.[59]

Es kann nicht überraschen, dass dieses Luxusprodukt gelegentlich auch auf Gemälden erscheint, besonders in Form von Paternostern/Rosenkränzen.[60] Vor 1493 schuf ein anonymer Brügger Maler (der Meister der Legende der heiligen Lucia) eine

Abb. 41. Meister der Lucialegende, Marienaltar der Bruderschaft der Schwarzhäupter (vor 1493, Ausschnitt).

Darstellung der Jungfrau Maria, auf der die Porträts von 15 reichen Bürgern der Hansestadt Reval als Stifterfiguren zu sehen sind.[61] Einer von ihnen trägt unübersehbar einen Paternoster aus gelblich schimmernden Bernsteinperlen und blauen Seidenquasten (Abb 41). Der Künstler zeigte mit den Porträts nicht nur die Gottesfurcht der örtlichen Kaufleute, sondern auch ihren Reichtum und verwies nicht zuletzt auf den Ostseeraum, das Herkunftsgebiet des Bernsteins.

Und wie verbreitet waren Gegenstände aus Bernstein? Wir wissen es nicht genau, aber Testamente – insbesondere, aber keineswegs nur aus dem Ostseeraum – führen unter den Nachlassgegenständen oft Paternoster aus Bernstein auf.[62] Besitzverzeichnisse spätmittelalterlicher Stadtbürger, Adliger und Kleriker nennen immer wieder Bernsteingegenstände, auch in zahllosen fürstlichen und königlichen Schatzverzeichnissen finden sich solche Hinweise, darunter auch auf Bilder und vollplastische Figuren, die aus Bernstein geschnitzt wurden.[63]

Die Herren des Meeresgolds

Kehren wir zum Bernsteinzimmer zurück. Es war kein Zufall, dass Friedrich I. es in Auftrag gab und Katharina die Große (gest. 1796) es vollendete, denn beide beherrschten Gebiete, in denen der Rohstoff in großen Mengen vorkam. Bedeutete dies aber auch, dass sie uneingeschränkten Zugriff darauf hatten? Überhaupt: Wie war es im Mittelalter um die herrschaftliche Gewalt über den Bernstein bestellt? Wer waren im mittelalterlichen Jahrtausend die Herren des Meeresgolds?

Bis ins 13. Jahrhundert wurden die hauptsächlichen Vorkommensgebiete des Bernsteins, also die südlichen Küsten des Ostseeraums, von unterschiedlichen baltischen Stämmen beherrscht. Zu nennen sind die Liven, Kuren, Žemaiten (Samaiten), Schalauer und insbesondere die zwischen dem 1. und 9. Jahrhundert das Samland bewohnenden Angehörigen der sogenannten Dollkeim-Kultur sowie die sie in der Folge verdrängenden Prußen. Diese heidnischen baltischen Stämme nutzten während der Jahrhunderte des früheren Mittelalters Bernstein mit unterschiedlicher Intensität.[64]

Während er bei den westbaltischen Prußen oder auf Gotland sehr populär war, fällt seine Nutzung bei den Kuren und den Litauern vergleichsweise ab. Die Litauer benutzten ihn offenbar gern für den Schmuck der Pferdemähnen und zur Herstellung einer überschaubaren Anzahl von Schmuckgegenständen. Ähnliches gilt für die Kuren und die Semgallen, in deren Grabstätten zwar Bernsteinperlen, aber nicht in besonders hoher Zahl gefunden worden sind. Die Žemaiten und die Liven hingegen pflegten eine andere Tradition und trugen gern Bernstein.

Es lassen sich in den von baltischen Stämmen bewohnten Küsten des Ostseeraums auch Handels- und Gewerbezentren (etwa Palanga in Litauen und Daugmale bei Riga) bestimmen, in denen Bernstein verarbeitet wurde. Amulette, Miniaturen von Thors Hammer, Schachfiguren, Würfel wurden in der Wikingerzeit dort hergestellt. Allerdings war das Bernsteingewerbe nur eines neben anderen, der Handel mit diesem Stoff spielte für die Balten im früheren Mittelalter keine herausragende Rolle.

Auch weiter westlich, unter den slawischen Wenden, wurde in vorchristlicher Zeit Bernstein verarbeitet, wie durch Ausgrabungen in Wollin bei Stettin belegt werden konnte. Seit der Christianisierung der Slawen im Verlauf des 10. und 11. Jahrhunderts folgten die südlichen und westlichen Nachbarn der baltischen Stämme einem anderen Glaubenssystem, was religiöse Spannungen mit den nun entstehenden polnischen Territorien hervorrief. Über Jahrzehnte hinweg unterhielten die Gesellschaften des Ostseeraums also mal konfliktreiche, mal friedliche Beziehungen untereinander. Doch zu Beginn des 13. Jahrhunderts trat eine Veränderung ein, welche die Region auf immer prägen sollte. Die polnischen Herrschaftsträger (genauer: Herzog Konrad I. von Masowien, gest. 1247) riefen um das Jahr 1226 militärische Unterstützung ins Land, und zwar in Form einer damals noch jungen Einrichtung, des Deutschen Ordens.[65]

Es handelte sich dabei um einen Ritterorden, also um eine kirchliche Gemeinschaft, welche religiöse und militärische Aufgaben miteinander verband. Die ersten solchen Orden entstanden im Königreich Jerusalem, im heutigen Israel. Dort war es infolge des für die Christen erfolgreichen Ersten Kreuzzugs von 1096 bis 1099 zur Errichtung neuer Reiche gekommen, die in der Forschung als »Kreuzfahrerstaaten« bezeichnet werden und unter denen das Königreich Jerusalem das bedeutendste war.

Die in den ersten Jahrzehnten des 12. Jahrhunderts entstandenen Ritterorden erfüllten in ihrer jeweiligen Gründungsphase entweder vordringlich militärische Aufgaben, oder sie waren in starkem Maße um die Pflege von Kranken und anderen Bedürftigen bemüht. Für den ersten, als Kampfinstitut begründeten Typ ist der um 1119 gegründete Templerorden exemplarisch, für die zweite, ursprünglich karitativ tätige Variante der bereits einige Jahre zuvor aus einem Jerusalemer Spital hervorgegangene Johanniterorden.

Beide Typen verbanden praktische, physische Tätigkeiten – den Kampf bzw. die Krankenpflege – mit einem gemeinschaftlichen, von regelmäßigen Gebeten und festen Regeln geprägten religiösen Leben. Nach der Gründung des Templer- und des Johanniterordens entstanden im Verlauf des 12. Jahrhunderts im Königreich Jerusalem, aber auch in anderen Grenzgebieten Latein-Europas wie den iberischen Reichen ähnlich strukturierte Ritterordensgemeinschaften. Unabhängig davon, ob sie bereits von Beginn an militärisch oder zuerst karitativ tätig waren, betätigten sich alle Ritterorden über kurz oder lang auch kriegerisch.

Zu diesen späteren Gründungen zählt auch der Deutsche Orden. Er entstand während des Kampfes um die Hafenstadt Akkon im Verlauf des sogenannten Dritten Kreuzzugs von 1189 bis 1192 aus einem Spital, das der Pflege kranker und verwundeter Krieger aus dem Reich gewidmet war. Daraus leitete sich die Bezeichnung der neuen Einrichtung ab: »Orden der Brüder vom Deutschen Hospital Sankt Mariens in Jerusalem«. Ursprünglich dem Krankendienst gewidmet, übernahm diese Einrichtung bereits im Jahre 1198, also wenige Jahre nach ihrer Gründung, auch militärische Aufgaben. Ihre Zentrale befand sich zuerst im neu eroberten Akkon (Akko in Israel), seit 1220 auch auf der rund 25 Kilometer entfernten, heute unweit der Grenze zum Libanon gelegenen Burg Montfort (»Starkenberg«).

Der Deutsche Orden entstand also im Heiligen Land; aber zu Beginn des 13. Jahrhunderts dehnte er sich aus und erschloss neue Betätigungsfelder. Zu diesen gehörte zuerst das Burzenland in Ungarn (Siebenbürgen), wo man zwischen 1211 und 1225 letztlich erfolglos versuchte, eine eigene Herrschaft zu errichten. Ein Jahr später rief Herzog Konrad von Masowien die Deutschordensritter gegen die heidnischen Prußen jenseits der Weichsel zu Hilfe – und dieses Mal gelang es ihnen, sich dauerhaft im Land festzusetzen. Sukzessive eroberten sie im Verlauf des 13. Jahrhunderts das von den Prußen bewohnte und nach ihnen als Preußen bezeichnete Gebiet.

Mit der Einnahme des Samlands um 1255 fielen auch die Küsten mit den reichen Bernsteinvorkommen unter die Herrschaft des Deutschen Ordens, der die Region von einer neu errichteten Burg und der um sie entstehenden Stadt Königsberg aus verwaltete. Weiter nördlich, in Livland, eroberten sich die Deutschordensritter in Auseinandersetzung mit den baltischen Liven, Kuren, Semgallen und Litauern ein zweites Territorium. Preußen und Livland bildeten damit seit der Mitte des 13. Jahrhunderts ein neues, von einem Ritterorden beherrschtes Gebiet, das von der Forschung als »Deutschordensstaat« bezeichnet wird und bis ins 16. Jahrhundert fortdauern sollte. Damit aber wurde der Deutsche Orden zum wichtigsten Herrn des Meeresgolds.[66]

Wie organisierten nun diese neuen Herren und ihre Anrainer an der Ostsee die Gewinnung und Verteilung des Bernsteins, der regelmäßig an die Küsten ihrer Territorien gespült wurde? Wem gehörte das Fundgut? Im westlich an Preußen angrenzenden, von polnischen Fürsten regierten Pommerellen durften die Untertanen dieses Fundgut zwar sammeln, aber die Herren beanspruchten im Gegenzug das Recht des Ankaufs des Bernsteins.[67] Die Verfügung über diese Substanz war also ein Herrschaftsrecht, ein Regal.[68] Dieses System scheinen auch die Grundbesitzer des Samlands befolgt und die Ritter des Deutschen Ordens im Samland und in Livland übernommen zu haben.

Auch hier kann man beobachten, dass das Recht der Gewinnung für einzelne Küstenabschnitte an Untertanen abgegeben wurde. 1264 ließ sich der Bischof des Samlands zumindest einen Anteil der Bernsteinerträge auf seinem Gebiet zusichern.[69] Nachdem der Deutsche Orden 1309 das christliche Pommerellen mitsamt seiner wichtigsten Stadt Danzig erobert und in der nahe gelegenen Marienburg (poln. Zamek w Malborku) seine Ordenszentrale errichtet hatte, setzte er die lokale Tradition fort: 1312 erhielten Fischer aus Danzig das Recht, den örtlichen Bernstein zu sammeln, Ähnliches wurde im Jahre 1342 dem Abt des Zisterzienserklosters Oliva gestattet.[70]

Allerdings wurde bereits beim Privileg für die Danziger 1312 dem Orden erstmals ein Vorkaufsrecht garantiert. Die Fischer wurden nämlich verpflichtet, diese gesamte »Bernsteinernte« ausschließlich dem Orden zu verkaufen.[71] Damit erlangten die Ordensritter faktisch ein Monopol auf Bernstein. Es dauerte noch eine Weile, bis sich dieses Vorkaufsrecht durchsetzte, aber spätestens Ende des 14. Jahrhunderts war es erreicht.

Die Privilegien für Oliva und Danzig waren jedoch Ausnahmen, weitaus größere Küstenstreifen verblieben unter der direkten Kontrolle des Ordens und wurden von ihm ausgebeutet. Die Ordensritter setzten an der Küste des Samlands lokale Bewohner ein, um Bernstein aufzulesen. Leibeigene taten dies wahrscheinlich als Teil ihrer Frondienste, andere wurden bezahlt. In den Königsberger Ausgabenlisten des Jahres 1430 stehen verschiedentlich Beträge, die den einheimischen Preußen für ihre Sammelarbeit gezahlt wurden.[72]

Georgius Agricola (Georg Bauer, gest. 1555), Arzt und Stadtapotheker von Joachimsthal und Chemnitz, lieferte zur Mitte des 16. Jahrhunderts eine ungewöhnlich ausführliche und lebensnahe, von Mitleid mit den lokalen Hörigen geprägte Beschreibung, wie die Einheimischen »schon seit den ältesten Zeiten den Bernstein wie Fische mit Netzen fangen. Und das haben sie einst, als sie frei und eigenen Rechts waren, freiwillig getan, jetzt tun sie es als Leibeigene und unter fremdem Recht, nämlich dem der Deutschen, die dem geistlichen Ritterdienst ergeben und ihre Herren sind, durch Befehl gezwungen.«[73]

Demnach würden die Männer, sobald die Winde das Meer aufwühlten, an den Strand laufen. Sie »tragen die aus Flachsgarn geflochtenen Netze, die an den vorderen Enden langer Stangen befestigt sind, die wie Gabeln so auseinandergehen, dass sie eine Elle breit offen sind, die Frauen die nötigen Lebensmittel. Und wenn sich die Winde schon gelegt haben, das Meer aber noch von der Flut hin und her wogt, laufen sie nackt mit der weichenden Flut ins Meer und fischen von dessen Grund den Bernstein [...]. Sobald sie den Bernstein gefischt haben, kehren sie zusammen mit der herankommenden zweiten Flut zur Küste zurück. Dort schüttet die Frau eines jeden den Bernstein aus dem Netz, bewahrt ihn auf und säubert ihn von Kraut und anderen Dingen.

Dabei dienen ihr, wenn sie welche hat, die Kinder als Helfer. Die Frau macht auch in der kalten Jahreszeit die Kleider am Feuer warm und erwärmt damit den nackten Körper ihres frierenden Mannes, damit er nicht allzu sehr unter der Kälte leidet und damit er rasch wieder ins Meer eilen kann. Er läuft so lange hinein, bis kein Bernstein mehr zu finden ist. Den ganzen Fang muss jener bei den Aufsehern abliefern; von denen erhält er mit demselben Maße so viel Salz zurück, wie er Bernstein abgeliefert hat. [...]

Aus diesem Bernsteinfang ziehen die Deutschen wie aus einem Fischfang großen Ertrag. Auf das Jahr nämlich verkauft man den Bernstein für rund 10 000 rheinische Gulden an Kaufleute; diese lassen ihn zu mannigfachen Gestalten formen und verkaufen ihn dann im einzelnen.«[74] Man kann davon ausgehen, dass der hier für das 16. Jahrhundert beschriebene Ablauf der Bernsteinernte sich nicht wesentlich von dem des späten Mittelalters unterschied. Nutznießer war der Deutsche Orden.

Er wachte streng darüber, dass ihm keine Einnahmen entgingen. Aufgelesener Bernstein musste seinen Vertretern abgegeben werden; unbearbeiteten Bernstein bei sich zu behalten oder mit ihm zu handeln wurde seit dem 15. Jahrhundert mit dem Tode bestraft.[75] Offenbar setzten die Ordensritter diese Drohung mit aller Härte um. Der Königsberger Chronist Johannes Freiberg erzählt eindrücklich und mit sichtlicher Anteilnahme von armen Einwohnern von Fischhausen (Primorsk), die zu Beginn des 16. Jahrhunderts wegen Unterschlagung denunziert und gefangen gesetzt wurden.

Während ein Älterer unter ihnen sich das Leben zu nehmen versuchte und sich dabei so schwer am Hals verletzte, dass *er gancz heisch stum dovon blieb*, seinem Sohn hingegen die Flucht aus dem Gefängnis gelang, wurden drei weitere Fischhauser, bevor man sie hinrichtete, schwer gefoltert, um die Namen von Mitwissern zu erfahren. Als einer von ihnen die Leiter zum Galgen hinaufstieg, so schreibt Freiberg, schrie er in die Menge, dass er unschuldig sei, worauf anwesende *Junckfrawen und Frawen* so inständig um sein Leben bettelten, dass man ihn schließlich verschonte. Doch war der Mann derart schwer gefoltert und verletzt worden, dass er nach drei Tagen verstarb. Seine beiden Mitbürger hingegen kamen aufgrund der Bitten *irer weiber und kinder* frei.[76]

Diese und andere Grausamkeiten des Ordens und seiner Dienstleute waren dafür verantwortlich, dass lange nach dessen Ende und noch bis ins 19. Jahrhundert der »grausame Strandvogt« eine wichtige Rolle in den samländischen Sagen spielen sollte.[77] Diese Seite der preußischen Bernsteingewinnung sei – bei aller Nostalgie um das verschwundene Bernsteinzimmer – in Erinnerung gehalten.

Trotz dieses harten Regiments kam es zu Unterschlagung und illegalem Handel mit aufgefundenem Bernstein. Die Ordensritter versuchten dem – neben der erwähnten Verfolgung – dadurch entgegenzutreten, dass sie die Verarbeitung des Rohstoffes ins Ausland verlagerten und eigene Amtsleute mit der Abwicklung des Bernsteingeschäfts beauftragten. Die zuständigen Dienstleute wurden bezeichnenderweise »Bernsteinmeister« genannt.[78] Sie residierten an ausgewählten Knotenpunkten, unter denen Lochstädt (Pawlowo) der bedeutendste war.[79] Dort sammelten sie den Bernstein ein, verpackten ihn in Tonnen und schickten ihn an den Obersten Marschall nach Königsberg. Weitere Bernsteinlieferungen kamen unter anderem vom Bischof vom Samland, dem Komtur von Danzig und dem Abt von Oliva.[80] Nach Ausweis einer Königsberger Einnahmenliste aus dem Jahre 1430 flossen auf diese Weise dem Marschall allein in jenem Jahr 6100 Pfund Bernstein zu.[81]

Auf der nächsten Stufe des Bernsteinhandels war vor allem ein Amtsträger des Deutschen Ordens zuständig: der Großschäffer.[82] An ihn übergab der Marschall den Jahresertrag, im Gegenzug erhielt er Warenlieferungen im Wert von 1400 Mark für seinen Hauptsitz in Königsberg.[83] Der Großschäffer sah zu, dass die Ware in genormte, von Königsberger Böttchermeistern gefertigte Tonnen (das *buornsteyn vass*) verpackt wurde, und unterhielt dauerhafte Kontakte zu Niederlassungen und zu Vertretern des Ordens in wichtigen Verarbeitungsstätten. Hierunter ragen insbesondere Lübeck und Brügge hervor, im 15. Jahrhundert auch Venedig und Augsburg. Es war ein lukratives Geschäft, eine der Haupteinnahmequellen des Deutschen Ordens.[84]

In Lübeck und Brügge unterhielten die Ordensritter eigene

Lager mit örtlichen Verwaltern (»Liegern«), die den Verkauf des Rohstoffs an örtliche Handwerker und Bernsteindreher organisierten.[85] Diese zahlten nicht nur Bares, sondern lieferten dem Deutschen Orden eine festgelegte Zahl von Rosenkränzen. Aus dem Verkaufsgewinn erstanden die Ordensleute in Brügge und Lübeck Textilien, Gewürze und andere Waren, die sie nach Preußen schickten.[86]

Das heißt: Die Verarbeitung des Bernsteins erfolgte ursprünglich vor allem außerhalb des Deutschordenslandes, der Vertrieb der Fertigprodukte lag dann oftmals in der Hand von Hansekaufleuten wie zum Beispiel Hildebrand Veckinchusen, dessen Rechnungsbücher den Vertrieb von Paternostern nach Venedig belegen.[87] Weitere Hauptabsatzmärkte waren neben den Verarbeitungszentren selbst große mitteleuropäische Handelsstädte wie Köln, Frankfurt, Nürnberg, Lemberg und auch entfernte Städte auf der Iberischen Halbinsel.[88] In Lemberg unterhielt der Orden bis zum Beginn des 15. Jahrhunderts sogar einen eigenen, von einem »Wirt« beaufsichtigten Keller zur Aufbewahrung des Bernsteins, der an armenische Händler verkauft wurde, die ihn wiederum in den Orient transportierten.[89]

Baltischer Bernstein aus den Deutschordensterritorien war nicht nur in Asien und im lateinischen Westen, sondern auch im Dār al-Islām ein gesuchter Rohstoff für Schmuckgegenstände. Im Spätmittelalter wurde er in Kairo auf einem eigens dafür eingerichteten »Bernsteinmarkt« verkauft, die Kairoer Bernsteinkaufleute gehörten zu den reicheren Händlern der Stadt.[90] Notarbücher aus Spanien und Italien zeigen, wie im 14. und 15. Jahrhundert über Brügge oder Venedig in den Mittelmeerraum gelangter Bernstein nach Alexandria exportiert wurde.[91]

Einblicke in den spätmittelalterlichen Bernsteinhandel vermitteln die Handelsrechnungen des Deutschen Ordens, aber auch Briefe von Hansekaufleuten.[92] In den Rechnungsbüchern der Großschäfferei Königsberg und der *Flandrischen Liegerbücher* des 15. Jahrhunderts etwa tauchen über 200 Erwähnungen von Bernsteinlieferungen, -zahlungen und -transporten auf.[93]

Mithilfe dieser Quellen lässt sich verfolgen, wie der Orden sein Monopol zu nutzen versuchte. Die Dokumente der Großschäfferei Königsberg sind besonders aussagekräftig.[94] Sie zeigen, wie die Ordensritter mit den Paternostermachergewerken in Brügge und Lübeck durch Verträge die Bedingungen für die Abnahme des Bernsteins regelten. Aus den Jahren 1411 und 1421 sind solche Verabredungen erhalten.[95] Lautstarke Beschwerden Brügger Bernsteinhandwerker über ausbleibende Rohstofflieferungen im Jahre 1420/21 und hektische Bemühungen örtlicher Kaufleute, den Warenfluss sicherzustellen, sind klare Belege dafür, dass der Deutsche Orden seine Stellung bei Bedarf strategisch einzusetzen wusste.[96]

Er konnte auch auf seine Bernsteinvorräte zurückgreifen, wenn es galt, diplomatische Geschenke zu versenden, wie wir es im Mittelmeerraum beim Umgang mit Koralle beobachten konnten. Beispielhaft sei ein Brief Hochmeister Pauls von Rusdorf (gest. 1441) an Königin Elisabeth von Ungarn (gest. 1442) aus dem Jahre 1438 angeführt, in dem er die Entsendung eines weißen Bernsteinpaternosters (»den schönsten in seinem Lande«) ankündigt, mit dem er für die Liebe und Zuneigung der Königin zum Orden dankte – doch aus Dankbarkeit allein handelte der Hochmeister nicht, denn scheinbar beiläufig bat er in dem Schreiben Königin Elisabeth, sich beim König aktiv für ihn und den Orden einzusetzen.[97]

Als aber die Macht des Ordens schwächer wurde, diejenige der preußischen Städte wuchs und der Orden infolge des Dreizehnjährigen Krieges (auch Preußischer Städtekrieg genannt, 1454–1466) seine westlichen Territorien verlor, wendete sich das Blatt. Das abgefallene Danzig zum Beispiel stieg in die Bernsteinverarbeitung ein und gründete 1480 eine eigene Bernsteindreherzunft.[98] Lübecker Kaufleute kauften nun direkt in Königsberg den Rohstoff ein: In einem Jahr (1463) erstand Johann Tolner aus Lübeck dort drei Tonnen Bernstein, die ihm dann allerdings von Danziger Schiffen geraubt wurden.[99] Nunmehr wurde Bernstein direkt an der Ostsee zu Luxusgegenständen verarbeitet. Dies hatte wiederum Folgen für die Brügger Bernsteindreher, deren Zunft spätestens 1498 nicht mehr existierte.

Bernstein trug nicht unwesentlich dazu bei, dass der sogenannte Deutschordensstaat die Geschicke des Ostseeraums im Spätmittelalter prägen konnte. Andererseits führte die Monopolstellung des Ordens in der Bernsteinwirtschaft zu Einschränkungen des freien Warenhandels und vor allem zu schweren Belastungen für die örtliche Bevölkerung. Dieser Wirtschaftszweig ist daher ein besonders markantes Beispiel für die sozialen Folgen landesherrlicher Ausbeutung. Die enge Verknüpfung zwischen politischer Herrschaft und der Nutzung mariner Rohstoffe wird auch das Leitmotiv des folgenden Kapitels sein.

Abb. 42. Verkauf von Salz in einem Laden, aus: Tacuinum sanitatis (Ende 14. Jahrhundert).

12.
Der weiße Riese: Salz

Nicht mehr sehr verbreitet, aber noch immer bekannt ist im Deutschen der Begriff des »Salärs« als Synonym für Gehalt, Honorar. In anderen Sprachen sind seine Entsprechungen ganz geläufig – im Englischen, Französischen und Spanischen etwa, wo »salary«, »salaire« bzw. »salario« die gebräuchlichen Bezeichnungen des Arbeitsentgelts sind. Doch woher stammt das Wort? Es leitet sich vom lateinischen Substantiv *salarium* bzw. vom Adjektiv *salarius* (»dem Salz zugehörig«) ab. Lange wurde vermutet, das rühre daher, dass römische Legionäre mit Salz entlohnt worden seien. Zwar gilt diese These inzwischen als widerlegt, und auch andere Erklärungen werden bezweifelt – etwa diejenige, es handele sich beim *salarium* um eine Salzration für Beamte oder Soldaten bzw. um Geld, mit dem Salz gekauft worden sei (»Salzgeld« gewissermaßen).[1]

Aber wie und warum auch immer sich der Bedeutungswandel vollzog: Bereits im 1. Jahrhundert unserer Zeitrechnung lässt sich beobachten, dass sich bei den Römern der vom Salz abgeleitete Begriff *salarium* als Bezeichnung einer Entlohnung eingebürgert hatte. Wieder kann Plinius als Gewährsmann herangezogen werden, der ihn im Sinne einer »Belohnung« benutzte, aber auch Tacitus, für den *salarium* unzweifelhaft ein Ausdruck für Arbeitsentgelt war.[2] Für unsere Belange wesentlich ist aber der Gedanke, dass der Gegenstand der folgenden Seiten, Salz, so unmittelbar mit dem Lebensunterhalt und damit der Sicherung menschlicher Existenz verbunden erschien, dass er diese folgenreiche sprachliche Abstrahierung durchlief, die bis in den modernen Sprachgebrauch fortlebt.

In der Tat ist der Mensch elementar von der Salzzufuhr abhängig. Jeden Tag benötigt er 5 Gramm Natriumchlorid (Speise- bzw. Kochsalz), bei stärkerer Transpiration aufgrund hoher Temperaturen oder körperlicher Anstrengung sogar bis zu 20 Gramm. Diese Menge wird meist über die Nahrung aufgenommen, insbesondere über Fleisch. Vegetarisch lebende Menschen benötigen häufig zusätzliche Salzzufuhr. Denn wenn der Mensch nicht regelmäßig Salz zu sich nimmt, erkrankt er an Anämie mitsamt dazugehörigen Symptomen und Folgen (Müdigkeit, Kopfschmerzen, Konzentrations- und Erinnerungsschwäche, Sauerstoffmangel, Organschäden etc.).

Über diese physiologisch notwendige Funktion hinaus besitzt Salz einen Wert als Würzmittel und Geschmacksverstärker. Daher nahmen und nehmen Menschen es regelmäßig in größeren Mengen auf, als sie physiologisch benötigen – in Deutschland derzeit rund doppelt so viel wie ratsam.[3] Im Mittelalter verzehrten die einkommensschwächeren Familien vergleichsweise selten Frischfleisch mit dem darin enthaltenen Salz. Allerdings konnten sie das lebensnotwendige Mineral über relativ preiswerte konservierte Speisen wie Salzfisch aufnehmen.

Damit ist ein zweites Feld betreten, für das Salz außerordentlich wichtig war: die Haltbarmachung.[4] Bis zur Erfindung der Kältemaschine wurde Salz in sehr vielen Gesellschaften für die Konservierung verderblicher Nahrungsmittel eingesetzt. Denn es entzieht organischen Stoffen Wasser und schützt zugleich vor dem Befall mit Bakterien.[5] Nicht nur die vielfach erwähnten eingesalzenen Fische, sondern auch andere Nahrungsmittel (insbesondere Fleisch) wurden eingesalzen oder unter Hinzufügung anderer chemischer Stoffe gepökelt und damit haltbar gemacht.

Im Jahresablauf wurde vor allem der Dezember mit solchen

Tätigkeiten assoziiert, wie man an den Illustrationen mittelalterlicher Kalender sehen kann. Auch Oliven und anderes Gemüse wurden mit Salz haltbar gemacht, wie viele arabischsprachige Kochbücher belegen.[6] Für die Herstellung von Butter und Käse ist es ebenfalls unabdingbar, worauf bereits um das Jahr 1000 der schon erwähnte englische Abt Aelfric in seinem *Colloquium* einen Salzverkäufer hinweisen lässt.[7]

Wie wichtig dieses Mineral in den mittelalterlichen Gesellschaften war, erkennt man auch an den Illustrationen zeitgenössischer Handschriften, zum Beispiel am *Tacuinum sanitatis*. In diesem Werk sind verschiedentlich Salzhändler und ihre Ware abgebildet – Männer, gelegentlich auch Frauen, in Verkaufsständen vor Salzbergen (Abb. 42). Das diätetisch-medizinische *Tacuinum* deutet zugleich an, dass Salz auch im Bereich des Gesundheitswesens zum Einsatz kam: zur Heilung von Bissen, Stichen und Brandwunden etc. In nicht weniger als 120 Verordnungen mittelalterlicher medizinischer Traktate wird es verschrieben.[8]

Der Vollständigkeit halber sei auch darauf hingewiesen, dass Salz im Mittelalter nicht nur für die menschliche Ernährung bedeutend war, sondern auch für diejenige von Nutztieren sowie für weitere Wirtschaftszweige wie zum Beispiel das Ledergewerbe.[9] Pferde zum Beispiel brauchen 50 Gramm, Kühe 90 Gramm Salz pro Tag, das Mineral ist schon allein aus diesem Grund für die Viehhaltung wichtig. Und wenn abgezogene Tierhaut nicht sofort gegerbt und zu Leder verarbeitet wurde, musste sie eingesalzen und auf diese Weise für die Weiterverarbeitung haltbar gemacht werden.

Salz wurde auch im Metall-, Glas- und Keramikgewerbe eingesetzt und für die Herstellung von Seifen benutzt. Kurz: Es war für vormoderne Gesellschaften von elementarer Bedeutung – ein strategischer Rohstoff, ein »weißer Riese« gewissermaßen, dessen Bedeutung für die spätmittelalterliche Wirtschaft zu Recht mit der des Rohöls für die moderne Ökonomie verglichen wird.[10] Salz wird daher in der Literatur verschiedentlich auch als das »weiße Gold« bezeichnet[11] – nicht weil es besonders teuer, sondern weil es wichtig, anerkannt und geschätzt war.[12]

Für die Geschichte des Salzes wiederum kommt dem Mittelalter besonders große Bedeutung zu, da es in jener Epoche in weitaus stärkerem Maße als heute für die Konservierung unabdingbar war – und weil es, wie wir sehen werden, seit der zweiten Hälfte des 13. Jahrhunderts zu einem fernräumlich gehandelten Massengut avancierte, das wesentlich zur wirtschaftlichen Vernetzung des euro-mediterranen Raums beitrug und damit die Bedürfnisse einer bis zu Beginn des 14. Jahrhunderts anwachsenden europäischen Bevölkerung befriedigte.

Die Bibel ist dem Mineral gegenüber ambivalent: Einerseits nährt, reinigt und würzt es, andererseits vernichtet es Leben – etwa indem es den Boden unfruchtbar macht (Ps 107,43; Richter 9,45). Zugleich war es ein anerkannter Bestandteil der jüdischen Opferkultur, und Christus rief seinen Aposteln zu, sie seien nicht nur »das Licht der Welt«, sondern auch »das Salz der Erde« (Mt 5,13). Vielleicht war diese Ambivalenz dafür verantwortlich, dass die uns so verlässlich begleitenden Gelehrten des Mittelalters das Salz selten theologisch ausdeuteten. Eine religiöse Komponente behielt das Mineral allerdings bei, denn christliche Kleriker setzten es zur Segnung von Menschen, Hof und Vieh und auch zum Exorzieren ein, glaubten die Menschen jener Epoche doch fest daran, dass der Teufel das Salz scheue.[13]

Und natürlich wurde Salz als Gewürz, zur Förderung der Verdauung und zur Verfeinerung von Speisen geschätzt und benutzt.[14] Salzstreuer und Salzfässchen werden in Kochbüchern, Inventaren etc. vielfach erwähnt. Allein im Schatzverzeichnis König Karls V. von Frankreich werden nicht weniger als 36 Salzfässer aufgeführt und beschrieben, darunter einige, die offenbar sehr kunstvoll gearbeitet waren: »Ein Salzstreuer in der Form eines Schiffs, garniert mit Edelsteinen, und an beiden Enden zwei Delfine«, »Ein kleiner runder Salzstreuer aus Gold, der mit dem Wappen Frankreichs verziert ist«, »Ein Salzfass auf einer Terrasse, wo drei Männer stehen, die Instrumente spielen«.[15]

Besonders häufig werden »Salières« in der Form eines Schiffes oder einer Muschel angeführt. Leider sind solche Artefakte nur sehr selten auf uns gekommen, aber ein hochwertiges Kunstwerk befindet sich heute im Metropolitan Museum of Art in New York: ein aus Gold und Bergkristall wahrscheinlich in der Mitte des 13. Jahrhunderts in Paris geschaffenes Salznäpfchen in Form eines Schiffes (Tafel 21).[16]

Land- und Meersalz

Die Menschen des mittelalterlichen Jahrtausends konnten Salz aus unterschiedlichen Quellen beziehen, aus dem Meer ebenso wie aus der Erde. Salz kann entweder als Steinsalz im Bergbau gewonnen oder, was im Mittelalter viel häufiger geschah, in flüssiger Form abgedampft bzw. gesiedet werden. Beim Sieden wird natürliches salzhaltiges Wasser in metallenen Sudpfannen über einem Feuer verdampft. Eine andere Möglichkeit bestand darin, salzhaltiges Wasser künstlich herzustellen, indem man Salzstollen »auslaugte«: Süßwasser wurde in Salzstollen eingelassen und, nachdem es Salz aufgenommen hatte, ebenfalls zum Kochen gebracht, bis es verdampfte. Für beide Verfahren ist allerdings viel Brennstoff (Holz oder Torf) vonnöten. Die großen Produktionszentren der Salzsiedung mussten folglich über nahegelegene Wälder verfügen oder Holz aus größerer Entfernung

Abb. 43. Siegelabdruck des Wappens von Hallein (ca. 1300).

herbeiführen.[17] In einigen anderen Regionen hingegen wurde Steinsalz im Mittelalter im Bergbau gewonnen.

Die Bedeutung der Salzherstellung für einzelne Ortschaften ist noch heute an ihren Siegeln erkennbar. Das Stadtsiegel der bei Salzburg gelegenen und durch bedeutende unterirdische Salzvorkommen begünstigten Stadt Hallein aus der Zeit um 1300 weist einen Salzträger auf und trägt die Inschrift *sigillum civium de salina* (»Siegel der Bürger von Salina«, Abb. 43). Damit gab die städtische Führung unzweideutig zu erkennen, dass ihr Reichtum auf der Salzproduktion beruhte. Auch der Name der Stadt ist als Hinweis zu werten. Viele Zentren der Salzförderung heißen ähnlich: Reichenhall, Hall in Tirol usw. Woher der Namensbestandteil »Hall« sich ableitet, wird in der Forschung debattiert. Manche argumentieren, dass er vom keltischen oder vom griechischen Wort für Salz abstammt, andere behaupten, der Begriff verweise auf überdachte, für die Salzgewinnung errichtete Gebäude.

Selbstredend existierten auch Städte, die sich diesem Wirtschaftszweig widmeten, aber nicht durch ihre Namensgebung darauf verwiesen – Lüneburg zum Beispiel. Wie wir gesehen haben, war die Stadt im Mittelalter ein bedeutsames Zentrum der Salzsiederei.[18] Lüneburg transportierte seine Erträge vor allem über die sogenannte »Salzstraße« nach Lübeck.[19] Wie wichtig dies wiederum für Lübeck war, ist immer noch an seinen Salzspeichern zu sehen. Salz war und ist damit sowohl ein terrestrisches als auch ein marines Produkt. Dies gilt es in Erinnerung zu halten, auch wenn wir uns im Folgenden auf das Meeressalz konzentrieren wollen.

Ein Liter Meerwasser enthält im Durchschnitt ca. 3,5 Gramm Salz. Allerdings sind die Meere, mit denen wir uns in diesem Buch beschäftigen, unterschiedlich salzhaltig. Ein wesentlicher Faktor ist dabei die Verdunstung von Meerwasser, die den Salzgehalt (die Salinität) des verbliebenen Wassers erhöht, während der Zufluss von Süßwasser ihn verringert. In der Adria an der Mündung des Flusses Po zum Beispiel ist die Salinität relativ gering, ebenso im westlichen Mittelmeer, weil dort vergleichsweise salzarmes Wasser durch die Straße von Gibraltar aus dem Atlantik ins salzreichere Mittelmeer einfließt. Solche Unterschiede wirken sich auf die Praxis und die Geschichte der Salzgewinnung aus.[20]

Für die Verdunstung des Meerwassers wiederum bedarf es der Wärme, weswegen an den Küsten der Nordsee, der Ostsee und der Britischen Inseln keine fernräumliche Salzexportwirtschaft aufgebaut wurde. Doch für den Bedarf des Landes wurde Salz gewonnen. Das bereits mehrfach erwähnte *Domesday Book* – eine Güteraufzeichnung, die nach der normannischen Eroberung Englands 1066 angelegt wurde – listet nach Regionen die Personen auf, die dem König Abgaben leisteten, darunter auch die *salinarii*, also die Salzproduzenten, sowie die von ihnen betriebenen *salinaria* bzw. *salinae*.[21] Über 1200 solcher Produktionsstätten werden im *Domesday Book* genannt. In ihnen wurde salzhaltiger, sandiger Meeresschlick gefiltert, ausgewaschen, und die salzigen Solen wurden in Pfannen über dem Feuer gesiedet.[22]

Ebenfalls für die Nordsee sei das sogenannte »Friesensalz« erwähnt: Schon seit dem Frühmittelalter und verstärkt in späteren Jahrhunderten wurde an der Nordseeküste salzhaltiger Torf aus dem Boden gestochen und verbrannt, um dann aus der Asche das »Aschensalz« herauszulösen – ein aufwendiges und ungewöhnliches Verfahren.[23] Sowohl das Sieden von Meerwasser mithilfe von Brennstoffen als auch die Herstellung von Aschensalz aus Torf waren Wirtschaftsformen, die in kleineren Einheiten und nicht für den fernräumlichen Export betrieben wurden.

Für eine Wirtschaftsgeschichte des überörtlichen Salzhandels im Mittelalter relevanter waren andere Arten der Salzgewinnung – eben jene, die von der Verbindung zwischen salzhaltigem Meerwasser und hohen Außentemperaturen profitierten. Im Süden wurde in einem langsamen Prozess eine neue, anspruchsvolle, aber wirksame Technik der Salzgewinnung entwickelt, die seit dem 13. Jahrhundert die Geschichte der Salzwirtschaft revolutionierte. Gemeint sind die sogenannten »Salzgärten«. Bei ihnen handelt es sich um komplexe Systeme miteinander verbundener, flacher Becken, in denen Meerwasser in einem mehrstufigen Verfahren aufgrund der Sonneneinstrahlung und des Wirkens der Winde allmählich verdunstet, bis nur noch das wertvolle Salz verbleibt.[24]

In einem ersten Schritt wird dazu das Meerwasser über Schleusen in ein Becken eingelassen, wo es teilweise verdunstet und folglich an Salzgehalt zunimmt. Diese bereits konzentrierte Sole wird über Kanäle in andere Becken weitergeleitet, wo sie möglichst von Unreinheiten und anderen Kalksalzen befreit wird. Dies ist nicht zuletzt deswegen wichtig, weil das Salz sonst bitter schmeckt oder sogar abführende Wirkung haben kann. Ziel des abgestuften, zirkulierenden Verfahrens ist es, das aufgrund solcher Verunreinigungen noch graue Salz zu verfeinern und aufzuhellen. Dieser Prozess wird mehrfach wiederholt, bis die konzentrierteste Sole in einem letzten Becken kristallisiert und mit Holzschaufeln und Rechen aufgelesen werden kann. Natürlich sind die heißen Sommermonate besonders dazu geeignet, auf diese Weise Meersalz zu gewinnen.

Die flachen Becken benötigen viel Platz – vor allem seit dem Ende des 13. Jahrhunderts, als in protoindustrieller Arbeitsweise riesige Mengen Salz gewonnen wurden. Um 10 000 Tonnen Salz herzustellen, bedarf es eines vier Quadratkilometer großen Areals. Geeignet hierfür waren flache Küstenebenen, Lagunen und die Mündungsarme bedeutender Ströme. Doch war Raum nicht die einzige Bedingung und Herausforderung: Oft musste das Wasser mit eigens dafür errichteten, von Mauleseln oder anderen Tieren betriebenen Schöpfrädern an eine höher gelegene Stelle gepumpt werden, von der das abfallende System der Becken seinen Lauf nahm. Der komplexe Verbund bedurfte der Pflege, war arbeits- und kapitalintensiv und durch allzu viel Regen gefährdet.

Insofern ähnelten »Salzgärten« in der Tat landwirtschaftlich genutzten Gärten: Wie diese mussten sie gepflegt werden, kannten gute und schlechte Ernten. Die Perfektionierung des Salzgartensystems im Verlauf des hohen Mittelalters war eine grundlegende Voraussetzung dafür, dass die europäische Ernährungswirtschaft im Mittelalter den steigenden Bedarf einer wachsenden Bevölkerung decken konnte.[25] In gewissem Maße ähnelt die Geschichte der Salzwirtschaft damit derjenigen der Fischwirtschaft: Hier wie dort ist zu unterscheiden zwischen kleineren Produktionseinheiten für den eigenen bzw. den lokalen Bedarf und dem protoindustriellen Geschäft. Und beide Phänomene waren sachlich miteinander verkoppelt, bedurfte die protoindustrielle Fischwirtschaft doch riesiger Mengen an Salz zur Konservierung des Fangs.[26]

Akteure der Salzgewinnung

Salzgärten waren nicht nur technisch komplexe Anlagen, sie beruhten auch auf dem Zusammenwirken vieler menschlicher Akteure, die in unterschiedlichen Bereichen tätig waren.[27] Grundsätzlich lassen sich in der Salzwirtschaft drei wesentliche Schritte unterscheiden: die Produktion, der Transport und der Verkauf. Für alle drei war spezifisches Personal mit je eigenem Wissen zuständig. Denn die mehrfach abgestuften, komplexen Abläufe, die nötig sind, um aus Meerwasser Meersalz herzustellen, bedürfen gewisser Spezialkenntnisse. Dieses Expertenwissen wurde kaum schriftlich niedergelegt, sondern von Salzbauern bzw. »Salzmeistern« von Generation zu Generation weitergegeben. Es floss bereits in die Anlage der Becken ein, in die Berechnung ihres Gefälles, der Kanäle, Dämme und Beckenränder.

Auch für die Wartung waren besondere Kenntnisse vonnöten, umso mehr verlangte das tägliche Geschäft der Salzbauern Expertise: Sie mussten wissen, in welchem Augenblick sie die Sole in die nächsten Becken zu lenken hatten, wann sie gegebenenfalls Wasser hinzufügen sollten, wie man höherwertiges, helleres Salz von graubraunem Salz trennte und wann der Zeitpunkt für die endgültige Ernte gekommen war.

Die schweren körperlichen Tätigkeiten wurden oftmals von Männern geleistet, die als Saisonarbeiter eingestellt wurden und zu anderen Zeiten des Jahres in der Landwirtschaft tätig gewesen sein dürften. Dass Frauen und Kinder in die Salzwirtschaft einbezogen wurden, ist zwar belegt, aber selten ausführlich beschrieben.[28] Die Arbeit war hart. In der Hochsaison mussten die Salzkristalle aus dem letzten, dem sogenannten Kristallisationsbecken gerecht, eventuell auch mit Hacken und Hämmern gelöst und zu Haufen geformt werden, um das Salz dann mit Körben in Warenhäuser oder zur Verschiffung auf Boote zu tragen.

Die Anlage eines solchen Salzgartens war also vertrackt und arbeitsaufwendig, sie zog sich über Jahre hin. Daher bedurfte es beträchtlicher Investitionen, die sich nur wenige leisten konnten. Wollte zum Beispiel der Eigentümer eines geeigneten Lagunenabschnitts o.Ä. eine solche Anlage errichten, dürfte er zuerst eine Gruppe von Personen vereint haben, die als Gesellschafter jeweils einen Anteil des zukünftigen Salzgartens selbst bewirtschafteten oder unterverpachteten.

Wir haben vergleichbare Gesellschaften bereits in der Thunfisch-, Perlen- und Korallenwirtschaft kennengelernt. In Venedig etwa wurden die Mitglieder dieser 20 bis 25 Männer umfassenden Investorengruppen als *consortes* bezeichnet. Der Grundbesitzer bezog nach Errichtung eines Salzgartens daraus Naturalzinsen, Renten und gelegentlich auch Arbeitsleistungen. Die eigentliche Leitung der Anlage aber lag regelmäßig in der Hand der *consortes* bzw. ihrer Entsprechungen in anderen Regionen. Diese Männer hatten die Salzgärten gepachtet und beuteten sie allein oder mithilfe der Salzmeister bzw. Salzbauern aus.[29]

Salzgärten und Anteile daran konnten von den Pächtern weiterveräußert werden. Im späteren Mittelalter lässt sich, etwa in Venedig, zunehmend beobachten, wie neue Investoren in das Geschäft einstiegen und die Gärten von Angestellten bewirtschaften ließen, die sie für ein oder zwei Jahre einstellten. Je nach Region und Epoche lassen sich Varianten dieses Wirtschaftssystems beobachten: An einigen wenigen Orten wurde im Hochsommer täglich Salz geschöpft, an anderen alle drei Tage oder in noch größeren Abständen.

Den Handel wiederum betrieben Kaufleute, die das Salz zusammen mit anderen Waren in die Städte brachten oder dort an Groß- oder Einzelhändler weiterverkauften. Es war insbesondere seit dem ausgehenden 13. Jahrhundert, als immer mehr

Territorialherren die Salzpreise zu diktieren versuchten, ein Geschäft, das keine besonders hohen Gewinne abwarf.

Anders sah die Sache aus, wenn Kaufleute nicht nur am Salzhandel, sondern auch an der fiskalischen Ausbeutung beteiligt waren, von der gleich die Rede sein soll. In solchen Fällen konnten geschäftstüchtige und mutige Investoren zu Reichtum gelangen, wie zum Beispiel der französische Kaufmann und Finanzier Jacques Cœur (gest. 1456), der Mitte des 15. Jahrhunderts zugleich mit Salz handelte und im Namen des Königs die Salzproduktion kontrollierte.[30] Die letzte Stufe im Dreischritt von Produktion, Transport und Verkauf – das Geschäft mit den Privatkunden – prägten Einzelhändler, wie sie im *Tacuinum sanitatis* und in anderen illuminierten Handschriften (vgl. Abb. 5, 11, 42) zu sehen sind.

Zentren der Salzwirtschaft

In der zweiten Hälfte des 13. Jahrhunderts vollzog sich in der Geschichte der europäischen Salzwirtschaft eine folgenschwere Veränderung: Infolge des in jener Zeit zunehmenden Handels an Mittelmeer und Nordsee und vor allem dank der neu eröffneten direkten Verbindung zwischen beiden Meeren entstand ein eigenes Netzwerk des fernräumlichen Salzhandels, das über die Straße von Gibraltar wichtige Produktionsstätten mit bedeutenden Absatzmärkten verband. Die Zentren der Gewinnung von Meersalz im Mittelalter lassen sich gut erfassen und auf Karten abbilden (vgl. Karte im Nachsatz). Solche Darstellungen vermitteln einen eigenen, marinen Blick auf ein bedeutendes Handelsprodukt vormoderner Gesellschaften und decken fernräumliche – maritime wie terrestrische – Handelswege auf.

Aufgrund seiner natürlichen Beschaffenheit eignete sich Salz in besonderem Maße für fernräumliche Mobilität: Als schweres Massenprodukt wurde es in Fässern zu See verschifft, über Land wurde es im Norden auf Ochsen-, im Süden vorwiegend auf Maultierkarren transportiert.[31] In aller Regel war der Landweg dabei langsamer und teurer als der Seeweg. Wie gestaltete sich das räumliche Verhältnis zwischen Herstellung, Vertrieb und Verkauf? Wir wollen im Folgenden, vom östlichen in den westlichen Mittelmeerraum voranschreitend und auch den Atlantik berücksichtigend, einige herausragende Regionen in Augenschein nehmen, welche sich zu überörtlichen Salzexporteuren entwickelten.

Venedig wird in der wirtschaftsgeschichtlichen Forschung gern als Drehscheibe des mittelalterlichen Fernhandels mit Luxusprodukten gefeiert. Venezianische Kaufleute hätten ihren Reichtum auf dem Import orientalischer Seiden und Gewürze aufgebaut. In Wirklichkeit aber gründete ihr Vermögen in viel stärkerem Maße auf Salzproduktion und Salzverkauf, die Serenissima war einer der bedeutendsten Salzmärkte des Mittelmeerraums.[32] Für dieses Geschäft erwiesen sich die Lage der Lagunenstadt und die Topografie Nordostitaliens als förderlich, denn in nahe gelegenen Küstenorten wie Chioggia, Muggia und Piran ließen sich in den örtlichen Lagunen und salzigen Strandseen ertragreiche Salzgärten anlegen; Chioggia etwa ist als »Hauptstadt des Salzes im Mittelalter« bezeichnet worden.[33]

Diese Produktionsorte fielen bereits im Hochmittelalter entweder unter venezianische Herrschaft oder unter venezianischen Einfluss, wobei die Serenissima zur Durchsetzung ihrer Ziele nicht vor Gewalt zurückschreckte – Salinen konkurrierender Mächte wurden mitunter kurzerhand zerstört. Die Salzgärten der Lagune bedeuteten das Fundament für den wirtschaftlichen Aufstieg Venedigs. Die Expansion zu Beginn des

13. Jahrhunderts und der zunehmende Austausch mit islamischen Territorien erweiterten zu Beginn des späten Mittelalters das Einzugsgebiet: Nun wurde Salz auch aus dem ägyptischen Alexandria, dem libyschen Tripolis und dem tunesischen Zarzis (Ǧarǧīs) bezogen, aber auch aus Sardinien, der Krim und Zypern.

Im 14. und 15. Jahrhundert wiederum konzentrierten sich die Venezianer wieder auf den östlichen Mittelmeerraum. Auf Zypern zum Beispiel baute die venezianische Familie Corner im 14. Jahrhundert in den Salzseen von Larnaka eine erfolgreiche Salzwirtschaft auf, welche die Insel im 15. Jahrhundert und erst recht nach ihrer Annexion im Jahr 1489 zu einem wesentlichen Lieferanten Venedigs machte.

War Venedig Produktions- und Handelsort zugleich, so konzentrierten sich andere Salzzentren vorwiegend auf die Herstellung. Die südfranzösischen Produktionszentren taten sich dabei seit dem Ende des 13. Jahrhunderts besonders hervor. Sie profitierten von der Rhone, die es ihnen ermöglichte, ihre Waren nicht nur über das Meer, sondern auch über Flusssysteme zu exportieren. Die Provence wurde daher unter den örtlichen Grafen zu einem bedeutenden Standort der Salzproduktion ausgebaut.[34] Die Lagunen von Hyères zum Beispiel brachten große Mengen an Meersalz hervor, die seit dem 13. Jahrhundert über See, insbesondere nach Genua, exportiert wurden. In der weiter westlich gelegenen, seit dem ausgehenden 13. Jahrhundert von der französischen Krone beherrschten Languedoc wiederum waren um 1300 auf ca. zehn Quadratkilometern insgesamt 16 Salzgärten in Betrieb, von denen diejenigen von Peccais bei Aigues-Mortes jährlich rund 15 000 Tonnen Salz produzierten.[35]

Noch weiter westlich ist unter den großen Salzzentren Ibiza zu nennen. Dort wurde bereits unter muslimischer Herrschaft, also vor der christlichen Eroberung 1235, aus Meerwasser Salz gewonnen. Nach ihrer Machtübernahme führten die Christen die Anlagen fort und bauten sie unter Leitung örtlicher Eliten noch aus.[36] Das Salzgeschäft profitierte von der geografischen Lage der Insel, die seit dem ausgehenden 13. Jahrhundert regelmäßig von venezianischen und genuesischen Schiffen auf ihrer Rückfahrt aus Flandern zur Verproviantierung angefahren wurde; dabei konnte die Ladung mit gutem Salz aufgefüllt werden. Zugleich war auf Ibiza die Bevölkerungszahl klein, der Eigenverbrauch gering. Die Insel konnte daher jährlich etwa 20 000 Tonnen Salz produzieren und exportieren. Ein katalanischer Autor des 16. Jahrhunderts bezeichnete sie als »das Salzfass der Welt«.[37]

Doch wer leistete die schwere Arbeit? Die Quellen zeigen, dass auf Ibiza Einheimische und auswärtige Saisonarbeiter vom Festland, aber auch Muslime herangezogen wurden. Anfangs dürfte es sich bei ihnen um die im Zuge der Eroberung Unterworfenen gehandelt haben, später nachweislich um »Gefangene« (*captivi*). Sie wurden von eigens hierfür beauftragten Seeräubern vor der nordafrikanischen Küste entführt und auf die Insel gebracht. Der Reichtum der Salzwirtschaft beruhte also nachweislich auf Sklavenarbeit, wie wir sie bereits in der Korallenwirtschaft und dem Thunfischfang kennengelernt haben.[38]

Umso überraschender ist es, dass die ibizenkischen Salzbauern ihre Ernte nicht nur nach Genua, Neapel und Venedig, sondern auch ins muslimische Nordafrika exportierten, von dessen Küsten sie Arbeitskräfte entführten. Dabei wurden auch im islamischen Nordafrika Salzgärten angelegt, und die Anlagen von Ra's al Makhbaz (Ferwa) an der heutigen Grenze zwischen Libyen und Tunesien belieferten im 14. Jahrhundert sogar Venedig mit Salz.[39]

Lassen wir auf unserer Fahrt zu den Salzstätten des Mittelalters das Mittelmeer hinter uns, und gehen zum Atlantik über. An der spanischen Atlantikküste ist besonders auf die Gärten von Sanlúcar de Barrameda, für Portugal auf Sétubal und Alcacer do Sal südlich von Lissabon hinzuweisen. Im 15. Jahrhundert waren diese Produzenten nicht nur für die galicische Sardinenwirtschaft bedeutend, sondern sie exportierten auch nach Flandern und in den Hanseraum.[40] Das portugiesische Salz war sehr weiß und grobkörnig, es ließ sich besonders gut pulverisieren und zum Pökeln verwenden; zudem unterlag es nicht so hohen Steuern wie die Salze manch anderer Regionen. Sétubal wurde daher zum überörtlichen Spieler der spätmittelalterlichen Salzwirtschaft und sollte bis in die Frühe Neuzeit den portugiesischen Markt dominieren.

Am Beispiel Sétubals lässt sich besonders gut ablesen, dass Produktionsstätten Konjunkturen erleben, zu gewissen Zeiten an Bedeutung gewinnen, aber auch wieder einbrechen konnten. Denn die portugiesische Region stieg erst im 15. Jahrhundert zu einem bedeutenden, auch weit über die Landesgrenzen exportierenden Produzenten auf. Die lange Zeit produktiven Salzgärten von Sardinien verloren zur gleichen Zeit dramatisch an Bedeutung aufgrund der Konflikte um die Herrschaft über die Insel.[41]

Die äußerst produktiven Salzgärten der französischen Atlantikküste um die Bucht (franz. Baie) von Bourgneuf im Süden der Bretagne wiederum wurden erst verhältnismäßig spät zu einer in ganz Europa bekannten, weil in ferne Gebiete exportierenden Produktionsstätte.[42] Im 14. Jahrhundert stieg diese Region kometenhaft auf, so sehr, dass man in den Quellen regelmäßig vom »Bayensalz« (»Baiensalz«) sprach, auch wenn dieses nicht unbedingt aus der Baie de Bourgneuf, sondern von der französischen Atlantikküste stammte.

Das Bayensalz wurde ab dem 14. Jahrhundert zu einem zwar qualitativ minderwertigen, aber preiswerten und daher international nachgefragten Exportschlager. Wesentlich hierfür waren neben den geringen Produktionskosten auch technische Verfeinerungen, die seit der Mitte des 15. Jahrhunderts bewirkten, dass ursprünglich graues und grobes Seesalz in seiner Beschaffenheit und Farbe dem weißen und feinkörnigeren gesiedeten Salz angeglichen wurde. Dass aber solche Qualitätsunterschiede sehr genau zur Kenntnis genommen wurden, belegt eine im Jahre 1480 von Köln, Antwerpen, Dordrecht und anderen niederländischen Städten vereinbarte Verfügung, wonach Hering ausschließlich mit »Bayen- oder Meersalz« (*bay of seelsalt*) konserviert werden solle.[43]

Salzhandel und Verkauf

Für den mittelalterlichen Salzhandel waren die großen Umschlagsorte genauso bedeutend wie die eigentlichen Produktionsstätten. Im Falle Venedigs lagen beide nah beieinander; in anderen Handelsstädten hingegen wurde ausschließlich importiertes Salz verkauft. Es ist also wie im Falle der Herings-, Korallen- und Bernsteinwirtschaft zwischen Zentren der Produktion und Zentren des Handels zu unterscheiden.

Beispielhaft für Letztere, also für die mediterranen Knotenpunkte des Salzhandels, steht Genua.[44] Der Reichtum auch dieser Stadt basierte nicht allein auf dem Handel mit Luxuswaren aus dem Orient, sondern zumindest in gleichem Maße auf dem Salz. Auf dem Höhepunkt der Genueser Salzwirtschaft zur Mitte des 15. Jahrhunderts schlugen städtische Salzverkäufer rund 22 500 Tonnen Salz um – pro Jahr. Die Beschaffenheit der ligurischen Küste machte es Genua unmöglich, selbst als Produzent hervorzutreten. Aber die Genuesen nutzten ihr verzweigtes Handelsnetzwerk zum Import – zuerst (bis ca. 1250) aus der nahegelegenen Provence, Sardinien (Cagliari) und Katalonien (Tortosa).

Vor allem aus den provenzalischen Salzseen von Hyères bei Toulon bezogen die Ligurer ihr Salz. Mit der Erschließung des östlichen Mittelmeerraums in der zweiten Hälfte des 13. Jahrhunderts kauften die Genueser auch auf der Krim, Zypern und in Ägypten. Als der Weg nach Osten gegen Ende des 14. Jahrhunderts durch die osmanische Expansion und die Konkurrenz mit Venedig beschwerlicher wurde, trat der Westen mit den Salzgärten von Tortosa, Torrevieja und vor allem Ibiza wieder in den Vordergrund.

Wie im Falle Venedigs also lassen sich Konjunkturen und räumliche Veränderungen der Salzwirtschaft verfolgen. Im Gegensatz zu ihren Konkurrenten entsandten die Genuesen richtiggehende »Salzschiffe«, große Frachter, die ausschließlich diese Ware luden. Sie monopolisierten zwar keineswegs den Import des weißen Goldes in ihre Stadt, sondern beteiligten auch Katalanen, Mallorquiner und Basken an diesem Geschäft. Aber die Stadtregierung richtete ein eigenes Salzamt, ein *Officium Salis* ein. Alle Händler waren verpflichtet, ihre Ware dort zu festgesetzten Preisen zu verkaufen. Das städtische Amt wiederum monopolisierte den Weiterverkauf an Groß- und Detailhändler der Stadt und der Region.

Wie der venezianische und der genuesische zeigt auch der hansische Handel ein eigenes Gepräge, wenn wir ihn aus einer »salinen Perspektive« betrachten.[45] Wie wir gesehen haben, beruhte über Jahrhunderte der Reichtum insbesondere Lübecks auf der Verbindung der Salzvorkommen in Lüneburg im Süden mit den schonischen Heringsvorkommen im Norden.

Die Lübecker transportierten Fässer mit Lüneburger Salz in die Fanggebiete, wo es zum einen für die Haltbarmachung der Fische verwendet, zum anderen aber auf den schonischen Märkten, auf denen nicht nur Fisch gehandelt wurde, an Groß- und Kleinhändler weiterverkauft wurde. Das Salz war nachgefragt, weil im Norden Europas die klimatischen Bedingungen für Salzgewinnung aus dem Meer schlecht und mineralische Salzvorkommen selten sind. Lüneburger Salz wurde daher durch die

Hanse zu einem Exportgut für den gesamten Nord- und Ostseeraum.[46]

Dieses System veränderte sich allerdings ab der Mitte des 14. Jahrhunderts, als auch im Ostseeraum das erwähnte Bayensalz, Meersalz aus Brouage (bei La Rochelle) oder aus dem portugiesischen Sétubal in immer größeren Mengen gehandelt wurde. Es war in der Herstellung preiswerter als das aus Solen gesiedete Lüneburger Salz und verdrängte dieses im Laufe des 15. Jahrhunderts erfolgreich aus dem Ostseehandel. Ein anderer Vorteil war, dass Kaufleute Waren aus dem Ostseeraum in Brügge verkaufen und dort Meersalz als Rückfracht und verwertbaren Ballast aufnehmen konnten.[47] Nach den Danziger Pfundzollrechnungen betrugen die Salzeinfuhren nach Danzig allein im Dreivierteljahr zwischen März und Dezember 1409 fast 11 000 Tonnen.

Im späteren Mittelalter kauften Hansekaufleute allerdings zunehmend auch direkt an den Produktionsorten ein. Im Spätherbst segelten sie aus der Ostsee nach Flandern, von dort um Neujahr in die Baie de Bourgneuf bzw. nach Brouage bei La Rochelle und erwarben dort das Salz; zum Ende des Mittelalters zogen die Hanseaten sogar noch weiter, bis zu den Salzgärten Südportugals. Im Spätfrühling transportierten sie ihre Ware im Konvoi in die Ostsee; Zielhäfen waren Riga, Lübeck, vor allem aber Königsberg, Danzig und Reval. Von 1700 Schiffen, die zwischen 1426 und 1496 in Reval einliefen, transportierten nicht weniger als 1216 Salz, im Jahr wurden dort 6000 Tonnen eingeführt.[48]

Hansische Handelsbriefe belegen, dass der Salzpreis schlagartig zu fallen pflegte, wenn ein Konvoi aus der Baie eintraf; blieb der aus, zogen die Preise an.[49] Von Danzig wurde Meersalz nach Schweden, Livland und Nordpolen, von Reval aus nach Estland, Livland und Russland, mitunter auch ins skandinavische Schweden und Finnland exportiert.

Danzig brachte im 15. Jahrhundert nun sogar – wie Lübeck es mit Lüneburger Salz getan hatte – das marine Mineral nach Schonen in das Zentrum der Heringsindustrie.[50] Ähnliche Entwicklungen lassen sich weiter im Süden mit Blick auf die spätmittelalterliche Sardinenwirtschaft beobachten, die ebenfalls im großen Stile Salz zur Konservierung ihrer Produkte benötigte.[51] Es traf sich gut, dass die wichtigsten Monate der Sardinenfischerei auf den Hochsommer fielen, also auf die Monate, in denen die Hitze die Salzproduktion besonders beförderte. Die galicischen Sardinenfischer bezogen noch im 12. Jahrhundert ihr Salz aus Nordportugal, dann auch aus der Gascogne und seit der zweiten Hälfte des 14. Jahrhunderts in zunehmendem Maße aus der Baie de Bourgneuf und aus Portugal (Aveiro und Sétubal).[52]

Dass bei der Bedeutung des Salzhandels Gewalt nicht ausblieb, sei nur nebenbei erwähnt. In der Nordsee führten politisch-wirtschaftliche Spannungen mitunter zu Blockaden und Gewalthandlungen wie dem Dänisch-Hanseatischen Krieg von 1426 bis 1435, in dessen Verlauf die Dänen die Salzflotte ihrer Gegner kaperten; für das Jahr 1449 ist ein Überfall britischer Seeräuber auf eine Hanseflotte von 110 Schiffen belegt, die insgesamt 1800 Tonnen Salz an Bord hatten. Die Kaperung wurde breit im hansischen Schriftgut vermerkt und verursachte weitreichende diplomatische Verwerfungen.[53]

Das Ringen zwischen Genua und Venedig zum Ende des 14. Jahrhunderts wiederum, das unter der Bezeichnung »Krieg von Chioggia« in die Geschichte eingegangen ist, spitzte sich nicht zufällig an diesem wichtigen Ort der Salzproduktion zu. Die Geschichte des Salzes ist zugleich eine Gewaltgeschichte.

Salz, Steuern, Staat

Mehr noch als alle anderen Produkte des Meeres, mit denen wir uns beschäftigt haben, besaß Salz aber eine herrschaftliche Komponente. Schon für Bernstein ist dieser Bezug betont worden, doch nirgends wird er so deutlich wie beim Umgang mittelalterlicher Herrschaftsträger mit Salz. Wurde die Salzgewinnung von »staatlichen« Dienstleuten organisiert oder durch den privaten Sektor? Wie war der rechtliche und organisatorische Rahmen der Salzwirtschaft beschaffen? Bezogen die Herrscher nur Einnahmen aus ihr, oder wurde dieser Markt von ihnen aktiv gestaltet? Wie wurde das Salzgeschäft in das herrschaftliche Abgaben- und Einnahmesystem integriert, wie die Salzsteuer organisiert?[54]

In der römischen Welt waren Salinen häufig staatliche Einrichtungen, die von Beamten oder von Konzessionären (den *mancipes salinarum*) betrieben wurden. Der Staat sah es als seine Aufgabe an, die Versorgung der Bevölkerung mit diesem Grundstoff sicherzustellen, leitete aus dieser Verpflichtung aber auch das Recht ab, Abgaben auf Salz zu erheben.[55] Auch in Byzanz, das sich dezidiert in die Nachfolge des Römischen Reiches stellte, war die Gewinnung von Meersalz eng mit königlicher Herrschaft verbunden.[56] Allerdings lässt sich verschiedentlich beobachten, dass die byzantinischen Kaiser ihre Rechte an Klöster übertrugen, und auch private Eigentümer sind in den Quellen belegt. Lediglich in der Hauptstadt scheinen die Herrscher ein effektives Monopol aufgebaut zu haben.[57]

In Latein-Europa wurden die aus der römischen Antike erwachsenen Herrschaftsansprüche des »Staates« auf Salz und die daraus abgeleiteten Abgaben im frühen Mittelalter von den Merowingern und ihren Nachfolgern übernommen. Vielfach sind die Belege für königliche Vergabungen von Produktionsorten (*salinaria, salterne* etc.).

Seit der Karolingerzeit wird in mehreren Ländern Europas deutlich, dass Könige aus der Salzgewinnung auf ihren Domänen, also auf ihrem Eigenbesitz, Einkünfte erzielten. Doch bedeutete dies nicht, Hoheitsrechte über das Salz auf fremdem Grund ableiten oder eine allgemeine Erzeugerabgabe auf Salz im gesamten Reich erheben zu können. Dies war schon deshalb nicht möglich, weil viele dieser Hoheitsrechte im früheren Mittelalter an andere Herrschaftsträger oder kirchliche Einrichtungen abgetreten worden waren.[58] Salzgewinnung und Salzvertrieb wurden damit Sache lokaler Mächte, deren Interesse vor allem darin bestand, über Steuern und Abgaben fiskalische Wertschöpfung zu betreiben.

Doch im Laufe des Hochmittelalters entstand allmählich das, was man als ein »Salzregal« bezeichnen kann:[59] Die Herrscher beanspruchten die Verfügungsgewalt über das Salz in ihren Reichen und die daraus hervorgehenden Einkünfte inklusive der entsprechenden Steuereinnahmen.[60] Dieser Prozess verlief in verschiedenen Räumen auf unterschiedliche Weise. Im Heiligen Römischen Reich etwa führte die Wiederentdeckung des römischen Rechts in der Mitte des 12. Jahrhunderts dazu, dass die Könige das Bergregal und damit auch den Zugriff auf unterirdisches Salz für sich beanspruchten.

Auch in anderen Ländern begehrten Fürsten den Zugriff auf Steinsalz, aber auch auf das Salz des Meeres. Zum Ende des 13. Jahrhunderts war das herrschaftliche Salzregal bereits in mehreren Ländern Latein-Europas anerkannt. In manchen von ihnen, etwa in den iberischen Königreichen, forderten die Herrscher bereits seit dem 10. Jahrhundert Hoheitsrechte, was sich in Abgaben niederschlug; außerdem betrieben sie auf eigenen Gütern die Ausbeutung der Vorkommen.[61]

Der kastilische König Alfons XI. (gest. 1350) versuchte, die

Preise zu bestimmen, den Vertrieb zu kontrollieren und dadurch die Salzwirtschaft zu einem vollständigen Monopol der Krone zu machen. Doch sollte dieses Vorhaben nie umfassend gelingen. Wiederkehrende Initiativen zur Bekämpfung von Betrug und Schmuggel zeigen dies deutlich, und noch im 15. Jahrhundert wurde an vielen Stellen Salz ohne königliche Kontrolle verkauft. Eine allgemeine, staatlich kontrollierte Salzsteuer entwickelte sich in keinem der iberischen Reiche.[62]

Anderswo gelang das besser. Karl von Anjou, Graf der Provence, zum Beispiel beanspruchte zur Mitte des 13. Jahrhunderts energisch und mit Erfolg das Salzregal in seinen Territorien für sich. Durch Ankäufe, Tauschgeschäfte und auch militärischen Druck brachten die Grafen der Provence bis Ende des Jahrhunderts die Erträge sämtlicher Salzgärten von Hyères mit ihren Salzseen von Fabregat unter ihre Kontrolle; sie verkauften die Ernte mit hohen Aufschlägen weiter. Die Herrscher aus dem Hause Anjou entwickelten sich zu Monopolisten der Salzproduktion in ihrem Reich.[63]

Merkmal des Salzmonopols war dort wie anderswo der Zwang aller Produzenten, ihre Ware in den Speichern der Herren zu lagern (Stapelzwang) und zu festgesetzten Preisen zu verkaufen. Nicht alle diese Elemente müssen vorliegen, um von einem Salzmonopol zu sprechen. Im Mittelalter gab es kaum Herrschaften, die sowohl die Produktion als auch die Lagerung des Salzes, den Transport und die Verteilung in Eigenregie durchführten. Aber einigen Fürsten gelang es, Teilbereiche des Prozesses an sich zu ziehen und die Salzwirtschaft zu einem festen Teil ihrer Einkünfte zu machen.

Auf die erwähnten Grafen der Provence und andere südfranzösische Landesherren geht auch eine Salzsteuer zurück, die in der Folge in den nördlichen Kerngebieten Frankreichs große Bedeutung erlangte und als »Gabelle« (von arab. *qabāla*, Abgabe, und ital. *gabella*) bezeichnet wurde.[64] Mit ihr nämlich entwickelte sich die Salzbesteuerung zu einer der ertragreichsten Einnahmequellen und zu einem wesentlichen Element dessen, was als die »Fiskalisierung spätmittelalterlicher Herrschaft«, also als Ausbau des fürstlichen Steuerwesens, bezeichnet wird. Da Salz unentbehrlich war, aber nicht überall produziert werden konnte und sich leicht besteuern ließ, bot es sich als Quelle fester Steuereinnahmen besonders an. Es musste nun in königlichen Speichern gelagert werden, die Konsumenten hatten eine fixe Verbrauchssteuer zu entrichten.

Die Gabelle entwickelte sich zu einem wesentlichen Motor frühstaatlicher Entwicklung in Frankreich. Auch anderswo lassen sich, vor allem am Übergang zur Frühen Neuzeit, Maßnahmen zur Monopolisierung beobachten, mit denen die Herrscher die von ihren Vorgängern abgegebenen Hoheitsrechte über Salinen, Salzgärten etc. wiedererlangten und den Vertrieb des Salzes kontrollierten.[65] Dies galt in Maßen für Meersalz, aber mehr noch für Steinsalz. Technische Entwicklungen im Montanwesen eröffneten den Landesherren, etwa in Bayern und Österreich, die Gelegenheit, das Bergregal über unterirdische Vorkommen zu beanspruchen, die Ausbeutung dieser Lagerstätten in ihre Hand zu nehmen, die weiteren Vertriebswege zu kontrollieren und die Salzwirtschaft zu einem wichtigen Einnahmeposten zu machen.[66]

Ein Beispiel für die monopolisierte Verwaltung der Salzwirtschaft liefert Venedig.[67] An ihm lässt sich anschaulich verfolgen, wie sich der Wandel von der Besteuerung des Salzhandels zu dessen Organisation durch die Kommune vollzogen hat. In Venedig lässt sich in der Tat von einer voll ausgebauten Salzordnung, einem *ordo salis* im Sinne einer eigenständigen »Salzverwaltung« sprechen. Sie brachte eine spezialisierte Verwaltung hervor und erfüllte fiskalische wie gesellschaftliche Zwecke, denn die Salzadministration kümmerte sich um die Versorgung der Bevölkerung mit einem Grundstoff ihrer Ernährung.

Hier entstand in der Tat ein »weißer Riese«. Allein die Tatsache, dass die Salzverwaltung eigene Lagerhäuser unterhielt und eigene Spezialisten ausbildete, ist vielsagend. Drei städtische Einrichtungen waren für das Salz zuständig: das für strategische Planungen zuständige *collegio del sal*, das *ufficio del sal* für die administrative Durchführung und die *camera salis* für die finanzielle Abwicklung. Zusammen bildeten sie ein eigenes Salzamt. Diese Aussonderung in eigene bürokratische Strukturen zeigt, dass die venezianische Verwaltung einerseits verhältnismäßig hoch entwickelt, andererseits aber noch nicht im modernen Sinne so umfassend strukturiert war, dass sich die Salzwirtschaft als ein Unterbereich staatlicher Administration nahtlos einfügen ließ.[68]

Ein wesentliches Mittel zur Kontrolle des venezianischen Salzhandels war die 1281 von der städtischen Obrigkeit erlassene Verfügung, wonach venezianische Schiffe, die aus Gebieten jenseits der Adria zurückkehrten, stets auf ihrem Rückweg Salz laden sollten, wofür sie von der Regierung ein festes Frachtgeld, also eine Subvention erhielten und einen bestimmten Einkaufspreis zugesichert bekamen. Die Regelung nützte den örtlichen Kaufleuten ebenso wie der städtischen Obrigkeit: Die Händler konnten dank der Subvention ihre Transportkosten senken; die Stadt sicherte sich ihre Stellung als Umschlagsort des (Salz-) Handels. Wer bezahlte dieses System? Die Verbraucher, denn die Mehrkosten wurden von der städtischen Verwaltung auf die Salzpreise aufgeschlagen. Die breite Bevölkerung finanzierte auf diese Weise den Fernhandel der reichen Kaufleute.[69]

Alle Einfuhren mussten abgegeben und in städtischen Lagern (an der Dogana und auf der Giudecca) verwahrt werden, bevor sie auf dem Festland Venedigs, dem Stato da Terra, in 13 Salzverkaufsbezirken von städtischen Pächtern veräußert wurden. Aber das Verkaufsnetzwerk reichte über das eigene Territorium hinaus: nach Norditalien, in die Schweiz, nach Kärnten und in den Balkan. Die städtische Obrigkeit war nie der eigentliche Eigentümer des Salzes; vielmehr regulierte sie dessen Vertrieb und bezog aus dem Verkauf Steuereinnahmen. Diese Abgaben wurden beim Kauf des Salzes durch Groß- und Einzelhändler fällig und machten einen beträchtlichen Teil – im 15. Jahrhundert zwischen 10 und 30 Prozent – der Staatseinnahmen aus.

Woher die Venezianer an der Wende zum 14. Jahrhundert die Idee für eine derart zentralistische Salzverwaltung bezogen, ist eine offene Frage. Ein besonders reizvoller, allerdings letztlich nicht zu beweisender Erklärungsvorschlag gründet auf strukturellen Ähnlichkeiten zwischen der chinesischen und der venezianischen Administration: Vielleicht brachten Asienreisende wie Marco Polo die Idee aus dem Orient in ihre Heimat zurück?[70]

Dieser Überblick dürfte gezeigt haben, dass die einzelnen Schritte des Geschäfts – Produktion, Handel und Verkauf[71] – den Herrschern die Möglichkeit eröffneten, in den Markt einzugreifen. Sie konnten am Erzeugungsort eine Produkt- oder Fabrikatssteuer erheben. Die Pächter der Salzgärten gaben die Belastung an den Käufer weiter. Nicht anders handelten die Großhändler, wenn der Herrscher nicht den Produzenten, sondern den Erstverkauf besteuerte. Die Herrscher erhoben an verschiedenen Stellen des Transportwegs (an den Salzstraßen und an den Flüssen) Zölle.

Schließlich bestand auch die Möglichkeit, eine Verkaufssteuer auf Salz beim Endverbraucher zu erheben. Von dieser Möglichkeit machten nicht nur die Landesherren, sondern auch die Städte Gebrauch. Diese Abgabe war gerade in ärmeren Schichten besonders unpopulär, weil sie auf ein Grundelement der Ernährung angewendet wurde, damit alle gleichermaßen traf und so zu einer Art Kopfsteuer wurde. In der Normandie musste im 15. Jahrhundert eine Durchschnittsfamilie ca. 7,5 Prozent ihrer Lebensmittelkosten für Salz aufbringen.[72] Dass dessen übermäßige Besteuerung mitunter auch zu Gewaltausbrüchen führte, wird nicht überraschen. Bei manchen Rebellionen des späten Mittelalters wird Salz sogar ausdrücklich als einer der Gründe für den Aufstand genannt, etwa bei der Machtergreifung durch Cola di Rienzo (gest. 1354) in Rom 1347 oder beim Pariser Aufstand von 1413.[73]

Aus der Rückschau betrachtet war Salz im Mittelalter in der Tat ein »weißer Riese«, dessen Bedeutung derjenigen heutiger globaler, strategischer Rohstoffe ähnelte. Wie kein anderes der in diesem Buch behandelten Lebewesen oder Produkte des Meeres brachte es umfassende Netzwerke massenhaften Austauschs hervor. Millionen Tonnen Meersalz überquerten im Mittelalter Berge und Täler, Flüsse und Meere. Das Verflechtungspotenzial dieses Minerals war enorm. Zugleich diente es als ein bedeutender, wenngleich in der Forschung noch immer unterschätzter Motor vormoderner Staatswerdung. Herrscher des Spätmittelalters lernten mithilfe des Minerals, ihre Untertanen systematisch zu besteuern. Zum Ende des Mittelalters bildeten Salz, Steuern und Staat eine unlösbare Einheit.

Meer oder weniger Mittelalter: Eine Einordnung

Jedes Buch ist in Kontexte eingebunden. Dieses ist stark von sich wandelnden Einstellungen zum Meer beeinflusst. Im 21. Jahrhundert ist die Bedrohung der Ozeane zu einer gesamtgesellschaftlichen, globalen Sorge geworden. Die Überfischung der Gewässer, deren Verlust an Artenvielfalt, die Verschmutzung, die Erwärmung und andere Veränderungen infolge des Klimawandels sind längst nicht mehr zukünftige Gefahren, vor denen vorausschauende Fachleute warnen, sondern erlebte und erlittene Wirklichkeit.[1] Sie betreffen unmittelbar die Küstengesellschaften und mittelbar die gesamte Menschheit.

In der gegenwärtigen Epoche der Erdgeschichte, dem »Anthropozän«, wächst die Bedrohung, dass gewisse Veränderungen nicht mehr rückgängig gemacht werden können. Damit ist der Glaube ins Wanken geraten, die Zukunft der Menschheit liege allein in unseren Händen. Dieser Umbruch schärft das Bewusstsein für Epochen, in denen Gesellschaften besonders stark von ihrer natürlichen Umwelt abhängig waren. In einer Zeit, in der das Verhältnis der Soziosphäre zur Biosphäre, der Menschheit zur Naturumwelt aus den Fugen gerät, wächst auch die Sensibilität dafür, welche vitalen Verbindungen zwischen Meer und Mensch bestehen und bestanden.

Auch soziale Katastrophen haben das Bewusstsein geschärft: Seit das Mittelmeer zum Massengrab für viele Tausend Menschen geworden ist, die ein besseres Leben in Europa suchten,[2] hat sich unser Bild eines Meeres verändert, das noch bis vor Kurzem als ein Ort des Urlaubs und der Erholung galt. Weitere Wahrnehmungsveränderungen sind Folge der Globalisierung: Die Blockade des Suezkanals durch eine nicht einmal besonders dramatische Havarie 2021 machte der Öffentlichkeit schmerzhaft bewusst, wie sehr globale Warenflüsse von der internationalen Schifffahrt abhängig sind.[3]

Schließlich ein letztes Feld: die Rückkehr der maritimen Geostrategien. In der zweiten Hälfte des 20. Jahrhunderts wurde durch Flugzeugträger und U-Boote der Kalte Krieg auch auf dem Wasser ausgetragen. Mit dessen Ende trat die maritime Dimension der Weltpolitik für eine Weile in den Hintergrund. Nun ist sie wieder da. Die von der Regierung der Volksrepublik China zu einem Knotenpunkt ihrer Handelsaktivitäten und Flottenpolitik ausgebauten Spratly-Inseln sind hierfür nur ein Beispiel, auch andere Länder rüsten zur See auf.[4]

Das neue Interesse am Meer trifft in den Ländern Europas auf je eigene Vorstellungen der Vergangenheit, die mitunter maritim geprägt sind: Skandinavien mit seiner Geschichte wikingerzeitlicher Seefahrer; Italien mit den Seerepubliken und historisch und kulturell bedeutenden Hafenstädten wie Venedig, Genua, Pisa, Amalfi oder Neapel; England, das aufgrund seiner Insellage stets eng mit dem Meer verbunden war. Auch anderswo verleiht die Geografie dem Meer ein gesteigertes Gewicht – in den Inselwelten der Ägäis und der Adria etwa, auf den großen Inseln des zentralen und westlichen Mittelmeerraums oder an Meerengen.

Geschichte wird an vielen Orten Europas maritim wahrgenommen, und das mit guten Gründen. Denn Europa ist im globalen Vergleich ein eminent maritimer Kontinent. Dies zeigt ein Blick auf Nord- und Südamerika, Afrika oder Asien – Erdteile mit ausgedehnten Gebieten, die Tausende Kilometer von jeder Küste entfernt sind. Die Konturen Europas hingegen, jenes vergleichsweise kleinen Zipfels am westlichen Rande der asiatischen Landmasse, zeigen eine zerklüftete und von Meeren umgebene Fläche. Es erstaunt daher nicht, dass die geografische Beschaffenheit Europas dessen Geschichte beeinflusst hat und Meere im Geschichtsverständnis seiner Gesellschaften große Bedeutung besitzen.

In Deutschland gilt dies für den Norden mit seiner hanseatischen Tradition auch, doch ist das Bild vom Mittelalter bei uns insgesamt stärker ländlich geprägt, von der mittelalterlichen Lebenswelt der Ritter und ihrer Burgen, von bäuerlich-landwirtschaftlichen Strukturen und vom Lehnswesen. Solche terrestrischen Vorstellungen hängen auch mit der jüngeren Geschichte zusammen. Im ausgehenden 18. Jahrhundert etwa avancierte Preußen zu einer Großmacht in Mitteleuropa. Es wurde im europäischen Konzert der Moderne stets als Landmacht wahrgenommen und positionierte sich mit seiner starken Armee auch als solche – im Gegensatz etwa zu England, dessen Stärke auf einer Flotte beruhte.

Hieran änderten kurze Zwischenphasen wie die Flottenpolitik Kaiser Wilhelms II. an der Wende zum 20. Jahrhundert nichts Wesentliches. Diese Spannung zwischen dem Terrestrischen und dem Maritimen ist auch theoretisch reflektiert worden, am prominentesten vom deutschen Rechtswissenschaftler und Politiktheoretiker Carl Schmitt. In seinem 1942 erschienenen Buch *Land und Meer. Eine weltgeschichtliche Betrachtung* konstruierte er eine die Zeiten überdauernde Konkurrenz zwischen denen, die er als »Landtreter«, und denen, die er als »Meerschäumer« bezeichnete.[5] Beispielhaft für die erste Gruppe, die terrestrisch geprägten Menschen, waren für ihn die Deutschen. Die Engländer hingegen waren in seinen Augen die »Meerschäumer« schlechthin.

Carl Schmitts Werk verdeutlicht exemplarisch, dass deutsche Geschichte vorwiegend als eine terrestrische verstanden worden ist. Solche Zuschreibungen aber sind kritisch zu untersuchen. Wie steht es um die ebenso geläufige Annahme, China sei immer eine Landmacht gewesen, oder um die tief verwurzelte Vorstellung, das Römische Reich sei im Gegensatz zum maritimen Griechenland eine terrestrische Macht gewesen?[6] Das Römische Reich feierte sich selbst gern so, obwohl es ein riesiges Seereich errichtete und Rom über das Meer aus Nordafrika ernährt wurde.

Dass dieses Buch die euromediterrane Geschichte des Mittelalters aus der Perspektive des Meeres beschreibt, stellt eine Gegenposition zur gängigen Perspektive auf die Epoche dar. Dieser Wechsel zu einer maritim orientierten Mittelalterforschung ist allerdings keineswegs vollkommen neu und besitzt eine eigene Forschungsgeschichte.[7] Sie bildet den Hintergrund, vor dem sich dieses Buch wissenschaftlich einordnen lässt.

Maritime Mittelalterforschung lässt sich grob nach vier Zugängen gliedern. Die erste Perspektive wollen wir als »Geschichte am Meer« bezeichnen. Ihr besonderer Blick liegt weniger auf dem, was sich auf dem Meer ereignet, als auf den Territorien, die am Meer liegen. Diese Form der Geschichtsschreibung erforscht vorrangig Politik- und Militärgeschichte. Maritim ist sie insofern, als sie Herrschaften analysiert, die Anrainer von Gewässern oder auf diese ausgerichtet sind, wie etwa die Hansestädte oder die skandinavischen Herrschaften, die italienischen Seerepubliken, mediterrane Königreiche etc. Deshalb untersucht dieser Zugang vor allem Seemacht und Seekrieg, er fragt nach maritimen Verwaltungsstrukturen und Ämtern.

Eine zweite Perspektive ist viel stärker wirtschaftlich und sozialhistorisch ausgerichtet. Sie erforscht die »Geschichte auf dem Meer«, d.h. die Personen, die das Meer befuhren, und die Mittel, die sie dazu benutzten. Sie fragt weniger nach Politik oder Militärwesen, sondern nach dem Handel und lenkt damit den Blick stärker auf das Meer selbst und auf das, was sich auf ihm ereignete.

Die dritte Perspektive der historischen Meeresforschung richtet sich weniger auf die Mächte an oder die Menschen auf dem Meer, sondern auf das, was »über das Wasser« transportiert wird. Mobilität über das Meer wird als Ausdruck von Austauschprozessen verstanden, die durch die See ermöglicht wurden und nicht nur Waren betrafen: Auch Ideen, Kulte und Krankheiten zogen über das Meer.

Die vierte, maßgeblich durch die Meistererzählung des französischen Historikers Fernand Braudel (gest. 1985) geprägte Perspektive erforscht einen konkreten Meeresraum und schreibt damit eine »Geschichte des Meeres«. Braudel sah das Mittelmeer in erster Linie als einen durch Winde, Strömungen und Klima geformten Kommunikationsraum, dessen zeitlose Kräfte nur punktuell vom menschlichen Handeln berührt werden.[8] Diese Perspektive ist in Nachfolge Braudels vom Mittelmeer auf andere Gewässer übertragen worden – auf die Nord- und Ostsee, auf den Indischen Ozean, den Atlantik usw.[9] Sie hat in jüngerer Zeit wichtige methodische und inhaltliche Impulse erfahren: Umweltgeschichtlich orientierte und akteurszentrierte Perspektiven haben sie ebenso bereichert wie Anregungen aus der Netzwerkanalyse und der Sozialgeschichte des Meeres.[10]

Das Feld der maritimen Geschichte des Mittelalters wird in seiner bisherigen Form damit entweder als eine Geschichte am Meer, eine Geschichte auf dem Meer, eine über das Meer oder als eine des Meeres gedacht. Dieses Buch ist jenen Ansätzen verpflichtet, erweiterte sie aber um eine »Geschichte aus dem Meer«. Indem es Lebewesen und Substanzen des Meeres würdigt, ist es einer geschichtswissenschaftlichen Umweltforschung (»Environmental Humanities«) verpflichtet.[11]

Es lässt sich aber auch einer erst im Wachsen begriffenen Spezialdisziplin zuordnen, den »Blue Humanities«. Damit werden Studien zusammengefasst, die maritime Räume aus der Sicht der Geisteswissenschaften unter Hinzuziehung naturwissenschaftlicher Erkenntnisse erforschen.[12] Auch die vorliegende Studie ist diesem »Oceanic Turn« verpflichtet und schlägt Brücken zu den Naturwissenschaften.[13] Es ist zu hoffen, dass die Geschichtswissenschaften auch auf anderen Feldern stärker mit den Naturwissenschaften ins Gespräch kommen und sich auf dieser Basis echte Dialoge entwickeln, die auf beide Wissenschaftsbereiche gleichermaßen zurückwirken.

Neben den »Environmental Humanities« haben die »Posthuman Studies« Anregungen zu diesem Buch geliefert.[14] Das Forschungsfeld einer mediävistischen Mensch-Tier-Geschichte hat in den letzten Jahrzehnten an Dynamik gewonnen, und auch hier ist ein Turn (»Animal Turn«) ausgerufen worden.[15] Das zunehmende Interesse ist an einer wachsenden Zahl an Handbüchern, Zeitschriften und Fachgesellschaften abzulesen.[16] Der »Animal Turn« strebt eine Überwindung der jahrhundertealten anthroplogischen Differenz zwischen Mensch und Tier an und postuliert eine graduelle, keine prinzipielle Unterscheidung zwischen menschlichen und nichtmenschlichen Lebewesen, denen mitunter sogar eigene, autonome Handlungsmacht (»Agency«) zugestanden wird.[17]

Wie weit diese Agency reicht, ist allerdings umstritten. Während manche Fachleute beanspruchen, Geschichte »aus der Perspektive von Tieren« schreiben zu können, sind andere – so auch ich – skeptisch, ob das gelingen kann und den Realitäten gerecht wird.[18] Denn auch im Mittelalter handelten Tiere nicht als autonome Subjekte, die intentional »Geschichte machten«. Und die Einflussmöglichkeiten von Meereslebewesen auf den Menschen waren noch beschränkter als die der Landtiere: Domestizierte »Haustiere« standen als »companion species«[19] in dauerhaftem Kontakt mit dem Menschen, Fische, Wale, Robben nicht.

Unzweifelhaft aber ist es angezeigt, intensiver als bisher die Wechselwirkungen zwischen Tieren und Menschen zur Kenntnis zu nehmen und danach zu fragen, in welchem Maße und auf welche Weisen Tiere und Naturumwelt die Rahmenbedingungen menschlicher Gesellschaften absteckten. In Anbetracht der Lebensverhältnisse des Menschen im Mittelalter ist diese Perspektive nur folgerichtig. Die natürliche Umwelt war keineswegs ein Objekt, dessen sich die Menschen lediglich bedienten, vielmehr musste ihr das zum Überleben Notwendige unter Mühen abgerungen werden. Handeln wurde maßgeblich von den Kräften und Eigenlogiken der Natur beeinflusst. Dies anzuerkennen redet keineswegs einem Naturdeterminismus das Wort. Vielmehr bedeutet es, den Menschen nicht absolut zu setzen, sich also von einer anthropozentrischen Sicht auf die Welt zu lösen.

Die aus den Naturwissenschaften abgeleitete Erkenntnis, dass menschliches Handeln durch unsere Naturumwelt erst ermöglicht wird und damit fundamental von ihr abhängt, hat auch für die kulturgeschichtliche Forschung Folgen. Einflussreiche Theoretiker der jüngeren »Material Studies« wie Bruno Latour und Theodore Schatzki haben sich vehement dafür eingesetzt, auch nichtmenschlichen Lebewesen Handlungsträgerschaft zuzuweisen. Wenn nach Latour »jedes Ding, das eine gegebene Situation verändert, indem es einen Unterschied macht, ein Akteur« ist,[20] dann können auch Tiere unter diese Kategorie fallen. Menschliche Agency steht demnach nicht für sich, sondern ist nur zusammen mit derjenigen nichtmenschlicher Entitäten und dem Umgang mit ihnen zu verstehen.[21]

Ganz in diesem Sinne fragte dieses Buch, welche Handlungsoptionen marine Lebewesen und organische wie unorganische Stoffe des Meeres den Menschen im Mittelalter eröffneten. Diese Optionen stehen am Anfang jedes menschlichen Umgangs mit der Natur. Denn bevor Rohstoffe bearbeitet werden, muss der Mensch vorab abschätzen, welche Verwertungsmöglichkeiten sie ihm überhaupt anbieten.[22] Die jüngere Forschung spricht in diesem Zusammenhang von »Affordanz« und bezeichnet mit diesem Begriff das natürlich begrenzte Nutzungsangebot, das eine Substanz, ein Lebewesen oder ein Gegenstand dem Menschen eröffnet.

Korallen, Perlen oder Bernstein zum Beispiel lassen sich wegen ihrer physischen Beschaffenheit, ihrer Größe, ihrer Dichte etc. nur auf bestimmte Weisen be- und nur zu gewissen Gegenständen verarbeiten. Das Handeln des Menschen wird also wesentlich durch die Tiere und Substanzen vorgegeben, die sie nutzen. Deren Affordanz kann sich auch ohne menschliche Einwirkung wandeln: Fischschwärme können Wanderrouten ändern, Bestände durch Krankheiten dezimiert werden. Alles dies verändert das Angebot, und damit wandeln sich notgedrungen auch menschliche Praktiken. Tiere besitzen also eine sich verändernde Wirksamkeit auf den Menschen.

Damit erlangt die marine Welt zwar nicht eine bewusste Handlungsmacht gegenüber dem Menschen, sehr wohl aber eine beschränkte Handlungsträgerschaft: Tiere und organische oder anorganische Substanzen beeinflussen menschliche Gesellschaften nicht absichtlich (intentional); aber ihre Merkmale und ihr Verhalten eröffnen oder versperren den Menschen gewisse Handlungsoptionen und formen damit menschliche Praktiken und soziales Handeln.[23] Die schlichte Existenz gewisser Lebewesen und Substanzen zog Menschen in konkrete geografische Räume oder ermöglichte die Herstellung gewisser Artefakte. Biosphäre und Soziosphäre sind aufs Engste miteinander verflochten. Ohne es zu wissen oder zu wollen, gaben nichtmenschliche Akteure Impulse zu ihrer Erforschung, sie veranlassten die Entwicklung von Werkzeugen und Fertigkeiten.

Wenn wir aber andere Lebewesen und Substanzen als Ausgangspunkte und Koproduzenten unseres Handelns erkennen, werden Vorstellungen von der Autonomie des Menschen zugleich begrenzt und erweitert: Sie werden eingeschränkt, weil wir einsehen, dass uns die Naturumwelt einen Möglichkeitsrahmen absteckt; sie werden erweitert, weil wir unser Verhältnis zur Natur nicht mehr in eine Richtung, vom Subjekt Mensch zum Objekt Meer verlaufend, sondern relational begreifen.

Die in diesem Buch behandelten Tiere waren nicht nur Objekte menschlicher Praktiken, nicht bloß passive Lieferanten von Nahrung, Kleidung etc. Sie konnten den Menschen gelegentlich aktiv gefährlich werden und riefen Ängste vor den Gefahren des Meeres und der Natur im Allgemeinen hervor. Sie wurden von Gelehrten des Mittelalters als Beispiele und Anschauungsmittel herangezogen, um auf Zeitgenossen einzuwirken. So wurden Tiere zu unwissentlichen Teilnehmern, »geheimen Akteuren« menschlicher Diskurse.[24]

Am Ende dieser wissenschaftlichen Einordnung des Buches steht eine weniger akademische als gesellschaftliche Hoffnung: dass seine Lektüre den Leserinnen und Lesern die von uns »Landtretern« regelmäßig vernachlässigte, oft missachtete und gedankenlos ausgebeutete Welt der Meere nahebringen und die Sinne schärfen möge für die Abhängigkeiten des Menschen von seiner Naturumwelt, für die Verflechtungen zwischen Soziosphäre und Biosphäre. Solche Zusammenhänge zur Kenntnis zu nehmen kann uns dazu anhalten, sorgsamer mit dem Meer und seinen Lebewesen umzugehen.

Anmerkungen

Das marine Mittelalter: Einleitung

1 Vergleiche Kehnel 2021 und darin (S. 70–81) die Abschnitte zur Allmende und zur nachhaltigen Bodenseefischerei des Mittelalters.
2 Dinzelbacher 2000a, 283–292.
3 Beispiele für jüngere Globalgeschichten des Mittelalters: Borgolte 2022.
4 Zum Folgenden die knappen Überblicke bei Starkey und Nielssen 2009; Starkey und Robinson 2009; Starkey und López Losa 2009; Starkey und Thór 2009.
5 Starkey und López Losa 2009, 204.
6 Zum Konzept der *contact zone* zwischen Tier und Mensch grundlegend: Haraway 2008.
7 Überblicke zur methodischen Erforschung der Fischerei liefern Lampen 2000a, 14–18; Starkey et al. 2009; Hoffmann 2023, 21–30.
8 Keupp und Schmitz-Esser 2015; Barsch und van Norden 2020. Objektgeschichten: MacGregor 2010; Gertsman und Rosenwein 2018; Knappett 2022; Pomereu 2022.

1. Das Meer verstehen

1 Beispielhaft: Wehrhahn-Stauch 1972; Contadini 2012, 34–35, 119; Gauvin 2022.
2 Sass 2012; Baratay 2015; Nogales Rincón 2017.
3 Thomasset 2002, 59–61; Schroer 2013, 143–147; Cuffel 2018.
4 Whitney 2006; Angelini 2018.

5 Di Rocco 2006, 51–64. Tröstend mag sein, dass nach der Offenbarung (20:13) am Ende der Zeiten auch das Meer seine Toten herausgeben wird.
6 Engemann 1969; Nazzaro 2006.
7 Wehrhahn-Stauch 1972, mit weiteren Abbildungen des Fisches in der frühchristlichen Kunst.
8 Dölger 1910–1934; Engemann 1969; Rasimus 2012.
9 Augustinus, De civitate Dei, Buch 18, Kap. 23; vgl. Wehrhahn-Stauch 1972, 57.
10 Umfassend: Wehrhahn-Stauch 1972, mit einschlägigen Quellenstellen 54–61; Remele 2021.
11 Reinbold 2000; Bendemann et al. 2016, 25–27; Di Rocco 2006, 51–64; Godding 2018, 59–60. Zum Konzept der Konnektivität siehe Hepp und Vogelsang 2006; Kolditz 2016.
12 Vgl. allg. zu den Tieren in der mittelalterlichen Koranexegese Tlili 2012.
13 Tlili 2012, 107–109.
14 Barthold 1929; Foltz 2006, 15–25.
15 Planhol 2000. Die Ansichten Planhols sind heute weitgehend überholt, vgl. Picard 2011a; Picard 2015; Oesterle 2016; Oesterle und Mauntel 2017.
16 Buḫārī 1997, 327–328 (Buch 60, Nr. 3329).
17 Hrabanus 2009, Bd. 1, 254–259 (Buch 8, Kap. 5). Vergleiche auch seine weitaus poetischeren, allgemeintheologischen Aussagen zum Meer dort und in der deutlich früher verfassten Schrift *In Honorem sanctae crucis*: Perrin 2004.
18 Hrabanus 2009, Bd. 1, 258 (Buch 8, Kap. 5).
19 Wehrhahn-Stauch 1972.
20 Dinzelbacher 2000b, 219–221.
21 Voisenet 2000, 117–118.
22 Voisenet 2000, 114–117, 186–187, 199, 203.
23 Krusch, Bruno (Hg.) 1910, 435–436; Voisenet 2000, 115.
24 Wehrhahn-Stauch 1972, 54 (Nr. 6), 56 (Nr. 16); Voisenet 2000, 116, 186–187, 199, 324.
25 Siehe hierzu ausführlich die Beiträge in Dio, il mare e gli uomini 2008; Calò Mariani 2009; Jaspert et al. 2018.
26 Dio, il mare e gli uomini 2008; Kuzmová et al. 2014; Altekamp 2015: Jaspert et al. 2018.

27 Castiñeiras González 2009; Colombi 2010; Godding 2018, 63–67; Fees 2018; Herbers 2018.
28 Gardner 2009; Gambin 2014; Barniol 2012.
29 Efthymiadis 2018, 111–114; Cioffari 2018.
30 Ceccarelli Lemut und Gazella 2008; Kedar 2009.
31 Remensnyder 2018.
32 Vauchez 2006; Jaspert 2018.
33 Delumeau 1985, S. 49: »… es gibt aber in der Welt von einst einen Raum, in dem der Historiker gewiss ist, der Angst unverhüllt zu begegnen. Dieser Raum ist das Meer.« Vgl. Koder 1999; Campbell 2000; Berner et al. 2016; Jaspert et al. 2018; Lebecq 2020: »… l'element marin, qui dans l'imaginaire collectif, n'était peut-être pas seulement ›un autre monde‹, mais aussi et surtout ›le monde de l'Autre‹« (ebd., S. 34); Jaspert 2021.
34 Jahnke 2016.
35 Delumeau 1984; Russo 2014.
36 Ive 1910; Vanoli 2005; Ruzzin 2013. Zu Küstenorten und Kultstätten vergleiche Bacci und Rohde 2014; Külzer 2018; Marinkovic 2018.
37 Habig 2018.
38 Zur Spätantike vgl. Taronas 2020.
39 Voisenet 2000, 110, 297–299; Pratsch 2005, 252–254.
40 Voisenet 2000, 152–153; Freedman 2021, 194–195.
41 Hartmann von Aue 2004, 109–117 (vv. 3085–3312). Steinke 2017.
42 Dinzelbacher 2000b, 216–217.
43 Cuffel 2018.
44 Gramlich 1987, 194–196, 246–249, 280–286, 676; Picard 2011b, bes. Amara 2011.
45 Gramlich 1987, 368, 370, 372, 375–376, 378.
46 Amara 2011.
47 Muqaddasī 1963, 43–44 (Kap. 37); Muqaddasī 1994, 17; Picard 2011a.
48 So Lampen 2000a, 64, 69, 80, 203.
49 Madurell i Marimón 1974; Aparici Martí 2005, 1098–1099.
50 Lampen 2000a, 50–51, 67–69; Salicrú i Lluch 2009, 167; Ferreira Priegue 1984, 15–16.
51 Unterburger 2018, 55–58.

52 Capitulatio de partibus Saxoniae, in: Eckhardt 1934, 2–10.
53 Lampen 2000a, 41–42; Hoffmann 2023, 68–72.
54 Unterburger 2018, 61–62.
55 Alcover Cateura 2022, 591; Aparisi Romero 2021, 239; Cantera Montenegro 2003.
56 Aparisi Romero 2021, 240.
57 Alcover Cateura 2022, 591; Díaz García 1979 (der leider das wichtige Kapitel 7 nicht übersetzt); García Sánchez 1983–1986, 265; Foltz 2006, 32; Regenstein 2020, 95.
58 Ibn Razīn al-Tuŷībī 2021, 361, 363, 365. Vgl. García Sánchez 1983–1986, 258–266. Andererseits zeigen archäologische Ausgrabungen islamischer Stätten eine auffällige Abwesenheit schuppenloser Fische: Morales Muñiz et al. 2009, 154–155; Alexander et al. 2015.
59 Torres Palomo 2000, mit Zitaten 163–167, vgl. Ibn al-Bayṭār 1987. Auch Ibn Razīn al-Tuŷībī empfahl, nach dem Fischverzehr Wein zu trinken und Fisch grundsätzlich nicht nach oder vor anstrengenden Tätigkeiten zu sich zu nehmen: Ibn Razīn al-Tuŷībī 2021, 383.
60 Einen sehr guten Zugang zum gelehrten marinen Wissen des Mittelalters liefert das französische Forschungsportal Ichtya: https://www.craham.cnrs.fr/projet/programmes/ichtya/.
61 Peter of Spain 2015.
62 Thomas von Cantimpré 1973; Thomas de Cantimpré 2017.
63 Asúa PhD University of Notre Dame 1991; Asúa 1997.
64 Arnoldus Saxo 1906, 63–65 (Kap. 7 und 8).
65 Albertus Magnus 1916–1920; Albertus Magnus 1999.
66 Der in der Forschung geläufige Begriff der mittelalterlichen Enzyklopädien ist insofern anachronistisch, als er von den Autoren selbst nicht verwendet wurde und erst im 16. Jahrhundert aufkam. Er wird dennoch der Konvention halber hier verwendet. Meier 2001; van den Abeele 2021.
67 Vinzenz von Beauvais 1624b.
68 Bartholomaeus Anglicus 1964. Zur Rezeption und den Bemühungen um eine Neuedition: Meyer 2000; van den Abeele und Meyer 2005, bes. Prévot 2005; Keen 2007. Teile des Werkes sind nun online in einer Neuedition zugänglich: https://ichtya.unicaen.fr/lab/bibliotheque/sommaire.html.

69 Aristoteles 1965a; Steel et al. 1999; Anzulewicz 1999; Anzulewicz 2009, 29–41.
70 Plinius Secundus 1973–2004.
71 Solinus 1895; Solinus 2014.
72 Curley, Michael J. (Übers.) 1979; Zambon 2018, 3–367.
73 Henkel 1976; Lazaris 2016; Kindschi Garský und Hirsch-Luipold 2020; Lazaris 2021. Zur umstrittenen Frage der Datierung und des Entstehungsortes vgl. Lazaris 2016, 17–36.
74 Zambon 2018, 581–625 (*Dicta Chrysostomi*), 627–653 (»Physiologus Theobaldi«).
75 Zambon 2018, 54–57 (Kap. 39); ähnlich wurde die unzutreffende Behauptung, Biber würden sich selbst kastrieren, um einer Gefangennahme zu entgehen, als ein Symbol für die Notwendigkeit des Menschen gedeutet, sich aller fleischlichen Versuchungen zu entziehen: ebd., 38–40 (Kap. 23); Curley, Michael J. (Übers.) 1979, 52 (Kap. 37), 87; Albertus Magnus 1999, 39.
76 Isidorus 2008; Schuler 2002, 10–12.
77 Hrabanus 1864a; Hrabanus 2009; Schuler 2002, 12–17.
78 Henkel 1976, 151–203; Leclercq-Marx 2018b, 125–132.
79 Leclercq-Marx 2018b, 131–155.
80 Voisenet 2000, 110–111.
81 van den Abeele 2020, 176–177.
82 Vincent Ferrer 1932–1934, Bd. 2, 45–54; Ferreiro 1998; Aparisi Romero 2012, 19.
83 Zum Folgenden einschlägig: Toivanen 2018.
84 McDonald 1988; Foltz 2006, 54–64; zur arabischen Rezeption des aristotelischen Werkes siehe [Aristoteles] 2019, bes. Kruk 2019b.
85 Siehe die fundierte Übersicht bei Eisenstein 1991.
86 Ǧāḥiẓ 1988, 157; Foltz 2006, 55–59; [Aristoteles] 2019; Aarab und Lherminier 2015; La Rosa 2019, 125; Kruk 2019a; Saad 2021.
87 Ali ibn-Muhammad Abu haiyan al Tauhidi (al-tawḥīdī) 1953. Kopf 1956, mit Übersetzung 404–455, zu Meereslebewesen 408, 411, 421, 426–428, 439–440, 453–454; Kenanah 2019, 104, 106, 118–120, 129, 140; Kenanah 2021.
88 al-Qazwīnī 2004, 102–106; Chebbi und Katouzian-Safadi 2020; Saad 2021, 34–38.

89 Eisenstein 1991, 132; Foltz 2006, 59–64.
90 Kopf 1956, 422–423 (Kap. 88); 426 (Kap. 100); 427–428 (Kap. 105); Kenanah 2019, 118; Eisenstein 1991, 78–79, 192.
91 Ducène 2016; La Rosa 2019.
92 Eisenstein 1991, 123.
93 Zur hebräischen Rezeption des Aristoteles siehe Zonta 1999.
94 Kruk 1999.
95 Asúa 1991.
96 Aristoteles 1998; Kruk 2019b.
97 Schneidmüller 2011, 120–125. Zur Übernahme arabischen Wissens siehe umfassend Clesse 2016b; Callataÿ et al. 2021. Mit Blick auf Meereslebewesen: Clesse 2021.
98 Ribémont 1999.
99 Draelants 1999; Schuler 2002; Auch bei diesen Autoren wirkte der *Physiologus* fort (ebd.).
100 van den Abeele 2020; Gauvin 2021; Le Cornec-Rochelois 2022.
101 Albertus Magnus 1916–1920; Albertus Magnus 1999.
102 Thomasset 2002, 71–78; Möhle 2015; Resnick und Kitchell 2022.
103 Ysaac Israeli, Liber dietarum universalium, in: Isaac ben Salomon Israeli 1515, XI–CII; Clesse 2021, 93–97. Vgl. allgemein Veit 2003, zur Rezeptionsgeschichte im lateinischen Westen ebd., 197–307.
104 Albertus Magnus 1999, Bd. 1, 34–42. Vgl. Thomas von Cantimpré 1973, 253–275; Thomas de Cantimpré 2017, 298–316.
105 Albertus Magnus 1916, 384 (lib IV, tract. 1, cap. 6, 58–59), 404 (lib IV, tract. 2, cap. 4, 102), 554–555 (lib VII. tract. 2, cap. 6, 136–138); Albertus Magnus 1920, 1517 (lib XXIV, tract. n. a., cap. 1, 6), 1533 (lib XXIV, tract. n. a., cap. 1, 32), 1538 (lib XXIV, tract. n. a., cap. 1, 41); Albertus Magnus 1999, Bd. 1, 462, 484, 648–649; Bd. 2, 1658–1659, 1682–1683, 1690.
106 Albertus Magnus 1916, 404 (lib IV. tract. 2, cap. 4, 102); Albertus Magnus 1999, Bd. 1, 484.
107 Albertus Magnus 1916, 555 (lib VII. tract. 2, cap. 6, 136–138); Albertus Magnus 1999, Bd. 1, 649.
108 Albertus Magnus 1916, 555 (lib VII. tract. 2, cap. 6, 139) Albertus Magnus 1999, Bd. 1, 649.
109 Siehe die Kurzbiografie in Albertus Magnus 1999, 1–17 mit den Karten 7 und 9; sowie Resnick und Kitchell 2022.

110 Albertus Magnus 1999, Bd. 1, 449 (1. Das Meer verstehen, Anm. 85); Bd. 2, 1669 (1. Das Meer verstehen, Anm. 86).
111 Albertus Magnus 1916, 537 (lib VII, tract. 2, cap. 1, 96); Albertus Magnus 1999, Bd. 1, 630.
112 Albertus Magnus 1920, 1524 (lib XXIV, tract. n. a., cap. 1, 17); Albertus Magnus 1999, Bd. 2, 1669.
113 Albertus Magnus 1916, 374 (lib IV, tract. 1, cap. 3, 38), 381 (lib IV, tract. 1, cap. V, 53, Stadler), 396 (lib IV, tract. 2, cap. 1, 86); Albertus Magnus 1999, Bd. 1, 451, 459, 474. Vgl. Resnick und Kitchell 2022, 130–156.
114 Albertus Magnus 1916, 375 (lib IV, tract 1, cap. 3, 38).
115 Albertus Magnus 1916, 357–358 (lib IV, tract. 1, cap. 1, 3); Albertus Magnus 1999, Bd. 1, 433.
116 Albertus Magnus 1920, 1535 (lib XXIV, tract. n. a., cap. 1, 35); Albertus Magnus 1999, Bd. 2, 1685.
117 Vgl. auch Albertus Magnus 1916, 363 (lib IV, tract. 1, cap. 1, 12), 367 (lib IV, tract. 1, cap. 2, 20), 390 (lib IV, tract. 1, cap. VIII, 72), 619–620 (lib VIII, tract. 3, 114); Albertus Magnus 1920, 1523 (lib XXIV, tract. n. a., cap. 1, 16); Albertus Magnus 1999, Bd. 1, 439; 443, 718; Bd. 2, 1668.
118 Albertus Magnus 1916, 619 (lib VIII., tract. 3, 114); Albertus Magnus 1999, Bd. 1, 718.
119 Albertus Magnus 1920, 1523 (lib XXIV, tract. n. a., cap. 1, 16); Albertus Magnus 1999, Bd. 2, 1668.
120 Marzano 2013; Villaescusa et al. 2017; Guasparri 2022.
121 Voisenet 2000; van den Abeele 2005a mit van den Abeele 2005b; Zambon 2018; Heck und Cordonnier 2020.
122 Siehe die einschlägige Webseite: https://www.craham.cnrs.fr/projet/programmes/ichtya/.
123 Dinzelbacher 2000b, 258.
124 Isidorus 2008, 472 (Buch 12, Kap. 15); Thomas von Cantimpré 2017, 290–291; Konrad von Megenberg 2003, 262 (Buch 3C, Kap. 9).
125 Berlioz et al. 1999.
126 Schon bei Hrabanus Maurus: Hrabanus 2009, Bd. 1, 257 (Buch 8, Kap. 5).
127 Galen 2003, 135–147; Nicoud 2010.
128 Avicenna 2003; Eisenstein 1991, 96–109; Chandelier 2017. Be-

sonders einschlägig war das von Gerhard von Cremona (gest. 1187) übersetzte Buch 2 des »Canon« (*al-Qānūn fī ṭ-Ṭibb*) Avicennas: Carpentieri et al. 2018.

129 Schipperges 1964; Cogliati Arano 1976, 17–35; Nicoud 2007b; Nicoud 2007b, mit Liste von 426 Handschriften, 769–952; Pucci Donati 2007; Tsapaeva 2024.

130 Cogliati Arano 1976; Nicoud 2010, 24–25.

131 Jacquemard et al. 2013, online: https://www.unicaen.fr/puc/sources/depiscibus/accueil.html mit Liste der Vorlagen ebd. 75–78.

132 Lev 2003, 110–111, 116.

133 Freedman 2021, 197. Es sei auch an die Astrologie erinnert: Verschiedene Sternzeichen – der Fisch, der Wal, der Delfin, der Krebs – verweisen auf die See. Auch hier lassen sich positive wie negative Deutungen beobachten. Das Sternbild des Fisches zum Beispiel steht für reichen Ertrag, aber auch für Unwetter, vgl. Fasching 1998, 16–17, 84–87, 93–94, 131–133, 191–193.

134 Dinzelbacher 2000b, 230–232; Franceschi 2001; Classen 2003; Sobecki 2008; La letteratura del mare 2006 (mit nur wenigen Beiträgen zum Mittelalter); Fern 2012; Richter 2014; Clason 2015; Schmid und Hanauska 2018; Classen 2018.

135 Huisman 1979. Zur Seesturmschilderung der Alexanderromane vgl. Fern 2012, 83–111.

136 Aparisi Romero 2012; vgl. Navarro González 1962; Perea Rodríguez 2009.

137 http://mhdbdb.sbg.ac.at/mhdbdb/App?action=TextQueryModule.

138 Richter, 34–70, zur Aufwertung des Meeres ebd., 93–172.

139 Campbell 2000.

140 Fern 2012; ähnlich in der englischen Literatur: Sobecki 2008, 119–139.

141 Dinzelbacher 2000b, 221–223.

142 Goodman und McGregor 2009, 182–186, 226–229, 307–309.

143 Anselm Turmeda 2009. Lediglich der Krebs wird in die Argumentation eingeführt, um die Klugheit auch mariner Tiere zu belegen (ebd., 102).

144 Raimundus Lullus 1986, 9–103; nur als einfältige Opfer des

durchtriebenen Kranichs werden die Fische erwähnt (ebd., 41–42). Vgl. Chambel, Pedro Alexandre de Sacadura 2021.

145 Burkhardt 2020.

146 Dinzelbacher 2000b, 230–243.

147 Ailianos 2018, 741 (Buch 15, Kap. 17); Oppianus 1999, 60–61 (Buch 1, 642–646), 126–127 (Buch 2, 539–542).

148 Krumbacher 1903.

149 Clauzel-Delannoy 2007, Text (*La vie de saint Harenc, glorieulx martyr*): 198–202; vgl. Freedman 2021, 203.

150 Eisenstein 1991, 22–39.

151 Ott, Claudia (übers.) 2004, 84–97; Eisenstein 1991, 32; Foltz 2006, 71. Berühmt sind auch die Geschichten vom »Fischer und der Dschinni«, »Die Geschichte des Mannes mit dem Fisch« oder die der Tochter eines Meerkönigs (»Gulare / Dschullanar aus dem Meer«) – vgl. Ott, Claudia (übers.) 2004, 49–83, 551–615.

152 Eisenstein 1991, 222.

153 Hack 2011.

154 Nogales Rincón 2017, 259; Buquet 2013.

155 Dinzelbacher 2000b, 204–206; Buquet 2014.

156 Zum Geschenk in der Diplomatie des Mittelalters: Jaspert und Kolditz 2014; Grünbart 2011. Zu Tiergeschenken in der Frühen Neuzeit Weber 2017.

2. Vom Meer leben

1 Marzagalli 2016.

2 Hodges 2012, S. 91–115; Jaspert und Rüdiger 2023, 24.

3 Barrett 2007; Jaspert und Kolditz 2013; Rüdiger 2016, 42.

4 Holm 2016, 14.

5 Marzano 2013, 38–49. Vgl. auch Villaescusa et al. 2017.

6 Sociedad Española de Estudios Medievales 2009; Hoffmann 2023.

7 Guter jüngerer Forschungsüberblick bei Lombardo 2023, 303–305.

8 Diese Differenzierung macht Jahnke 1997, 289–298 stark, auf dem die folgenden Ausführungen beruhen. Vgl. für das Mittelmeer Igual Luis 2010, 76; Lombardo 2023, 311–312.

9 Kowaleski 2010, 119–121.
10 Matschke 1980, 286. Zum Folgenden die knappen Übersichten bei Jahnke 1997, 296; Aparisi Romero 2021, 216–228; Lombardo 2023, 318–319.
11 Lombardo 2023, 309–311.
12 Franz 1909, 624–626. Vgl. Dinzelbacher 2000a, 190.
13 Riera i Melis 2009, 122. An der Nordsee war die Fischerei im Mittelalter (und bis in die Gegenwart) gefährlich: Kowaleski 2010, 130.
14 Salicrú i Lluch 2009; Salicrú i Lluch 2018.
15 Bresc 1986a, 127; Lombardo 2023, 316–317, 320–322.
16 Aparisi Romero 2021, 225.
17 Lombardo 2023, 317–318.
18 García Vargas 2016, 281.
19 Aparisi Romero 2021, 216–217; Matschke 1980, 285. Ähnlich an der Themse: Galloway 2021, 254.
20 Barceló Crespí und Mas Forners 2021, 144–145. Zur Bedeutung des Meeres für Mallorca siehe Neumann 2021.
21 Galloway 2021, 253–254.
22 Aparisi Romero 2021, 220–221; Alcover Cateura 2022, 589, 593; Sánchez Quiñones 2017, 345; Hoffmann 2023, 149–150.
23 Jaume Roig 1978, 118 (Buch 3, Kap. 1).
24 Cogliati Arano 1976, 108 (zum Fisch), 129 (Krebse); Nicoud 2010, 24–25.
25 Barceló Crespí und Mas Forners 2021, 137–138.
26 Mutgé i Vives 1988.
27 Zum Folgenden Pujol Hamelink 2014, 160–168.
28 Hack 2019. Zum Folgenden Pujol Hamelink 2014, 155–160; vgl. Riera i Melis 2009, 124–129; Paulsen 2016.
29 Aparici Martí 2005, 1090–1092; Aparisi Romero 2021, 219.
30 Jahnke 2000, 189, 223; Paulsen 2016, 86–89.
31 Paulsen 2016, 112.
32 Balard 1994.
33 Catsambis et al. 2011; Adams 2013; Rieth 2019.
34 Gertwagen 2016, 355–360.
35 Bass et al. 2004.
36 Gardiner 1994; Marboe 2009; Rieth 2011; Rieth 2016; Paulsen 2016.

37 Zur politischen, stark nationalistisch geprägten Mythenbildung um die Hansekogge siehe Paulsen 2016, 503–568.
38 Paulsen 2016, 69–116.
39 Blue et al. 2006; Bockius 2009.
40 Beltrame und Bondioli 2006.
41 Pryor 1994.
42 Marboe und Obenaus 2009.
43 Paulsen 2016, 119–142, 185–218, 459–502.
44 Selzer und Ewert 2001; Fouquet und Gilomen 2010, darin: Jahnke 2010.
45 Hammel-Kiesow 1993, 18–21; Holbach 2012.
46 Ferreira Priegue 1987, 762; Ferrer i Mallol 1997, 307–308 mit weiteren Beispielen 309–314; vgl. Versicherungen von Sardellenladungen an der Wende zum 15. Jh.: García i Sanz und Ferrer i Mallol 1983, 441–442, 444–445 (Dok. 104, 106).
47 Ferrer i Mallol 1997, 309–310.
48 Trotz jüngerer Versuche, vgl. Jaspert und Kolditz 2013; Heebøll-Holm et al. 2019. Siehe auch das DFG-Projekt »Medieval Maritime Predation«: https://www.uni-heidelberg.de/fakultaeten/philosophie/zegk/histsem/mitglieder/ls_prof_jaspert/ls_jaspert_projekte_maritime_predation.html.
49 Salicrú i Lluch 2009, 171–178.
50 Salicrú i Lluch 2009, 176–177.
51 Holm 2016, 19–20.
52 Lampen 2000a, 188–202; Jahnke 2000, 229–260.
53 Karpozilos 1984, 23–25.
54 Labib 1965, 242, mitunter sogar in »fränkische Länder« (ebd., 327); Lewicka 2011; Bramoullé 2020, 477–478, 491–492; Margariti 2021, 83–84.
55 Marzano 2013, 40–41; Hoffmann 2023, 154–168.
56 Lampen 2000b, 296–299.
57 Jahnke 2000, 229–260.
58 Bourlet 1995; Hoffmann 2005, 24.
59 Rodrigo Estevan 2009; Roca Cabau 2021.
60 Riera i Melis 2009, 135–140.
61 Mutgé i Vives 1988; Vendrell de Millás 1992; Aparici Martí 2005,1097–1110; Florence Fabijanec 2021; Aparisi Romero 2021. Zum Folgenden ausführlich: Alcover; Riera i Melis 2009, 137–139.

62 Matschke 1980, 281–282, 292–298.
63 Pujol Hamelink 2018, 27; Barceló Crespí und Mas Forners 2021, 125–126.
64 Maniatis 2000, 32.
65 Aparisi Romero 2021, 223–224. Die folgenden sardischen Beispiele stammen aus Fadda et al. 2017, 283–293.
66 Fadda et al. 2017, 294–295. Zum Vergleich: Tena García 1995; Nonne 2017b.
67 Riera i Melis 2009, 122–124; Sánchez Quiñones 2017, 347–348.
68 Zum Folgenden siehe Jahnke 1997, 294–295; Lampen 2000b, 294–305.

3. Fische fangen, verkaufen, essen

1 Erste, räumlich begrenzte Versuche: Gertwagen 2016.
2 Lampen 2000a, 32–34; Jahnke 2000, 64–69; Aparisi Romero 2012; Nielssen 2016, 44–45.
3 Galdi 2010, 579.
4 Matschke 1980; Koder 1991; Maniatis 2000.
5 Campbell 2002.
6 Barrett 2016b, 2.
7 Freedman 2021, 208. Z. B.: Santanach i Suñol 2016, 262–265.
8 Brereton et al. 2010, zu Salzwasserfischen: 237–243.
9 Ottomeyer und Völkel 2002; Schulz 2011; Arinobu 2021.
10 Barrett 2016b, 2.
11 Catsambis et al. 2011; Adams 2013; Rieth 2019; Delussu und Wilkens 2000.
12 Harland et al. 2008; Barrett und Richards 2004; Barrett et al. 2011; Müldner 2016.
13 Bourbou 2011; López-Costas und Müldner 2019.
14 García Sánchez 1983–1986; Torres Palomo 2000.
15 Lewicka 2011, 209.
16 Ibn al-Bayṭār 1987. Ähnliche Zahlenverhältnisse in anderen Werken: García Sánchez 1983–1986, 264.
17 García Sánchez 1983–1986, 261.
18 Ibn al-Bayṭār 1987, Bd. 2, 285–289 (Kap. 1222); Torres Palomo 2000, 163–167. Auch Ibn Razīn al-Tuŷībī empfahl, nach dem Fischverzehr Wein zu trinken und ihn grundsätzlich nicht nach

oder vor anstrengenden Tätigkeiten zu sich zu nehmen: Ibn Razīn al-Tuŷībī 2021, 383. Allgemein zu den Vor- und Nachteilen des Weinkonsums äußert sich ausführlich Ibn al-Bayṭār 1987, Bd. 1, 49–55.

19 Hadj-Sadok 1968; Torres Palomo 2000, mit Zitaten 167–169; vgl. Ibn-Zuhr 1992, 63–69; vgl. La Rosa 2019, 127–138.

20 García Sánchez 1983–1986, 260–261; Ibn-Saiyār al-Warrāq 2007, 111–113, 727–729.

21 Torres Palomo 2000, 168–169; vgl. Ibn Razin al-Tuyibi 2007, 238–251. Der vollständige Text des Werkes ist erst vor Kurzem aufgefunden und ins Englische übersetzt worden: Ibn Razin al-Tujibi 2021, 361–383, 503–506, 543–550.

22 Hierzu ausführlich: Lewicka 2011, 51, 60–61, 185, 209–225.

23 Lewicka 2011, 209–210.

24 Lewicka 2011, 60–61, 209–214.

25 Lewicka 2011, 215–222.

26 García Sánchez 1983–1986, 259.

27 Finkel 1932; Finkel 1933–1934; vgl. Lewicka 2011, 212.

28 Torres Palomo 2000, 169–172.

29 Margariti 2021, 77; Lewicka 2011.

30 Hildegard von Bingen 2010–2014, Bd. 1, 278–279 (Buch 5, Kap. 22); Hildegard von Bingen 1991, 87–88.

31 Arnoldus de Vilanova 1996, 231–235, 458–459 (Kap. 15). Vgl. Aparisi Romero 2012, 15–16.

32 Sudhoff 1922–1923. Zum städtischen Hintergrund vgl. Dumas 2015. Er stand damit durchaus in älterer Tradition: Peter of Spain 2015, 225.

33 Agramont 1971, 81 (Kap. 40, 20–28); Arnoldus de Vilanova 1996, 458 (Kap. 15, Z. 15–17). Günzberg Moll 1995, 863. Einen hervorragenden Überblick zur diätetischen Literatur des Mittelalters liefert Nicoud 2007a.

34 Riera i Melis 2009, 121–122.

35 Hoffmann 2023.

36 Garmonsway 1939, 26–30; Swanton 1975, 110–111.

37 Krumbacher 1903, mit Übersetzung ebd., 363–364.

38 Krumbacher 1903, 364.

39 Vgl. auch die Auswertung bei Chrone-Vakalopoulos und Vakalopoulos 2008.

40 Tinnefeld 1988; Chrone-Vakalopoulos und Vakalopoulos 2008.
41 Tinnefeld 1988; Riera i Melis 2009, 130–140; Lewicka 2011, 27–41.
42 Cutting 1955.
43 Marzano 2013, 89–121.
44 Kowaleski 2010, 128, 141–142.
45 van Geel und Borger 2005.
46 Vésteinsson 2016.
47 Brereton et al. 2010, 237.
48 Marzano 2013, 28–88.
49 Marzano 2013, 28–33.
50 Marzano 2013, 51–65.
51 Bannerman und Jones 1999.
52 Zu Arten der Fischerei und unterschiedlichen Netzen siehe u. a. Hoffmann 2000; Hoffmann 2023, 112–128.
53 Northridge 2018.
54 Aparici Martí 2005, 1092–1094; Bauzá 2005, 1035; Riera i Melis 2009, 124–129; Hoffmann 2023, 112–121.
55 Florence Fabijanec 2021, 186–187, vgl. 2. Vom Meer leben, Anm. 57.
56 Thomas von Cantimpré 1973, 254 (Buch 7, Kap. 5); ähnlich im 14. Jahrhundert Konrad von Megenberg 2003, 272 (Buch 3D, Kap. 2).
57 Dieser Abschnitt zur Geschichte der Fischerei an Nord- und Ostsee beruht wesentlich auf den jüngeren Synthesen von Barrett 2016a.
58 O'Connell und Hull 2011.
59 Holm 2016, 19.
60 Cassius (Dio) 2007, 375 (Buch 77, Kap. 12).
61 van Neer und Ervynck 2016; Barrett 2016a, 265; Hoffmann 2023, 89–95.
62 Heinrich 2006; Schmölcke und Heinrich 2006, 220–236.
63 Heinrich 1986, 89–99; Heinrich 1987, 87–125; Lampen 2000a, 75–77.
64 Jahnke 2000, 15–38; Lampen 2000b, 293.
65 Kowaleski 2016, 29–33.
66 Hoffmann 2023, 215–230.
67 Hoffmann 2023, 215–216.
68 Lampen 2000a, 98–141; Hünemörder 1981; Schulz 2011, 39, 88–91, 108; Hoffmann 2023; Lombardo 2023, 307–308.

69 Orton et al. 2016.
70 Orton et al. 2011; Barrett 2016a, 266.
71 Lutz 1980.
72 Lampen 2000a, 29–32, 81–97; Hoffmann 2023, 101–104, 237–248.
73 Jahnke 2000, 39–46; Jahnke 1997, 290–305, auf den die folgenden Beispiele aus dem Ostseeraum zurückgehen.
74 Jahnke 1997.
75 Cloquier 2004; Cloquier 2018; vgl. allgemein Clavel 2001.
76 Willam 1961; Lampen 2000a, 86–93.
77 Aparisi Romero 2021; Ginot-Julià 2023.
78 Margariti 2021; Lewicka 2011, 210. Zur Fiskalisierung der Fischwirtschaft im ägyptischen Hochmittelalter: Bramoullé 2020, 479–483.
79 Aparisi Romero 2021, 230–234; Hoffmann 2023, 101–104.
80 Beispielhaft: Barceló Crespí und Mas Forners 2021, 124–126; Riera i Melis 2009, 140–143.
81 Lampen 2000b; Jahnke 1997, 290–294, auf den die folgenden Beispiele aus dem Ostseeraum zurückgehen.
82 Hoffmann 2023, 169–172; Beispiele aus London bei Galloway 2021, 236–239.
83 Matschke 1980, 284–285.
84 Matschke 1980, 285, 288–289; Ragia 2018, 451–456.
85 Die folgenden sardischen Beispiele stammen aus Nonne 2017a; Fadda et al. 2017, 283–293. Vgl. zu Ligurien: Pistarino 1983.
86 Riera i Melis 2009, 135–140; Barceló Crespí und Mas Forners 2021, 122–127.
87 Mutgé i Vives 1988; Vendrell de Millás 1992; Aparici Martí 2005, 1097–1110; Florence Fabijanec 2021; Aparisi Romero 2021.
88 Zum Folgenden ausführlich: Alcover; Riera i Melis 2009, 137–139. Zum Norden Europas, wenngleich weniger gut überliefert: Hoffmann 2023, 169–172.
89 Aparici Martí 2005, 1098–1099.
90 Madurell i Marimón 1974. Spannungen und Konflikte zwischen Fischern unterschiedlicher Spezialisierung beschreibt Lombardo 2023, 322.
91 Ferreira Priegue 1987, 849 (Dok. 42).
92 Ragia 2018, 454–456.

93 Koder 1991; Maniatis 2000.
94 Koder 1991, 126–128 (17.1–4); Ragia 2018, 454–456.
95 Dagron 1995; Maniatis 2000.
96 Kehnel 2021; Hoffmann 2023.
97 Hoffmann 2005, 24; Sánchez Quiñones 2017, 334–335; Hoffmann 2023, 53–54, 193–267.
98 Hoffmann 2023, 251–267; vgl. die aufschlussreichen Ausführungen zur Regelung der Bodenseefischerei im Mittelalter bei Kehnel 2021, 74–81.
99 Faugeron 2014, 181–184, 311–317.
100 Bourin-Derruau et al. 2001, 384; Hoffmann 2023, 260.
101 Verdon 1980, 95–96; vgl. Dinzelbacher 2000a, 192.
102 Aparisi Romero 2021, 227 (allerdings zog der Graf dieses Verbot in der Folge zurück, ebenda).
103 Kowaleski 2010, 131–133; Galloway 2021, 260, 266.
104 Hierauf weist mit Recht Hoffmann 2023, 264–266 hin.
105 Hoffmann 2005, 25–26; Hoffmann 2023, 384–399.
106 Einen größeren Einfluss des Menschen postuliert Hoffmann 2005, 27–28. Aber auch er konstatiert letztlich einen Verbund verschiedener Umweltveränderungen (Klima, Strömungen etc.) und menschlichen Wirkens: Hoffmann 2023, 387–399.
107 Nedkvitne 2016, 56–57; Barrett 2016a, 265; Holm 2016, 17.
108 Delussu und Wilkens 2000, 64–65.
109 Cottica und Bernal-Casasola 2017.
110 Gertwagen 2016, 346.
111 Jones 1960, 80–81, 83–85; Arinobu 2021, 13, 128; vgl. die Empfehlung des österreichischen Ritters und Literaten Seifried Helbling aus dem 14. Jahrhundert, Wildbret, Öl und Fisch lieber den Herren zu überlassen (III, 231 f.): *visch und öl sie liezen schôn / die herren ezzen, daz was sit* – Schulz 2011, 259–260.
112 Siehe zum Folgenden Lampen 2000a, 38–40.
113 Hoffmann 2023, 233–237, 364–376.
114 Rucquoi 1984, 302; Matschke 1980, 291; Camps Clemente und Camps Surroca 1995; Hoffmann 2023, 60–61, 67.
115 Hoffmann 2023, 233–237, 364–376.
116 Matschke 1980, 283; Maniatis 2000, 37, 40. Vgl. zu islamischen Ländern Lewicka 2011, 209–225.
117 Lampen 2000a, 39.

118 Hierzu und zu städtischen Preislisten vgl. Lampen 2000b, 286–289 sowie allgemein Lampen 2000a.
119 Vergleichbare Schiffslisten liegen auch für den Mittelmeerraum vor: Tucci 1987; Gertwagen 2016, 353–354.
120 Vgl. die hervorragende Webseite der Monumenta Culinaria: https://www.uni-giessen.de/de/fbz/fb05/germanistik/absprache/sprachverwendung/gloning/kobu.htm; zu ergänzen für den islamisch-arabischen Bereich: Lewicka 2011, 27–39.
121 Apicius 2018, 158–174 (Buch 9 und 10).
122 Freedman 2021, 209.
123 Zum Folgenden kenntnisreich Freedman 2021, 207–211.
124 Torres Palomo 2000, 168–169, 177–181; Ibn Razin al-Tuyibi 2007, 238–251; Ibn Razīn al-Tuŷībī 2021, 361–383, 503–506, 543–550.
125 Arinobu 2021, 13, 128, 272–276, 300.
126 Barrieras et al. 2017. Ähnliches leistet bereits das *Llibre d'Aparellar de menjar* aus dem 14. Jahrhundert: Es nennt 20 Fische und die Zeit, in denen sie am besten zu essen sind: Santanach i Suñol 2016.
127 Das Buch von guter Speise 1958, 21, 27; Reck 2001.
128 Lutz und Tremp 1999, 280–355, 466–467 (Kap. 46).
129 Curtó Homedes 1995, 155–158.
130 Trenchs Òdena 1995, mit einschlägigem Dokumentenanhang 319–328.
131 Hierzu kundig: Freedman 2021, 198–202.
132 Campón Gonzalvo 1995; García Marsilla 2010; Bertrán i Roigé 1995.
133 Die Beispiele aus Hoffmann 2023, 60; vgl. Irsigler 1972.
134 Casset 2018.
135 Cauchies 2007, bes. Caron 2007, 15; Clauzel-Delannoy 2007; Plouvier 2007.

4. Jäger und Gejagte

1 Abreu-Ferreira und Sicking 2009; Starkey et al. 2009; Barrett und Orton 2016.
2 Albertus Magnus 1916, 539 (lib VII, tract. 2, cap. 1, 100); Albertus Magnus 1999, Bd. 1, 632.

3 Bailey und Steele 2009.
4 Krovnin und Rodionov 2009; Das Ende des Schwarms, Frankfurter Allgemeine Zeitung, 12. März 2023, 53 (»Hat der Fisch noch eine Zukunft«, ebd.); Food and Agriculture Organization of the United Nations 2024, 46, 98.
5 https://www.dafv.de/referate/aktuelles/item/511-fisch-des-jahres-2021-der-atlantische-hering-clupea-harengus.
6 Food and Agriculture Organization of the United Nations 2020, 14; Food and Agriculture Organization of the United Nations 2024, 12, 32, 44–46, 98. Allein von der Peruanischen Sardelle wurden 2022 4,9 Millionen Tonnen gefischt (ebd., 12).
7 Zum Hering allgemein siehe Klinkhardt 1996; Hunt 2017; Hoffmann 2023, 201–206, 316–331.
8 Oppianus 1999, 251.
9 Oppianus 1999, 72–75.
10 Oppianus 1999, 75.
11 Saxo Grammaticus 1931/1937, 6.
12 Albertus Magnus 1920, 1519 (lib XXIV, tract. n.a., cap. 1, 8); Albertus Magnus 1999, Bd. 2, 1660.
13 Schubert 2006; Hunt 2017.
14 Schubert 2006, 134.
15 Alexander Neckam 1863, 405–406 (Dist. 3, 467–476). Ähnlich Bartholomaeus Anglicus 1964, 1031 (Buch 18, Kap. 20).
16 Thomas von Cantimpré 1973, 254 (Buch 7, Kap. 5). Zu dieser Vorstellung siehe Thomasset 2002, 68–69; Clesse 2018, 90–91.
17 Albertus Magnus 1916, 478–479 (lib VI, tract. 2, cap. 3, 89–91); Albertus Magnus 1999, Bd. 1, 567.
18 Albertus Magnus 1916, 527 (lib VII, tract. 1, cap. 7, 76); Albertus Magnus 1999, Bd. 1, 619.
19 Albertus Magnus 1920, 1518 (lib XXIV, tract. n.a., cap. 1, 8); Albertus Magnus 1999, Bd. 2, 1660; Konrad von Megenberg 2003, 272 (Buch 3D, Kap. 2).
20 Freedman 2021, 203.
21 Clauzel-Delannoy 2007, Text (*La vie de saint Harenc, glorieulx martyr*): 198–202.
22 Kritischer sieht dies Hoffmann 2023, 83–84.
23 Taillevent 1988, 222–223, vgl. Freedman 2021, 210; Plouvier 2007, 287–299.

24 Zur Heringswirtschaft im Mittelalter siehe die knappe, aktuelle Übersicht von Barrett 2016a.
25 Lampen 2000a, 163–172; Jahnke 2000, 15–38 (mit wichtigen Angaben zur Spätgeschichte der Rügener Fischerei); Barrett 2016a, 257–262; Makowiecki et al. 2016.
26 Kowaleski 2016, 31–32.
27 Eine knappe Übersicht liefert Jahnke 1997, 298–306; ausführlicher Jahnke 2000, 39–280.
28 Saxo Grammaticus 1931/1937, 527 (Buch 15, Kap. 14); Helmold von Bosau 1937, 213 (Buch 2, Kap. 12).
29 Zur Verbindung zwischen der Geschichte des dänischen Königtums und der Schonenfischerei siehe die kompetente Zusammenstellung bei Jahnke 2000, 47–61.
30 Zur Heringsfischerei auf Falsterbo siehe Jahnke 2000, 62–134.
31 Riis 2002, 176; Jahnke 2000, 220–221.
32 Wegner 2009, 163.
33 Lampen 2000b, 304; Holm 2016, 15–16.
34 Einen sehr guten Einblick in die Sozialgeschichte der schonischen Heringsfischerei liefern Jahnke 2000, 178–192; Jahnke 1997 und Lampen 2000a, 160–163, auf welchen die folgenden Ausführungen beruhen.
35 Zur Siedlungsgeschichte in Schonen siehe auch Lampen 2000a, 150–158; Jahnke 2000, 75–81, 120–124, 207–217, 400–405.
36 Jahnke 2000, 146–157. Ähnliche Stadtentwicklungen aus Fischersiedlungen sind in England belegt: Kowaleski 2010, 118.
37 Jahnke 2000, 218–225.
38 Lampen 2000a, 146.
39 Arnold von Lübeck 1868, 77 (Buch 3, Kap. 5).
40 Jahnke 1997, 299–300.
41 Vgl. 4. Jäger und Gejagte, Anm. 29.
42 Die folgende knappe Übersicht zum Heringshandel Lübecks folgt im Wesentlichen Hammel-Kiesow 1993; Jahnke 1997; Jahnke 2000, 193–206; Riis 2002.
43 Jahnke 2000, 30–32.
44 Jahnke 1997, 303–304; Jahnke 2000, 389.
45 Hammel-Kiesow 1993, 20.
46 Lampen 2000b.
47 Hoffmann 2023, 329–332, 356–364.

48 Baasch 1922, 1–18, 91–149; Ellmers 2006; vgl. für Hamburg: Gabrielsson 2006.
49 Holm 2016, 16.
50 Jahnke 2000, 90–94.
51 Baasch 1922, 305–318; Lampen 2000b, 296–299.
52 Weber 1987; Rijks 2024.
53 Franklin 1984 (Orig. 1874), 153. Vgl. allgemein: Monnet 2023.
54 Hoffmann 2023 319–322.
55 Wegner 2009.
56 Holm 2016, 16–17. Weitaus höhere Zahlen bei Riis 2002, 176 und Hammel-Kiesow 1993, 23.
57 Holm 2016, 16.
58 Zum folgenden Abriss des Niedergangs der schonischen Fischerei siehe Jahnke 2000, 90–119.
59 Seifert 1997, 321–381.
60 Hierzu und zum Folgenden Riis 2002, 180–182.
61 Kowaleski 2000.
62 Añíbarro Rodríguez 2016.
63 Jahnke 2000, 281–346; Barrett 2016a, 263.
64 Hoffmann 2023, 327–329 mit Abbildung 328.
65 Freedman 2021, 206; Nedkvitne 2013, 521; Kowaleski 2010, 140.
66 Holm 2016, 17–20.
67 Lediglich beispielhaft: Carrére 1969, 322–323; im Gegenzug transportierten die Kaufleute eingelegten Thunfisch nach Flandern (ebd.).
68 Nedkvitne 2016, 56–57.
69 Food and Agriculture Organization of the United Nations 2020, 14, 48, 52; Food and Agriculture Organization of the United Nations 2024, 32, 46, 98.
70 Holm 2016, 20.
71 Holm 2016, 20.
72 Zur Kabeljauwirtschaft im Mittelalter siehe die knappen Übersichten von Heinrich 1986; Barrett 2016a; Riis 2002, 180–182; und Wubs-Mrozewicz 2009; Hoffmann 2023, 14–17, 332–343, auf die sich die folgenden Ausführungen stützen.
73 Nielssen 2016; Nedkvitne 2016.
74 Hammel-Kiesow 1993, 14.
75 Albertus Magnus 1916, 258 (lib II, tract. 1, cap. 7, 80), 313–314

(lib III, tract. 2, cap. 2, 84), 527 (lib VII, tract. 1, cap. 7, 76); Albertus Magnus 1999, Bd. 1, 323–324, 385–386, 619.

76 Nielssen 2016; Nedkvitne 2016; Hufthammer 2016.

77 Nielssen 2016; Sørheim 2016; Vésteinsson 2016.

78 Heinrich 1986, 87; Nedkvitne 2013, 535–558.

79 Garrido 2001.

80 Riis 2002, 180–182.

81 Helle 2020, 45; Nedkvitne 2016, ausführliche Berechnungen bei Nedkvitne 2013, 243–249, 652–677.

82 Zum Folgenden: Lampen 2000a, 142–148; Wubs-Mrozewicz 2009; Helle 2020; Nedkvitne 2013, 333–470.

83 Burkhardt 2009; Nedkvitne 2013, 277–495.

84 Nedkvitne 2013, 504–507.

85 Wubs-Mrozewicz 2009, 194; Nedkvitne 2013, 413–418.

86 Die folgende Übersicht zu den Lebensverhältnissen auf den Lofoten folgt Nedkvitne 2013, 548–552.

87 Pietro Querini, Nicolo de Michiele, Cristoforo Fioravante 2007; Zeilinger und Fouquet 2008.

88 Nedkvitne 2013, 333–465.

89 Hammel-Kiesow 1993, 18–19; Lampen 2000a, 180–185; Nedkvitne 2013, 53–79, 146–185.

90 Nedkvitne 2013, 80–90, 186–240.

91 Brereton et al. 2010, 237–243; Taillevent 1988, 222–223; vgl. Freedman 2021, 196.

92 Das Buch von guter Speise 1958, 21, 27; Reck 2001.

93 Kowaleski 2010, 128–130; Nedkvitne 2013, 466–471.

94 Nedkvitne 2013, 471–495.

95 Auch wenn sich die Lage für andere Thunfischarten in den letzten Jahren verbessert hat: Food and Agriculture Organization of the United Nations 2020, 8; Food and Agriculture Organization of the United Nations 2024, XXII, 44–46.

96 Food and Agriculture Organization of the United Nations 2020, 6; Food and Agriculture Organization of the United Nations 2024, 31–32, 44–46.

97 Marzano 2013, 27, 66–76; Mylona 2021.

98 Plinius Secundus 1979, 40–49 (Kap. XV).

99 Galenus 1965, Orig. 1821, 728–729; Galen 2003, 143. Ähnlich Plinius Secundus 1979, 42–43 (XV, 48).

100 Russell 2016, 133–164; García Vargas 2016, 269–270; Feuser 2020, 301–302; Keleş und Yilmaz 2022.
101 Ailianos, 720–725 (Buch 15, Kap. 5).
102 Oppianus 1999, 206–209 (Buch 3, Z. 620–648).
103 Plinius Secundus 1979, 46–47 (XV, 53) nennt den Zeitraum von Mai bis Oktober als den der Thunfischjagd.
104 García Vargas 2016, 258.
105 Marzano 2013, 68–70, 78–79.
106 Zur historischen Entwicklung dieser Fangmethode und ihrer Verbreitung vgl. García Vargas 2016, 266–269; Hoffmann 2023, 349–355; Lombardo 2023, 323–326.
107 Marzano 2013, 69–70.
108 Bresc 1986a; Lombardo 2023, 323–326.
109 Bresc 1974–1975; Bresc 1986a, 129–130.
110 Lombardo 2023, 324.
111 Bresc 1986a, 125.
112 Sánchez Quiñones 2017, 348–350; Ladero Quesada 1996; García Vargas 2016.
113 Sánchez Quiñones 2017, 348–352.
114 Bresc 1986b, 271–272.
115 Bresc 1987, 276–277; Dentici Buccellato 1993, 284–287; García Vargas 2016, 274. Zum sizilianischen Thunfischfang in islamischer Zeit: Bramoullé 2020, 477.
116 Bello León 2005, 99–101; Sánchez Quiñones 2017, 349–350.
117 Dies betont García Vargas 2016, 255–256.
118 Dentici Buccellato 1993, 286–287; Bello León 2005, 349–350.
119 García Vargas 2016, 256.
120 Zur Wertschätzung des Thunfischs im muslimischen Mittelmeerraum siehe Torres Palomo 2000, 174–181.
121 Torres Palomo 2000, 176, vgl. Lévi-Provençal 1938, 124.
122 Torres Palomo 2000, 174–175; Malpica Cuello 2010.
123 Plinius Secundus 1979, 42–43 (XV, 48); Apicius 2018, 162–165 (Buch 9, Kap. 10–11).
124 Alcover Cateura 2022.
125 Francesco Balducci Pegolotti 1936, 380.
126 Gertwagen 2016, 350.
127 García Vargas 2016, 282; Ladero Quesada 1989, 290.
128 Heers und Groër 1979, 144–146.

129 Freedman 2021.
130 Salicrú i Lluch 2009, 177–178.
131 Ibn Razin al-Tuyibi 2007, 236–251; Ibn Razīn al-Tuŷībī 2021, 377–381.
132 Ibn Razīn al-Tuŷībī 2021, 378–379.
133 Torres Palomo 2000,177–178; Ibn Razīn al-Tuŷībī 2021, 377.
134 Ibn Razīn al-Tuŷībī 2021, 503–504.
135 Ibn al-Bayṭār 1987; Bd. 1, 319–320 (Kap. 433); Jacquemard et al. 2013, 426–429 (Kap. 97).
136 al-Jatib 1977, vgl. Torres Palomo 2000, 179–180. Schon Ibn al-Baiṭār weist auf den Sardinenverzehr der Maghrebiner hin: Ibn al-Bayṭār 1987, Bd. 1, 444 (Kap. 1538).
137 Food and Agriculture Organization of the United Nations 2020, 53; Food and Agriculture Organization of the United Nations 2024, 47, 143.
138 Ferreira Priegue 2009, 27–28.
139 Santanach i Suñol 2016, 264.
140 Ortega Villoslada 2009, 89–90.
141 Torres Palomo 2000, 181, vgl. Leo 1896, 518.
142 Madrid Real Academia de Bellas Artes de San Fernando, Francisco de Goya: El entierro de la Sardina, 1812–14; vgl. Salas 1968; Freedman 2021, 204. Zu Italien vgl. Lecco 1990.
143 Ibn Razin al-Tuyibi 2007, 241, 242, 245; Ibn Razīn al-Tuŷībī 2021, 365, 366, 371, 381, 382.
144 Ibn Razīn al-Tuŷībī 2021, 371.
145 Ibn Razīn al-Tuŷībī 2021, 366.
146 Ibn Razīn al-Tuŷībī 2021, 365.
147 Ibn Razīn al-Tuŷībī 2021, 381.
148 Zur Wertschätzung der Sardine im muslimischen Mittelmeerraum siehe Torres Palomo 2000, 174–181.
149 al-Jatib 1977, 121–122; Torres Palomo 2000, 179–180.
150 García Sánchez 1983–1986, 260; Lévi-Provençal 1976, 175–176.
151 Ferreira Priegue 1987; Ferreira Priegue 2009.
152 Zum Folgenden siehe: Sánchez Quiñones 2017, 342–348; Ferreira Priegue 2009, 20–34.
153 Ferreira Priegue 2009, 26, 30–34; Ferreira Priegue 1987, 339–347.
154 Ferreira Priegue 1987, 149–150.

155 Ferreira Priegue 2009, 21–32.
156 Ferreira Priegue 2009, 27–28.
157 Ferreira Priegue 2009, 15–16.
158 Ferrer i Mallol 1997, 306–313.
159 Salicrú i Lluch 2009, 167.
160 Ferreira Priegue 1984, 15–16; Ferreira Priegue 1987, 733.
161 Dies zeigen beeindruckend die Beiträge in Sociedad Española de Estudios Medievales 2009.
162 Florence Fabijanec 2021, 168, 172.
163 Zum Folgenden Matschke 1980; Koder 2013; Ragia 2018.
164 Ragia 2018, 450–451.

5. Gut und Böse

1 Auch wenn Aelian fälschlicherweise behauptete, der Wal würde gelegentlich aus dem Meer kommen und sich an der Sonne erwärmen: Ailianos 2018, 471 (Buch 9, Kap. 50).
2 Vgl. als Übersichten Shirihai und Jarrett 2008.
3 Historia animalium, VII (VIII), 589a31–590a19; Aristoteles 1965d, 72–79.
4 Historia animalium, I, V, 489b2–4; II, XI, 500b1; II, XIII, 504b22–27; III, I, 510a9; IV, X, 537a31–537b1 f.; VI, XII, 566b2–18; II (VIII), II, 589b4 f.; Aristoteles 1965b, 24 f., 92 f., 116 f.; Aristoteles 1965c, 86 f., 264–267, Aristoteles 1965d, 74 f.
5 Historia animalium, II, XIII, 504b22–27; Aristoteles 1965b, 116 f.
6 Historia animalium, V, V, 540b22; VI, XII, 566b16–23; Aristoteles 1965c, 106 f., 266 f.
7 Historia animalium, VI, XII, 566b16–18; Aristoteles 1965c, 266 f.
8 Schon Aristoteles hob hervor, wie sehr der Delfin seine Jungen liebe (Historia animalium, VIII [IX], XLVIII, 613a16–32; Aristoteles 1965d, 394 f.), und auch Aelianus nutzte das Verhalten des Delfins als Vorbild für die Menschen: Ailianos 2018, 405–406 (Buch 8, Kap. 3); 585 (Buch 12, Kap. 6). Zu den Aussagen der mittelalterlichen Enzyklopädisten über die Aufzucht von Meereslebewesen und deren Mutterliebe vgl. Gauvin 2021.
9 Plinius Secundus 1979, 24–34 (Kap. 8), 155 (Kap. 49).

10 Isidorus 2008, 471 (Buch 12, Kap. 6, 6–8).
11 Hrabanus 1864a, Sp. 237; Hrabanus 2009, Bd. 1, 255 (Buch 8, Kap. 5).
12 Cambier 2017.
13 Albertus Magnus 1920, 1338 (lib XXI, tract. 1, cap. 6, 31); Albertus Magnus 1999, Bd. 2, 1429; Albertus Magnus 1920, 1523 (lib XXIV, tract. n. a., cap. 1, 15); 1549 (lib XXIV, tract. n. a., cap. 1, 60); Albertus Magnus 1999, Bd. 2, 1667, 1706. Vgl. allg. Moulinier 1992, 117–125.
14 2021 wurden nach Auskunft der International Whaling Commission offiziell 881 Großwale erlegt: https://iwc.int/table_objection und https://iwc.int/commercial.
15 Reidenberg 2017; Berta und Deméré 2018; Hooker 2018. Schon Aristoteles klassifizierte die Wale in Bartenwale und Räuber: Historia animalium, III, XII, 519a23; VII (VIII), II, 591b9; Aristoteles 1965b, 210 f.; Aristoteles 1965d, 92 f.
16 Moore und Simeone 2018.
17 Plinius Secundus 1979, 16 (Kap. 3).
18 Voisenet 2000, 114–115. Noch 1491 im Hortus sanitatis: Jacquemard et al. 2013, 156–161 (Kap. 14), 180–185 (Kap. 19).
19 Überblicke liefern Ellis 1993; Reeves 2018; Clapham und Baker 2018. Spezifischer zum Mittelalter: Szabo 2000; van den Hurk 2020; Szabo 2008.
20 Ellis 1993, 17–21; Kenney 2018.
21 Kenney 2018.
22 Bode 2002, 4; Schwartz 2018.
23 Breier und Reiter 1992, 128–141; Jefferson und LeDuc 2018; Racicot 2018.
24 Hrabanus 1864a, Sp. 237; Hrabanus 2009, Bd. 1, 255 (Buch 8, Kap. 5).
25 Eisenberg und Holcomb 2019, 231–232.
26 Physiologus, Curley, Michael J. (Übers.) 1979, 45–46; Leclercq-Marx 2018b; Lazaris 2021, 124–132.
27 Pastoureau 2011, 179–183; Heck und Cordonnier 2020, 166; Morrison und Grollemond 2019, 28, 134. Vgl. https://bestiary.ca/beasts/beastgallery282.htm.
28 Weidner, Katja (übers.) 2022, 102–115 (Kap. 10), 138–139 (Kap. 15); Burgess und Strijbosch 2000.

29 Physiologus, Curley, Michael J. (Übers.) 1979, 46; Zambon 2018, 34–35 (Kap. 17).

30 Physiologus, Curley, Michael J. (Übers.) 1979, 46; Zambon 2018, 32–33 (Kap. 17); Voisenet 2000, 110–115., s. v. 498; Lazaris 2021, 123–132.

31 Zambon 2018, XII, XXXIII, 33, 35, 91, 111, 149, 165, 167, 201, 253, 329, 459, 557, 1021, 1023, 1117, 1207, 1209, 1239, 1347, 1421, 1471, 1655, 1737, 1771, 1781, 1785, 1906, 1918, 1956, 2023, 2028, 2093, 2095, 2171, 2205–06, 2213, 2215, 2217 2287, 2289, 2301, 2310, 2319, 2343, 2353, 2359–60, 2363, 2382, 2396, 2408–10.

32 Zambon 2018, 1208.

33 Radulfus Glaber 1989, 50–57 (Buch 2, Kap. 2); Musset 1948.

34 Matthew Paris 1866, 443–444; vgl. Matthew Paris 1869, 282.

35 van den Hurk 2020, 40–45.

36 Ziolkowski 1984; Pascal 1987.

37 Oesterley 1872, 655–657 (Kap. 251, app. 55).

38 Ellis 1993, 219–223.

39 Garmonsway 1939, 26–30; Swanton 1975, 110–111.

40 Konrad von Megenberg 2003, 274–275 (Buch 3D, Kap. 7). Nur jüngere (unter drei Jahre alte) Exemplare könne man mit »süßen Tönen« anlocken und fangen (ebd.).

41 Reeves 2018; Clapham und Baker 2018.

42 Albertus Magnus 1920, 1523 (lib XXIV, tract. n. a., cap. 1, 15); Albertus Magnus 1999, Bd. 2, 1667. Ähnlich Albertus Magnus 1920, 1524 (lib XXIV, cap. 1, 17); Albertus Magnus 1999, Bd. 2, 1669.

43 Guizard 2011b, 266–267. Beispielhaft noch 1491 im Hortus sanitatis: Jacquemard et al. 2013, 156–161 (Kap. 14), 180–185 mit Abb. 181 (Kap. 19).

44 Zum Folgenden vgl. Szabo 2005.

45 Wenz 1935, 22.

46 Adam von Bremen 1917, 265 (Buch 4, Kap. 32).

47 Esser und Meissner 2019, 127; Larson 1917, 122.

48 Magnus 1998, 729, 726–741 (Buch 21, Kap. 7–12).

49 Domènech 2000, 256–258, 270–271; Frugoni 2018, 106. Diese Tradition existierte auch in Nordfrankreich: Musset 1964, 161.

50 Smith und Kinahan 1984, 95–96.

51 van den Hurk 2020, 67–131.
52 Guizard 2011b, 268.
53 van den Hurk 2020, 91.
54 van den Hurk 2020, 43–66 (»Whaling people«), 159–166.
55 Vgl. Rodrigues et al. 2016, 929–931.
56 Historia animalium, VIII (IX), XLVIII, 631b3; Aristoteles 1965d, 396 f.
57 Moore und Simeone 2018; van den Hurk 2020, 27–28.
58 Krusch und Levison 1910, 590, 602–663 (Kap. 9, 38, 39); Guizard 2018, 119–120.
59 Gardiner 1997, 182–186. Besonders häufig strandeten Schweinswale an der engsten Stelle des Ärmelkanals um Dover (ebd.); Höhn 2023.
60 Ellis 1993, 17–41; Rodrigues et al. 2016, 931–935.
61 Vgl. die Karte bei Bernal-Casasola et al. 2016, 916.
62 Oppianus 1999, 274–301 (Buch 5, 46–351); Aelian erwähnt auch den Bosporus: Ailianos 2018, 229 (Buch 5, Kap. 4).
63 Marzano 2013, 37–38; Rodrigues et al. 2016, 931–936; Bernal-Casasola et al. 2016; Bernal-Casasola und Monclova Bohórquez 2012; Bode 2002; van den Hurk 2020, 148–149.
64 Noch in der Frühen Neuzeit wurden Wale häufiger gefunden als gejagt: Azzolini 2017.
65 Musset 1964, 147 152, 154, 160; Guizard 2011b, 271; Brito und Sousa 2011, 8; Brito 2011.
66 Aguilar 1986, 192–193; van den Hurk 2020, 49–50.
67 Goyheneche 1984, 10–11, 13, 24.
68 Ellis 1993, 50–54; Zulueta 2000, 261–265; Szabo 2012, 70–71.
69 Holder-Egger, Oswald (Hg.) 1887, 400; Lebecq 1997, 252–253.
70 Holder-Egger, Oswald (Hg.) 1888, 596 (*ad ballenas capiendas mare sunt ingressi …*); Du Sollier et al. 1737, 256 (15. August): *piscatores balenam permaximam circumdederunt, lanceis et jaculis vulnerantes …*; Gardiner 1997, 175.
71 Musset 1964, 148–152.
72 Brito 2011, 294–300.
73 Brito 2011, 291.
74 Albertus Magnus 1920, 1524 (lib XXIV, tract. n. a., cap. 1, 17); Albertus Magnus 1999, Bd. 2, 1669–1670. Vgl. allg. Moulinier 1992, 117–125.

75 Zum Folgenden die Beschreibung bei Albertus Magnus 1920, 1524–1525 (lib XXIV, tract. n.a., cap. 1, 18); Albertus Magnus 1999, Bd. 2, 1670.
76 Dies ist zuletzt in Zweifel gezogen worden, Friedman 1997; Cambier 2017, 535–541.
77 Thomas von Cantimpré 1973, 233–234. Ähnlich auch Vinzenz von Beauvais: Vinzenz von Beauvais 1624b, Bd. 1, Sp. 1275 (Buch 17, Kap. 42) und Bartholomaeus Anglicus 1964, 578–587 (Buch 13, Kap. 26); https://ichtya.unicaen.fr/lab/bibliotheque/TC7_lat.xml/LAT.tc.7.29.html vgl. Prévot 2005, 193–194.
78 Larson 1935, 126–127, 396–397.
79 Szabo 2012, 82–84.
80 Szabo 2012.
81 van den Hurk 2020, 45.
82 Hight 1929, 21–23; Fox und Pálsson 1974, 19–21 (Kap. 12).
83 Hight 1929, 70–74; Fox und Pálsson 1974, 56–60 (Kap. 25–27).
84 Szabo 2012, 76, 84–85.
85 Szabo 2012, 76.
86 Der Königsspiegel 2019, 124–131, Zitat: 128.
87 Der Königsspiegel 2019, 124, 129–130.
88 Esser und Meissner 2019, 129; vgl. Szabo 2012, 75–77.
89 Szabo 2012.
90 Szabo 2012, 77–78; Ducène 2021, 67–69.
91 Gardiner 1997, 173–174; Lebecq 1997; Guizard 2011b, 263–264; Cambier 2017, 534–535.
92 van den Hurk et al. 2022, 248–251; van den Hurk 2020, 67–131.
93 https://upload.wikimedia.org/wikipedia/commons/c/cc/Whale_products-d_hg.png.
94 Vgl. die Übersicht möglicher Nutzungen im Mittelalter bei Gardiner 1997, 180–182; Szabo 2008; van den Hurk 2020, 28–37.
95 van den Hurk 2020, 101–103. Auf den Orkney-Inseln sind aus der Zeit der Pikten besonders viele Artefakte aus Walknochen gefunden worden. In der Epoche nordischer Siedlung hingegen nimmt die Zahl der Überreste ab, was aber möglicherweise mit den Rechtsbestimmungen der Neusiedler zusammenhängen könnte, welche den Transport von Walfleisch einschränkten (ebd.).

96 Webster 2012; Becker 2021, 40–45 (zur Inschrift, mit alternativer Lesung).
97 https://kulturerbe.niedersachsen.de/objekt/isil_DE-MUS-026819_opal_herzanulm_kunshe_MA58/1/; Marth 2000. Das Stück gelangte im 19. Jahrhundert aus dem Ottonischen Kloster Gandersheim in die Sammlung.
98 https://collections.vam.ac.uk/item/O92687/the-adoration-of-the-magi-panel-unknown/. Vgl. Beckwith 1966.
99 Gustavsson 2015. Vgl. beispielhaft Williamson 2010, 416–428 (Nr. 105–114).
100 van den Hurk 2020, 32, 99–101, 106.
101 Hildegard von Bingen 2010–2014, Bd. 1, 263–266 (Buch 5, Kap. 1), Zitat: 267; Hildegard von Bingen 1991, 56–59, Zitate: 58–59.
102 Bødker Enghoff 2003, 40–41; van den Hurk 2020, 32, 103, 106–107. Diese Nutzung ist bereits für die Antike bezeugt: Bernal-Casasola und Monclova Bohórquez 2012, 180–184.
103 Plinius Secundus 1979, 16–17 (Kap. 3, 7); Albertus Magnus 1920, 1523 (lib XXIV, tract. n. a., cap. 1, 15); 1549 (lib XXIV, tract. n. a., cap. 1, 60); Albertus Magnus 1999, Bd. 2, 1667; 1706. Ähnlich im 16. Jahrhundert Magnus Olaus: Magnus 1998, 752, 754 (Buch 21, Kap. 22 und 24).
104 Guizard 2011b, 274; Chazottes 2017; van den Hurk 2020, 107–108.
105 Bannister 2018.
106 Moffat et al. 2008. Aus Walknochen wiederum wurden in Skandinavien auch Schwertgriffe gefertigt: van den Hurk 2020, 105–106.
107 Moffat et al. 2008, 207–208.
108 Credland 1981; van den Hurk 2020, 31.
109 Ellis 1993, 52; Moffat et al. 2008, 209, 211.
110 Moffat et al. 2008, 210–211; van den Hurk 2020, 31.
111 Esser und Meissner 2019, 129. Vgl. Szabo 2012, 76; Konrad von Megenberg 2003, 275 (Buch 3d, Kap. 7). Zum medizinischen Nuzen des Wals siehe auch die einschlägigen Ausführungen Hildegards von Bingen: Hildegard von Bingen 2010–2014, Bd. 1, 263–267 (Buch 5, Kap. 1).
112 Krusch und Levison 1910, 590, 602 (Kap. 9, 38).

113 Magnus 1998; Gessner 1558; Bricci 1625. Vgl. Azzolini 2017; Smith und Egmond 2023.
114 Zum Genuss von Walfleisch im Mittelalter allgemein: van den Hurk 2020, 59–66, 135–138.
115 Hildegard von Bingen 2010–2014, Bd. 1, 263–267 (Buch 5, Kap. 1); Hildegard von Bingen 1991, 56–59, Zitat: 58–59.
116 van den Hurk 2020, 59–66.
117 Ellis 1993, 52.
118 Musset 1964, 153–156 (mit dem Hinweis auf jährliche Abgaben: *per singulos annos linguam integram balenae unius*, ebd., 155); Gardiner 1997, 178, 181–182; van Dam 2003, 467, 476–477; Guizard 2011b, 273; van den Hurk et al. 2022, 244, 252; van den Hurk 2020, 61–63.
119 Gardiner 1997, 180–181; van den Hurk et al. 2022, 245.
120 Brereton et al. 2010, 240.
121 Taillevent 1988, 185–186, 197.
122 Cantera Montenegro 2003; García Sánchez 1983–1986.
123 http://www.cmje.org/religious-texts/hadith/muslim/021-smt.php (Buch 21, Nr. 4756). Ähnlich: Buḫārī 1997, 385–386 (Buch 47, Nr. 2483).
124 Larson 1935, 126–127, 396–397; Oehrl 2013, 509; Simensen 2021), 140–141.
125 Szabo 2012, 79.
126 Zum Folgenden grundlegend: Gardiner 1997; Höhn 2023.
127 Musset 1964, 153–156; Gardiner 1997, 176–180, 185–186.
128 Musset 1964, 153–156.
129 Ginot-Julià 2023.
130 Brito 2011, 298–300: *A renda das casa de morada que el-rei mandou fazer no Baleal onde moram os baleeiros* (ebd., 298).
131 Goyheneche 1984, 17–18; Gardiner 1997, 176; Hybel und Poulsen 2007, 55–57; van den Hurk et al. 2022, 244.
132 van den Hurk et al. 2022, 244.
133 Vgl. Gardiner 1997, 177–180.
134 van den Hurk 2020, 67–131.
135 Hierauf weist mit Recht Gardiner 1997, 179–180 hin.
136 Ellis 1993, 52–53.
137 Aguilar 1986, 193; van den Hurk 2020, 164–165.
138 Ferreira Priegue 1987, 138–139.

139 Brito 2011, 298.
140 Kowaleski 2016, 31–32; Ferreira Priegue 1987, 138.
141 Gardiner 1997, 188.
142 Gardiner 1997, 188; van den Hurk et al. 2022, 252; van den Hurk 2020, 115.
143 Breier und Reiter 1992, 29–30, 53–59, 234–256; Reiss et al. 2006; Fischer-Rizzi und Baumgartl 2007, 60–61.
144 Reiss et al. 2006, 327–335.
145 Breier und Reiter 1992, 163–164. Zur Umfrage siehe Stumpf 2019. Zu den jüngeren Erkenntnissen über die Bestialität der Delfine siehe Gouabault 2010, 68.
146 Gouabault 2010, 60.
147 Engster 2019.
148 Oppianus 1999, 60–62 (Buch 1, 648–652). Vgl. zu den Delfinen ebd., 36–37, 54–55, 58–65, 68–69, 126–127, 308–317, 319–321 (Buch 1, 3983–388, 580–585, 642–648, 732–733, Buch 2, 539–542, Buch 5, 428–519, 546–578).
149 Marzano 2013, 34.
150 Engster 2019, 180–183.
151 Marzano 2013, 33–35; Plinius Secundus 1979, 32–34 (Kap. 8); Solinus 2014, 134–139 (Buch 12, Kap. 1–13); Ailianos 2018, 85–87 (Buch 2, Kap. 8); Oppianus 1999, 308–311 (Buch 5, 428–447).
152 Plinius Secundus 1979, 24–35 (Kap. 8).
153 Siehe 5. Gut und Böse, Anm. 3, 4, 5, 6.
154 Historia animalium, IV, IX, 535b32–536a3; V, V, 540b22 535b32–536a3; Aristoteles 1965c, 78 f., 106 f.
155 Historia animalium, VI, XII, 566b24–27; Aristoteles 1965c, 266–269. Vgl. Plinius Secundus 1979, 26 (Kap. 8).
156 Historia animalium, IV, X, 537a31–537b3; VI, XII, 566b13–16; Aristoteles 1965c, 86, 266 f.
157 Historia animalium, VI, XII, 566b9–13; Aristoteles 1965c, 266 f.
158 Historia animalium, VIII (IX), XLVIII, 631a8–21; Aristoteles 1965d, 392–395.
159 Ailianos 2018, 41–42 (Buch 1, Kap. 17), vgl. auch ebd. 489 (Buch 10, Kap. 8), 547–548 (Buch 11, Kap. 12); 585 (Buch 12, Kap. 6). Oppianus 1999, 317–321 (Buch 5, 519–579).

160 Ailianos 2018, 293–295 (Buch 6, Kap. 15); ähnliche Erzählungen ebd., 405–406 (Buch 8, Kap. 3); Oppianus 1999, 311–317 (Buch 5, 452–519). Auch Plinius weiß ähnliche Geschichten von der Freundschaft zwischen Mensch und Delfin zu erzählen: Plinius Secundus 1979, 28–30 (Kap. 8).

161 Breier und Reiter 1992, 51–53, 81–117; Fischer-Rizzi und Baumgartl 2007, 47–60.

162 Nicht zufällig ist der Delfin das einzige Meerestier, das in einem einschlägigen Band über Tiere als »Partner, Freunde und Gefährten« des Menschen behandelt wird: Kompatscher-Gufler et al. 2014, 38–40.

163 Hrabanus 1864a, Sp. 237; Hrabanus 2009, Bd. 1, 255 (Buch 8, Kap. 5); Alexander Neckam 1863, 145–146 (Kap. 27–29); Thomas de Cantimpré 2017, 290–291 (Kap. 3.9); Thomas von Cantimpré 1973, 238–239, 260 (Buch 6, Kap. 16–17; Buch 7, Kap. 29), vgl. https://ichtya.unicaen.fr/lab/bibliotheque/TC6_lat.xml/LAT.tc.6.16.html; https://ichtya.unicaen.fr/lab/bibliotheque/TC7_lat.xml/LAT.tc.7.29.html; Bartholomaeus Anglicus 1964, 581–583 (Buch 13, Kap. 26); vgl. https://ichtya.unicaen.fr/lab/bibliotheque/BA13_lat.xml/LAT.BA.13.26.html; Vinzenz von Beauvais 1624b, Bd. 1, Sp. 1304–1307 (Buch 17, Kap. 109–113); Albertus Magnus, s. u. (5. Gut und Böse, Anm. 165); Brunetto Latini 2007, 238–241 (Kap. 134); Zambon 2018, 1786–1788 (Buch 1, Kap. 134). Vgl. https://www.animaliter.uni-mainz.de/2009/12/20/delfin-c-ii-2-tierkunde-enzyklopadik/; Konrad von Megenberg 2003, 261–262 (Buch 3D, Kap. 9), 277 (Buch 3D, Kap. 12).

164 Vinzenz von Beauvais 1624b, Bd. 1, Sp. 1306 (Buch 17, Kap. 112). Gleichlautend noch 1491 im *Hortus sanitatis*: Jacquemard et al. 2013, 210–215 (Kap. 27), 211.

165 Albertus Magnus 1916, 256 (lib II, tract. 1, cap. 7, 76), 258 (lib II, tract. 1, cap. 7, 81), 393–394 (lib IV, tract. 2, cap. 1, 79–80), 470 (lib VI, tract. 2, cap. 1, 68–69), 506 (lib VII, tract. 1, cap. 1 24–25), 659–660 (lib VIII, tract. 5, cap. 2, 211–212); Albertus Magnus 1920, 988 (lib XIV, tract. 2, cap. 7, 85–86), 1530–1531 (lib XXIV, tract. n. a., cap. 1, 27–28); Albertus Magnus 1999, Bd. 1, 321–322, 324; 472; 557; 596–597; 759–760; Bd. 2, 1082; 1678–1679. Vgl. allg. Moulinier 1992, 125–128.

166 Albertus Magnus 1916, 256 (lib II, tract. 1, cap. 7, 76); Albertus

Magnus 1920, 988 (lib XIV, tract. 2, cap. 7, 86); Albertus Magnus 1999, Bd. 1, 321–322; Bd. 2, 1082.

167 Albertus Magnus 1920, 1338–1339 (lib XXI, tract. 1, cap. 4, 31); Albertus Magnus 1999, Bd. 2, 1429.

168 Albertus Magnus 1916, 479 (lib VI, tract. 2, cap. 1, 69); 659–660 (lib VIII, tract. 5, cap. 2, 211); Albertus Magnus 1999, Bd. 1, 557; 759–760.

169 Albertus Magnus 1920, 1539 (lib XXIV, tract. n. a., cap. 1, 28); Albertus Magnus 1999, Bd. 2, 1678–1679. Vom feinen Gehör, ja von der Musikliebe der Delfine wussten auch Plinius und Aelianus zu berichten: Plinius Secundus 1979, 26, 28 (Kap. 8); Ailianos 2018, 81–85 (Buch 2, Kap. 6); 547 (Buch 11, Kap. 12); 623–625 (Buch 12, Kap. 42).

170 Albertus Magnus 1916, 393 (lib IV, tract. 2, cap. 1, 79); Albertus Magnus 1999, Bd. 1, 472. Vgl. Aristoteles: Historia animalium, IV, VIII, 533b10; Aristoteles 1965c, 62–65; Plinius Secundus 1979, 29–35 (Kap. 8, 29–32).

171 Aristoteles: Historia animalium, VI, XII, 566b24–27; Aristoteles 1965c, 266–269; Albertus Magnus 1916, 470 (lib VI, tract. 2, cap. 1, 69); Albertus Magnus 1920, 1530 (lib XXIV, tract. n. a., cap. 1, 27); Albertus Magnus 1999, Bd. 1, 557 mit 5. Gut und Böse, Anm. 130; Bd. 2, 1678; Plinius Secundus 1979, 22–27 (Kap. 8, 22). Bei Konrad von Megenberg sogar 140 Jahre *mit abgehawem swantz*: Konrad von Megenberg 2003, 262.

172 Albertus Magnus 1920, 1530–1531 (lib XXIV, tract. n. a., cap. 1, 27–28); Albertus Magnus 1999, Bd. 2, 1678–1679 (Buch 24:27–28). In der Antike war die Tötung von Delfinen in der Tat tabuisiert: Engster 2019, 193.

173 Nicole Bozon 1889, 67; Thomas von Cantimpré 2017, 290–291; Konrad von Megenberg 2003, 262 (Buch 3C, Kap. 9); vgl. auch https://www.animaliter.uni-mainz.de/2009/12/20/delfin-d-1-iv-3-diskursive-texte/.

174 Plinius Secundus 1995, 62–63 (Kap. 27, 83–84), 80–81 (Kap. 38, 112), 82–83 (Kap. 39, 117), 90–91 (Kap. 46, 129), 95-95 (Kap. 48, 137).

175 Vinzenz von Beauvais 1624b, Bd. 1, Sp. 1307 (Buch 17, Kap. 113).

176 Die Sprungkraft der Delfine beeindruckte schon antike Autoren. Aristoteles und andere erzählten, Delfine könnten sogar Schiffe

überspringen, und Aelian lieferte dazu die unzutreffende, aber sympathische Begründung, Delfine würden beim Tauchen die Luft anhalten und diese plötzlich ausstoßen, wodurch ihr Körper wie der Pfeil von einem Bogen abgeschossen werde: Historia animalium, VIII (IX), XLVIII, 631a22; Aristoteles 1965d, 394–397; Ailianos 2018, 593 (Buch 12, Kap. 12). Lediglich beispielhaft für das Fortwirken dieser Zuschreibung: Konrad von Megenberg 2003, 277 (Bch 3D, Kap. 12).

177 https://www.animaliter.uni-mainz.de/2009/12/20/delfin-c-iv-1-narrative-texte/.

178 Vgl. Zambon 2018 und die Auflistung bei Morrison und Grollemond 2019, 311–313.

179 https://www.animaliter.uni-mainz.de/2009/12/20/delfin-c-iv-3-diskursive-texte/.

180 Colgrave 1985, 82–84 (Buch 2, Kap. 4).

181 Reginaldus 1847, 26–27; Reginaldus / Reginald of Durham 2022, 50–55 (Kap. 3).

182 Rochelois 2018, 98–100.

183 Ailianos 2018, 741 (Buch 15, Kap. 17); Opiano, Halieutica (1999), 60–61 (Buch 1, 642–646), 126–127 (Buch 2, 539–542).

184 Goodman und McGregor 2009, 184.

185 Esser und Meissner 2019, 125–126.

186 Ibn al-Bayṭār 1987, Bd. 2, 92–93 (Kap. 880).

187 Jacquemard et al. 2013, 214–215 (Kap. 28).

188 Fasching 1998, 29, 84–86; Engster 2019, 176–177, 194.

189 Heck und Cordonnier 2020, 291.

190 Pastoureau 1972, 150.

191 Bligny 1985; Kastler 2020; Heck und Cordonnier 2020, 292.

192 Ailianos 2018, 547–548 (Buch 11, Kap. 12); 725 (Buch 15, Kap. 16).

193 Valdés Hansen 2014, 315–317.

194 Oppianus 1999, 37 (Buch 1, 383–385).

195 Bernal-Casasola und Monclova Bohórquez 2012, 167–171.

196 Northridge 2018.

197 Breier und Reiter 1992, 170–204. Zu Delphiniden siehe als knappe Überblicke Jefferson und LeDuc 2018; Racicot 2018.

198 Alcover Cateura 2022.

199 Rochelois 2018, 100.

200 Alcover Cateura 2022, 591. Möglicherweise rührt daher die knappe Nachricht des persisch-arabischen Naturwissenschaftlers Abū Ḥayyān al-Tawḥīdī, Delfine würden gern ihre Exkremente essen: Kopf 1956, 408 (Kap. 26); Kenanah 2019, 104. ʿAbdallāh Ibn-Aḥmad Ibn al-Baiṭār bezeichnet ihr Fleisch als schwer verdaulich, doch würden Arbeiter Delfin mit Gewinn essen, weil es den Körper stärke: Ibn al-Bayṭār 1987, Bd. 2, 92–93 (Kap. 880).
201 Alcover Cateura 2022, 591–594.
202 Alcover Cateura 2022, 593–596.
203 Alcover Cateura 2022, 596–602.
204 Santanach i Suñol 2016, 232, 242; Barrieras et al. 2017, 328, 333.
205 Taillevent 1988, 185–186. Vgl. Brereton et al. 2010, 239 (Nr. 203: Porc de mer, Marsouin, Pourpoiz).
206 Alcover Cateura 2022, 587.

6. Monster und Mythen

1 Zu diesen besonders in den Altertumswissenschaften erforschten Vorstellungen hybrider Kreaturen und Gottheiten siehe Aston 2011; Berti und Carlà-Uhink 2018.
2 Classen 2012.
3 Thomas von Cantimpré 1973; Avenel 2017.
4 Thomas von Cantimpré 1973, 232.
5 Hrabanus 1864b, Sp. 239 (8, 5): *Piscium autem vocabulo aliquando boni homines, aliquando vero mali in scripturis designantur;* Hrabanus 2009, Bd. 1, 258 (Buch 8, Kap. 5).
6 Konrad von Megenberg 1861, 230; Konrad von Megenberg 2003, 257 (Buch 3, C).
7 https://de.wikipedia.org/wiki/Liste_von_Filmen_mit_Meerjungfrauen.
8 Kraß 2013, 31–32.
9 Eine Geschichte angeblicher Begegnungen mit Sirenen und vermeintlicher Funde von Knochen und anderen Überresten in der Moderne liefert Roling 2010, 96–128, 234–252.
10 Für die Antike vergleiche Egeler 2011. https://www.degruyter.com/database/GAO/entry/RGA-E71_9/html. Accessed 2024-03-25. Grundlegend zur Sirene im Mittelalter: Leclercq-

Marx 1997; siehe auch, mit weiteren Literaturhinweisen, Kern 2005; Kraß 2010; für die Moderne siehe auch Roling 2010, 17–287. Eine Sammlung einschlägiger Quellen in Übersetzung bietet Wunderlich 2007.

11 Black und Green 2008, 131–132.

12 Hofstetter 1990; Leclercq-Marx 1997, 1–14.

13 Apollonius 2002, 354–357 (IV, 891–919); Wunderlich 2007, 29–31.

14 Wedner 1994, 95–99.

15 Plinius Secundus 1986, 96–97 (Kap. 70, 136).

16 Wunderlich 2007, 179–183; vergleichbar, da ebenfalls als Todesdämonen konstruiert, waren die antik-mythologischen, vampirartigen Lamien.

17 Leclercq-Marx 1997, 53–65.

18 Schönberger 2001, 24–28 (Kap. 13). Vgl. Leclercq-Marx 2005.

19 Wedner 1994, 91–94; Kraß 2013, 41–42.

20 Clement of Alexandria 1919, 250–253; Ambrosius 1875, 136–137 (Buch 3, Kap. 1, 4); Wedner 1994, 184–194, 202–207; Wunderlich 2007, 65–66, 69–71.

21 Sophronius Eusebius Hieronymus (Hieronymus) 1963, 165–166 (Buch V, Kap. 13, 21–22); vgl. Kraß 2010, 69.

22 Markschies 2005; Roling 2010, 36–41; Moraw 2018; Zilling 2011.

23 Schröder 2005, 80–83, 186–195; vgl. Kraß 2010, 76.

24 James-Raoul 2002.

25 Dante 2011, 217–218; Wunderlich 2007, 83–85.

26 Wunderlich 2007, 76–99, 191–193.

27 *Sirenas tres fingunt fuisse ex parte virgines, ex parte volucres, habentes alas et ungulas: quarum una voce, altera tibiis, tertia lyra canebant. Quae inlectos navigantes sub cantu in naufragium trahebant. Secundum veritatem autem meretrices fuerunt, quae transeuntes quoniam deducebant ad egestatem, his fictae sunt inferre naufragia* – Isidorus 2010, 151-143 (Buch 11, Kapitel 3, 30–32). Wedner 1994, 116–118; vgl. schon Hieronymus in seinem Brief an Eustochium: Wunderlich 2007, 63–64; später vielfach aufgegriffen, etwa bei Brunetto Latini 2007, 240–241 (Kap. 136).

28 Leclercq-Marx 1997, 53–65, 89–91, 103–112, 141–165; Wunderlich 2007, 189–193.

29 Marbodus 1893; Wedner 1994, 233–234.
30 Zambon 2018, 1636 (Kap. 12); James-Raoul 2002, 217–218.
31 Leclercq-Marx 1997, 69–92.
32 Alexander Neckam 1863, 7 (Kap. 7).
33 Wunderlich 2007, 100–101; Zambon 2018, 1350 (vv. 1058–1059).
34 *Et de femme ad faiture / entresque a la ceinture, / e les pez de falcun / e cue de peissun* – Zambon 2018, 1174 (vv. 1365–1368).
35 Zambon 2018, 1552 (vv. 306–307); James-Raoul 2002, 179.
36 Wunderlich 2007, 100–105, 193–196; Wunderlich 2006; Roling 2010, 56–68.
37 Leclercq-Marx 1997, 173–199, 215–225, 290–310; Simek 2015 (2. Aufl.), 127–131; Moretti 2017, 35–54; Moretti 2019; Polo 2018.
38 Roling 2010, 39–54.
39 Radulf von Coggeshall 1875, 117–118; Roling 2010, 50–51.
40 Meissner, Rudolf (übers.) 1978, 71.
41 Hagen und Primisser 1825; https://www.ilw.uni-stuttgart.de/abteilungen/germanistische-mediaevistik/forschung/digitale-editionen/meerwunder/meermit.html; 14. April 2024: Edition mit Übersetzung); Traulsen 2020. Zu Dürer und seiner Zeit siehe jetzt Schmitz-Esser 2023.
42 Thomas von Cantimpré 1973, 246 (Buch 6, Kap. 46); Cipriani 2019.
43 Thomas von Cantimpré 1973, 246 (Buch 6, Kap. 46); ähnlich im 14. Jahrhundert Konrad von Megenberg: *Sie erscheinent dick auf dem mer mit irn chindeln. Die tragend si an den armen reht als die frawen, wan si habent gar grôzz pruest oder tütel, dâ mit si diu kint saeugent* – Konrad von Megenberg 1861, 240; Konrad von Megenberg 2003, 266 (Buch 3C, Kap. 17); Gottschall 2004. Vgl. auch den *Hortus sanitatis* des 15. Jahrhunderts: Jacquemard et al. 2013, 389–391 (Kap. 83).
44 Vgl. die Abb. 11 In Leclercq-Marx 2018a, 62. Ähnlich ein Kapitell in San Vicente de Serrapio (Asturien): Leclercq-Marx 2017b, 15.
45 Albertus Magnus 1920, 1546 (lib XXIV, tract. n. a., cap. 1, 55); Albertus Magnus 1999, Bd. 2, 1701.
46 *Pey dem tier verstên ich diu untugenthaften weip, diu weiplicher zuht*

verlaugent habent, diu lockent mangen man ze pôzhait – Konrad von Megenberg 1861, 240; Konrad von Megenberg 2003, 266 (Buch 3C, Kap. 17); Wunderlich 2007, 106.

47 Die Etymologie des Begriffs »Sirene« ist unklar, vgl. Hofstetter 1990, 315–316.

48 Simek 2015 (2. Aufl.), 125–128.

49 *dô sach her vure sich vliezin / manigin visc grôzin, / half visc half man* – Kehrein 1865, 17–18 (Kap. 14, vv. 220–222).

50 Ulrich von Zatzikhoven 2006, 12–15 (vv. 180-244190-240; Busch 2009, 31–36, 79, 171–172 (vv. 131-314-166, 321–328, 1282–1290, 4057–4065). Vgl. Lecouteux 2002, 260–261.

51 Lecouteux 2010, 28–29.

52 Keyser und Werner 1848, 39 (Kap. 16); Meissner, Rudolf (übers.) 1978, 71–72.

53 Moradi 2017, 192.

54 Zum Folgenden vgl.: Koch 1910, 44–51; Kraß 2010, 63–68; Simek 2015 (2. Aufl.), 125–127; Bazin-Tacchella 2002. Das »Lexikon der antiken Gestalten in deutschen Texten des Mittelalters« führt zwei Dutzend Belegstellen auf: Kern und Ebenbauer 2003, 582–586.

55 Zu Musen und Sirenen siehe Kern 2005; Kraß 2013, 37–38.

56 Wunderlich 2007, 42–44; Kraß 2013, 34–37.

57 *Nû sich, wie diu Sŷrêne / und ir süezes dônes grif / ziehe an sich vil manic schif,/ sus kan diz wunneclîche wîp /mit ir clârheit mangen lîp / an sich ziehen unde nehmen* – Konrad von Würzburg 1858, 32–33 (vv. 2668–2673).

58 *daz oberteil der forme sîn / was gestellet als ein wîp / und was ein visch der under lîp / an schuopen and an hiute gar* – Konrad von Würzburg 1858, 45 (vv. 3746–3749). Vgl. Kaske 2018.

59 Heinrich von Neustadt 2001, 18–19, 88–91 (vv. 482–495, 5336–5357); Ebenbauer 1986; Gingras 2006.

60 Sinclair 1971, 92 (Kap. 10, vv. 420–426). Vgl. Leclercq-Marx 2017b, 14; Lecouteux 2010, 47.

61 Wilhelm 1910, 125.

62 Dennys 1975, 122–125; vgl. https://www.heraldik-wiki.de/wiki/Meerfrau#cite_ref-44.

63 Kraß 2010, 97–120; Zeldenrust 2020.

64 Jean d'Arras 2009; Thüring von Ringoltingen 2006.

65 Pastoureau 2011, 178–179.
66 Pfaffe Lamprecht 2007; Zuwiyya 2011; Stoneman et al. 2018; Gilhaus und Kirsch 2020.
67 Zuwiyya 2011, 408 (underwater descent episode); Casari 2011.
68 Szabo 2005; Guizard 2011a; Cambier 2017.
69 Albertus Magnus 1920, 1516 (lib XXIV, tract. n.a., cap. 1, 3), 1521 (lib XXIV, tract. n.a., cap. 1, 11); Albertus Magnus 1999, Bd. 2, 1656, 1664. Vgl. Resnick und Kitchell 2022, 214–229.
70 Thomas von Cantimpré 1973, 233–234 (Buch 6, Kap. 4 und 6), 244 (Buch 6, Kap. 39).
71 Siehe oben, Kapitel 1, sowie Whitney 2006; Lehnardt 2009; Angelini 2018.
72 Macías Cárdenas 2013.
73 James-Raoul 2002, mit vergleichender Liste ihrer Erwähnungen auf den S. 220–223; Koch 1910, 44–51; Bazin-Tacchella 2002.
74 Campbell 2000, 44–46.
75 Busch 2009, 32 (vv. 170–193).
76 Busch 2009, 37 (vv. 343–350). Vgl. ebd. 32–33, 36–37, 79, 172–173 (vv. 167–197, 308–356, 1291–1297, 4066–4107).
77 Šedinová 2022.
78 Thomas von Cantimpré 1973, 246 (Buch 6, Kap. 44 und 45). Vgl. Druce 1919; James-Raoul 2002, 191.
79 Thomas von Cantimpré 1973, 237–238 (Buch 6, Kap. 15). Vgl. James-Raoul 2002, 216.
80 Jacquemard et al. 2013, 206–209 (Kap. 26). Vgl. schon Thomas von Cantimpré 1973, 237 (Buch 6, Kap. 15): *Dentium dolores sanat cinis ossium eius.*
81 Dinzelbacher 2000b, 255–263, Salisbury 1994, 103–137.
82 Vgl. Avenel 2017, 14–22, die diese Kriterien anhand des Werkes des Thomas von Cantimpré herausarbeitet.
83 Thomas von Cantimpré 1973, 235–236 (Buch 6, Kap. 7), 238–241 (Buch 6, Kap. 16, 19 und 28).
84 Thomas von Cantimpré 1973, 237 (Buch 6, Kap. 13), 248 (Buch 6, Kap. 55 und 56).
85 Thomas von Cantimpré 1973, 239 (Buch 6, Kap. 18).
86 Thomas von Cantimpré 1973, 246–247 (Buch 6, Kap. 47). Ähnlich bei Konrad von Megenberg und im *Hortus sanitatis* des 15. Jahrhunderts: Konrad von Megenberg 1861, 241; Konrad von

Megenberg 2003, 267 (Buch 3C, Kap. 18); Jacquemard et al. 2013, 386–387 (Kap. 82). Vgl. Possamaï-Pérez 2006.

87 Voisenet 2000, 110–111. Besonders umfassend ist die Auflistung dieser terrestrisch-marinen Tiernamen bei Jacquemard et al. 2013.

88 Wedner 1994, 131–137; Avenel 2017.

89 Konrad von Megenberg 1861, 231-143; Konrad von Megenberg 2003, 257–268 (Buch 3C); Vollmann 2011.

90 Leclercq-Marx 2006; Leclercq-Marx 2017c.

91 van Duzer 2013. Vgl. Pujades 2023, 338, 342, 488, 497, 526, 528, 545–546.

92 Vgl. etwa Plinius Secundus 1979, 16–17 (Kap. 3).

93 Tveit 2020.

94 Trillmich 1973, 458–459, 468–469 (Buch 4, Kap. 19, 25); Starkey 2017.

95 Wace 1938, 42–44 (v. 728–763); Galfredus 1951, 34 (Buch 1, Kap. 17).

96 Wendell David 2001, 58–60.

97 Roling 2010, 39–54.

98 Ibn-Šahrīyār 1883. Die traditionelle Zuschreibung der Autorenschaft an Buzurg ibn Shahriyar bzw. Buzurg ibn Shahriyar Ram'Hurmuzi ist mittlerweile infrage gestellt worden, an der Entstehungszeit hingegen bestehen keine Zweifel: Ducène 2015.

99 Ibn-Šahrīyār 1883, 14–17 (Kap. 9–11).

100 Ibn-Šahrīyār 1883, 29–35 (Kap. 15).

101 Ibn-Šahrīyār 1883, 39–40 (Kap. 20).

102 Fahd 1978; Moradi 2017.

103 La Rosa 2019, 128–129; abweichende Typologie der »Sieben Meere« bei Moradi 2017, 190.

104 al-Qazwīnī 2004, 103–105; La Rosa 2019, 130–133.

105 Picard 1995, 83–84.

106 https://es.wikisource.org/wiki/Diario_de_a_bordo_del_primer_viaje_de_Crist%C3%B3bal_Col%C3%B3n.

107 Vgl. Simek 2015 (2. Aufl.), 117–121.

108 Leclercq-Marx 2017a; Leclercq-Marx 2018a, 54–57; Šedinová 2022, 22–26. Beispielhaft Thomas von Cantimpré 1973, 249 (Buch 6, Kap. 59).

109 Leclercq-Marx 2018a, 57–61; Šedinová 2022, 19–21.

110 Thomas von Cantimpré 1973, 243 (Buch 6, Kap. 34); ähnlich Konrad von Megenberg 2003, 265 (Buch 3C, Kap. 15). Zu früheren Erwähnungen bei Gervasius von Tilbury und Gottfried von Viterbo vgl. Leclercq-Marx 2017b, 17.
111 Lecouteux 2002, 256 (Chevalier de Papegau).
112 https://www.heraldik-wiki.de/wiki/Fischgeschw%C3%A4nzt.
113 Lecouteux 2002, 260–261.
114 Bertold von Holle 1875, 74 (vv. 2400–2424).
115 Wunderlich 2007, 41; Heinrich 2012, 21–22 (vv. 934–1039).
116 Ott, Claudia (übers.) 2004, 551–615; Marzolph und van Leeuwen 2004, 248–251.
117 Ott, Claudia (übers.) 2004, 551–615; Marzolph und van Leeuwen 2004, S. 65–66.
118 Walter Map 1914, 185–188 (Buch 4, Kap. 13).
119 Delpech 2015; Possamaï-Pérez 2006.
120 Bellon-Méguelle 2006.

7. Wertvolle Zähne und die Macht des Einhorns

1 Caldwell und Hall 2014; Brown 2015; Skiba 2022.
2 Lydersen 2018; Keighley et al. 2021.
3 Gjertz 2021.
4 Born 1995; Born et al. 2017; Garde und Hansen 2021.
5 Albertus Magnus 1916, 230 (lib II, tract. 1, cap. 2, 18), 465 (lib VI, tract. 2, cap. 1, 58), 469–471 (lib VI, tract. 2, cap. 2, 68–70), 506 (lib VII, tract. 1, cap. 3, 25), 660 (lib VIII, tract. 5, cap. 2, 213); Albertus Magnus 1920, 1338 (lib XXI, tract. 1, cap. 6, 31), 1529 (lib XXIV, tract. n. a., cap. 1, 26), 1532 (lib XXIV, tract. n. a., cap. 1, 31), 1534 (lib XXIV, tract. n. a., cap. 1, 34); 1536 (lib XXIV, tract. n. a. cap. 1, 37); Albertus Magnus 1999, Bd. 1, 293, 551; 557–558; 596–597; 760; Bd. 2, 1429; 1677; 1681; 1683; 1686–1687.
6 Albertus Magnus 1920, 1338 (lib XXI, tract. 1, cap. 6, 31); Albertus Magnus 1999, Bd. 2, 1429.
7 Albertus Magnus 1916, 230 (lib II, tract. 1, cap. 2, 18), 470–471 (lib VI, tract. 2, cap. 2, 70), 505–506 (lib VII, tract. 1, cap. 3, 24); Albertus Magnus 1920, 1529 (lib XXIV, tract. n. a., cap. 1, 26); Albertus Magnus 1999, Bd. 1, 596–597.

8 Albertus Magnus 1920, 1532 (lib XXIV, tract. n.a., cap. 1, 31); Albertus Magnus 1999, Bd. 2, 1681.

9 Barrett 2021, 186–189.

10 Vgl. 7. Wertvolle Zähne und die Macht des Einhorns, Anm. 41. Delliaux und Gautier 2018, 176–177.

11 Unverfehrt 2007, 129; https://www.britishmuseum.org/collection/object/P_SL-5261-167; Seaver 2009, 279–280.

12 Barrett et al. 2020, 2–3; Barrett 2021; 177–181.

13 Roesdahl 2001.

14 Swanton 1975, 33–35; Bately und Englert 2007, 44–47 (Text und Übers.), 57–58, 90–94. Im Mittelalter lebten auch in Nordnorwegen Walrosse, sie wurden dort aber im 19. Jahrhundert ausgerottet (ebd. 91).

15 Shepard 1979, 196–199, 214–221 (Dank an Michael Grünbart, Münster, der mich auf diese Quellen hingewiesen hat).

16 Shepard 1979, 221; Smirnova 2001. Insgesamt sind in Nowgorod über 10 000 Knochen- oder Hornreste gefunden worden (ebd., 79).

17 Frei 2015; Keighley et al. 2019.

18 Pierce 2009, 57–60; McGovern 2013; Frei 2015, 443–444; Keighley et al. 2019, 2662; van den Hurk 2020, 91; Arneborg 2021, 151–152.

19 Pierce 2009, 57; Keighley et al. 2019, 2657, 2662.

20 Frei 2015, 444–445.

21 Hierfür sprechen sich letztlich aus: Keighley et al. 2019.

22 Gulløv 1997; Barrett 2003; Dugmore et al. 2005; Gulløv 2008; Frei 2015, 445–448; Arneborg 2021, 152–155.

23 Bødker Enghoff 2003, 39–40; Arneborg et al. 2012, 7.

24 Frei 2015, 446.

25 Keller 2010, 5–6; Dectot 2018, 161–163.

26 Bødker Enghoff 2003, 39–40; Frei 2015, 446–447; Arneborg 2021, 159–163.

27 Arneborg 2003, 268; Frei 2015, 457–458.

28 Arneborg et al. 2012; Arneborg 2021, 159–163.

29 Arneborg et al. 2012; Frei 2015, 448–458; Star et al. 2018; Barrett et al. 2020, 2.

30 Barrett 2003; Arneborg 2003; Dugmore et al. 2007; Gulløv 2008.

31 Roesdahl 2006; Seaver 2009; Guérin 2010.

32 Seaver 2009, 285; Dectot 2018, 167; Barrett et al. 2020, 2.
33 Zu diesen und anderen Bedenken siehe Seaver 2009.
34 Dugmore et al. 2007, 19; Gulløv, Hans Christian, et al. 2009; Gotfredsen et al. 2018; Desjardins und Gotfredsen 2021.
35 Gotfredsen et al. 2018, 196; Delliaux 2016, 90–91; Arneborg 2021, 156–158.
36 Delliaux 2016, 89–91.
37 Hrafns saga Sveinbjarnarsonar 1858, 641–642; Helgadóttir 1987, 3 (Kap. 4) (vielen Dank an Benedikt Pfalzgraf, Heidelberg, für die Identifizierung der Stelle). Vgl. Frei 2015, 445; Cordez 2015, 193; Keighley et al. 2019, 2660.
38 Albertus Magnus 1920, 1522 (lib XXIV, tract. n. a., cap. 1, 14); Albertus Magnus 1999, Bd. 2, 1666–1667.
39 Albertus Magnus 1920, 1671 (lib XXIV, tract. n. a., cap. 1, 19); Albertus Magnus 1999, Bd. 2, 1671.
40 Albertus Magnus 1920, 1671 (lib XXIV, tract. n. a., cap. 1, 19); Albertus Magnus 1999, Bd. 2, 1671.
41 Swanton 1975, 33–35; Bately und Englert 2007, 44–47 (Text und Übers.), 57–58, 90–94. Hansen und Olsen 2014, 48–62.
42 Roesdahl 2003; Pierce 2009, 57; Frei 2015, 444, 447.
43 Delliaux 2016, 92.
44 Dectot 2018, 160.
45 MacGregor 1985, 18; Shalem 2014, 31, 81.
46 Solinus 1895, 218; Solinus 2014, 170 (Buch 22, Kap. 5).
47 Esser und Meissner 2019, 126.
48 Szabo 2000.
49 gothicivories.courtauld.ac.uk/index.html.
50 Übersichten liefern Liebgott 1985, 77–85; Roesdahl 2001; Goret et al. 2008; Dectot 2018, 164–167; Barrett 2021, 170–177.
51 Williamson 2010, 403–404 (Nr. 101); Williamson und Davies 2014b, 717–727 (Nr. 245–248).
52 Grundlegend: Shalem 2014.
53 Costa Gomes 2012.
54 Shalem 2014, 145–172.
55 Shalem 2014, 425.
56 Shalem 2014, 27, 107, 112, 383–385, 403–404, 409–414.
57 Liebgott 1992, 203; vgl. das Typar des Zöllners Snarrus (Snorri) aus dem 12. Jahrhundert, das sich heute in den York Museums

(York, England) befindet: Dectot 2018, 167; https://www.yorkmuseumstrust.org.uk/collections/search/item/?id=8601&search_query=bGltaXQ9MTYmQowlNUIwJTVEPUFyY2hhZW9sb2d5.

58 Kötzsche 1988.

59 London, Victoria and Albert Museum (Accession number 7650–1861); Williamson 2010, 290–303 (Kat. Nr. 77); https://collections.vam.ac.uk/item/O81507/tabernacle-unknown/.

60 Nilgen 1985; New York, Cloisters Museum (Inv. Nr. 63.12): Kreuz, ca. 1150: Parker und Little 1994, 175–196; https://www.metmuseum.org/de/art/collection/search/470305.

61 Liebgott 1992, 203.

62 Für Taustäbe beispielhaft: Read 1902; Skiba et al. 2022, 134; für Krummstäbe siehe zum Beispiel den Stab von Wingfield-Digby aus dem 14. Jh.: London, Victoria and Albert Museum (A.1–2002). Williamson und Davies 2014a, S. 442–445 (Kat.-Nr. 153); https://collections.vam.ac.uk/item/O65808/the-wingfield-digby-crozier-crozier-head-unknown/.

63 Laufer 1913, 315; Dankoff 1973; King 2013, 254, 263.

64 Haschmi 1935; al-Bīrūnī 1989, 180–181; Lavers 2013, 91–116.

65 Dankoff 1973, 542.

66 Dectot 2018165–167; Lavers 2017, 105–108; Lavers 2013, 91–116. Diese Vermutung wurde bereits in der älteren Forschung geäußert, so Anfang des 20. Jahrhunderts von Laufer 1913, 330–356.

67 Lange und Unger 1847, 63–64 (Nr. 71).

68 Keller 2010, 3–6.

69 Lange und Unger 1880, 33 (Nr. 30); Seaver 2009, 274, 285; Barrett et al. 2020, 3–6.

70 Boyer 1987, 376; vgl. Delliaux 2016, 94.

71 Roesdahl und Stoklund 2005, 163–171.

72 Vgl. beispielhaft allein die Bestände des Londoner Victoria and Albert Museums: Williamson 2010, 234–261 (Nr. 58–66), 283–307 (Nr. 73–79), 321–323 (Nr. 82), 370–381 (Nr. 94–95), 391–397 (Nr. 98–99).

73 Frei 2015, 443; Arneborg 2021, 158–162; Barrett 2021, 181–183.

74 Vigfússon und Powell 1905, 425–458, 528–529; vgl. Egilsdóttir 2002, 325–326 (Kap. 17).

75 Dectot 2018, 162–163. Noch weniger lässt sich Margret als die

Schöpferin der Lewis Chessmen festmachen, wie von Brown 2015 behauptet.

76 Barrett et al. 2020, 12–13; Barrett 2021, 181–185.

77 Eine sehr knappe Zusammenfassung liefert Gaborit-Chopin 1992.

78 Freeman 1983; Büttner 1996; Cavallo 1998; Gotfredsen 1999, 86–121; Pastoureau und Taburet-Delahaye 2013; Männig 2016; Boehm 2020, mit Hinweisen auf weitere, mittlerweile verlorene mittelalterliche Tapisserien (ebd., 21–22); Roling und Weitbrecht 2023, 85–99.

79 Hörisch 1986; Einhorn 1998; Gotfredsen 1999; Hagenmaier 2003, 13–83 Lavers 2013; Roling und Weitbrecht 2023.

80 Vinzenz von Beauvais 1624b, Bd. 1, Sp. 1439–1440 (Buch 19, Kap. 104); zu Albertus vgl. 7. Wertvolle Zähne und die Macht des Einhorns, Anm. 110.

81 Felix Fabri 1843, 441–442; Meyers 2008.

82 Timm 2006; Bernhard von Breydenbach 2010, 551.

83 Fischer und Cossu Ferra Fischer 2011, 268–273 mit einer Liste von nicht weniger als 27 gedruckten Abhandlungen; Duffin 2017a, 215–259; Roling und Weitbrecht 2023, 101–155.

84 Roling und Weitbrecht 2023.

85 Ctesias 2011, 56–57.

86 Gotfredsen 1999, 19–20; Lavers 2013, 9–29; Roling und Weitbrecht 2023, 20–22.

87 Gotfredsen 1999, 21–25; Lavers 2013, 31–41; Kraus 2020, 68; Roling und Weitbrecht 2023, 23–34; Ailianos 2018, 162–163, 214–215, 776–779 (3,41; 4,53; 16,20).

88 Zambon 2018, 38–39 (Kap. 22); Freeman 1983; 11–33; Einhorn 1998, 53–59, 63–112; Gotfredsen 1999, 26–30; Lavers 2013, 43–76; Kraus 2020, 68–70; Roling und Weitbrecht 2023, 41–66; Lazaris 2021, 279–284.

89 Einhorn 1998, 126–149; Gotfredsen 1999, 31–39; Voisenet 2000, 62, 309, der auf die ambivalente Haltung manch spätantiker Autoren zum Einhorn hinweist. Zu arabisch-muslimischen Bildern vom Einhorn siehe exemplarisch Kopf 1956, 439 (Kap. 132).

90 Einhorn 1998, 190–201; Gotfredsen 1999, 40–44; Pastoureau und Taburet-Delahaye 2013, 32–41; Cohen 2019, 181–283; Frugoni 2018, 121–147; Zambon 2018, 2429 (s. v.).

91 Grundlegend zum Konnex Einhorn-Maria: Einhorn 1998, 189–308. Vgl. Gotfredsen 1999, 82–85; Männig 2016, 3.

92 Gotfredsen 1999, 57–61; Lavers 2013, 65–67; Pastoureau und Taburet-Delahaye 2013, 36–40, 50–53; Roling und Weitbrecht 2023, 48–56, 67–85. Die Vorstellung findet sich auch in der arabisch-muslimischen Gelehrtenkultur, etwa bei Abū Ḥayyān al-Tawḥīdī, nach dem ein Einhorn stets an der Brust einer Jungfrau säugen wolle (allerdings nicht während ihrer Menstruation) und in der Folge in tiefen Schlaf falle; in diesem Moment sei es leicht zu fangen: Kenanah 2019, 129.

93 Einhorn 1998, 346–356; Gotfredsen 1999, 138–144; Pastoureau und Taburet-Delahaye 2013, 63–70; Roling und Weitbrecht 2023, 85–87.

94 Gotfredsen 1999, 62–73; Lavers 2013, 67–76; Roling und Weitbrecht 2023, 58–61.

95 Dinzelbacher 2000a, 250.

96 Zu Darstellungen des Einhorns in der islamischen Welt vgl. Contadini 2012, 92–99.

97 Ctesias 2011, 56.

98 Einhorn 1998, 338–346; Kraus 2020, 68.

99 Lavers 2013, 80–81; Lavers 2017, 101–105. Hildegard von Bingen schrieb im 12. Jahrhundert folgerichtig Organen des Einhorns Heilungskräfte zu: Eine Salbe aus Einhornleber, Fett und Eigelb würde Lepra heilen, ein Gürtel aus Einhornhaut vor Krankheiten schützen, Schuhe aus Einhornhufen die Gesundheit von Beinen und Füßen garantieren: Hildegard von Bingen 2010–2014, Bd. 1, 335–338 (Buch 7, Kap. 5).

100 Lewin 1920; Gibbs 2019; Wexler 2017, bes. Barker 2017.

101 Vgl. Pluskowski 2004, 300.

102 Beaune und Arbaumont 1888, 22; vgl. Pogatscher 1898, 188–190; Lewin 1920, 279–280, 286; Cordez 2015, 149–151. Siehe eine Abbildung dieses Vorkostens bei Arinobu 2021, 214–215, 284.

103 Pogatscher 1898, 185, 187, 192, 194, 195, 198; Antenhofer 2022, 609–611, 622–623.

104 Pogatscher 1898, 172. In der Folge kamen mindestens zwei Hörner abhanden (ebd., 173–174).

105 Beispiele befinden sich heute in der Salzburger Kathedrale, im

Victoria and Albert Museum (London), im Liverpool Museum und im Musée National du Moyen Age (Paris): Pluskowski 2004, 302–304.

106 Burkhardt 2020, 595 (Buch 2, Kap. 29); Albertus Magnus 1916, 890 (lib XII, tract. 3, cap. 7, 224); Albertus Magnus 1999, 982; Cordez 2012.

107 Boehm 2020, 12; Cordez 2015, 148–152, der betont, dass Narwalzähne aufgrund ihrer ungewöhnlichen Form bereits geschätzt und als Preziosen ausgestellt wurden, bevor sie ab dem 13. Jahrhundert mit dem Einhorn in Verbindung gebracht oder als Gegenmittel gegen Gifte eingesetzt wurden.

108 Heide-Jørgensen 2018; Graham et al. 2020.

109 Siehe etwa die Abbildungen in der niederländischen Übersetzung des Thomas durch Jacob van Maerlant, *Der naturen bloeme*: Cordez 2012; https://commons.wikimedia.org/wiki/File:Monocheros_-_Der_naturen_bloeme_-_Jacob_van_Maerlant_-_KB_KA_16_-_107v_b1.jpg.

110 Albertus Magnus 1920, 1540 (lib XXIV, tract. n. a., cap. 1, 44), außerdem Albertus Magnus 1916, 890 (lib XII, tract. 2, cap. 7, 224); Albertus Magnus 1999, 1693.

111 Esser und Meissner 2019, 127.

112 Dectot 2018, 168–170. Dass die Grönländer die Herkunft der Kadaver nicht einordnen konnten und daher »were probably the first to think that they had found dead unicorns« (ebd., 170), ist allerdings eher unwahrscheinlich.

113 So Cordez 2012, 91.

114 Wie von Humphreys 1953, 17 und Christen und Christen 2011, 136 behauptet – vgl. Dectot, 168.

115 Felix Fabri 1843, 441.

116 Lewin 1920, 44.

117 Molitor 2008, 318, 323.

118 Barroso 2017, 120–122; Fabián 2019, der auf ihre anhaltende Popularität in der chinesischen Medizin verweist. Zu ihrem Ansehen in der islamischen Welt siehe die Ausführungen von al-Bīrūnī: al-Bīrūnī 1989, 172–176; Eisenstein 1991, 50; und ʿAbdallāh Ibn-Aḥmad Ibn al-Baiṭār: Ibn al-Bayṭār 1987, Bd. 1, 196–198 (Kap. 230).

119 Lewin 1920, 44.

120 Duffin 2017b, abzusetzen ist die Nattern- oder Drachenzunge vom Drachen- oder Schlangenstein, vgl. hierzu Pymm 2017.
121 Vgl. die naturwissenschaftliche Kurzbeschreibung bei Hetjens et al. 2021. Auf Malta findet man vor allem Überreste des Carcharadon Megalodon aus dem Tertiärzeitalter (2,5 bis 65 Millionen Jahre v. u. Z.): Freller 1997, 62.
122 Plinius Secundus 1994b, 112–113 (Kap. 59, 164).
123 Isidorus 2008, 595 (Buch 16, Kap. 15,17).
124 Molitor 2008, 320.
125 DelSotto 1862, 101.
126 Pabst 1867, 35; Lewin 1920, 43.
127 Pogatscher 1898, 170–200.
128 Pogatscher 1898, 173–181, 211–215.
129 Pogatscher 1898, 182–184.
130 Beaune und Arbaumont 1888, 21–27.
131 Schiedlausky 1989, 26; Pogatscher 1898, 185–200.
132 Pfälzische Regesten und Urkunden, Zeitschrift für die Geschichte des Oberrheins, 22 (1869), 369; Molitor 2008, 326; Antenhofer 2022, 308, 389, 597, 600, 609.
133 Zammit-Maempel 1975, 396–397, 406–410; Duffin 2017b, 129; Ansorge 2005, 115–116 mit Abbildungen.

8. Muschel- und Schneckenpracht

1 Plötz 2015.
2 Herbers und Santos Noia 1999, 91–92 (Buch 1, Kap. 17).
3 Zu unterschiedlichen Arten von Mollusken siehe den Überblick bei Graeff 2019, 15–29.
4 Ewersen 2005; Johansson 2002. Für die Antike siehe ausführlich Marzano 2013, 173–197; Feuser 2020, 304–305.
5 Mayer 2005; Johansson 2002, 93–95.
6 Vergleiche hierzu Stilke 2001; Thiemann und Ufken 2019.
7 Lenartz 2000; Siegmund und Weiß 1989.
8 Berckenhagen 1999, 367–368.
9 Etwa Schönfeld 1976, 38.
10 Ohly 1974.
11 Schönberger 2001, 84–87; Curley, Michael J. (Übers.) 1979, 34–38. Vgl. Ohly 1974; Kuechen 1979, 487–488; Husemann

1999, 138–140, 190–200. Schon Clemens von Alexandrien – Clemens, 539–540; Clément d'Alexandrie 1965, 224–227 (Lib. II, Kap. 12) – hatte um das Jahr 200 die Perle mit Christus gleichgesetzt, den die Jungfrau aus dem göttlichen Blitz geboren habe.

12 Berckenhagen 1999, 370–371. Allgemein zur Verbindung Mariens mit der Muschel in der Kunst: Kuechen 1979, 488–489.

13 Ohly 2002; Möller 2013; Graeff 2019; Kunz, George, Frederick und Stevenson 2001.

14 Zur Wertschätzung der Perle in unterschiedlichen Kulturkreisen vgl. Kunz, George, Frederick und Stevenson 2001, 301–305.

15 Götting 2020, 179.

16 Vgl. als Übersicht Kuechen 1979, 487–490.

17 Toelle 2002, 327–328; Schönfeld 1976, 35–38; at-Tīfāšī 2014, 6–7.

18 Plinius Secundus 1979, 81–84 (Kap. 35, 107–108); ähnlich Solinus 2014, 312–315 (Buch 53, Kap. 23–31). Ohly 1973 und Ohly 1974, beide auch in Ohly 1977, 274–292 und 293–311; Smeesters 2017, 457–458.

19 Isidor 2011, 116–125 (Buch 16, Kap. 10, 1); Isidorus 2008, 588; Marbodus 1977, 84 (Z. 628–647); Alexander Neckam 1863, 150–151 (Buch 2, Kap. 37); Thomas von Cantimpré 1973, 265–266 (Buch 7, Kap. 51); Thomas de Cantimpré 2017, 305; Bartholomaeus Anglicus 1964, 745–746 (Buch 16, Kap. 62); Albertus Magnus 1920, 1538–1539 (lib XXIV, tract. n.a., cap. 1, 42); Albertus Magnus 1999, Bd. 2, 1690–1691.

20 Ailianos 2018, 493 (Buch 10, Kap. 13); Smeesters 2017, 458–459.

21 Kunz, George, Frederick und Stevenson 2001, 305.

22 Kunz, George, Frederick und Stevenson 2001, 19; Di Venosa 2005, 96.

23 Marzano 2013, 170; Kunz, George, Frederick und Stevenson 2001, 1–14, 320.

24 Plinius Secundus 1979, 84–93 (Kap. 35, 112–122).

25 Plinius Secundus 1979, 78–79 (Kap. 34, 104).

26 al-Bīrūnī 1989, 102–105. Vgl. Wiedemann 1911, 349. Ähnlich auch im antiken Rom, wo unterschiedliche Perlenformen Eigennamen erhielten: Plinius Secundus 1979, 84–87 (Kap. 35, 112–115).

27 al-Bīrūnī 1989.

28 Vgl. die einschlägigen Stellen bei Schönfeld 1976, 138–140. Vgl. Theophrastus 1965, 70–71; Rose 1875, 384–385.
29 Schönfeld 1976, 35–40, 138–143; at-Tīfāšī 2014.
30 al-Bīrūnī 1989, 88.
31 al-Bīrūnī 1989, 88–102.
32 al-Bīrūnī 1989, 89–90, 92.
33 al-Bīrūnī 1989, 90.
34 al-Bīrūnī 1989, 94–95.
35 Schönberger 2001, 84–87.
36 Beda Venerabilis 1850, 481.
37 Hrabanus 1864a, 473; Hrabanus 2009, Bd. 2, 177 (Buch 17, Kap. 8).
38 Haymo Halberstatensis Episcopus 1852, 1208 A: *una porta vel margarita singulariter Dominus intelligitur Iesus Christus, qui … potest dici margarita margaritarum.*
39 Hugo de Folieto 1880, 1167–1168 (Buch 4, Kap. 24): *Margarita vero mystice significat evangelicam doctrinam seu dulcedinem coelestis vitae.*
40 Martinus Legionensis (Martin von Léon) 1855, 411 BC: *duodecim illae portae, id est apostoli eorumque imitatores, praedicantes fidem santae trinitatis per quatuor mundi partes … sunt margaritae.* Vgl. Šedinová 2004.
41 Goodman und McGregor 2009, 300 (Epistel 22, Kapitel 38).
42 Sābūr ibn Sahl 2003, 45 (Nr. 25), 166 (Nr. 363). Vgl. spätere medizinische Schriften: Ibn al-Bayṭār 1987, Bd. 2, 368–370; Schönfeld 1976, 38; al-Bīrūnī 1989, 109; at-Tīfāšī 2014, 9–10.
43 Schönfeld 1976, 38.
44 Büttner 2000, 18–20.
45 Albertus Magnus 1920, 1538–1539 (lib XXIV, tract. n. a., cap. 1, 42); Hildegard von Bingen warnte ausdrücklich vor Perlen (*Perlin*) aus dem Meer, die angeblich krank machten, während sie Flussperlen sehr lobte: Hildegard von Bingen 1855, 1264–1265 (Buch 4, Kap. 21–22); vgl. Hildegard von Bingen 2010–2014, Bd. 1, 256–257 (Buch 4, Kap. 21–22).
46 Arnoldus Villanovanus 1585, 819 (Kap. 3); Arnau de Vilanova 1923; Förster 1924, freundlicher Hinweis von Christian Neumann (Heidelberg).
47 Vgl. Büttner 2000, 19; Fricke 2012.

48 al-Bīrūnī 1989; at-Tīfāšī 2014, 5–18. Zu den folgenden Ausführungen von al-Masʿūdī und al-Idrīsī vgl. Toelle 2002, 321–326.
49 al-Masʿūdī 1861–1863, Bd. 1, 328–330.
50 al-Bīrūnī 1989, 122–131.
51 al-Bīrūnī 1989, 130.
52 Idrīsī 1840, 375.
53 Ibn-Baṭṭūṭa 1993, 409.
54 So al-Bīrūnī 1989, 122–123. Schon Theophrast lobte ausdrücklich Indien und den Persischen Golf: Theophrastus 1965, 70–71, 113.
55 Labib 1965, 93, 130.
56 Ibn-Šahrīyār 1883, 4, 97, 112–113, 134–138, 162–163, 179. Vgl. allgemein: Seland 2017, 52.
57 Marco Polo 1926b, 275; Ibn-Baṭṭūṭa 1911, 356; Ibn-Baṭṭūṭa 1993, 408–409.
58 Zhao 1911, 229–230.
59 Amar und Lev 2016, 165–166.
60 al-Bīrūnī 1989, 109.
61 Goitein 1973, 31 (Nr. 1).
62 Goitein 1973, 83–84 (Nr. 13).
63 Ibn Jubayr 1952, 116–117; vgl. Labib 1965, 193. Vgl. auch die Preisangaben für Perlen in Mekka bei al-Bīrūnī: Wiedemann 1911, 350.
64 al-Bīrūnī 1989, 104.
65 Wiedemann 1908, 92–94.
66 *Cujus ad ornatum laudatur candida forma*: Marbodus 1977, 84.
67 Tramontana 1988, 122 (Hugo Falcandus, *Epistola ad Petrum Panormitane Ecclesie Thesaurarium de calamitate Siciliae*). Vgl. die Ausstellung: Seipel 2004.
68 Di Venosa 2005, 95.
69 Möller 2013, 44; Büttner 2000, 22.
70 Büttner 2000, 21–22.
71 Theophilus 1999, 355 (Kap. 53), 435–437 (Kap. 789); 501 (Kap. 96).
72 Erdmann und Nitsch 1986; Szilágyi 1994; Szilágyi 1997; vgl. Fricke 2012, 52.
73 Labarte 1879, 26, 32–33, 57, 60, 109, 206, 221, 250, 264, 268, 296,

300, 394–395. Beispiele aus der Krone Aragon: Vázquez Márquez 2022, 84.

74 Hessling 1859, 20–21. Kaum ein Schmuckstück des Burgunder Hofes im 14. und 15. Jahrhundert war ohne Perlenbesatz: Prochno-Schinkel 2016.

75 Esposito 2012, 247, 252–253.

76 Mollwo 1905, 20 (Nr. 1), 219 (Nr. 432), 220–221 (Nr. 437); Frenz 2000, 132.

77 Foucard 1858, 11, 13, 18, 19; Kunz, George, Frederick und Stevenson 2001, 25–26. Ähnlich 1356 in Südfrankreich: Keupp 2010, 64, 340 (s. v.).

78 Mone 1856, 59 (Nr. 5), 60 (Nr. 13); weitere Beispiele bei Hessling 1859, 22–23; Frenz 2000, 125–126.

79 Kunz, George, Frederick und Stevenson 2001, 15–16; Šedinová 2004.

80 https://einbaende.digitale-sammlungen.de/Prachteinbaende/Hauptseite.

81 So handelt es sich zum Beispiel bei den von Nødseth 2017 untersuchten Stücken um Süßwasserperlen. Vgl. auch Ewersen 2005, bes. 202–205. Zu *Margaritifera margaritifera* vgl. Götting 2020, 147.

82 Möller 2013, 23.

83 Zum Folgenden Büttner 2000, 22–66, 160–176. Der im Romanischen gebräuchliche Begriff für Perlmutt »nacre« / »nacar« / »naccara« etc. leitet sich aus dem persischen »nakar« bzw. dem arabischen »naqqāra« ab, vgl. Graeff 2019, 30.

84 Koecke 1982, 401.

85 Büttner 2000, 10–11.

86 Graeff 2019, 53–65.

87 Büttner 2000.

88 Berckenhagen 1999, 382–386; Kuechen 1979, 491–498; Möller 2013, 147–171; Bachler 1996; Susanto 2024.

89 Büttner 2000, 13–15; Graeff 2019, 33–43.

90 al-Bīrūnī 1989, 118–121.

91 Etwa Albertus Magnus: Albertus Magnus 1916, 375–376 (lib IV, tract. 1, cap. 3, 41).

92 Hübinger 1943; Büttner 2000, 21–22.

93 Gessner 1558, 625. Zu Gessner vgl. die Angaben in Bulang 2024.

94 Molinier 1882, 629 (Nr. 318–320); Molinier 1884, 35 (Nr. 511); Molinier 1888, 227 (Nr. 1526); Brancone 2009, 150, 179–180; Braun 1940, 131; vgl. Cordez 2015, 132.
95 Slatner-Prückl 1990; Husemann 1999; Büttner 2000.
96 Vergleiche die Übersicht bei Büttner 2000, 27–67.
97 Ein solch ungewöhnliches, inzwischen leider durch Diebstahl verloren gegangenes Objekt aus der Zeit um 1400 präsentiert und diskutiert Fricke 2012.
98 Dies arbeitet vor allem Husemann 1999 heraus.
99 Slatner-Prückl 1990; Büttner 2000, 23–24, 144.
100 Büttner 2000, 62–65.
101 Cutler 2019; Maeder 2008; Maeder 2009.
102 Maeder 2004.
103 Zum Folgenden: Maeder 2009, 16–19.
104 Tertullianus 2007, 134–135 (III, 6).
105 So der Befund des Projekts »Muschelseide« des Naturhistorischen Museums Basel – Maeder 2009.
106 Vgl. die Abbildung bei Maeder 2008, 112 (Fig. 3).
107 Vgl. als Überblicke: Stulz 1990; Melzer et al. 2001, auf welchen der folgende Abriss beruht.
108 Plinius Secundus 1979, 96 (Kap. 38, 132); Marzano 2013, 144–145.
109 Friedländer 1909.
110 https://www.kremer-pigmente.com/de/shop/pigmente/36010-purpur-echt.html [abgerufen am 5. August 2024].
111 Zum Folgenden Melzer et al. 2001, 31–32.
112 Marzano 2013, 145, 148.
113 Siehe die Karte bei Cooksey 2013, 173.
114 Cooksey 2013, 172.
115 Strabo, Geographie, Buch XVI, Kapitel 2, 23; Marzano 2013, 147; ähnlich: Plinius Secundus 1979, 94–95 (Kap. 36, 127); vgl. Cooksey 2013, 180.
116 Stulz 1990, 98–100.
117 Aristoteles, Historia animalium, VIII (IX), XLVIII, 631a22; Aristoteles 1965d, 394–397.
118 Plinius Secundus 1979, 94–95 (Kap. 36, 127), 100–101 (Kap. 39, 136).
119 Marzano 2013, 151–155; Jodin, Rois maures.

120 Plinius Secundus 1996, 136–139 (Kap. 36, 201–237, hier: 203) erwähnt die Purpurherstellung unter König Juba II. von Mauretanien.

121 Plinius Secundus 1979, 92–105 (Kap. 35, 124–141). Zur Rezeption siehe nur beispielhaft Albertus Magnus: Albertus Magnus 1916, 433–434 (lib V, tract. 2, cap. 2, 60–62), Albertus Magnus 1920, 1541 (lib XXIV, tract. n. a., cap. 1, 46); Albertus Magnus 1999, Bd. 1, 516–517; Bd. 2, 1694.

122 Marzano 2013, 149–151; Reinhold 1970, 66–68.

123 Ranutsakē 2022.

124 Reinhold 1970, 68, der Begriff kam im 10. Jahrhundert auf (ebd.).

125 Liutprand von Cremona 1998, 8 (Antapodosis, Buch 1, Kap. 7), 148 (Antapodosis, Buch 6, Kap. 8), 211 (Legatio, Kap. 54). Zum Ausfuhrverbot allg.: Ranutsakē 2022, 31–33.

126 In Eilat in Israel werden noch heute Gewänder für Oberrabbiner mit echtem Purpur eingefärbt – Melzer et al. 2001, 32.

127 Plinius Secundus 1993, 62–63 (Kap. 41, 83); Thomas von Cantimpré 1973, 266 (Buch 7, Kap. 51); Jacquemard et al. 2013, 312–315 (Livre IV, Kap. 58), 362–365 (Livre IV, Kap. 74).

128 Ranutsakē 2022, 98–101.

129 Aceto et al. 2019 kommen zu klaren Ergebnissen: »The presence of Tyrian purple could safely be excluded in all the manuscripts analysed … the traditional opinion concerning Tyrian purple is mostly wrong and shall be strongly reconsidered« (138, 139). Gelegentlich wurde mariner Purpur mit anderen Farbstoffen gemischt: Aceto et al. 2012.

130 Puhle 2001, 127–129.

9. Feine Düfte und Körperpflege

1 https://www.dailymail.co.uk/news/article-9311851/Woman-finds-15lb-lump-WHALE-VOMIT-worth-185-000-walking-beach-Thailand.html#v-3831380786190240868; https://www.stern.de/panorama/weltgeschehen/ambra-fund-in-thailand--erbrochenes-eines-wals-ist-200-000-euro-wert-30407714.html.

2 https://www.t-online.de/nachrichten/panorama/id_90900262/ueber-eine-million-wert-fischer-findet-brocken-der-ihn-reich-

macht.html; https://www.stern.de/panorama/mann-findet-walkotze-am-strand---der-haufen-ist-eine-million-euro-wert--video--31594226.html.

3 Eine Zusammenstellung von Erzählungen des 18. bis 20. Jahrhunderts liefert Kemp 2012.

4 Kemp 2012.

5 Clarke 2006, 11–14; Srinivasan 2015, 314–319.

6 Kemp 2012, 82–85 und Srinivasan 2015, 320–321 zur synthetischen Herstellung von Ambra.

7 Dannenfeldt 1982; Clarke 2006; Buquet 2016b, 117–129; Buquet 2021.

8 Amar und Lev 2016, 150; Clarke 2006, 8; Dannenfeldt 1982, 383–384.

9 Dannenfeldt 1982, 383.

10 Zhao 1911, 237. Eine Übersicht der verschiedenen Autoren und Erklärungen liefern Dannenfeldt 1982, 383–385; Buquet 2016, 119–121.

11 Dannenfeldt 1982, 395–397.

12 In jüngerer Zeit ist eine leicht abweichende, »koprolitische« These entwickelt worden, wonach es sich bei Ambra schlicht um unverdaulichen, verdichteten, weil entwässerten Kot handele, vgl. Durak 2018, 202–203.

13 Clarke 2006, 7, 12; Brito et al. 2015, 594–595.

14 »Who would think, then, that such fine ladies and gentlemen should regale themselves with an essence found in the inglorious bowels of a sick whale!« – Melville 1851, 455 (Kap. 92: Ambergris).

15 Buquet 2016, 119–120, 129–130. Vergleiche oben Kapitel 6 zu den Walen.

16 Buquet 2016, 120–123.

17 Buquet 2016, 120.

18 Buquet 2016, 121.

19 Wiedemann und Grohmann 1916–1917, 32; al-Tamīmī griff damit eine Aussage des al-Yaʿqūbī auf: Buquet 2016, 118, 120.

20 Amar und Lev 2016, 149; Buquet 2016, 123. Schon bei al-Ǧāḥiẓ: Wiedemann und Grohmann 1916–1917, 31.

21 Thurlkill 2016, 18, 21, 30–31, 51, 66, 116, 154–155.

22 Thurlkill 2016, 117, 120–121.

23 Überblicke mit weiterer Literatur: Amar und Lev 2016, 148–152; Durak 2018, 208–217.
24 Durak 2018, 204–206.
25 Amar und Lev 2016, 136–139; Buquet 2016, 116.
26 Riddle 1964b, 117.
27 Buquet 2016, 115–116.
28 Pellat, C. (2012). Akhbār al-Ṣīn wa 'l-Hind. In P. Bearman (ed.), Encyclopaedia of Islam New Edition Online (EI-2 English), Brill. https://doi.org/10.1163/1573-3912_islam_SIM_8311 [24.5.2024].
29 Ruska, J., & Plessner, M. (2012). ʿAnbar. In P. Bearman (ed.), Encyclopaedia of Islam New Edition Online (EI-2 English), Brill. https://doi.org/10.1163/1573-3912_islam_SIM_0658 [24. 5. 2024]; zur geografischen Herkunft im Überblick: Buquet 2016, 124–128; Durak 2018, 208–212.
30 Moradi 2017, 206.
31 Wiedemann und Grohmann 1916–1917, 31.
32 Durak 2018, 210–211.
33 Wiedemann 1916–1917, 331; Durak 2018, 211. Vgl. auch Ibn-Ḥauqal und Kramers 1964, 95 zur Hochschätzung maghrebinischer Ambra; Buquet 2016, 124–128.
34 Wiedemann 1916–1917, 331.
35 Ibn-Ḥauqal und Kramers 1964, 22.
36 Durak 2018, 214.
37 Wiedemann 1914, 181; weitere Rezepte bei Amar und Lev 2016, 152.
38 Goitein 1967, 153–155, 200; Goitein 1972, 78; Goitein 1973, 49–51 (Dok. 6, ca. 1110), 220–223 (Dok. 45, 1204), 246 (Dok. 53, 1119); Amar und Lev 2016, 151; Lev und Amar 2008, 65, 331–333.
39 Goitein 1973, 220–223 (Dok. 45, 1204).
40 Dioscorides 1902, 194 (Buch 2, Kap. 100); vgl. Lev und Amar 2008, 331.
41 Sābūr ibn Sahl 2003, 62, 66.
42 Ibn al-Bayṭār 1987, Bd. 2, 469–471 (Kap. 1587); Buquet 2016, 116–117.
43 Durak 2018, 222–223. Bereits im 8. Jahrhundert als Weihrauch am Felsendom: Amar und Lev 2016, 148.

44 López-Sampson und Page 2018; Amar und Lev 2016, 135–136; Buquet 2016, 116.
45 Zum Folgenden und dem Werk des an-Nuwairī ausführlich Wiedemann 1913.
46 Wiedemann 1913, 420–423, Zitat 421. Ähnlich al-Ġūzulī (gest. 1402) in den *Aufgängen der Vollmonde über den Wohnsitzen der Freunde*: »Man nehme ein Teil Ambra, zwei Teile Moschus, einen Teil wohlriechende Narde und zerreibe das Ganze gut mit Behenöl«, Wiedemann 1916–1917, 333.
47 Wiedemann 1913, 423–426; Amar und Lev 2016, 151; Lev und Amar 2008, 135, 332. Vergleichbare Rezepte mit Ambra aus dem 15. Jahrhundert: Ibn Mubārak Shāh 2020, 126.
48 Wiedemann 1913, 423.
49 Ibn-Saiyār al-Warrāq 2007, 91, 138, 250; Thurlkill 2016, 51. Noch im 15. Jahrhundert empfahl Ibn Mubārak Shāh, Töpfe mit Ambra zu räuchern: Ibn Mubārak Shāh 2020, 93.
50 Ibn-Saiyār al-Warrāq 2007, 411, 458–459 (Bierrezept mit Ambra).
51 Wiedemann 1916–1917, 331–332.
52 Zhao 1911, 126, 128, 131; Gode 1949, 54–55; Durak 2018, 206; Srinivasan 2015, 310–311; Amar und Lev 2016, 150.
53 Maimonides 2019, 84–85 (2.11). Maimonides stützte sich dabei auf Ibn Sīnā: Lev und Amar 2008, 332.
54 Leo VI. 1991, 110 (10.1–2).
55 Zur Geschichte der Ambra im Byzantinischen Reich vergleiche den hervorragenden Überblick von Durak 2018, 215–225, auf dem die folgenden Ausführungen beruhen. Frühere Erwähnungen zum Gebrauch von Ambra in Byzanz halten einer kritischen Überprüfung nicht stand – ebd., 215–216.
56 Durak 2018, 219–220.
57 Smith 1999, 66 (Z. 1676); Durak 2018, 222.
58 Durak 2018, 221.
59 Labib 1965, 104.
60 Eine umfassende Übersicht liefert Riddle 1964a, 48–170.
61 Odilo Suessionensis 1880, col. 609D: *Revulsoque sarcophagi operculo mirificae virtutis ambare (vulgo ambre) suaviter redolentis viri faciem demonstrant.*
62 Durak 2018, 217.

63 Bartholomaeus Anglicus 1964, 586; Bartholomaeus Anglicus 1975–1988, 685–686 (Buch 13, Kap. 26). Ähnlich Albertus Magnus 1999, Bd. 2, 1668 (Buch 24:16). Eine Übersicht zur Entwicklung der »Spermientheorie« liefert Buquet 2021, 106–117.
64 Hortus sanitatis, gedr. Jakob Meydenbach, Mainz 1491, fol. 12r (De Herbis, Kap. 20).
65 Marco Polo 1926a, 406–407 (Buch 3, Kap. 2). Andere, verlässlichere Handschriften beinhalten diese Erzählung allerdings nicht, vgl. Marco Polo 2009, 53–54 (Kap. 184), 177.
66 Marco Polo 1926a, 411, 423 (Kap. 33–34); Marco Polo 2009, 54–58 (Kap. 185–186). Sehr ähnlich ein chinesisches Werk des 12. Jahrhunderts: Zhao 1911, 126, 128, 131.
67 Jordanus 1863, 43.
68 Esser 1898, 339.
69 Riddle 1964a, 144–160; Riddle 1964b, auf dem die folgenden Ausführungen zu den Pestschriften wesentlich beruhen.
70 Rößlin 1513, fol. C II, E II v. Zum Werk vgl. Hitthaler-Frank 2020.
71 Labarte 1879, 92 (Nr. 609), 108 (Nr. 785), 246 (Nr. 2260), 322 (Nr. 3088); Guiffrey und Jean 1894–1896, Bd. 1, 82 (Nr. 254), 98–99 (Nr. 335), 302 (Nr. 1133); vgl. Husemann 1999, 102–103.
72 Vgl. eine im Bayerischen Nationalmuseum aufbewahrte Kapsel: Husemann, 394 (Abb. 20).
73 Husemann 1999, 102–109.
74 *Quia cum ambra pura esset nimis cara, ideo potest componi ad pomum minus carum et satis conveniens* – Riddle 1964b, 120.
75 Goltz 1976, s. p.
76 Heyne 1903; Wulz 2003.
77 Zur Biologie vergleiche die Übersicht: van Soest et al. 2012.
78 Pronzato und Manconi 2008, 147–149.
79 All dies wird bereits von Aristoteles (I, I, 487b9; V, XVI, 548b11; Aristoteles 1965b, 10–11, Aristoteles 1965c, 156 f.) und vor allem von Plinius erörtert: Plinius Secundus 1979, 108–109 (Kap. 45, 148) mit Hinweisen auf die Gefahren des Schwammtauchens (Haie): Plinius Secundus 1979, 109–111 (Kap. 46, 150–151).
80 Pronzato und Manconi 2008, 149–150, 157–158.
81 Esposito et al. 2022; Santos-Gandelman et al. 2014.

82 Voultsiadou 2007; Marzano 2013, 160–163. Einen sehr guten Überblick über Nutzung und Kenntnis der Schwämme in Antike und Mittelalter liefert: Cariou 2022, 1–14, worauf sich die folgenden Ausführungen stützen.
83 Aristoteles, Historia animalium V, XVI, 548a28–549a11; VIII (IX), XXXVII, 620b34–621a3; Aristoteles 1965c, 158 f.; Aristoteles 1965d, 312 f. Oppianus 1999, 326–329. Voultsiadou und Vafidis 2007, 107, 113–114, 116.
84 Hierzu ausführlich Voultsiadou und Vafidis 2007, 113–114, und Cariou 2022, 4–9.
85 Aristoteles, Historia animalium V, XVI, 548b27; VII (VIII), I, 588b20; Aristoteles 1965c, 158 f., Aristoteles 1965d, 64 f. Plinius Secundus 1979, 106–110 (Kap. 45).
86 Die Forschung ist sich in der Sache uneins: Marzano 2013, 162.
87 Aristoteles, Historia animalium V, XVI, 548a33–548b3; Aristoteles 1965c, 156–157.
88 Read 2008, 8–11.
89 Stanley 1995, 250–251, 260.
90 Isidor 1986, 219–221 (Buch XII, 6, 60–62); Isidorus 2008, 477. Hieran wie auf Äußerungen des Plinius und Albertus Magnus zum Schwamm erinnerte 1491 der *Hortus sanitatis*: Jacquemard 2013, 4001–401, 408–411 (Buch IV., Kap. 87 und 91).
91 Marco und Glorie 1968, 578 (Nr. 32).
92 Thomas von Cantimpré (7, 71); Vinzenz von Beauvais 1624b, Bd. 1, Sp. 354–355 (Buch 5, Kap. 79), Sp. 1295–1296 (Buch 17, Kap. 91). Vgl. Clesse 2021, 87–89.
93 Albertus Magnus 1916, 358 (lib IV, tract. 1, cap. 1, 4), 437–438 (lib V, tract. 2, cap. 3, 69–71); Albertus Magnus 1920, 1544 (lib XXIV, tract. n. a., cap. 1, 51); Albertus Magnus 1999, Bd. 1, 434; 520–522; 1698.
94 Albertus Magnus 1920, 1341–1342 (lib XXI, tract. 1, cap. 6, 38), 1342–1343 (lib XXI, tract. 1, cap. 6, 41), 1544 (lib XXIV, tract. n. a., cap. 1, 51); Albertus Magnus 1999, Bd. 2, 1432, 1433, 1698.
95 Albertus Magnus 1916, 437–438 (lib V, tract. 2, cap. 3, 69–71); Albertus Magnus 1999, Bd. 1, 521.
96 Gaius Plinius Secundus 1994, 82–87 (Kap. 47, 125–131).
97 Schönfeld 1976, 110, 189–190.
98 https://www.arabic-latin-corpus.philosophie.uni-wuerzburg.

de/text/Avic_Canon_la_2.xhtml#149ra_40 (De spongia maris. Capitulum DCII.) [24. 6. 2024]; Averroes 1542, fol. 83ra (Buch V, 33), vgl. Clesse 2021, 87, 89.

99 Gaius Plinius Secundus 1992, 98–99 (Kap. 35, 143); Dioscorides 1902, 542 (Buch 5, Kap. 137); Schönfeld 1976, 189–190; Lediglich beispielhaft: Vinzenz von Beauvais 1624b, Bd. 1, Sp. 354–355 (Buch 5, Kap. 79), Sp. 1295–1296 (Buch 17, Kap. 92). Eine ausführliche Beschreibung der verschiedenen Nutzungen des Schwamms liefert Ibn al-Bayṭār: Baiṭār 1887, Bd. 1, 76–78.

100 Sudhoff 1921; Keil 1989; Prioreschi 2003; Juvin und Desmonts 2000, 266–267.

101 Goltz 1976, s. p. (*spongia somnifera*); vgl. Prioreschi 2003, 214; Sudhoff 1921, 127–128. Zur Datierungsfrage des *Antidotarium*: Roberg 2002, 88–92.

102 Juvin und Desmonts 2000, 266.

103 Vgl. 9. Feine Düfte und Körperpflege, Anm. 100 und Guigonis de Caulhiaco (Guy de Chauliac) 1997, Bd. 1, 307.

104 Takrouri 2010. Vielleicht kam man erstmals im Dār al-Islām auf den Gedanken, Menschen auf diese Weise zu betäuben (ebd., 6); Juvin und Desmonts 2000, 266.

105 Juvin und Desmonts 2000, 267; Prioreschi 2003, 216–217.

106 Juvin und Desmonts 2000.

107 Suckale 2003; Cooper 2014, 94–95, s. v. 397; Wagner 2022.

108 Russow et al. 2018, 207–208.

109 Wilkinson 1977, 60, 91, 117.

110 Eine systematische Sammlung aller in europäischen Reliquieninventaren und anderen Schriften verzeichneten Christus-Schwämme steht noch aus. Lediglich beispielhaft aus einem einzigen Band der Monumenta Germaniae Historica: Hofmeister 1926: *Et istas reliquias in summo altari recondidit: de arundine, de sepulchro, de spongia …* (Dedicationes Brunswilarenses, 775–777, hier: 776); *De spongia Domini* (Notitia Sancti Armandi, 785–786, hier: 785); *… de spongia unde fuit Dominus aceto potatus* (Translationis sanctorum Wandregesili et Ansberti quae supersunt, 814–820, hier 817); *In primis in altare maiore: … et de spongia, qua potatus fuit aceto …* (Notitia dedicationis ecclesiae Sancti Salvatoris in Monte Amiata, 971–972, hier 972).

111 Furnivall 1867, 66–67.

112 Waldau 1791, 166; vgl. Zappert 1858, 79. Vgl. auch Rößlin 1513, fol. F I. Zum Werk vgl. Hitthaler-Frank 2020.
113 Zappert 1858, 92.
114 Die außerordentlich reiche Quellenserie ist vor allem dank der unermüdlichen Arbeit von Stuart Jenks erschlossen worden und bequem online zugänglich: https://www.hansischergeschichts-verein.de/london-customs-accounts.
115 Jenks 2016, 75–77, 79, 109, 162-162, 165.

10. Sehnsucht dreier Glaubensgemeinschaften: Die Koralle

1 Santosuosso 1994; Bourne 2008a, S. 65–102; Bourne 2008b.
2 Die Quellen hierzu bei Portioli 1883.
3 van Treeck 2017; Sale 2021; Sheppard 2021.
4 https://blogs.scientificamerican.com/observations/how-much-are-coral-ecosystems-worth-try-172-billion-a-year/; https://ocean.si.edu/ocean-life/invertebrates/corals-and-coral-reefs.
5 Pascal et al. 2013; Dunning 2018; Woodhead et al. 2019; Santavy et al. 2021.
6 McCalman 2014; Bowen 2015. Vgl. 10. Sehnsucht dreier Glaubensgemeinschaften: Die Koralle, Anm. 3.
7 Narchi und Price 2015; Orejas und Jiménez 2017; Jiménez und Orejas 2017.
8 Orejas und Jiménez 2019.
9 Liverino 1991.
10 Plinius Secundus 1995, 28–29 (Kap. 11, 23).
11 Vielmini 2009; Tsounis et al. 2010; Jaziri 2016; van de Water et al. 2018.
12 Balletta und Ascione 1990; Torntore 2004.
13 Zur Geschichte des Wappens, das auf die Mitte des 14. Jahrhunderts zurückreichen soll: Serra 1992.
14 Filocamo 2011, 17–38.
15 Bresc-Bautier 1985, 182–183, 192.
16 Salicrú i Lluch 2005, 316.
17 Marzano 2013, 163–167; Morel 2000, bes. 79–217.
18 Champion 1977, 376–393; Fürst 2014; Schrickel und Bente 2013.
19 Champion 1977, 356–373, 423–425.

20 Plinius Secundus 1995, 28–29 (Kap. 11, 23).
21 Plinius Secundus 1995, 22–23 (Kap. 11, 21).
22 Marzano 2013, 164–166.
23 Plinius Secundus 1995, 22–23 (Kap. 11, 23).
24 https://en.wikisource.org/wiki/Periplus_of_the_Erythraean_Sea. Filocamo 2011, 15–16; Romanis 2000.
25 Marzano 2013, 163–164; Vidale et al. 2015.
26 Aristoteles, Historia animalium VII (VIII), I, 588b21; Aristoteles 1965a, 64 f.
27 Theophrastus 1965, 70–71.
28 Konrad von Megenberg 2003, 474 (Buch 6, Kap. 15).
29 Hübner 2013.
30 Nach einer anderen Erzählung stamme die rote Farbe der Koralle von dem Blut des Uranos, nachdem dieser an einem Strand nahe Trapani von seinem Sohn kastriert worden war: Filocamo 2011, 33.
31 Zu Vorstellungen vom bösen Blick in Vergangenheit und Gegenwart im Mittelmeerraum und insbesondere in Italien siehe: Hauschild 1979; Smorto 1990; Dundes 1992; Niola und Moro 2009; Stearns 2011.
32 Price und Narchi 2015.
33 Grattius 1988, 83 (400–407): *Collaribus ergo / sunt qui lucifugae cristas inducere maelis / iussere aut sacris conserta monilia conchis / et vivom lapidem et circa Melitensia nectunt / curalia et magicis adiutas cantibus herbas. / Ac sic offectus oculique venena maligni / vicit tutela pax impetrata deorum.*
34 Plinius Secundus 1995, 28–29 (Kap. 11, 24). Siehe ähnlich Solinus 2014, 72–75 (Buch 2, Kap. 41–43).
35 Dioscorides 1902, 542–543 (Buch 5, Kap. 138).
36 Schönfeld 1976, 71–76, 164–167; Sābūr ibn Sahl 2003, 45 (Nr. 25); Lev und Amar 2008, 153–155.
37 Schönfeld 1976, 74, 76.
38 at-Tīfāšī 2014, 124–125. Allg. zu den arabischsprachigen, in Anlehnung an Aristoteles und ihn ergänzenden Steinbüchern vgl. Schönfeld 1976; Eisenstein 1991, 89–95.
39 Marbodus 1977, 14–15, 59–60.
40 Rose 1875, 433; Thomas de Cantimpré 2017, 464 (Buch 10, Kap. 15); oder auch Konrad von Megenberg 2003, 474 (Buch 6, Kap. 15). Siehe auch Draelants 2008, hier 54.

41 Vgl. Volmar 1877, 13 (Z. 361–371): *Ein stein heizet coral, der ist rôt über al, ein krût in dem mere stât, daz kurze bleter hât. Sô man ez bringet an daz sant, sô wirt ez hart al zehant und wirt ze eime steine guot: rôt rehte alsam ein bluot wirt daz ê was grüene. Da wirt der man von küene und ist ouch ze aller stunt, wol varende unde gesunt*; ähnlich Evans und Serjeantson 1998, Orig. 1933; Di Venosa 2005, 45, 53, 95–96.

42 Beispielhaft einige Inventare aus dem spätmittelalterlichen Aragon: Serrano y Sanz 1915, hier: 222 (Dok. 2), 557 (Dok. 7); Serrano y Sanz 1916, hier: 363 (Dok. 17); Serrano y Sanz 1917, hier 343 (Dok. 38). Ein französisches Beispiel unter vielen: Labarte 1879, 108, 192, 212, 237; italienische Beispiele: Antenhofer 2022, 308, 312, 335, 339, 353, 367, 385, 389–390, 584, 625, 1076; zur Gattung des Inventars und seiner Entwicklung vgl. ebd., 887–911 sowie Mély und Bishop 1892–1895.

43 Musacchio 2006, 152–153; Harris 2022, 265–292.

44 Saß 2012.

45 Schönfeld 1976, 72–76, 164–167.

46 Lev und Amar 2008, 154.

47 Ibn-Ḥauqal und Kramers 1964, 71, 75; Abū-ʿUbaid al-Bakrī 1965, 117–118; Idrīsī 1866, 135, 201, der davon berichtet, dass Koralle vom nordafrikanischen Ceuta (Sabta) aus bis in den Sudan und nach Ghana exportiert wurde. Ibn al-Bayṭār 1987, Bd. 1, 223–225 (Kap. 282); at-Tīfāšī 2014, 124–125.

48 Clesse 2016b (https://dial.uclouvain.be/pr/boreal/object/boreal:177219); Clesse 2016a. Über die Interdependenzen zwischen den Werken christlicher Naturforscher des 13. Jahrhunderts siehe Draelants und Paumier-Foucart 2005.

49 Vgl. 10. Sehnsucht dreier Glaubensgemeinschaften: Die Koralle, Anm. 40; ähnlich: Bartholomaeus Anglicus 1964, 732.

50 Albertus Magnus 1983, 20–21; Albertus (Magnus) 1995.

51 Thomas de Cantimpré 2017, 464 (Buch 10, Kap. 15): *Daemonibus terribilis est, et hoc forte quia frequenter modum crucis habet ramorum eius distensio* http://sourcencyme.irht.cnrs.fr/encyclopedie/liber_de_natura_rerum_versions_i_ii_ed_cipriani_en_cours_2017?citid=cit_idp76168880; Konrad von Megenberg 2003, 474 (Buch 6, Kap. 15).

52 Vinzenz von Beauvais 1624a, Bd. 1, Sp. 523 (Buch 8, Kap. 56 und

57). http://sourcencyme.irht.cnrs.fr/encyclopedie/speculum_naturale_version_sm_trifaria_ed_douai_1624?citid=cit_id395592010073. Zu Avicenna vgl. https://www.arabic-latin-corpus.philosophie.uni-wuerzburg.de/text/Avic_Canon_la_2.xhtml#101ra_34 [24.6.2024].

53 Leonardi 1502.

54 Fünfhundert Jahre Rosenkranz. Köln 1475–1975 [Katalog] 1975; Winston Allen 1997.

55 Teichner 1997; Winston Allen 1997, 12–16.

56 Doumerc 2015, 404.

57 Heinz 2003, 23, 38–39.

58 Esser 1898, 339; Doumerc 2015.

59 Winston Allen 1997, 111–132; Jäggi 2003.

60 As-Vijvers 2007; Palginõmm 2019.

61 Barucca 2011, bes.: Mazzanti 2011, 41.

62 Callisen 1937; Hernando Sebastián 2012 (mit vielen katalanischen und aragonesischen Beispielen).

63 Arnaud d'Agnel 1908, 317.

64 Douët d'Arcq 1874, 59; Gaborit-Chopin 1996, 61; Bousquet-Labouérie 2004, 58. Belege aus Inventaren anderer Höfe bei Bresc-Bautier 1985, 189, 195; aus italienischen und deutschen Höfen: Antenhofer 2022, 308, 312, 389–390, 453, 637, 672–673, 773, 1076.

65 Filocamo 2011, 105. Das Privileg wurde in der Folge mehrfach erneuert: Bresc 2000, 42.

66 López de Meneses 1962, 342–343 (Dok. 13); Coulon 2004, 360–361.

67 Filocamo 2011, 22–23, 31–33; Manconi 2005, 1016. Roser Salicrú sieht eine solche Konkurrenz erst im letzten Viertel des 15. Jahrhunderts wachsen (Salicrú i Lluch 2005, 311–315).

68 Filocamo 2011, 20–21.

69 Labib 1965, 357, 397.

70 Camós Cabruja 1946; Camós y Cabruja 1948; Bresc 2000, 42–43; Salicrú i Lluch 2005, 315–324.

71 Zum Vergleich Perlen – Korallen vgl. Esposito 2012, 253.

72 Deluz 2018, 93.

73 Neumann 1884, 326.

74 Heers und Groër 1979, 63, 129.

75 Schönfeld 1976, 72, 165.
76 Idrīsī 1866, 135.
77 at-Tīfāšī 2014, 123–124.
78 Podestà 1900; Zedda 2002, 89–97.
79 Bresc 2000.
80 Coulon 2004, 359–382; Coulon 1996.
81 Gourdin 1990, 140–142.
82 Bresc-Bautier 1985, 184.
83 Beschreibung aus dem 10. Jahrhundert etwa bei Muqaddasī 1994, 214: »Die Leute fahren in kleinen Schiffen aufs Meer, ausgestattet mit hölzernen Kreuzen, um die sie Flachs binden. Die Kreuze werden – an zwei Seilen befestigt und von zwei Männern gehalten – ins Wasser geworfen. Die Ruderer bringen das Boot in Bewegung, sodass sich die Korallen in den Kreuzen verfangen, die dann an Bord gezogen werden.«.
84 Bresc 2000, 43.
85 Bresc-Bautier 1985, 184–185.
86 Gourdin 1990, 152–153.
87 Lavergne 1952, 208–209 (Dok. 2).
88 Camós Cabruja 1946, 168–172 (Dok. 5); Bresc 2000, 43–45.
89 Sparti 2013, 33.
90 Zu den Gewinnmargen siehe Bresc-Bautier 1985, 185.
91 Filocamo 2011, 39–53.
92 Doumerc 2015, 409.
93 Zum Korallenpreis siehe auch Bresc 2000, 48. Er war so hoch, dass bereits im Spätmittelalter Anleitungen zur Herstellung künstlicher Koralle aus Glaspulver entstanden: Silva 2016, 292–293.
94 Pastine 1931, 171.
95 Nicolussi-Köhler 2021, 92, 94, 120, 141–142, 154, 194–195, 203–205; Albertus Magnus 1983, 20–21.
96 Bresc 2000, 42.
97 Coulon 2004, 359–382; Coulon 1996.
98 Lavergne 1952.
99 Siehe 10. Sehnsucht dreier Glaubensgemeinschaften: Die Koralle, Anm. 85.
100 Labib 1965, 298, 316.
101 García i Sanz und Ferrer i Mallol 1983, 499–503 (Dok. 154 und 157).

102 Coulon 2004, 359–360; Li Vigni Tusa, Valeria Patrizia et al. 2013.
103 Bresc-Bautier 1985, 189.
104 Carrére 1969, 400–407, 613–614, 630; Balletto 1997; Coulon 2004.
105 Bresc 2000, 42–43; Tescione 1940.
106 Tescione 1940, LXV. 1473 erlangte ein portugiesischer Investor eine ähnliche Lizenz auf neun Jahre: Rau 1972, 153.
107 Barceló Crespí und Mas Forners 2021, 138–141.
108 Bresc 2000, 42; Camós Cabruja 1946, 152, 193–196 (Dok. 13–15).
109 Camós Cabruja 1946, 154–157, 197–202 (Dok. 17, 19). Vgl. das Verbot der Migration von Facharbeitern ebd., 189–190 (Dok. 11); Salicrú i Lluch 2005, 317–324.
110 Bresc 2000, 50.
111 Hernando Sebastián 2012, 189 mit den Namen muslimischer Händler aus aragonesischen Zollakten.
112 Manconi 2005.
113 Coulon 2004, 375–376.
114 Bresc-Bautier 1985, 189.
115 Vgl. 10. Sehnsucht dreier Glaubensgemeinschaften: Die Koralle, Anm. 118.
116 Bente et al. 2017.
117 Nødseth 2017, mit Nachrichten über Rosenkränze und andere Artefakte aus Koralle in den Nachlässen norwegischer Männer und Frauen sowie Belegen für ihre Verarbeitung in Stolae und anderen liturgischen Gewändern.
118 Schulte 1923, Bd. 3, 263; Camós y Cabruja 1948. Vgl. zum Korallenhandel der Oberdeutschen in Barcelona auch Carrére 1969, 155, 400–401, 403.
119 at-Tīfāšī 2014, 123–124.
120 Dopp 1958, 147 (und 108).
121 Carrére 1969, 400–407, 422–430, 630, 646; García i Sanz und Ferrer i Mallol 1983, 326–329 (Dok. 20), 499–500 (Dok. 153–154), 509–513 (Dok. 162); Bresc 2000, 49–50; Coulon 1996; Coulon 2004, 359–382.
122 Coulon 2004, 366; Coulon 1996, 145.
123 Del Treppo 1972, 73, 76, 77.
124 Sparti 1986, 7 (Dok. 9).

125 Bresc-Bautier 1985, 183; Bresc 2000, 44; Gourdin 1997, 1028–1035.
126 Van Houtte, Ambernijverheid, 155–156. Zu Paris: Boileau 1879, 58–60 – allerdings könnte es sich bei der Passage um eine spätere Ergänzung handeln: ebd. 60; Bresc-Bautier 1985, 190, 196.
127 Carrére 1969, 402–405.
128 Sparti 1986, 212 (Dok. 232–233).
129 Sparti 1986, 275 (Dok. 311): *faciendum omnia servicia pertinencia ad artem laborandi corallos … possit mictere eundem puerum cum eius filia in brachiis ad nutrificandum et eam lactandum …*« (1478).
130 Sparti 1986, S. XI, 42 (Dok. 47), 50–51 (Dok. 58), 160 (Dok. 167), 213 (Dok. 233), 240–241 (Dok. 268–269), 274–275 (Dok. 310).
131 Bresc 2000, 48.
132 Camós Cabruja 1946, 152, 192–193 (Dok. 12); Carrére 1969, 404–405.
133 Camós Cabruja 1946, 151–152, 189–190 (Dok. 11); Carrére 1969, 402.
134 Martínez Subías 1990, 18, 38.
135 Bresc 2000, 51; Bénézet 1999. Ähnlich auf Mallorca 1348: Alomar Canyelles 2002, 93, 95. Siehe auch die Angaben des Saladino da Ascoli: Saladinus 1919, 15.
136 Lev und Amar 2008, 153–155.
137 Goitein 1973, 88, 247–248, siehe weitere Erwähnungen von Koralle in Geschäftsbriefen ebd., 107 (Mitte des 11. Jahrhunderts), 118, 215, siehe auch die Rechnungslisten der Jahre 1044–1046 mit Erwähnungen von Koralle ebd., 280–286; vgl. Goitein 1967, 47, 153, 177.
138 Sparti 1986.
139 Sparti 1986; Sparti 2013.
140 Ausbildungsvertrag eines jüdischen Korallenhandwerkers aus dem Jahre 1469: Sparti 1986, 213 (Dok. 233).
141 Rich Abad 2009; Coulon 2004, 362–363, 377–378. Unter anderem hatte der berühmte Gelehrte Hasday Cresques am Korallenhandel und an der Korallenverarbeitung teil: Rich Abad 2009.
142 Sibon 2009; Sibon 2012.
143 Sibon 2012.
144 Coulon 2004, 362–363.

145 Filangieri 1888, 344 (Dok. 1); Ascione 2001, 101.
146 Sparti 2013, 35–36.
147 Coulon 2004, 363.
148 Camós Cabruja 1946, 152, 190–193 (Dok. 12); Carrére 1969, 403.
149 Pastine 1933.
150 Camós Cabruja 1946, 158, 203–204 (Dok. 22). Zum mittelalterlichen Seeraub siehe Jaspert und Kolditz 2013; Heebøll-Holm, Höhn und Rohmann 2019.
151 Zur Sklaverei: Hanß und Schiel 2014; Amitai und Cluse 2017; Pargas und Schiel 2023.
152 Allgemein zum Verhältnis der Glaubenstraditionen im Mittelalter: Goetz 2013; König 2015; Weltecke 2024.
153 Constable 2003; Christ et al. 2015.
154 Gourdin 1986; Balletto 2001; Podestà 1900; Gourdin 1990; Lombardo 2020.
155 Wie 10. Sehnsucht dreier Glaubensgemeinschaften: Die Koralle, Anm. 76. Ähnlich Ibn Hawqal, al-Muqaddasī, Abū ʿUbaid al-Bakrī (gest. 1094) und Aḥmad at-Tīfāšī: Muqaddasī 1994, 203, 214; Idrīsī 1866, 135; Ibn-Ḥauqal 1964, 71; Abū-ʿUbaid al-Bakrī 1965, 117–118; at-Tīfāšī 2014, 123.
156 Capmany Surís y de Montpalau 1779, Bd. 2, 267–269 (Dok. 174); Camós Cabruja 1946, 150–151; Gourdin 1997, 1022–1023; Salicrú Lluch 2003. Tabarka sollte von 1540–1741 unter direkter genuesischer Herrschaft stehen.
157 Pastine 1931, 172; Filocamo 2011, 19; Gourdin 1997.
158 Bresc-Bautier 1985, 184–185.
159 Salicrú Lluch 2003, 997–1001.
160 Gourdin 1986; Gourdin 1990; Lombardo 2020.
161 Gourdin 1990, 157–160, 170–172.
162 Grundlegend: Gourdin 1986; Gourdin 1990. Die Genuesen erwarben im Übrigen vom Hafsidensultan auch das Monopol über den Thunfischfang in seinem Reich, wie der Brügger Reisende Anselm Adorno 1470 erwähnt: Heers und Groër 1979, 145.
163 Gourdin 1990, 160–164.
164 Zur Herkunft umfassend Gourdin 1986, 556–569.
165 Den seltenen Fall einer Korallenfischerin, Vita de Romeo, nennt Sparti 2013, 32.
166 Gourdin 1989; Gourdin 1990, 164–168.

167 Doumerc 2015, 409.
168 Zum Folgenden Lombardo 2023, 330–333.

11. Gehärtetes Feuer aus dem Meer: Bernstein

1 Bruhn 2004.
2 Ottomeyer 2010.
3 Überblicke zum Thema: Ganzelewski und Rainer 1996; Quast und Erdrich 2013.
4 Eine knappe Übersicht von Bernsteinlagerstätten liefern Krumbiegel und Krumbiegel 1996a; vgl. die Karte in Quast und Erdrich 2013, 6.
5 Vergleiche die knappe Übersicht bei Krumbiegel und Krumbiegel 1996b.
6 Gelegentliche Hinweise auf mittelalterlichen Bernsteinabbau aus Süßwasserseen und anderen Feuchtgebieten im Landesinneren sind eine Ausnahme: Bliujiene 2011, 11.
7 Eine knappe Übersicht liefert Ganzelewski 1996b, Entstehung: Bliujiene und Anders 2013.
8 Ganzelewski 1996b, 14–17.
9 Nüsse 2011, 235–238; Quast 2013b.
10 Sprincz 1993, vgl. bereits Plinius Secundus 1994b, 32–47 (Kap. 11 und 12).
11 Konrad von Megenberg 1861, 447; Konrad von Megenberg 2003, 483–484 (Buch 6, Kap. 39).
12 Tacitus 1991, 130 (Germania, Kap. 45): *Sed et mare scrutantur ac soli omnium sucinum, quod ipsi glesum vocant, inter vada atque in ipso litore legunt*; ähnlich Plinius Secundus 1994b, 40–41 (Kap. 11, 42): *certum est gigni in insulis septentrionalis oceani et ab Germanis appellari glaesum.* Vgl. Solinus 2014, 164 (Buch 20, Kap. 9–13).
13 Einen Überblick zur Bedeutung des Bernsteins in der Antike liefern die fünf Tagungsakten der International Conferences on Amber in Archaeology (1990–2008) und Causey 2011.
14 Plinius Secundus 1994b, 40–41 (Kap. 11, 42–43).
15 Plinius Secundus 1994b, 40–43 (Kap. 11, 43; 11, 45).
16 Tacitus 1991, 130 (Germania, Kap. 45); Nowakowski 1996; Skvortsov 2012.

17 Madejski und Niemirowski 2013.
18 Quast 2017.
19 Bliujiene 2011, 344.
20 Vgl. allg. Buora und Seidel 2013. Zum antiken Bernsteinhandel in weiter entfernte Gebiete vgl. Todd 1985.
21 Nüsse 2011, 238–240; Neumayer und Nüsse 2016, 378. Zu Aquileia siehe Calvi 2005.
22 Kritisch diskutiert von Curta 2009. Anders Krumphanzlová 1992; Curta zustimmend Neumayer und Nüsse 2016.
23 Neumayer und Nüsse 2016, 378–386.
24 Nüsse 2011, 242–246; Neumayer und Nüsse 2016, 379, 384–385; Quast 2017.
25 Coulter 2015.
26 Riddle 1964a, 21–48; Lewicki 1984 vermittelt einen sehr guten Überblick und stützt sich dabei unter anderem auf Jacob 1889.
27 Lewicki 1984 und Jacob 1889 zitieren Textstellen von al-Bīrūnī, al-Iṣfahānī; al-Muqaddasī, Ibn al-Ǧazzār, Ibn al-Baiṭār, ibn ʿImrān, ibn Nūr, al-Ġāfiqī, al-Qazwīnī, al-Khūbī, an-Nuwairī, ad-Dimašqī und at-Tilimsānī. Vgl. auch Riddle 1964a, 19–47.
28 Lewicki 1984, 134. Referenzen zur Wertschätzung des Bernsteins in China im Frühen Mittelalter bei Riddle 1964a, 19–21.
29 Zum Folgenden Quast 2013a; So 2013, 94–100.
30 Lewicki 1984, 130, 132–134; So 2013, mit Hinweisen auf weitere in China verarbeitete Bernsteinartefakte des 11. Jahrhunderts, 92–93.
31 Ähnlich bereits im 9. Jahrhundert: Sābūr ibn Sahl 2003, 45 (Nr. 25). Allgemein zur Bedeutung des Bernsteins für die *Materia medica* der Antike und des Mittelalters: Riddle 1964a.
32 Plinius Secundus 1994b, 44–47 (Kap. 12, 51). Zur medizinischen Nutzung des Bernsteins siehe Polâkova et al. 2016, für das Mittelalter besonders Riddle 2016; Barroso 2016.
33 Duffin 2015, 57.
34 Galenus 1965, Orig. 1821, 86. Weitere spätantike Mediziner in der Nachfolge Galens wie Aretaeus von Kappadokien (2. Jahrhundert), Marcellus Empiricus (um 400) oder Caelius Aurelianus (ca. 430) fügten ihrerseits Rezepte hinzu: Riddle 1964a, 1–18; Duffin 2015, 48–49, 62.
35 Lewicki 1984.

36 Siehe die vergleichende Übersicht zwischen fünf medizinisch benutzten Fossilien bei Duffin 2015, 71–73.
37 Duffin 2015.
38 Riddle 1964a, 144–160; Riddle 1964b, 118.
39 Hortus sanitatis, De lapidibus, Kap. 70 und 75.
40 Rößlin 1513, fol. F 2, r. Zum Werk vgl. Hitthaler-Frank 2020. Vgl. schon Konrad von Megenberg 2003, 483–484 (Buch 6, Kap. 39). Auch der Begründer der Montankunde Georgius Agricola (Georg Bauer, gest. 1555) lobte die verschiedenen therapeutischen Vorzüge von Bernsteingetränken: Agricola 1558 (darin: De natura fossilium, 166–360), 239. Vgl. Duffin 2015, 63; Ernsting 1994, bes. Slotta 1994.
41 Vergleiche die umfassende Übersicht bei Riddle 1964a, 48–170.
42 Siehe die Übersicht bei Duffin 2015 und die Zusammenfassung ebendort, 71–74.
43 Kaiserling 2001, 286.
44 Plinius Secundus 1994b, 40–41 (Kap. 11, 44).
45 Plinius Secundus 1994b, 44–45 (Kap. 12, 51).
46 Sancti Caesarii Arelatensis 1953, 68, 71 (sermo 13, Kap. 5); Vita Eligii episcopi Noviomagensis 1902, 706 (Buch 2, Kap. 16); Meaney 1981, 10–11, 67–71.
47 Alfons X. 1881, fol. 104; Riddle 1964a, 110–116.
48 Konrad von Megenberg 2003, 484 (Buch 6, Kap. 39).
49 Zum Umgang der mittelalterlichen Enzyklopädisten mit Bernstein vergleiche Riddle 1964a, 136–142; Coulter 2015, 117.
50 Marbodus 1977, 62–63, 111. Vgl. Riddle 1964a, 103–135; Barroso 2016, 60–66.
51 Theophrastus 1965, 66–69 (V, 28); ähnlich Solinus 2014, 72–73 (Buch 2, Kap. 38–39). Zur etymologischen Ableitung: Marbodus 1977, 62; Di Venosa 2005, 102–103.
52 Riddle 1964a, 136–142; Barroso 2016, 61–65 mit Quellenauszügen; Hertzka und Strehlow 1998, 42–44; Thomas de Cantimpré 2017, 477–478; Ganzelewski 1996b, 11; Konrad von Megenberg 2003, 487 (Buch VI, Kap. 48).
53 Coulter 2015, 115–117.
54 Tesdorpf 1887, 22–40; Pelka 1918, 7–20, mit Urkundenanhang 36–37; Stieda 1886, 107–108; Renken 1937, 41–60; van Houtte 1939, mit Urkundenanhang 169–184.

55 Pelka 1918 mit Ergänzungen durch Warncke 1918; Ganzelewski 1996a, 224. Schon 1260 nennt der Pariser Etienne Boileau in seinem Buch der Gewerbe die Paternostermacher, die aus Bernstein Gebetsketten herstellten: Boileau 1879, 60–61.

56 Brügge war sogar der Hauptabnehmer des samländischen Bernsteins: Hagen 1824, 14–15. Vgl. Tesdorpf 1887, 30–31 und van Houtte 1939, 157–158, auf dessen Aufsätze die Belege zu Brügge zurückgehen. Zu den Bedingungen für die Aufnahme als Meister der Brügger und Lübecker (dort ca. 40 Meister umfassende) Zünfte siehe Tesdorpf 1887, 30–32.

57 Mead 1977. In London existiert noch die »Paternoster Row«, in der sich im 19. Jahrhundert die Buchgeschäfte der Stadt konzentrierten.

58 Vgl. die Abbildungen in Seipel 2005, 33 (Kat. Nr. 5a-d).

59 Vgl. die Abbildungen in Seipel 2005, 34–36 (Kat. Nr. 7), 39–40 (Kat. Nr. 10–11).

60 As-Vijvers 2007, 71.

61 Palginõmm 2019, 164 mit Erwähnungen von Gemälden des Meisters von Flémalle und Hans Memlings.

62 Lediglich beispielhaft: Schildhauer 1992, 77.

63 Lediglich beispielhaft die Inventare König Karls V. von Frankreich von 1379–80 und des Herzogs von Berry von 1413–1416: Labarte 1879, 217 (Nr. 1891), 258 (Nr. 2379), 262 (Nr. 2446), 286 (Nr. 2671); Guiffrey und Jean 1894–1896, Bd. 1 41 (Nr. 83); vgl. Husemann 1999, 93. van Houtte 1939, 152–153; Riddle 1964a, 143–144; Mead 1977, 214; Palginõmm 2019.

64 Zur Geschichte des Bernsteins in den frühen baltischen Kulturen des Mittelalters siehe Bliujiene 2011, auf die das Folgende wesentlich aufbaut.

65 Zur Geschichte des Deutschen Ordens siehe als Überblicke: Militzer 2005; Gouguenheim 2007; Sarnowsky 2022.

66 Vgl. die Übersichten von Tesdorpf 1887, bes. 6–12.

67 Zu den Rechtsansprüchen auf angespülten Bernstein in der Vormoderne siehe den Überblick von Tesdorpf 1887, 7–8; Slotta 1996, zum Mittelalter bes. 169–170; Barfod 1996, bes. 285–287.

68 Brünneck 1874.

69 Preußisches Urkundenbuch 1.2.224–1264 o. T. o. O.

70 Preußisches Urkundenbuch 2.54–1312 Februar 10. Marienburg; Preußisches Urkundenbuch 3.487–1342 Oktober 28. Oliva; Preußisches Urkundenbuch 3.488–1342 [Oktober 28–31]. Marienburg. Vgl. Tesdorpf 1887, 8; Hagen 1824, 4.
71 Preußisches Urkundenbuch 1.2.224–1264 o. T. o. O.; Barfod 1996, 186.
72 Laczny et al. 2013, 514–518 (ZM 11).
73 Agricola 1558, 236.
74 Ebd., 236–237.
75 Hagen 1824, 5–6 mit Beschreibung des grausamen Vorgehens der Ordensritter.
76 Die Episode findet sich in: Freiberg 1848, 11–12.
77 Tesdorpf 1887, 9.
78 Sarnowsky 1993, 159–161.
79 Zum Folgenden siehe die älteren Überblicke: Baczko 1792; Hagen 1824. Knecht und Pferdejunge erscheinen in Abrechnung des Jahres 1430: Laczny et al. 2013, 513–514 (ZM 10): ... *des bornsteynmeisters knecht ... des bornsteynmeisters jungen, der siener pferde wartet.*
80 Renken 1937, 40–41; Laczny et al. 2013, 514–517 (ZM 11).
81 Laczny et al. 2013, 513–514 (ZM 10).
82 Hagen 1824,7–8; Sarnowsky 1993, 100–116.
83 Hagen 1824, 15–16; Sattler 1877, 69–70, 75; Renken 1937, 38–40.
84 Renken 1937, 67 errechnet 10.000 Mark Lübisch im Jahr. Vgl. Sarnowsky 1993, 106–112; Haag 2005, 16; einen Überblick über die Einnahmen vermittelt eine Liste des empfangenen Bernsteins aus dem Jahre 1430: Laczny et al. 2013, 513–514 (ZM 10).
85 Stieda 1886; Renken 1937, 45–61.
86 Renken 1937, 68–69; Jahnke 2015, 208–210; van Houtte 1939; Sarnowsky 2021, 189.
87 Hildebrand Veckinchusen 1921, 109. Außerdem: Lesnikov und Stark 2013, 412, 434.
88 Hagen 1824, 15.
89 Tesdorpf 1887, 10; Sarnowsky 2021, 189, 191; Renken 1937, 42–45.
90 Labib 1965, 292, 327; Labib 1980.
91 Coulon 2004, 383–386.

92 Hagen 1824, 8–14; Sattler 1887; Stein 1898, 109–111 (Nr. 21), 114–115 (Nr. 24), 116–119 (Nr. 26); Renken 1937, 37–70.
93 Sattler 1887, 595 (s.v. Bernstein).
94 Laczny et al. 2013, 9–10, 507–518.
95 Laczny et al. 2013, 507–511 (ZM 5–8). Vgl. Sarnowsky 1993, 107–109.
96 *... in unsern und unsers ordens sachen, gescheфten und anfechtungen das beste allczeith wissen, werben und vordern*: Renken 1937, 57–60; Preußisches Urkundenbuch, JH I 3087 – [1420] I 21. Brügge; Preußisches Urkundenbuch, 1420 IX 8. Lübeck; Preußisches Urkundenbuch, JH I 3607 – [1421]. o. O.; Preußisches Urkundenbuch, JH I 3402 – [1421] III 26. Brügge; Preußisches Urkundenbuch, JH I 3464 – [1421] VI 20. o. O.; Preußisches Urkundenbuch, JH I 3465 – [1421] VI 20. Brügge.
97 Sarnowsky 2024, 418 (Nr. 528).
98 Tesdorpf 1887, 10; Hagen 1824, 6–7; Renken 1937, 61. Vgl. Peters 1980; Ganzelewski 1996a, 224. Auch in Stolpe oder Kolberg arbeiteten solche Meister, sogar früher als in Danzig: Tesdorpf 1887, 33–41; Pelka 1918, 7–20, mit Urkundenanhang 36–37.
99 Preußisches Urkundenbuch 1463.06.05 – [1463 VI 5]. Königsberg.

12. Der weiße Riese: Salz

1 Adshead 1992, 27–47; Hocquet 1987a, 338–339.
2 Plinius Secundus 1994a, 50–70 (Kap. 39–45); Tacitus 1991, 68 (Agricola, Kap. 42).
3 Multhauf 1978; Bergier 1989, 13–14, 29–32. https://www.bmel.de/DE/themen/ernaehrung/gesunde-ernaehrung/degs-salzstudie.html (aufgerufen am 9. 9. 2024).
4 Bergier 1989, 131–142.
5 Lampen 2000a, 174–177.
6 García-Contreras Ruiz 2011, 32–34.
7 Garmonsway 1939, 35–36: *Quis hominum dulcibus perfruitur cibis sine sapore salis? Quis repplet cellaria sua sive promptuaria sine arte mea? Ecce butirum omne et caseum perit vobis, nisi ego custos adsim, qui nec saltem oleribus vestris sine me utimini* – Wright 1882, 9.
8 Hocquet 1993, frz. Orig. 1984, 386–387.

9 Bergier 1989, 13–14.
10 Etwa Bergier 1989, 15.
11 Vgl. den Titel eines einschlägigen Werkes: Hocquet 1993, frz. Orig. 1984.
12 Zur Geschichte der Salzwirtschaft liegen zwei hervorragende monografische Übersichtsdarstellungen vor, auf die dieses Kapitel wesentlich aufbaut: Bergier 1989; Hocquet 1993, frz. Orig. 1984.
13 Schneider 1987; Gittos und Hamilton 2016, 174–175.
14 Dies zeigt allein eine Textsuche in den Monumenta Culinaria et Diaetetica Historica (https://www.uni-giessen.de/de/fbz/fb05/germanistik/absprache/sprachverwendung/gloning/kobu.htm – abgerufen am 4.9.2024). Siehe lediglich beispielhaft die vielen Erwähnungen im Tractatus de modo preparandi et condiendi omnia cibaria (saec. XIV): https://www.uni-giessen.de/de/fbz/fb05/germanistik/absprache/sprachverwendung/gloning/tx/mul1-tra.htm – abgerufen am 4.9.2024.
15 Labarte 1879, 62–63, 77–78, 192–193, 232, 234. Vgl. mit Beispielen aus dem Reich und Italien: Antenhofer 2022, Bd. 1, 353, 422, 424, 489, 544, 589.
16 Wixom 1987.
17 Bergier 1989, 69–100.
18 Witthöft 2010.
19 Im Mittelalter existierte eine Reihe solcher »Salzstraßen«: Bergier 1989, 161, 175–182.
20 Bergier 1989, 23–24.
21 Keen 1989; Adshead 1992, 95–96.
22 McCavoy 1994.
23 Besteman 1974.
24 Zur Anlage und Funktionsweise der Salzgärten siehe die Beschreibungen Maniatis 2009; Hocquet 1993, frz. Orig. 1984, 18–28; Bergier 1989, 101–107.
25 Bergier 1989, 101–107; Hocquet 1993, frz. Orig. 1984, 18–28.
26 Hocquet 2006.
27 Vgl. Hocquet und Neri 1991, 126–148 (mit Abbildungen), 173–188; Hocquet 1993, frz. Orig. 1984, 21–23, 32–35; Maniatis 2009, 664–669.
28 Hocquet 1993, frz. Orig. 1984, 33–34. Vgl. dagegen Bergier 1989,

104: »Frauen wurden in den Salzgärten nur akzeptiert, wenn es sonst partout keine Arbeitskräfte gab.«.

29 Hocquet 1990, 98–101; Hocquet 1993, frz. Orig. 1984, 137–140.

30 Mollat 1991; Reyerson 2005.

31 Eine solche Strecke wird in einem Manuskript des 15. Jahrhunderts beschrieben: Vitale Brovarone 2016. Vgl. auch die sehr konkreten Angaben zum Transport in einem einschlägigen Genueser Register (*Janua salis*): Venturini 1997.

32 Bergier 1989, 109–110; Adshead 1992, 88–90, 182–202.

33 Hocquet und Neri 1991.

34 Bergier 1989, 110–112.

35 Bergier 1989, 113–115.

36 Hocquet 1993, frz. Orig. 1984, 186; Vilà i Valentí 2000.

37 *Ivissa, la qual es lo saler de tot lo mon* – 1949, 299; Vilà i Valentí 2000, 121.

38 Ferrer Abárzuza 2013.

39 Hocquet 1993, frz. Orig. 1984, 187.

40 Bergier 1989, 121–123.

41 Pira 1993; Nonne 2017a.

42 Bergier 1989, 119–121; Hocquet und Sarrazin 2006.

43 Kuske 1934, Bd. 2, 432 f., 1582; vgl. Witthöft 1997, 427–428.

44 Balard 2017a, 313–320; Adshead 1992, 85–88.

45 Zum Folgenden einschlägig: Jenks 1996.

46 Witthöft 1990; Jenks 1996, 269–271.

47 Vgl. Hocquet 1993, frz. Orig. 1984, 182–184; Hammel-Kiesow 1993, 22–24.

48 Adshead 1992, 92–94.

49 Stein 1898, 98–103 (Nr. 15, 16), 115–119 (Nr. 25, 26).

50 Hausen 2000.

51 Ferreira Priegue 1987, 156–173.

52 Nach 1500 bezog die galicische Sardinenwirtschaft ihr Salz vor allem aus Andalusien – Ferreira Priegue 1987, 160–161.

53 Bergier 1989, 55; Hocquet 1993, frz. Orig. 1984, 190.

54 Siehe die anregenden globalgeschichtlichen Überlegungen zur Sache bei Adshead 1992, besonders zum mittelalterlichen China 71–85, 178–182. Vgl. Hocquet 1987a, 341–345, 351–352.

55 Adshead 1992, 27–47.

56 Zum Folgenden einschlägig Maniatis 2009.
57 Balard 2017a, 315.
58 Hocquet 1990; Bergier 1989, 50; Keen 1989, 134–136; Adshead 1992, 177–178.
59 Palme 2001.
60 Zum Folgenden siehe Henning 1996.
61 Pastor de Togneri 1963.
62 Ferreira Priegue 1987, 161–166; Hocquet 1993, frz. Orig. 1984, 112–114; Ladero Quesada 1987.
63 Venturini 1987.
64 Zur Gabelle vgl. zusammenfassend Hocquet 1990, 279–332; Hocquet 1987b; bes. Hocquet 1987a.
65 Hocquet 1993, frz. Orig. 1984, 111–140, 227–241.
66 Henning 1996; Adshead 1992, 99–135, 230–259; Palme 2001, 57–58.
67 Adshead 1992, 182–203; Hocquet 1993, frz. Orig. 1984, 229–235.
68 Hierauf weist Adshead 1992, 177–178 hin.
69 Hocquet 1993, frz. Orig. 1984, 183–184.
70 Dies vermutet Adshead 1992, 201–203.
71 Maniatis 2009, 690–693.
72 Bergier 1989, 127.
73 Hocquet 1993, frz. Orig. 1984, 297–301.

Meer oder weniger Mittelalter: Eine Einordnung

1 Gonstalla 2017.
2 Del Grande 2008, ital. Orig. 2007; Albahari 2015; Guild 2017.
3 Vanelslander und Sys 2020 und vgl. die Zeitschrift »Maritime economics & logistics«.
4 Schwennesen 1996; Elleman 2018; Jaspert und Rüdiger 2023, 1–22.
5 Schmitt 1942.
6 Schottenhammer 2005; Schulz 2005; Ptak 2007; Schottenhammer 2008; Baltrusch et al. 2016.
7 Harlaftis 2004; Paine 2013; Borgolte und Jaspert 2016; Balard 2017b.
8 Braudel 1990 (frz. Orig. 1949).

9 MacPherson 1993; Cunliffe 2001; Ptak 2007; North 2011; Matsuda 2012; Mörke 2015, vgl. mit weiterer Literatur Jaspert und Rüdiger 2023, 9–13.
10 Horden und Purcell 2000; Kleingärtner und Zeilinger 2012; Horden und Kinoshita 2014; Preiser-Kapeller und Daim 2015.
11 Siewers 2014; Emmett und Nye 2017; Heise et al. 2017.
12 Oppermann 2023; Mentz 2024.
13 Vgl. ähnlich gelagerte Synthesen wie Dinzelbacher 2000a; Obermaier 2009; Cockram und Wells 2018; Buquet und Gautier 2021 sowie neuerdings die hervorragende Übersicht von Hoffmann 2023.
14 Sampaniku 2021; Cress et al. 2023. Vgl. einschlägige Reihen und Zeitschriften: Posthuman studies 2020; Hughes und Sorgner 2017.
15 Zuerst programmatisch: Ritvo 2007.
16 Exemplarisch genannt seien die Zeitschrift »Anthropozooligica« (58 Bände bis 2023: https://bioone.org/journals/anthropozoologica), die Projekte »Zoomathia« (https://www.cepam.cnrs.fr/sites/zoomathia/category/english-version/) und *«animaliter«* (https://www.encyclopaedia-animalium.germanistik.uni-mainz.de/index.html), das Netzwerk H-Animal (https://networks.h-net.org/h-animal) oder die Reihe Human-Animal Studies (Transcript-Verlag). Neuere Überblicke: Kalof 2017; Jaeger 2020; Kompatscher-Gufler et al. 2021; Chaput et al. 2023.
17 Wegweisend Derrida 2010 (frz. Orig. 2006).
18 Vgl. Haraway 2008; Borgards 2015; Le Moli 2023. Zur Diskussion siehe Eitler 2015; Obermaier 2019, 147–154; Schürch 2023.
19 Hierzu einschlägig Haraway 2008.
20 Latour 2007, 123.
21 Latour 2007; Schatzki 2010; Hoppe und Lemke 2021.
22 Schatzki 2010, 135–139; Schatzki 2003.
23 In dieser Einschätzung folge ich Schatzki in Absetzung von Latour. Vgl. auch Füssel 2015.
24 Shaw 2013.

Literaturliste

Die vollständige Bibliografie dieses Buches ist abrufbar unter:
https://doi.org/10.11588/heidok.00035893

oder über diesen QR-Code:

Auswahlbibliografie

Albertus Magnus (1916–1920): De animalibus libri XXVI. Nach der Cölner Urschrift. Hg. von Hermann Stadler. Münster: Aschendorff (Beiträge zur Geschichte der Philosophie des Mittelalters. Texte und Untersuchungen, 15–16).

Albertus Magnus (1999): On animals. A medieval summa zoologica. Hg. von Kenneth F. Kitchell und Irven Michael Resnick. Baltimore: Johns Hopkins University Press.

Alexander Neckam (1863): Alexandri Neckam De naturis rerum libri duo. With the poem of the same author, De laudibus divinae sapientiae. Hg. von Thomas Wright. London: Longman (Rerum Britannicarum medii aevi scriptores, 34).

Anzulewicz, Henryk (1999): Die aristotelische Biologie in den Frühwerken des Albertus Magnus. In: Carlos Steel, Guy Guldentops und Pieter Beullens (Hg.): Aristotle's animals in the Middle Ages and Renaissance. Leuven: Leuven University Press (Mediaevalia Lovaniensia Series 1, Studia, 27), S. 159–188.

Aristoteles (1957): Tierkunde. Hg. von Paul Gohlke, Paderborn: Schöningh (Aristoteles. Die Lehrschriften 8,1).

Barrett, James H. (2003): Contact, Continuity, and Collapse. The Norse Colonization of the North Atlantic. Turnhout: Brepols Publishers (Studies in the early Middle Ages, 5).

Barrett James H.; Orton, David C. (Hg.): Cod and herring. The archaeology and history of medieval sea fishing. Oxford, Philadelphia: Oxbow Books.

Bartholomaeus Anglicus (1964): De rerum proprietatibus. Unveränd. Nachdruck der Ausgabe Frankfurt, 1601. Frankfurt: Minerva.

Bergier, Jean-François (1989): Die Geschichte vom Salz. Frankfurt: Campus-Verlag.

Al-Beruni's Book of Minerology. The book most comprehensive in knowledge on precious stones (1989). Hg. von Hakim Mohammed Said. Islamabad: Pakistan Hijra Council (Project series. Natural sciences, 66).

Borgolte, Michael (2022): Die Welten des Mittelalters. Globalgeschichte eines Jahrtausends. München: C. H. Beck.

Borgolte, Michael; Jaspert, Nikolas (Hg.) (2016): Maritimes Mittelalter. Meere als Kommunikationsräume. Ostfildern: Jan Thorbecke Verlag (Vorträge und Forschungen, 83).

Braudel, Fernand (1990): Das Mittelmeer und die mediterrane Welt in der Epoche Philipps II. Frankfurt am Main: Suhrkamp.

Buquet, Thierry; Gautier, Alban (Hg.) (2021): Animaux marins. Savoirs arabes et transmission dans le monde latin. Saint-Denis: Presses Universitaires de Vincennes (Médiévales, 80).

Burkhardt, Mike: Der hansische Bergenhandel im Spätmittelalter. Handel, Kaufleute, Netzwerke. Köln: Böhlau (Quellen und Darstellungen zur hansischen Geschichte, N. F., 60).

Büttner, Andreas (2000): Perlmutt. Von der Faszination eines göttlichen Materials. Petersberg: Imhof.

Cunliffe, Barry W. (2001): Facing the ocean. The Atlantic and its peoples, 8000 BC-AD 1500. Oxford, New York: Oxford University Press.

D'Arienzo, Valdo (Hg.): Pesci, barche, pescatori nell'area mediterranea dal Medioevo all'età contemporanea. Milano: Angeli (Università Economia, 223).

Di Venosa, Elena (2005): Die deutschen Steinbücher des Mittelalters. Magische und medizinische Einblicke in die Welt der Steine. Göppingen: Kümmerle Verlag (Göppinger Arbeiten zur Germanistik, 714).

Dinzelbacher, Peter (Hg.) (2000): Mensch und Tier in der Geschichte Europas. Stuttgart: Kröner (Kröners Taschenausgabe, 342).

Einhorn, Jürgen Werinhard (1998): Spiritalis Unicornis. Das Einhorn als Bedeutungsträger in Literatur und Kunst des Mittelalters. 2. Auflage. München: W. Fink (Münstersche Mittelalter Schriften, 13).

Eisenstein, Herbert (1991): Einführung in die arabische Zoographie. Das tierkundliche Wissen in der arabisch-islamischen Literatur. Berlin: Reimer.

Esser, Thomas; Rudolf Meissner (Hg. und Übers.) (2019): Der Königsspiegel. Fahrten und Leben der alten Norweger, aufgezeichnet im 13. Jahrundert. Berlin: Die Andere Bibliothek (Die andere Bibliothek, 417).

Ferreira Priegue, Elisa María (1987): Galicia en el comercio marítimo medieval. Santiago de Compostela: Universidad Facultad de Geografía e Historia.

Filocamo, Tiffany (2011): Le vie del corallo nel Mediterraneo medioevale. Neapel: Edizioni Scientifici Italiene.

Foltz, Richard (2006): Animals in Islamic Traditions and Muslim Cultures. New York: Oneworld Publications.

Food and Agriculture Organization of the United Nations (Hg.) (2024): The State of World Fisheries and Aquaculture 2024. Blue Transformation in action. Roma: Food and Agriculture Organization.

Francesco Balducci Pegolotti (1936): La pratica della mercatura. Cambridge, Mass.: Academy Publications (The Mediaeval Academy of America, 24).

Galen (2003): On the properties of foodstuffs. = De alimentorum facultatibus. Hg. von O. W. Powell. Cambridge: Cambridge University Press.

Ganzelewski, Michael; Rainer, Slotta (Hg.) (1996): Bernstein. Tränen der Götter. Bochum: Deutsches Bergbau-Museum.

Gardiner, Mark (1997): The Exploitation of Sea-Mammals in Medieval England: Bones and their Social Context. In: Archaeological Journal 154 (1), S. 173–195.

Goitein, S. D. (Hg.) (1967/1972): A Mediterranean Society. The Jewish Communities of the Arab World as Portrayed in the Documents of the Cairo Geniza, 2 Bde. Berkeley: University of California Press.

Goitein, S. D. (Hg.) (1973): Letters of medieval Jewish traders. Princeton: Princeton University Press.

Gonstalla, Esther (2017): Das Ozeanbuch. Über die Bedrohung der Meere. München: oekom.

Hagenmaier, Winfried (2003): Das Einhorn. Eine Spurensuche durch die Jahrtausende. Freiburg i.Br.: Eulen Verlag.

Haraway, Donna (2008): When species meet. Minneapolis/London: University of Minnesota Press (Posthumanities, 3).

Heck, Christian; Cordonnier, Rémy (2020): Bestiarium. Das Tier in mittelalterlichen Handschriften. Darmstadt: wbg Edition.

Heise, Ursula K.; Christensen, Jon; Niemann, Michelle (Hg.) (2017): The Routledge companion to the environmental humanities. New York: Routledge.

Henkel, Nikolaus (1976): Studien zum Physiologus im Mittelalter. Berlin: De Gruyter (Hermaea. Neue Folge, 38).

Hildegard von Bingen (1991): Das Buch von den Fischen. Hg. von Peter Riethe. Salzburg: Müller.

Hocquet, Jean-Claude (1993, frz. Orig. 1984): Weißes Gold. Das Salz und die Macht in Europa von 800 bis 1800. Stuttgart: Klett-Cotta.

Hoffmann, Richard C. (2023): The catch. An environmental history of medieval European fisheries. Cambridge/New York: Cambridge University Press.

Hrabanus Maurus (2009): De Universo, 2 Bde. Hg. von Priscilla Throop. Charlotte: MedievalMS.

Ibn al-Bayṭār (1987): Traité des simples. Traduction de Lucien Leclerc (2 Bde. in einem Bd.). [Nachdruck der Ausgabe Paris 1883]. Paris: Institut du monde arabe.

[Ibn Razīn Al-Tuŷībī] (2021): Fidalat al-khiwan fitayyibat al-ta'am wa-l-alwan. Best of delectable foods and dishes from al-Andalus and al-Maghrib. A cookbook by thirteenth-century Andalusi scholar Ibn Razīn al-Tujībī (1227–1293). Hg. und übers. von Nawal Nasrallah. Leiden/Boston: Brill (Islamic History and Civilization. Studies and Texts, 186).

Isidorus (2008): Die Enzyklodädie des Isidor von Sevilla, übers. Lenelotte Möller. Wiesbaden: Marixverlag.

Jacquemard, Catherine; Gauvin, Brigitte; Lucas-Avenel, Marie-Agnès; Février, Caroline; Lecocq, Françoise (Hg.) (2013): Hortus sanitatis. Livre IV, Les poissons. Caen: Presses universitaires de Caen.

Jahnke, Carsten (2000): Das Silber des Meeres. Fang und Vertrieb von Ostseehering zwischen Norwegen und Italien (12.–16. Jahrhundert). Köln: Böhlau (Quellen und Darstellungen zur hansischen Geschichte, N. F., 49).

Jaspert, Nikolas (2021): The Mediterranean Other and the Other Mediterranean. Perspectives of Alterity in Medieval Studies. In: Hans-Werner Goetz und Ian N. Wood (Hg.): Otherness in the Middle Ages. Turnhout: Brepols Publishers (International medieval research, 25), S. 37–74.

Jaspert, Nikolas; Neumann, Christian; Di Branco, Marco (Hg.) (2018): Ein Meer und seine Heiligen. Hagiographie im mittelalterlichen Mediterraneum. München, Paderborn: Schöningh (Mittelmeerstudien, 18).

Kemp, Christopher (2012): Floating Gold. A Natural (and Unnatural) History of Ambergris. Chicago.

Kenanah, Faisal (Hg. und Übers.) (2019): Abû Hayyân al-Tawhîdî. Les traits de caractère des hommes et des animaux dans le Kitâb al-Imtâ' wa-I-mu'ânasa. Paris: Editions L'Harmattan.

Koder, Johannes (Hg.) (1991): Das Eparchenbuch Leons des Weisen. Wien: Verlag der Österreichischen Akademie der Wissenschaften (Corpus fontium historiae Byzantinae Series Vindobonensis, 33).

Kompatscher-Gufler, Gabriela; Spannring, Reingard; Schachinger, Karin (2021): Human-Animal Studies. Eine Einführung für Studierende und Lehrende. 2. Auflage. Münster, New York: Waxmann (UTB, 4759).

Konrad von Megenberg (2003): Buch der Natur. Band II: Kritischer

Text nach den Handschriften. Hg. von Georg Steer und Robert Luff. Berlin: De Gruyter (Texte und Textgeschichte, 54,2).

Kraß, Andreas (2010): Meerjungfrauen. Geschichten einer unmöglichen Liebe. Frankfurt am Main: Fischer.

Krumbacher, Karl (1903): Das mittelgriechische Fischbuch. München: Verlag der Königlich-Bayerischen Akademie der Wissenschaften (Sitzungsberichte der Philosophisch-Philologischen und der Historischen Classe der Königlich Bayerischen Akademie der Wissenschaften zu München, 1903, 3).

Lampen, Angelika (2000): Fischerei und Fischhandel im Mittelalter. Wirtschafts- und sozialgeschichtliche Untersuchungen nach urkundlichen und archäologischen Quellen des 6. bis 14. Jahrhunderts im Gebiet des Deutschen Reiches. Husum: Matthiesen (Historische Studien, 461).

Leclercq-Marx, Jacqueline (1997): La sirène dans la pensée et dans l'art de l'Antiquité et du Moyen Âge. Du mythe païen au symbole chrétien. Bruxelles: Classe des Beaux-Arts Académie Royale de Belgique (Académie Royale de Belgique, 3. Sér., 2).

Le Moli, Andrea (2023): Tierliche Subjekte? Grenzen des Lebens im posthumanen Denken. In: Torsten Cress, Oliwia Murawska und Annika Schlitte (Hg.): Posthuman? Neue Perspektiven auf Natur/Kultur. Leiden: Brill-Fink, S. 183–197.

Lev, Efraim; Amar, Zohar (2008): Practical materia medica of the medieval eastern Mediterranean according to the Cairo Genizah. Leiden, Boston: Brill (Sir Henry Wellcome Asian series, 7).

Maeder, Felicitas (Hg.) (2004): Bisso marino. Fili d'oro dal fondo del mare / Muschelseide. Basel/Milano: Naturhistorisches Museum.

Margariti, Roxani Eleni (2021): The Rasūlids and the Bountiful Sea. Marine Resources, State Control, and Maritime Culture in the Southern Red Sea and the Gulf of Aden (626/1229–854/1454). In: Der Islam 98, S. 69–99.

Mollat, Michel (1995): Europa und das Meer (L'Europe et la mer 1993). Wien: Büchergilde Gutenberg.

Möller, Karin Annette (2013): Schimmern aus der Tiefe. Muscheln, Perlen, Nautilus. Petersberg: Imhof.

Nedkvitne, Arnved (2013): The German Hansa and Bergen 1100–

1600. Köln, Wien: Böhlau Verlag (Quellen und Darstellungen zur hansischen Geschichte, 70).

Nicoud, Marilyn (2007): Les régimes de santé au Moyen Âge, 2 Bde. Rome: École Française de Rome (Bibliothèque des Écoles françaises d'Athènes et de Rome, 333).

Obermaier, Sabine (Hg.) (2009): Tiere und Fabelwesen im Mittelalter. Berlin, New York: De Gruyter.

Obermaier, Sabine (2019): You Are the Animal That You Eat. In: Johannes Pahlitzsch und Tristan Schmidt (Hg.): Impious Dogs, Haughty Foxes and Exquisite Fish. Evaluative Perception and Interpretation of Animals in Ancient and Medieval Mediterranean Thought. Berlin, Boston: De Gruyter, S. 133–164.

Oppianus (1999): Halieutica. Einführung, Text, Übersetzung in deutscher Sprache, ausführliche Kataloge der Meeresfauna. Hg. und übers. von Fritz Fajen. Stuttgart: Teubner.

Paulsen, Reinhard (2016): Schifffahrt, Hanse und Europa im Mittelalter. Schiffe am Beispiel Hamburgs, europäische Entwicklungslinien und die Forschung in Deutschland. Köln, Wien: Böhlau Verlag.

La pesca en la edad media. Murcia: Servicio de Publicaciones de la Universidad de Murcia (Monografías de la Sociedad Española de Estudios Medievales, 1).

Plinius Secundus, Gaius (1973–2004): Naturalis historiae libri XXXVII. = Naturkunde (in 37 Büchern), 38 Bde. Hg. von Roderich König und Gerhard Winkler. München: Heimeran (Sammlung Tusculum. Naturkunde, 1–38).

Quast, Dieter; Erdrich, Michael (Hg.) (2013): Die Bernsteinstraße. Darmstadt: Theiss (Archäologie in Deutschland, Sonderheft 4).

Ranutsakē, Chrysula (2022): Purpur in Byzanz. Privileg und Würdeformel. Wiesbaden: Reichert Verlag.

Reinhold, Meyer (1970): History of purple as a status symbol in antiquity. Brüssel: Latomus.

Riddle, John M. (1964): Amber and Ambergris in materia medica during antiquity and the middle ages. PhD, University of North Carolina, Chapel Hill.

Rieth, Eric (2019): Pour une histoire de l'archéologie navale. Les bateaux et l'histoire. Paris: Classiques Garnier (Histoire des techniques, 17).

Roling, Bernd; Weitbrecht, Julia (2023): Das Einhorn. Geschichte einer Faszination. München: Carl Hanser Verlag.

Schönberger, Otto (Hg. und Übers.) (2001): Physiologus. Griechisch/deutsch. Stuttgart: Reclam (Universal-Bibliothek Griechische Literatur, Nr. 18124).

Schönfeld, Jutta (Hg. und Übers.) (1976): Über die Steine. Das 14. Kapitel aus dem »Kitāb al-Muršid« des Muḥammad Ibn Aḥmad at-Tamīmī, nach dem Pariser Manuskript herausgegeben, übersetzt und kommentiert. Freiburg im Breisgau: Schwarz (Islamkundliche Untersuchungen, 38).

Simek, Rudolf (2015, 2. Aufl.): Monster im Mittelalter. Die phantastische Welt der Wundervölker und Fabelwesen. Köln, Weimar, Wien: Böhlau.

Sparti, Aldo (Hg.) (1986): Fonti per la storia del corallo nel Medioevo mediterraneo. Palermo: Regione Siciliana.

Starkey, David J.; Þór, Jón Þ.; Heidbrink, Ingo (Hg.) (2009): A history of the North Atlantic fisheries. Volume 1: From Early Times to the Mid-Nineteenth Century. Bremen: Hauschild (Deutsche maritime Studien, 6).

Szabo, Vicki Ellen (2008): Monstrous Fishes and the Mead-Dark Sea. Whaling in the Medieval North Atlantic. Leiden: Brill (The Northern world, 35).

Tesdorpf, Wilhelm (1887): Gewinnung, Verarbeitung und Handel des Bernsteins in Preußen von der Ordenszeit bis zur Gegenwart. Eine historisch-volkswirtschaftliche Studie. Jena: Fischer (Abhandlungen aus den volkswirtschaftlichen und statistischen Übungen an der Universität in Königsberg, 2).

Thomas von Cantimpré (1973): Thomas: Liber de natura rerum. Ed. princeps secundum codices manuscriptos. Hg. von Helmut Boese. Berlin: De Gruyter.

[Tīfāšī, Aḥmad Ibn-Yūsuf at] (2014): Aḥmad ibn Yūsuf at-Tīfāšīs »Buch der königlichen Steine«. Eine Mineralienkunde für die arabischen Herrscher des 7./13. Jahrhunderts. Unter Mitarbeit von Karl W. Strauß. Wiesbaden: Harrassowitz (Abhandlungen für die Kunde des Morgenlandes, 92).

al-Tuŷībī, Ibn Razīn (2021): Fidalat al-khiwan fitayyibat al-ta'am wa-l-alwan. Best of delectable foods and dishes from al-Andalus and al-Maghrib. A cookbook by thirteenth-century Andalusi scholar Ibn Razīn al-Tujībī (1227–1293). Hg. und übers. von Nawal Nasrallah. Leiden, Boston: Brill (Islamic History and Civilizati-on. Studies and texts, 186).

van den Abeele, Baudouin (Hg.) (2005): Bestiaires médiévaux. Nouvelles perspectives sur les manuscrits et les traditions textuelles. International Reynard Society. Louvain-la-Neuve: Institut d'Etudes Médiévales de l'Université Catholique de Louvain (Publications de l'Institut d'Études Médiévales Série 2, 21).

van den Hurk, Youri (2020): On the Hunt for Medieval Whales. Zooarchaeological, Historical and Social Perspectives on Cetacean Exploitation in Medieval Northern and Western Europe. Oxford: BAR Publishing (UCL Institute of Archaeology PhD Series, 4).

Vinzenz von Beauvais (1624): Speculi Maioris Vincentii Burgundi praesulis Belvacensis, ordinis praedicatorum, theologi ac doctoris eximii, tomi quatuor. Douai: Nicolinus.

Voisenet, Jacques (2000): Bêtes et hommes dans le monde médiéval. La bestiaire des clercs du Ve au XIIe siècle. Turnhout: Brepols.

Wiedemann, Eilhard (1984): Schriften, 2 Bde., hg. von Dorothea Girke, Dieter Bischoff. Frankfurt am Main: Institut für Geschichte der Arabisch-Islamischen Wissenschaften (Veröffentlichungen des Instituts für Geschichte der Arabisch-Islamischen Wissenschaften, Reihe B, Nachdrucke 1).

Wunderlich, Werner (Hg.) (2007): Mythos Sirenen. Texte von Homer bis Dieter Wellershoff. Stuttgart: Philipp Reclam jun.

Zambon, Francesco (Hg. und Übers.) (2018): Bestiari tardoantichi e medievali. I testi fondamentali della zoologia sacra cristiana. Firenze/Milano: Bompiani.

Danksagung

Auch dieses Buch hat eine Vorgeschichte, und sie reicht lange zurück. Es wäre nicht verfasst worden, hätte ich nicht zwischen 2009 und 2013 an der Ruhr-Universität Bochum das Zentrum für Mittelmeerstudien leiten und dort gemeinsam mit Kolleginnen und Kollegen – pars pro toto sei in Dankbarkeit Sebastian Kolditz genannt – über Fragen historischer Meeresforschung nachdenken dürfen. Erst diese, seit 2013 an der Universität Heidelberg fortgesetzten Studien führten zu der Erkenntnis, dass eine »Geschichte aus dem Meer« ein Desiderat der Forschung darstellt. Die Entscheidung, diese Lücke mit einer Monografie und nicht mit weiteren Verbundforschungsprojekten und Tagungsbänden zu füllen, fiel 2020 am Heidelberger Marsilius-Kolleg. Ich hatte das Glück, dort über ein Jahr hinweg gemeinsam mit einer Meeresbiologin, Annika Guse (jetzt LMU München) über die Beziehung zwischen Mensch und Meer diskutieren zu können. Aus dieser Zusammenarbeit ging das Projekt »Vamos simbiosis« hervor, das 2021 in der spanischen Küstenstadt Águilas Kunst und Wissenschaft miteinander verband und den Austausch mit der örtlichen Bevölkerung suchte. Es wird mir in warmer Erinnerung bleiben, ebenso die dauerhafte Unterstützung, die wir vom Marsilius-Kolleg und dort insbesondere von Tobias Just erhielten.

Weiteren Beistand erfuhr ich dankenswerterweise in Form einer Opus Magnum Förderung durch die Volkswagen-Stiftung. Sie erlaubte es mir, im Jahre 2022–2023 das Buchprojekt wesentlich voranzutreiben. Wenn es in dieser Zeit nicht abgeschlossen werden konnte, dann aufgrund vielfältiger Gremientätigkeiten und anderer akademischer Verpflichtungen – so musste das Projekt parallel zum universitären Alltag zu einem Ende gebracht werden. Dabei profitierte es von Seminaren und Vorlesungen, die manche in diesem Buch enthaltenen Überlegungen zur Diskussion stellten. Ich bin den Heidelberger Studierenden für ihre Begeisterung für das Thema und ihre vielfältigen Anregungen sehr dankbar! Präsentiert wurden Teile dieses Buches auch bei Vorträgen an den Universitäten Bochum und Regensburg.

Ich habe in Heidelberg das Privileg, außergewöhnliche Wissenschaftlerinnen und Wissenschaftler Freunde nennen zu können. Zwei von ihnen, Bernd Schneidmüller und Romedio Schmitz-Esser, haben das Manuskript in Teilen gelesen und durch ihre Kommentare verbessert. Weitere Hinweise und Hilfe lieferten Bernd Bastert (Bochum), Michael Grünbart (Münster), Simone Lombardo (Florenz) und Aaron Vanides (Heidelberg). Besondere Unterstützung erhielt ich durch das Heidelberger Hilfskraftteam. Janine Otto machte den Auftakt, Nabi Bauermeister hat das Buch in Gänze gelesen, Vera Peternek bei antiken Autoren geholfen, Nick Freter die Bibliographie überprüft; Silvia Girona, Viola Herschbach, Monika Mauro, Alexander Veeser: Sie haben alle auf unterschiedliche Weise zum Gelingen des Projektes beigetragen. Dafür von Herzen Dank! Die Drucklegung hat neue Kontakte und weitere Dankespflichten erbracht. Nina Sillem hat das Projekt mit Begeisterung aufgenommen und begleitet, Kristin Rotter und Nathanael Stute vom Propyläen Verlag waren ebenso verständnisvolle wie kompetente Gesprächspartner, und Stephan Speicher hat durch seine Vorschläge wesentlich dazu beigetragen, aus dem Manuskript einen besseren Text zu machen.

Der größte Dank gebührt meiner Frau, Partnerin und Freundin seit vier Jahrzehnten: Montse hat unerschütterlich das Werden auch dieses Buches begleitet. Und sie hat mich zu allen Zeiten und bei aller Begeisterung für das Meer mit der nötigen, kritischen Distanz geerdet. Ihr und unseren Söhnen ist dieses Buch gewidmet.

Bildnachweis

Abbildungen im Text

Abb. 1: © National Gallery of Art, Washington, D.C./ Samuel H. Kress Collection; **Abb. 2:** © Wikimedia Commons/ Pinacoteca Vaticana, Rom/ Inv. 40249; **Abb. 3:** © The J. Paul Getty Museum, Los Angeles/ Ms. 33 (88.MP.70), fol. 220v; **Abb. 4:** Palais des Papes, Avignon/ © imageBROKER.com GmbH & Co. KG/ Alamy Stock Photo; **Abb. 5:** © Stadtbibliothek im Bildungscampus Nürnberg/ Amb. 317.2° fol. 30r; **Abb. 6:** Museo Episcopal de Vic/ © Album/ Prisma; **Abb. 7:** © Wikimedia Commons, Willhig; **Abb. 8:** Monasterio de Yuso, San Millán de Cogolla/ © Fotografie: Nikolas Jaspert; **Abb. 9:** © Peter Palm, Berlin/ Richard C. Hoffmann, The catch. An environmental history of medieval European fisheries, Cambridge University Press, Cambridge, 2023, S. 317/ Reproduced with permission of the Licensor through PLSclear; **Abb. 10:** Image courtesy of the Smithsonian Libraries and Archives/ Adams, M142. 461; **Abb. 11:** © Österreichische Nationalbibliothek, Wien/ Cod. Ser. n. 2644 HAN MAG, fol. 82v; **Abb. 12:** © Wikimedia Commons/ British Library, London/ Add. Ms. 11.63, fol. 519r; **Abb. 13:** © Wikimedia Commons, Eusebiopn; **Abb. 14:** © Trustees of the British Museum, London; **Abb. 15:** © Getty Research Institute, Los Angeles/ (84-B13226); **Abb. 16:** © The Metropolitan Museum of Art, New York/ Fletcher Fund, 1919; **Abb. 17:** © Wikimedia Commons/ British Library, London/ Sloane MS. 278, fol. 47r; **Abb. 18:** Courtesy Musei del Duomo di Modena/ Fotografie: Davide Sabattini; **Abb. 19:** Kathedrale, Basel/

© Peter Heman, Nachlass/ Peter Röllin; **Abb. 20:** © Bibliothèque nationale de France, Paris/ Département des Manuscrits, Français 9342, fol. 182r; **Abb. 21:** Hortus sanitatis (Jardin de la santé), © Médiathèque d'Epernay/ INC 3017, 688; **Abb. 22:** © Wikimedia Commons/ National Museums Scotland; **Abb. 23:** © Cambridge University Library, Cambridge/ Kk.4.25, fol. 89r; **Abb. 24:** © Wikimedia Commons/ British Museum, London/ Albrecht Dürer; **Abb. 25:** © The Metropolitan Museum of Art, New York/ The Cloisters Collection, 1963; **Abb. 26:** © Nationalmuseet (The National Museum of Denmark), Copenhagen/ Fotografie: Lennart Larsen; **Abb. 27:** © The Metropolitan Museum of Art, New York/ Gift of John D. Rockefeller Jr., 1937; **Abb. 28:** © Boston Public Library/ Z3479.P6 D3 fol. 132v; **Abb. 29:** Grünes Gewölbe, Dresden/ © bpk/ Staatliche Kunstsammlungen Dresden/ Fotografie: Jürgen Karpinski; **Abb. 30:** © Wikimedia Commons/ Städel Museum, Frankfurt am Main; **Abb. 31:** © Wikimedia Commons/ Gallerie degli Uffizi, Florenz; **Abb. 32:** © Wikimedia Commons, granada_turnier (Flickr)/ Országgyűlés (Ungarisches Parlament), Budapest; **Abb. 33:** © MAKK (Museum für Angewandte Kunst), Köln/ Fotografie: Martin Klimas; **Abb. 34:** Museo di San Marco, Firenze/ Su concessione del Ministero della Cultura, Direzione regionale Musei Nazionali Toscana, Firenze; **Abb. 35:** Hortus sanitatis (Jardin de la santé), © Médiathèque d'Epernay/ INC 3017, 030; **Abb. 36:** © The Metropolitan Museum of Art, New York/ Robert Lehman Collection, 1975; **Abb. 37:** © Wikimedia Commons/ Galleria Nazionale delle Marche, Urbino; **Abb. 38:** Valeria Patrizia Li Vigni, Corallium drepanum, in: I grandi capolavori del corallo. I coralli di Trapani del XVII e XVIII secolo, hg. v. Valeria Patrizia Li Vigni und Maria Concetta Di Natale, Silvana Editoriale, Milan, 2013, S. 15–28, S. 20; **Abb. 39:** Hortus sanitatis (Jardin de la santé), © Médiathèque d'Epernay/ INC 3017, 769; **Abb. 40:** Carolyn Coulter, Consumers and artisans. Marketing amber and jet in the early medieval British Isles, in: Gitte Hansen et al. (Hg.), Everyday Products in the Middle Ages. Crafts, Consumption and the individual in Northern Europe, Oxbow Books, Oxford, 2015, S. 110–124, S. 112/ Reproduced by permission of Oxbow Books, Oxford; **Abb. 41:** © Eesti Kunstimuuseum (Art Museum of Estonia), Tallinn/ Fotografie: Stanislav Stepashko; **Abb. 42:** © Österreichische Nationalbibliothek, Wien/ Cod. Ser. n. 2644

HAN MAG, fol. 62v; **Abb. 43:** © Österreichisches Staatsarchiv, Wien/ AT-OeStA/HHStA Siegelsammlung Sava 0058

Tafeln im Bildteil

Tafel 1: © Philadelphia Museum of Art/ John G. Johnson Collection, 1917, inv. 723; **Tafel 2:** © Österreichische Nationalbibliothek, Wien/ Cod. 507 HAN MAG, fol. 2r; **Tafel 3:** On permission of the Ministry of Culture, Biblioteca Nazionale Marciana, Venezia/ Gr. Z. 479 (=881), fol. 59r; **Tafel 4:** © Bibliothèque nationale de France, Paris/ Arsenal, Est. 264 Rés. fol. 15, pl. 13; **Tafel 5:** © bpk/ British Library Board/ British Library, London/ Yates Thompson 26, fol. 26v; **Tafel 6:** © The J. Paul Getty Museum, Los Angeles/ Ms. Ludwig XV 3 (83. MR.173), fol. 89v; **Tafel 7:** From the British Library Collection/ MS Arundel 66, fol. 37v; **Tafel 8:** © Wikimedia Commons/ British Library/ Harley MS 4751, fol. 47v; **Tafel 9:** Hortus sanitatis (Jardin de la santé), © Médiathèque d'Epernay/ INC 3017, 669; **Tafel 10:** © Wikimedia Commons, Didier Descouens/ Musée de Cluny, Paris/ Inv. Cl. 10833; **Tafel 11:** © Schatzkammer und Museum des Deutschen Ordens, Wien; **Tafel 12:** © The Metropolitan Museum of Art, New York/ The Cloisters Collection, 1961; **Tafel 13:** © Wikimedia Commons/ Pinacoteca di Brera, Milan; **Tafel 14:** Ehemals Museu Nacional d'Art de Catalunya, Barcelona (gestohlen)/ © Album/ Alamy Stock Photo; **Tafel 15:** © Wikimedia Commons, Petar Milošević/ Basilica di San Vitale, Ravenna; **Tafel 16:** © Wikimedia Commons/ Niedersächsisches Landesarchiv (Abteilung Wolfenbüttel); **Tafel 17:** © Národní knihovna České republiky (Nationalbibliothek der Tschechischen Republik), Prag/ NK ČR, sign. XIV A 17, fol. 10r; **Tafel 18:** Musée du Louvre, Paris/ © bpk/ GrandPalaisRmn/ Jean-Gilles Berizzi; **Tafel 19:** © Calouste Gulbenkian Museum, Lisboa/ Inv. 282; **Tafel 20:** © Stadtbibliothek im Bildungscampus, Nürnberg/ Amb. 317.2° fol. 13r; **Tafel 21:** © The Metropolitan Museum of Art, New York/ The Cloisters Collection, 1983r

Nachweis der Karten

Vorsatz: © Peter Palm, Berlin; **Karte auf S. 106:** © Peter Palm, Berlin, siehe auch Bildnachweis, Abbildungen im Text, Abb. 9; **Nachsatz:** © Peter Palm, Berlin/ Michel Mollat, Europa und das Meer, C.H. Beck, München, 1995, S. 178 (L'Europe et la mer, Seuil, Paris, 1993).

Personenregister

Ortsregister

Die internationale Bedeutung des Salzes